U0794403

2016、2017年中国消防协会防火材料分会与建筑防火专业委员会学术会议论文集

中国消防协会防火材料分会
中国消防协会建筑防火专业委员会 编

西南交通大学出版社
·成 都·

图书在版编目（CIP）数据

2016、2017年中国消防协会防火材料分会与建筑防火专业委员会学术会议论文集 / 中国消防协会防火材料分会，中国消防协会建筑防火专业委员会编. —成都：西南交通大学出版社，2017.8
ISBN 978-7-5643-5740-5

Ⅰ. ①2… Ⅱ. ①中… ②中… Ⅲ. ①建筑材料 – 防火材料 – 学术会议 – 文集②建筑设计 – 防火 – 学术会议 – 文集 Ⅳ. ①TU545-53②TU892-53

中国版本图书馆 CIP 数据核字（2017）第 222600 号

2016、2017年中国消防协会防火材料分会与建筑防火专业委员会学术会议论文集

中国消防协会防火材料分会
中国消防协会建筑防火专业委员会 编

*

责任编辑 李芳芳
特邀编辑 王晓刚
封面设计 何东琳设计工作室
西南交通大学出版社出版发行
四川省成都市二环路北一段 111 号西南交通大学创新大厦 21 楼
邮政编码：610031 发行部电话：028-87600564
http: //www.xnjdcbs.com
四川煤田地质制图印刷厂印刷

*

成品尺寸：210 mm × 285 mm 印张：32.75
字数：975 千字
2017 年 8 月第 1 版 2017 年 8 月第 1 次印刷
ISBN 978-7-5643-5740-5
定价：132.00 元

图书如有印装质量问题 本社负责退换
版权所有 盗版必究 举报电话：028-87600562

《2016、2017年中国消防协会防火材料分会与建筑防火专业委员会学术会议论文集》

编 委 会

赵长征　卢国建　刘军军　张泽江

何　瑾　葛欣国　张文华　冯　军

杨　郁　杨　静　颜明强　何勤理

前言

由中国消防协会防火材料分会、中国消防协会建筑防火专业委员会主办，公安部四川消防研究所、四川天府防火材料有限公司承办的“2017年中国消防协会防火材料分会与建筑防火专业委员会年会暨第十届全国建筑防火与防火材料学术研讨会”将于2017年12月在四川成都召开，并将优秀论文集结出版。

本次会议旨在深入探讨新型长效阻燃剂、新型外墙保温防火材料、防火涂料、防火密封封堵材料、防火板材、防火门窗、防火家具、新型防火交通工具及相关领域的制备、应用科学与技术，交流在建建筑工程的火灾预防与扑救技术、高层建筑火灾逃生新技术、消防行政执法机制的探索与实践、各类新材料新制品燃烧特性标准的进步、各类建筑材料及建筑结构的耐火性能的进展、特殊空间的消防安全性能评价技术等，及时反映防火建材相关领域的基础研究与应用研究成果，促进行业之间的学术和技术交流，为行政执法单位、高校、科研院所和产业界搭建一个产学研交流平台，以提升我国防火建材领域的科学与技术水平。如何通过新理论、新技术、新工艺进一步发展环保、安全、无毒的绿色防火建材产品，也是广大防火建材及其相关领域科技、产业和应用工作者的迫切愿望。

“全国建筑防火及防火材料学术研讨会”已于2005—2016年成功举办了十二届，得到了与会者的积极响应和高度评价。现由中国消防协会防火材料分会、中国消防协会建筑防火专业委员会主办，公安部四川消防研究所、四川天府防火材料有限公司承办的“第十届全国建筑防火及防火材料学术研讨会”将如期召开。

由中国消防协会防火材料分会、中国消防协会建筑防火专业委员会主办，公安部四川消防研究所、上海高桥电缆集团有限公司承办的“2016年中国消防协会防火材料分会与建筑防火专业委员会年会暨第九届全国建筑防火与防火材料学术研讨会”已于2016年12月21—23日在四川成都召开，来自全国各地的阻燃/防火材料专家、消防科研人员、建筑消防设计人员以及消防部队、质检系统、消防产品生产企业、阻燃制品生产企业等单位的代表共160余人参加了会议。会上还针对“危险场所防火灭火关键技术”召开了专题研讨会，“防火材料及制品分会场”“防火技术分会场”和“消防实战化与职业安全健康分会场”三个分会场的与会人员分别就各自领域存在的问题、解决问题的办法、相关领域的先进技术与经验等展开了交流。但由于一些客观因素，该次会议论文集未能及时出版，因此，组委会决定将征集到的论文和本次会议征集到的论文一并出版，即《2016、2017年中国消防协会防火材料分会与建筑防火专业委员会学术会议论文集》。

至今共征集到全国各地的论文115篇。经过编委会评审出95篇获奖论文，现将通过评审的论文编撰为论文集以飨读者，入编论文的原创性由作者本人负责。

本次学术活动及论文集的汇编，得到了各成员单位、消防专家、学者及消防专业技术人员的共同关注，得到了上海高桥电缆集团有限公司和四川天府防火材料有限公司的大力支持，在此瑾表示崇高的敬意和真诚的谢意！

由于时间仓促，论文集难免存在疏漏之处，敬请广大读者批评指正并见谅。

二〇一七年八月

目 录

专论与综述

建筑防火

防火技术

阻燃技术

消防管理

专论与综述

公路隧道火灾国内外研究现状分析*

梅秀娟[1]，张泽江[1]，韦　涛[2,3]

（1. 公安部四川消防研究所，四川 成都　610036；2. 广西广科消防技术服务有限公司，广西 南宁　530000；
3. 西南交通大学，四川 成都　610031）

【摘　要】　为了验证火灾数值模拟分析方法对螺旋隧道火灾特性研究的适用性，从控制方程、数值模拟离散化方程、湍流模型、燃烧模型和辐射模型等方面概述了隧道火灾数值模拟理论基础，利用 CFX 模拟软件建立了相应的螺旋曲线公路隧道火灾缩尺模型，然后将数值计算结果和对应的试验结果进行对比分析，验证了采用 CFX 软件进行数值模拟计算分析的准确性和可行性。

【关键词】　螺旋隧道；隧道火灾；数值模拟；缩尺实验

1 前　言

随着现代公路隧道的迅速发展，国内外大量的公路隧道在为人们的生活带来交通便利的同时，隧道火灾也给人们的生命财产安全带来了严重威胁。据日本全国统计，每年公路隧道发生的火灾事故在 4 000～5 000 起，居各类灾害事故之首。特别是城市公路隧道，随着行车速度的提高，以及各种载有可燃物质车辆通过隧道的数量和频率的增长，隧道火灾发生的概率呈上升趋势。隧道内一旦发生火灾，往往造成灾难性事故，损失惨重。

由于公路隧道火灾的严重性，其防治问题一直是国内外火灾科学研究一个不可或缺的热点和难点，同时也是消防部队探索和研究灭火救援技术、战术的重要课题。公路隧道火灾在其发展、蔓延、控制和扑救过程中，都涉及多种火灾科学问题，许多国内外学者分别对其进行了大量研究。近年来，国内外还特别重视山岭长大公路隧道、水下公路隧道和螺旋曲线公路隧道等隧道火灾的研究。

2　隧道火灾国内研究现状

我国对隧道火灾的研究起步相对较晚。近三十年来，在隧道火灾情况下的通风数值仿真、烟雾流场数值模拟、火灾后衬砌承载能力可靠性评估、隧道内火灾温度场分布、压力场分布、CO 浓度设计限值的研究、水消防技术在隧道中的控制应用、隧道火灾事故发生的成因及预防、救援预案等方面做了大量工作。

在隧道火灾试验研究方面，国内主要以在实验室进行的模型试验为主，研究内容着重于通风控制火灾时隧道的温度、烟气的流向及流速、隧道火灾的消防方法、救援预案等，对火灾时的火焰动态特

* 基金项目：国家“十三五”科技支撑计划课题“高效复合防排烟技术和关键装置”（2016YFC0800603）及子课题“城市交通隧道防排烟关键技术研究”（2016YFC080060304）；四川省 2016 年科技计划项目（应用基础类）“公路盾构隧道竖向疏散救援技术研究”（2016JY0169）；公安部四川消防研究所基本科研业务费专项资金资助项目“城市公路隧道防烟分区及新型防烟分隔技术研究”（20168813Z）。

性以及隧道火灾增长发展的规律研究较少。

国内在“八五”期间，由原原铁道部组织铁道部科学研究院西南分院、广州铁路局、兰州铁道学院、长沙铁道学院等单位对长隧道的火灾报警与消防方法进行了研究，在四川华蓥山矿务局救护大队的训练巷道开展了 1：3 断面模拟试验和消防方法论证等工作。

在隧道火灾数值模拟研究方面，中国科学技术大学、西南交通大学、清华大学对此做了较多的工作：主要是使用 CFD 通用软件、FLUENT 软件、PHOENICS 软件进行数值计算，或者以国外软件为基础开发程序，研究火灾时的烟气流动状况。

3 隧道火灾国外研究现状

20 世纪 80 年代以来，国外对隧道车辆的燃烧特性，模拟通风对车辆燃烧的影响，烟气增长，用木垛火与庚烷火模拟正常火灾荷载并比较，烟气中有毒成分生成量分析，隧道衬砌在火灾中的表现，消防救援方法与策略及自救原则等，特别是驾驶人员在隧道内的心理与行为，隧道内火灾增长和烟气运动数值模拟技术，隧道通风及烟气控制技术等方面做了系统的研究。由于隧道火灾规模对烟气控制的影响很大，研究工作主要集中于不同火灾场景时对热释放速率的确定，以及临界风速与热释放速率关系式的拟合。

世界各国对于隧道火灾的研究都非常重视。国际道路协会 PIARC（World Road Association）CS 技术委员会（PIARC Committee on Road Tunnels）下设有 Working Group No.6-Fire and Smoke Control 工作组，开展隧道火灾方面的研究工作。

美国消防协会（National Fire Protection Association，NFPA）制定了防火规范、标准、推荐操作、规程、手册、指南及标准法规等。其宗旨是推行科学的消防规范和标准，开展消防研究、教育和培训；减少火灾和其他灾害，保护人类生命财产和环境安全，提高人们的生活质量。

瑞典 LUND 大学运用场模型对隧道火灾烟气流动和安全疏散的相互作用进行了研究，研究重点为隧道内物质燃烧时温度、烟气在隧道纵横断面上的分布随时间和空间的变化情况。

日本开展了一系列的隧道火灾研究。20 世纪 60 年代，日本以矿山巷道为模型进行了火灾模型试验，目的主要针对采矿安全，制定防护措施，试验检测内容为火灾性状，包括燃烧的温度、燃烧传播速度、火灾带长度和防火带长度等。

英国 LEEDS 大学在流层的速度为热气流层和冷气流层速度之和的一半、隧道断面不变且平滑、假设质量和能量守恒、压力差很小、混合气羽流沿中心线呈正态分布的条件下，开发了隧道内火灾增长和烟气流动模型 FASIT。

4 国内外公路隧道火灾统计分析研究

20 世纪 80 年代初期，为改善公路隧道的消防状况，波恩联邦运输部委托进行了一次综合性的调查。在这一项研究中，他们对过去 15 年间（1970—1985）世界范围内 85 个城市中的隧道火灾情况进行了调查，而且对其频率、起因、范围、类似现象、消防方法及造成的损失调查了大量的文献，并进行了统计分析，制定了相应的对策。

就全世界来说，欧洲在公路隧道的安全评价分析研究方面走在了前列。从 1999 年开始，每年进行 1 次广泛的欧洲公路隧道安全评价，安全评价结果对于减少各种事故的发生起到很大促进作用。但是欧洲的隧道安全评价方法缺乏系统性以及层次性，没有对火灾事故进行消防安全专项评估，同时其影响安全的关键性指标不突出。日本在隧道安全方面也做了大量工作，在考虑隧道的长度以及交通量的情况下，提出了隧道安全等级的划分标准，但是该标准对于交通量很低的特长隧道以及刚建成通车交通量还不饱满的特长隧道则缺乏说服力。因此，欧洲和日本的公路隧道评价方法存在一定的缺陷。

1996 年，为改善公路隧道消防运营安全，交通部委托杨其新等进行了一次综合性的调查，即“国内外隧道消防方法及火灾实例调研”，在这一项研究中，他们对过去近 50 年间（1949—2002）世界范围内隧道火灾情况及造成的损失调查了大量的文献，总结了隧道火灾的原因、特点及其危害性，但未对公路隧道火灾频率、起因、消防安全等进行数理统计分析。由于不同安全等级的公路隧道对应的消防救援对策和消防设备不同，因此、确定公路隧道消防安全等级是制定隧道消防救援预案研究的重要前期工作。然而，目前国内在这个方面的研究非常欠缺。2006 年，杜益文、韩直、杭力等对公路隧道安全进行了模糊评价研究，但主要是针对隧道整体的运营安全而言。

5 结 语

随着我国公路隧道建设的逐年增长，公路隧道火灾形势更加严峻。我国公路隧道的建设与国外相比较晚，公路隧道火灾防范技术与火灾研究也远远落后于国外。为了提高公路隧道的消防安全水平，不仅要加强公路隧道火灾理论的研究，还要重视公路隧道火灾防火、灭火实用技术的研究，以保证公路隧道的整体消防安全水平。同时，为了保障公路隧道的消防运营安全，还应加强对公路隧道火灾统计分析的研究，通过数理统计分析，掌握公路隧道的火灾频率、起火位置、起火原因等相关数据，对公路隧道安全进行可靠地评价。从而，为公路隧道的消防安全运营和应急救援预案的制定提供科学的依据。

参考文献

[1] 张泽江. 公路隧道消防[M]. 成都：西南交通大学出版社，2014.
[2] 王少飞，林志，余顺. 公路隧道火灾事故特性及危害[J]. 消防科学与技术，2011，30（4）：339-339.
[3] 中国公路网. 中国开启水下公路隧道新时代[EB/OL]. http://www.chinahighway.com/news/2011/485387.php, 2011.
[4] Ju-seogKo, Chan-hoon Yoon, Sung-wook Yoon, Jin Kim. Determination of the applicable exhaust airflow rate through a ventilation shaft in the case of highway tunnel fires[J]. Safety Science, 2010, 48:722-728.
[5] 彭锦志. 坡度对特长公路隧道火灾烟气蔓延特性影响研究[D]. 长沙：中南大学，2011.

水性膨胀型钢结构防火涂料综述*

何世家，张泽江，刘军军，戚天游，唐胜利，
尹 航，尹朝露，李碧英，毛朝君，何勤理，金素艳
（公安部四川消防研究所 四川 成都 610036）

【摘 要】 本文简述了水性膨胀型钢结构防火涂料的特点，综述了水性膨胀型钢结构防火涂料的国家产业导向、国家扶持政策、国内外发展水平、国内外发展技术水平以及所面临的技术问题。

【关键词】 水性防火涂料；防火涂料；钢结构防火涂料

1 前 言

按分散介质的种类，钢结构防火涂料可分为溶剂型钢结构防火涂料和水性钢结构防火涂料。随着科技进步和人们对健康、环保的追求，传统的溶剂型防火涂料受到越来越多的挑战。水性膨胀型钢结构防火涂料（以下简称水性防火涂料）因涂层薄、涂覆量少、黏结性、柔性和装饰性优异等特点，是目前国内外使用量最大、涂覆面积最多、最广泛的一种防火涂料。水性防火涂料的有机挥发物少，对环境污染低，是一种环境友好型防火涂料。近些年来，我国水性防火涂料发展迅猛，但因我国水性防火涂料市场的混乱状态、水性防火涂料原材料供应水平和水性防火涂料技术工艺所限，我国水性防火涂料在整个防火涂料中的比例仍很小，与美国水性防火涂料占其整个防火涂料生产规模的 2/3 相比，还有很大差距[1]。因此，水性防火涂料在我国防火涂料市场前景极其广阔。膨胀型防火涂料是目前国内外使用最广泛的一种防火涂料，其中水性膨胀型防火涂料代表了防火涂料的发展方向[2]。从节能环保和保护人身安全的角度来看，水性防火涂料的研发与推广将是今后的必然趋势[3]。

2 水性防火涂料的特点

传统溶剂型防火涂料的环境污染问题为公众所诟病。近些年来，虽然国家投入了大量的人力、物力和财力治理空气污染，但全国爆发的雾霾频率和程度没有显著改善。这是因为，在所有雾霾爆发原因之中，有机溶剂的挥发对雾霾作用不可忽视。水性防火涂料同传统的溶剂型钢结构防火涂料比较，特点如下：

2.1 防火涂料的环保特性

成都市环科院研究了环境的影响因素，发现溶剂挥发形成的 PM2.5 是造成灰霾的重要因素。因为溶剂分子本身可以形成颗粒物，而可吸入颗粒物（PM10）和细粒子（PM2.5）是空气污染的重要因素。水性膨胀型钢结构防火涂料能降低有机溶剂等 VOC（挥发性有机物）的排放。比起传统的溶剂型防火

* 基金项目：“十三五”国家重点研发计划课题（2016YFC0800604）。

涂料，在 1.5 h 防火时间下，每平方米钢结构表面积上至少可以降低 530 g 有机溶剂的排放。这还不包括清洗工具和设备使用的有机溶剂。

例如，某建筑项目涂装面积约 4 万 m^2，合计约可减少有机溶剂排放量 0.53 kg × 40 000 = 21 200 kg ≈ 21 t。若采用溶剂型防火涂料，相当于 21 t 的有机溶剂慢慢倾倒入大气中。而该溶剂对人类有危害，甚至含有可能致癌的苯类溶剂。

2.2 防火涂料的安全特性

水性防火涂料以水为分散介质，不含有机溶剂，属于不易燃材料，现场施工的时候，没有着火的风险，不会因为挥发的溶剂导致火灾和爆炸。因此，水性防火涂料在生产、包装、贮存、运输和施工过程中都是安全的，没有火灾隐患。溶剂型防火涂料从涂料生产到施工一系列过程中，都有机溶剂，都有造成火灾的风险。我国曾经有多起溶剂型防火涂料厂因操作不当而引起火灾的事故。

2.3 防火涂料的舒适特性

水性防火涂料以水为分散介质，不含有机溶剂，气味非常小，在任何阶段涂装施工，都不会导致周围环境产生恶臭。溶剂型防火涂料因涂料成膜过程中，有机溶剂要慢慢挥发到空气当中，这些溶剂会带来令人不舒服的气体。

2.4 防火涂料的施工特性

溶剂型防火涂料施工成膜时，溶剂从树脂中挥发速度较慢，一般需要 60 天以上才能挥发干净。因此，溶剂型防火涂料养护期一般为 60 天左右。水性防火涂料以水为分散介质，涂料成膜过程中，水要从涂料中释放出来，一般表干时间为 2 h，完全干燥时间约为 3 天，养护期为 3 天。这大大节约了涂料从施工到投入使用的时间。

3 水性防火涂料的产业导向及政策

2013 年 2 月 16 日国家发展改革委第 21 号令公布《产业结构调整指导目录（2011 年版）（修正）》，在十五条第 8 项中将溶剂型钢结构防火涂料纳入限制类，在三十九条第 47 项中将水性钢结构防火涂料纳入鼓励类。根据国家有关规定，自 2011 年 1 月 1 日至 2020 年 12 月 31 日，以相关鼓励类产业目录中规定的产业项目为主营业务，且其当年度主营业务收入占企业收入总额 70%以上的企业，经企业申请，主管税务机关审核确认后，可减按 15%税率缴纳企业所得税。

2013 年广州市将溶剂类的涂料企业强制搬离至 200 km 以外，2014 年北京市将制造业搬离北京 300 km 以外，上海市（包括其郊区）强制停止溶剂类涂料的生产，深圳和杭州等经济较发达地区也采取类似政策。

为贯彻国家的方针政策，自 2013 年起，公安部消防产品合格评定中心已经停止溶剂型钢结构防火涂料新办企业的申请。

因膨胀型钢结构防火涂料在附着力和装饰效果方面表现优异，而且重量轻，不加重荷载，所以在防火涂料中的比重举足轻重。如果以水代替有机溶剂制备胀型钢结构防火涂料，那么制备的防火涂料不仅兼有膨胀型防火涂料的所有优点，且具有环保、安全与舒适的效果。为此，20 多年前，北京、上海、广州、浙江和江苏等经济较发达地区的防火涂料企业和一些科研院所就看好水性膨胀型钢结构防火涂料的市场，并投入大量人力和物力从事水性膨胀型钢结构防火涂料的研发，但迫于企业的研发能力和国内原材料技术水平，国产水性膨胀型钢结构防火涂料的耐火极限较低，因而，水性膨胀型钢结构防火涂料没有大规模推广。

国外发达国家的一些防火涂料生产企业，因看好我国水性膨胀类钢结构防火涂料的市场潜力，已经投入巨资，从事水性膨胀型钢结构防火涂料的研发，并取得了较大的进步。

从以上分析可以看出，传统溶剂型钢结构防火涂料因树脂老化可能给防火涂料的防火性能带来风险；传统溶剂型防火涂料对环境的破坏不容忽视；国家对溶剂型钢结构防火涂料的限制越来越严，对水性防火涂料的生产企业采取税收优惠和政策扶持；国外发达国家生产的水性钢膨胀型钢结构开始快速垄断我国钢结构防火涂料市场。综合上述原因，为保护我们的民族工业，保护我们的防火涂料市场，研究一种不易老化、对环境无污染、防火性能和理化性优良、不同于传统膨胀型钢结构的防火涂料，将是我们刻不容缓的责任。

4 水性防火涂料国内外发展状况

笔者研究的水性膨胀型钢结构防火涂料是指以水作分散介质，以乳液或水溶型树脂为黏结剂，以可膨胀微粒作发泡材料，再配合恰当比例的耐火填料和助剂组成的防火体系。其膨胀发泡机理是，在火灾中可膨胀微粒受热分解成细小的泡沫，附着在涂层的表面，形成隔热防火泡沫层，融化的树脂黏附着这些泡沫，使泡沫不脱离于被保护的基材，随着温度的进一步上升，树脂慢慢被高温氧化分解，但这些泡沫层很难被分解，仍然附着在被保护基体的表面，从而达到防火目的。

笔者研究的防火涂料同传统的水性膨胀型钢结构防火涂料比较如下。

4.1 火涂料的老化性

笔者研究的水性膨胀型钢结构防火涂料主要依靠膨胀微粒发泡，树脂老化后黏度的改变对防火涂料的防火性能影响较小，所用的发泡机理不同于传统溶剂型防火涂料。笔者研究的膨胀微粒主要由无机小分子构成，材料非常稳定，不易变质或老化。

传统的水性防火涂料膨胀机理同溶剂型防火涂料机理相同，不同的是传统水性防火涂料是以水分散树脂，溶剂型防火涂料是以溶剂溶解树脂。因此，笔者研究的水性膨胀型钢结构防火涂料耐老化性更好。

4.2 防火涂料的防火稳定性

笔者研究的防火涂料因树脂不参与膨胀发泡过程，所以树脂的老化对防火涂料的膨胀发泡影响不大。传统的防火涂料树脂参与发泡过程，树脂的任何变化都有可能影响与发泡剂的同步，这将影响到发泡性能，从而影响防火涂料的防火稳定性。

4.3 防火涂料的制造成本

传统的膨胀型钢结构防火涂料使用的阻燃剂要求较高，阻燃剂对防火涂料的发泡性能非常关键，所需要的阻燃剂售价为 60 ~ 65 元/千克，生产的膨胀型防火涂料成本较高。

笔者研究的防火涂料，所用的阻燃剂要求不高，其售价也较低，制造成本约为 14 元/千克（超薄型水性钢结构防火涂料耐火极限为 90 ~ 110 min/2 mm；薄型钢结构防火涂料耐火极限 180 min/4.6 mm）。

4.4 笔者研究的防火涂料同国内同行比较

国内防火涂料厂家使用国产材料生产的水性防火涂料耐火极限一般为 60 min/2 mm。例如，新疆XX有限公司，生产的水性超薄型钢结构防火涂料耐火极限为60 min/2 mm，福建XX公司生产的水性超薄型钢结构防火涂料耐火极限为 60 min/2 mm，江苏 XX 公司为生产的水性超薄型钢结构防火涂料耐火极限为52 min/2 mm，北京XXX研究的水性超薄型钢结构防火涂料耐火极限为72 min/2 mm。

笔者研究的水性超薄型钢结构防火涂料，2010 年底耐火极限检测结果为 90 min/2 mm，为同期国内水性防火涂料最好水平；2013 年研究的水性防火涂料耐火极限有望达 110 min/2 mm；2016 年研究的水性膨胀型薄型钢结构防火涂料，耐火极限为 180 min/4.6 mm，为同期国内外耐火极限最高的水性膨胀型钢结构防火涂料。

5 结 语

水性防火涂料不仅能够提高厚型防火涂料、隧道防火涂料、木质防火门和防火保险柜的耐火极限，而且能改善这些构、配件的装饰效果。

水性防火涂料克服了溶剂型防火涂料养护期长、毒性大、运输、贮存和使用不安全的缺点，有利于环境保护及生产、施工人员的健康和安全[5]。随着整个涂料工业向节能、低污染、高性能方向发展，可以说水性化是防火涂料的发展方向。

目前，我国防火涂料生产厂家已达200多家，年产量达几万吨。但我国水性防火涂料在整个水性涂料中的份额很小，以至于未被统计在内。若按照平均每家企业生产水性防火涂料产值为500万元计算，我国水性膨胀型钢结构防火涂料年产值至少为100亿元。

近些年来，我国每年将有几十座新建或扩建的机场，按照平均每座机场地所需要的水性防火涂料价值1000万元计算，我国每年机场所需的水性膨胀型钢结构防火涂料年产值将达几十亿元。另外我国还有新建的或扩建核电站、车站、码头、展览馆和体育馆也将需要大量的水性膨胀型钢结构防火涂料。

随着我国“一带一路”倡议的推进，届时，大量的工程将会开工，水性膨胀型钢结构防火涂料的使用量将会成倍地增加。

参考文献

[1] 杜克敏. 水性防火涂料的发展现状[J]. 上海涂料，2010，48（7）：20-22.
[2] 秦国治，田志明. 乳液膨胀型防火涂料[J]. 现代涂料与涂装，2002（4）：9-10.
[3] 王国建. 钢结构防火涂料的发展趋势[J]．上海涂料，2007（11）:25-27.
[4] 张爱黎. 超薄钢结构水性防火涂料的研制及耐火性能[J]. 材料保护，2010（10）:20-22.
[5] 张军科. 水性防火涂料的研究进展[J]. 化学建材，2009（3）：29-30.

作者简介： 何世家（1974—），男，公安部四川消防研究所副研究员，主要从事防火涂料的研发。
通信地址：四川成都金牛区金科南路69号，邮编610036；
联系电话：13568979897；
电子信箱：22876565@qq.com。

建筑火灾图像去烟技术现状及发展趋势探讨*

李国辉[1]，赵力增[1]，李 森[2]

（1. 公安部天津消防研究所子 天津，300381；2. 郑州轻工业学院，河南 郑州 450002）

【摘 要】 建筑火灾中，烟气是影响人员安全疏散和消防救援的主要因素。通过分析去雾算法和图像增强算法，探讨了火场去烟技术和火场图像清晰化技术，分析了去烟算法与建筑视频监控系统结合来实现火场去烟的可行性。对比分析了同态滤波、直方图均衡化、小波变换和 Retinex 理论的优缺点，提出了改进 Retinex 算法并融合其他算法实现火场去烟的研究思路，以及建筑火灾图像清晰化的发展方向。

【关键词】 火灾；去烟技术；图像增强；视频监控

1 前 言

近年来，超高层建筑、大型商业综合体、综合交通枢纽、地下场所等大空间、多功能、结构复杂的建筑不断出现。这类建筑人员密度高、火灾风险大，一旦发生火灾，人员逃生和消防救援十分困难。面对复杂的建筑环境，发生火灾后，建筑内烟气弥散、能见度极低，从而大大降低了人员疏散逃生的效率并影响消防救援。我国消防部队已配备了基于红外技术和超声波技术的救援装备，但仍然需要消防员进入火场，但消防员在烟气中面临低能见度和高热辐射的风险，救援效率低下。大型、综合性建筑的视频监控系统非常完善，如果借助视频监控系统，将火场去烟技术融合到已有的视频监控系统，实现火场图像清晰化处理，则可在发生火灾时，通过监控系统第一时间掌握火场情况和人员分布情况，从而为人员安全疏散提供指导，降低消防救援人员在火场中的搜寻时间，提高消防救援效率，也为火灾调查和勘验提供火场原始资料。

2 建筑火灾去烟技术研究现状

建筑火灾发生后，主要靠应急照明为人员疏散和消防救援提供光线。一旦火灾规模较大，烟气充分发展后，火场能见度极低，应急照明光线难以穿透烟气提供视野，人员难以看清疏散路线和安全出口，外部救援力量即使进入火场也难以快速定位人员位置。为解决这一难题，可以考虑利用视频监控系统集成去烟算法，对火场图像进行清晰化处理。针对这一思路，许多学者已开始相关研究，但技术尚不成熟。

2.1 建筑视频监控系统基本概况

视频监控系统作为综合类建筑管理的有效方式，已经成为智能楼宇不可或缺的有机组成。视频监

* 基金项目：公安部天津消防研究所基科费项目（2016SJ-A-23）。

控系统通常由摄像、传输、控制和显示四部分构成。摄像系统用于拍摄现场画面，并将现场信息转换为模拟量或数字信号；信号通过传输网络传到控制中心；控制中心对信号进行解析，显示在控制系统上。系统对建筑的维护管理，特别是突发事件的及时处理提供了便利。但是，对于建筑火灾，由于火场烟气浓度大，能见度低，监控系统难以清晰的获得火场实时场景，从而难以为人员疏散和消防救援提供有效支持。目前，部分摄像产品生产商实现了去雾功能，但还尚未实现去烟功能。

2.2 图像增强方法和去雾算法研究现状

国内外对于建筑火灾烟气环境中的去烟技术研究较少，但与烟气类似的雾、霾等环境中的清晰化研究，以及夜间图像增强技术研究较多。部分学者开展了建筑火灾的去烟技术研究，但多是基于去雾技术和图像增强技术开展。研究方法主要有物理模型方法和非物理模型方法。

物理模型方法包括：多气候条件场景的图像去雾算法；不同偏振条件下多幅图像去雾算法；用户交互图像去雾算法；以及数据假设图像去雾算法。

非物理模型图像去雾算法主要以人们的主观视觉感受为基础来实现图像的清晰化。主要包括：同态滤波、直方图均衡化、Retinex 理论以及小波变换等。

以上这些方法尚未较好的应用到去烟领域，理论模型还需要不断改进。此外，烟与雾霾存在差异。火灾烟气以固体颗粒物为主，建筑火灾主要以黑色烟气为主，对光线的吸收作用大于散射作用。雾霾多为白色，对光线的散射较强。二者的光学性能需进一步研究。针对烟、雾霾环境的图像增强技术主要集中以下几种方法。

2.2.1 直方图均衡化

直方图均衡化是传统的图像增强算法，属于灰度变化法的一种。根据处理对象的不同分全局均衡化和局部均衡化。直方图均衡化方法操作简单、优化显著，主要适用于场景简单的图像处理。全局直方图均衡化方法由于对局部灰度的处理效果不好，已经很少用于去雾处理。局部直方图自适应性较好，并可改善图像的局部区域对比度，但存在块效应，易出现光晕效果。

2.2.2 同态滤波

同态滤波根据照度-反射模型对图像进行处理。通过合成照度分量和发射分量来得到图像，合成公式（1）如下：

$$F(x,y)=R(x,y)\cdot L(x,y) \tag{1}$$

式中，$f(x,y)$表示处理后的图像，$R(x,y)$表示反射分量，$L(x,y)$表示照度分量。同态滤波中反射分量频谱集中在高频段，照度分量频谱集中在低频段，其基本原理是利用滤波函数估算图像的低频和高频成分，从而实现图像的局部清晰度加强。同态滤波不改变图像原貌，但由于其未考虑图像的空域局部特点，容易出现一部分图像增强过多而导致清晰度出现异常的现象。

2.2.3 小波变换

小波变换作为一种域变换手段，可实现空域和频域的局部分析。通过小波变换进行分解，可得到反映图像主要空域的亮度分布和主要面貌，并展现出图像的边缘信息。小波变换也是基于照度-反射模型，同时包含高频和低频信息，通过多层次分解和变换，实现对图像清晰度的增强。但小波变换得到的图像会丢失部分场景信息。将傅里叶变换和小波变换结合的同态滤波都属于频域滤波，该类方法的另一个缺点是转换处理域的过程需耗费大量时间。

2.2.4 Retinex 理论

Retinex 理论是一种基于光照补偿的图像增强方法。通常人类感知到的物体颜色不受环境光照影响，仅与物体表面反射相关，这也是 Retinex 理论的基本思想。Retinex 理论通过照度-反射模型计算图像清晰度，与同态滤波类似。二者的区别在于 Retinex 在图像增强处理时先计算照度分量，再计算反射分量。Retinex 算法可以更精确地把亮度分量从原始图像中提取出来，通过对原始图像进行高斯平滑来提取亮度图像。

以上方法用于火场去烟存在一定问题。有学者研究发现，将改进和优化的 Retinex 理论用于去烟效果较好。采用改进暗通道的先验算法优化 Retinex 理论模型，可实现火灾的自适应去烟算法。要实现较好的去烟效果，还应解决图像边缘信息、亮度和对比度增强问题。增强图像的边缘信息可采用拉普拉斯算子提取图像边缘信息，但拉普拉斯对噪声敏感，离散变换后才能实现较好的锐化效果。从 RGB 空间转换为 HSV 空间可增强亮度和对比度。

此外，融合高斯金字塔滤波算法和像素对数查表法可提高图像处理效果和效率。高斯模板的确定由高斯模板尺寸和尺度因子两个参数共同决定。通常选择高、中、低三个层次的尺度因子计算，但计算用时较长，难以满足实际需求。因此，将高斯金字塔滤波替代高斯滤波，通过降维与滤波融合算法可实现高效快速的 GL-Retinex 图像去烟算法。该算法可提高图像清晰度，同时降低运算时间。

总体来看，将 Retinex 理论模型进行改进、优化并融合多种算法可在一定程度上实现较为理想的去烟清晰化处理效果。

3 建筑火灾去烟技术发展趋势

3.1 借鉴去雾技术，探索火场去烟算法

去雾技术和图像增强算法已经相对成熟，基于视频监控系统的去雾算法也已经实现产品化。充分分析烟与雾的异同点，对 Retinex 算法进行优化、改进并融合先进的图像增强技术，开发适用于建筑火灾烟气环境的图像增强算法是未来的研究思路。

3.2 发挥视频监控系统在消防指挥决策中的作用

充分利用建筑视频监控系统，将建筑火灾去烟算法集成在视频监控系统内，是较好的发展方向。一方面，可提高消防指挥决策的准确性和效率；另一方面，通过建筑视频监控系统增强火场画面，可为建筑内部的消防救援队伍和建筑人员逃生提供最佳路径。图像增强的软件系统与视频监控的硬件系统结合，对于消防指挥决策和火场救援逃生意义重大。

3.3 建筑火灾去烟技术为火灾调查提供技术资料

去烟技术为火灾调查提供技术支撑和依据。火灾调查往往缺少原始资料，需要通过多种技术手段推测起火原因和发展过程。对于超高层、城市综合体、交通枢纽等复杂建筑，利用图像增强和视频监控相结合的去烟系统，可记录下建筑起火初期和发展的特征，通过对火场的模糊画面进行清晰化处理，还原建筑内部的基本场景，可在一定程度上提高火灾调查的准确度和可信度，并提高火灾物证鉴定结果的科学性和效率。

3.4 融合去烟和人员检测算法快速检测被困人员

建筑火灾去烟技术的另一个重要应用领域是开展火场人员搜索定位。特别对于综合交通枢纽，人

员密度大，如果在图像增强技术的基础上，再将多形态人员检测算法融合在一起，则可实现火场环境下的人员自动检测和搜索。通过算法自动检测火场人员，快速锁定被困人员，可以为消防救援提供决策支持，同时大大提高人员搜救效率。

4 结 论

视频监控系统在大型、综合、复杂建筑内的应用越来越普及。开发先进的火场去烟算法，结合建筑视频监控系统实现图像的清晰化处理，为人员疏散、消防救援和火灾调查提供技术支撑，具有广阔的应用前景。火场图像清晰化，提高了大空间、人员密集场所、多功能建筑的消防安全水平，为火灾事故调查提供翔实的原始资料。同时，利用建筑内部的视频监控系统，可节约成本，并在不改变建筑构造的基础上，实现火灾图像的清晰化处理。该技术可广泛应用于人员密集场所、综合性建筑、高大净空场所和地下建筑，提升建筑的整体消防安全水平和科技含量，最终降低人员伤亡和财产损失。

参考文献

[1] 郭剑. 视频监控系统在消防指挥调度中的作用[J]. 信息安全与技术，2012，3（7）：89-91.
[2] 梁琳，何卫平，雷蕾，等. 光照不均图像增强方法综述[J]. 计算机应用研究，2010，27（5）：1625-1628.
[3] 禹晶，徐东彬，廖庆敏. 图像去雾技术研究进展[J]. 中国图象图形学报，2011，16（9）：1561-1576.
[4] 许骏. 面向火灾场景的图像去烟雾系统研究[D]. 上海：东华大学，2016.
[5] 李森. 火灾初期建筑内图像清晰化及人员检测技术研究[D]. 合肥：中国科学技术大学，2014.
[6] 张新龙，汪荣贵，张璇，等. 雾天图像增强计算模型及算法[J].中国图象图形学报，2011，16（8）：1359-1368.
[7] Hunter B, Guo ZX. Reduction of angle splitting and computational time for the finite volume method in radiative transfer analysis via phase function normalization[J]. International Journal of Heat and Mass Transfer, 2012, 55: 2449-2460.

作者简介：李国辉，男，博士，公安部天津消防研究所助理研究员，主要从事火灾风险评估研究。
通信地址：天津市南开区卫津南路110号；
联系电话：18822182920；
电子信箱：liguohui@tfri.com.cn。

水上固定漂浮物的火灾危险性研究

李文勇
（天津市滨海新区消防支队，天津　300450）

【摘　要】 本文提到的水上固定漂浮物，主要是指经过后天改造、装修后改变使用性质，作为旅游景点、宾馆、饭店、娱乐场所等对外经营的停靠在岸边的各种船舶。船舶的消防安全设计在标准上和正式地上建筑是不同的，其经过改造后，也很难符合正式地上建筑的消防安全规范的要求，因此会出现一些先天消防安全隐患。本文着力研究这类特殊建筑与普通建筑的设计差别，为这些建筑的消防安全管理提供一些思路。

【关键词】 水上固定漂浮物；火灾危害性；火灾防治技术

1　水上固定漂浮物的定义及成因

要说水上固定漂浮物，必须先谈到水上固定漂浮建筑。水上固定漂浮建筑，顾名思义就是漂浮在水面上的建筑，这种建筑多为近岸或者和岸边有通道连接。笔者把这种建筑分为两类：第一类就是先天就设计在水面上的建筑，例如画舫（见图1）、观景楼（见图2）、亲水别墅等。这种建筑除了古旧建筑，凡是新建建筑，其建设前期的规划、设计及各种按规范要求的安全设置全都会遵循现行的法律、法规、规章制度及各种国家强制性规范。所以，这一类水上固定漂浮建筑不作为本文的研究重点，笔者主要研究第二类。第二类水上固定漂浮建筑是后天人为放置的，主要是购买各种退役、淘汰或即将退役、淘汰的军用船舶、民用船舶后停靠在岸边，经过后天改造、装修后改变使用性质，用于旅游景点、宾馆、饭店、娱乐场所等对外经营。这种水上固定漂浮建筑在本文将其称为水上固定漂浮物。很显然，这两类水上固定漂浮建筑是有明显区别的。

图1　观景画舫

图 2　观景楼

既然水上固定漂浮物现实存在，就必然有它的用途。这类建筑在现实中多为旅游景点，少数是私人居住。可以将是否有人员居住和具体使用性质作为前提研究条件。例如深圳的明斯克航母和天津的基辅号航母（见图 3）都属于参观型水上固定漂浮物，这类军事用舰船改造后作主题公园，平时只供游人参观，不提供住宿，人员流动性大，单位时间人员密度小而且船体宽大，各种火灾应急措施齐全，相对而言降低了火灾危险性。再有就是游轮改为豪华宾馆、饭店、娱乐场所的例子，比如原东方公主号轮船改为现在的集居住、餐饮、娱乐、旅游为一体的综合性建筑（见图 4)，这种水上固定漂浮物常年有人居住，火灾荷载大，引起火灾的不确定因素多，火灾危险性较纯参观性水上固定漂浮物更大。

图 3　天津基辅号航母

图 4　天津东方公主号游轮

2　水上固定漂浮物先天存在的火灾隐患

2.1　船舶消防安全设计与固定建筑消防安全设计的区别

（1）船舶的消防安全设计从标准上和正式地上建筑不同。船舶安全设计遵守的是民用船舶防火设计依据《国际海上人命安全公约》（International Convention for Safety of Life at Sea, SOLAS，以下简称《公约》）和《船舶与海上设施法定检验规则》。SOLAS 公约是一个全球性的标准，世界各国凡是加入公约者都要必须遵守这一国际性标准。《船舶与海上设施法定检验规则》是中华人民共和国船舶检验局颁发的国内船舶具体安全规则，该规则的制定是在 SOLAS 公约范围下的国内具体实施标准。作为正式地上建筑的消防设计，世界各国有各自的规范标准，因为不同国家的经济发展和科技水平不同，所以建筑消防设计的制订标准的严格程度也参差不同，目前全球还没有统一的建筑消防设计规范，只有部分通用的技术术语。

（2）船舶的消防安全设计从思想上和正式地上建筑不同。虽然整体思想都是先基于自救，但是最后的逃生手段却完全不一样。船舶的安全设计思路是围绕自救为主，自救不成只能等待外部救援。这就要求它在设计时就要考虑留出足够的空间搭载救生艇，疏散通道也就围绕着救生艇而展开。地上正式建筑的设计思想是基于自救为主最好，一旦不能自救，强调的是留出足够的逃生通道直通室外或者安全区域，在这基础上留出供消防部门灭火救援的扑救场地和消防通道。

（3）材料限制导致船舶的消防安全设计从侧重点上和正式地上建筑不同。现代船舶的建造材料一般都是钢材和合金，众所周知，钢材的耐火性能远远比不上正式建筑的混凝土，所以船舶设计不会为了一味追求耐火极限的时间而加大建造成本，减少载重量，船舶的耐火极限一般赶不上正式建筑。

（4）内部结构导致船舶的消防安全设计从布局上和正式地上建筑不同。船体的外形要求符合流体力学、空气动力学等的要求，而船体内部设计必须要求留出足够大的气密仓和各种设备舱室，这就造成了从布局要求上和正式建筑不同。船体的外形制约了内部的空间，内部的各功能仓又占据了不菲的空间，导致客舱的布局不能和正式建筑一样，留出足够的消防通道和合理的防火防烟分区。

2.2　船舶变为水上固定漂浮物后存在的消防安全隐患

前面所表述的只是单纯的船舶消防设计和正式建筑的不同，而一旦船舶变性为水上固定漂浮物，那就给消防安全工作带来了新的问题。船舶变为水上固定漂浮物后，必定需要进行改装，如果单纯只是为了参观，那么通过限制参观人数、简单改变结构和加装改进消防设施等手段就有可能达到现行国家标准。但是某些游轮改为集住宿、餐饮、娱乐和旅游一体的公共建筑就不能简单地改装了事。这是因为：

（1）水上固定漂浮物的耐火等级不足。公共娱乐场所一般要求耐火等级二级以上，而水上固定漂浮物由于建筑材料的限制达不到要求。

（2）水上固定漂浮物防火分区设置与正式建筑不一样。按照《公约》的标准，原水上固定漂浮物防火分区称之为防火分隔。防火分隔是靠防火分隔度来衡量重要性的。防火分隔度就是某类舱室与其他各类舱室防火分隔要求的程度，简称为防火分隔度。舱室防火分隔度也反映了规范对相应舱室防火分隔要求的重视程度。立体分隔分为主竖区和水平区两种，这种分区是靠甲板和舱壁分隔的，耐火极限最多 60 min。正式建筑的防火分区划分是由建筑的使用性质决定的，不同使用性质的建筑防火分区面积大小不一样。小到几百平方米，大到几千平方米。分区的划分是靠防火墙实现的，最小耐火极限都要达到 3 h。而且规范对作为公共娱乐场所的正式建筑还有防火隔间面积有特别要求，《建筑设计防火规范》第 5.4.9 条规定，当歌舞厅、录像厅、夜总会、放映厅、卡拉 OK 厅（含具有卡拉 OK 功能的餐厅）、游艺厅（含电子游艺厅）、桑拿浴室（不包括洗浴部分）、网吧等歌舞娱乐放映游艺场所的厅、室之间及与建筑其他部位之间，应采用耐火极限不低于 2 h 的不燃烧体隔墙和 1 h 的不燃烧体楼板与其他部位隔开，厅、室的疏散门均应设置乙级防火门。很显然，由船舶改造成的公共娱乐场所很难达到要求。

（3）安全疏散的要求。国内的各种相关规范对公众聚集场所特别是公共娱乐场所的人员疏散要求特别严格，但是这一点水上固定漂浮物很难满足。《国际海上人命安全公约》将通常的疏散通道定义为脱险通道，一般规定除机器处所外，一切旅客和船员出入处所以及船员经常使用的处所内，应布置梯道与梯子，以提供到达救生艇登艇甲板的方便脱险通道，特别应符合下列规定：① 在舱壁甲板以下，从每一水密舱或类似限界的处所或处所群，应有两个脱险通道，其中至少一个不得利用水密门。但主管机关对有关处所的性质和部位以及对经常居住或使用这些处所的人数经过恰当的考虑后，可以免除其中一个脱险通道。② 在舱壁甲板以上，从每一主竖区或类似限定的处所或处所群，至少应有两个脱险通道，其中至少应有一个能通达可垂直脱险的梯道。③ 按照本条一款第一项及第二项要求的脱险通道应至少有一个是利用易于到达的环围梯道，此梯道应提供连续的防火遮蔽，自其起点的一层起到达适当的救生艇、筏的登乘甲板，或到达此梯道所至的最高层，以何者为高而定。如果主管机关根据本条一款第一项的规定允准免除时，则仅有的一个脱险通道应能提供为主管机关满意的安全通路。梯道的宽度、数目及连续性应取得主管机关的同意。④ 自梯道环围至救生艇、筏登乘区域的出入口保护，应取得主管机关的同意。⑤ 升降机不得视为构成所要求的脱险通道之一。⑥ 仅用于一个处所及此处所内阳台的梯道，不得视为构成所要求的脱险通道之一。⑦ 如无线电台没有通往露天甲板的直接通道，则此电台应设有两个脱险通道。⑧ 不允许设置长度超过 13 m 的一端不通的走廊。不难分析出，这些规定和正式建筑的防火设计要求相比差距比较大。该规定中没有具体疏散距离的要求，没有疏散宽度的要求，缺少袋形走道设置的规定等等。

（4）防排烟的要求。虽然该《公约》有所规定，但是缺乏具体的标准，没有明确防烟分区的概念，没有具体的防排烟设置的标准及计算度量。在新的 SOLAS 规定中，只对控制站、机器处所和客船的天井提出了防排烟要求，而且仅仅是原则性的。对大空间的排烟量设计是按照面积或者体积进行设计，SOLAS 中规定排烟量应按每 10 min 换气一次计算，也就是换气次数不小于 6 次/h。

（5）自动喷水灭火系统和火灾报警装置的设置，没有具体的计算标准和布置标准，没有单独的规范和施工细则。

（6）最危险的就是改变性质后的可燃材料装修问题。原本船舶因为本身可燃物控制的严格，可燃装修材料用量少，所以相对消防标准制定得比较简单，但是现在一旦改变使用性质，变身为具有娱乐功能的固定水上漂浮物。为了体现娱乐场所的奢华性以及整体提高消费档次，就会相应提高装修标准，人为地设置各种装修装饰，从而增加了火灾荷载和火灾危险性，提高了火灾的蔓延速度和烟雾的毒害性。

3 水上固定漂浮物消防安全管理的特殊性

水上固定漂浮物因为本身的固有限制，即使再次经过优化设计和消防安全评估，也不可能百分之百达到合格的正式地上建筑的规范设计要求。法律、法规和技术规范的要求主要是为了预防火灾和一旦发生火灾时把灾害损失降低到最小。既然我们认识到了水上固定漂浮物存在的先天消防安全条件不足难以改变，我们就应该从预防火灾的根源上入手，从软环境入手，强调管理的因素，彻底杜绝发生火灾的人为因素，从而达到降低发生火灾几率的目的。如果能做到不发生火灾，那么就能保证水上固定漂浮物的整体安全。

水上固定漂浮物有其特殊性质,那么同普通地上建筑的消防安全管理相比它也有自己的不同之处。我们要明白它的二重性：它既是固定建筑又兼有船舶的属性，这就要求我们在管理上不同于一般的建筑,既有相通部分又有特殊方面。首先我们要强调水上固定漂浮物的管理要遵循船舶的消防安全管理,因为毕竟这种建筑的前身是船舶，所以要遵守相关的船舶消防安全管理规定；其次我们要明确水上固定漂浮物现在要作为正式建筑进行消防管理，而且要进一步作为消防安全重点单位来管理，单位要遵守各种与之相适应的法律法规。我们的研究不单单是特定的某一艘船改为水上固定漂浮物，而是想建立一整套类似这种水上固定漂浮物的消防安全管理办法，所以考虑的方面能细则细，操作性、指导性都要强。

4　下一步研究方向

水上固定漂浮物是一种新型的兼有地上建筑和船舶特性的建筑类型，这类建筑或场所通常在消防设计、管理上存在很大的安全隐患。由于研究方向所限，本文只对先天设计等方面进行研究以及在消防管理上给出建议，下一步应对水上固定漂浮物的人员疏散开展研究，包括疏散方式、策略和增加应急疏散口或通道等，以便于对这类新型建筑的消防安全进一步提高认识，全面地解决先天隐患。

参考文献

[1]　GB 50016—2014. 建筑设计防火规范[S]. 北京：中国计划出版社，2014.

[2]　范维澄，孙金华，陆守香. 火灾风险评估方法学[M]. 北京：科学出版社，2004.

作者简介：李文勇（1979—），男，现任天津市滨海新区公安消防支队防火处工程验收科科长，工程师，中国科学技术大学火灾实验室硕士，从事消防监督、审核、验收工作14年。

通信地址：天津市滨海新区塘汉路99号，邮编：300450；

联系电话：13820184646。

建筑构件耐火极限标准探讨

饶　平，孙　浩

（上海天祥质量技术服务有限公司，上海　200000）

【摘　要】 本文介绍了耐火极限的定义及其建筑构件耐火极限的试验方法、炉内参数及判定要点，并分析了影响耐火极限的因素，提出了提高构件耐火极限的具体措施。

【关键词】 耐火极限；温升曲线；炉内参数；评判参数；影响因素

1 前　言

耐火极限是衡量建筑构件在火灾中对火的抵抗能力。对任一建筑构件，按照标准时间-温度曲线进行耐火试验，从受火作用时起，到构件失去隔热性或完整性或失去支撑能力时止，这段抵抗火的作用时间，称为耐火极限，通常用小时（h）或分钟（min）来表示。耐火极限测试适用的建筑构件包括墙体结构、室内隔断、立柱、横梁、楼板、楼层地板和屋顶吊顶系统等。建筑构件的耐火极限需要满足建筑规范规定的耐火等级，而最常用的评价耐火极限的方法是开展全尺寸的耐火极限测试。很多国家采用国际标准化组织制定的标准 ISO834[1]或基于 ISO834 的国家标准进行耐火实验，例如，我国的国家标准 GB9978[2]，澳标 AS1530.4[3]，欧标 EN1363-1[4]。英国采用 BS476 -20 ~ 23[5-7]进行耐火实验。ASTM E119[8]作为美标防火测试的标准，在北美广泛使用且被很多标准所引用，如加拿大标准 CAN/ULC S101[9]、防火门的测试标准 UL10B [10]、UL10C[11]、NFPA252[12]等。

2 建筑构件耐火极限试验标准温升曲线

ASTM E119 和 ISO834、BS 476-20 ~ 23 的标准温升曲线如图 1 所示，ASTM E119 和 ISO834 的温升曲线很相似，BS 476-20 ~ 23 采用和 ISO834 相同的温升曲线。

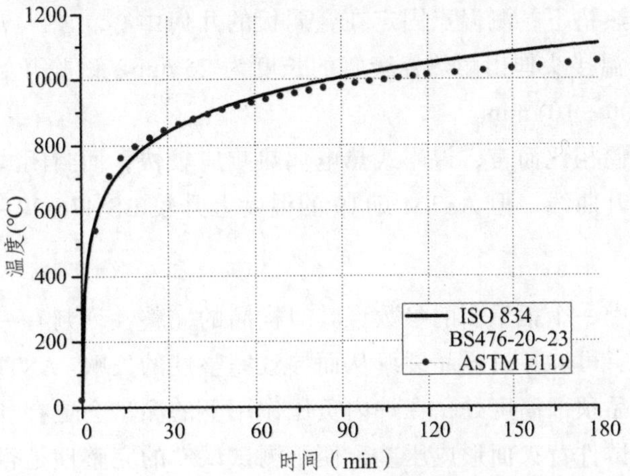

图 1　标准的时间–温度曲线

其中，ISO834的温升曲线函数为

$$T = 345\lg(8t+1) + T_0 \tag{1}$$

ASTM E119的温升曲线是由一系列离散的点拟合而成：

$$T = 750(1-\mathrm{e}^{-3.795\,53\sqrt{t}}) + 170.41\sqrt{t} + T_0 \tag{2}$$

式中，t 为耐火时间，min；T_0 为环境温度，°C。

3　燃烧试验炉炉内参数

Intertek上海天祥质量技术服务有限公司构建的耐火极限的试验炉实体如图2所示。

图2　Intertek耐火极限试验炉

3.1　炉　温

ASTM E119炉内热电偶为封闭式。试验开始时，热电偶的热端与试件受火面的距离应为152 mm。ISO834炉内热电偶为板式，由一个折叠金属板、固定在板上的热电偶和隔热材料组成。测量温度的K型热电偶丝覆盖在矿物隔热垫下，测温点固定在金属板的几何中心。BS 476-20～23 炉内热电偶为裸露式。其K型热电偶丝测温接头伸出耐热瓷套管的长度为25 mm。试验开始时，热电偶的测温点与试件受火面的距离均应为(100 ± 10) mm。

三种不同类型的热电偶相比而言，裸露式热电偶热响应较快，而封闭式热电偶最慢。即使三者有着类似于如图1所示的温升曲线，但ASTM E119的温度上升较BS 476-20～23和ISO834慢。

3.2　炉　压

炉压是耐火极限测试中一个很重要的参数，其对样品的完整性评判有一定的影响。例如，炉内正压作用下火焰或热气体很有可能穿过样品裂缝从而导致完整性的失败。ASTM E119对炉内压力没有要求，通常中性面设置在样品顶部高度处，在炉内负压作用下的测试会更有利于样品通过评判标准。规定正压的目的是在炉内与试件背火面形成压差，便于测试试件的完整性是否破坏。

4 耐火极限试验的评判标准参数

4.1 隔热性

试件背火面温度是衡量、测试隔热性的重要参数，不同的标准所采用的背火面热电偶类型不同。ASTM E119 采用焊珠型热电偶，ISO834 和 BS476-20 采用铜片型热电偶，0.5 mm 直径的热电偶丝的测温点焊接在直径为 12 mm、厚度为 0.2 mm 的圆铜片上，圆铜片被覆盖在无机隔热垫下。

4.2 完整性

失去完整性是指当分隔构件（如楼板、隔墙、门窗、吊顶等）一面受火时，在试验过程中，构件出现穿透性裂缝或穿火孔隙，使其背火面的可燃烧物燃烧起来。当构件失去阻止火焰和热气穿透导致背火面出现火焰的性能，可认为构件失去完整性。完整性的评判包含持续性火焰、棉垫测试和间隙规，其中任何一项测试失败可认为构件失去完整性。

间隙规：ASTM E119 并没有对间隙规的要求，即不作为评判因素。ISO834 和 BS 476-20 定义了两种不同尺寸的间隙规进行完整性评判。评判要求，ϕ6 mm 探棒不能穿过试件进入炉内并沿裂缝方向移动 150 mm，或ϕ25 mm 探棒不能穿过试件进入炉内。

棉垫：棉垫测试可应用于试验进行中的可疑部位，安放在试件该位置表面并贴近裂缝或间歇火焰的位置，位置可适当调整以达到点燃棉垫的最佳效果。ASTM E119 和 ISO834 规定棉垫测试的持续时间 30 s 或直到棉垫引燃。BS476-20 规定棉垫测试的持续时间为 15 s。

4.3 稳定性

失去稳定性是指构件在试验中失去支持能力或抗变形能力。在试验过程中可通过外观判断，如构件发生垮塌，或变形量的计算来判断，如梁板变形大于 $L/20$。

4.4 水击测试

ASTM E119 不仅有耐火性能的测试，还包括水击测试。水击的压强和时间取决于测试样品和耐火性能。ASTM E119 要求水击后水流不能从背面流出。ISO834 和 BS 476-20 并没有水击的要求，只需进行耐火性能测试和相应评判。

5 提高建筑构件耐火极限的措施

影响建筑构件耐火性能的因素，一方面体现在产品本身的物理化学性能，如材料的导热系数、燃烧性能、材料强度、厚度、截面尺寸及支撑条件上，另一方面体现在构件的安装搭建上，如构件的材料的选取、拼缝处的处理及结构的支撑。以钢制防火门为例，金属导热系数比较低，一般在测试早期迅速变形，变形产生的缝隙，尤其是在对接缝的中点更为严重。当对缝间隙超出扇-扇搭接范围时，则密封失效，密封条没有很好地弥补变形产生的缝隙导致测试失败，如图 3 所示。

一般来说，材料的导温系数越大，热量越易于传到背火面，隔热性差；反之则好。建筑构件的连接、拼缝处往往是薄弱点，如果密封不严或者填充的密封材料耐火性能不好，往往会造成此处裂缝或穿孔，火焰蔓延而导致完整性失败。因此，给出以下几点建议：

（1）构件材料的选择为耐火性能好、不燃性材料，尽量选用认证过的部件，提高测试成功率；

（2）采用导热系数小的材料以增加构件的隔热性；

（3）处理好拼缝处的构造，防止穿透性裂缝，从而增加构件的完整性；

图 3　防火门完整性失败

（4）根据外标和国标的区别进行针对性产品设计，不可生搬硬套；

（5）设计时最好能先了解各种材料的防火机理，避免出现想当然的失误。

防火设计规范中，建筑构件的耐火极限是衡量建筑物耐火等级的主要指标，研究耐火极限，对降低建筑的火灾风险、减小火灾损失有重要意义。了解建筑构件耐火极限判定条件、试验要点，对提高构件耐火极限有一定的指导作用。

参考文献

[1] ISO 834-1: 1999. Fire-resistance tests—Elements of building construction —Part 1: General requirements[S]. 1999.

[2] GB/T 9978.1:2008. 建筑构件耐火试验方法第 1 部分：通用要求[S]. 2008.

[3] AS 1530.4-2014. Methods for fire tests on building materials, components and structures Part 4: Fire-resistance tests for elements of construction[S]. 2008.

[4] BS EN 1363-1:2012. Fire resistance tests Part 1: General Requirements[S].2012.

[5] BS 476-20: 1987. Fire tests on building materials and structures —Part 20: Method for determination of the fire resistance of elements of construction （general principles）[S]. 1987.

[6] BS 476-21: 1987. Fire tests on building materials and structures—Part 21: Methods for determination of the fire resistance of loadbearing elements of construction[S]. 1987.

[7] BS 476-22: 1987. Fire tests on building materials and structures—Part 22: Methods for determination of the fire resistance of non-loadbearing elements of construction[S].1987.

[8] ASTM E119: 15. Standard test methods for fire tests of building construction and materials[S]. 2015.

[9] CAN/ULC-S104:15. Standard method for fire tests of door assemblies[S]. 2015.

[10] UL 10B:2009. Fire test of door assemblies[S]. 2009.

[11] UL 10C:2009. Standard for positive pressure fire tests of door assemblies[S].2009.

[12] NFPA 252:2015. Standard methods of fire tests of door assemblies[S]. 2015.

作者简介： 饶平，女，汉族，安徽人，上海天祥质量技术服务有限公司项目工程师，主要从事建筑产品检测认证评估咨询。

通信地址：上海市奉贤区大叶公路6958号7栋；

联系电话：15202150289；

电子信箱：ping.rao@intertek.com。

超高层建筑电梯辅助疏散国内外规范研究*

何学超，袁 满

（公安部四川消防研究所，四川 成都 610036）

【摘 要】 随着超高层建筑在我国的快速发展，电梯辅助疏散技术的应用也引起了社会的广泛关注。本文对国内外防火规范针对电梯疏散的要求进行了对比分析，总结了典型工程案例的设计情况，提出了超高层建筑电梯辅助疏散的下一步工作方向和规范制修订建议。

【关键词】 超高层建筑；电梯辅助疏散；规范分析

1 引 言

超高层建筑人员安全疏散是最重要的目标，也是研究关注的重点。楼梯疏散作为传统的一种疏散方式，一直是人们在发生危险情况下推荐使用的疏散方式。但由于超高层建筑规模的不断扩大，高度的不断提升，人们在通过楼梯进行疏散时所面对的问题也越来越多：一是疏散时间长，二是楼梯疏散方式不利于儿童、残疾人或行动不便的老人等使用。目前，常采用的其他垂直疏散方式还有云梯、避难袋、避难扶梯、缓降器、逃生舱以及直升机救援等，但它们都只能满足少数人的疏散需要，且其具体的应用还受到很多方面的制约，无法应用于大规模的人员疏散，特别是超高层建筑内人员的疏散。因此，承担日常垂直交通任务的电梯可望成为一种有效的辅助疏散方式，其应用前景也最好。

进入21世纪，特别是在美国的“9·11”事件之后，出于对超高层建筑的人员安全考虑，如何利用电梯进行疏散又一次成为人们关注的焦点。各国规范中对于超高层建筑应用电梯辅助疏散，也做出了一些要求或补充规定。

2 国外相关规范情况

2.1 美 国

在规范标准方面，考虑到“9·11”事件发生所带来的新问题和出现的新形势，诸多建筑防火规范修改后的新版本允许在发生紧急情况时利用电梯进行人员疏散。《国际建筑规范》从2009版开始允许在满足一定条件下发生火灾时楼内人员可以利用电梯进行自行疏散，并在第403.5.2节中规定“除R-2类居住建筑外的超过128 m建筑应设置一部额外疏散楼梯，但可通过设置符合要求的人员疏散电梯代替额外疏散楼梯”，同时根据相应研究成果和工程应用实践不断完善规范要求。目前美国涉及电梯疏散的主要规范有：《国际建筑规范》（IBC 2015，3008节）、《生命安全规范》（NFPA 101-2015，7.14节）、《电梯和自动扶梯的安全性规程》（ASME A17.1/CSA B44，2.27.11节）以及《国际火警与信号规范》（NFPA 72-2013，21.6节）[1-4]，如图1所示。这些规范针对电梯疏散的规定大致相同，主要在应急预案、灭

*基金项目：“十三五”国家重点研发计划课题（2016YFC0800604）；公安部技术研究项目（2015JSYJC14）。

火系统、监控系统、应急通信与指示、电梯运行模式、电梯前室等方面做出了具体要求，主要包括：

（1）使用电梯疏散的建筑应有经过审核的消防安全与疏散方案以及利用疏散电梯的具体程序。

（2）建筑内应全部设置自动喷淋系统，但自动洒水喷头不应安装在电梯机房、机器运行场所、控制区域或人员疏散电梯井道。

（3）应能防止喷淋系统的水进入疏散电梯井。

（4）当普通电梯停止工作时，疏散电梯能继续工作。

（5）疏散电梯前室要求：应具备通向疏散楼梯的直接入口；挡烟设施耐火极限不低于 1 h；前室防火门组件能提供 45 min 防火保护；防火门上应设置一个视觉面板，其由耐火玻璃组成并能提供清晰指示；防火门能自动关闭；前室最小面积为 0.28 m^2/人，容量不小于该层人员荷载的 25%，每 50 人应考虑一个轮椅空间（0.76 m × 1.22 m）。

（6）疏散电梯前室应提供双路通信系统。

（7）电梯监控系统：消防控制中心应能连续监控疏散电梯并提供以下信息：每个电梯轿厢所处楼层、运行方向、是否满载，为电梯、电梯控制器的冷却系统、电梯机房通风和冷却设备服务的普通电源和应急电源的运行状态，疏散电梯厅、电梯机房、井道内的报警器状态。

（8）电梯设备、电梯机房的通风和冷却系统、控制室、轿厢照明灯应配备普通及应急电源，线缆耐火极限不低于 2 h。

（9）每个疏散电梯前室内至少有 1 部可听和 1 部可视的通知设备。

（10）建筑内危险品储存量不超过最大容量要求。

图 1 美国涉及电梯疏散的主要标准

2.2 英　国

英国尚未普遍推行电梯疏散模式，仅允许在一定条件下残疾人可以使用电梯进行疏散。《建筑设计、管理及使用消防安全技术规范》（BS 9999，2008 年版）中提出了相关规定[5]：

（1）疏散电梯应经合理设计和安装。

（2）明确了疏散电梯建造与操作的相关要求。

（3）规范性附录 G 提出了疏散电梯与避难区域结合使用的建议，并强调疏散电梯仅是辅助人员疏散的一种方法。同时该附录对疏散电梯井道及前室的耐火极限、相邻防火门、疏散电梯电源以及避难区域等也做出了具体要求。

2.3 新加坡

《新加坡防火规范》（2013 年版）在附录 20（残疾人利用电梯疏散）和附录 21（紧急情况下电梯疏散的消防安全要求）中对电梯疏散的使用做了规定[6]。

在附录 20 中提出：

（1）由业主授权人员操作；疏散电梯连接受保护电梯厅，如防烟前室或者外廊等；安装应符合相关规定。

（2）其他要求：

① 至少有一部电梯为疏散电梯。

② 消防电梯不能作为疏散电梯，除非建筑内不止一部消防电梯，其设置要求如上。

③ 有清晰标识。

④ 净面积不小于 1.2 m（宽）× 1.4 m（深）。

⑤ 有备用电源和满足要求的电缆。

⑥ 当疏散电梯出现故障时，应能返回指定楼层，人员离开轿厢后其轿厢门应保持关闭。

⑦ 在指定楼层有转换开关，可以由授权人员或消防队员将电梯切换到疏散模式。该模式下疏散电梯仅能由指定楼层控制。转换开关应明显标识。

在附录 21 中主要有以下规定：

（1）基本原则：超高层建筑一般采用分阶段疏散，除非有特殊情况则必须整体疏散；电梯疏散由消防队员或者受过指导的注册人员进行；电梯疏散仅是辅助方式，主要供需要帮助的人员（残疾人、老人、孕妇、小孩等）使用，身体健康人员仍要求通过疏散楼梯疏散。

（2）主要要求：

① 除住宅建筑外的、上人高度 24 m 以上的建筑应设置一部额外的消防电梯用作疏散，并符合相关标准。

② 若供残疾人使用，则轿厢净面积不小于 1.2 m × 1.4 m，当建筑高度超过 40 层，轿厢净面积应不小于 1.7 m × 1.5 m。

③ 通信系统要求类似 IBC 规范要求。

④ 若客梯要用于疏散，应满足：能转换为消防电梯、电缆沿无火灾风险区域铺设、电梯前室设置闭路电视等。

（3）电梯疏散的管理：楼梯疏散仍然是主要疏散方式；消防队员或者受过指导的注册人员到达火场后应汇总现场信息并接管电梯疏散。

同时在附录 8 中针对 40 层以上建筑的消防电梯设置提出了一些专门规定：

（1）轿厢净面积不小于 1.7 m（深）× 1.5 m（宽）。

（2）电梯前室净面积不小于 6 m^2。

（3）双向通信系统连接电梯前室与避难层。

（4）超高层住宅建筑至少有 2 部消防电梯。

2.4 其他国家或地区

印度国家建筑规范[7]第四部分在附录 E 中提出了紧急情况下使用电梯疏散的前提条件：疏散楼梯无法使用或者着火楼层上方有大量人员急需疏散，同时给出了高层建筑火灾演练和疏散程序的指导方针。

日本和我国香港目前尚不允许采用电梯疏散。

2.5 应用案例

在工程应用方面，目前国外部分超高层建筑已经利用疏散电梯进行人员疏散，尤其在“9・11”事件以后，这种趋势更为明显。

（1）马来西亚双峰塔（Petronas Towers）。如图 2 所示，该建筑位于马来西亚市中心，楼高 452 m，地上共 88 层，是目前世界最高的双栋大楼。建筑落成以后，双峰塔主要依靠楼梯进行疏散。但随着“9・11”事件的发生以及在双峰塔发生的一次炸弹威胁事件，管理部门改变了疏散方案：空中桥梁以下部分仍然采用楼梯疏散，以上部分采用疏散电梯疏散。

图 2　马来西亚双峰塔

（2）我国台北 101 大厦（如图 3 所示）。该建筑位于我国台湾台北市信义区，楼高 509.2 m，地上共 101 层。与马来西亚双峰塔类似，台北 101 大厦在设计时主要考虑依靠传统楼梯疏散，“9・11”事件发生后增加了电梯疏散方式（建筑落成后已采用），疏散时间也从以前的 2 h 左右缩短为 57 min。

图 3　我国台北 101 大厦

（3）美国世界贸易中心一号大楼（如图4所示）。该建筑为世界贸易中心在“9·11”事件后重建的建筑之一，楼高541 m，地上共104层。该建筑设计时参考了NIST针对原世贸大厦倒塌事件调查报告的大量建议，其中包括火灾时共有5台电梯可以使用：1台供消防部门，4台供人员疏散。

图4　美国世界贸易中心一号大楼

3　国内规范要求及应用情况

利用电梯进行应急疏散是一个十分复杂的问题，不仅涉及建筑和设备本身的设计问题，而且涉及火灾时的应急管理和电梯的安全使用问题，并且不同应用场所之间有很大差异，必须分别进行专门考虑和处理。因此，我国《建筑设计防火规范》[8]目前规定“自动扶梯和电梯不应计作安全疏散设施”，即电梯不能用于疏散。但是在实际工程实践中，由于建筑功能和消防部门日常监督管理的需要，部分地区出台了相关指导文件或编制了地方标准，以便规范电梯应用于疏散的技术要求。

对于高层建筑尤其是超高层建筑，发生火灾时在满足一定条件下电梯可以作为辅助人员安全疏散的有效手段。尤其是“9·11”事件后，国外相关研究机构进一步加强了电梯疏散研究，同时美国、英国、新加坡、印度等国也根据各国建筑实际需求，逐渐将梯疏散纳入有关设计规范中，说明电梯疏散的可操作性和有效性也逐渐得到了国际社会的认可。

我国电梯辅助疏散相关领域的研究开展得较少。一方面是因为早些年高层建筑和电梯较少，高层建筑的高度有限，同时建筑中的人员数量也相对较少，因此，火灾情况下只从楼梯疏散的矛盾尚不明显；另一方面则是对火灾环境中电梯运行可靠性的质疑。随着近年来研究的深入，有关研究机构也探讨了利用电梯进行疏散逃生的可行性，为电梯疏散技术的应用奠定了良好基础。实际工程应用方面，随着我国超高层建筑的不断涌现，通过专家论证从而采用电梯辅助疏散的案例随之增加。上海环球金融中心是国内首批在超高层建筑设计中采用电梯疏散的建筑之一。

4　结　论

超高层建筑在火灾中利用电梯辅助人员疏散已经成为一种越来越被认可的方式。国内外研究人员已经开始深入讨论电梯疏散对建筑疏散的促进作用，在此基础上，IBC 规范承认并允许使用电梯作为一个替代的疏散楼梯（additional exit stairway）。另一方面，尽管我国现行建筑设计防火规范还未将电梯列入安全疏散设施，但随着经济的发展和城市建设用地的越发紧张，超高层建筑在我国将不断涌现，利用电梯辅助疏散的需求会越来越迫切。同时，我们必须明确电梯应用于疏散时，是定位于传统楼梯疏散以外的一种辅助模式，不是主要疏散路径。从科学研究的角度出发，疏散电梯技术标准、利用电梯疏散的建筑限制条件、在超高层建筑中如何布置以及与核心筒结构的结合、疏散策略规划和防火规范相关条文要求等应该是下一步考虑的重点工作。

参考文献

[1] IBC—2015. 国际建筑规范[S]. 2015.
[2] NFPA101-2015. 生命安全规范[S]. 2010.
[3] ASME A17.1/CSA B44—2010. 电梯和自动扶梯的安全性规程[S]. 2010.
[4] NFPA 72-2013. 国际火警与信号规范[S]. 2013.
[5] BS-9999—2008. 建筑设计、管理及使用消防安全技术规范[S]. 2008.
[6] 新加坡. 新加坡防火规范[S]. 2013.
[7] 印度. 印度国家建筑规范[S]. 2009.
[8] GB 50016—2014. 建筑设计防火规范[S]. 北京：中国计划出版社，2014.

阻燃聚丙烯复合材料研究进展*

李平立，葛欣国，尹朝露，黄　浩，颜明强，张秉浩

（公安部四川消防研究所，四川 成都　610036）

【摘　要】　聚丙烯材料应用领域广泛，添加阻燃剂是制备阻燃聚丙烯复合材料经济实用的方法。目前，适用阻燃剂种类主要有卤系阻燃剂、膨胀型阻燃剂以及磷系阻燃剂、无机阻燃剂等，探索各阻燃剂阻燃机理及发展进程具有重要的社会意义。

【关键词】　聚丙烯；阻燃剂；火灾

1 引　言

高分子材料具有许多优良性能，在工业、农业、国防、航天等领域有广泛应用。但是大多数高分子材料具有可燃性，一般在燃烧过程中发热量大并释放有毒气体和烟雾，容易引起火灾，给国家和人民的生命财产带来巨大的威胁。全球每年因高分子材料引发的火灾事故近百万起，直接经济损失数千亿美元。因此，研制新型高效阻燃剂，对易燃高分子材料进行阻燃研究具有重大的战略意义，阻燃高分子材料和阻燃技术正成为全球研究的热点之一。

聚丙烯（Polypropylene, PP）作为全球消费量最大的树脂之一被广泛地应用于电子电器、交通、汽车、家居装饰以及日常消费品等领域[3]，已成为国民经济不可或缺的重要材料。但聚丙烯的炭氢结构大分子链以及大分子链拉链式降解特点使得聚丙烯极易燃烧，其极限氧指数仅为 17.4%，燃烧时有焰滴落，易传播火焰。因此对聚丙烯进行阻燃化处理，改变聚丙烯材料易燃的燃烧行为，能降低其火灾危险性，具有十分重要的理论与实际意义。

添加阻燃剂是制备阻燃复合材料最经济、最有效的途径之一。阻燃剂又称难燃剂，耐火剂或防火剂、是一类以物理方式或化学方式在固相、液相或气相中发挥作用（如吸热作用、覆盖作用、抑制链反应等），在燃烧过程的某个特定阶段如加热、分解、引燃或火焰的扩张阶段抑制甚至中断燃烧过程，从而赋予易燃聚合物难燃性的功能性助剂[1]。

随着人们对 PP 阻燃问题广泛且深入的研究，适用于聚丙烯材料的阻燃剂得到了很大的发展，其种类也呈现出多样化。这些阻燃剂从总体上可分为卤系和无卤体系，而无卤阻燃剂又以无机阻燃剂、有机磷系阻燃剂和膨胀型阻燃剂为主。

目前有关阻燃聚丙烯的文献和专利报道也较多，研究较为深入的阻燃体系有卤系阻燃剂、磷系阻燃剂、膨胀型阻燃剂、无机阻燃剂、有机硅阻燃剂和纳米阻燃剂等。不同种类的阻燃剂因其物理化学性质的不同而对聚丙烯材料的阻燃效果、材料性能等方面的影响亦不同。下面简要介绍目前国际阻燃领域中不同阻燃体系阻燃聚丙烯的研究进展。

*基金项目：“十三五”国家重点研发计划课题（2016YFC080060502）。

2 卤系阻燃剂

卤系阻燃剂是含有卤素元素并以卤素元素起阻燃作用的一类阻燃剂[2]，是众多塑料阻燃剂中应用最广泛的一种，其特点是添加量少、阻燃效果显著。卤系的4种卤系元素氟（F）、氯（Cl）、溴（Br）、碘（I）都具有阻燃性，在生产上只有氯类和溴类阻燃剂被大量使用，而氟类和碘类阻燃剂少有应用，这是因为含氟阻燃剂中C-F键太强而不能有效捕捉自由基，而含I阻燃剂的C-I键太弱易被破坏，会影响聚合物性能（如光稳定性），使阻燃性能在降解温度以下就已经丧失。目前应用较多的是含溴或氯的阻燃剂，其中以溴系居多。全球电子电气产品所用的阻燃剂约有80%为溴系阻燃剂。分析我国卤系阻燃剂的消费市场可知，常用的卤系阻燃剂主要有多溴二苯醚类（如十溴二苯醚、八溴醚）、三溴苯酚类、溴代邻苯二甲酸酐类、溴代双酚A类（如四溴双酚A）、溴代醇类、溴代高聚物及齐聚物（如六溴环十二烷）等。

卤系阻燃剂的阻燃机理可以解析为阻隔降温、终止链反应两个方面：（1） 由于卤系阻燃剂的C-X键能低，其分解温度基本与材料的热分解温度一致，阻燃剂受热时分解，其间吸收一部分热量，降低了温度；同时，分解生成的卤化氢HX的密度大于空气，可以排除材料周围的空气，形成氧渗屏障；（2）HX还可以与聚合物分解的自由基HO·反应生成卤系自由基X·，X·又可以与高分子链反应生成HX，如此循环，从而切断了HO·与氧的反应[3]，具体反应过程如下：

气相火焰分支反应：$H\cdot + O_2 \rightarrow HO\cdot + O\cdot$ （1）

放热氧化反应：$HO\cdot + CO \rightarrow CO_2 + H\cdot$ （2）

含卤阻燃剂产生自由基抑制剂：HX

HX能够捕捉火焰中的自由基：$H\cdot + HX \rightarrow H_2 + X\cdot$ （3）

$HO\cdot + HX \rightarrow H_2O + X\cdot$ （4）

由于卤系阻燃剂为有机阻燃剂，其与聚合物基体相容性较好且对火焰中自由基捕捉效率高，因此卤系阻燃剂（尤其是溴系阻燃剂）具有很高的阻燃效率，添加量较低时就可使材料达到较好阻燃效果，使得其使用成本大幅度降低。溴系阻燃剂广泛应用于聚丙烯（PP）、聚乙烯（PE）、聚苯乙烯（PS）、聚碳酸酯（PC）、聚对苯二甲酸乙二醇酯（PET）、丙烯腈-丁二烯-丙乙烯（ABS）等高分子材料中[4]。

尽管卤系阻燃剂的高阻燃性已经得到了人们的认可，但其毒性一直是人们关注的焦点，有研究表明，儿童长期接触添加有溴系阻燃剂材料制备的玩具、服装后会对阻燃剂中醚类、酚类等物质有一定吸收并在体内累积，严重危害儿童身体健康及发育，同时大量含溴系阻燃剂材料暴露于环境中对野生动物的生存也带来了较大挑战。

卤系阻燃剂在使用中对生物生存环境带来了巨大威胁，其在发生火灾时燃烧会释放大量光化学烟雾、HX腐蚀性及毒性气体二噁英等，浓烟容易导致火灾现场人员窒息并增大消防救援的难度，同时腐蚀性气体易使火场电子电器设备因酸腐蚀而废弃。调查统计数据表明，由卤素燃烧所产生的卤化氢气体、二噁英等浓烟雾而导致人体窒息是建筑物火灾中人员伤亡的最直接因素，火灾中80%死亡者是由于材料燃烧放出的烟和有毒气体造成的。

随着关注生命健康、可持续发展和环境保护的呼声越来越高，进入21世纪以来，西方国家逐步提出了禁用多溴苯醚等卤系阻燃剂的相关法律法规条款，禁用范围也逐步扩大。迄今为止，多溴联苯、五溴二苯醚、八溴二苯醚已被欧盟委员会颁布的《关于电子电器设备中禁止使用某些有害物质指令》（RoSH Directive）列为禁品，甚至连广为采用的十溴二苯醚也一度被禁用[5]。我国公安部门于2007年颁布了公安部实施公共场所阻燃制品新标准《公共场所阻燃制品及组件燃烧性能要求和标识》（B20286—2006），对制品的烟密度和毒性两项指标提出了较高要求，卤系阻燃剂在高分子材料制品中的应用得到了很大限制。在日益严格的环保法规的压力下，卤系阻燃剂的研究发展面临重大挑战。

因此，寻找低添加量、无毒、无污染的环保型阻燃剂已成为阻燃聚合物材料的发展方向和研究热点。

3 膨胀型阻燃剂

膨胀型阻燃是于 20 世纪 90 年代中期发展起来的新型阻燃技术。膨胀型阻燃剂（IFR）是一种新型的无卤阻燃剂，由于其适中的添加量和较好的阻燃性能，已愈来愈多地应用于 PP 阻燃[6]。膨胀型阻燃剂（IFR）按作用机理不同，可分为化学膨胀型阻燃剂和物理膨胀型阻燃剂。其中化学膨胀型阻燃剂的主要成分是氮-磷化合物，物理膨胀型阻燃剂则以膨胀型石墨（EG）为主。物理膨胀型阻燃剂是通过阻燃剂自身的物理膨胀（而不是组分间的化学作用）在材料表面形成膨胀层，膨胀层具有隔热、隔氧作用，从而可以达到阻燃目的。

化学膨胀型阻燃剂在阻燃材料中有较大的应用，其通常包括炭源（成炭剂）、酸源（脱水剂）和气源（膨胀剂）三部分。传统的 IFR 以聚磷酸铵（APP）作为酸源、季戊四醇（PER）作为炭源、三聚氰胺（MA）作为气源，其作用机理是：IFR 在受热时，成炭剂在受热过程中与酸源发生反应，生成酯类化合物；随后酯类化合物脱水交联形成炭，炭化物在膨胀剂分解气体的作用下，形成蓬松封闭发泡结构的炭层。该炭层为无定型炭结构，其实质是炭的微晶，一旦形成，其本身不燃，并可阻止聚合物与热源间的热传导，提高聚合物的热降解温度。另外，多孔炭层的形成可以阻止聚合物热解产生的气体扩散，同时阻止外部氧气扩散至未裂解聚合物基体中，聚合物基体由于没有足够的燃料、热量和氧气而终止燃烧，达到阻燃目的。在膨胀阻燃体系中，致密的膨胀炭层的形成对体系阻燃效果起决定性作用。

目前，用于 PP 阻燃的膨胀型阻燃剂大多为混合型阻燃剂，包括聚磷酸铵/季戊四醇[7]、聚磷酸铵/三嗪衍生物、三双磷酸二氢酯三聚氰胺盐、季戊四醇三聚氰胺磷酸酯、新戊二醇磷酸酯三聚氰胺盐等，然而季戊四醇耐水性较差，其端羟基的亲水性使得产品易产生吸潮或迁移现象，即制品表面产生白斑（起霜）或失去光泽。聚磷酸铵的极性较强，其与 PP 的相容性较差，遇水容易分解，从而影响聚丙烯材料的耐候性。同时，简单混合型膨胀阻燃剂对不同基体的适应性差，必须经过合成工艺制备出不同聚合度的大分子型阻燃剂，或采用表面处理工艺制备改性膨胀性阻燃剂方能进一步增加聚丙烯复合材料的阻燃效果，制备综合性能优良的聚丙烯复合材料。

4 硅系阻燃剂

近年来大量的科学研究表明，含硅化合物作为聚合物的添加剂与聚合物组成共混物，具有很明显的阻燃作用。因为含硅化合物不仅能在凝聚相成炭，而且能捕捉气相中的自由基，可见它与其他阻燃剂相比可以很好地减少对环境的污染，因此含硅化合物被认为是“环境友好”型阻燃剂。最近有关硅系阻燃剂研究已成为新的热点，几乎所有含硅化合物都被用作阻燃剂而进行了研究。其中有机硅阻燃剂兼具有机和无机的双重优点，具有高效、无毒、低烟、防滴落和无污染等特点，对聚合物性能的影响较小。其阻燃机理主要是：当聚合物材料燃烧时，有机硅生成碳化硅保护层阻止燃烧生成的挥发物外逸，同时隔绝空气中的氧与聚合物接触防止熔体滴落，从而达到阻燃目的。有机硅阻燃剂阻燃聚丙烯材料可大大改善其抑烟性，提高材料的力学性能和电气性能。目前市场上有机硅阻燃剂主要包括硅油、硅树脂、硅橡胶及有机硅烷醇酰胺等，其中用于聚丙烯的有机硅阻燃剂主要有美国 GE 公司生产的 SFR21000 和美国 DowCorning 公司生产的 DCRM427105 和 427081 系列硅胶粉。其中 SFR21000 是较为经济有效的硅系阻燃剂，当填充量为 25*wt*%时，聚丙烯材料可以达到 UL 94 V-0 阻燃级别，并保持基材原有的性能，同时 SFR21000 可以改善聚丙烯的抗冲击性能、熔融加工性和表面光泽度。另外美国 Dow Corning 公司的 DCRM 系列硅胶粉添加 0.1%～1%就可以改善其加工性，添加 1%～8%可得到发烟量、放热量和 CO 释放量均较低的阻燃聚丙烯材料。目前四川晨光化工研究院已批量生产出与 SFR21000 相近的硅系阻燃剂产品[8]。

5 无机阻燃剂

无机阻燃剂[9]是一类无卤阻燃剂，具有安全性高、抑烟、无毒和价廉等优点，在制备阻燃聚丙烯复合材料中具有重要的地位，主要包括氢氧化铝[$Al(OH)_3$]、氢氧化镁[$Mg(OH)_2$]、硼酸锌($2ZnO \cdot 3B_2O_3 \cdot 3.5H_2O$)和水滑石[10]等。

不同的无机阻燃剂其阻燃机理各不相同。氢氧化铝和氢氧化镁等氢氧化物主要在凝聚相中发生阻燃作用，一方面，它们由于受热分解吸收大量燃烧区的热量，使燃烧物燃烧区的温度降低到燃烧的临界温度以下，从而使燃烧物自熄；另一方面，其在高温下分解形成不挥发的致密物质或耐火性能较好的金属氧化物，起到了隔离作用，减小了燃烧速率，防止了火焰蔓延，降低了分解产物的质量损失速率，从而阻止了热和物质之间的传递而终止燃烧过程。分解生成的水受热蒸发进一步吸收潜热降低温度，同时产生大量水蒸气，吸收大量热量，稀释可燃性气体和氧气也起到了阻燃作用，其高温下分解式如下：

$$2\,Al(OH)_3 \rightarrow Al_2O_3 + 3H_2O - 1127\ J/g \tag{5}$$

$$Mg(OH)_2 \rightarrow MgO + H_2O - 1244\ J/g \tag{6}$$

硼酸锌（化学组成为 $2ZnO \cdot 3B_2O_3 \cdot 3.5H_2O$ 或 $2ZnO \cdot 3B_2O_3 \cdot 3H_2O$）是一种有效的多功能阻燃剂和抑烟剂。其在火焰的作用下熔化形成玻璃态的包覆层，随后在高温（290 °C 以上）脱水，吸收热量，减少了火焰蔓延所需的热量并稀释了氧的含量，同时它能促进炭化和抑制烟的产生，从而发挥阻燃作用。

另外值得注意的是氢氧化镁、氢氧化铝、水滑石等无机阻燃剂的抑烟作用较为明显，这是与其他阻燃剂相比非常优越的特点。其阻燃抑烟机理主要在于其凝聚相，降解区外层产生的玻璃炭层一定程度上阻止了可燃物的产生，所以火焰对聚合物基体的热裂解作用较小，从而使得聚合物材料的无焰燃烧和降解大幅度减少。因此产生的烟雾就少，其外层的燃烧物区被释放的水蒸气冲淡和吸收了一部分烟雾，同时分解生成的产物 $A1_2O_3$、MgO 具有较高的活性，可吸附烟尘颗粒，所以氢氧化镁、氢氧化铝和硼酸锌等无机阻燃剂具有高效的消烟作用。

各种无机阻燃剂的分解温度区间不同，其对不同分子量、不同降解温度的聚烯烃材料的适用性也有所差异。采用几种不同无机阻燃剂复配阻燃聚丙烯材料可扩大无机阻燃剂的分解温度区间，明显提高无机阻燃剂阻燃效果。同时利用不同无机阻燃剂形成阻隔层的形貌、致密性的差异，采用无机阻燃剂复配阻燃聚丙烯也可以提高无机阻隔层凝聚相阻燃效果。也有大量研究对无机阻燃剂进行表面包覆或接枝改性，增加无机阻燃剂在聚丙烯基体中的分散性，在增加材料阻燃性能的同时提高了材料的力学性能。刘继纯等分别采用硬脂酸和硅烷偶联剂改性氢氧化镁的表面，一定程度上改善了聚丙烯与氢氧化镁之间的相容性，其在基体中的分散性也得到了改善，从而提高了 PP 与改性氢氧化镁复合材料的熔体流动性，使加工性能明显改善，在一定程度上也提高了复合材料的阻燃性能。陈尔凡[11]等采用表面偶联和 ^{60}Co-γ 辐射两种方法来改性纳米氢氧化镁。实验结果表明，由于纳米氢氧化镁经 ^{60}Co-γ辐射以后，与空气中的 N、O 等元素生成了硝基化合物和其他含 N、O 的基团，使复合材料的力学性能得到了提高，效果明显优于采用通用方法 KH-570 偶联剂改性。此外，上述作者的研究还表明氢氧化镁与红磷的复配配比为 15:4 且总用量为 30 wt%时，复合材料极限氧指数可以提高到 31.1%，拉伸强度和断裂伸长率分别可达 25.9 MPa 和 12.2%。严满清[12]等分别将微胶囊红磷（MRP）、有机化蒙脱土（OMMT）、SiO_2 和 TiO_2 等作为协效剂制备了无卤阻燃聚丙烯/纳米氢氧化镁复合材料，与相同条件下使用微米级 $Mg(OH)_2$ 的复合材料相比，在 $Mg(OH)_2$ 协同阻燃剂配比为 50：47：3 时，其氧指数（LOI）可提高 3%～5%，拉伸强度、断裂伸长率及缺口冲击强度均可得到明显改善。各项研究均表明无机阻燃剂协效复配是改善阻燃性能的途径之一。

6 总 结

以上几类阻燃剂在聚合物复合材料中的应用均存在一定的问题，加大阻燃剂的开发与应用对制备阻燃复合材料，从而预防火灾的发生和降低火灾的蔓延具有重要的战略意义。

参考文献

[1] Blanton J, Rupprecht C. Rabies surveillance in the United States during 2010[J]. Journal of the American Veterinary Medical Association, 2011, 239(6): 773-83.

[2] 唐若谷，黄兆阁. 卤系阻燃剂的研究进展[J]. 科技通报, 2012, 28(1): 129-132.

[3] Green J. Mechanisms for flame retardancy and smoke suppression-areview[J]. Journal of Fire Sciences.1996, 14(12): 426-443.

[4] LaoutidF, Bonnaud L, Alexandre M. New prospects in flame retardant polymer materials: From fundamentals to nanocomposites[J]. Materials Science and Engineering R, 2009, 63(2): 100-125.

[5] Cusack P A, Monk A W. Zinc hydroxystannate as an alternative synergist to antimony trioxide in polyester resins containing halogenated flame retardants[J]. Polymer Degradationand Stability, 1997, 58(6): 228-237.

[6] Watanabe I, Shinichi S. Environmental release and behavior of brominated flame retardants[J]. Environment International, 2003, 29(2): 665-682.

[7] Gunillaso D, Stellanmarklund.PBCDD and PBCDF from incinerationof waste-containing brominated flame retardants[J]. Environment Science Technology, 2002, 36(3): 1959-1964.

[8] Ilonka A, Meerts T M. Potent competitive interactions of some brominated flame retardants and related compounds with human transthyretin in vitro[J]. Toxicolgical Sciences, 2000, 56(2): 95-104.

[9] Mai K C, Li Z J, Qiu Y X, Zeng H M. Physical and mechanical properties of $Al(OH)_3$/ polypropylene

composites modified by in situ-functionalized polypropylene[J]. Journal of Applied Polymer Science, 2002, 83(13): 2850-2857.

[10] Du B X, Fang Z P. The preparation of layered double hydroxide wrapped carbon nanotubes and their application as a flame retardant for polypropylene[J]. Nanotechnology, 2010, 31(21):1-7.

[11] 陈尔凡，张婷，马驰. 纳米 $Mg(OH)_2$ 阻燃聚丙烯复合材料研究[J]. 工程塑料应用，2007，35（8）: 17-20.

[12] 严满清，王海燕，唐龙祥. 纳米 $Mg(OH)_2$ 阻燃 PP 的性能研究[J]. 塑料，2009，28（2）: 13-15.

含纤维混凝土高温作用后性能演化及其机理研究进展

杜晓普

（浙江省衢州市公安消防支队柯城区大队 浙江 衢州 324000）

【摘 要】 高性能混凝土由于结构致密、渗透性低，相关结构在发生火灾时容易出现爆裂，给建筑物安全带来极大的隐患。本文在分析高性能混凝土高温作用下发生爆裂相关机理的基础上，综述了钢纤维、聚丙烯纤维对混凝土抗高温爆裂性能的影响，并着重介绍了聚丙烯纤维掺量、长度、直径等在改善高性能混凝土高温爆裂方面的研究进展。

【关键词】 高性能混凝土；火灾；聚丙烯纤维；钢纤维；高温爆裂

随着我国经济社会发展到新的阶段，大量的地下工程、隧道、大跨度桥梁、超高层建筑等对土木工程材料提出了极高的要求，混凝土作为其中最大宗的人造建筑材料正向高耐久、高强度、高性能方向快速发展。但正是由于高性能混凝土强度大、耐久性好、密实度高，在火灾等高温作用下的性能劣化发展及破坏形式与传统混凝土都有很大差异，尤其是在急速升温情况下，高性能混凝土会发生爆裂，从而造成比普通混凝土更为严重的破坏。

针对高强高性能混凝土在高温作用下易爆裂这一弊端，已有研究在合理设计构建形状及尺寸、尽量降低混凝土内部含水率、在混凝土外层设置阻燃装置等方面进行了探索。近些年来通过系统试验发现，添加一定量纤维可有效抑制高温下混凝土出现爆裂现象。本文将对掺加不同纤维混凝土高温作用后性能劣化特征及其机理进行综述。

1 高温作用下混凝土爆裂机理

为分析纤维对改善混凝土受高温作用后的性能劣化过程，需认识高性能混凝土在高温作用下发生爆裂的相关机理。现有研究主要从孔隙水（汽）压力[1]和热应力[2]方面对高性能混凝土高温爆裂机理进行阐释。

混凝土受火时随温度升高，孔隙所含水分主要以液态和气态两种形式向四周扩散。蒸汽向混凝土内部迁移过程中，一方面，由于内部较外层升温速度更慢，温度较低并存在温差，会随着温度降低而逐渐凝结成水，形成饱和水层，由于混凝土本身渗透性较低，在这种约束条件下极大限制了孔隙压力导致的变形，反而会以爆裂形式破坏；另一方面，在混凝土高温作用内表面，热膨胀会受到约束而产生很大应力，进而形成裂缝。随着温度逐渐升高，混凝土表面水化产物分解使表面附近区域形成钟形压应力分布曲线，结构表层的钢筋网络又会产生侧向约束作用，提升了压应力，进一步加剧混凝土爆裂发生的概率。最后，在快速升温过程中，裂缝数量、尺寸和孔隙水（汽）压力均会呈增加趋势，当裂缝增加所提供的空间能缓解孔隙水（汽）压力时，混凝土爆裂发生的可能性就会降低，反之爆裂发生的可能性则会大大增加。

除作用温度、升温及冷却速率外，影响高温作用后性能演化特征的便是混凝土材料本身，包括水胶比、骨料、孔隙率、含水率等。较高含水率和低渗透性会导致孔隙水（汽）压力迅速上升，相比于普通混凝土，高性能混凝土具有较低孔隙率，其孔隙水（汽）压力不能快速释放，因此增加了高温发生爆裂的概率。同样随着水灰比的降低，混凝土更为密实，也更易发生爆裂。

2 含纤维混凝土高温作用后性能演化特征

纤维增强混凝土以混凝土为基体，掺加金属纤维、无机非金属纤维、合成纤维和天然有机纤维作为增强材料，具有高度的抗拉性和韧性特征。原理在于：纤维加入混凝土中，一方面可阻止混凝土中原有微裂缝的扩展并延缓新裂缝的产生，减少应力集中，进而提高混凝土抗拉强度；另一方面，纤维无序均匀分散在混凝土中形成网状联通系统，显著增强混凝土韧性。纤维种类及掺量对混凝土抗高温性能均会产生重要影响。

有专家[3]研究了纤维矿渣微粉混凝土在常温下与高温后基本力学性能的差异，聚丙烯纤维可以提高混凝土高温后的抗压、劈拉及抗折强度。随着聚丙烯纤维掺量增加，混凝土抗压强度和抗折强度有一定的提高，但对劈拉强度影响并不显著。刘沐宇[4]对聚丙烯纤维及其掺量对混凝土在 20 ~ 800 °C 温度作用后力学性能的变化规律进行了系统研究，发现聚丙烯纤维对高性能混凝土抗爆裂作用效果显著。抗压强度随温度升高经历了初始损失、恢复和永久损失三个阶段，而劈裂抗拉强度则随温度的升高持续下降，聚丙烯纤维掺量对不同强度等级混凝土影响规律有所差异。柳献等专家研究发现添加聚丙烯纤维混凝土在 200 °C 左右即有较高的气渗性能[5, 6]。400 °C 前，混凝土内部的水分逐渐释放和散失，但各试样的总孔隙率和相应孔径并无明显增加，表明聚丙烯纤维熔解后被周围孔隙吸收，只是改善了孔隙的连通性，材料总孔隙率并没有改变。钟祥凰等[7]对高温作用后混凝土裂纹的形成及发展进行了观察，发现聚丙烯纤维可有效阻止裂纹的发展，参照混凝土经 400 °C，600 °C，800 °C 高温作用后裂纹长度比含纤维试件长 15 ~ 242 μm，宽 1.0 ~ 8.9 μm；在相同温度作用下，与聚丙烯纤维混凝土相比，基准混凝土的小孔径更多，这也增加了爆裂风险。边松华等[8, 9]研究了不同纤维掺量对混凝土高温爆裂性能影响，研究发现，无论含水率如何，当聚丙烯纤维体积掺量 0.1%增加至 0.3%时，混凝土试件不仅没有发生爆裂，外表面的裂纹深度及裂缝数量都显著减少。此外，关于聚丙烯纤维长度对混凝土高温作用后性能的影响，Bilodeau 等研究发现，聚丙烯纤维长为 20 mm 时至少需掺入 3.5 kg/m^3 才能够阻止低水灰比（0.33）混凝土爆裂，而长为 12.5 mm 纤维只需 1.5 kg/m^3，就能够防止混凝土爆裂[10]。这是由于短聚丙烯纤维更细，只有提高产量条件下才能在高温作用下提供更多孔道，以便于释放蒸汽压。但这与常传鹏[11]的研究有所不同，纤维能有效缓解混凝土在高温下发生爆裂的现象，随着纤维掺量增加，对试件抗爆裂越有利，同一掺量下纤维长度越长的抗爆裂效果越好。如图 1 所示。

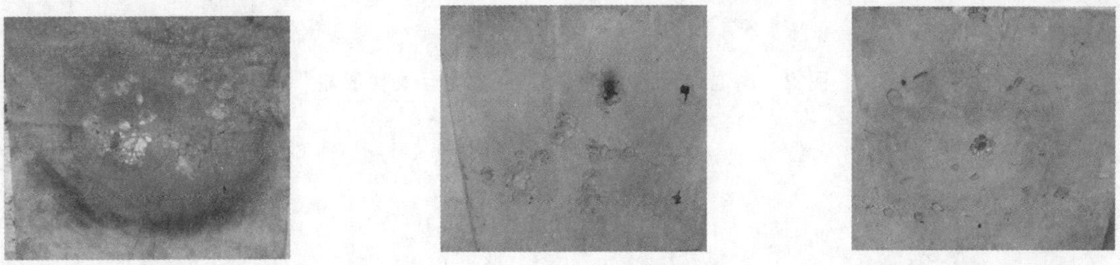

（a）纤维长度 6 mm　（b）纤维长度 12 mm　（c）纤维长度 19 mm

图 1　纤维长度对混凝土抗高温爆裂影响

并不是所有纤维都会有助于提高混凝土抗高温性能。Chen[12]对含不同纤维的混凝土高温后剩余强度的研究发现，不含纤维的混凝土及掺加碳纤维及钢纤维的高强混凝土均发生了爆裂。而掺加聚丙烯纤维的高强混凝土则没有发生任何爆裂破坏。Hertz 等[13]发现在特定湿度情况下，即使试件热膨胀受到限制，足量的聚丙烯纤维也可以很好的防止混凝土高温爆裂，但掺加钢纤维不但无助于高强混凝土的抗爆裂，而且随着钢纤维掺量增加，爆裂发生可能性反而会有所增加。

赵军[14]对高温作用后含钢纤维高强混凝土力学性能的研究却得出了不同结论，抗压、抗拉和抗折强度均随温度升高有所下降，其中抗拉强度的降幅较大。笔者认为三维乱向分布且互相搭接的钢纤维有助于热量传递，使高温下混凝土内部温度场较快的达到均匀一致，减少了温度梯度产生的内部应力，减轻了内部损伤，可降低爆裂发生的可能性。因此，关于钢纤维对高性能混凝土抗高温爆裂性能的影响仍需进一步研究。

3 纤维改善混凝土抗高温爆裂性能的机理

关于聚丙烯纤维改善高性能混凝土抗高温爆裂性能的机理，通常认为在高温作用下熔点较低的纤维会熔化，并从混凝土中挥发逸出，内部留下相互连通孔道。如图 2 所示，当外界温度继续升高时，混凝土内部形成的水蒸气可以通过纤维熔化留下的孔道顺利逸出，进而降低了由于蒸汽不能排出而导致的巨大压力，从而有效提高混凝土抗高温爆裂性能。聚丙烯纤维就是这样一类材料，它的熔点低，当温度为 160 ~ 180 °C 时便已开始熔化，这时混凝土主要是外层水分蒸发，内部并未形成较大压力，聚丙烯纤维在混凝土受火灾作用时可起到缓解压力的作用。Kalifa 等[15]通过对掺聚丙烯纤维高性能混凝土的爆裂性能和微观结构进行系统研究发现，聚丙烯纤维可以有效降低高温作用下混凝土内部的蒸汽压力场。当聚丙烯纤维掺量从 0 增加至 3 kg/m^3，内部峰值压力下降至 1/4，压力梯度降低了 1/2，因而有效降低了爆裂发生概率。

尽管对钢纤维改善混凝土抗高温爆裂性能的研究还存在一定的争论，但钢纤维具有的桥接作用和阻裂作用，也可减少混凝土内部微缺陷的引发和扩展，从而使混杂纤维混凝土在高温条件下表现出较好的力学性能，在一定程度上可以对混凝土高温作用下的性能劣化起到缓解作用。

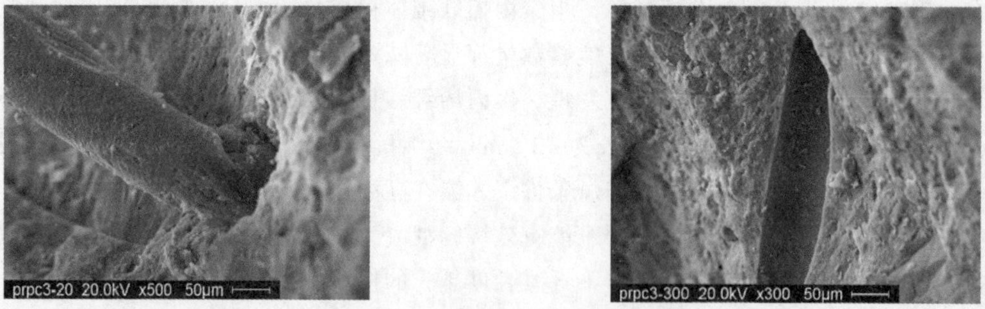

（a）高温作用前　　（b）高温作用后

图 2　高温作用后聚丙烯纤维混凝土微观形貌[16]

4 结 论

高性能混凝土是人造土木工程材料领域的重要发展成果，在现代化建设工程中正担负着越来越重要的责任，但当相关结构遭受火灾时高性能混凝土可能发生的爆裂现象，为建筑物的安全使用增加了一定的风险。掺加一定量的聚丙烯纤维已被公认是改善高性能混凝土抗高温爆裂性能的重要手段，但关于纤维长度、直径、长径比及产量等对爆裂过程的影响方面还存在一定的模糊，仍需深入研究。此外，关于钢纤维、混杂纤维及其他纤维品种对混凝土高温劣化过程的影响规律及机制也还存在着一定的不足，开展相关研究工作，不仅有助于丰富高性能混凝土的理论体系，同时更为实际工程选用原材料、配合比及防护措施用以提高混凝土抗火性能奠定了重要基础。

参考文献

[1] 傅宇方，黄玉龙，潘智生，等. 高温条件下混凝土爆裂机理研究进展[J]. 建筑材料学报，2006，9（3）：323-329.

[2] 阎蕊珍. 高温对 C40 高性能混凝土物理力学性能的影响[D]. 太原：太原理工大学，2015.

[3] 李翔宇，高丹盈. 高温后纤维矿渣微粉混凝土性能劣化规律[J]. 沈阳工业大学学报，2012（3）：305-310.

[4] 刘沐宇，程龙，丁庆军，等. 不同混杂纤维掺量混凝土高温后的力学性能[J]. 华中科技大学学报：自然科学版，2008，36（4）:123-125.

[5] 柳献，袁勇，叶光，等. 聚丙烯纤维高温阻裂机理[J]. 同济大学学报：自然科学版，2007，35（7）:959-964.

[6] 柳献，陶津，袁勇. 自密实高性能混凝土高温爆裂性能试验研究[J]. 土木建筑工程，2012.

[7] 钟祥凰. 高性能混凝土耐火性能的研究[D]. 武汉：武汉理工大学，2007.

[8] 边松华. 混杂纤维与冷却制度对高性能混凝土高温力学性能的影响[D]. 北京：北京交通大学，2005.

[9] 边松华，朋改非，赵章力，等. 含湿量和纤维对高性能混凝土高温性能的影响[J]. 建筑材料学报，2005，8（3）：321-327.

[10] Bilodeau A, Kodur V K R, Hoff G C. Optimization of the type and amount of polypropylene fibres for preventing the spalling of lightweight concrete subjected to hydrocarbon fire[J]. Cement & Concrete Composites，2004，26（2）：163-174.

[11] 常传鹏. 隧道二衬聚丙烯纤维混凝土耐火技术研究[D]. 石家庄：河北工业大学，2013.

[12] Chen B，Liu J. Residual strength of hybrid-fiber-reinforced high-strength concrete after exposure to high temperatures[J]. Cement & Concrete Research，2004, 34(6): 1065-1069.

[13] Hertz K. The anchorage capacity of reinforcing bars at normal and high temperatures[J].magazine of Concrete Research, 1982, 34(121): 213-220.

[14] 赵军，高丹盈，王邦. 高温后钢纤维高强混凝土力学性能试验研究[J]. 混凝土，2006（11）：4-6.

[15] Kalifa P, Chéné G, Gallé C. High-temperature behaviour of HPC with polypropylene fibres: From spalling tomicrostructure[J]. Cement & Concrete Research，2001, 31(10):1487-1499.

[16] Zheng W, Luo B, Wang Y. microstructure andmechanical properties of RPC containing PP fibres at elevated temperatures[J]. Magazine of Concrete Research, 2014, 66(8): 397-408.

作者简介：杜晓普（1982—），2005 年毕业于湖北工业大学信息与计算科学专业，2005 年 7 月进入浙江省公安消防总队，先后在金华消防支队、衢州消防支队服役，现任衢州市公安消防支队柯城区大队助理工程师，技术十级，从事防火岗位 9 年，主要负责建审和火灾调查工作。

通信地址：衢州市公安消防支队柯城区大队 衢州市府东街 250 号，邮编：324000；

联系电话：15057021221。

建筑防火

电子洁净厂房消防系统研究

莫东桦

（柳州市公安消防支队，广西 柳州 545000）

【摘 要】 伴随着我国经济的快速发展，类似无窗无尘厂房特别是电子洁净厂房也在逐步增加，其中有新建的，也有改建的。但此类厂房的防火工作还未引起人们的足够重视，而对其消防系统的了解更是知之甚少，致使在进行消防系统设计时，常常将其作为一般厂房来对待。从国内外的火灾统计资料来看，电子洁净厂房火灾事故不少。上海、沈阳及台湾等地都发生过电子洁净厂房火灾事故。为了确保人员的生命财产安全，在设计中应贯彻“以防为主，防消结合”的消防工作方针。在设计中，除了采取有效的防火措施外，还必须设置必要的消防设施。本文针对电子洁净厂房的特点，分析其火灾危险性及防火措施，并结合广西柳州市柳东新区信息产业孵化园工程实例，对电子洁净厂房的消防系统进行研究，借此为电子洁净厂房建筑防火与消防设施的设计工作提供参考。

【关键词】 洁净室；电子洁净厂房；消防系统；消防设施

1 前 言

随着科学技术的发展和提高，不论是热工仪器，还是电气仪表和电信设备等高新技术产品，大部分是由大量电子元件所构成的，而生产和制作这些电子元件的厂房车间有其特殊的要求，即严格的洁净度。因此，厂房车间的各类安全指数标准都比较高。但是由于此类厂房车间所使用的生产原料多为毒性、腐蚀性及易燃性气体、液体，加上大量的电子精密仪器设备，以及洁净室封闭的特性加上内部空调系统回风快速的原因，使发生火灾的概率大增。且起火后这些化学物质还会产生大量的有害气体，甚至有毒气体，消防队员很难进入，导致火势无法得到有效控制，其中尤以我国台湾联瑞电子晶圆厂及日本三洋半导体厂火灾事故教训最为深刻。因此，类似生产半导体等电子洁净厂房的防火工作就成为消防安全工作的重点，而其防火及安全工程最重要环节之一即是消防系统。本文以电子洁净厂房特点及火灾危险性为依据，以消防系统为主要研究对象，提出适用于此类厂房消防系统设置的一些建议，以期做好厂房车间的消防安全工作，确保电子洁净厂房的持续稳定发展。

2 电子洁净厂房特点及火灾危险性

2.1 定 义

2.1.1 有关洁净室（clean room）的定义

（1）美国联邦标准 FS209 系列在很长时间内为世界各国所参照使用。FS209E《洁净室和洁净区内空气浮动粒子洁净等级》中定义（1992 年 9 月 11 日颁布，并取代 1988 年 6 月 15 日颁布的 FS209D）[1]：

① 洁净区为空气浮动粒子的浓度被控制在特定的浮动粒子洁净度等级范围内的某一限定空间。

② 洁净室为浮动粒子浓度被控制，包括一个或多个洁净区的房间。

（2）国际标准化组织 ISO 14644—1《洁净室及相关控制环境—第一部分：空气洁净度级别》（1999年5月1日第1版）中定义[1]：

① 洁净室为空气中浮动粒子浓度受控的房间，其建造及使用应减少在室内引入、产生和滞留粒子，其他相关参数如温度、湿度和压力等也要按需控制。

② 洁净区为定义同（1）的一个受控区域。此区域可以是开放的也可以是封闭的，可以位于或不位于洁净室内。

（3）中国国家标准《洁净厂房设计规范》（GB 50073—2001）（2001年11月13日颁布）（以下简称《洁规》）中定义：

① 洁净室为空气悬浮粒子浓度受控的房间。它的建造和使用应减少室内引入、产生及滞留粒子。室内其他相关参数如温度、湿度、压力等按要求进行控制。

② 洁净区为空气悬浮粒子浓度受控的限定空间。它的建造和使用应减少室内引入、产生及滞留粒子。空间内其他相关参数如温度、湿度、压力等按要求进行控制。洁净区可以是开放式或封闭式。

可以看出，我国的国家标准关于洁净室的定义等同于国际标准。

2.1.2 电子洁净厂房的定义

所谓电子洁净厂房是指在生产工艺上对建筑物有特殊净化要求的厂房，其生产和制作的电子元件主要在洁净室内完成。

2.2 电子洁净厂房特点

（1）有很多精密设备和仪器，在生产电子元件时需使用多种易燃、易爆、有腐蚀性、有毒的气体和液体。

（2）厂房密闭性强，室内通道窄而曲折，一旦失火，则人员疏散和扑救都较困难。

（3）厂房造价高、设备仪器贵重，一旦失火，则经济损失巨大，而且要恢复生产也相当困难。

2.3 电子洁净厂房火灾危险性

（1）厂房洁净室，特别是改建和扩建厂房的洁净室，其内部房间隔断大多采用木材、胶合板等；建筑内部的饰面也普遍采用三聚氰胺、聚氯乙烯、聚氨酯等高分子材料装修，风管保温也常使用聚苯乙烯等材料，这些材料都是可燃易燃物。

（2）洁净室中有不少操作工艺需使用易燃易爆液体或气体，如微型轴承清洗使用汽油；半导体器件生产工艺中使用氢气、氯气或硅烷（SiH_4）等气体。输送气体管道大都敷设在墙内，漏气不易发现，漏出的气体聚集在墙内，一旦温度过高，就有可能引起火灾爆炸。

（3）洁净室的电气设备较多，线路大多数为暗装，检修比较困难。有些洁净室中如半导体器件生产中的清洗、腐蚀外延、扩散等制造工序普遍采用电炉、电阻丝加热器或高频加热器等进行加热，温度都比较高。

（4）洁净室起火后，由于气密性较强，散热难，温度过高，使室内各部位的材料迅速达到燃点，着火后烟量大，送风系统停止工作，室内产生更多的一氧化碳和二氧化碳，容易使人窒息，造成抢救困难，甚至人员伤亡；如风机继续鼓风，将使烟火从风管向外串，还会使火势扩大到其余房间。由于安全出入口少，平面布置迂回曲折，加以着火后照明熄灭，故人员很难疏散，而且厂房外墙无窗，火灾初期阶段不易被外界发现，因此更增加了其火灾危险性。

（5）洁净室采用大量空气循环系统，一旦易燃易爆气体泄出，将使室内空间形成扩大速度极快的危险状态。由于空气量大，具稀释作用，且由于洁净室的天花板是下吹气流，空间内烟气流动方向与一般空间不同，致使火灾或漏泄时，即使烟气漫延扩散快速，也难以在早期发现。

3 电子洁净厂房火灾防护工作

3.1 火灾原因分析

电子元件半成品及成品虽不具可燃、易燃或爆炸的潜在火灾危险性，但因其制造工序需要使用种类及数量繁多的易燃易爆化学物质，如操作稍有不慎就有可能引起重大火灾事故。国内比如上海、沈阳等地都曾发生过此类意外事故，而根据美国 Factory Mutual（FM）针对 1977—1997 年约 20 年来的灾害统计，美国洁净室灾害共有 260 件，在通风排气系统方面（包含制造工序排气系统、空调系统、气体钢瓶柜）所造成的灾害则占其中的 8 成以上，同样的灾害统计趋势也可在我国台湾以及日本电子产业事故统计中发现，如表 1 和表 2 所示。

表 1 我国台湾电子产业火灾案例

公司名称	火灾原因	发生时间	人员伤亡	财产损失（台币：万）
华邦电子公司	湿式清洗台易燃液体着火	1996.10.14	无	>780 000
联瑞半导体	SiH_4 外泄	1997.10.03	无	>1 200 000
天下电子公司	蚀刻区清洗槽易燃液体着火	1997.11.11	无	>300 000
台积电五厂	发电机过热	1999.10.13	无	无资料
力晶半导体	原因不详（仓库起火）	1999.06.16	无	无资料
世大集成电路股份有限公司	发电机过热	1999.09.22	无	>2 000
铼德科技	SiH_4 外泄	1999.12.22	无	无资料
联茂电子公司	锅炉间重油喷出致易燃液体着火	2000.03.31	2 人死亡 11 人受伤	>4 000
丽嘉半导体科技公司	SiH_4 外泄	2000.06.09	11 人轻伤 2 人重伤	无资料
华电子公司	SiH_4	2000.09.10	无	20
丽晶半导体	开捆室废弃锂电池短路	2000.12.21	2 人受伤	无资料
联晶圆 8 厂	发电机过热	2000.12.25	无	3000

表 2 日本电子厂房洁净室火灾案例

灾害种类	起火气体	人员伤亡	灾害原因
泄漏爆炸	SiH_4	死亡一人重伤一人轻伤一人	在 CVD 装置内供给 SiH_4 容器于交接时，在钢瓶柜内的检知器发出警报，于两人点检时爆炸。原因疑似真空泵从配管中排气泄漏，引起 SiH_4 自燃而爆炸。
分解爆炸	SiH_4	无	LSI 制造装置之排气输送管气体爆炸，原因疑似 CCl_4 未充分排出，在约 1 000 °C 的炉中和 SiH_4 反应产生爆炸。

续表

灾害种类	起火气体	人员伤亡	灾害原因
自然发火	H_2	无	在多结晶硅制造装置中排气配管内发生火灾。
泄漏火灾	SiH_4	两人受伤	半导体制程装置的排气输送管内之 SiH_4 外泄，与空气混合发生自燃引起火灾。
泄漏火灾	SiH_4	重伤两人轻伤三人	CVD 制程装置气体排放管附近起火燃烧，造成作业人员受伤，由 SiH_4 外泄自燃引起。
泄漏火灾	Si_2H_6	无	容器阀未完全关闭，造成 Si_2H_6 外泄引起。
泄漏火灾	SiH_4	无	工作人员在存储 SiH_4 之场所发现其容器阀起火，即容器阀未完全关闭，引起泄漏造成火灾。
泄漏爆炸	SiH_4	无	清洁用电磁装置误操作，使用的 SiH_4 未完全稀释排出，导致厚度过高，从真空泵泄漏造成爆炸。

根据美国 FM 统计资料及表 1、表 2 案例分析可知洁净室火灾主要可分为：① 通风排气设备气体火灾；② 易燃液体起火及硅烷外泄火灾；③ 发电机等机器设备故障火灾。

3.2 火灾损失分析

火灾统计资料显示，国内外电子洁净厂房火灾案例大多是因洁净室的火灾防护出现问题而导致的。对于洁净室的火灾防护必须做严格的要求。因电子元件制造工序的特殊性，火灾时所产生的不完全燃烧烟粒子很容易破坏洁净度，尤其是目前采用铜制程，细微的环境变化都会影响到产品的质量。而因火灾所引起的制造工序中断或运行中断，对厂家造成的损失更是难以估计。

洁净室的火灾损失大致可分为三种形式（由轻至重的顺序）：火损→水损→烟损。洁净室发生火灾时产生的危害主要也是来自于以上三种形式，任何一种火灾形式的发生都能对洁净室产生巨大甚至无法弥补的损失。

现就三种火灾形式进行分析：

（1）火损是指起火初期可有效控制火势并立即启动防排烟系统，立即扑灭火灾，及时排出火灾所产生的微尘粒子，没有产生大量浓烟，也没有启动自喷系统喷头而造成生产设备的污染，只是起火设备受损。火损是火灾损失中最轻的。

（2）水损则是在火灾时因高温高热而使喷头动作或消防队使用消防水灭火，除使洁净室内的电子精密设备受损外，未经洁净处理的水流更会对厂内的仪器设备、电子产品造成水渍污染。

（3）烟损为火灾全面发展阶段燃烧猛烈而无法控制时，大量烟气随着高位空气流四处蔓延污染机台，受污染机台将因无法清洁复原而报废，且造成洁净室洁净度尽失，因电子元件生产设备昂贵，除了使生产中断外，对运行状况等所造成的间接损失更为严重，因此烟损是洁净室火灾损失中最为严重的一种。

3.3 火灾防护工作

3.3.1 建筑设计防护

建筑应尽可能地采用砖混结构，如用钢结构时，其厂房各构件耐火极限应能达到二级耐火等级的要求[2]。各人员净化用室在布置上要避免路线交叉，且洁净厂房同层外墙应设通往洁净区的门窗或专用消防口。厂房的保温材料应尽可能选用不燃或难燃材料，并尽量避免采用泡沫塑料、橡胶或其他多孔的有机高分子材料。对于厂房的内部装修，因为其构造上的封闭性和疏散性、排烟上的不利性，与地下民用建筑火灾危险性等级相近，所以其各部位的装修要求宜按《建筑内部装修设计防火规范》中地下民用建筑的要求执行。

3.3.2 电气设计防护

目前国内大部分洁净室内的配电设备为暗装，而对于大型配电设备，为保持洁净室的高洁净度，一般设在非洁净区。配电线路宜分区敷设，采用放射式供电，其低压配电系统接地形式宜采用 TN-S 系统。为了在火灾发生时能及时有效地切断电源，其电源进线保护应在非洁净区且便于操作的地点设置切断装置[3]。厂房的静电防护也是电气防护设计中不可忽视的环节。在厂房内易于产生静电的部位（如净化空调的送回风口等）和可能产生静电的生产设备（包括防静电安全工作台）应严格按照国家标准进行防静电设置[4]。

3.3.3 管道设计防护

由于管道贯穿厂房各区，一旦管道发生状况，对厂房的危害将可能随着管道扩散蔓延，引发一条火源和烟气传播路径[5]。因此排气系统的管道设计防护就变得相当重要。资料显示，美国洁净室灾害中在通风排气系统方面所造成的灾害就占了 80%。针对排气系统所输送的气体性质，在管道材质的选用上必须考虑的两个重点是抗腐蚀性和耐燃性。而为了防止可燃气体管道系统与明火直接接触以及管道系统中压力突然降低，造成倒流形成回火，《洁规》第 8.4.2 条规定在接有明火源的每台或每组使用可燃气体的设备接管上和放散管上应设置阻火器，制止火焰蔓延至管道系统。管道系统还应有接地措施来防静电和防雷电[2]。

4 消防系统研究对策

电子洁净厂房与一般厂房不同，设置消防系统时不应只从灭火设施的层面去探讨，应根据其生产工艺的特点、对洁净度的要求、生产的火灾危险性分类、建筑耐火等级、建筑物体积以及当地经济技术条件等一整体性状况进行分析确定。电子洁净厂房的消防系统可划分为两个大的单元：一是感应机构即火灾自动报警系统；二是执行机构即灭火及联动控制系统。现就此类厂房的消防系统进行具体研究。

4.1 火灾自动报警系统

根据电子洁净厂房的火灾危险性可知，洁净室内一般具有空间较大、采用大量空气循环系统及换气率高等特性使得火灾难以在早期发现，且普通感温感烟探测器对烟雾探测也有很大困难。因此，在此类厂房内可使用极早期烟雾探测设备（VESDA）系统进行火灾极早期报警，使火灾损失最小化（即火损），甚至达到无损失[6]。

极早期烟雾探测设备根据其原理特点也称空气采样式极早期烟雾探测器（见图 1）[7]。与传统的“被动型”烟雾探测器不同，空气采样式烟雾探测器是一种“主动型”探测器。它主动对空气进行采样探测，使保护区内的空气样品被 VESDA 内部的吸气泵吸入采样管道，送到探测器进行分析，如发现烟雾微粒即发出报警。此探测器是基于激光技术和微处理器控制技术的烟雾探测装置，它可以在火灾初期（过热、闷燃、或低辐射和不可见烟雾生成阶段）进行探测和报警，甚至可以发现由于线路过载所造成的电缆绝缘皮软化所产生的微小烟雾粒子，报警时间比普通感温感烟探测器早数小时，可以使火灾损失降到最小。火灾初期阶段，存在人眼看不见的很微弱的烟雾，极早期烟雾探测系统工作在这个阶段，可以探测到这些烟雾。这个阶段可达数小时甚至几天。探测到火灾初期阶段的烟雾后，极早期烟雾探测系统即分四级进行报警，分别为一级预警、二级行动提示、三级临界火警（工作在火灾第一阶段）、四级火警（工作在火灾第二阶段）。工作人员即可有充裕的时间进行火情排查，确保厂房车间不会因火警而中断生产工序，避免不必要的损失[7]。

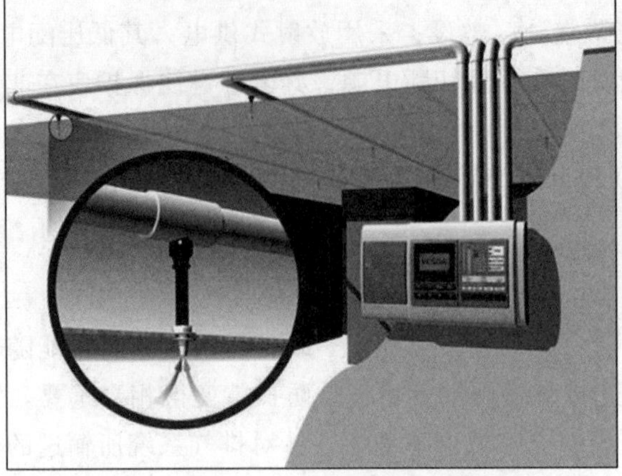

图 1　空气采样式极早期烟雾探测器

电子洁净厂房属于一级保护对象，根据《火灾自动报警系统设计规范》第 5.2.1.3 条规定，且由于这类厂房火灾探测点多，需要联动的设备多、可靠性要求高，因此宜采用控制中心报警系统[8]。而 VESDA 系统也可设计于控制中心报警系统中。它可与消防联动控制，对应各级火灾报警和故障报警，关闭电源，启动灭火设施等；也可与传统报警系统连接，以最基本、最简单的方式传送报警信号。

极早期烟雾探测系统是一种较为理想的火灾自动报警系统，试验表明将其安装在回风管内效果最佳，而为了利用系统交叉确认火源位置，那么在高架地板适当区域（火灾荷载大的设备正下方及其附近）也安装则更好。除此之外也可设置其他灵敏度较高的探测系统（譬如离子感烟探测器和光电感烟探测器），但必须针对电子洁净厂房空间内相关特性因素设置，譬如考虑天花板高度、层流现象、室内通风换气频率及空间室温的影响[7]。

4.2　灭火系统的选择

4.2.1　自动喷水灭火系统

自动喷水灭火系统的设置在电子洁净厂房设计中也是非常重要的。它为厂房提供了有效的防护，也大大降低火灾损失，由历年来的电子洁净厂房事故显示，自动喷水灭火系统确实能发挥其功能。按《洁规》第 7.4.5 规定“当设置自动喷水灭火系统时，宜采用预作用式”[2]。然而普通水对洁净室存在着二次灾害污染的可能，即使是预作用式也可造成或多或少的水损。如若采用纯水为灭火剂且以高压水雾的喷射方法则可使水损降至最低，其灭火降温效果也最佳[9]。一般的，在电子洁净厂房洁净区、上技术夹层以及支持区均应设置喷头，下技术夹层由于顶部透空不宜集热，可不设喷头[10]。厂房内的工厂区及办公区按工厂危险 I 级设置，仓库区按仓库危险Ⅱ级设置，净高超过 9 m 的，可采用快速响应喷头。而为了避免自动喷水灭火系统在洁净室内误动作而破坏洁净度，因此室内消火栓、灭火器等传统灭火手段可配合运作，如此可有效避免误动作造成的灾害[11]。

4.2.2　消火栓灭火系统

按照《洁规》第 7.4.1 条，洁净厂房必须设置消防给水系统，但如果发生火灾动用消火栓系统进行灭火，由于洁净室内使用的是高、精、尖及价值昂贵的设备且有大量电子元件制成品和半制成品，所造成水损就更为严重。因此笔者建议在电子洁净厂房的洁净区应尽量避免使用消火栓系统进行灭火，而在非洁净区，作为一种传统的消防设施，此系统可根据需要进行合理设置，且应对厂房做必要的防水处理。电子洁净厂房室内外消火栓系统的设计可采用水池、加压泵或稳高压系统等。若无法设置屋顶水箱，则应采用稳高压系统替代屋顶水箱系统。由于厂房设有上下技术夹层，上层为可通行的上人吊顶，下夹层为设备层，因此设计中上下技术夹层应设置消火栓及灭火器，以保证检修人员的安全。洁净室的消火栓设置应严格按照室内洁净度的要求，必须保证建筑内任何一点均有两股水柱可同时到达。消火栓加压泵可采用消防专用泵，设于动力站的地下消防泵房，自灌式吸水。需指出，水消防作为最有效、最经济的消防手段，消火栓系统的设置是必需的，然而考虑到水损因素，消火栓系统的启用应慎重，避免过大损失。

4.2.3 气体灭火系统

电子洁净厂房多拥有各种昂贵的电气设备与精密仪器，基于内部重要对象、产品及仪器设备的火灾防护，管理单位多倾向设置不会污染厂房内部空间及设备的洁净灭火药剂（clean agents）与气体灭火系统。这类气体灭火系统中过去使用最多的是二氧化碳灭火系统，但近年来，二氧化碳已经逐渐被卤代烷灭火系统所替代。这是因为，在有限的封闭空间内突然放出二氧化碳，由于二氧化碳的冷却做用将对厂房内的电子元件形成热冲击，而卤代烷灭火剂就不会出现热冲击的作用，也不会污染电子元件。可由于目前受到《蒙特利尔协议》中禁用卤代烷灭火剂的限制，因此，《洁规》第 7.4.5 对此也做了明确规定“当设置气体灭火系统时，不应采用卤代烷 1211 以及能导致人员窒息和保护对象产生二次损害的灭火剂”[2]。现针对此类厂房应选用的卤代烷灭火系统替代品这一问题进行如下探讨。

（1）选用卤代烷灭火系统替代品应考虑的因素及内容见表 3。

表 3 选用卤代烷灭火系统替代品考虑因素及内容

考虑因素	具体内容
环境保护	① 破坏臭氧指数（O.D.P）必须越低越好； ② 温室效应（G.W.P）必须越低越好； ③ 大气滞留时间（lift time）越短越好
人员安全	① 考虑替代品本身的毒性； ② 考虑灭火后分解物的二次毒害与可能产生的化学破坏性，如腐蚀性等
经济效益	① 药剂成本； ② 硬件设施成本
灭火效能	① 设计灭火浓度值； ② 灭火速率
法规	① 符合国家相关洁净灭火剂的标准； ② 通过国际认证； ③ 经过国家消防机构审查合格

（2）目前卤代烷灭火系统替代品研究状况。

目前国内相继推出一些卤代烷灭火系统替代物，例如七氟丙烷灭火剂（FM200）、六氟丙烷灭火剂（FE36）、三氟甲烷灭火剂（FE23）、惰性气体灭火剂及二氧化碳灭火剂（CO_2）等。基于上述几种灭火剂性能的筛选与评价，可以认为全面合格的替代物很难获得。上述的几种替代物，或者灭火效率不高，或者价格比较昂贵，或者装置笨重，或者有害于环境和人体健康。而国外的研究则以 NFPA2001 所示的洁净灭火剂为主。它又可分为两部分：① 惰性气体：旨在降低燃烧空间含氧量，使燃烧现象无法维持，目前主要有 IG-541 和 Ar-N2 混合气体药剂；② 卤代碳化物：与卤代烷灭火剂类似的合成化合物，只是把最能破坏臭氧的溴拿掉，也是借切断火焰的连锁反应达成灭火目的。

4.2.4　细水雾灭火系统

由于卤代烷灭火系统的逐渐淘汰，使得细水雾灭火系统的应用被引起重视，特别在电子洁净厂房内，此系统是一种较为理想的灭火系统。细水雾灭火系统的工作及机理有别于传统的水喷雾灭火系统，类似于二氧化碳和卤代烷等气体灭火系统，在许多方面可以被看作自动喷水灭火系统和气体灭火系统的综合[12]。NFPA-750 将细水雾划分为 3 级(如图 2 所示)。其中Ⅰ级细水雾为 Dv0.1 = 100 μm 同 Dv0.9 = 200 μm 连线的左侧部分，这些代表最细的水雾。此细水雾最适合于扑救高科技厂房火灾，即 Dv0.9 = 200 μm。而Ⅱ级、Ⅲ级细水雾则适合于扑救 A、B 类火灾。

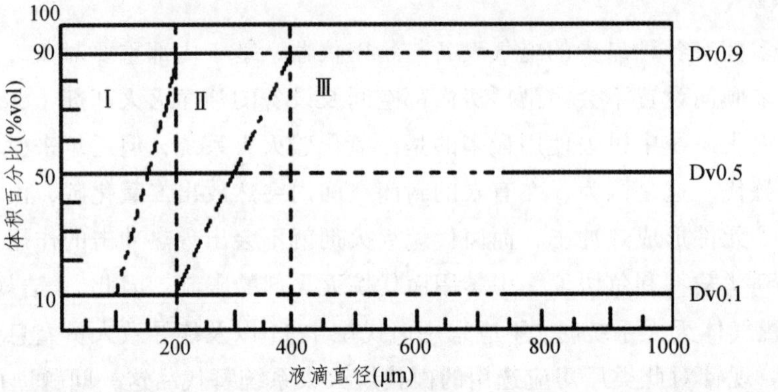

图 2　细水雾的划分

细水雾灭火系统与二氧化碳、卤代烷等气体灭火相比，除了环保方面的优点外，还具有廉价、对人和环境没有危害的优点，同时也避免了哈龙等气体在灭火时因与燃烧物发生链式反应而产生对人有害的气体，有利于火灾现场人员的逃离。该系统既可局部应用，保护独立的设备或设备的某一部分，又可作为全淹没系统，保护整个空间。因此，对于电子洁净厂房这样一种为避免水渍需要控制释放水量的场所，细水雾灭火系统是一种较好的选择，它可设置在一些火灾危险性较高的部位，譬如湿式清洗台上部。由于湿式清洗槽内含有大量的电器设备，且设备易燃，一旦着火，火势将会迅速扩大，设置细水雾灭火系统不但可有效控制火势，而且能最低限度地减少洁净室的水损。同时细水雾灭火系统还可应用于管道排气系统的火灾防护中[14]。管道设计防护除了按要求选取材质和设置阻火器外，还应使用灭火系统在管中控制火或抑制烟和热。为检测细水雾灭火系统在排气管道内的灭火效能，国内外科研人员做了一系列火灾测试[15]，其试验表明细水雾灭火系统防火保护应用在排气管中确实具有良好的表现，主要体现在：① 该系统在排气管道内灭火时不受喷头数的影响，单个喷头的灭火效能与多个喷头相同，甚至效果更好；② 在较高排气速度下仍具有很好防护效能；③ 在排气管道中其灭火效能优于其他灭火系统，不积水，且能蒸发冷却空气；④ 当排气速度增加到 3 m/s 和入口温度增至 500 °C 且火源增大时，细水雾灭火系统与一般自动喷水灭火系统相比灭火效果更好。

4.3　联动控制系统

4.3.1　消防中心

消防中心（消防控制室和消防值班室）既是防火活动的管理中心，又是火灾发现并发出警告、引导疏散、扑灭初期火灾及其他原因发生事故的处理中心，它的地位极为重要。尤其是电子洁净厂房这样一个相对密闭、火灾危险性大且灭火救援工作困难的大空间内，消防中心是消防系统中的一个关键部位。厂房一般应采用控制中心报警系统和消防联动控制方式，事故显示方式可采用分区显示。

4.3.2 防排烟系统

据火灾事故调查发现，电子洁净厂房内对电子元件、仪器设备损伤最大的不是火损和水损，而是烟损。如图 3 所示，以烟气增量描述在电子洁净厂房内可能出现故障的概率。16 μg/cm^2 的烟气对电子设备有长期的一般损伤，而 30 μg/cm^2 的损伤则是剧烈短期的。在这个数值之上设备的损伤已不利于电子元件、仪器设备的工作性能[14]。由此可见，烟气生成量对厂房的损伤是巨大的。因此，为了不使火灾产生的烟气乱窜而造成更大的损失，必须合理利用厂房空调及防排烟系统来对烟气进行控制，使其不流入非火灾区内，确保非火灾区的无烟状态。通过查阅相关资料分析，笔者认为利用排烟管路排烟是一种较为合理的防排烟模式[16]（如图 4 所示）。其设计原理为在洁净室上方 FFU（风机过滤器单元）处开洞装设排烟闸门，再连接排烟管路至排烟风机进行排烟。它主要是利用烟尘因热浮力而上升的自然现象，在 FFU 处进行蓄烟，然后利用上方装设的排烟闸门来排烟。除了适当的排气系统外，一些相关消防设施，如探测器、自动喷水系统、挡烟垂壁或隔墙也要进行合理配置，再由消防控制室集中指挥，就可有效抑制火灾烟气流动，实现洁净室防排烟目的，减免烟损。

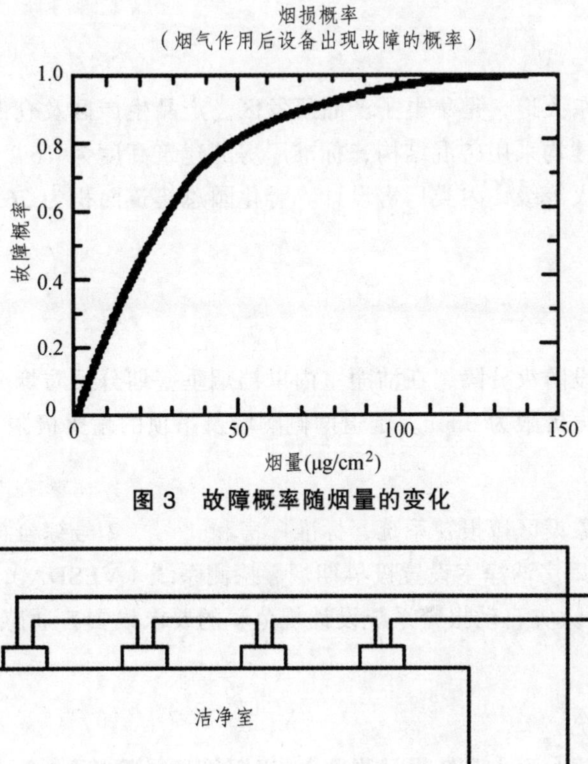

图 3 故障概率随烟量的变化

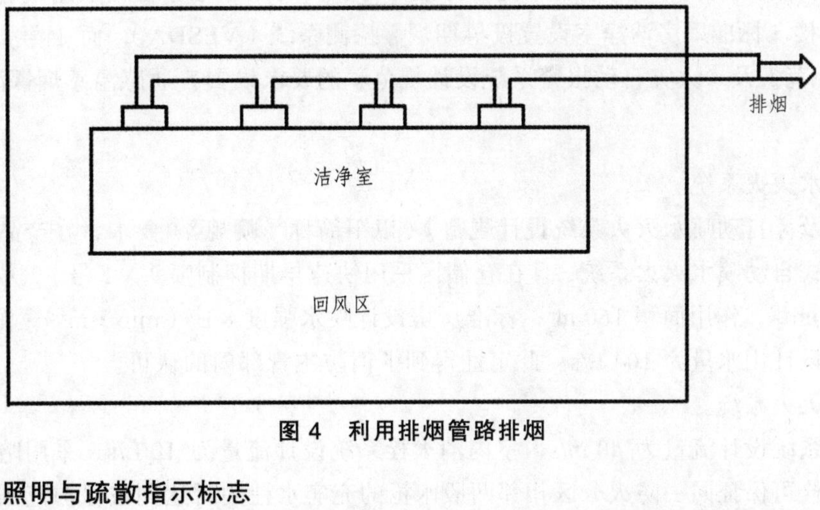

图 4 利用排烟管路排烟

4.3.3 火灾事故照明与疏散指示标志

鉴于电子洁净厂房的特殊性，在设计中应充分考虑人员安全疏散的要求，并综合分析疏散人流、疏散路线及疏散距离等因素，通过科学计算，选出最佳疏散线路，合理布置安全出口和疏散通道，建立起一个安全的疏散结构体系，使之满足从生产地点到安全出口不经过曲折的净化路线。此外，由于厂房洁净室是相对的密闭体，其出入通道迂回，故应在安全出口、疏散口和疏散通道转角处设置标志灯，以便于事故情况下引导人员及时疏散或火灾时救灾灭火。

4.3.4 火灾事故广播及紧急通信系统

由于电子洁净厂房室内大量使用金属板材，密闭性强，一般屏蔽效果很好。所以在厂房内应设置一套完善的火灾事故广播及紧急通信系统。这套系统不仅可以为内部工作人员在发生火灾后报警和通信使用，更应提供参与灭火的消防官兵使用。以确保火场通信的畅通，减少不必要的通信中断和通信故障，且可及时广播火灾事故，安全疏散厂房内工作人员。

5 实例分析

5.1 工程名称

广西柳州市柳东新区信息产业孵化园。

5.2 工程概况

本工程位于柳州市柳东大道，是集电子产品研发区、产品生产区及仓储区为一体的科技园。其标准厂房及 1 号、2 号综合楼均采用砖混结构，标准厂房的建筑高度为 16.2 m（小于 24 m），地上四层及一屋面层，按照二级耐火等级，丙类厂房设计。孵化园总建筑面积为 26 175 m^2。

5.3 消防系统研究

5.3.1 洁净室防火

洁净区与非洁净区间设防火分隔，在洁净室内以挡烟垂壁划分反防烟分区。洁净室的吊顶采用不燃烧体的蜂窝壁板，其耐火极限为 0.5 h。走道两侧隔墙及吊顶的耐火极限为 1 h。

5.3.2 火灾自动报警系统

该工程按二级保护对象设区域报警系统，标准厂房和 1 号、2 号综合楼共用一套系统，消防控制室设在 1 号综合楼。标准厂房洁净室设置极早期烟雾探测系统（VESDA），而 1 号、2 号综合楼则按《建筑设计防火规范》及《火灾自动报警系统设计规范》的要求设置普通感温感烟探测器。

5.3.3 灭火系统

（1）自动喷水灭火系统。

按《洁规》及《自动喷水灭火系统设计规范》（以下简称《喷规》）要求，在产品生产区即标准厂房设置了预作用式自动喷水灭火系统，且在仓储区采用快速早期抑制喷头。1 号、2 号综合楼设计喷水强度 4 L/（min · m^2），作用面积 160 m^2；标准厂房设计喷水强度 8 L/（min · m^2），作用面积 160 m^2；仓储区喷淋系统设计用水量为 104 L/s。此定性得到了消防主管部门的认可。

（2）消火栓灭火系统。

室外消火栓系统设计流量为 40 m/s，室内消火栓系统设计流量为 10 L/s，采用暗装，箱体用铝合金箱。室内消火栓可保证同一防火分区相邻两股水枪的充实水柱同时达到被保护范围内的任何部位。由于考虑到厂房的火灾危险性较大，所以在厂房外围还设置若干消火栓并与室内消火栓系统连通。水系统由 2 号综合楼加压泵供水，标准厂房屋顶设置消防水箱，其有效容积为 12 m^3。

（3）气体灭火系统。

气体灭火系统采用七氟丙烷灭火系统、二氧化碳灭火系统。此外，厂房还在高风险区域配置了一定数量的手提式灭火器。

（4）消防灭火系统设置。

本工程消防灭火系统设置如表 4 所示。

表 4 消防灭火系统设置

消防灭火系统名称	设置部位
室内消火栓	全工程
预作用式自动喷水灭火系统	标准厂房
湿式自动喷水灭火系统	1、2 号综合楼及仓储区
气体灭火系统	标准厂房、仓储区
灭火器	全工程

5.3.4 防排烟系统

标准厂房洁净室利用挡烟垂壁划分了防烟分区，并引进国外先进消防技术设置防排烟系统，其防排烟效果如图 5 所示。火灾发生后，VESDA 系统探测到着火位置，消防联动控制会自动关闭火灾区的垂直层流，打开排烟闸门并启动排烟风机进行排烟，而非火灾区仍存在垂直层流，从而在火灾区与非火灾区形成正负压力差，最大限度地阻止了烟尘粒子的扩散，并维持了密闭洁净室的压力平衡，实现了较好的排烟效果。同时厂房为确保人员疏散的安全性，在疏散走廊也设计建造了防排烟系统。

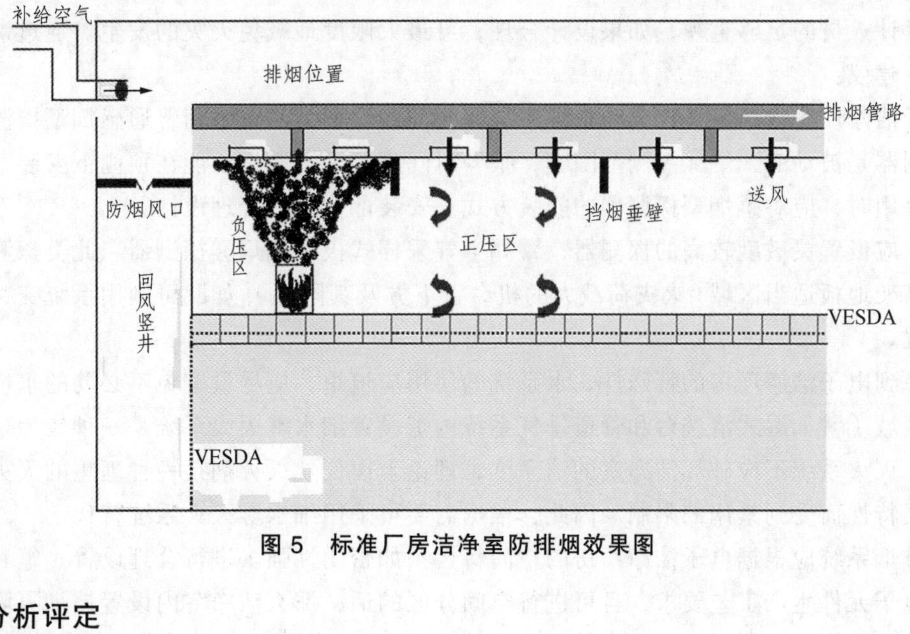

图 5 标准厂房洁净室防排烟效果图

5.4 工程分析评定

5.4.1 消防系统的优点

本工程建筑设计防火方面达到了国家相关消防法规的要求，并能采用极早期烟雾探测系统（VESDA）进行火灾早期探测，有利于早期发现火灾并及时扑灭火灾，减少火灾损失。自喷系统及消火栓灭火系统的各个设计参数都达到国家规范的要求，尤其是在厂房外围设置若干消火栓并使其与室内消火栓系统连通的做法，笔者认为，若条件允许，此种做法是值得借鉴的。针对电子洁净厂房火灾危险性大和空间密闭的特点，火势较大且需内攻时，就不利于向厂房内部供水，这样设计可保证室内消防用水量，其主要优点有：① 有利于加强灭火；② 有利于保护灭火人员。厂房还根据工程各区的不同职能要求对灭火系统进行了合理设置，消防设施完善。特别的，洁净室的防排烟系统采用了一种较为理想的方式，可以看出，这种方式与本文提到的防排烟模式相当接近。

5.4.2 不足与建议

本工程是按二级保护对象设置区域报警系统的，笔者认为，若按一级保护对象设置火灾自动报警系统，采用控制中心报警系统，对于整个工程的消防联动控制将显得更为合理有效。因为该厂房火灾探测点多，需要联动的设备多，联动控制功能要求复杂，且可靠性要求高，若采用控制中心报警系统，将更有利于整个火灾监控系统的管理和监控。而在气体灭火系统的选用上仍存在一些问题。七氟丙烷灭火系统虽是高效洁净灭火剂，且对臭氧层的耗损潜能值（ODP）为 0，但由于此类灭火系统仍存在一定毒性，在洁净室这样一个密闭空间内使用仍具有潜在的毒害危险性，对工作人员的身体健康不利。因此，笔者建议可设置细水雾灭火系统替代。在设置消火栓系统时，笔者认为应根据洁净室的特殊性进行合理设置，且在火灾发生后应尽可能避免使用水系统，而在厂房的合理区域（譬如洁净室的疏散通道内）应增加灭火器的设置数量。由于该工程标准厂房按中危险等级，A、B 类火灾，配置每具 2A 的手提式磷酸铵盐干粉灭火器，笔者认为可在原有基础上再增设 2 具灭火器为宜，且不应超过 5 具。

6 结论与建议

本文概述了电子洁净厂房的特点、火灾危险性及防火措施，着重研究了厂房的消防系统，并结合工程实例具体说明，目的在于提高对此类厂房消防系统的认识。总之，电子洁净厂房消防系统的设计应引起消防设计人员的足够重视，如果设计合理，可最大限度地减免火灾的发生。通过课题研究，笔者提出了如下建议：

（1）电子洁净厂房洁净室火灾自动报警系统探测器的选型，不宜采用普通感烟型探测器，因为普通感烟型探测器是被动的，烟雾探测范围窄，报警时间晚且无预警，仅能在顶棚下安装，无法水平安装。如必须要用时，应对感烟型探测器的安装方式、安装部位进行合理设计。

笔者建议应设置灵敏度较高的探测器，譬如空气采样式极早期烟雾探测器。此类探测可设置在回风区入口和高架地板适当区域（火灾荷载大的机台正下方及其附近），如此可利用系统交叉确认火源发生的准确位置。

（2）考虑到电子洁净厂房的特殊性，水系统的使用应慎重，应尽量避免不必要的水损。而在火灾危险性较大区域（譬如湿式清洗台和管道排气系统内）设置细水雾灭火系统是一种较为理想的选择。

（3）气体灭火系统不应破坏洁净室的洁净度，理论上卤代烷灭火剂是一种理想的灭火剂，可因其具破坏臭氧层特性而受到禁用的限制。因此，根据需要可采用细水雾灭火系统替代。

（4）防排烟系统应根据电子洁净厂房的空间特性（如密闭性强）进行合理设置。笔者认为，如果满足了该类电子元件生产工艺要求，且可进行空间分区的话，那么洁净室内设置挡烟隔墙较挡烟垂壁有效。因为火灾中当自动喷水灭火系统动作时会使上升至天花板的烟层因水气而增重，加上高气流作用等因素的影响，使得烟层会越过挡烟垂壁蔓延至临近区域，从而无法达到有效防烟的目的。

（5）电子洁净厂房消防安全工作应以防为主，做好火灾防护工作是关键，比如建筑设计、电气设计和管道设计等都是防护工作的重点。此外，还应加强工作人员的安全纪律教育、危害物料的管理，同时完善硬件措施，使人人都有防火概念，再制定紧急应变措施，如此才能使防火工作落到实处。

（6）厂房可采用新技术新概念的性能化设计（performance design）[17]，依据电子洁净厂房实际高风险区域进行估算，针对现行国家法规存在的不足之处以工程的方法来加以弥补，使其达到预期的火灾安全目标。

（7）目前国内颁布的《洁净厂房设计规范》涉及面广，且说明不够具体详尽，一些细则之处仍需进一步探讨。譬如电子洁净厂房由于其空间全封闭的特性，发生火灾时烟雾不能从窗口排出，空调系统全部关闭，烟雾对人员的安全疏散构成一定的威胁，但《洁规》中对此未作要求。笔者建议可参考国外相关规范增列相关安全法规。

参考文献

[1] 陈沛霖. 建筑空调实用技术基础[M]. 北京：中国电力出版社，2004.

[2] GB 50073—2001. 洁净厂房设计规范[S]. 北京：中国计划出版社，2001.

[3] 马红丽.洁净厂房电气设计中应注意的几个问题[J]. 电气与自动化表安装技术，2004（1）:31-32.

[4] 陈德水. 洁净厂房的静电保护[J].洁净室设计探讨，2001:28-32.

[5] 姜红华. 微电子厂房管道设计施工[J]. 工程建设与设计，2003（2）:27-28.

[6] 曾兴明，张毅.浅谈洁净厂房防火设计[J]. 消防科学与技术，2005（24）:28-29.

[7] GB 50116—98. 火灾自动报警系统设计规范[S]. 北京：中国计划出版社，1998.

[8] T.Z.Harmathy. Fire Safety Design & Concrete[J]. Longman Scientific & Technical, Harlow, England, 1992.

[9] GB 50084—2001. 自动喷水灭火系统设计规范[S]. 北京：中国计划出版社，2001.

[10] 陈宏飞. 谈洁净厂房与早期火灾探测[Z]. 中国维普资讯网，2005.

[11] 张学魁. 建筑灭火设施[M]. 北京：中国人民公安大学出版社，2003.

[12] 刑佳佳. 论洁净厂房的防火设计[C]. 现代消防学术论文集，2005:275-277.

[13] NFPA 318 2002 edition: Standard for the protection of semiconductor fabrication facilities[Z]. National Fire Protection Association, Dallas, TX, 2002.

[14] Yi-Liang SHU, Wei-Jin JENG, Chiun-Hsun CHEN. Assessment of Fire Protection Performance Water Mist Applied in Exhaust Ducts for Semiconductor Fabrication Process[C]. Taiwan, 2004.

[15] 姜巍棠. 洁净室烟控原理与有效设计方式[J]. 工安简讯电子报，1990（10）.

[16] James F. Wright. SEMI S2-93: The Semiconductor Industry's Global Approach to Safety[J]. Global Semiconductor Safety Services, 1999.

作者简介：莫东桦（1984—），男，壮族，广西忻城县人，毕业于中国人民武装警察部队学院消防工程系消防工程专业全日制本科，工学学士学位。现任柳州市公安消防支队防火监督处工程师，武警专业技术少校警衔。

通信地址：柳州市北站路1号柳州市消防支队，邮编：545001；

联系电话：13877223781；

电子信箱：164936412@qq.com。

高层住宅建筑的消防安全现状和对策探讨

吴庆驰

（温州消防支队，浙江 温州 325000）

【摘　要】 本文首先分析了现阶段我国高层住宅建筑消防安全现状及其存在的问题，然后重点介绍了相应的高层住宅建筑消防安全灭火系统的构建及其管理措施，希望能够有效保障高层住宅建筑的消防安全。

【关键词】 高层住宅建筑；消防安全；现状；对策

0 引 言

高层住宅建筑在当前社会发展中越来越多，这些高层住宅建筑的应用确实在较大程度上解决了我国城市发展中人口越来越多的问题，也是未来发展的一个重要趋势。针对这种高层住宅建筑的应用来看，其内部居住人员是比较多的，进而也就需要重点把握好相应的消防安全问题，尤其是要重点针对容易出现的各类消防隐患以及相应的消防系统的构建进行重点探究，切实提升消防系统的作用效果，保障整个高层住宅建筑的消防安全。但是就现阶段高层住宅建筑的消防安全现状来看，其存在的干扰因素是比较多的，这也就需要重点加强相应的优化控制，逐步完善高层住宅建筑的消防安全体系。

1 高层住宅建筑的消防安全现状分析

虽然说在现阶段社会发展中人们对于建筑居住安全的关注力度越来越高，但是从消防安全角度来看，其依然表现出了较多的问题和影响因素，这些高层住宅建筑的消防安全问题主要表现在以下几个方面：

（1）消防设施不完善。从实际调查所得结果来看，现阶段我国很多高层住宅建筑内部的消防设施都存在着较为明显的缺陷和不足，完好率不高，这也就必然会影响到高层住宅建筑火灾发生后的灭火效果，导致相应的灭火效率降低和相应的火灾危害性增加。通过对这种消防设施不完善问题进行分析可以发现，其在各个消防系统的重要组成环节中都得到了较为明显的表现，比如对于火灾自动灭火系统而言，其缺损现象极为严重，难以发挥出加强的自动报警以及灭火效果，最终也就必然会影响到消防设施的应用价值。这种消防设施不完善问题一方面是在高层住宅建筑构建初期，其相应的消防设施没有得到较为充足的配置，存在着一定的缺陷性。另外，后续高层住宅建筑长期应用过程中存在的消防设施损坏问题也是比较严重的，其同样会造成消防设施的不完善[1]。

（2）维护管理不完善。对于高层住宅建筑的具体应用运行来说，相应的消防系统问题和缺陷还表现在具体的维护和管理不完善上，这种维护和管理方面的缺陷，一方面是指相应的物业管理单位未能较好地履行自身的管理职责，或者是相应的产权混乱，不具备专门的管理单位负责相应的消防安全管理，对于相应消防设施的维护和检修必然也就会出现较为明显的问题和缺陷，给高层住宅建筑的消防安全带来了较大的威胁和影响[2]。另一方面，这种维护管理不完善的问题还具体表现在相应的维护和管理措施不当上，这种维护管理的操作不规范，往往不能够较好地按照相应的消防系统维护管理需求进行处理，在落实中存在着明显的表面化问题，进而也就必然会较大程度上造成消防设施难以得到有效维护和检修，存在着较多的问题也得不到及时处理。这种管理方面的缺陷和问题同样也是当前高层住宅建筑中消防安全问题的一个重要表现和影响因素，需要引起足够重视。

（3）居住人员违规行为较多。结合当前高层住宅建筑中涉及的相应居住人员来说，其存在的违规现象比较多也是导致相应消防安全问题产生的重要原因。比如在具体的高层住宅建筑居住过程中，相应的群众没有意识到这种消防安全的重要性，并且在相应的生活中随意堆放杂物或者生活垃圾，进而也就必然会影响到消防安全通道的畅通，导致人员在发生火灾时，难以及时高效疏散[3]。此外，居住人群对于高层住宅建筑内消防系统相关设施造成的损坏和不良影响也是比较重要的一个方面，尤其是对于擅自应用消防设施的行为，其更是可能会产生消防系统的损坏现象。

2 优化高层住宅建筑消防系统构建

基于高层住宅建筑中消防系统的具体构建来说，其构建合理性和可靠性直接关系到最终消防安全水平。因此，相应的消防系统必须要引起足够重视，针对其具体的组成结构进行恰当设置，提升其消防作用效果。这种高层住宅建筑中消防系统的构建主要涉及以下几个方面的重要组成部分：

（1）消火栓灭火系统。对于整个高层住宅建筑的消防系统构建而言，需要重点从消火栓灭火系统的构建入手进行控制，这种消火栓灭火系统的设置主要就是促使其能够在高层住宅建筑的各个楼层结构中，选择恰当的位置布设相应的消火栓设备，促使这些消火栓设备能够发挥出较强的灭火效果。针对这种消火栓灭火系统的布置，需要重点从消防给水方面进行优化设计，促使其能够具备充足的水源供应，维系消防灭火的操作[4]。

（2）合理设置防火分区。为了更好提升高层住宅建筑消防系统应用效果，还需要针对防火分区进行合理设置，这种防火分区的设置主要就是采用防火墙或者是防火卷帘门来进行有效构建，促使其能够较好隔绝建筑内部空间结构，将火灾控制在最小的范围内，如此也就能够最大程度上提升其火灾控制效果。从这种防火分区的具体应用中来看，其仅仅能够针对火灾进行有效控制和隔绝，但是却不能够灭火，可以说是一种被动防火设施。

（3）火灾自动报警系统。火灾自动报警系统同样也是现阶段高层住宅建筑消防系统中必不可少的一个重要组成部分。基于这种火灾自动报警系统的设计来看，其主要就是能够在火灾发生初期进行及时报警处理，进而也就能够提升人们的防范意识，尽快促使内部人员能够较快疏散。这种火灾自动报警系统的构建需要重点围绕着火灾隐情的最快发现进行控制，这种火灾隐情的有效发现主要就是围绕着火灾发生时出现的热量、光以及相应的烟雾等实施监测，只要监测到相应的不正常指标出现，就应该予以报警处理。由此可见，这种火灾自动报警系统的布置价值是比较高的，相应的设置也就需要引起高度重视，确保其能够达到最为精确的报警效果[5]。

（4）自动喷水灭火系统。在当前高层住宅建筑消防系统的设计中，相应的自动喷水灭火系统的应用构建也已经成为了极为重要的一个组成部分。这种自动喷水灭火系统的构建应用能够针对相应的报警效果进行及时喷水，如此也就能够在第一时间达到较为理想的灭火效果，其对于火灾的控制效果是比较理想的，相应的灭火也是自动进行的，需要在相应的高层住宅建筑内部进行合理布设，提升其喷水灭火效果。

3 高层住宅建筑消防安全管理对策

基于高层住宅建筑的消防安全水平提升来说，不仅仅要重点从相应的消防系统构建入手进行控制，还需要重点加强后续的管理和维护，切实保障相应的消防系统能够发挥较强的积极作用，并且降低出现各类不良干扰因素的概率，结合现阶段存在的相关问题，后续高层住宅建筑消防安全的管理对策主要有以下几点：

（1）明确高层住宅建筑消防安全管理责任。为了较好提升高层住宅建筑消防安全管理水平，必须要首先加强对于相应消防安全管理责任的明确，这种消防安全管理责任应该结合高层住宅建筑的产权及其相应的物业管理进行分析，明确具体的高层住宅建筑消防安全管理的具体单位和部门，并且要求消防安全管理部门能够较好地明确自身的责任内容，针对相应的消防安全管理责任进行细化，落实到具体的高层住宅建筑中进行分析，保障各个方面的消防安全管理目标都能够得到较好的落实，避免出现较为明显的疏漏[6]。

（2）加大对于消防设施的检修管理。对于高层住宅建筑中消防系统的安全性来说，相应的消防设施必须要引起足够的重视，这种消防设施也就需要针对所有的消防设施进行全面分析和检查，制定较为完善的消防设施检修管理制度，定期针对相应的设备进行检修维护，对于发现的问题和缺陷也应该进行严格控制和处理，如此才能够促使其始终处于较为理想的运行状态，避免在火灾发生时，因为消防设施的不健全导致消防功能受损。

（3）加大消防安全宣传力度。对于高层住宅建筑消防安全的有效管理，还需要重点从相应的宣传教育方面进行落实，相应的消防安全宣传工作需要针对所有高层住宅建筑居住人员进行重点落实，促使其能够具备较高的消防安全意识，能够明确消防安全隐患问题，并且能够针对相应的高层住宅建筑中存在的各类消防安全隐患做到全面掌握，如此也就能够较好地提升其具体的防范控制水平。对于一些违规行为也能够做到及时规避，尤其是对于以往在消防通道中存在的乱堆乱放问题，更是需要引起足够的重视，避免该类问题的出现。为了较好地促使相应的高层住宅建筑居住人员能够避免各类不当行为的出现，还需要加大监督监察力度，针对存在的违规违法行为进行重点惩罚，进而也就能够结合消防安全的教育和宣传，切实提升高层住宅建筑的消防安全水平[7]。

4 结束语

综上所述，对于高层住宅建筑的消防安全状况来看，因为在消防设施、消防安全管理以及相应的居住人群方面存在着较多的缺陷和问题，进而也就容易给消防安全带来较大的威胁，这也就需要在今后高层住宅建筑消防安全管理中，努力构建完善的消防安全系统，并且加强日常的监督监察，促使相应的消防系统能够始终处于较为理想的运行状态，将火灾问题带来的威胁降到最低。

参考文献

[1] 田映龙. 高层建筑消防安全现状及防火对策分析[J]. 科技情报开发与经济，2009，20:212-214.
[2] 陈锋，王洪备，陈秉安. 高层住宅建筑消防安全现状及管理对策探讨[J]. 武警学院学报，2012，8:55-57.
[3] 石小军. 关于高层住宅社区建筑消防安全的思考[J]. 建筑设计管理，2014，7:79-80.
[4] 侯圆方. 浅谈高层住宅建筑消防安全管理的现状和对策[J]. 科技创新导报，2013，27:176-178.

[5] 吴义新. 浅析高层住宅小区消防安全隐患及解决对策[J]. 低温建筑技术，2016，6:148-150.
[6] 潘俊臣. 浅析高层建筑的消防安全现状及监管对策[J]. 江西化工，2016，5:159-160.
[7] 王军艳. 高层居住建筑消防安全现状及对策措施研究[J]. 山西煤炭管理干部学院学报，2011，3:112-113.

作者简介： 吴庆驰，男，汉族，工程师，从事建审、验收和防火监督等工作。
通信地址：温州市鹿城区县前大楼A幢306室，邮编：325000；
联系电话：13858829259；
电子信箱：wqc2003@163.com。

基于G1分析法的古镇型民俗村火灾风险评估及防火对策研究

刘晓鹏

（陕西汉中市公安消防支队，陕西 汉中 723000）

【摘 要】 近年来，随着旅游产业的开发以及全民文化素养和生活水平的不断提高，古镇型民俗村旅游热潮悄然兴起。就陕西而言，古镇型民俗村就有几十个，而游客接待量逐年增加，这对古镇型民俗村的消防安全工作提出了更新、更高的要求。笔者结合自身工作经验及汉中市某古镇型民俗村消防工作现状，运用序关系分析法（G1 法）对古镇型民俗村火灾风险进行评估，并就如何做好古镇型民俗村的消防安全工作提出了合理的对策。

【关键词】 古镇；民俗村；G1 法；风险评估；对策

0 引 言

古镇型民俗村是在古镇、古民居或古城原貌的基础上加以改造或者新建的，是集居住、商贸、餐饮和观光旅游于一体，供人们休闲娱乐的场所。近年来，古镇型民俗村更是广大游客自驾游、看民俗和品尝特色小吃的不二选择，但是随着人流量的不断增加，该类场所的火灾致险因素也在逐步增多。

1 古镇型民俗村的火灾致险因素

据统计，2010 年以来，全国共发生宗教寺庙、文物古建筑类火灾 2 007 起，亡 7 人，直接财产损失 9 200 余万元，过火面积 11.29 万 m^2，古建筑场所火灾呈上升和多发的趋势。近两年，云南独克宗古城、三明十八寨民俗村以及贵州报京大寨等相继发生火灾，造成了不可挽回的经济和文化损失，其主要原因为

（1）人员密集度高。具有古镇特色的旅游业，越来越受到国内外游客的青睐，仅陕西袁家村近几年年均游客就达到了 100 多万人次，人流量的不断增多，使得人为致灾几率也随之上升。用火不慎、乱扔烟头、不规范用电、人为纵火等不良行为随着人流量的增加而越来越多。

（2）建筑密集度高。古镇型民俗村多自由布局，建筑绝大多数都是木结构或砖木结构，水分含量低，火灾荷载大，耐火等级低，有的是几十户、甚至近百户连成一体，可燃物多，疏散通道狭窄，一旦发生火灾，蔓延迅速，容易出现“火烧连营”的局面，将造成巨大的损失。

（3）自然致灾度高。历史上，自然界引发的古建筑火灾也比较多见。汉中地处秦岭以南，巴山以北，很多古建筑以及民俗村式旅游景点周围往往都被森林覆盖，由于多变的气候，森林火灾往往对古建筑构成了很大威胁。诸如朽木遇氧燃烧、雷击火灾、泥石流引火或地震致火灾等，都是自然致灾因素。

（4）品牌知名度高。近年来，随着旅游品牌的开发，深圳锦绣中华，陕西袁家村、马嵬驿等知名度极高，吸引了大量外国友人的目光，一旦发生火灾，不仅会造成群死群伤，发生涉外火灾事故，更为严重的是会带来国际影响和政治影响。

2 古镇型民俗村火灾风险评估分析

近年来，序关系分析法（G1 法）在城市及建筑火灾风险评估领域获得了广泛的应用。本文就采用该方法着重分析汉中市某古镇型民俗村的火灾风险，笔者通过大量研究分析，总结出古镇型民俗村的主要致灾因素和影响指标，建立评价对象以及所包含的指标子集并对指标赋予权重，按照专家打分的方法对大量难以确定具体数值的因素进行合理分析打分，综合分析后得出该古镇型民俗村的火灾风险等级。

2.1 建立该古镇型民俗村火灾风险评价指标体系

综合分析该古镇型民俗村的致灾因素，将火灾风险指标体系确定为 3 个“一级指标”、6 个“二级指标”以及 41 个“评价因素”，具体见表 1。

表 1 该古镇型民俗村火灾风险评价指标体系

一级指标	二级指标	评价因素
建筑固有特性 A	建筑本身 A1	人员荷载 A11
		耐火等级 A12
		建筑高度 A13
		建筑用途 A14
		建筑面积 A15
		内部装修 A16
		安全出口 A17
		疏散通道 A18
		消防扑救面 A19
	防火措施 A2	消防给水 A21
		防火分区 A22
		防烟分区 A23
		消防电源 A24
		消火栓 A25
		应急照明 A26
		疏散指示标志 A27
		消防控制室 A28
		火灾报警系统 A29

续表

一级指标	二级指标	评价因素
建筑火灾特性B	主观因素B1	生产作业B11
		生活用火B12
		燃放烟花爆竹B13
		小孩玩火B14
		吸烟B15
		人为纵火B16
		用电不当B17
	客观因素B2	雷击起火B21
		自燃起火B22
		电气短路B23
		静电B24
其他考虑特性C	日常管理C1	消防安全责任C11
		消防组织管理C12
		消防应急预案C13
		用火用电管理C14
		消防设施维护C15
		消防隐患整改C16
	消防力量C2	一级消防站C21
		卫星消防站C22
		微型消防站C23
		到场时间C24
		人员装备C25
		环境熟悉度C26

笔者将该古镇型民俗村火灾风险评价等级确定为五个层次，对应分值如表2所示。

表2 评价等级和分值表

分级	安全	较安全	一般	较危险	危险
分值	[9，10]	[8，9）	[7，8）	[6，7）	[5，6）

2.2 火灾风险评估计算

2.2.1 指标权重的赋值计算

我们按照指标权重确定的原则建立序关系，采取专家对相邻指标之间的重要程度之比确定相邻指标之间的相对重要程度（$R_k= w_{k-1}/w_k$），从而计算出各指标之间的相对重要程度（参照表 3）。

表 3 指标间的相对重要程度

r_k	说 明
1.0	r_{k-1} 与 r_k 具有同样重要性
1.1	r_{k-1} 与 r_k 之比介于同样重要性和稍微重要之间
1.2	r_{k-1} 比 r_k 稍微重要
1.3	r_{k-1} 与 r_k 之比介于稍微重要性和明显重要之间
1.4	r_{k-1} 比 r_k 明显重要
1.5	r_{k-1} 与 r_k 之比介于明显重要性和强烈重要之间
1.6	r_{k-1} 比 r_k 强烈重要
1.7	r_{k-1} 与 r_k 之比介于强烈重要性和极端重要之间
1.8	r_{k-1} 比 r_k 极端重要

通过对该古镇型民俗村各级指标按照专家重要性程度排序后，利用公式（1）计算得到各级指标的权重如表 4 所示。

$$\omega_m = \left[1+\sum_{k=2}^{m}\prod_{i=k}^{m}\gamma_i\right]^{-1} \tag{1}$$

表 4 该古镇型民俗村火灾风险评价体系权重

一级指标	权重	二级指标	权重	评价因素	权重
A	0.332 3	A1	0.476 2	A11	0.130 6
				A12	0.064 2
				A13	0.042 8
				A14	0.098 9
				A15	0.118 7
				A16	0.118 7
				A17	0.186 8
				A18	0.169 8
				A19	0.070 6
		A2	0.523 8	A21	0.140 4
				A22	0.063 8
				A23	0.063 8

续表

一级指标	权重	二级指标	权重	评价因素	权重
A	0.332 3	A2	0.523 8	A24	0.089 3
				A25	0.168 0
				A26	0.098 2
				A27	0.098 2
				A28	0.108 0
				A29	0.168 0
B	0.302 1	B1	0.545 6	B11	0.094 6
				B12	0.174 8
				B13	0.072 8
				B14	0.056 0
				B15	0.132 4
				B16	0.046 7
				B17	0.158 9
		B2	0.4546	B21	0.201 6
				B22	0.262 0
				B23	0.366 8
				B24	0.168 0
C	0.365 6	C1	0.523 8	C11	0.162 0
				C12	0.147 4
				C13	0.147 4
				C14	0.194 4
				C15	0.213 8
				C16	0.134 0
		C2	0.476 2	C21	0.086 2
				C22	0.221 8
				C23	0.243 9
				C24	0.201 6
				C25	0.134 4
				C26	0.112 0

2.2.2 专家打分法的评估计算

本文征询了10位各个领域专家的意见，然后将专家评分的结果进行归一化处理后得到分值。下面以二级指标A1为例，其计算结果如表5所示。

表 5 该古镇型民俗村二级指标评价得分 A1

评价因素	权重	1	2	3	4	5	6	7	8	9	10	计分	总分
A11	0.130 6	8.3	7.9	8.5	8.9	7.2	7.6	8.8	9.1	8.9	8.4	1.091 8	8.612 4
A12	0.064 2	9.6	9.7	9.6	9.8	9.6	9.7	8.8	8.9	9.2	8.6	0.600 3	
A13	0.042 8	9.6	9.5	9.4	9.2	9.3	8.9	9.4	9.2	8.6	9.0	0.394 2	
A14	0.098 9	8.4	7.8	8.6	8.8	7.9	8.9	9.4	8.2	9.4	7.9	0.843 6	
A15	0.118 7	8.8	8.9	9.2	7.9	8.2	8.6	9.2	8.1	8.3	8.8	1.020 8	
A16	0.118 7	7.7	7.8	7.2	8.2	8.3	8.8	8.5	7.9	8.3	7.7	0.954 3	
A17	0.1868	8.8	8.6	8.9	9.5	9.3	9.7	8.7	8.5	9.0	9.1	1.6831	
A18	0.1698	8.4	7.9	7.5	8.2	8.3	7.7	9.0	8.3	8.7	8.0	1.3924	
A19	0.0706	9.2	9.1	9.3	8.8	8.5	9.2	9.3	8.1	8.5	9.5	0.6319	

同理，计算得到其他相应指标的分值，最后算出该古镇型民俗村火灾风险评估的综合得分如表 6 所示。

表 6 该古镇型民俗村火灾风险评估综合得分

评价指标	权 重	分 值	评价得分
建筑固有特性 A	0.332 3	7.590 8	2.522
建筑火灾原因 B	0.302 1	7.960 9	2.404
其他考虑因素 C	0.365 6	8.260 2	3.019
总 分		7.947 3	

2.3 评估结果分析

该古镇型民俗村火灾风险评估综合得分为 7.947 3，对照火灾风险划分等级，确定该古镇型民俗村火灾风险为“一般”。通过计算及综合分析发现，该古镇型民俗村存在多种形式的消防力量不健全、日常消防安全管理薄弱以及火灾防范意识差等诸多问题。下面笔者结合多年工作经验，提出如下建议。

（1）建立多种形式的消防队伍。按照公安部《关于建立多种形式消防队伍的建设标准》，结合古镇型民俗村实际，在不破坏古建筑整体格局的前提下，优化选址，按照“有人员、有装备、有战斗力”的标准建成专职消防队，并积极落实事业编制，解决队员后顾之忧，确保古镇在发生火情时能够第一时间将火灾遏制住。

（2）推广独立式感烟报警设备。积极构建公共安全人防、物防和技防网络，在古建筑型民俗村中逐渐推广安装独立式感烟报警设备，积极发挥火灾防控作用，严防由于发现火情迟缓、错失逃生最佳时间或吸入有毒烟气而造成人员中毒死亡的事件。

（3）开展电气火灾防范专项整治。严格履行各职责部门的监管责任，加强源头管控，抓好相关专业技术人员业务培训和持证上岗工作。制订工作计划对古建筑内的电气线路进行全面检修、更换，建筑内电气线路一律采用铜芯绝缘导线，并采用阻燃 PVC 穿管保护或穿金属管敷设，不得直接敷设在梁、柱、枋等可燃构件上。

（4）推广运用新型阻燃材料。由于古镇型民俗村一般都是在原有古建筑的基础上增建，或全部为仿古建筑，这样其耐火等级、防火分区和建筑结构一般都能符合规范要求，但由于这些古建筑仍然以木结构为主，所以火灾风险依然很大，故可积极推广新型阻燃材料，发展清洁、高效阻燃技术，对可燃木质建筑物构件的外部和内部进行阻燃处理，从源头上遏制火灾的发生。

3 结 语

古镇型民俗村近年来得到了快速的发展，具有很强的借鉴意义和欣赏价值，随着人流量的逐年增加，火灾风险不容忽视。本文通过对古镇型民俗村的火灾危险性进行分析，找到致灾因素，并采取针对性预防补救措施，不断落实消防安全责任，确保古镇型民俗村的消防安全，真正做到保护文化遗产，丰富日常生活，远离火灾隐患。

参考文献

[1] 公安部消防局.《古城镇和村寨火灾防控技术指导意见》[Z]. 公消〔2014〕101号.

[2] GB 50357—2005. 历史文化名城保护规划规范[S]. 北京：中国建筑工业出版社，2005.

[3] 李引擎. 建筑防火性能化设计[M]. 北京：化学工业出版社，2005.

[4] 霍然，胡源，李元洲. 建筑火灾安全工程导论[M]. 北京：中国科学技术大学出版社，2009.

[5] 李引擎，刘文利，等. 日本古建筑火灾预防对策综述[J]. 消防技术与产品信息，2004

[6] 熊军，等. 运用现代技术构建古建筑防火安全保护体系[J]. 中外建筑，2012（5）：147-148.

作者简介：刘晓鹏（1987—），男，陕西渭南人，现任陕西省汉中市公安消防支队勉县大队助理工程师，武警上尉警衔，工科学士学位，中国科学技术大学在职研究生（在读），主要研究方向为建筑防火。

化学合成草铵膦工艺及消防安全对策

钟园军

（乐山市消防支队，四川 乐山 614000）

【摘 要】 草铵膦是一种高效低毒的除草剂，针对草铵膦生产的工艺特点，分析其生产过程中的火灾危险性及化学反应原理，预测火灾及泄漏的可能性及危害性，并提出消防安全对策。

【关键词】 草铵膦工艺；火灾危险性消防安全对策

草铵膦是20世纪80年代有赫斯特公司开发研制的一种高效、广谱、低毒的非选择性除草剂，能在土壤中通过微生物迅速降解，最终释放出二氧化碳，具有不下行传导、不伤及植物根的优良性能，兼具高效低毒的特性，目前已经成为仅次于草甘膦和百草枯的第三大除草剂。草铵膦可以由生物发酵法和化学合成法制取，其成品是不燃制剂，但其化学合成法生产过程中使用的原材料、半成品以及各种辅料都是有毒、易燃、易爆，极易引起火灾及爆炸事故。本文就四川省乐山市福华通达农药科技有限公司盐磷化工循环产业12000吨/年草铵膦项目为例，分析其生产工艺中的火灾及泄漏的危险性，提出合理、可靠的消防安全设计。

1 生产的工艺流程

1.1 各生产装置关系

该项目主要由4万吨/年三氯化磷生产装置、1.2万吨/年三氯化铝生产装置、1.2万吨/年草铵膦生产装置、0.8万吨/年三聚磷酸铝生产装置四个生产装置组成。生产单元上下游关系如图1所示。

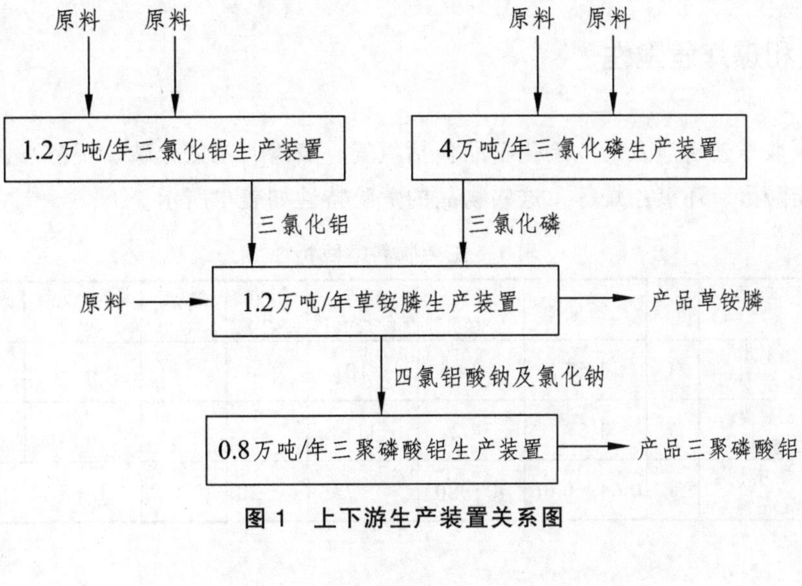

图1 上下游生产装置关系图

1.2 三氯化铝合成的工艺流程

液氯经氯碱装置液氯汽化器汽化后管输至缓冲罐，经缓冲罐稳压罐后，将铝锭放入反应炉内熔化，氯气经过管路进入反应炉，与液态的铝反应，反应生成物三氯化铝经升华管道进入捕集器，在捕集器中冷凝，经冷导热油冷凝、热导热油融熔收集固体三氯化铝，得成品三氯化铝， 三氯化铝采用密闭充氮钢槽收集。此工艺流程中的有毒化危品为主要是氯气。

1.3 三氯化磷工艺流程

三氯化磷生产采用以三氯化磷为溶剂，用氯气气化溶于三氯化磷中的黄磷来生产三氯化磷，反应放出大量的热，该反应为釜式间歇反应过程，工艺过程中具有以下步骤：① 熔磷；② 氯化；③ 精制；④ 冷凝；⑤ 尾气处理。此工艺流程中的易燃易爆有毒、强腐蚀化危品为主要是氯气、黄磷、三氯化磷。

1.4 草铵膦生产装置有甲基二氯化膦生产工序、甲基亚膦酸二乙酯生产工序、缩醛、氨基腈、氨基腈酸解、草铵膦生产工序。甲基二氯化磷的化学性质活泼，极易与空气中的水和氧气反应，易自燃，难储存。甲基亚膦酸二乙酯合成是在合成釜内将石油醚、乙醇、三乙胺、甲基二氯化膦进行控制性反应。缩醛水解生产膦醛后，与氯化铵、氰化钠发生两步加成反应，生成氨基腈。草铵膦合成工艺流程如图 2 所示。

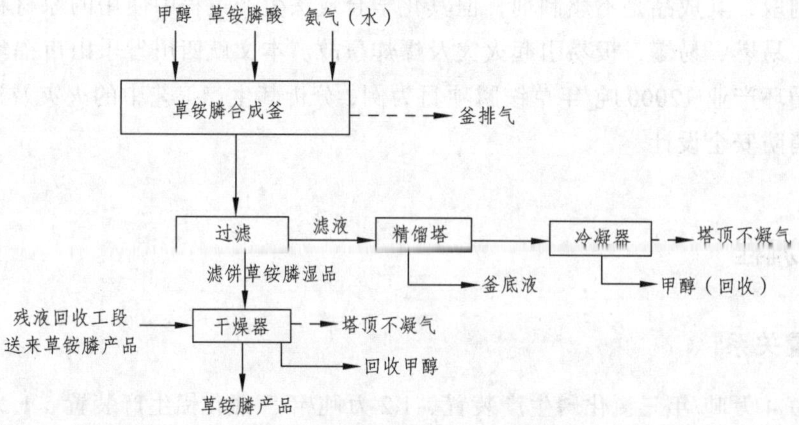

图 2 草铵膦合成工艺流程图

2 物料的火灾和爆炸危险性

化学合成法制取草铵膦涉及的危险化学品包括氯气、黄磷、三氯化磷、甲醇、乙醇、三乙胺、氯甲烷、丙烯醛、醋酸酐、环氧乙烷等，这些物品的危险特性如表 1 所示。

表 1 主要物料危险特性

物料名称	危险化学品分类	相态	密度	沸点（°C）	熔点（°C）	闪点（°C）	燃点（°C）	爆炸极限（v%）	火灾危险性分类	危害特性
氯气（UN 1017）	第 2.3 类毒性气体	气	1.47	−34.5	−101				乙	高毒
三氯化磷（UN 1809）	第 8.1 类酸性腐蚀品	液	1.57	74.2	−111.8				戊	强腐蚀性
石油醚（UN 1271）	第 3.2 类中闪点易燃液体	液	0.64 ~ 0.66	40 ~ 80	< −73	< −20		1.1 ~ 8.7	甲	极度易燃

续表

物料名称	危险化学品分类	相态	密度	沸点（°C）	熔点（°C）	闪点（°C）	燃点（°C）	爆炸极限（v%）	火灾危险性分类	危害特性
一氯甲烷（UN 1063）	第 2.3 类毒性气体	气	0.92	−23.7	−97.7		632	7.0～19.0	甲	易燃，有毒
氰化钠（UN 1689）	第 6.1 类毒害品	固	1.60	1496	563.7				戊	高毒
乙醇（UN 1170）	第 3.2 类中闪点易燃液体	液	0.79	78.3	−114.1	12	363	3.3～19.0	甲	易燃
三乙胺（UN 1296）	第 3.2 类中闪点易燃液体	液	0.70	89.5	−114.8	<0	249	1.1～8.0	甲	易燃
丙烯醛（UN 1092）	第 3.1 类低闪点易燃液体	液	0.84	52.5	−87.7	−26	220	2.8～31.0	甲	易燃，高毒
醋酸酐（UN 1715）	第 8.1 类酸性腐蚀品	液	1.08	138.6	−73.1	49	316	2.0～10.3	甲	易燃，腐蚀性
盐酸（UN1789）	第 8.1 类酸性腐蚀品	液	1.20	108.6（20%）	−114.8（纯）				戊	强腐蚀性
甲醇（UN 1230）	第 3.2 类中闪点易燃液体	液	0.79	64.8	−97.8	11	385	5.5～44	甲	易燃
氨水（UN 2672）	第 8.2 类碱性腐蚀品	液	0.91						戊	具腐蚀性
环氧乙烷（UN 1040）	第 2.1 类易燃气体	气	0.87	10.4	−112.2	< −17.8	429	3.0～100	甲	易燃易爆
氮（UN 1066）	第 2.2 类不燃气体	气	0.81（−196 °C）	−195.6	−209.8				戊	
氢氧化钠（UN 1823）	第 8.2 类碱性腐蚀品	固	2.12	1390	318.4				戊	强腐蚀性
硫酸（UN 1830）	第 8.1 类酸性腐蚀品	液	1.83	330.0	10.5				戊	强腐蚀性
次氯酸钠溶液（UN 1791）	第 8.3 类其他腐蚀品	液	1.10	102.2	−6				戊	腐蚀性
三氯化铝（UN 1726）	第 8.1 类酸性腐蚀品	固	2.44		190（253 kPa）				戊	强腐蚀性
醋酸乙酯（UN 1173）	第 3.2 类中闪点易燃液体	液	0.90	77.2	−83.6	−4	426	2.0～11.5	甲	易燃
黄磷（UN 2447）	第 4.2 类自燃物品	固	1.82	280.5	44.1				甲	高毒
甲基二氯化磷（UN 2845）	第 6.1 类毒性物质	液		84.9		48.9			乙	可燃
甲基亚膦酸二乙酯（UN 1993）		液		118～120		26.5			甲	易燃
氯乙醇（UN 1135）	第 6.1 类毒性物质	液	1.2	128.8	−67.5	60	425	4.9～15.9	乙	易燃，有毒

3 泄漏应急处理

3.1 作业人员防护措施、防护装备和应急处置程序

工作人员必须使用个人防护用品，生产区避免粉尘生成，在有粉尘生成的地方，应设置的排风设

备，避免吸入有毒蒸气、烟雾或气体，保证充分的通风如发生泄漏，将人员疏散到安全区域并避免吸入粉尘。

3.2 环境保护措施

如能确保安全，可采取措施防止进一步的泄漏或溢出，不要让产品进入下水道。

3.3 泄漏化学品的收容、清除方法及所使用的处置材料

收集和处置时不要产生粉尘，扫掉和铲掉，放入合适的封闭的容器中待处理。

4 消防安全控制措施

草铵膦的生产工艺中，原材料及中间产品使用了大量的易燃易爆化学危险品，工艺火灾危险性大，要根据生产工艺特点采取防火防爆措施。

（1）应正确选址，合理布置各生产单元。在选址定点时应将这种厂区设置在城市的郊区，且应在当地常年主导风向的下风方向，严禁设在人口密集的城市和乡镇，总平面布置根据工艺生产流程、交通运输、环境保护、防火、安全、卫生、节能及发展等要求，结合本地自然条件统一布置。

（2）生产装置、储运设施、配套及辅助设施之间的防火间距应满足《石油化工企业设计防火规范》（GB 50160—2008）及《建筑设计防火规范》（GB 50016—2014）的相关规定要求。

（3）可燃液体贮罐等均设置氮封、阻火呼吸阀，防止物料无组织挥发形成爆炸性气体，且按规范在相关规定在罐区设置防火堤，防止事故状态出现火灾蔓延事故。

（4）工艺物料管线采用架空敷设，利于发现物料泄漏故障。

（5）生产装置均采用敞开式框架结构，利于通风、泄爆。

（6）储存甲醇、丙烯醛的原料罐区设置移动式泡沫灭火系统.

（7）存放氰化钠等剧毒化学品的库房，根据《剧毒化学品库安全防范技术要求》（DB 11/529—2008）的有关要求需要设置视频监控电子报警电子巡查对库房以及周界设置一级防范，结合人员值守实体防护等综合安全防范措施，同时为保证安全设置排毒水沟和水池以及应急水池。

（8）由于黄磷化学性质非常活跃，具有高度的自燃危险性，一旦泄漏暴露在空气中，会迅速引发火灾，而且也有化学灼伤和中毒的极度危险，因此储存黄磷的罐区，采用火灾自动报警系统和雨淋系统，并且通过 DCS 自动控制物料的进出，发生火灾或泄漏时，能够及时关闭进料阀门，在安全的前提下开启出料阀门，利用工艺输转黄磷，同时及时补水，保证水封层的液位不低于 50 cm。

（9）属于甲、乙类火灾危险性的厂房均独立设置，承重结构采用钢筋混凝土框架合格，保证安全距离，并且按规范要求在有爆炸危险的部位设置泄压保护设施，装饰部分采用不发火花的楼地面，并采用防静电措施，爆炸危险区域内设置等电位连接，所有裸露装置的外部可导电部分均接入等电位系统。

（10）在生产装置设置固定式可燃气体检测报警器和有毒气体检测报警器，安装在可能产生可燃有毒气体泄漏处，其检测信号进入检测报警控制器显示，再通信到 DCS 监控系统，在计算机显示屏显示各点可燃有毒气体含量并能超限声光报警，实现操作人员对整个生产区域的监控。

因此，草铵膦生产企业的消防设计应针对企业的特点，通过加强工艺控制，DCS 自动连锁操控，

安全评估方法选用等技术措施，加强生产装置及储运设施的消防安全，只有设计出合理的消防系统，才能保证企业的生产安全，促进其安全稳健的发展。

参考文献

[1] 毛明珍，何琦文，张晓光，等. 草铵膦的合成研究进展[J]. 2014（6）.

[2] 王炳强. 石油化工企业火灾危险性及防火对策，广东化工[J]. 2011.

[3] 赵莉莉. 石化企业火灾危险性分析及安全对策构架[J]. 科学与财富，2016.

[4] GB 50160—2008. 石油化工企业设计防火规范[S]. 2008.

[5] GB 50016—2014. 建筑设计防火规范[S]. 2014.

[6] 刘彬. 黄磷储罐火灾事故特点分析及处置对策研究[C]. 2012 中国消防协会科学技术年会论文集，2012.

作者简介：钟园军（1971—），女，乐山市消防支队防火处，主要从事消防监督和建筑工程审验工作，高级工程师。

通信地址：乐山市市中区肖坝路 119 号，邮编：614000；

联系电话：13908133369；

电子邮箱：24001145@qq.com。

高层建筑人员安全疏散对策研究

张家明
（兰州市公安消防支队，甘肃 兰州 730000）

【摘 要】 城市高层建筑的逐渐增多，对改善城市景观和人民居住条件起到积极作用的同时也给火灾发生后的人员安全疏散带来了难度和挑战。本文对高层建筑人员疏散的四种常用方法进行了对比分析，提出高层建筑人员安全疏散的对策建议，为进一步完善高层建筑人员安全疏散提供了理论支持。

【关键词】 高层建筑；安全疏散

1 引 言

随着国民经济的迅速发展，我国城市建设突飞猛进，高层建筑如雨后春笋般崛起，特别是出现了不少大体量的综合性的高层建筑，这对改善城市景观和人民居住条件起到了积极作用。同时也给火灾发生后的人员安全疏散带来了难度和挑战。高层建筑内人员多、规模大、疏散至建筑外的时间长，疏散过程中发生拥挤、阻塞的几率大，容易发生人员伤亡事故。因此，为了减少人员伤亡，提高高层建筑人员疏散效率，研究高层建筑人员安全疏散对策具有重要的意义。

2 高层建筑人员疏散常用方法对比分析

高层建筑人员疏散的方法一般为楼梯疏散、电梯疏散、辅助疏散及外力救援。

2.1 楼梯疏散法

楼梯是高层建筑内除了电梯之外人们上下楼使用频率较高的竖向通道，是人们较为熟悉的疏散途径，同时也是高层建筑物中人员垂直疏散的主要途径[1]。

2.1.1 楼梯疏散法的优点

使用疏散楼梯疏散人员是火灾情况下高层建筑内人员疏散逃生的首选方式，也是相对比较直接、便捷和安全的疏散方法。其优点主要体现为：

（1）实用性强。楼梯疏散相较电梯疏散而言，不受电源限制，能够保证火灾情况下人员的有效疏散。同时，火灾时楼梯疏散受火势威胁较小，安全性较高。

（2）被认知性强。楼梯作为人们上下楼的主要通道，能够被大多数人所熟知，同时疏散指示标志的设置使被困人员能够迅速地找到疏散楼梯间。此外，在消防安全培训中也是按照疏散通道优选疏散楼梯来教育培训大家的。

（3）安全性高。对高层建筑疏散楼梯的设置有专门的国家强制性规范标准进行详细规定，确保火灾情况下高层建筑内人员的安全疏散。

2.1.2 楼梯疏散法的缺点

对于高层建筑来说，仅仅使用狭窄的疏散楼梯疏散人员，严重的“阻滞”现象会凸现出来，主要表现为：

（1）疏散耗时较长。高层建筑楼层较高，内部人员垂直疏散距离较长，导致疏散时间过长，根据加拿大国家研究委员会的研究[2]，不同层数建筑中不同数量人员从一个 1.1 m 宽的楼梯疏散到楼外的时间如表 1 所示。上海“金茂大厦”曾举行过专门的疏散逃生演习，在防烟楼梯畅通、没有任何阻挡的情况下，125 名身强力壮的男性员工同时从 85 层楼上往下跑，结果跑出大厦最快的员工用时 35 min，可见，通过疏散楼梯往楼下疏散人员耗时较长，再加上疏散过程中人员身体疲劳及可能产生的焦虑恐慌心理，不仅会进一步延缓整体疏散，延长疏散时间，还会出现危险。

表 1　不同层数建筑中不同数量人员从一个 1.1 m 宽的楼梯疏散到楼外的时间

建筑层数	疏散时间（min）		
	每层 240 人	每层 120 人	每层 60 人
50	131	66	33
40	105	52	26
30	78	39	20
20	51	25	13
10	36	19	9

（2）不适合老弱病残人员疏散。盲人、老人、卧床不起的病人、腿部残疾的人和儿童等老弱病残人员行动不便或迟缓，容易摔倒，担架或轮椅也没法在疏散楼梯上行走，因此，无法利用疏散楼梯自主逃生。并且这类人员在疏散过程中容易引起楼梯内的大量人员拥堵甚至引发踩踏等恶性事故，极大地阻碍整体疏散的进行。

（3）上下行容易发生拥挤冲突。当消防人员、警察和其他救援人员携带着灭火救援器材从狭窄的疏散楼梯往楼上前进时，势必会和往楼下逃生的人们发生拥堵挤撞，很容易形成“肠梗阻”，甚至还会发生人员伤亡事故。此外，各楼层疏散人员同时汇聚到楼梯间内，也会增加楼梯的拥挤度，影响疏散的速度。

（4）浓烟会窜进楼梯间。当人们推开疏散楼梯间的防火门进入时，浓烟也会随之窜入，再加上平时应处于关闭状态的防火门经常处于打开状态，使得浓烟窜入疏散楼梯间内，影响人员安全疏散。

（5）疏散楼梯不易发现。有些高层建筑楼梯间设置比较隐蔽，不易被发现，再加上人们日常出入习惯用电梯，对疏散楼梯不熟，火灾情况下不能第一时间到达疏散楼梯。疏散指示不明确也影响人员通过疏散楼梯疏散。

2.1.3 影响楼梯疏散的因素

（1）高层建筑结构布局。建筑物形状、结构布局、出口数量及楼层高度等直接关系到火灾发生时楼内人员能否第一时间顺利到达楼梯间。

（2）楼梯宽度。火灾时人员会大量拥挤在楼梯间和楼梯口处，疏散楼梯的宽度直接影响人群疏散速度和疏散效率。

（3）人群特点。不同人群在不同情况下的疏散能力、疏散速度和疏散时间是不同的。高层建筑内常驻人群特点客观反映着楼梯疏散速度。

（4）楼梯间设置要求。不同等级的高层建筑，国家规范标准有不同的设置要求，而不同的楼梯间和不同的设置要求对楼梯疏散有不同程度的影响。

2.2 电梯疏散法

电梯是高层建筑中安全便捷的疏散设施，生活和工作在其中的人们上下楼层和运输物资都靠乘坐电梯，只有当电梯发生故障时，人们才利用疏散楼梯上下行走，可以这样说，高层建筑内的人们都知道电梯的位置，但对疏散楼梯的位置不一定特别熟悉。我国在规范中明确规定电梯和自动扶梯不能作为火灾情况下的疏散工具，但不得不面对一个现实，电梯在现代高层建筑中非常普遍，是重要的、常用的垂直疏散工具。

2.2.1 电梯疏散法的优点

相对楼梯疏散而言，电梯疏散的优点如下：

（1）疏散速度快。对建筑中考虑运输能力的电梯，《建筑设计规范》要求：住宅楼在上行高峰时所配电梯能在 5 min 内运送全楼总人数的 7.5%，高峰输送总时间为 67 ~ 100 min；办公楼在上行高峰时所配电梯能在 5 min 内运送全楼总人数的 8% ~ 13%，高峰输送总时间为 29 ~ 40 min[1]。电梯具有运送速度快的特点，对高层建筑人员疏散具有重要意义，因为火灾情况下，时间往往可以决定一切。楼梯疏散不仅耗时长，而且对人的体力也是极大的考验。此外，人们常用电梯出入，火灾时第一时间想到的逃生路径也是电梯。因此，应用电梯疏散，能够在极短的时间内将被困人员疏散到室外安全区域，大大缩短疏散时间，提高安全性。

（2）便于老弱病残人员疏散。对于老人、儿童和残疾人等在火灾中易受到威胁的群体，楼梯疏散不方便的同时也会影响楼梯疏散速度，发生拥挤踩踏事件，而应用电梯疏散则可以很好地解决这类特殊人群的疏散问题。

（3）电梯的安全性在逐步提高。大多数高层建筑电梯具备的图像监控功能，可监控紧急状态下电梯轿厢内的实时状况，便于监控利用电梯疏散人员的安全。此外，消防电梯的两路供电确保在正常供电被切断时仍然保持正常运行，最大限度地延长电梯疏散人员的时间。

2.2.2 电梯疏散法的缺点

在肯定电梯疏散时的优点时也不能忽略存在的问题，其缺点为

（1）火灾情况下供电不可靠。为了保证灭火救援工作的安全，火灾时建筑物内电源有时会被消防员切断，或电梯电源在火灾中被烧断，导致电梯不能正常运行，反而会使电梯内疏散人员被困其中，陷入危险状态。

（2）易受烟气侵害。普通电梯无防火前室，火灾时烟气会通过电梯井进入电梯轿厢，危及电梯内乘客的安全。此外，由于轿厢的“活塞效应”和电梯井道的“烟囱效应”，极易将烟气吸入电梯井道，从电梯厅门扩散到建筑内其他未起火楼层。

（3）电梯速度受停靠层数限制。火灾情况下，被困人员都渴望第一时间逃离火场，火场很容易出现在疏散某一楼层人员时，其他楼层被困人员也在控制电梯，导致疏散时间的延误。

（4）现有电梯的技术和使用现状还难以完全确保其在火灾情况下安全使用。灭火用水会导致电梯的某些电器部件、电气电路等出现故障或损坏，火场高温会使电梯门系统、悬挂系统及导向系统等机械部件受热失效等等，这既有电梯制造生产标准的问题，也有技术研究问题，更有设计、施工及管理问题，任何环节的疏漏、脱节，都会影响电梯安全使用。

（5）火灾时不能保证电梯疏散的秩序。由于长期以来高层建筑管理部门受到“火灾时禁止使用电梯”规定的影响，没有考虑去研究和制定火灾情况下合理使用电梯的应急预案，火灾时缺少合格的人员操作电梯并组织人员疏散，疏散人员的无序行为会造成电梯的疏散功能得不到保障，甚至发生危险。

（6）电梯疏散的认知观还未建立。社会公众对于电梯在火灾情况下运行的安全性和实际使用价值的认知还没有转变过来，电梯疏散理念尚未建立。

2.2.3 电梯疏散的要求

要确保电梯疏散人员的安全，所用电梯必须满足如下要求：

（1）保证电梯电源不受火灾影响，或是有火灾下能保证供电的备用电源；

（2）电梯质量和技术能够防火、防水；

（3）电梯设置有防止烟气侵入的设施或措施，如设置前室，前室内设置正压送风系统；

（4）火灾时有专人负责对电梯疏散进行掌控和指导，避免人员的无序行为影响电梯的安全疏散。

2.3 辅助疏散法

针对超高层建筑安全疏散的艰难性，特别是位于较高楼层的人员，直接疏散至楼外安全区域的疏散路线远、疏散时间长，或疏散通道被烟火封堵，或因伤残、体弱无法及时疏散到楼外安全区域，此时，建筑内专门设置用作人员避难的楼层、平台，让被困人员经过较短疏散路径疏散至此免受烟火侵害，等待进一步救援。此外，一些高层建筑在每层窗口、阳台等便于操作的部位设置有救生缓降器、逃生滑道或者逃生梯等逃生辅助装置，火灾时楼内人员也可利用这些逃生辅助装置进行疏散。

2.3.1 辅助疏散法的可行性

辅助疏散作为高层建筑人员疏散传统措施的重要补充，有其独特的长处。

（1）传统疏散措施无效情况下的重要补充措施。当传统的逃生疏散通道被封锁或丧失安全时，可利用辅助疏散途径免受或暂时免受烟火侵害，保全生命，特别是应对受伤、生病和残障人员等有特殊情况人员的疏散时更为有效。

（2）逐渐被认可。国家标准规定“建筑高度超过 100 m 的公共建筑，应设置避难层（间）。避难层的设置，自高层建筑首层至第一个避难层或两个避难层之间，不宜超过15层。”这对辅助疏散之一的避难层进行了强制规定。2015 年 3 月 1 日，实行了《山东省高层建筑消防安全管理规定》要求新建高层居住建筑的建设单位应当按照国家和省有关规定配置必要的救生缓降器、逃生滑道或者逃生梯等逃生辅助装置。该规定促进了其他类型的逃生辅助设施的推广应用。美国消防协会（NFPA） 吸取了“9·11”和其他恐怖主义袭击（例如攻击旅馆和其他著名建筑物）的教训，颁布了新的生命安全规范，该规范批准利用“辅助疏散”（SE）技术帮助居民在紧急情况下逃离高层建筑[3]。其目的是在传统的逃生路线（楼梯、电梯）被封锁或丧失安全之时提供一种可供选择的逃生疏散措施。

（3）疏散效果较为明显。逃生辅助设施作为传统疏散设施的补充，特别是避难层、避难平台的设置，有效缓解了疏散楼梯的人流压力，提高了疏散效率，增强了安全疏散的有效性，对强化火灾自救能力，争取更多外部救援时间，最大限度保障人员安全具有重要意义。

2.3.2 辅助疏散法的不足

避难层、避难平台都没有将被困人员疏散至室外安全区域，只是将被困人员暂时转移至一个相对安全的区域，暂时避免烟火的侵害，还需进一步救援才能完全脱离危险。而救生缓降器、逃生滑道或者逃生梯等逃生辅助装置对被困人员的身体、心理和技能要求较高，具有一定的使用局限性，再加上缺乏一定的强制性规范要求，所以并不是特别普遍。

2.4 外力救援法

若疏散通道被烟火封堵，即不能逃生至室外安全区域，也没有辅助疏散装置，还不能逃生至避难层、避难平台，人员被烟火围困，此时就需要施加其他外力来救助被困人员，比如利用登高平台消防车、云梯消防车救人，调用空军、民航等单位的直升机前来救人，消防员利用挂钩梯搭垂直通道救人，消防员利用绳索背负救人，也可利用楼宇擦窗吊篮救人等等。外力救援是被困人员已受或即将受到烟火侵害，自行逃生通道被封堵，无法实施自救时依靠外部救援力量的帮助而逃生的方法，是被困人员生存的最后一线生机，是传统疏散逃生方法的重要补充，是灭火救援现场消防员实施救人的重要措施。

当然，受现场环境、器材装备等多方面因素的影响，外力救援存在许多局限性，主要为

（1）操作环境要求高。如操作登高平台车、云梯车要求场地至少宽 6 m，有效操作范围边线距高层建筑外墙宜大于 5 m，上空不应有妨碍登高消防车操作的树木、架空管线等，尽量避免设地下暗沟、化粪池、燃气管道或电缆沟等，坡度不宜大于 3%，承重荷载应不小于 30 t，瞬时风速不超过 6 级等，这些操作要求都限制了登高平台车、云梯车的广泛应用。而热烟气对空气气流的扰动会对直升机救援产生安全隐患。

（2）救援效率低。比如 51 m 登高平台车从开始操作到完全展开至救助位置至少需要 5 min 左右的时间（操作高度越高，展开时间越长），加上救助被困人员至工作斗的时间约为 3 min，一次救助循环大约为 13 min，且每次只能就 2～3 人（工作斗的允许载质量一般在 200～400 kg 的范围内，即 2～4 人，包括 1～2 名操作或救助人员），救援效率低；直升机悬垂下放软梯救人，对被困人员的身体、心理和技能要求较高，只允许逐个攀爬，若操作不合适还会发生坠落事故；消防员绳索背负救人每次也只能救助一名被困人员。

3 高层建筑人员安全疏散的对策建议

高层建筑的特点决定了其消防安全设计的基本理念是“自救为主”，即充分利用建筑内部的火灾自动报警、自动灭火、防烟排烟以及防火分区等设施，实现早期报警、快速扑灭和拯救生命的目的。在人员安全疏散方面，也必须充分利用内部疏散设施。通过对高层建筑人员疏散四种常用方法的对比分析，对高层建筑人员安全疏散提出如下建议。

3.1 科学合理设定人员安全疏散路线

发生火灾时，高层建筑内部人员紧急疏散，应确保下一步比上一步安全性高，即人们从着火房间或部位，跑到公共走道，再由公共走道到达疏散楼梯间，然后转向室外或其他安全处，不会产生“逆流”情况，这样的疏散路线视为安全疏散路线。因此，高层建筑在设定人员疏散路线时，既要力求简捷明了，便于寻找、辨别，又要避免受阻碍出现反向从而行造成拥挤现象，并要特别注意疏散楼梯的位置。疏散楼梯靠近电梯布置是最恰当的，这样可以使人们首先考虑并经常使用的路线与火灾时紧急使用的疏散路线有机地结合起来，有利于迅速而安全的疏散人员，但避免疏散楼梯与消防电梯合用一个凹廊作前室，避免疏散人员与消防人员交叉和相互干扰，妨碍安全疏散和消防扑救。

3.2 充分利用楼梯疏散

现代高层建筑最主要的疏散设施还是楼梯，楼梯疏散也是多种疏散方法中可以保证大流量人员同时疏散的唯一疏散方法。按照高度和使用功能的不同，高层建筑中分别设置了“封闭楼梯”和“防烟

楼梯”，疏散路线为水平疏散通过房间、厅室的门进入走道，再通过前室进入楼梯间，竖向疏散以楼梯为主，最后通过直通室外的安全出口完成疏散过程。在利用楼梯疏散的同时，应该注意以下几点：

（1）稳定人员情绪。火灾情况下会使被困人员紧张、情绪激动，不利于疏散救援活动。因此，必须稳定被困人员情绪。以采用喊话、广播的方式，或者利用便携式扩音器或建筑内广播系统，及时通报火灾情况，告知被困人员要镇静。

（2）合理组织，有序疏散。使用楼梯疏散，既要保持较快的速度，又要保持良好的秩序，严防发生拥挤踩踏事故，这就需要高层建筑内人员熟悉了解疏散楼梯位置，火灾时能够准确找到并合理利用楼梯疏散，管理人员也要经常组织楼内人员利用楼梯进行疏散演练，要注意将楼内人员分至不同楼梯间疏散，可以利用楼内广播系统稳定情绪的同时指引人员疏散，这样才能确保火灾时临危不乱，有序疏散。

（3）标明疏散路径。疏散指示标志是指引被困人员正确、迅速、有序疏散逃生的重要指示标志，设置不合理，甚至错误，就会影响疏散效率，造成人员伤亡。

（4）疏散通道畅通。疏散通道畅通是成功疏散的重要保证，但现实中，很多高层建筑（特别是居住建筑）中疏散通道经常被杂物、货物所占用，有的甚至把疏散通道锁死，导致火灾时楼内人员无法及时疏散逃生。

3.3 火灾初期可考虑电梯疏散

电梯是相对楼梯疏散较快的疏散方法，但火灾情况下由于供电保证困难、安全性无法完全保证等因素，使得电梯疏散不能成为高层建筑人员疏散的主要方法。为确保人员疏散的需要，可在火灾初期，现场火情还不能影响电梯安全运行的前提下，考虑使用电梯疏散，特别是用于疏散残疾人、病人及老弱妇幼等行动不便的人员，从而加快高层建筑内人员疏散速度。使用电梯进行疏散时要注意以下几点：

（1）火灾初期阶段可考虑使用电梯疏散。为避免随着火势的蔓延扩大，影响电梯的安全运行，使用电梯疏散时必须是在火灾的初期阶段，火势较小，不影响电梯的安全运行，或是火势未蔓延扩大到电梯位置的时候，此时，可审时度势，第一时间乘坐电梯疏散逃生。

（2）优先用于弱势群体的疏散。弱势群体主要指通过楼梯疏散比较困难，甚至影响楼梯疏散效率。导致发生拥挤现象的人员包括老年人、儿童、残疾人及病人等。

（3）优先用于高层人员的疏散。较高楼层的被困人员通过楼梯疏散所需时间较长，对体能要求较高，用电梯疏散即可便于较高楼层被困人员的逃生，也可缓解楼梯疏散压力，提高疏散效率。

（4）要在单位管理人员或消防员的组织下疏散。鉴于电梯疏散的特殊性，必须要在专门人员的组织下实施疏散，避免人多拥挤、互不相让导致事故发生。

（5）乘坐安全时间、安全部位的电梯疏散。高层建筑内的不同防火分区、不同部位设有多部电梯，要选择不受火势威胁或受火势威胁较小的电梯疏散。

（6）采取措施保护疏散电梯的安全性。为人员疏散需要，到场救援力量必须对受火势威胁的电梯采取有效保护措施，确保人员疏散安全，如出水枪堵截火势向疏散人员的电梯蔓延扩大；控制住电梯电源，避免人员在火灾后拉闸断电的习惯行为；在电梯前筑堤堵流，防止消防水流入电梯井；等等。

3.4 合理应用辅助疏散设施疏散

高层建筑人员疏散最好能把被困人员一次性都转移到建筑物外安全区域，但若受现场条件所限，如疏散楼梯被烟火侵害不能疏散时，也可以先将被困人员转移到一个相对安全的区域，如避难层、避难平台、还未受火势威胁的房间等，只要能够免受烟火侵害、保证人员生命安全即可，条件成熟时再通过其他途径（如消防员救援）疏散至建筑物外安全区域即可。这些暂时避难区域是高层建筑人员疏散逃生的重要补充设施，在火场逃生时要审时度势，科学合理地应用这些辅助疏散设施来确保被困人员的生命安全。同时要提高对高层建筑辅助疏散设施的重视，加大创新研发力度，大力推广高层建筑自救逃生器材的安装和使用，如缩放式滑道、缓降器和降落伞、室外疏散救援舱、绳梯以及火灾自动逃生梯等辅助疏散设施，提高高层建筑内人员在火灾情况下的存活能力。

3.5 第一时间部署力量实施外力救援

面对被火围困、生命受到威胁或已无法通过疏散楼梯、电梯和辅助疏散设施逃生自救的被困人员，到场指挥员必须第一时间部署救援力量，采取合理的救援措施，救助被困人员。外力救援是被困人员最后一线生机，有可能再晚一会，被困人员就可能被烟火吞噬。在救援准备时，要利用喊话器、标语等方式稳定被困人员情绪，防止跳楼；要选择精干、技能娴熟的救援人员实施救援；救援过程中要注重被困人员的协调配合，提高救援效率；要认真领悟救人与灭火的关系，在救援过程中，部署灭火力量控制并适时消灭火灾，减少火势对被困人员的危害，为救援创造有利的环境。

4 结 语

通过对比分析高层建筑人员安全疏散的四种常用方法的优缺点，结合高层建筑特点，对高层建筑人员安全疏散提出对策建议，以期对进一步完善高层建筑人员安全疏散提供理论支持。

参考文献

[1] 霍然，胡源，李元洲. 安全疏散设计[M]. 合肥：中国科学技术出版社，2010.
[2] 霍然，胡源，李元洲. 建筑火灾安全工程导论[M]. 合肥：中国科学技术出版社，2009：305-315.
[3] 中国消防协会建筑防火专业委员会. 现代建筑防火设计技术[M]. 成都：四川科学技术出版社，1987.
[4] 王晔. 高层建筑的辅助疏散[J]. 消防技术与产品信息，2014（3）：72-75.

作者简介：张家明，男，甘肃省公安消防总队兰州支队战训工程师，主要从事灭火救援方面的研究。
通信地址：甘肃省兰州市城关区东岗西路595号城关区公安消防大队，邮编：730000；
联系电话：13919493823。

高危场所火灾危险评价方法

胡忠日[1]，李　萍[2]

（1. 公安部四川消防研究所，四川 成都，610036　2. 重庆大学城市建设与环境工程学院，重庆　400044）

【摘　要】 随着我国的经济发展，大型商场、公共娱乐场所、俱乐部以及影剧院等人员密集场所日益增多，地下交通等设施日益发达，这些场所提高了人民的生活、生产质量，但同时也带来了负面的影响。人员密集场所的重大恶性灾害事故频繁发生，其破坏性之强、社会影响力之大，已经成为我国影响最大的灾害种类之一。我国的火灾危险评价工作起步较晚，因而火灾危险评价工作的技术水平总体上还处于起步阶段。我国的危险评价体系还不完善，对于高危场所火灾危险评价技术研究工作也相对较少，深入开展高危场所火灾危险评价工作，有助于建立符合我国建筑的评价系统，有效地保证人民的生命和财产的安全。所以，本文根据近些年的研究成果，从研究现状和当前存在问题、未来发展趋势等方面展开，为高危场所火灾危险评价方法提供参考。

【关键词】 高危场所；火灾危险评价；研究现状；发展趋势

1 引　言

1.1 研究背景

1.1.1 当前火灾形势

火的发明标志着人类的进步，它是人类生产、生活的重要资源。自从掌握了火，人类逐步摆脱了茹毛饮血的野蛮时代，开始迈向了文明社会。但是在现在百变的生活姿态中，难免会因为人的一些不安全行为或者物品的不安全存放、使用，导致火演变成危及人类生命财产安全的火灾。所以随着社会经济的发展，人们在对物质、精神生活追求的同时，切实提高高危场所消防安全工作体系，建立、健全消防安全责任机制，不断提升消防安全评价体系，增强高危场所自身火灾防御能力，已是刻不容缓。由火灾造成的损失可以分为直接损失和间接损失。直接损失一般通过火灾情况可以直接统计，间接损失量往往远超过直接损失，并且不易估量，其主要包括：火灾造成的企业、团体等社会影响，相关合作方的业务合作纠纷以及后期的整改等。据世界火灾统计中心以及欧共体的研究结论表明，大部分发达国家年火灾损失占 GDP 的比例约为 0.2%，而间接损失约占 GDP 的 1%[1]。世界部分国家火灾直接财产损失与 GDP 的比例如表 1.1 所示。

从 20 世纪 80 年代以来，我国的火灾次数和损失增长迅速。据统计：1981 年至 1990 年的 10 年间，我国平均每年发生火灾约 3.8 万起，导致直接财产损失约 3.6 亿元。1991 年至 2000 年的 10 年间，平均每年发生火灾约 8.9 万起，相比前 10 年增长了 134.2%，直接财产损失约 11.6 亿元，比前 10 年增长

表 1.1 世界部分国家年度火灾直接财产损失与 GDP 的比例

国家名称	火灾直接财产损失与 GDP 比例	国家名称	火灾直接财产损失与 GDP 比例
斯洛文尼亚	0.09	新西兰	0.17
捷克	0.09	奥地利	0.18
日本	0.09	荷兰	0.18
新加坡	0.09	加拿大	0.19
美国	0.11	法国	0.19
德国	0.12	意大利	0.20
匈牙利	0.12	丹麦	0.22
波兰	0.12	瑞典	0.22
西班牙	0.12	挪威	0.27
芬兰	0.15	比利时	0.40
澳大利亚	0.16		

了 222.2%，由此可见其增长速度非常迅速。同时火灾受伤人数也成增长趋势，1981 年至 1990 年平均每年火灾死亡人数 2 272.5 人，受伤人数 3 506.3 人；而 1991 年至 2000 年 10 年间平均每年火灾死亡人数为 2 456.4 人，同比增长了 8.1%，受伤 4 342.2 人，同比增长了 23.8%。并且群死群伤火灾越发频繁，1981 年至 1990 年全国共发生一次性死亡人数 30 人以上的火灾共 11 起，共导致死亡 677 人，平均每起火灾死亡人数为 61.5 人；1991 年至 2000 年全国共发生一次死亡 30 人以上的火灾 19 起，共死亡 1 772 人，平均每起火灾死亡 93 人，同比起数上升 72.7%，死亡人数上升 161.7%；可见后十年群死群伤火灾的起数和死亡人数比前十年有较明显上升[3]。除此之外，据公安部消防局统计，2005—2010 年之间，我国发生火灾共计 1 030 057 次，遇难人数达 9 800 人，受伤 7 000 多人，直接经济财产损失超过 84.5 亿元。仅 2005 年，国内一共发生了火灾 235 941 次，火灾死亡人数超过 2 500 人，直接经济损失超过 13.6 亿元。

1.1.2 高危场所定义范围

（1）四川省火灾高危单位消防安全评估标准高危场所。

① 火灾高危单位。

火灾高危单位（以下简称单位），是指下列发生火灾容易造成重大人身伤亡、重大财产损失或者重大社会影响的单位：

a. 建筑面积超过 1 500 m^2 的公共娱乐场所和建筑面积超过 20 000 m^2 的其他人员密集场所。

b. 生产、储存油品或者其他易燃液体总储量超过 30 000 m^3，生产、储存液化石油气、天然气或者其他易燃气体总储量超过 2 500 m^3，生产、储存其他易燃易爆物品总储量超过 5 000 t 的单位，或者占地面积超过 30 000 m^2 的易燃易爆物品生产、储存单位，建（构）筑物面积超过 1 000 m^2 的易燃易爆物品经营单位。

c. 建筑高度超过 100 m 或者建筑总面积超过 100 000 m^2 的公共建筑。

d. 建筑面积超过 10 000 m^2 的地下公共建筑。

e. 城市地下轨道交通工程。

f. 采用木结构或者砖木结构的全国重点文物保护单位。

g. 其他容易发生火灾，且一旦发生火灾可能造成重大人员伤亡、重大财产损失或者重大社会影响的单位。

② 公众聚集场所。

公众聚集场所是指宾馆、饭店、商场、集贸市场、客运车站候车室、客运码头候船厅、民用机场航站楼、体育场馆、会堂以及娱乐场所等。

③ 人员密集场所。

人员密集场所是指公众聚集场所，医院的门诊楼、病房楼，学校的教学楼、图书馆、食堂和集体宿舍，养老院，福利院，托儿所，幼儿园，公共图书馆的阅览室，公共展览馆、博物馆的展示厅，劳动密集型企业的生产加工车间和员工集体宿舍，旅游、宗教活动场所等。

④ 公共娱乐场所。

公共娱乐场所是指具有文化娱乐、健身休闲功能并向公众开放的室内场所，包括影剧院、录像厅、礼堂等演出、放映场所，舞厅、卡拉 OK 厅等歌舞娱乐场所，具有娱乐功能的夜总会、音乐茶座、酒吧和餐饮场所，保龄球馆、旱冰场、桑拿等娱乐、健身、休闲场所和互联网上网服务营业场所。

（2）火灾高危单位。

容易造成群死群伤火灾的人员密集场所、易燃易爆危险品场所和高层、地下公共建筑等高危单位。根据火灾高危单位使用性质不同，可以划分为以下三类：

① 人员密集场所、高层或地下公共建筑、地下交通工程、木结构或砖木结构的全国重点文物保护单位等民用建筑。

② 易燃易爆化工厂房、装置。

③ 易燃易爆化学物品仓库、储罐。

1.2 研究意义

火灾危险评价是火灾科学与消防工程的重要组成部分，并且是包含多门学科的综合评价体系，在完善火灾科学与消防工程学科体系方面有着举足轻重的作用。人们将火灾危险评价定义为对评估系统进行有效的火灾危险分析和评价系统应对危险采取措施，将所获得的有效数据进行分析处理，最终转化成最后的结论。目前世界上普遍采用的消防安全管理重要手段也与其定义一致：对新建、改建、扩建以及既有建筑的消防安全状况进行综合评价，根据评价结果，提出相应的火灾控制措施，确保火灾防控有效[2-7]。火灾危险评价的目的是通过对事件的评估结果对建筑防火安全问题进行分析，找出缺陷并进行加强管理，在一定的程度上降低火灾发生的概率和减少相关人员伤亡与经济损失，保证整个建筑处在安全、可靠的环境下，以达到一种最优的消防安全状态。火灾危险评价在保证安全生产方面也起到了重要作用，其可以使高危单位的火灾安全管理变事后处理为事先预测、预防，使单位的消防管理变纵向单一管理为全面系统管理，也可以使单位所有部门都能按照要求认真评价本系统的安全状态，并将安全管理范围扩大到单位各个部门、各个环节，使单位的安全管理实现全面、全过程的系统化管理。除此之外，较为系统的火灾危险评价可以使单位的消防管理由经验管理变为目标管理，可以使各部门、各职工明确各自的安全职责，使其能在明确的目标下统一步调、分头进行，从而使消防管理工作做到科学化、统一化和标准化。

2 介 绍

2.1 研究现状

2.1.1 国外研究现状

从20世纪50年代开始，许多发达地区的国家已开始成立火灾研究机构，这些机构有的是由国家出资进行研究，有的是根据需要由民间自助出资进行研究。较著名的机构有美国的酒烟和火器局火灾研究实验室、美国的NIST公司属下的火灾研究机构、美国的圣地亚国家实验室火灾科学与技术实验室、美国的工厂联合公司研究所、日本的建筑火灾研究实验室、日本的自治省消防厅消防研究所、新西兰的火灾科学与技术国家实验室、瑞典的火灾科学技术实验室、德国的火灾科学研究中心与英国FRS等，这些机构通过研究，整理出了大量的数据资料，为火灾消防科学、消防规范体系的制定起到巨大的促进作用。

在19世纪末，西方国家的工业迅猛发展，各种高层、超高层建筑的出现，使得传统建筑的防火设计已经不能满足需求，由此性能化防火设计系统研究在一些发达国家开始出现，并且火灾风险评估方法的研究也随即展开。1970年，建筑消防安全评价的发展进入一个重要阶段，世界各国开展了大量的建筑消防安全评价工作。在1985年，英国颁布了第一部性能化防火规范，日本、澳大利亚、美国、加拿大、新西兰以及北欧等发达国家先后开展了大量的消防安全工程和性能化防火设计方法技术的研究工作。同年，第一次国际火灾安全科学研讨会在美国召开，并且国际火灾安全科学学会（International Association for Fire Safety Science，IAFSS）由此诞生。1996、1998、2000和2002年分别在加拿大、美国、瑞典和澳大利亚召开了4届国际性能化设计规范与设计方法研讨会，这标志着发展以火灾性能为基础的设计方法及相应的规范已成为国际化的趋势。

性能化防火分为性能化防火分析、性能化防火设计和性能化设计规范。性能化防火方法在注重量化的前提下使得分析结果更加具有客观性、准确性。性能化防火分析作为性能化防火设计方法的核心部分，为防火设计、规范制定提供了合理化指导。国外在火灾风险评估工作中进行了以下几个方面的研究：

（1）组织专家制定消防安全项目计划。英国制订了一份“消防安全工程战略计划”；澳大利亚组织了“澳大利亚消防安全工程设计技术领域的基本需求和发展战略分析研究”的项目。

（2）开展专题项目研究。日本先后三次对防火性能化设计进行开发研究；澳大利亚的建筑规范委员会成立了“消防规范改革中心”；美国政府对火灾风险评估工作也曾组织专家研究。

（3）开发火灾风险评估软件。如美国的建筑防火评估方法（The Building Firesafety Evaluation Method，BFSEM）；评估特定场所内所用产品火灾风险的FRAMEworks方法；火灾致损评估方法（Fire-Induced Vulnerability Evaluation，FIVE）；澳大利亚的风险评估模型（Centre for Environmental Safety and Risk Engineering，Risk，CESARE-RISK）；日本的建筑物综合防火安全设计方法；加拿大的FIRECAM（Fire Risk Evaluation and Cost Assessment Model）方法。

2.1.2 国内研究现状

我国的消防安全研究工作起步较晚，但是近些年的研究成果已经有了很大的进步。1995年我国在中国科学技术大学成立了第一个国家重点火灾科学实验室，接着又对大空间建筑火灾、工业火灾和森林火灾等方面进行了科学研究。火灾风险评估方法是火灾科学研究工作的基础。我国在火灾风险评估研究中取得的主要成果有：

（1）以灰色关联分析法、AHP和模糊综合评价方法为基础构建的火灾评价体系。同济大学的周天对中等城市火灾风险进行评价研究时，就是运用灰色关联理论，研究火灾风险评价方法和评价准则，利用 UFRA 方法原理建立火灾风险评估体系[8]。

（2）运用统计分析、模拟方法或模型等方式构建火灾评估体系。我国火灾科学与安全工程领域的专家范维澄教授运用火灾规律双重性理论，探讨研究了关于建筑火灾模拟综合评估理论框架体系，然后得出建筑火灾评估应用方式的量化描述[8]。

（3）以现行指令性建筑防火设计规范和消防安全工程学为基本出发点构建评估方法。同济大学的韩新、沈祖炎等研究人员运用该方法对大型公共建筑防火性能化评估方法基本框架进行了研究，最终通过面向对象的主流程开发技术，通过以性能化设计防火规范为基础，从而初步建立了大型公众建筑防火性能化评估方法的总体框架[9]。

（4）运用模糊识别理论和系统安全方法，进行建筑物火灾危险性评价指标体系的建立。湖南科技大学的伍爱友、肖国清等人依据建筑物火灾危险性的各种影响因素，将该评价指标体系应用集值统计方法对各项指标的权重进行处理，最后将该理论体系应用到大型购物商场的火灾危险性评价中，验证了评价模型的准确度[9]。

（5）运用事故树分析法和随机过程的马尔克夫模型，建立动态模型进行火灾风险评价。天津大学的易立新、惠中玉等人，将该模型运用到计算某一系统特定地点起火后风险概率的时间分布，从而达到指导消防设计和消防管理的目的[10]。

（6）运用 Bays 统计分析模型进行火灾风险评价。西安建筑科技大学闫金花、李慧民针对我国当前大型商场建筑的防火管理过程实际现状，通过运用此系统评估方法，最终科学地推导出防火系统的可靠度可以近似于分布函数，并运用实例来证明此函数的可行性[10]。

（7）以火灾动力学与统计理论耦合的风险评估方法为基础进行火灾风险评价。中国科学技术大学的褚冠全等人综合当前火灾风险评估的基本方法，提出了建筑火灾财产损失评估方法与人员伤亡预期风险评估方法。

（8）以火灾特点为基础，运用研究系统深入探讨潜在的火灾危险性。天津滨海快速交通发展有限公司的贾春芬、姚会兰等人通过对地下停车库其火灾风险性的研究，分析了地下停车库的火灾特点，分别从停车库的火灾规模、释放辐射热的大小、发生轰燃的烟气条件、相邻汽车被引燃的临界条件以及自动喷水系统的动作时间等几方面对停车库的火灾危险性进行了深入探讨，最后以某地下一层停车库为实例，运用研究系统对其火灾风险性进行了综合评价[10]。

（9）以区域火灾风险评估与灭火救援力量布局优化为基础进行火灾危险性评价研究。同济大学的胡传平等人，建立了区域居民火灾风险以及人员、财产密集建筑群体火灾风险的评估方法，通过在区域灭火救援力量布局上的评估研究，提出消防站以及消防车辆装备等布局的评估方法，通过对区域灭火救援力量的布局优化研究，最终提出了消防站划分的标准原则和改善区域灭火救援力量布局优化的新方法[11]。

（10）火灾财产损失风险关联性的研究。中国人民武装警察部队学院的傅智敏、陈云国对城镇在2007年的重特大火灾进行了分析，结合数据挖掘技术和工具，对我国2000—2005年期间所发生的1 356起城镇重特大火灾直接财产损失风险与火灾发生的时间、场所和原因之间的关联性进行了分析[12]。

（11）采用物元分析方法建立火灾风险评估模型。电子科技大学的毛春艳、周宗放等人建立了高层建筑火灾风险评估模型，通过计算综合关联度，将火灾风险评估中定性与定量因素有效结合，并应用到具体案例中进行实际验证[13-16]。

（12）运用模糊灰色理论，建立建筑火灾风险模糊灰色综合评价模型。中国民航大学的杜红兵在2007年对建筑火灾风险评价中的定性指标进行量化的灰色评价，最后通过具体的案例分析，对某指定建筑物防火安全管理中的定性指标进行了量化评价，综合评价了该建筑物的防火安全管理水平。

（13）对人员密集场所进行宏观背景分析和微观特征研究，建立风险评估的指标体系。中国地质大学的寇丽平对人员密集场所进行了风险评估理论和标准化方法的研究，系统地分析和刻画了人员密集场所存在的风险，结合人员密集场所的特点，给出了各指标的量化标准[17, 18]。

2.2 当前存在问题

我国对火灾危险评价的研究工作，相对国外较晚，并且许多研究方法还不成熟，对火灾安全的评估、管理较为落后。其主要表现有：

（1）由于我国技术研究起步较晚，以致目前尚未建立基于我国火情的相关数据库，这严重影响了我国对火灾危险源的控制和管理，也无法保证对火灾安全控制的有效性。

（2）由于对于火灾评价与管理的研究相对落后，很多评价、管理方法过于简单、粗略，很多评价、管理方法还尚未成熟，所以我国目前对重大火灾危险源很难进行准确的分析与管理控制。

（3）性能化设计方法研究处于初级的探索阶段，进一步的摸索和完善才能得以使用，目前我国研究的力度和研究经费都不充裕，所以需要加大对性能化设计方法的研究工作。

2.3 研究趋势及发展

火灾危险评价技术是一门多方面交叉学科，涉及社会、人文、管理、工程技术等多学科领域，具有巨大的创新余地和科学研究前景[19, 20]。目前应用较多的火灾风险评估模型主要有以下几个：

（1）Fire Brigade Fire Risk Assessment Method:辨别不同灭火救援负责区域的性质。

（2）Decision Analysis Method for Fire Loss Reduction Strategies:分析火灾自动探测和自动灭火设施的改变对火灾风险的影响。

（3）Estimation Method of Life Risk in Hospital Fires: 分析医疗机构的火灾风险。

（4）Fire Safety Design Method of Building: 分析防火安全的建筑设计。

（5）Probabilistic Fire Risk Analysis for Nuclear Power Plants: 研究工业火灾事故的发生规律。

（6）Network Model for Quantitative Risk Analysis: 分析改变建筑物内部分隔措施对火灾风险的影响。

（7）Fire Safety Concepts Tree: 评价建筑物防火功能功效的概率。

（8）Fire Risk Evaluation Method for Multi-occupancy Building: 分析不同建筑的火灾危险性。

（9）Building Fire Simulation Model: 分析家庭火灾风险的影响因素。

（10）Fire Risk Assessment Model: 分析燃烧生成物质对火灾风险的影响。

并且根据目前我国研究成果，进行火灾风险评估的步骤一般可以分为五步：

第一步：分析火灾危险性，识别火灾危险源；

第二步：量化火灾的危险后果和火灾发生的概率；

第三步：确定火灾控制的方式；

第四步：量化各种控制方式对火灾风险的作用；

第五步：进行降低火灾风险方法的选择。

火灾风险的评估方法都具有一定的通用性，评估结果的差异是因为在火灾风险评估中所选择的影响因素、火灾控制要求以及最后达到的目的不同而产生的。不同火灾风险评估的目的都是要实现预防和减少火灾事故的发生，最大限度地减小火灾所带来的人员和财产损失。火灾风险评估过程大都是通过对火灾的不确定性、模糊性进行科学的分析后，为评估者的决策提供依据和合理化的意见。火灾事故的频繁发生，导致各国火灾研究工作者不断面临新的挑战。在研究过程中，火灾研究者们也意识到火灾风险损失与风险概率往往存在不相一致的问题,这也是目前火灾风险评估中的所遇到的热点问题。所以,目前火灾风险评估研究的热点主要集中在如下7个方面:

（1）火灾危险源辨识的指标体系和量化方法;

（2）建立并分类完善各相关行业相应的火灾危险源数据库;

（3）探讨火灾致因中人为因素影响的普遍规律;

（4）探讨火灾危险评价中随机性因素的分析方法;

（5）小概率火灾数据统计方法的研究;

（6）火灾事故的后果严重度评价模型的建立;

（7）火灾过程中火灾危险性的时变特性。

3 结 论

目前,我国已形成了一定规模的火灾安全科学的科研队伍[21]。近年来,中国科学技术大学火灾科学国家重点实验室取得了一批国际先进水平的科学研究成果,研制了一批火灾探测、防火和阻燃的材料和产品,并成功地应用于实际中。目前我国担任国际火灾科学学会常务理事国,是亚澳火灾科学技术学会创始国之一。在火灾机理和理论研究方面我国已取得了一些成效,并且一些高校和研究院所也对火灾危险评价进行了相关探索和研究。我国学者在对火灾机理的研究中提出了火灾双重性规律的概念,建立了火灾的确定性模型和随机性模型及两者的综合模型。我国在火灾安全研究方面的优势机构有:中国科学技术大学、东北大学、国家经贸委安全科学技术研究中心、公安部消防科学研究所、煤炭科学研究总院、林业科学院、中国矿业大学、北京理工大学以及中国建筑科学研究院等。由于我国火灾安全研究工作开展较晚,很多技术还不成熟,主要表现在:

（1）我国缺乏符合我国发展情况的火灾危险源辨识的指标体系和方法。

（2）我国还未建立符合我国发展的火灾事故数据库,这使我国在火灾危险源的管理和决策上受到了很大限制。

（3）随着非线性科学的发展,火灾危险评价也已开始引入非线性科学的方法[22],如火灾危险评价的确定性混沌分析方法[23, 24]、井下火灾时期的分形特征[25]、森林火灾的分形规律[26, 27]、网络火灾的分叉现象研究等[28],这些火灾研究方法还不成熟,需要深入开展相关研究工作。

参考文献

[1] 魏捍东,张智. 从央视大火探讨超高层建筑灭火对策[J]. 灭火指挥与救援,2010(04):600-600.

[2] Paul R, Garvey PR, Lansdowne ZF. Risk mateix: an approach for identifying, assessing, and ranking program risks[J]. Air Force Journal of Logistics, 1998, 25: 19-19.

[3] 王学谦. 建筑防火设计手册[C]. 北京:中国建筑工业出版社,2008:443-449.

[4] Sai On Cheung, Kevin K.W. Cheung, Henry C. H. Suen. CSHM: Web-based safety and health monitoring system construction management[J]. Journal of Safety Research, 2004, 35(2): 159-170.

[5] 高永庭,颜峻. 用模糊数学方法评价灭火作战[J]. 沈阳航空工业学院学报,2001(8):67-69.

[6] 杨海,刘力,张一先. 综合评判城市火灾风险管理中的应用[J]. 低温技术,2003,93:98-99.

[7] James E. Roughton. Understanding Job Hazard Analysis[J]. Developing an Effective Safety Culture, 2002: 294-309.

[8] 王娇楠．大型商业区火灾风险评价模式研究[D]．沈阳：沈阳工业学院，2009：18-29.
[9] 罗永华．大型制造企业火灾风险评价研究与应用[D]．重庆：重庆大学，2007：8-21.
[10] 张力英．高层建筑防火功能评价指标体系研究[D]．天津：天津理工大学，2012：20-24.
[11] 黄莺．公共建筑火灾风险评估及安全管理方法研究[D]．西安：西安建筑科技大学，2009：31-35.
[12] 傅智敏，黄金印．烃类流体火灾伤害破坏作用定量分析[J]．中国安全科学学报，2008(09)：29-36.
[13] 毛春艳，周宗放．一类城市火灾风险的模糊综合评价法[J]．科技信息，2007，217（05）：6-7.
[14] 毛春艳，周宗放．基于物元分析的高层建筑火灾风险评估[J]．消防科学与技术，2007，123(04)：396-398.
[15] 毛春艳，周宗放．基于多级物元分析的高层建筑火灾风险评估[J]．建筑科学，2008，126（01）：24-26.
[16] 顾婧，周宗放．基于可变精度粗糙集的新兴技术企业信用风险识别[J]．管理工程学报，2010，90（01）：70-76.
[17] 刘俊娥，贾增科．城市燃气管道喷射火事故后果分析[J]．河北工程大学学报：自然科学版，2007，80（04）：53-56.
[18] 高春艳，苏举端．基于 B/S 结构的南方电网安全生产风险管理系统研究[J]．工业安全与环保，2009，35（10）：46-48.
[19] 钟茂华，陈宝智，周豪．事故过程突变分析的研究进展[J]．工业安全与防尘，1998（1）：5-8.
[20] CANTER D. Fires and human behavior: emerging issues[J]. Fire Safety Journal, 1981, 3(2): 117-136.
[21] LESS F. On merging system safety and quantitative risk assessment[J]. Reliability Engineering and System Safety, 1994, 46(3): 203- 207.
[22] BROOMHEAD D S, KING G P. Extracting qualitative dynamics from experimental data[J]. Physica, 1986, 20D(2-3): 217-217.
[23] 钟茂华，温丽敏，陈宝智，等．灾变时井下大气性状的突变分析[J]．中国有色金属学报，1998，8（4）：729-733.
[24] COLLIER P C R. Fire in a residential building: comparisons between experimental data and a fire zone model[J]. Fire Technology, 1996, 32(3): 195-218.
[25] 钟茂华，陈全，陈宝智．灾变时井下大气的分形特征[J]．煤炭学报，1998，23（1）：58-62.
[26] MALAMUD B D, MOREIN G, TURCOTTE D L. Forest fire: an example of self -organized critical behavior[J]. Science, 1998, 281(18): 1840-1842.
[27] 钟茂华，陈宝智，许开立．矿井内因火灾的突变分析[J]．东北大学学报，1999，20（1）：68-70.
[28] 陈宝智．中国安全科学[J]．安全科学，1997，36（2）：134-136.

作者简介： 胡忠日（1967—），男，汉族，公安部四川消防研究所建筑防火研究室主任，《高层民用建筑设计防火规范》管理组成员，主要从事建筑防排烟、建筑性能化设计、建筑火灾风险评估、人员疏散等理论和技术的研究。

通信地址：四川省成都市金科南路69号，邮编：610035；

通信邮箱：15922867271@163.com。

高层建筑新型救生系统可行性试验分析

韩 峥[1]，赵景灿[2]

（1. 公安部四川消防研究所，四川 成都 610036 2. 郑州景灿安防工程有限公司，河南 郑州 450000）

【摘 要】 本文介绍了“JC-090 楼房火灾救生系统”在公安部四川消防研究所高层火灾试验塔进行的实体发烟试验，以及在郑州市某小区进行的实地火灾试验，对其作为高层建筑内新型救生系统的可行性进行了分析。

【关键词】 JC-090 楼房火灾救生系统；疏散；火灾

1 前 言

近年来，我国高层、超高层建筑数量不断增加，建筑高度以及建筑体量也呈不断上升趋势，火灾发生的频率也在不断增加，而且火灾的规模越来越大，损失也越来越重。超高层建筑人员密集，人员构成复杂，疏散路径单一，疏散路径长，灭火救援困难，一旦发生火灾，很容易发生群死群伤的重特大火灾事故，并会产生巨大的社会影响，影响社会稳定。其内部人员的安全疏散一直是人们尤为关心的重点。传统疏散思路大体为起火区域—走道—前室—楼梯间—室外。对于超高层建筑，往往疏散至室外需要几十分钟甚至几小时。现行的《建筑设计防火规范》中对于高度超过 54 m 的住宅建筑建议每户设置一个可以用于临时避难的隔间，但是对于新鲜空气供给情况未做说明，在封闭空间内，人员可持续呼吸的时间能维持多久也有待研究。

2 “JC-090 楼房火灾救生系统”概念介绍

“JC-090 楼房火灾救生系统”是利用楼房内普通房间与防火门、防火窗进行资源整合而形成防火阻烟功能的“安全间”。“安全间”设置在楼房每一层、每一个有人活动、生活及工作的处所里（卧室、卫生间、储藏室、书房及办公室等），这就实现了火灾时疏散的目标最明、距离最短、时间最快和残弱皆宜的目的。

该系统运用空气流动学原理，即快速流动的流体遇阻会产生增压加速的效果，把普通管子的结构经过科学设计，使管子（主供气管）内向上流动的空气，在每个附供气管进气口处形成增压加速，并通过附供气管出气口推动空气流入“安全间”。此时，安全间内空气会因为附供气管出气口空气的流入而提高压力，导致“安全间”内的空气必须通过附排气管进气口向外排放空气，以保持“安全间”内空气的压力平衡。实现全部功能过程中不用机械不耗能，没有噪声无污染，创造出绿色正压送风技术，且在楼房存在的几十年里，能将安全间内每天的空气进行 24 小时不间断地吐故纳新。

在火灾突然发生时，被困人员只要进入“安全间”，就可以在极短时间得到安全救助，不受伤害，并有充足地源源不断的新鲜空气，因此，被困人员可拥有可靠的安全性。该系统是资源整合型和系统集成创新性完美结合的楼房火灾救生科技新成果。

3 “JC-090 楼房火灾救生系统”在高层火灾试验塔的试验情况分析

3.1 试验目的

通过在公安部四川消防研究所高层火灾试验塔（共 10 层）卫生间内安装 JC-090 楼房火灾救生系统，当启用该系统无动力零能耗功能模式（即绿色永动供氧技术）时，考察卫生间（即救生间）外部发生楼房火灾时，烟气阻隔在完全密闭的门、窗外，卫生间内部避难人员的安全性；此外，考察若起火时某层卫生间门未关闭，烟气进入卫生间后，是否会通过该系统管道向楼上各层渗漏蔓延，以威胁楼上各层卫生间内部避难人员的安全性。

3.2 火灾场景设计

场景 A：如图 1 所示。七楼卫生间外部发烟，卫生间门、窗关闭，参试人员四人在卫生间内“避难”，观察人员安全情况。

场景 B：如图 2 所示。五楼卫生间外部发烟，卫生间门开启，窗关闭，观察以上各层有无烟气泄漏情况。参试人员四人在七楼卫生间内部“避难”，观察人员安全情况。

试验中采用发烟饼进行发烟，每个发烟饼直径 8 cm，可持续发烟 15 min 左右。每组试验采用 2 个发烟饼发烟。

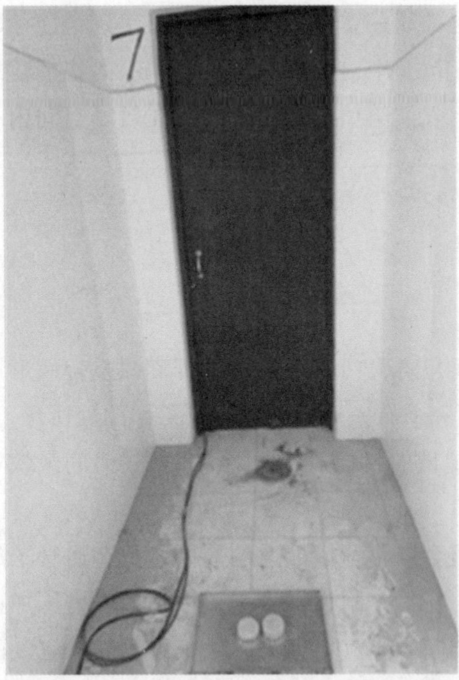

图 1　发烟位置（七楼卫生间外走廊）

图 2　发烟位置（五楼卫生间外走廊）

3.3 试验记录

在高层火灾试验塔内同时进行两个场景的试验（如图 3 ~ 10 所示）。即在五楼和七楼卫生间外同时发烟，既可以考察人员在封闭空间内的活动时间，又可以考察发烟层上部是否会串烟。试验前，采用密封沙对七楼卫生间门窗进行完全密封，无空气流通。在无机械动力支持情况下，卫生间内楼房火灾救生系统供气口风速 0.47 m/s，卫生间内氧气含量始终维持在 18.8%以上。

图 3　试验前卫生间门密封

图 4　烟气充满七楼卫生间外部走道

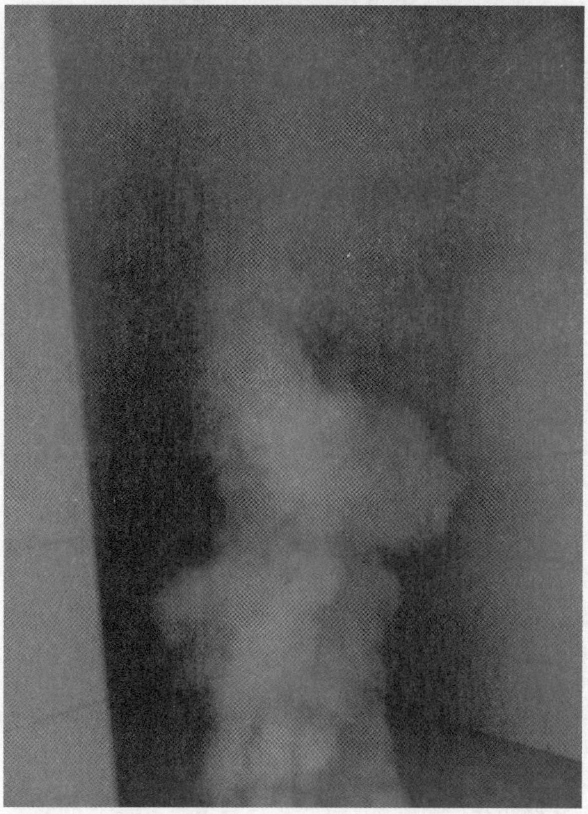

图 5　烟气在五楼卫生间内蔓延

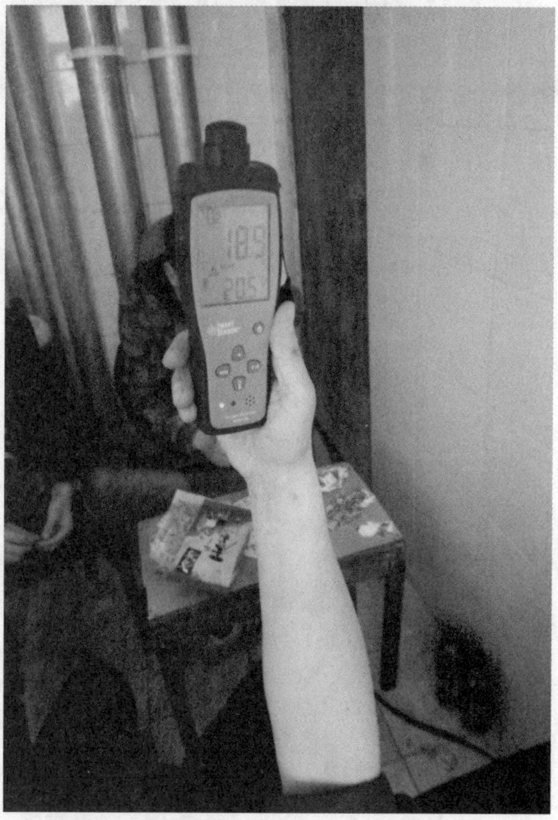

图 6　试验中卫生间内氧气含量测试情况

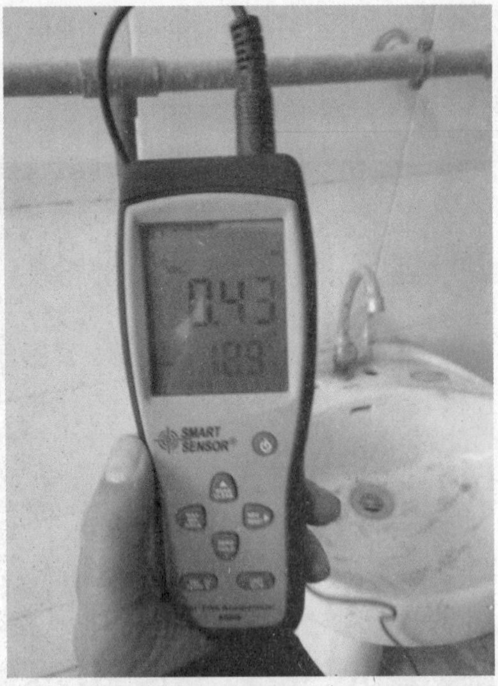

图7 试验中七楼卫生间内供气口输入空气流速测试情况

图8 起火层以上卫生间内情况（烟气未进入）

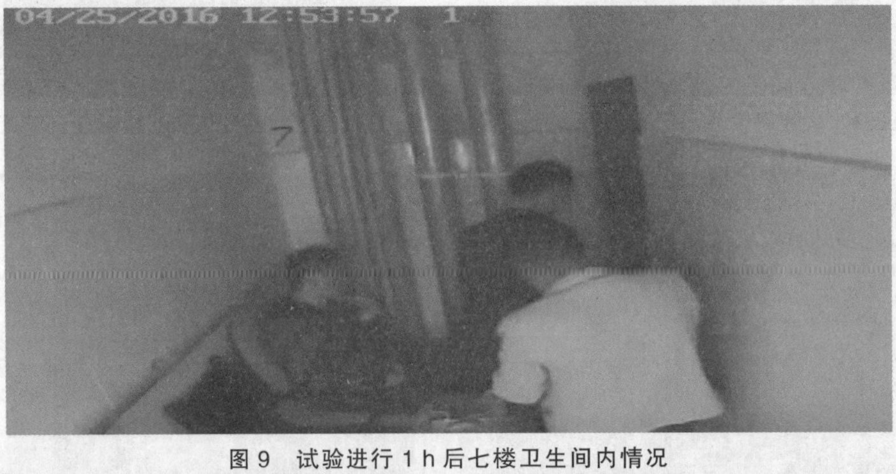

图9 试验进行1h后七楼卫生间内情况

图10 试验进行2h后七楼卫生间内情况

试验过程中，楼房火灾救生系统启用无动力零能耗功能模式（即绿色永动供氧技术），当建筑内卫生间的门、窗完全密闭，外部起火时产生的烟气未能进入卫生间时，四名试验人员通过楼房火灾救生系统供气口提供的新鲜空气能够在卫生间内保持呼吸自如长达 4 h 以上，安全性能够得到保证。五楼卫生间的门处于开启状态时，其内部充满烟气后，起火层以上各层卫生间未发现烟气通过楼房火灾救生系统管道及供、排气口渗漏蔓延情况。

4 “JC-090 楼房火灾救生系统”在郑州某小区实地火灾试验情况介绍

2013 年 5 月 25 日，上午 11 点 58 分，在郑州市金水路绿城水岸名苑 12 号楼，12 名志愿者，在河南多家媒体和相关人士的见证下，按照试验要求，在模拟火灾现场浓烟弥漫（如图 11 所示），志愿者难以坚持的情况下，分两组快速进入 19 层和 22 层的两个卫生间实施试验。

图 11　试验房间外起火

在长达 6 h 的试验过程中，透过设在 16 层的监控观察，除 19 层卫生间由于密闭出现瑕疵，在 2 h 多暂停试验外，22 层卫生间的 6 个志愿者，在卫生间外滚滚浓烟的情况下，她们在里面呼吸自如，安全性得到保证。

5 结　论

通过在公安部四川消防研究所高层火灾试验塔开展的相关试验，以及在郑州市开展的实地火灾试验，都表明了“JC-090 楼房火灾救生系统”作为一种新型的高层建筑内自救的救生系统具有一定的可行性。据统计，当氧气含量为 12%～15%时，人的呼吸就会急促、头痛、眩晕、浑身疲劳无力，动作迟钝，甚至死亡。当卫生间内安装了该系统时，在封闭的状态下，房间内氧气含量始终维持在 19%左右。人员的生命安全不会受到威胁。同时该系统还具有成本低、安装快以及使用寿命长等特点，既能满足高层建筑内人员临时避难的需求，又有较好的社会效益。

超高层建筑防排烟系统分析

韩 峥

（公安部四川消防研究所，四川 成都 610036）

【摘 要】 本文针对超高层建筑火灾特点，主要介绍超高层建筑防排烟系统的概况及现状，分析国内外规范对超高层建筑防排系统的规定要求，结合国内实际工程介绍其防排烟设计情况，并提出今后超高层防排烟设计方向。

【关键词】 超高层建筑；防排烟系统；火灾；蔓延

1 超高层防排烟系统概述

随着我国现代城市化进程的加快和城市建设的蓬勃发展，超高层建筑正在不断涌现，特别是在大型城市，很多超高层建筑已经成为城市现代化程度的重要标志之一。超高层建筑由于其体型巨大、功能复杂，人员物资相对集中，稍有不慎即可酿成火灾，造成严重的人员伤亡和经济损失。而超高层建筑火灾中的烟气更是危害人员生命的重要因素。因此，研究超高层建筑火灾烟气流动规律及相应的防排烟措施，是高层建筑消防安全系统中十分重要的问题。

超高层建筑火灾特点：① 火灾迅速蔓延扩大。超高层建筑一旦起火，建筑内的楼梯间、管道井、电缆井、风道等各种竖井，烟囱效应十分显著。据实测，火灾时的烟气水平流速为 0.3 ~ 0.8 m/s，垂直流速为 2 ~ 4 m/s。这表明在无阻挡的情况下，对 200 m 高的建筑，垂直方向不到 1 min，烟气可到达顶部。超高层建筑所承受的风力也是火灾蔓延的主要因素。建筑物越高，风速越大，火灾蔓延越迅速。据实测，在正常风压的状态下，建筑物高度 10 m 处的风速为 5 m/s，90 m 高处的风速为 15 m/s，相应在 300 ~ 400 m 处，风力将更加强大，风速可达 30 m/s 以上。风力通常能使微弱的火源变得十分危险，可使蔓延可能性很小的火势急剧扩大成灾难。② 火灾隐患因素较多。超高层建筑功能复杂，设备繁多，装修量大，存在大量引火物和点火源。同时，其电气化和自动化程度高，用电设备多，用电量大，漏电、短路等故障几率增加，容易形成点火源。另外，由于人员密集，人为因素引发火灾几率也会相应增加。③ 人员疏散困难，伤亡惨重。超高层建筑层数多，垂直疏散距离长，疏散到地面上的时间较长。据德国在 50 层超高层建筑内进行的疏散演习介绍，通过楼梯将人员疏散完毕达 2 h 以上。在加拿大进行的人员疏散实验表明，在每层 240 人的条件下，通过 1.1 m 宽的楼梯向外疏散，一幢 11 层楼房的疏散时间需要 6.5 min，一幢 50 层楼房的疏散时间需要 131 min。因此，很多人员密集的超高层建筑，当火势涌起时，短时间内疏散更是困难。如果楼梯设计不合理，烟火窜入后，人员根本无法疏散，往往会造成巨大的伤亡事故。④ 火灾扑救难度大，排烟困难。火灾发生时，因受登高设备和玻璃幕墙的限制以及风向风力的影响，难以破拆玻璃窗进行自然排烟。采用机械排烟系统，也会受到风力、气压等气候条件的影响，难以实现理想设计的排烟效果。

超高层建筑火灾烟气流动的影响因素：① 高温引起的烟气膨胀和高温引起的气体膨胀是影响烟气流动较为重要的因素。根据气体膨胀定律和有关试验表明，当火势达到旺盛时期时，着火区域相对大气压可高达 10 ~ 20 Pa，温度达到 700 °C 时，烟气体积会膨胀 3 倍。压力急剧升高，迫使烟气从着火部位向建筑物的其他部位扩散、蔓延。② 烟囱效应。烟囱效应是超高层建筑发生火灾时，烟气向上蔓延的主要因素。超高层建筑室内空气温度通常比室外温度高，有与外界相通的开口时，由于内外界气压差，空气通常体现为下进上出的流动模式，即室外空气从下部开口进入室内，而室内空气从上部开口流出室外，这种现象被称为正热压作用。在低处外部压力大于内部压力，而高处则相反。在中间某一高度，内外压力相等，即存在一个中性压力面。烟囱效应随建筑物的内外压力差以及建筑物高度的增加而增加，火灾发生在较低层时，烟囱效应对竖井和较高层的烟污染的影响尤为显著，此时烟从低层上升到高层内的潜力更大。由烟囱效应造成的压力差和气流分布，以及中性压力面位置，都取决于超高层建筑内分隔物的开口对气流的限制程度。③ 室外风力的影响。室外风向、风速对超高层建筑烟气的流动有显著的影响。试验表明，迎风面的墙面要经受向内的压力，而背风面和两侧墙面则有向外的压力，而且迎风面的压力最大。由于风向的影响会使建筑物的中性面位置发生变化，正的风压力促使中性面上升，负的风压力使中性面下降。风力越大，中性面位置受到的影响越大。如果火灾发生在中性面以下的房间时，烟气会通过竖井向上蔓延到中性面以上的整个楼层，此时的危险性很大。若火灾发生在迎风面中性面以上房间时，在火灾规模较小时，烟气几乎不会蔓延而直接排出室外，火灾较大时，将影响到迎风面着火点以上的楼层及背风面中性面以上相关楼层。当火灾发生在背风面中性面以上房间时，由于烟气被局限在很小的区域内，而被直接排出室外，因此不会造成很大的危害。④ 通风空调系统的影响在现有的超高层建筑中都装有通风空调系统，通风空调系统对建筑火灾发生及烟气流动的影响比较大。一方面，由于人们对空气品质要求的提高，通风空调系统的新风系统的新风量比较大。而火灾发生后，由于通风空调系统的新风系统不断向空调房间输送大量的新鲜空气，补充了燃烧所需要的氧气，促使火势增大，造成更大的危害。另一方面，在火灾发生时，烟气会沿着通风管道向其他房间或楼层蔓延，这在具有回风系统的空气系统中表现更为突出。因此，通风空调系统在发生火灾时，如不采取相应的烟控措施，则会起到助长火势的作用。

2 国内外研究情况

目前国外对超高层建筑烟气控制的研究尚不明确，国内有部分论文提及，如天津武清区消防支队殷铮的《超高层民用建筑国内外防火规范比较研究》，中国科学技术大学朱杰等人的《超高层建筑火灾防排烟研究》。

国内外高层建筑火灾烟气控制研究现状可以作为参考，20 世纪 80 年代中期，加拿大国家研究院（National Research Council of Canada, NRCC）在渥太华建造了一座 10 层火灾研究实验塔，用于开展烟气控制系统的全尺寸实验研究，为防火设计提供了一定的理论依据和技术指导。2006 年张瑞在分析了影响正压送风系统的各种因素的作用规律的基础上，通过计算机模拟的方法与实验结果进行分析比较，提出有效送风距离的概念。陈军华利用网络模型对高层建筑楼梯间及前室烟气控制方式进行了数值模拟研究。2007 年朱杰等人分析了超高层建筑火灾烟气蔓延的影响因素，提出了超高层建筑火灾防排烟的措施。2009 年杜峰等人对空气幕在高层建筑楼梯间防烟中的应用进行了研究。靖成银等人根据我国现有高层建筑所采用的主要防排烟方式，采用 CFD 的方法完成了火灾时烟气的不同控制模式的模拟，并对不同的防排烟模式的模拟结果进行比较。孙晓乾对火灾情况下楼梯井加压送风系统的不同风机安装位置、风机风量大小、火源位置、开门楼层以及一、二道门的门缝宽度对楼梯井加压送风效果的影响进行了较为全面的探讨，提出了影响楼梯间加压送风的临界门缝宽度和优化风机布置位置。

3 国内外相关规范情况

现行防火规范对超高层建筑的防火要求，除了火灾自动报警和自动灭火系统设置方面高于一般高层建筑外，在其他方面还没有提出更为严格的要求。对于超过250 m的高层建筑，在规范中也只是规定“当高层民用建筑的建筑高度超过250 m时，建筑设计采取的特殊的防火措施，应提交国家消防主管部门组织专题研究、论证”，各地组织召开的专家论证会不同程度地存在对相近问题有不同建议等问题。《民用建筑设计通则》（GB 50352—2005）规定，建筑高度大于100 m的民用建筑为超高层建筑。《住宅建筑规范》（GB 50368—2005）规定，35层及35层以上的住宅建筑应设置自动喷水灭火系统和火灾自动报警系统。《高层民用建筑设计防火规范》（GB 50045—95，2005年版）规定，当高层建筑的建筑高度超过250 m时，建筑设计采取的特殊的防火措施，应提交国家消防主管部门组织专题研究、论证。

英国《建筑设计、管理及使用消防安全技术规范》（BS 9999：2008）规定，顶层楼板到地面的高度超过 18 m 时，应设置消防电梯和防烟楼梯间且前室内设置消火栓。此外该规范按照顶层楼面高度的不同对建筑耐火等级作了规定，如A2类建筑（人员处于清醒状态且熟悉环境，火灾增长速率为中速火），当顶层楼面高度超过60 m时，构件耐火极限不低于2.50 h。法国《高层建筑防火安全法规》（2007年版）规定，建筑高度大于50 m的住宅及建筑高度大于28 m的其他类型的建筑为高层建筑，建筑高度大于20 m的建筑为超高层建筑。1972年的国际高层建筑会议将高层建筑分为4类：第一类为9～16层（最高50 m），第二类为17～25层（最高75 m），第三类为26～40层（最高100 m），第四类为40层以上（高于100 m）。由此可见，各国对于高层建筑均作了规定，但对超高层建筑的划分并不完全一致。有关高层建筑高度划分标准如下：美国23 m，英国30 m，法国28 m（其中住宅50 m），我国24 m，可见几个国家的规定相对而言差别不大，总体上，我国的规定比较适中。我国和法国明确界定了超高层建筑的划分高度，我国为100 m，法国为50 m，其中我国规范对建筑高度大于250 m的建筑作了专门要求。美国和英国没有单独规定超高层建筑，但从消防救援以及建筑耐火等级角度对超过某一建筑高度的高层建筑作了特殊规定。

对于防排烟系统设计方面，国内外尚无专门针对超高层建筑而编制的规范。国内的防火设计规范也只说明了超过 100 m 的建筑加压送风和机械排烟系统应分段设置。新加坡的《Fire Code 2002—handbook》里面也主要是针对不同场所进行设计，指出送风机与排风机出入口之间距离不小于 5 m；超过24 m的建筑，在无自然排烟条件下应采用机械加压送风方式等等。

对于超高层防排烟系统设计主要参照高层建筑防火设计规范，由于烟气控制系统设计的特殊性，可以进行分段设计，即把超高层分成多个高层来做也能达到烟气控制的目的。

4 国内外实际工程应用现状

京基金融中心位于深圳市罗湖区蔡屋围，地处深圳金融、文化中心区，占地面积为42 353.96 m^2，总建筑面积约为60万 m^2，是集甲级写字楼、白金五星级豪华酒店，大型商业，高级公寓、住宅为一体的综合建筑群。规划设计为A、B、C，D、E座塔楼，由4层裙房连为一体，地下共4层。京基金融中心大厦A座共98层，高439 m，建成后将成为深圳第一高楼，也是目前世界上最高的建筑之一。酒店大堂上方有大空间的防排烟设计，酒店大堂空间高大，高 39.2 m，外形呈弧线形，在 98 层两端的夹层及标高 434.801 11 的东西两端设有排烟风机，合计机械排烟量为 164 530 m^3/h，中庭体积为39 734 m^3，按规范要求换气次数按4次/h计算得排烟量为58 936 m^3/h，满足要求。

5 开展研究方向

对于超高层建筑，笔者认为烟气控制系统的研究主要有两个方面：一方面是避难层采用防烟的措施；另一方面是加压送风系统和排烟系统分段设置时，风机进风口和排烟口的位置以及排烟口如何避免外界风速影响的措施。

气膜建筑的火灾危险性及防控技术的探讨

张文华

（公安部四川消防研究所，四川 成都　610036）

【摘　要】　本文介绍了国内外气膜建筑的应用现状，存在的火灾危险性及防控技术，提出了我国气膜建筑的使用建议及消防技术措施。

【关键词】　气膜；火灾；防控

0　引　言

气膜结构建筑学名为气承式膜结构建筑，它是用特殊的建筑膜材（PVDF 膜材）做建筑外壳，配备一套智能化的机电设备为完全密闭的气膜建筑内部提供空气压力，使整体建筑内部始终保持对外部环境的正压，靠内外部压力差把建筑主体支撑起来的一种建筑结构系统，应用于工业厂房、物流仓库、体育娱乐和军事设施等领域，具有超大空间、建筑灵活性强、安装周期短、建筑成本及维护费用低、能耗低、环保、超强的耐用性、耐候性以及自重轻等特点。

1　国内外的情况

1.1　国外情况

气膜建筑这个基本概念的发展和形成来源于1950年代美国的军事领域，从1960年开始逐步推广和应用于其他民用领域。美国和加拿大已经颁布了完善的“气膜建筑规范及消防规范”。目前在国外有超过1万多个气膜建筑在使用，大部分为永久性气膜建筑，80%是作为大学、社区或私人经营的大众健身场所。有些气膜场馆运营已经超过30年，由此可见该建筑的稳定性。

1.2　国内现状

气膜建筑作为一种崭新的建筑形式在2006年首次落户于北京朝阳公园网球中心（见图1）。经过近十年的发展，国人逐步认识并接纳了这种新型绿色环保型建筑。截止到2015年年底，中国气膜建筑总体项目数为215个，总建筑面积达887 640 m^2。主要在体育休闲、文化旅游、工业环保以及高原增氧等方面大量使用。

由于气膜建筑的形态是通过充气设备形成的气压差实现的，因此无传统意义上的主体结构；虽然作为围护结构的建筑膜材能达到B1级难燃标准，但没有耐火极限。这些原因导致其在消防评价上没有适用的标准。在国内，还没有制定关于气膜建筑的消防技术标准。

在国内，由于气膜建筑使用材料的特殊性，使得这种新型建筑形式一直被作为临时设施使用，没有充分发挥出其节能、经济的特长。如何确保气膜建筑的消防安全是摆在消防监督管理部门、使用单位、生产厂家面前的现实问题。

新疆维吾尔自治区、内蒙古自治区等多个消防部门都碰到过使用气膜煤棚建筑的问题，气膜建筑一般为大空间，内部无法进行防火分隔，对这种建筑如何定性，其消防安全如何保证，目前都无标准可依，这方面的消防研究也少有人做。

图 1　北京朝阳公园网球气膜馆外、内部照片

2　气膜建筑的火灾危险性

气膜建筑的火灾危险性主要存在以下几个方面：

（1）建筑材料的耐火等级低。

用于膜结构中的高强度柔韧性薄膜称为膜材，它是膜结构工程中最重要的组成部分，作用与钢筋、混凝土、轻质板材是等同的，在膜结构建筑中既是起围护作用的建筑材料，又是张拉结构体系中的受力材料。目前膜结构建筑中使用的膜材通常有两类：一类是以玻璃纤维织物为基材，涂覆聚四氟乙烯（PTFE）等树脂材料，燃烧性能可达到 A 级；另一类是以尼龙织物为基材，涂覆 PVC 及其他树脂材料，燃烧等级可以达到 B1 级。其中气膜建筑使用的膜材是后者。

（2）建筑空间跨度大，较难划分防火分区，火灾情况下易形成火灾蔓延。

气膜结构大多用于体育馆、剧院、展览建筑等，这些建筑大多高度及跨度都很大，划分防火分区比较困难，因此，一旦发生火灾，各种垂直通道将起到拔火桶作用。当烟气到达膜面以下时，顶部气流水平运动，致使火灾横向扩大，容易形成大面积的火灾蔓延。

（3）人员疏散困难。

膜结构建筑因空间巨大，人员在膜空间内到达安全出口的距离长，所以疏散时间就长。烟雾向上和向水平方向快速蔓延，挡住了疏散人员的视线，增大了疏散难度。另外，大空间内人员多，疏散时容易发生滞留。

（4）火灾探测不及时，普通自动灭火设施无法有效发挥作用。

气膜结构的建筑空间一般都比较高，跨度比较大，发生火灾后烟气蔓延，探测器动作与在普通建筑内动作相比会慢一些，且我们通常使用的自动喷水灭火系统在这种建筑中布置比较困难，所以更不能有效地发挥灭火作用。

（5）火灾扑救困难。

扑救膜建筑这种大空间建筑物的火灾往往会遇到很多困难。例如：热辐射强，烟雾浓，火势蔓延速度快、途径多。另外，面对新型的膜建筑，缺乏扑救这类大空间建筑物火灾的实战经验，这给消防灭火的登高作业、内攻侦察、火场供水等都带来不少困难。

3 气膜建筑的火灾防控技术要求

气膜建筑火灾防控的主要手段是控制气膜建筑内部可燃物的数量，降低火灾危险性。同时也应在以下几个方面采取相关措施。

3.1 建筑构件的耐火等级

膜结构建筑的支撑一般为钢结构，国内对于钢结构的保护多采用涂防火涂料。国外类似建筑大多是不涂防火涂料的。还有一种更为稳妥的办法：在构造上做处理，使膜面紧贴在钢索下面，火灾中烟气首先面对的是膜面，这样钢索下面又多了一个保护层，使钢架不受任何高温作用。

瑞典国家测试院曾对 PTFE 和 PVC 两种膜材料进行同样条件的燃烧试验，对试验过程的温度、有毒气体成分、膜材烧穿情况进行了测试分析。结果表明，虽然 PTFE 膜材的耐火极限和燃烧性能比 PVC 膜材高，但是 PVC 膜材受热后很快形成开放洞口，有利于烟气和热量的排出，从而延缓钢结构的坍塌，而 PTFE 膜材受热后只是接缝处裂开，最后沿接缝大块脱落，热量容易在顶部聚集，而且 PTFE 膜材产生的 CO_2 和 CO 至少是 PVC 膜材的两倍，因此对于膜结构特别是封闭式膜结构建筑使用 PVC 膜材好一些。

3.2 采取特殊的防火、防烟分隔措施

膜结构建筑相对于普通建筑，在主体大空间内无构造柱与梁，是一个连续完整的空间。膜空间和与之相连的部分之间应设置有效的防火分隔设施，防止火势向膜空间以外的其他空间蔓延。用普通建筑中的防火墙和防火卷帘划分防火分区难以实现。我们可以采取一些特殊措施，例如可以采用“防火隔离带”的方法划分防火分区，即在有可燃物品的建筑物中划分出一段区域，这个区域内的建筑构件及装修全部为非燃材料（且该区域内不存放可燃物），并采取有效的防烟措施，阻挡防火带一侧的烟火向另一侧蔓延，从而在空间上形成一个无形的防火分隔区域。对于防烟分区的划分，可以利用空间上方结构体系，挂上以耐火纤维为基材的轻质幕布，平时卷起，在火灾报警后自动放下，并悬停于一定高度进行防烟分区，划分的面积不超过 2 000 m^2 左右，其代替了传统的挡烟垂壁，效果明显。

3.3 机械防排烟设施

对于封闭的膜结构建筑物，设置机械防排烟设施是至关重要的，烟气往往比火更可怕，在火灾中，烟气弥漫，能见度降低，延误了疏散时间；大量高温有毒气体的存在，使人降低并逐渐丧失逃生能力；高温烟气有着与火一样的对建筑结构的破坏作用。就膜建筑来说，其防火分区面积和疏散距离都已超标，所以对这类建筑的大空间进行有效的防排烟设计显得尤为重要。第一步是控烟，通过一定的正压送风量将火灾烟气吹向一个固定的空间内，使烟气不会无规则扩散；第二步是蓄烟，利用建筑物自身的大空间条件设计“储烟仓”将烟气蓄积，形成距地面有一定高度的无烟层；第三是排烟，国外研究机构通过计算机模拟证明：如果一个烟控系统设计适当，可以防止烟在 30 ~ 45 min 内聚集在距地面 3 ~ 4 m 处。这段时间对于人员疏散是极其宝贵的，同时也给灭火创造了有利条件。

3.4 运用新型的火灾探测系统

建筑中广泛使用的火灾探测器大多数通常以烟气浓度和温度为信号进行探测，且大多数为顶棚式安装。普通建筑的楼层高度多数在 6 m 以下，火灾烟气能很快到达顶棚，因此这类探测器是适用的。然而膜结构建筑空间很高，烟气在上升过程中不断受到冷却和稀释，在到达顶棚时浓度和温度都大大降低，不足以启动火灾探测器。另外，由于建筑物内部热风压影响，大空间上部常常会形成一定厚度的热空气层，它足以阻止火灾烟气上升到大空间顶棚，从而影响火灾探测器工作，所以普通型探测器是不适用于膜建筑的。将新型的火灾报警技术如红外光束感烟探测器、空气采样及线型差温探测器运用于气膜建筑，可解决膜空间早期报警的难题。

3.5 采用有效的灭火装置

气膜建筑内应设置灭火器、消火栓灭火系统。同时也宜设置消防水炮系统，可根据气膜建筑的实际使用状况选取合适的水炮系统，确保气膜空间区域的安全。

3.6 防火间距与消防救援

根据《建筑设计防火规范》(GB 50016—2014)的相关规定，气膜建筑的耐火等级最多可划为四级，其与相邻建筑之间的防火间距应满足规范的相关要求。同时也应设置消防车道和消防扑救场地，满足消防扑救的需要。

4 结论和建议

近年来，由于气膜建筑具有空间利用率高、建设周期短、价格便宜、维护运营简单、安全环保节能等优点，其在体育休闲、文化旅游、工业环保、防雾霾以及高原增氧等方面开始大量使用。但由于没有相关的技术标准规范，其应用过程中出现了一些气膜建筑坍塌的事故。因此，制定气膜建筑的相关技术标准迫在眉睫，该标准应包括气膜建筑从设计、制作、安装到运行维护等的一整套技术要求。气膜建筑的火灾防控是其中重要的一项内容，同时相关部门应加大监管力度，使这类建筑能更好地造福于人民。

参考文献

[1] GB 50016—2014. 建筑设计防火规范[S]. 北京：中国计划出版社，2014.

作者简介： 张文华(1969—)，女，公安部四川消防研究所副研究员，硕士，主要从事消防课题研究与规范管理工作。

通信地址：四川省成都市金牛区金科南路 69 号，邮编：610036。

大型展览建筑人员疏散策略研究

李　乐

（公安部四川消防研究所，四川　成都　610036）

【摘　要】　通过对大型展览馆特点的分析，提出大型展览馆内存在的人员疏散设计难点。基于消防性能化方法提出大型展览馆人员分阶段疏散策略，并以一大型展览馆作为研究案例。研究表明，其设计思路在类似展览馆人员疏散设计时有较高的参考意义。

【关键词】　展览；疏散；防火设计

1　引　言

近年来，随着我国经济的快速发展，大型展览馆不断出现，这些大型展览馆不仅建设规模巨大，而且其建筑外形、使用功能要求等都越来越新颖。现代化展览馆的特点是建筑规模大、展厅内空间大、人员密集、使用功能复杂，导致展馆内疏散具有以下特点：疏散人员多，疏散路线、出口分布复杂，疏散通道往往在建筑内部出现汇合和分流等，人员疏散十分复杂。

同时，随着社会、经济的进步和发展，人员疏散安全也受到越来越多的重视，展馆发生火灾时保证人员的生命安全也已成为消防设计的首要目标。本文针对大型展览建筑，基于消防性能化人员疏散设计的方法进行探讨，将重点讨论某大型展览建筑的疏散策略，包括疏散人员数量、疏散出口、疏散宽度、疏散距离等设计难点，通过消防性能化方法为其人员疏散量身定制一套疏散策略，这样既可以保证建筑内人员疏散安全，也可以确保建筑使用的功能要求。

2　大型展览建筑人员疏散特点

大型展览建筑由于使用功能要求，在人员疏散上具有人员构成复杂、人员密集、疏散困难等特点。

2.1　人员构成复杂

根据不同的展会内容，参展的人员可能由儿童、成人、老年人和残疾人构成，而人员构成的复杂表现为警惕性、行动速度的差异。如人员的警惕性越高，则越有利于早期发现火灾以及迅速疏散。一般受教育程度越高或社会阅历越深，其安全意识相对越高，发生火灾时也往往能够做出比较理性的判断。人员的行走速度则受性别、年龄及身体条件等因素影响。一般来说当年龄超过65岁时，行走速度有一定的减小，而小孩的行走速度比成人的速度要小。

2.2　人员密集

由于现代展览类别众多，各种不同类型的展览开展时，展馆内的人员数量差别也较大。在专业展览时，展馆内的人员可能会比较少，而如果开展如招聘、展销等活动时，展馆内的人员就会比较多。

2.3 疏散困难

对那些熟悉建筑物的人员，在发生火灾时能够较为容易地找到逃生路线。而那些不熟悉建筑物的人员，在紧急情况下往往是倾向于寻找并沿他们进入建筑物的路线逃生。

展览馆在开展展览期间，参展人员一般由主办方、参展方和参观三部分人员构成。主办方、参展方担负着组织、布展、介绍和演示等任务，人员相对比较固定，可对其开展紧急疏散培训，提高这部分人员对展厅的熟悉程度。遇有紧急情况时，其自身疏散较容易，也可以帮助其与参观人员进行疏散。而大部分参观人员，由于对展厅内疏散线路、消防设备、应急措施了解不多，他们的疏散则显得较困难。特别当展厅采用防火卷帘与周围空间进行分隔时，在防火卷帘下降后，展厅内人员不易找到疏散出口，更易引起其恐慌心理而产生疏散拥挤。

3 展览建筑疏散设计

3.1 规范的疏散要求

火灾时，为保证展馆内人员能及时安全地疏散出危险区域，防火设计规范中一般对展馆内的疏散出口数量、疏散出口宽度和疏散出口距离以及相关的报警、疏散诱导等措施有明确的要求。如《建筑设计防火规范》（GB 50016—2014）中适用于展览建筑人员疏散的规定如下：

（1）公共建筑内每个防火分区或一个防火分区的每个楼层，其安全出口的数量应经计算确定，且不应少于 2 个。

（2）一、二级耐火等级建筑内疏散门或安全出口不少于 2 个的观众厅、展览厅、多功能厅、餐厅、营业厅等，其室内任一点至最近疏散门或安全出口的直线距离不应大于 30 m。

3.2 消防性能化疏散设计策略

性能化设计是建立在消防安全工程学基础上的一种新的建筑防火设计方法，它运用了消防安全工程学的原理与方法。它根据建筑物的结构、用途、内部可燃物和建筑的各个不同空间、功能等条件，选择为达到消防安全目的而应采取的防火措施，并将其有机地结合起来，构成该建筑物的总体防火安全设计方案，然后用已开发的工程学方法，对建筑的火灾危险性和危害性进行定量的预测和评估，从而得出最优化的防火设计方案，为建筑物提供最合理的防火保护，其流程如图 1 所示。

大型展览建筑的占地面积一般较大，可以达到几千甚至几万平方米，其一个展厅的面积也可达到近万平方米，这就导致展厅内在疏散出口数量、疏散宽度和疏散距离与现行规范有较大的差距，给人员疏散设计带来较大的难题。在满足展览建筑使用功能的前提下，如何合理制定人员疏散策略，保证建筑内人员疏散安全则成为建筑管理、设计和消防建筑审查最关心的问题。在基于消防性能化方法对大型展览建筑制定人员疏散策略时，通过对展馆的火灾危险风险进行分析，根据各区域的危险水平划分不同疏散安全水平的疏散节点，以保证人员在火灾发生时能及时逃离危险环境。

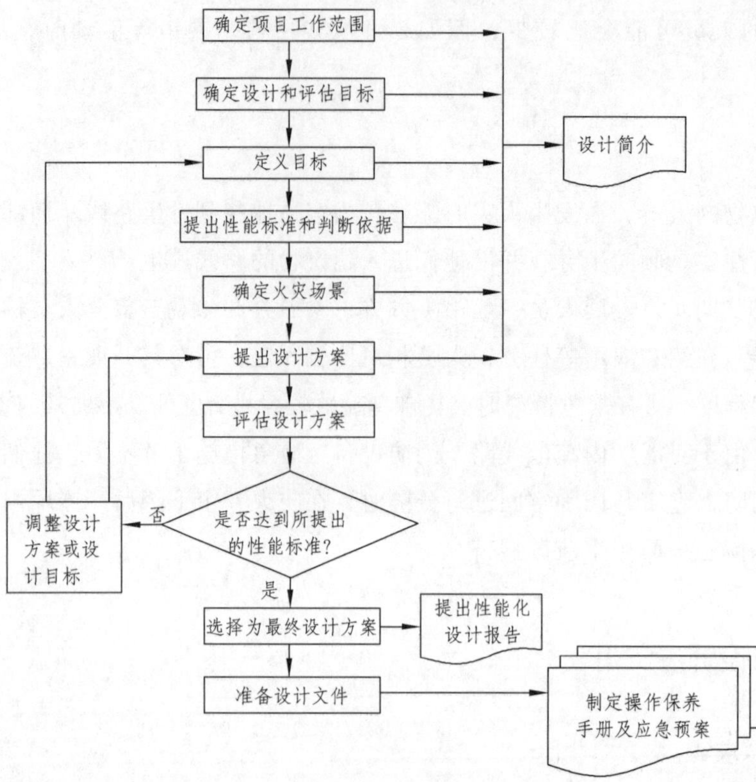

图 1 消防性能化设计流程图

其具体做法就是采用“分阶段疏散”策略。如确定某区域发生火灾，则该区域及其相邻区域内的人员应及时疏散出其所在的区域，进入其他次安全区域或室外安全区域，再通过次安全区域的疏散出口进行疏散。其相比一般建筑疏散设计增加了一个次安全区区域，作为人员疏散短暂滞留及再疏散空间。为对人员疏散方案的科学性和合理性做出判断，一般以人员生命为安全目标进行评价，重点对烟气和人员疏散进行模拟计算，定量考察人员疏散安全。在特定的火灾场景下，如果保证人员需要的安全疏散时间（RSET）小于火灾发展到人体耐受极限条件的时间（ASET），则可实现人员疏散的安全，其疏散方案也就可作为最终设计方案。

4 工程实例

该工程为一大型展览馆项目，拥有国际标准展位 7 400 个。项目占地面积 720 142 m^2，总建筑面积约 466 558 m^2，该项目按功能主要分为展厅和车库两部分。项目一层包括为展馆服务的车库、商业、人行快速通道、设备用房等；二层为 12 个场馆、登录厅、展馆室外广场及市民广场。

4.1 展厅概况和火灾危险性分析

项目共设有 12 座标准展厅，标准展厅尺寸为 126 m × 72 m，建筑面积为 9 818 m^2，以 6 个展厅连为一组，每组内的标准展厅以三角形连接体相连。展厅呈环状平面布置，在展厅两端设置有内、外环形通道，见图 2。通过设置在连接体处移门的开启和关闭，展厅可以自由组合，实现单个展厅、单个连接体、2 个展厅联合使用或 2 个以上展厅联合使用等多种布展空间。

展厅为高大空间，在平时无展期间，展厅内几乎没有任何可燃物，只有在布展和有展会举办期间，才存在可燃物。由于展厅使用用途的不确定性，可能会出现汽车展览、机械设备展、科技展览等多种性质的展会，其火灾危险性根据不同的展会性质和展位布置也不同，在有展览举办的时候建筑的火灾危险性都有一定程度的上升。

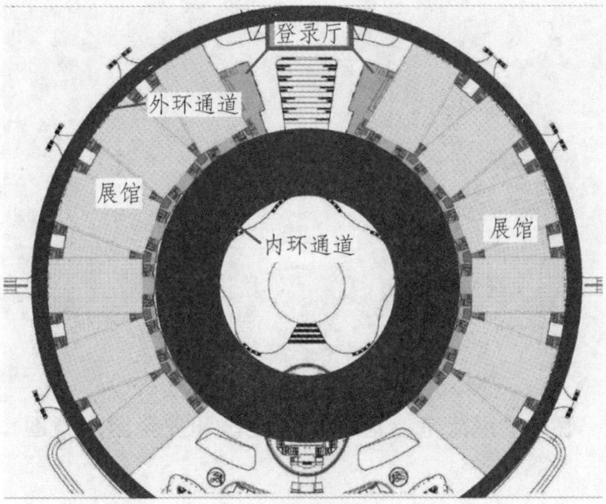

图 2 展厅平面布置示意图

4.2 展厅人员疏散性能化设计

4.2.1 展厅人员疏散策略

标准展厅尺寸为 126 m×72 m，其标准展厅平面示意图如图 3 所示。由于展厅使用功能要求，不可能在展厅中部设置疏散楼梯，其对外疏散出口设置在展厅两端，按展厅中央位置到达展厅两端疏散出口的直线疏散距离都超过 60 m，人员的疏散距离不能满足规范要求。

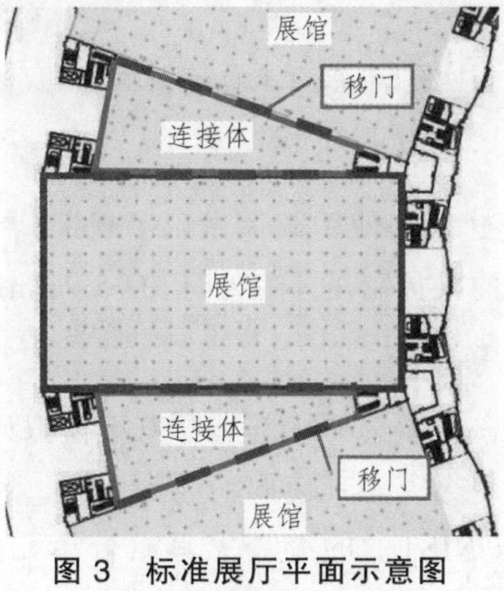

图 3 标准展厅平面示意图

为缓解由于展厅人员疏散距离过长及疏散出口分布不均，导致出现人流汇聚、拥挤等现象，可按照“分阶段疏散”策略制定展厅人员段疏散策略。即在火灾发生时，将非着火区的展厅作为次安全区，提供给人员可以借用的疏散通道再进行疏散。案例展览馆举行大型展览时，将建筑划分为危险区（着火展厅）、次安全区（相邻展厅及其他展厅）和安全区（内、外环道），见图 4。则展厅人员疏散路线为着火展厅相邻展厅/疏散楼梯/内外环道内、外环道。

实现的为展厅分阶段疏散策略，在展厅内除提供垂直疏散楼梯、直接对外疏散出口外，展厅的人员还可以通过相邻展厅间进行疏散。通过提供多种疏散途径，保证展厅人员疏散宽度，缩短疏散距离和减小疏散时间，减少发生出口拥堵的可能。图 5 为标准展厅人员疏散示意图。

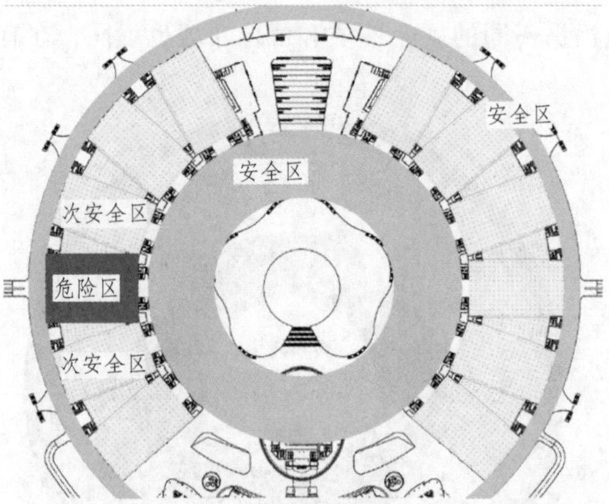

图4 展厅危险区、次安全区和安全区示意图

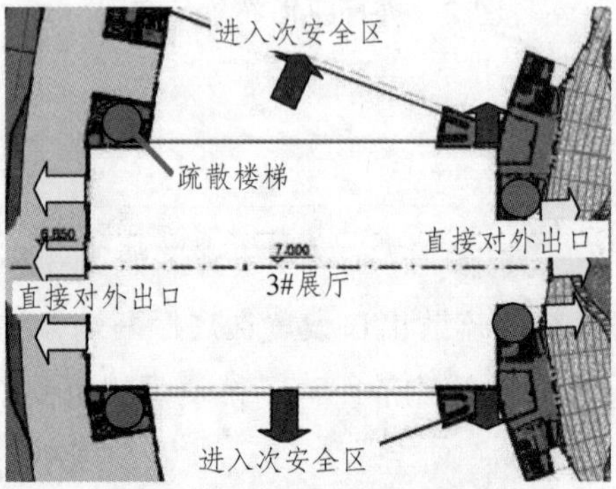

图5 展厅人员疏散示意图

4.2.2 展厅人员疏散荷载

《建筑设计防火规范》对展览类建筑的使用载荷做出了规定，展览厅的疏散人数应根据展览厅的建筑面积和人员密度计算，展览厅内的人员密度不宜小于0.75人/m^2。

4.2.3 展厅火灾场景和人员疏散场景设计

为定量考察展厅人员疏散安全，本文选择标准展厅着火模拟计算烟气蔓延特性和人员疏散情况。设计展厅火灾场景为标准展厅内发生火灾。其使用功能为展览，展厅展位一般类似于办公家具组合，所以采用美国标准与技术研究院（NIST）的办公家具组合单元的火灾试验确定其最大火灾规模为10 MW，其火灾发展速率为0.047 kW/s^2。对展厅烟气蔓延特性通过计算流体力学模型软件FDS进行模拟计算分析，得到展厅内设计火灾场景下可提供的安全疏散时间（ASET）大于900 s。

设计人员疏散场景以火灾场景对应的展厅模拟计算人员疏散情况。以展厅人员荷载指标0.75人/m^{2}计算一标准展厅疏散人数为7 363人。通过人员疏散模拟软件EVACNET4计算人员疏散时间，一个标准展厅独立使用时，人员完全疏散结束的时间（RSET）为458 s。

4.2.4 安全性分析

对照设计的火灾场景和人员疏散场景进行分析，并在展厅采用以上设计方案。当火灾发生时，若展厅内人员需要的安全疏散时间（RSET）小于火灾发展到人体耐受极限条件的时间（ASET），则有足够的时间实现逃生，人员的疏散安全可以得到保证。

为缓解展厅疏散时人员疏散距离过长，易出现人流汇聚、拥挤现象等问题，制定分阶段疏散策略则可以满足建筑消防安全的疏散要求。即疏散方案为如确定某区域发生火灾，则该区域及其相邻区域内的人员应及时疏散出其所在区域，进入室外安全区域或其他次安全区域，再通过次安全区域的疏散出口进行疏散。

具体到举行大型商业展览时，在建筑内划分出次安全区，相邻的展厅；安全区，即内、外环形通道。在次安全区域内不允许放置固定可燃物或障碍人员顺利通行的物品，以保证提供较开阔的次安全区域空间，且不出现拥堵现象；与相邻区域有足够的防火防烟分隔和良好的通风排烟和照明。而展厅的疏散方案为除由着火防火分区内的直接对外出口、疏散楼梯进行疏散外，还可借用相邻防火分区进行疏散，以缩短疏散距离和减小疏散时间。

5 结 论

本文通过一大型展览建筑作为案例研究，在该展厅内采取分阶段疏散策略，有效地解决了大型展览类建筑在人员疏散设计中存在的疏散距离、疏散出口及宽度的难题。

文章对某展览建筑人员疏散设计方案采用性能化设计的方法，针对展览建筑的使用特点提出了分阶段疏散策略，以及划分建筑内危险区、安全区和次安全区的方法，并通过消防性能化工程方法，模拟计算展厅内烟气蔓延特性和人员疏散情况，定量判断人员疏散安全水平。其设计方法在其他类似展览项目中具有较高的参考意义。

参考文献

[1] GB 50016—2014. 建筑设计防火规范[S]. 北京：中国计划出版社，2014.

[2] 朱力平. 消防工程师手册[M]. 南京：南京大学出版社，2005.

[3] 朱华. 大型展览馆消防性能化设计应用研究[J]. 消防科学与技术，2008（4）.

[4] NFPA Life Safety Code, NFPA(Fire)101[Z]. National Fire Protean, Association, 1997.

[5] Buchanan, AH (2001) Fire Engineering Design Guide[D]. University of Canterbury, Christchurch, NZ, 40-41.

某体育馆的消防安全性能化分析与设计

王东奎
（河南省濮阳市公安消防支队，河南　濮阳　457000）

【摘　要】　体育馆类建筑设计中往往考虑到美观和使用功能等因素，使得诸如防火分区面积、疏散距离等消防设计远超我国现行消防规范要求。针对这些问题，本文以某典型体育馆为研究对象，分析其火灾危险性，运用先进的计算机模拟手段，通过FDS烟气模拟和Pathfinder人员疏散模拟分析的方法评估该建筑消防安全性，并提出相关改进措施。

【关键字】　体育馆；防火分区；烟气模拟；人员疏散

0　引　言

随着建筑功能理念的变化，新材料、新技术、新结构等的应用与推进，体育馆建筑也有着相应的进步与发展，加之大型体育对比赛的需要，国家及各级政府都在大力投资兴建体育场馆。我国每年在大型体育馆内参加和观看体育比赛的观众和运动员人数达110多亿人次，并且有些体育场馆还兼具文艺演出功能。各级政府每年要投入1 350个亿建设300多个体育场馆。

由于该类建筑的功能需求及美观等因素，往往导致体育馆比赛区及观众席等区域的防火分区面积扩大，且远远超出现行规范要求。防火分区扩大往往导致火灾危险性增加，人员疏散难度增大，烟气及火灾蔓延危险性增大等一些消防问题。

针对现有现行建筑设计防火规范不能完全涵盖新型体育馆消防设计要求的问题，通过性能化的方法，开展该类问题的消防安全性评估，合理确定火灾类型，分析和模拟发生火灾时其对建筑、比赛、人员等各方面的影响，研究人员在该类建筑发生火灾时的安全性和逃生概率，具有十分重要的意义。

本文结合某体育馆消防安全设计案例，采用性能化的方法，对该体育馆进行定量火灾危险分析，对烟气蔓延和人员疏散进行模拟分析，进而评估其消防安全性，并提出相应改进措施。

1　工程概况

1.1　建筑概况

该体育馆总用地面积167 200 m^2，总建筑面积18 500 m^2，其中地上建筑面积13 150 m^2，地下建筑面积5 350 m^2，建筑基底面积8 880 m^2；看台观众固定座席1 556个，主席台坐席32个，轮椅坐席6个。

体育馆体型为浑圆的椭球体，建筑为地上2层和地下1层；建筑高度23.3 m；馆内部主体结构采用钢筋混凝土框架结构体系，外围结构与楼盖体系采用门式落地钢桁架结构体系。

建筑主要功能区包括比赛大厅、训练大厅、观众席、运动员、竞赛相关功能用房、休息大厅、贵宾用房以及商店等设施。

1.2 存在的消防难点及解决方案

该体育馆由于结构体系及使用功能的特殊性，其比赛大厅、休息厅划分成一个防火分区，面积 9653 m^2。《建筑设计防火规范》(GB 50016—2014) 第 5.3.1 条规定，当建筑耐火等级为一、二级时，且设置自动灭火系统时，防火分区最大允许面积为 5 000 m^2。本建筑防火分区一面积超过了这一规定，见图 1。

同时《建筑设计防火规范》表 5.3.1 备注指出："对于体育馆、剧院的观众厅，防火分区的最大允许建筑面积可适当增加"。

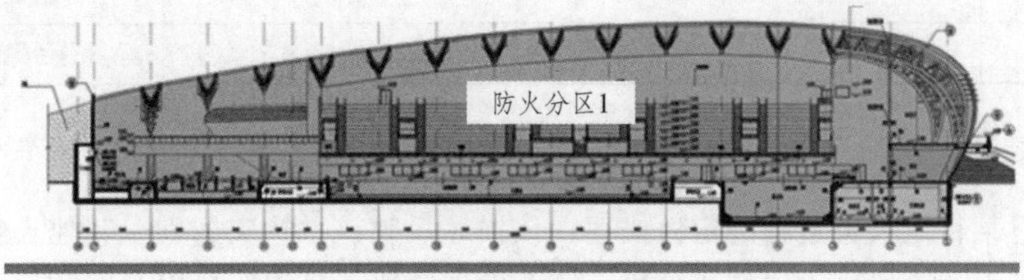

图 1 防火分区示意图

本建筑防火分区的面积扩大至 9 653 m^2，针对防火分区超规问题，本项目选取该体育馆作为研究对象，根据其内部结构、用途和可燃物分布等具体情况，运用性能化评估方法，对其可能发生的火灾危险性进行定量的预测，通过烟气蔓延和人员疏散过程的模拟计算，判断其能否满足设定的消防安全目标。

2 危险源辨识与火灾场景设计

2.1 确定消防安全目标

通过实地考察和资料收集，结合该体育馆的区域影响和业主承受能力等其他条件，确定该建筑的防火目标如下：

人员安全是建筑物防火安全的主要目标，即发生设定的火灾时，人员需要在火灾场景到达危险时刻之前撤离至安全区域；同时需要保护财产安全，降低火灾的直接和间接损失。

对于火灾时人员安全疏散而言，设计目标确定为 ASET>RSET，即人员安全疏散可用时间大于人员安全疏散所需时间。对于人员可用安全疏散时间（ASET），主要通过对人员对烟气层高度、温度、空间能见度等耐受性指标随火灾发展的空间、时间变化情况决定，其安全判据设为：

（1）能见度：2.0 m 高度处主要疏散出口附近的能见度不低于 10 m；

（2）CO 浓度：在人体高度（2.0 m）处，空间 CO 浓度不超过 500 ppm（1 ppm = 10^{-6}）；

（3）温度：2.0 m 高度处烟气温度不超过 60 °C。

以上各判据中最先达到危险的时间即为人员安全疏散可用时间 ASET。

2.2 火灾危险源辨识

危险源辨识是对研究对象存在的火灾危险源进行辨识，对其可能诱发的灾害后果及其严重程度进行分类，是进行风险评估和风险控制的基础[7]。通过对国内已经建好的类似体育馆的实地现场调查、设计图纸参考、文献调研和火灾事故案例对研究对象内存在火灾事故隐患的危险源进行辨识，从而确定重大火灾危险源，并分析可导致重大火灾事故的缺陷和隐患，为火灾场景的设定提供依据。

依据设计方提供的资料，并对国内类似体育馆进行现场调研，得知本体育馆危险源存在场所如表1所示。

表1　体育馆可燃物分布

场　所	主要可燃物	人员情况	可燃物分布
管理办公	电脑、办公桌椅、 文件等	人员较密集	可燃物分布集中
座椅区	座椅	人员密集	可燃物分布集中
器材库	球类、地垫等	人员较少	可燃物分布集中
会议场所	沙发、桌椅、投影设备等	人员密集	可燃物分布集中

2.3　火灾场景设计

火灾场景是对某特定火灾过程的定性描述，该描述反映该次火灾区别于其他火灾的关键特征。火灾场景通常要定义引燃阶段、火灾增长阶段、完全发展阶段、衰退阶段以及影响火灾发展过程的各种消防措施和环境条件等。设定火灾场景就是在建筑物火灾风险评估中，针对特定的火灾安全目标，综合考虑火灾的可能性和潜在后果，选取典型火灾场景进行分析。

本项目针对防火分区面积超规问题，分别在观众座椅区不同位置设置了3个火灾场景，如表2所示，以考察该位置发生火灾时，建筑内火灾及烟气蔓延规律，同时分析发生火灾时人员的安全逃生概率。

表2　火灾场景统计表

编　号	火灾场景描述	场景设计目的
工况一	观众座椅区起火（靠近一层），最大热释放速率在3.0 MW。	分析大空间火灾烟气蔓延情况，烟气控制效果，评估人员疏散安全性。
工况二	观众座椅区起火（靠近一层），最大热释放速率稳定在8.0 MW。	在自动灭火设施和排烟设施失效情况，分析火灾烟气蔓延状况，评估人员疏散安全性。
工况三	观众座椅区起火（靠近二层），火灾类型为完全发展 t^2 火灾，最大热释放速率稳定在8.0 MW。	在自动灭火设施和排烟设施失效情况，分析火灾烟气蔓延状况，评估人员疏散安全性。

3　烟气数值模拟计算

针对以上场景，采用FDS进行烟气模拟，由于FDS只能对立方体或长方体进行建模和计算，因此对体育馆的几何建模将尽量近似真实建筑结构，建立的几何模型见图2。在进行FDS模拟时计算初始条件设定为室内外环境温度为20 °C，大气压为0.1 MPa；排烟系统在火灾报警后60 s内启动，大空间每小时排烟量为480 000 m^3，进行自然补风；从保守角度考虑，自动灭火系统动作并不将火势扑灭而是保证火灾功率达到最大后维持不变。图2为FDS整体模型。

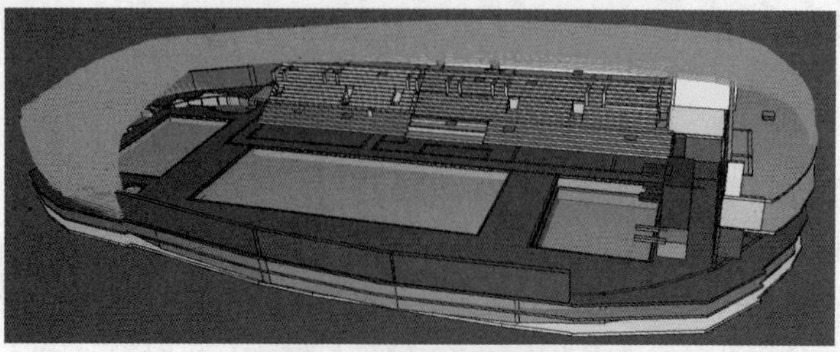

图2　体育馆FDS模型

3.1 工况一结果分析

3.1.1 温度分布

图 3 为关键路径上相对高度 2 m 处的热烟气温度测量值，从图中可看出，在整个模拟时间内，关键疏散路径及疏散出口相对高度 2 m 处的温度几乎没有增加，远远小于危险临界值。

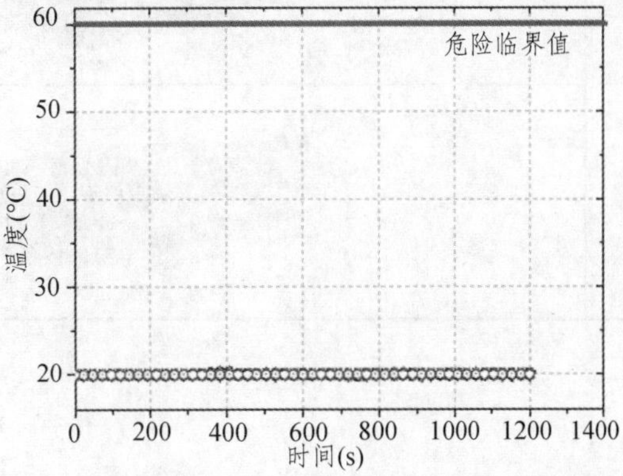

图 3 关键路径相对高度 2 m 处温度测量值

3.1.2 能见度分布

从能见度方面来看（图 4），各层相对高度 2 m 处的能见度基本在 30 m，烟气层还没有下降到该高度，各个测点的能见度测量值也都没有达到危险值。

综上所述结合表 3 的结果，该场景可用的安全疏散时间（ASET）大于 1 200 s。

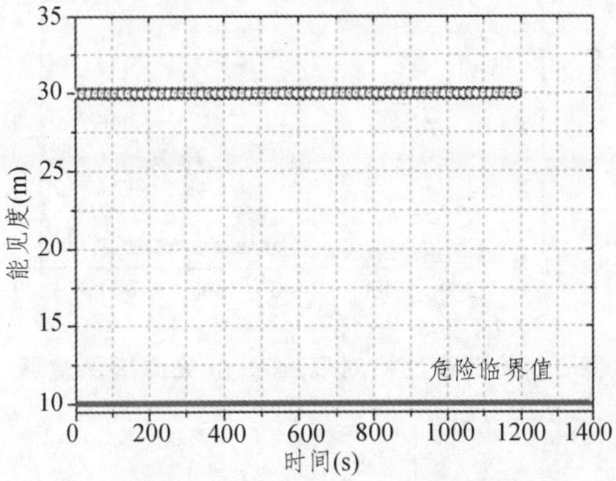

图 4 关键路径相对高度 2 m 能见度测量值

表 3 工况一能见度及温度分布

纵向截面温度及能见度分布	参考图	
600 s 温度	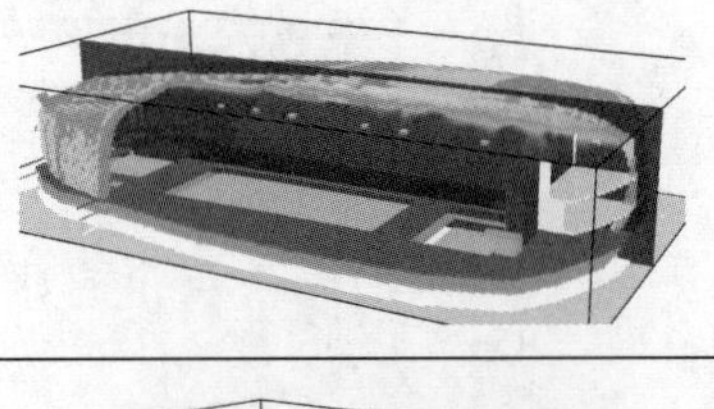	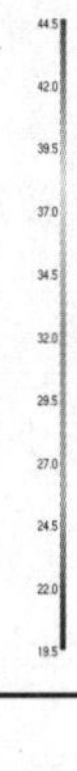
1 200 s 温度	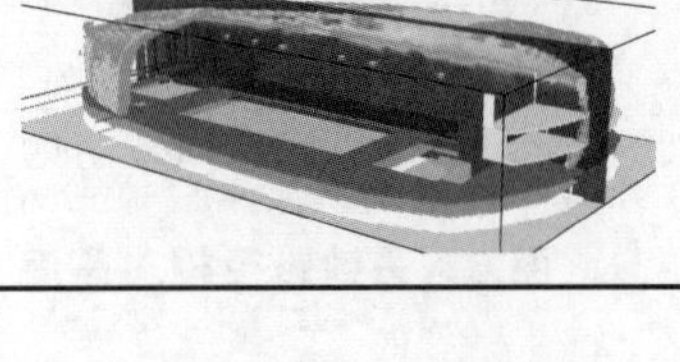	

续表

纵向截面温度及能见度分布	参考图	
600 s 能见度	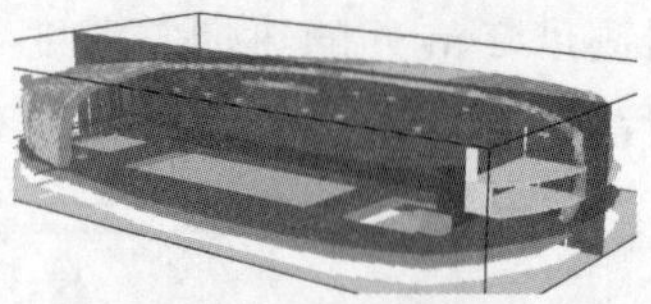	
1 200 s 能见度	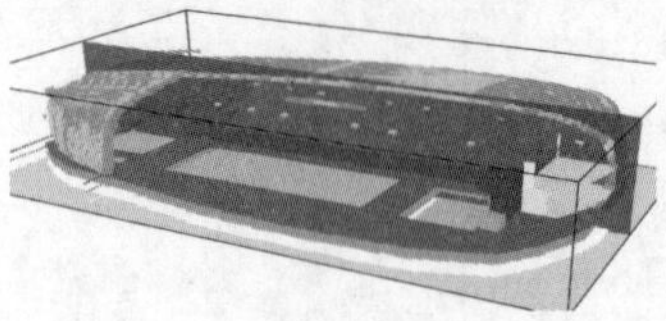	

3.2 工况二结果分析

3.2.1 温度分布

从纵向截面、横向截面与疏散路径相对高度 2 m 截面温度场可以看出（见图 5），火灾发生后，烟气开始在顶棚蓄积，顶棚热烟气温度升高，但在模拟的 1 000 s 内，其靠近顶棚的最高温度大约在 80 °C，而各楼层相对高度 2 m 处的温度均小于 60 °C，这说明烟气在模拟时间内不影响人员疏散。

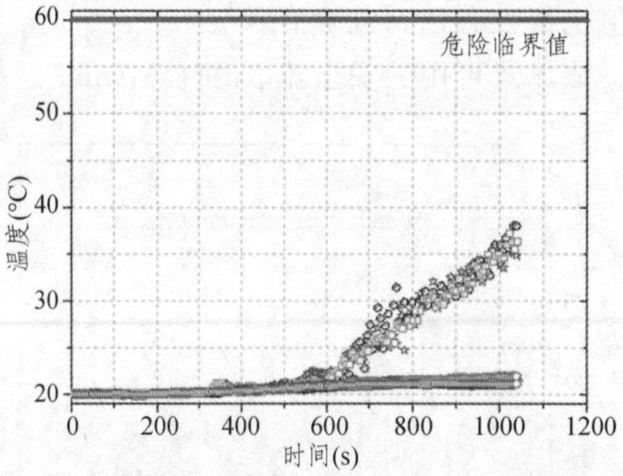

图 5　关键路径相对高度 2 m 处温度测量值

3.2.2 能见度分布

从能见度方面来看，在 1 200 s 内，安全出口及疏散走道内相对高度 2 m 处的能见度都没有达到危险值（图 6）。最危险位置测量值的能见度大于 20 m。

综上所述结合表 4 的结果，该场景可用安全疏散时间（ASET）大于 1 200 s。

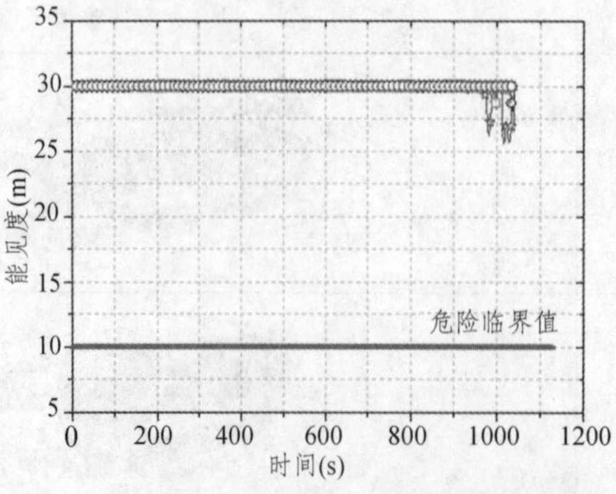

图 6　关键路径相对高度 2 m 能见度测量值

表 4　工况二能见度及温度分布

纵向截面温度及能见度分布	参考图	
600 s 温度		
1 200 s 温度	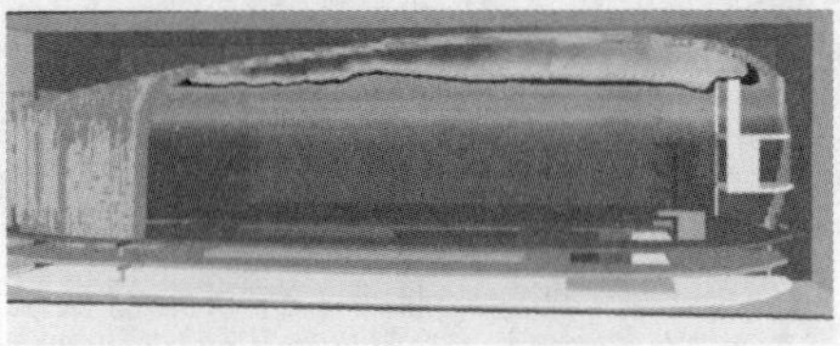	
600 s 能见度	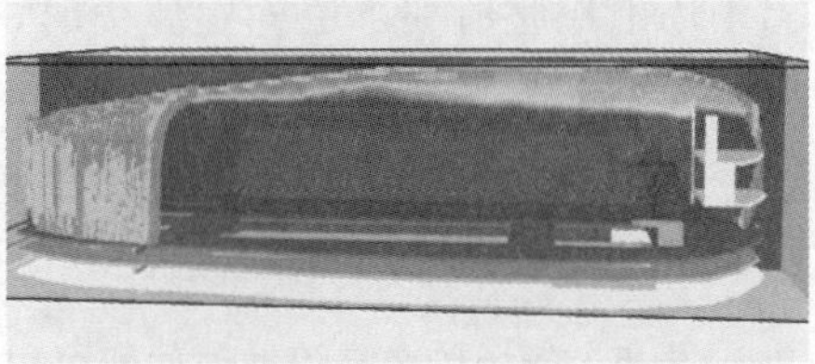	
1 200 s 能见度	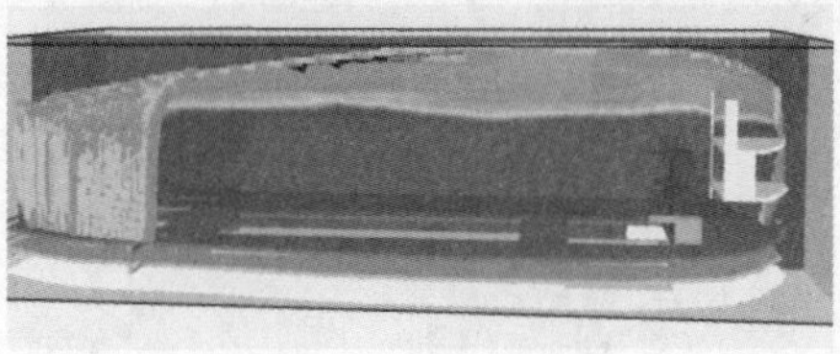	

3.2　工况二结果分析

工况三与工况二的设置参数基本一致，仅火源位置发生改变，工况二火源设置在观众座椅区靠近比赛区域，工况三火源设置在三层靠近出口。由于体育馆空间大，蓄烟能力较强，火源高度不同对烟气蔓延与扩散影响很小，工况三模拟结果与工况二基本相同。通过模拟计算得到，该场景可用疏散时间也大于 1 200 s。

4　人员疏散模拟与分析

该体育馆固定坐席 1 616 个，其中观众区固定坐席 1 578 个，主席台坐席 32 个，残疾人轮椅坐席 6 个。

根据体育馆的总体建筑特点、人员数量及其分布特色，重点评估坐席区的人员安全疏散，考察在突发情况下，其疏散设施能否满足人员安全疏散的要求。在性能化防火设计中，用需要的安全疏散时间 REST 与可用的安全疏散时间 ASET 进行比较，来判断是否可以达到火灾安全目标。

人员安全疏散所需时间 RSET 是指从起火到人员疏散到安全区域的时间，主要包括火灾探测报警时间（t_{alarm}）、人员预动作时间（t_{pre}）和人员疏散行动时间（t_{move}），即 RSET= t_{alarm} + t_{pre} + t_{move}。

体育馆空间相对较大，人员视野较为开阔，且一般处于清醒状态，因此，将火灾报警时间设为 60 s，人员响应时间设为 60 s。

对于人员疏散时间采用 pathfinder 疏散软件进行模拟计算，其模型如图 7 所示。

图 7　体育馆看台疏散模型

通过模拟分析，当采用上层座椅和下层固定座椅时，由二楼疏散至室外安全区域方案的疏散时间为 311 s。

从表 5 中可看出，在三个不同火灾场景下，其可用疏散时间 ASET 远远大于人员疏散所需时间，这保证了人员在火灾情况下的安全性。

表 5　各场景必需疏散时间和可用安全疏散时间比较表

疏散场景	探测报警时间 +人员反应时间（s）	火灾 场景	RSET	ASET
S1	120	工况一	431	>1 200
		工况二		>1 200
		工况三		>1 200

5　结论及加强措施

通过模拟分析，该体育馆中的消防保护措施满足规范要求，能在发生火灾后保证人员疏散和建筑结构安全，这些保护措施能解决防火分区面积增大和大空间带来的消防问题。

在条件允许的情况下可按照以下建议进一步降低火灾发生概率、减轻事故损失、延长可用人员逃生时间、提高逃生成功率，从而提高整体的安全性。

（1）加强火灾危险源的管理和控制，控制体育馆内可燃物，建议观众座椅采用难燃材料。

（2）建立完善的应急照明设施，在比赛大厅延疏散路线中设置导流指示标志，将应急照明灯具的照度提高。

（3）加强用电、明火的管理，加强配电机房、控制室等区域的火灾防护，设置电气火灾监控系统。

（4）加强人员安全疏散管理，在疏散出口及疏散路径上严禁堆放物品，以保持疏散出口和疏散通道的通畅，从而避免对人员疏散造成影响。

（5）设置满足要求的消防器材库，除常用的灭火器以外，建筑内应配备一定数量的防毒面具、口哨、应急手电筒等协助人员逃生和呼救的消防器材。

（6）加强消防管理，组织安全管理人员进行消防安全培训，提高人员消防安全意识及动手灭火的能力，同时应建立消防应急预案。

参考文献

[1] GB 50016—2014，建筑设计防火规范[S]. 北京：中国计划出版社，2014.
[2] 霍然，袁宏永. 性能化建筑防火分析与设计[M]. 合肥：安徽科学技术出版社，2003.
[3] 王冬，王爱平，周冬林. 从大型体育场馆的建筑特点探讨其火灾危险性及防范对策[J]. 消防技术与产品信息，2003（11）：7-8.
[4] 吴春燕. 室内流场和温度场的数值模拟[M]. 上海：东华大学出版社，2003：40-61.
[5] 张莺. 体育场馆建筑设计中的疏散设计研究[D]. 上海：同济大学，2007：33-50.
[6] 阎卫东. 建筑物火灾时人员行为规律及疏散时间研究[D]. 沈阳：东北大学，2006：32-65.

作者简介： 王东奎，男，硕士，河南省濮阳市公安消防支队高级工程师，大校警衔，长期从事消防科技研究。
通信地址：河南省濮阳市濮水路3号濮阳市消防支队，邮编：457000；
联系方式：18236066966；
通信邮箱：wdkxf@163.com。

螺旋隧道火灾数值模拟方法及缩尺实验验证*

张泽江[1]，梅秀娟[1]，韦　涛[2,3]
（1. 公安部四川消防研究所，四川 成都　610036；2. 广西广科消防技术服务有限公司，广西 南宁　530000；
3. 西南交通大学，四川 成都　610031）

【摘　要】　为了验证火灾数值模拟分析方法对螺旋隧道火灾特性研究的适用性，从控制方程、数值模拟离散化方程、湍流模型、燃烧模型和辐射模型等方面概述了隧道火灾数值模拟理论基础，并利用 CFX 模拟软件建立了相应的螺旋曲线公路隧道火灾缩尺模型，将数值计算结果和对应的试验结果进行对比分析，验证了采用 CFX 软件进行数值模拟计算分析的准确性和可行性。

【关键词】　螺旋隧道；隧道火灾；数值模拟；缩尺实验

1　前　言

在进行火灾科学研究时，理论分析方法往往需对火灾烟气流动进行抽象和简化后才有可能获得解析结果，且多数情况下不适用于非线性流动问题。隧道火灾研究可采用的研究方法有全尺寸实验研究、缩尺寸实验研究和数值模拟研究等。这些方法各有优缺点，其中全尺寸实验研究的优点是最接近实际情况；缺点是费用高、研究周期长、投入的人力物力都很大，还会造成环境污染，因此在隧道火灾研究中常常采用缩尺寸实验和数值模拟方法进行研究。缩尺寸实验研究虽然费用较低、研究周期较短，但仍会受限于边界条件、流场扰动及实验条件等因素，测出的实验结果可能无法提供全面的火灾信息；而数值模拟的方法恰好能够克服这些弱点，弥补螺旋隧道火灾缩尺实验的不足。特别是随着现代火灾科学的发展和计算机能力的增强，计算机数值模拟的研究方法已广泛地应用于火灾科学的研究中。

为了验证火灾数值模拟分析方法对螺旋隧道火灾特性研究的适用性，从控制方程、数值模拟离散化方程、湍流模型、燃烧模型和辐射模型等火灾数值模拟理论分析入手，利用 CFX 模拟软件建立了相应的螺旋曲线公路隧道火灾缩尺模型，并将数值计算结果和对应的试验结果进行对比分析，从而验证采用 CFX 软件进行数值模拟计算分析的准确性和可行性。

2　计算流体动力学方程及计算方法

2.1　流体动力学控制方程

计算流体动力学控制方程是物理守恒定律的数学描述，流体流动要受组分守恒、质量守恒、动量守恒和能量守恒等基本守恒定律的支配。

*基金项目：国家十三五科技支撑计划课题“高效复合防排烟技术和关键装置”（2016YFC0800603）及子课题“城市交通隧道防排烟关键技术研究”（2016YFC080060304）；四川省 2016 年科技计划项目（应用基础类）“公路盾构隧道竖向疏散救援技术研究”（2016JY0169）；公安部四川消防研究所基本科研业务费专项资金资助项目“城市公路隧道防烟分区及新型防烟分隔技术研究”（20168813Z）。

2.1.1 组分守恒方程

一个复杂的系统中可能会含有多种化学组分，或在反应过程存在质的交换，任一组分都应遵从组分守恒定律，其可概述为系统内的某种化学组分随时间的变化率，等同于通过系统界面的净扩散流量加上化学反应中该组分的生成率。

2.1.2 质量守恒方程

流体流动须遵守质量守恒定律，该定律表示流体微元体在单位时间内的质量增量等于同一时间间隔内流入该微元体的净质量，其质量守恒方程又常称为连续方程。

2.1.3 动量守恒方程

动量守恒定律实际上为牛顿第二定律，即流体微元体的动量在单位时间内的变化等同于该微元体所受到的外界各种作用力之和。任何流动问题同样必须满足动量守恒定律。

2.1.4 能量守恒方程

流体流动过程中存在热交换或能量转换，根据热力学第一定律，流动系统应遵守能量守恒定律，即流体微元体中的能量增量等于流入微元体的净热量与体力、面力对该微元体的作用功之和。

2.1.5 气体状态方程

理想气体状态方程是描述理想气体居于平衡态时的物理方程，反映了理想气体的压强、温度、组分气体的平均分子量等物理量之间的相互作用关系。

2.2 数值模拟离散化方法

利用计算数学的方法将流场的基本控制方程离散到一系列网格节点上，最后求其离散的数值解，这是 CFD 方法的基本原理。区域离散化是指利用一定数量的离散化的节点来代替原本连为一体的空间，即所计算的区域被这些节点划分为多个互不重叠的子区域。常用的离散化方法有：有限差分法、有限单元法和有限体积法。

2.2.1 有限差分法

作为数值计算中最经典的离散化方法，有限差分法通过差分网格方式划分求解区域，将连续的求解域分割成有限个网络节点，随后采用差商取代控制方程中的导数，推算出相应的差分方程组。有限差分法诞生比较早，发展也比较成熟，普遍用于求解双曲线和抛物线等问题，计算椭圆等边界条件较复杂的问题时较为困难。

2.2.2 有限单元法

有限单元法的基本求解思路是将一个连续的求解域任意分成适当形状的许多微小单元，并在各个单元内选择某些合适的节点作为求解函数的插值点，借助于极值原理（变分或加权余量法），将微分方程离散为所有单元上的有限元方程求解。有限单元法具有较好的适应性，尤其适用于几何级物理条件比较复杂的问题，但其求解速度慢于另外的两种离散化方法，所以在商用 CFD 软件中的应用并不广泛。

2.2.3 有限体积法

有限体积法也可称为控制体积法，其根本原理是把求解区域分割成有限个网格，而且使任一网格点的周边存在一个独立的控制体积，将待计算的控制方程对各个控制体积进行积分，继而得到离散方程组，其未知数即为网格节点上的因变量，因变量可以是速度、压力、温度等物理量。所得到的结果在整个计算域的任意一组控制体内，质量、动量及能量等物理量的积分守恒都能够精确地得到满足。

有限体积法发展迅速，求解效率较高，能够并行运算，具有较强的实用性和适用性。

3 火灾湍流数值模拟模型

3.1 湍流模型

湍流流动是一种高度非线性的复杂流动，目前的湍流数值模拟方法主要分为两种，即直接数值模拟和非直接数值模拟。直接数值模拟方法对湍流控制方程直接进行求解，对计算机能力要求极高，目前发展尚未成熟，暂且无法用于真正意义上的工程计算。非直接数值模拟则设法对湍流进行一定程度的近似和简化处理，然后再计算湍流的脉动特性，其主要分为大涡模拟、Reynolds 平均法和统计平均法三大方法。基于瞬时的动量方程，直接模拟湍流中的全尺度范围上的涡，同时通过近似模型来考虑小尺度涡对大尺度涡的影响，这就是大涡模拟的基本思想，大涡模拟方法是目前 CFD 研究和应用的热点之一。Reynolds 平均法是目前工程应用上最为广泛的湍流数值模拟方法，可以有效解决直接模拟方法计算量大的困难，同时对诸多现实工程的应用可以达到良好效果。目前 Reynolds 平均法在工程上得以广泛应用的湍流模型主要为其标准 k-ε 模型以及在其基础上改进的 BSL k-ε 模型、SSG k-ε 模型、RNG k-ε 模型以及 SST 模型等。

3.2 燃烧模型

湍流燃烧现象中的物理化学反应十分复杂，即便是纯物质燃料的燃烧也会蕴含多种难以为人所熟知的过程。受限于燃烧化学反应的复杂性、计算方法的不完善和计算机能力有限等因素，目前对湍流燃烧问题的研究尚处于探索阶段，一般通过近似和模拟的方法来解决实际复杂多变的湍流燃烧问题。CFD 技术可为模拟计算中的所有燃烧火焰现象提供一个象征性的框架，并建立具有实用价值的燃烧模型。因此，对湍流燃烧复杂过程的简化势在必行。截至目前，具有代表性的燃烧模型共有三种：VHS 模型、PPDF 模型和 Eddy Break-up 模型。

3.2.1 VHS 模型（体积热源模型）

作为所有火灾燃烧模型中最为简单的一种，VHS（Volumetric Heat Source）模型通常以固定尺寸的体积热源来模拟火源，且一般该热源包含具有特定热量输出的热源以及特定烟气产生的质量源。在 CFD 技术不断发展的前景下，VHS 模型更简易，便于实现，在简化计算过程和减少计算量等方面具有显著优势，普遍适用于各类火灾危险性分析。

3.2.2 PPDF 模型（假定概率密度函数模型）

假定概率密度函数模型（Presumed Probability Density Function Model，PPDF）是一种比较通行的求解湍流非预混燃烧的方法。PPDF 在计算快速反应方面适用性较广，以守恒的混合比例或其变化量在输送方程中的解为根基，结合湍流-化学反应交互作用的中间产物以及耦合作用等，减少了许多成分在输送方程上的求解，省掉了大批的计算量。

3.2.3 EBU 模型（涡旋破碎模型）

涡旋破碎模型（Eddy Break-up Model，EBU）的基本原理为假定湍流燃烧区内布满已燃、未燃气体微团的混合物，在这两种微团接壤面上产生燃烧化学反应，且其中尚未燃烧的气体微团在湍流影响下分裂成更小微团的速度决定了燃烧化学反应的速率。EBU 在把握湍流脉动时间对化学反应速率的影响这一方面上表现出明显的优势，但由于对无限速化学反应做出了很多假设，且忽略了分子运输和化学动力学等因素的作用，该模型不能有效适用于有限速度的化学动力学反应，只适用于表达高湍流预混燃烧反应。

3.3 辐射模型

作为三种基本传热方式之一，热辐射对隧道火灾过程中热量、温度等参数分布的影响尤为重要。在 ANSYS CFX 中建立辐射模型的目的旨在解决辐射传输方程，获得源项、壁面上的辐射热流等其他物理参数，因此，合理选择辐射模型是研究隧道火灾的关键问题之一。CFX 中主要的辐射模型包括：Rosseland 模型、P1 模型、Discrete Transfer 模型和 Monte Carlo 模型。

3.3.1 Rosseland 模型

Rosseland 模型适用于光学厚度大于 3 的问题，可以模拟散射，它是辐射传输方程在光厚介质情况下的近似简化。该模型假定从流体域外其他位置射出的辐射能很快被吸收，且对局部传输没有影响，它引入了同温度乘 3 次方的传热系数来求算辐射热流量。

3.3.2 P1 模型

P1 模型同样对辐射传输方程进行了简化，并假设在给定空间位置上的辐射强度具有等向性或方向独立性。P1 模型属于 PN 辐射模型中的最简易的类型，其基本思想是用正交的球谐函数来表示辐射强度，适合大尺度辐射计算，如燃烧模拟，并适用于光学厚度 1 ~ 3 的问题，计算量小，精度较高。

3.3.3 Discrete Transfer 模型

DTRM 是 Discrete Transfer Model 的简写，为离散传播辐射模型，其核心理念是将单一的辐射线取代从辐射表面顺着某个立体角的全部辐射效应，即将辐射的接收与放射源假定为边界网格面，在半球空间内把该面上的辐射能分成若干个能束，追踪其特征射线，随后求解辐射传递方程。这些特征射线和计算网格的疏密程度共同构成了 DTRM 计算精度的决定因素。

3.3.4 Monte Carlo 模型

蒙特卡洛（Monte Carlo）模型假定辐射强度与光子的微分角通量成正比，并允许将辐射场看作一种光气体。蒙特卡洛模型不仅有效避免了直接通过多重求和法求解多重积分，而且斟酌了辐射能在半球空间内的分布和它们之间的相互联系，其缺点在于计算收敛缓慢，求解时间冗长。

4 模拟软件及其计算结果验证

4.1 ANSYS CFX 软件简介

ANSYS CFX 作为世界首个通过了 ISO9001 质量认证的大型商用 CFD 软件，在国际上较为流行，目前已遍及石油天然气、航天航空、火灾安全、汽车设计、机械制造等领域。由英国 AEA Technology 公司研发的 ANSYS CFX 具有庞大的 CFD 工程分析计算功能，与其他大多数的 CFD 软件不同，ANSYS CFX 在使用有限体积法的同时，还运用了基于有限单元的有限体积法，可模拟计算热辐射、化学反应和燃烧等多种物理问题。ANSYS CFX 的核心模块包括 CFX-Pre、CFX-Solver 和 CFD-Post 等部分，其中 CFX-Solver 是 CFX 软件的求解器，是软件的核心。CFX 的湍流模型中纳入了 k-ε 模型、低雷诺数 k-ε 模型、低雷诺数 Wilcox 模型、代数雷诺应力模型、微分雷诺应力模型、微分雷诺通量模型、SST 模型和大涡模型。

4.2 缩尺计算模型的建立

为验证数值模拟方法的可行性，以搭建的螺旋隧道缩尺实验平台为原型，通过 ANSYS 软件中的建模工具 ICEM CFD 建立了相应的小尺寸数值模拟螺旋隧道几何模型，缩小比例同样为 1∶67，计算区域全长为 14.3 m，横断面高 135 mm，行车地面净宽 172 mm，隧道曲率为 1/1.866。火源中心距隧道入口 2.37 m，尺寸与缩尺实验时所用的油盆大小一致，为 5 cm×5 cm。螺旋隧道几何模型和火源的布置如图 1 所示。

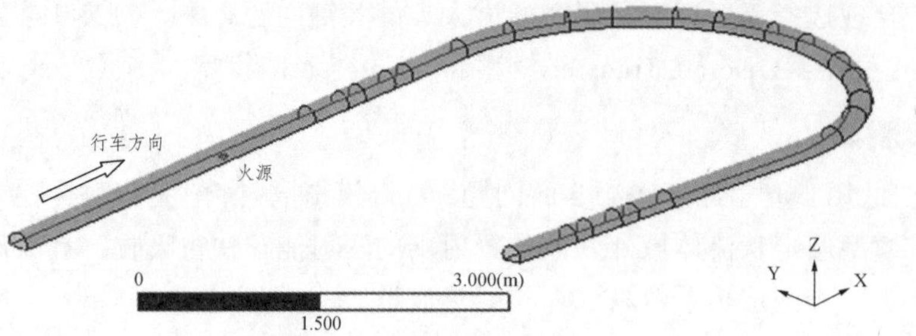

图 1 螺旋隧道火灾缩尺计算模型示意图

在数值模拟中，网格是影响其计算结果的重要因素之一。ICEM CFD 生成的网格主要分为四面体网格、六面体网格、三菱柱网格、O-Grid 网格等，其中六面体网格的质量高，需要生成的网格数量相对较少，是目前大多数商业 CFD 软件中较为常用的网格类型；而 O-Grid 网格适合用于圆或圆弧模型。考虑到六面体单元形状规则、网格精度高和易捕捉到更为准确的参数等特点以及螺旋隧道及其内部射流风机的结构特征，故采用通过块的生成与划分建立六面体和 O-Grid 相结合的网格类型。ICEM CFD 最大的特点就是能够生成 BLOCK（块），通过用块来逼近螺旋隧道几何模型，然后在块上划分高质量的网格，接着再映射到对应的几何模型上，进而产生高质量的几何网格。

模拟过程中求解的收敛速度和结果的准确性主要受到网格质量、分析类型、边界条件、初始条件、求解控制等参数的影响，在尽量提高网格质量的基础上，合理设定这些参数尤为重要。隧道火灾烟气流动状态往往随着时间的改变而不断变化，因此，在数值模拟过程中采用瞬态分析的分析模式，以体积热源法来模拟火源，湍流模型选择适用范围较为广泛的 SST 模型，辐射模型为 P1 模型，壁面条件与实验模型一致。

4.3 模拟结果与实验结果对比验证

要将数值模拟分析方法应用于螺旋隧道火灾特性研究，对其模拟结果的准确性和合理性进行验证具有一定的必要性，以便进行更全面和更深入的分析和研究。

用 ANSYS CFX 模拟软件计算分析的结果与对应螺旋隧道火灾试验平台的缩尺实验结果对比情况依次如图 2～图 5 所示。

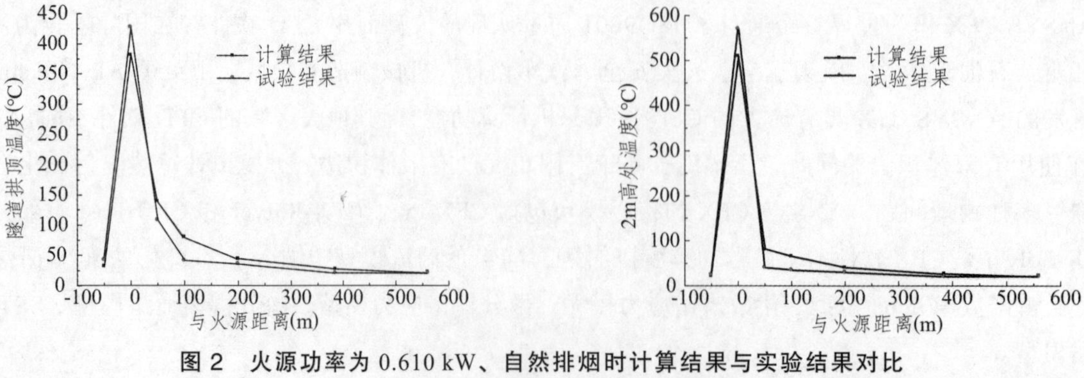

图 2 火源功率为 0.610 kW、自然排烟时计算结果与实验结果对比

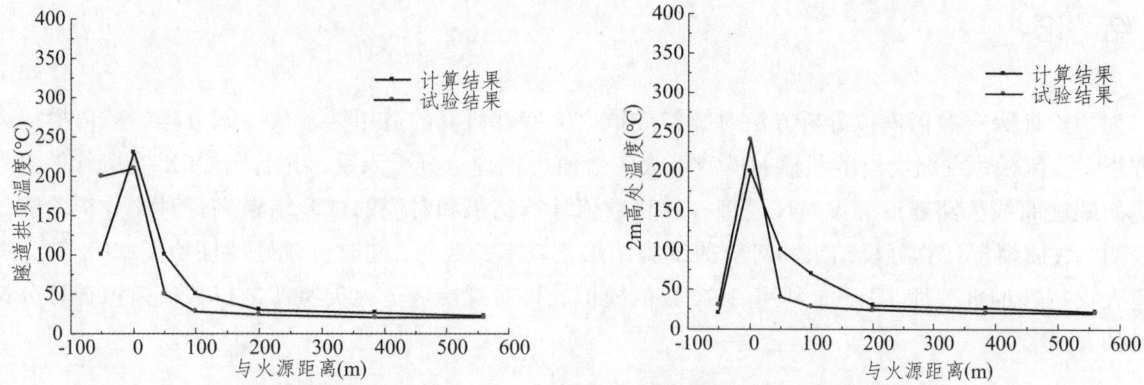

图 3　火源功率为 1.395 kW、自然排烟时计算结果与实验结果对比

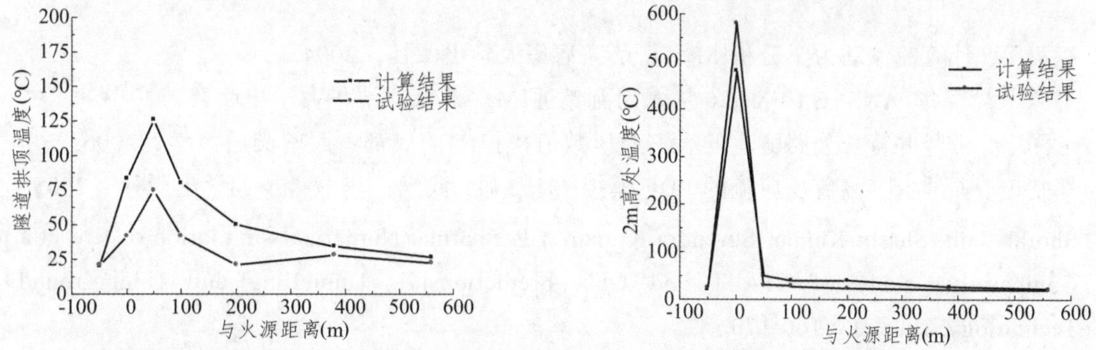

图 4　火源功率为 0.610 kW、风速为 0.24 m/s 时计算结果与实验结果对比

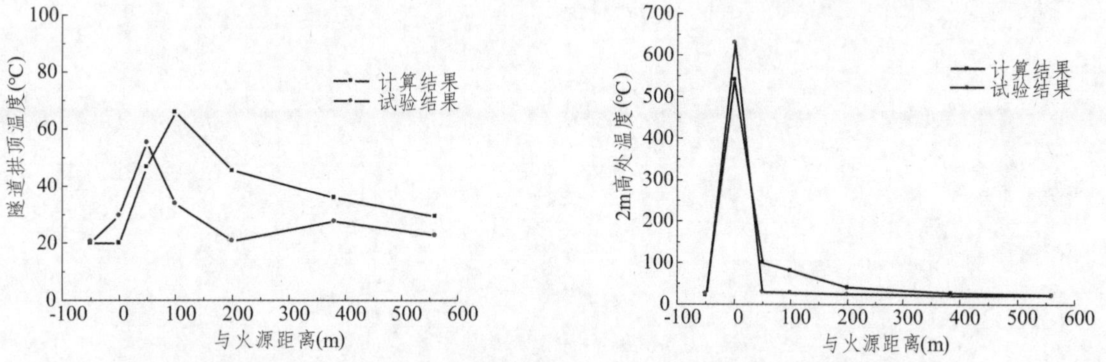

图 5　火源功率为 0.610 kW、风速为 0.49 m/s 时计算结果与实验结果对比

通过隧道拱顶温度和 2 m 高处温度沿隧道纵向分布以及火源正上方温度随时间变化规律，对数值模拟计算结果和缩尺实验结果进行对比分析，得知计算结果和实验结果在温度沿程分布规律上呈现出一定的相似性，较好地证明了 CFX 计算火灾的准确性。两者之间的误差主要来源于以下几方面：

（1）螺旋隧道数值模拟模型是通过对其缩尺实验模型简化处理而建立起来的，并不能全方位考虑到隧道火灾的影响因素，计算结果和实验结果必然存在一定的误差。

（2）螺旋隧道火灾缩尺实验本身因实验方法、实验设备、实验环境及实验人员操作方法等原因而产生一定的实验误差。

（3）数值模拟过程中，火源的热释放率被定义为关于时间 t^2 的函数，主要与火灾时间和燃料有关，而在实验过程中，可燃物可能出现不完全燃烧的现象。

（4）实验时隧道内除了特定施加的自然风和纵向通风条件外，还存在因实验室环境以及实验平台系统高差等因素而产生的纵向风，这对火灾烟气同样造成一定的影响。

5 结 论

为了验证火灾数值模拟分析方法对螺旋隧道火灾特性研究的适用性，从控制方程、数值模拟离散化方程、湍流模型、燃烧模型和辐射模型等火灾数值模拟理论分析入手，并利用CFX模拟软件建立了相应的螺旋曲线公路隧道火灾缩尺模型，并将数值计算结果和对应的试验结果进行对比分析验证。结果表明，数值模拟计算分析结果和对应的试验结果是基本一致的，同时也较好地证明了CFX计算螺旋隧道火灾特性的准确性。因此，利用CFX数值模拟软件对螺旋隧道火灾特性进行数值模拟计算分析是可行的。

参考文献

[1] 王福军. 计算流体动力学分析[M]. 北京：清华大学出版社，2004.
[2] 丁源，吴继华. ANSYS CFX14.0从入门到精通[M]. 北京：清华大学出版社，2013.
[3] 王泽宇. 带竖井特长公路隧道的火灾通风数值模拟[D]. 成都：西南交通大学，2006.
[4] 郑楚逛，周向阳. 湍流反应流的PDF模拟[M]. 2版. 武汉：华中科技大学出版社，2005.
[5] Shorab Jain, Shashi Kumar, Surendra Kumar, T.P. Sharma. Numerical simulation of fire in a tunnel: Comparative study of CFAST and CFX predictions[J]. Tunnelling and Underground Space Technology, 2008, 23: 160-170.
[6] 王晶，幸福堂. CFX中回转窑燃烧机辐射换热模型的实用性分析[J]. 安全与环境工程. 2013，20（2）：142-145.

交通隧道火灾数值模拟研究现状综述*

何勤理
（公安部四川消防研究所，四川 成都 610036）

【摘 要】 回顾了国内外对交通隧道火灾数值模拟研究的现状，着重介绍了隧道火灾受不同通风状况影响的发展特性，火灾中隧道结构温度场，应力场随时间和空间变化规律，隧道内部构件在高温下的热应力场、变形规律和破坏机理，最后提出了交通隧道火灾数值模拟还需要研究的几个问题。

【关键词】 交通隧道；火灾；数值模拟；综述

1 引 言

随着各种隧道和其他地下结构的建设规模越来越大，汽车流量和流速的飞速增长，隧道火灾事故的发生也越发频繁，越来越引起各界的关注。有资料显示，仅欧洲公路隧道内每年就要发生火灾 100 多起，国际上统计的公路隧道一般火灾事故发生率是 10^{-4} 次/百米/年[1]。由于隧道一般深埋在地下或水下，再加上空间狭小、空气流通不畅及入口数量少等特殊空间局限，一旦发生火灾，烟雾浓度大，且很难顺利排出，车辆人员不易及时疏散，因而造成大量的人员伤亡和财产损失。同时，火灾高温会导致钢筋混凝土强度降低，对衬砌结构产生不同程度的损坏，从而导致衬砌结构出现纵向和环向裂缝，混凝土脱落或掉块，防水层遭到破坏而产生大面积漏水等严重后果，严重影响到隧道结构的安全性。因此，如果能了解火灾发生时的温度分布情况及温度场对隧道结构的应力场的影响，将有助于隧道的消防设计和维护。

2 交通隧道数值模拟发展现状

近年来随着计算机技术的飞速发展，隧道火灾的模拟研究逐渐成长起来，各种数值模拟软件相继开发出来。大量的理论计算结果也被应用到实际工程中，而试验获得的相关数据又可以验证计算结果的可靠性，从而在理论上完善隧道火灾的研究。数值模拟方法主要是根据温度的热导理论，利用有限元分析法进行数值计算。

目前，已完成的隧道火灾数值模拟分析的主要分析领域集中在以下几个方面：

（1）数值模拟不同通风状况下的火灾发生、发展和熄灭过程，从而了解在火灾发生时的延期流动和传热过程的场模型，分析速度场、温度场及隧道火灾的发展状况和分布特点。

英国的 M.TABARRA 研究了在不同通风状态下，火灾烟雾的扩散现象，其 CFD 数值模拟结果和 1/5 比例的模型试验有很好的吻合[2]；法国的 B BROUSSE 和 C MORET 在不同工况下对隧道火灾进行

*基金项目：国家重点研发计划课题（2016YFC0800604）。

了三维瞬态数值模拟，不仅考虑了隧道壁面粗糙度、隧道出入口的局部损失，而且考虑了列车活塞效应[3]。瑞士的 C RUDIN 通过对特长隧道的烟气扩散研究，提出了隧道内救援站设计的原则等[4]。

（2）隧道结构的温度场和应力场分析包括隧道纵向和横向的温度和应力分布规律，温度场和应力场随时间和空间的变化规律。

英国的火灾研究所应用流体力学的方法，进行了公路隧道火灾时计算技术的数值模拟（有限元差分法）研究[5]。研究的重点是探讨火灾发生时温度场沿隧道纵向的传播规律和传播速度，计算数值模拟将火灾进程作为时间的函数来考虑，以计算机制图或数字表格的形式输出。赵志斌[6]建立了长江隧道的二维模型，计算得出了三种火灾载荷作用下衬砌结构顶面、侧面和底面内外侧面的温度应力的分布规律，找出了隧道衬砌结构最易破坏的部位。张孟喜[7]等以上海外环越江沉管隧道为基础，对隧道进行不同温度量级的稳态温度场和瞬态温度场分析，得出温度随空间和时间的变化规律并进行了沉管隧道的热-力耦合分析，利用分析结果结合大量隧道火灾资料总结出火灾时隧道内部温度场及应力场的危险区域。徐志胜[8]等通过分析高温作用下盾构隧道内部的应力变化规律，分析得出其在火灾作用下的破坏部位。马建宇[9]利用地层-结构法数值模拟了公路复合式衬砌隧道内的温度应力，给出了二次衬砌结构内温度场分布和温度应力的大小及分布情况，并分析了加强初期支护和二次衬砌两种情况下，温度应力的变化情况。王洪德[10]等对大连地铁二号线某盾构隧道工程采用流固耦合模型确定隧道初始地应力，并对隧道施加非均匀递增的温度载荷，进行热力耦合分析，得出了衬砌结构变形及其应力分布规律，确定了其在火灾作用下的变形特性及部位。常岐[11]在盾构隧道管片接头高温计算模型的基础上分析了高温条件下接头的力学特性，为接头截面几何参数的优化以及螺栓预紧力的设置提供了依据。朱合华[12]等对大直径盾构隧道火灾下的力学计算模型进行了分析，得到了隧道衬砌结构的力学特性以及衬砌结构在高温下的显著变化特征。

（3）钢筋混凝土在高温下的热应力场、变形规律和破坏机理。

国外很多学者对隧道构件的耐火性能进行了数值数值模拟研究，主要对高温下钢筋混凝土火灾性能进行了有限元分析，但应用到隧道局部或整体结构的不多。Gurtin[13]等对瞬态温度场问题进行了广泛研究。Ellingwood[14]等分析了高温下的钢筋混凝土梁，Idling[15]等对火灾下截面的温度场进行了计算，编制了瞬态温度场分析程序 FIRE-T3，并对钢筋混凝土框架进行了非线性分析，计算结果和试验结果符合较好。Ibrahim A[16]采用二维弹塑性有限元对直径为 6.6 m 的圆形隧道衬砌的应力变形进行了分析，计算出高温作用后衬砌屈服极限应力与常温下（20 °C）的屈服极限应力之比，以及相应弹性模量之比随时间的变化曲线。Park 等[17]通过现场检测、钻芯取样等方式获得了火灾后大邱地铁箱型衬砌结构材料的力学参数，并以此参数为基础，对衬砌结构进行了 2D 有限元分析，以分析结构的损伤程度和安全性。

3 结 论

以往的研究工作主要集中在隧道内火灾发生发展规律，隧道内火灾温度应力场的分布规律以及衬砌材料本身在高温下理化性质的变化规律，这为以后的隧道研究工作提供了许多参数和经验。近年来，随着交通物流的飞速发展，隧道的载荷变得越来越大，这就使得隧道的火灾保护研究成为一项十分重要的工作。从国内外研究现状来看，还可以通过数值模拟技术对以下几个问题进行研究：

（1）沉管隧道管节接头、接缝部位结构在火灾场景温度场和应力场分布规律的研究。

（2）大跨度隧道结构在火灾场景温度场、应力场分布以及隧道内烟气分布规律的研究。

（3）隧道内电缆通道和疏散通道在火灾场景下内部温度及烟气的分布规律。

（4）隧道内探测报警装置的设置研究。

参考文献

[1] 倪照鹏. 国内外隧道消防技术现状及发展趋势[J]. 交通世界，2003:28-32.

[2] M TABARRA，B KENRICK. An experimental and computational study of the stability of stratified fire smoke in model tunnels[C]. 10 th AVVT, 2000: 45-60.

[3] B BROUSSE, C MORET. ID-comPuler simulations and field fire testing using a chimney limited longitudinal smoke control system[C]. 10 th AVVT，2000.

[4] C Rudin. Fires In long railway tunnels[C]. The Ventilation Concepts Adopted In The Alptransit Projects, 2000.

[5] 梅甫良，曾德顺. 沉管隧道混凝土管段温度场的仿真计算[J]. 现代隧道技术，2002，39（4）：6-10.

[6] 赵志斌. 火灾作用下长江隧道衬砌结构温度场和温度应力研究[D]. 武汉：武汉理工大学，2006.

[7] 张孟喜，黄瑾，贺小强. 火灾载荷下沉管隧道结构的热-力耦合分析[J]. 土木工程学报，2007，40（3）：83-87.

[8] 徐志胜，万俊，王薇. 火灾下盾构隧道管片衬砌热力耦合数值分析[J]. 中国安全科学学报，2009，19（10）：46-51.

[9] 马建宇. 公路隧道复合式衬砌结构在不同火灾场景下的安全性研究[D]. 长沙：中南大学. 2011.

[10] 王洪德，崔铁军，马云东. 非均匀温度场盾构隧道衬砌结构热力耦合分析[C]. 国际安全科学与技术学术研讨会论文集，2012.

[11] 常岐. 火灾高温下盾构隧道管片接头力学特性研究[J]. 地下空间与工程学报，2012，8：1605-1608.

[12] 朱合华，沈奕，闫治国. 火灾下大直径盾构隧道结构力学特性有限元分析[J]. 地下空间与工程学报，2012，8：1609-1614.

[13] Gurtin M. E. Vanational Principles for linear Initial-Value Problems[C]. Quartorly of applied Mathematics 22 cot, 1964.

[14] Ellingwood B., James R S. Reliability of RC Subjected to Fire[J]. Journal of the Structure Division. ASCE, 1977: 1047-1059.

[15] Idling R., B. Bresler, Z.Nizamuddin. A computer program for the fire response of structures-thermal[Z]. 1997.

[16] Ibrahim A, Ei-Arabi, Heinz Duddeck, Herman Ahrens. Structural analysis for tunnels exposed to fire temperature[J]. Tunneling and Underground Space Technology. 1992, 8: 79-83.

[17] Park S Y, Oh H K, Shin Y S, Oh S J. A Case Study on the Fire Damage of the Underground Box Structures and its Repair Works[A]. 2006.

装配式钢结构建筑的发展现状及火灾防控技术探讨

颜明强

（公安部四川消防研究所，四川 成都　610036）

【摘　要】 本文介绍了装配式钢结构建筑的国内外发展现状，阐明了该类建筑存在的火灾危险性，探讨了该类建筑的火灾防控技术。

【关键词】 装配式钢结构；火灾危险性；防控

1　引　言

装配式钢结构建筑指的是钢结构建筑的结构系统、外围护系统、内装系统、设备与管线系统的主要部分采用预制构（部）件装配建造的建筑[1]，一般包括多高层钢结构建筑、门式钢架钢结构建筑、低层冷弯薄壁型钢结构建筑、大跨度空间网格钢结构建筑等，具有标准化设计、工厂化生产、装配化施工、一体化装修、信息化管理、智能化应用等特点。目前，国内和国外许多国家正积极发展装配式钢结构建筑。

2　国内外发展现状

2.1　国外情况

在欧美、日本等工业发达国家，钢结构住宅建筑已占到全部建筑总量的 65%左右，在日本占到了 50%左右，各国逐渐形成了具有本国特色的钢结构住宅体系。日本自 1968 年提出装配式建筑的概念之后，到 20 世纪 90 年代末，日本预制装配住宅中木材结构占 18%，预制混凝土结构占 11%，钢材结构系列已高达 71%。美国是最早采用钢框架建造住宅的国家，美国在 1965 年钢结构仅占建筑市场的 15%左右，到 2000 年时此数据已高达 75%。1997 年美国开始推行《住宅冷成型钢骨架设计指导性方法》，从基础、墙体、楼板、屋面以及保温隔声和设备安装等方面全方位指导轻钢龙骨承重墙结构体系住宅。法国在 1981 年时就已经在全国确定 25 种工业化建筑体系，其中就有钢结构体系，如 ETOILE 体系中的 TTA 型钢结构体系。英国的钢结构住宅体系，根据预制单元的工厂化程度不同分为三个等级：①“Stick”结构，杆件在工厂加工制作，全部运输至现场后，用螺栓或自攻螺栓连接；②“Panel”结构，钢构件以及墙板和屋面板等围护结构用专用的模具进行工厂化预制，现场拼接；③“Modular”结构，将整个房间作为一个单元全部在工厂预制，此种结构发展较快。澳大利亚自 20 世纪 80 年代以后主要是发展装配式轻钢结构建筑体系，该体系以冷弯薄壁型钢为承重结构，屋面板材采用彩钢瓦，并采用预制复合夹心外挂墙板和轻质楼板形式。

2.2 国内现状

我国钢结构住宅的发展始于 20 世纪 90 年代，普遍认为我国最早的钢结构住宅是由上海现代房地产公司于 1994 年 11 月建于上海北蔡的一幢 8 层住宅。90 年代以来，建设部积极倡导钢结构住宅的开发和应用，组织编制《钢结构住宅建筑产业化技术导则》，并于 2001 年通过《钢结构住宅建筑体系与关键技术》的立项。近年来，杭萧钢构股份有限公司、宝钢钢构公司、马鞍山钢铁股份公司设计院、远大可建科技有限公司等公司已建成数百万平方米的装配式钢结构住宅，如武汉世纪家园住宅小区（二期）、包头市万郡大都城、天津丽苑小区、青岛即墨德鑫苑小区以及长沙远大集成住宅楼、北京亦庄青年公寓等（见图 1 ~ 图 4）。其中由杭萧钢构股份有限公司承建的武汉世纪家园住宅小区（二期）颇具代表性，该小区由 24 栋 24 层的高层钢结构住宅组成，全部以钢结构作为主体，楼面和墙面采用钢筋桁架自承式楼层板和 CAA 隔音、保温、防火、防水内外墙面板。该项目于 2010 年被建设部认定为建设部科技示范工程[2]。

近年来，国家大力支持钢结构等装配式建筑的推广，频频出台利好政策。2016 年 3 月 5 日，李克强总理在《政府工作报告》中强调，大力发展钢结构和装配式建筑，加快标准化建设，提高建筑技术水平和工程质量。2016 年 9 月 14 日，国务院常务会议决定，大力发展钢结构等装配式建筑，推动产业结构调整升级。2016 年 9 月 27 日，国务院印发《关于大力发展装配式建筑的指导意见》（国办发〔2016〕71 号），文件提出以京津冀、长三角、珠三角三大城市群为重点推进地区，常住人口超过 300 万的其他城市为积极推进地区，其余城市为鼓励推进地区，因地制宜发展装配式混凝土结构、钢结构和现代木结构等装配式建筑，力争用 10 年左右的时间，使装配式建筑占新建建筑面积的比例达到 30%。图 1 ~ 图 4 列举了四个城市的部分钢结构建筑。

图 1　杭萧钢构集体宿舍武汉世纪家园

图 2　武汉世纪家园

图 3　钱江世纪城人才专项用房

图 4　包头市万郡大都城

3 装配式钢结构建筑的火灾危险性

装配式钢结构建筑的火灾危险性主要来自于以下几个方面：

（1）结构主体的耐火极限低。

装配式钢结构建筑的结构主体为钢框架体系、钢框架-支撑结构等，主要由钢柱、钢柱斜支撑和钢桁架压型钢板组合楼板等组成，而钢材对温度敏感，其力学性能随温度的升高而降低，当温度超过300 °C后，钢材的屈服点和极限强度均有明显降低；到600 °C时，将降到常温时的1/3；到700 °C，下降到几乎为零。在火灾情况下，裸露钢结构的温度一般可达900 ~ 1 000 °C，不到30 min钢结构就会失去承载能力，进而导致建筑的局部或整体坍塌。对于装配式钢结构建筑内构件的防火保护，目前尚未见相关研究的文献，难以直接确定钢柱、钢柱斜支撑和钢桁架压型钢板组合楼板的合理的防火保护构造措施。

（2）结构复杂，火灾传播途径多，容易蔓延。

装配式钢结构建筑是一类高度集成、相对封闭的建筑体系，组成结构较为复杂，容易导致火灾蔓延。装配式钢结构建筑外墙系统有预制墙板类（预制混凝土外挂墙板、拼装大板、蒸汽加气混凝土板、复合夹芯条板等）、现场组装骨架类（钢龙骨组合外墙体系和木骨架组合外墙体系）以及建筑幕墙类（玻璃幕墙、金属幕墙、石材幕墙、人造板材幕墙）3类。其结构各异，可能涉及的可燃物较多，如可燃铝塑板构成的幕墙系统、户外广告牌、可燃塑料雨棚等，均可能促进火灾蔓延。预制部品部件安装的时候可能会留有空隙，幕墙与墙体之间通常会有一定的空腔，火灾中的火焰和烟气会沿着这类空隙或空腔传播。此外，由于外墙保温材料及系统阻止火焰蔓延能力的不足、幕墙系统防火设计的缺陷等原因，火灾极有可能突破外墙系统蔓延至建筑内部。装配式钢结构建筑的公共设备与管线系统，如电气竖井、供暖系统、燃气系统、排烟井、排风井等都可能引起火灾并导致火灾的迅速蔓延。

（3）人员疏散和灭火救援难度大。

装配式钢结构建筑较为封闭且多为多层或高层建筑，一旦外墙起火并发展到一定程度，可能会封锁住建筑外墙窗口，这就给消防官兵的施救造成了很大的困难。另外，火焰和烟气在保温材料中迅速蔓延，大量的燃烧物垮塌掉落，会严重影响疏散通道的安全和消防官兵的扑救行动。

4 装配式钢结构建筑的火灾防控技术探讨

装配式钢结构建筑的火灾防控技术主要可从以下几个方面入手：

（1）控制建筑内部可燃物数量。

装配式钢结构建筑进行建筑设计之初，尤其是对建筑外墙与内装系统进行一体化设计时，应尽量多采用难燃或不燃制品，从根本上降低火灾的危险性。

（2）延长建筑构件的耐火极限。

装配式钢结构建筑主要需要考虑钢柱、钢柱斜支撑、钢桁架压型钢板组合楼板等钢构件以及内外墙体的防火保护构造措施。《装配式钢结构建筑技术标准》第4.2.2条规定：装配式钢结构建筑的耐火等级应符合现行国家标准《建筑设计防火规范》GB 50016的有关规定。

张明等[3]针对典型钢管方柱开展了耐火试验，结果表明在25 mm厚硅酸铝棉 + 50 mm厚岩棉 + 双层12 mm厚纤维增强硅酸钙板的保护下，该钢柱构件耐火极限可达3.0 h，并有一定安全冗余。他们还针对钢桁架楼板开展了耐火试验，证明采用轻钢龙骨内填塞50 mm厚的岩棉 + 12 mm厚的纤维增强硅酸钙板保护的楼板耐火极限可达2.0 h，并且也具有一定的安全冗余。因此，可采用复合保护等方法对钢结构进行保护，但是具体的防火保护构造、防火材料选型还需有相应的标准加以确定。

（3）加强竖井及空腔的防火保护。

装配式钢结构建筑的排风井、排烟井、电缆井等竖向管道、建筑幕墙与墙体之间的空隙、外墙板露出的金属支撑构件、墙内侧与梁、柱、楼板间等因施工预留的间隙等均需要采取适宜的防火保护措施，如用防火材料进行封堵或分隔。

（4）设置有效的消防系统。

装配式钢结构建筑应根据需要设置有效的消防系统，主要包括火灾自动报警系统、自动喷水灭火系统、室内消火栓系统以及手提式灭火器等。

5 小 结

近年来，国家正在强力推进装配式钢结构建筑的建设，相关的技术标准——《装配式钢结构建筑技术标准》已经正式发行，但其中对于防火保护措施的规定并不多，且不够细致，很难直接应用于工程建设。而且，装配式钢结构建筑的建设是一个系统性工程，相应的防火保护措施也应系统性考虑，并且应与建筑主体工程同时设计，同时施工，同时验收。目前相应的系统性研究还较为缺乏，因此，开展相应的研究以完善装配式钢结构建筑的防火设计标准迫在眉睫。

参考文献

[1] GB/T 51232—2016. 装配式钢结构建筑技术标准[S]. 2016.

[2] 周杰. 多高层钢结构住宅体系剖析[D]. 浙江：浙江工业大学，2011.

[3] 张明，倪照鹏，彭磊，等. 装配式钢结构建筑消防问题及解决方案[J]. 消防科学与技术，2014（11）:1272-1275.

作者简介：颜明强，男，硕士，公安部四川消防研究所助理工程师。

通信地址：四川省成都市金牛区金科南路69号，邮编：610036。

城市交通枢纽工程内“疏散缓冲区”消防安全设计研究

黄　浦

（广西柳州市公安消防支队，广西　柳州　545000）

【摘　要】 本文以某城市交通枢纽工程为例，针对项目存在的疏散距离超标、部分楼梯无法直通室外、出租车蓄车区消防设计不足以及防火卷帘长度超标等问题，提出将换乘通道设计为“疏散过渡区”的思路，通过对“疏散过渡区”内的可燃物控制、防火分隔、排烟以及人员安全疏散等消防设计方案，并通过数值模拟方法验证方案的有效性和可行性，对比分析烟气模拟计算和人员疏散模拟结果，定量判定人员在火灾中疏散的安全性，提出项目合理化消防设计的建议。

【关键词】 疏散缓冲区；城市交通枢纽；防火分隔；消防

1 引　言

随着我国社会经济和交通事业的发展，城市交通方式不断改善，一些体量大、设计新、功用齐的大型交通枢纽相继出现在各大城市，这种建筑形式实现了各种交通方式之间的衔接，满足了旅客中转换乘的需要。

目前大多城市交通枢纽建筑的规模大、面积大，导致项目存在疏散距离超标、部分楼梯无法直通室外等疏散问题；交通枢纽的建筑功能需要平面和竖向的交通流线以保证其通畅，不允许采用过多的固定分隔，因此，防火卷帘使用的比例超过普通建筑。另外，出租车蓄车区的设计满足了换成功能的需要，但其消防设计却无据可依。

如何解决其平面和空间的安全疏散等方面的消防设计难点，已成为迫切需要解决的问题。本文以某交通枢纽工程为研究对象，对该类工程的消防安全设计进行了探讨，分析了其防火设计中遇到的消防设计难点，研究了如何确定合理的防火设计策略以保障整个交通枢纽的消防安全。

2　工程概况

某交通枢纽工程地上二层、地下一层，总建筑面积 93 437 m^2，包括城市公交中心站、城市快速公交（BRT）枢纽站、长途客运、出租车等不同形式的交通设施，拟打造复合立体的交通体系，实现不同交通方式“立体零换乘”。地上一层设置换乘通道、售票厅、长途达到区、BRT首末站及公交站区，如图1所示。综合分析某城市交通枢纽的防火设计，可以发现其存在以下几个消防设计难点。

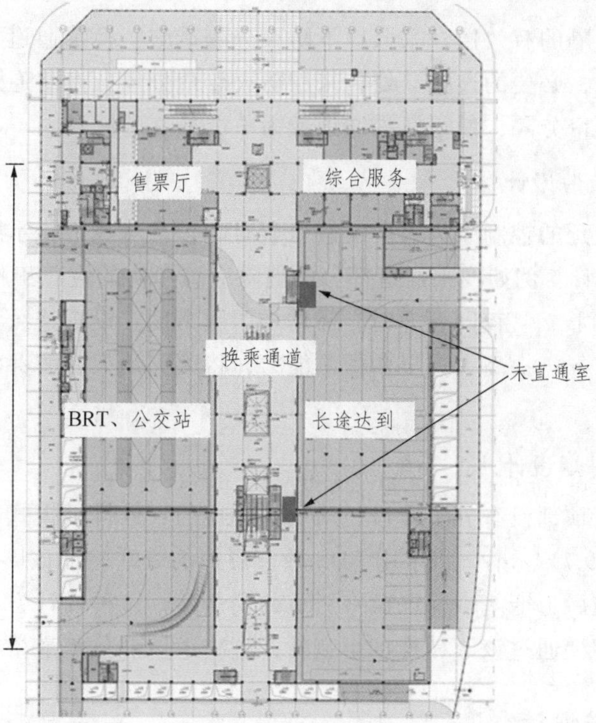

图 1　某交通枢纽工程一层平面示意图

2.1　疏散距离超标和部分楼梯无法直通室外

根据“建规”第 5.5.17 条要求换乘通道的疏散距离不应大于 50 m，一层换乘通道长 149 m，最大疏散距离 74.5 m，超出规范要求，另外有两部疏散楼梯必须通过换乘通道才能疏散至室外，如图 1 所示。

2.2　出租车蓄车区消防设计

本案例中出租车蓄车区位于地下一层，该区域主要为出租车上客、下客的区域，现行规范未明确此类出租车蓄车区的消防设计依据，因此需要对其消防设计进行分析论证。

3　消防解决方案/防火设计策略/消防安全策略

在运用消防性能化设计方法对本案例中的消防问题提供安全策略时，将立足于建筑的实际使用功能和建筑布局，以及建筑各部位可能的火灾危害特点，在保证建筑内消防安全的同时，兼顾建筑的实用性，从而使项目的消防水平能得到保证的同时又能兼顾建筑设计、项目运营的要求。

3.1　疏散距离超标和部分楼梯无法直通室外

本文通过对换乘通道的防火分隔、人员疏散和防排烟设计等方面拟采用以下的设计方案，并进行分析论证，提高其安全性，以确保换乘通道成为一个相对安全的区域，将其作为“疏散缓冲区域”，解决本项目中疏散距离过长以及部分楼梯无法直通室外的问题。

3.1.1 “疏散缓冲区”防火分隔

为了保证换乘通道分隔的有效性，采取以下防火分隔措施：换乘通道与两侧相邻的防火分区采用防火墙+甲级防火门分隔，必要的连接口处，采用防火卷帘分隔；换乘通道内设有5个中庭，在地下一层中庭周围设置防火卷帘分隔，使得换乘通道成为一个独立的区域。

3.1.2 “疏散缓冲区”疏散设计

通过对火灾和烟气蔓延的控制来为人员疏散争取时间，且对疏散指示装置和应急照明的设计提出要求，以加强人员疏散设计。例如换乘通道部分的消防应急照明的应急工作时间不应小于1.5 h，疏散通道内照度不应小于10.0 lx，且夜间营业时，需增加照明力度；设置连续可视的智能型发光疏散指示标志，设置间距不大于 5 m；提高火灾早期探测能力，将火灾消灭在萌芽状态并为人员安全疏散创造充足时间。

3.1.3 “疏散缓冲区”排烟设计

长途客运站换乘通道顶部设有五个开口，采用高侧窗的自然排烟模式，换乘通道南北两侧完全敞开，通道有效开口率为19.7%。本文将采用FDS数值模拟的方式验证该区域排烟的有效性。

在采取以上加强措施后，能基本保证换乘通道的安全性，该种设计方案可以解决疏散距离的超标问题。同时，部分疏散楼梯通过该区域连接至室外，解决了该部分疏散楼梯不能直通室外的问题。

3.2 出租车蓄车区消防设计

从功能上看，出租车蓄车区主要是供车辆的通行、乘车旅客上客、下客的区域，与车库类似，建议参照《汽车库、修车库、停车场设计防火规范》(以下简称“车库规范”)进行消防设计。

对于出租车蓄车区内的功能房间建议参照“防火单元”设计，在大空间内形成小的封闭空间，以确保功能房间内发生火灾不会对其他区域造成影响，即采用耐火极限不低于2.0 h的防火隔墙和1.0 h的不燃烧体顶板分隔，门窗的耐火等级不低于乙级。

相对于地下车库，出租车蓄车区人员数量较多，有利之处是一旦发生火灾，在探测报警系统启动前很可能已经人为发现并扑灭初期火，有效避免火灾的蔓延扩大；不利之处是人员相对较多，疏散较地下车库难度大。因此，在消防系统满足规范对地下车库的要求的情况下，应采取一些加强措施：加大设置喷淋系统喷头密度；消防应急照明的应急工作时间不应小于1.5 h；设置火灾备用照明，照度不应低于5 lx；设置为连续可视的智能型发光疏散指示标志，设置间距不大于5 m。

4 “疏散缓冲区”安全性研究

4.1 确定人员疏散的判断标准

本文选择以下的火灾环境判定标准为人员疏散安全判定标准：

(1) 烟层距地板高度大于2 m，热烟层的温度不超过180 °C；

(2) 烟层距地板高度小于2 m，热烟层的温度不超过60 °C，且能见度不小于10 m；

(3) 烟层距地板高度小于2 m，CO_2浓度不得超过1%；CO浓度不超过500 ppm ($1\ ppm = 10^{-6}$)。

4.2 模拟场景

本文以换乘通道为研究对象，设定火源功率为1.5 MW、8 MW。采用FDS进行数值模拟，模拟时间为 1 800 s，t^2 快速增长火，选取换乘通道中部以及距离排烟口最远位置作为起火点，见图 2，分别考虑灭火系统有效和失效的工况进行模拟研究，火灾场景设置如表 1 所示。

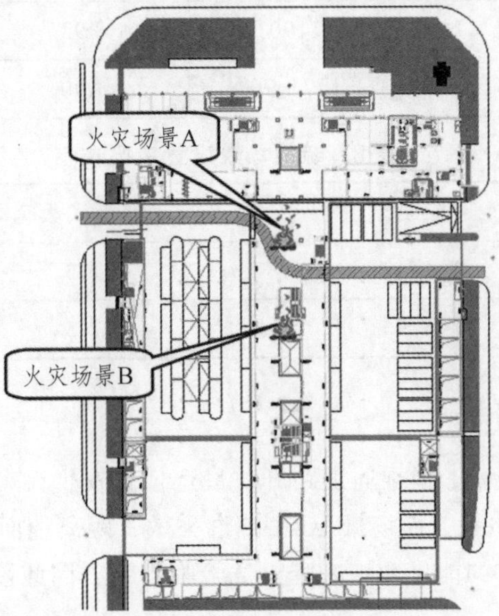

图 2　一层换乘通道起火点位置示意图

表 1　火灾场景设置情况

火灾场景	火灾位置	排烟情况	喷淋情况	设计火灾规模（MW）	设计依据及说明
A1	换乘通道距开口最远位置	有效	有效	1.5	参考上海地规“有喷淋的公共场所”
A2	换乘通道距开口最远位置	有效	失效	8.0	参考上海地规“无喷淋的公共场所”
B1	换乘通道中部	有效	有效	1.5	参考上海地规“有喷淋的公共场所”
B2	换乘通道中部	有效	失效	8.0	参考上海地规“无喷淋的公共场所”

交通枢纽建筑的主要功能是运输旅客，为了真实地体现旅客区域内的疏散人员数量，旅客区域内的人数计算方法采用“高峰小时客流量法”，即设定人员在某个区域的平均停留时间，并根据该区域的高峰小时预测客流量计算其瞬时人数，人员数量计算如下：

$$人员数量 = 高峰小时预测客流量 \times 停留时间（min）/60$$

本项目换乘大厅最远换乘距离约为 205 m，按 0.8 m/s 的平均步行速度计算，步行时间为 256 s，约 4.27 min。另考虑到旅客的停留或等待，本报告保守地考虑了约 10 min 的平均停留时间。本工程设计的高峰小时旅客吞吐量为一层换乘通道 5100 人/h，出租车蓄车区 760 人/h。并考虑了 1.4 倍超高峰系数，疏散人数如表 2 和表 3 所示。

表 2　疏散人员数及宽度

楼　层	部　位	疏散人数（人）	疏散宽度（m）	备　注
一层	换乘通道	1190	8.93	疏散宽度按 0.75 m/百人计 70 为出租车司机数量
地下一层	出租车蓄车区	177 + 70	1.90	

表 3　疏散场景设置情况

疏散场景	疏散区域	疏散人数	对应火灾场景
1	整体疏散	3775	A1、A2
2	整体疏散	3775	B1、B2

4.3 “疏散缓冲区”安全性分析

典型模拟计算结果如图 3 所示，换乘通道距开口最远位置发生火灾时，场景 A1（喷淋有效）距离地面 2 m 处的能见度处于安全水平，而场景 A2（喷淋失效）距离地面 2 m 处的能见度虽然有较大范围的降低，但该截面处所有地方的能见度均未降至危险临界值，因此该场景在 1 800 s 时是安全的。

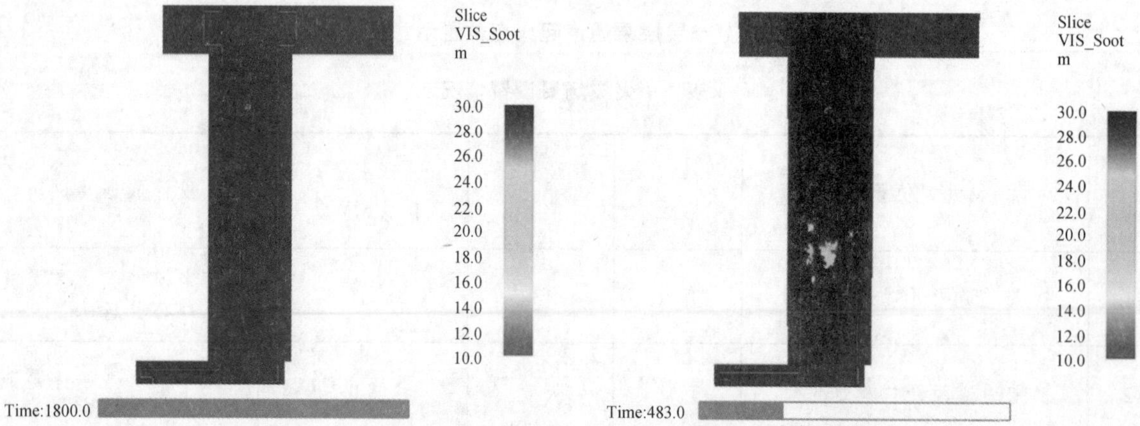

图 3　火灾场景 A1、A2 在 1 800 s 时模拟结果示意图

将火灾场景的各烟气特性参数（包括烟气温度、CO_2、CO 和能见度）下的人员可用疏散时间 ASET 和人员疏散所需时间 RSET 进行对比，得出安全余量如表 4 所示。

表 4　模拟结果统计表（火灾场景 A1、A2）

火灾场景	A1	A2	B1	B2
上层烟气温度达到 180 °C 时间	>1800	>1800	>1800	>1800
下层烟气温度达到 60 °C 时间	>1800	>1800	>1800	>1800
地面上方 2 m 处的 CO_2 浓度达到 1%的时间	>1800	>1800	>1800	>1800
地面上方 2 m 处的 CO 浓度达到 500 ppm 的时间	>1800	>1800	>1800	>1800
距离地面 2 m 处能见度下降到 10 m 时间	>1800	>1800	>1800	>1800
火灾发展到致使环境条件达到人体耐受极限的时间（ASET）	>1800	>1800	>1800	>1800
从火灾发生到人员离开起火商铺所用时间（RSET）	483	483	483	483
安全余量时间	>1317	>1317	>1317	>1317
结论	安全	安全	安全	安全

在灭火系统有效（火灾场景 A1、B1）的情况下，火灾场景内的人员均能安全疏散，且具有一定的安全余量，火场烟气不会对人员造成伤害，能够保证各场景人员的安全疏散，达到了设定的消防安全设计目标。

在灭火系统失效（火灾场景 A2、B2）的情况下，有一定的安全余量时间，火场烟气不会对人员造成伤害，能够保证各场景人员的安全疏散，达到了设定的消防安全设计目标。

综上，通过对换乘通道的人员安全疏散的定量分析，可知现有的消防设计方案能达到与规范要求相同的消防安全水平，现有的消防设计可行。

5 结 论

本文以某交通枢纽工程为例，研究“疏散缓冲区”作为大型交通枢纽的疏散过渡区措施。本文研究该建筑的火灾危险性，提出通过控制换乘通道内部可燃物，采用快速响应喷头，与两侧防火分区之间要采用防火墙 + 甲级防火门 + 特级防火卷帘等作为防火分隔，以及防排烟等消防设计方案和管理对策，并通过数值模拟方法验证了该方案具有科学性与合理性。

在采取相应的安全措施，并有效保证各消防系统动作有效性的前提下，“疏散缓冲区”的消防安全性能够得到保证，可以作为交通枢纽的疏散过渡区。

参考文献

[1] GB 50016—2014. 建筑设计防火规范[S]. 北京：中国计划出版社，2014.
[2] GB 50222—95. 建筑内部装修设计防火规范[S]. 北京：中国建筑工业出版社，1995.
[3] GB 50084—2001（2005 年版）. 自动喷水灭火系统设计规范[S]. 北京：中国计划出版社，2005.
[4] 范维澄，孙金华，陆守香，等. 火灾风险评估方法学[M]. 北京：科学出版社，2004.
[5] 霍然，袁宏永. 性能化建筑防火分析与设计[M]. 合肥：安徽科学技术出版社，2003.
[6] 李炎锋，王超，樊洪明. 城市地下综合交通枢纽火灾控制研究[J]. 建筑科学，2011，27(1)：39-44.
[7] 李明号. 某地下综合交通枢纽防火设计及消防安全对策[J]. 消防科学与技术，2014，33(7)：765-769.
[8] 姜明理，路世昌. 天津站交通枢纽性能化防火设计及消防应急预案[J]. 消防科学与技术，2008，27（10）：735-738.

建筑消防性能化设计评估工作探讨

乔珊珊

（宁夏回族自治区消防总队，宁夏 银川 750001）

【摘 要】 针对近年来大量建设的大空间、有顶商业步行街和带有新材料、新工艺等特殊使用功能的建筑，通过开展“建筑消防性能化设计评估”来指出性能化防火设计的现状，总结性能化防火设计评估工作存在的问题，提出规范建筑消防性能化设计评估工作的建议。

【关键词】 性能化设计；评估；消防

0 引 言

随着社会的不断发展，城市中的建筑出现大空间、综合功能、结构新颖、建筑材料多样的形式，我们遇到的建筑防火技术问题也多种多样，现有的处方式设计方法远远不能满足时代发展的需要，因此性能化防火设计方法随之出现。性能化防火设计是建立在火灾科学和消防工程学基础上的一门应用技术，由于设计方法灵活、技术多样，它的出现在现阶段解决了一定的技术难题，但同时也带来了一些问题值得我们思考。

1 性能化防火设计现状

（1）建设工程消防性能化设计评估依据。

2009年，公安部消防局颁布了《建设工程消防性能化设计评估应用管理暂行规定》（公消〔2009〕52号）（以下简称《暂行规定》），至此消防性能化设计评估工作有了主要依据，全国范围内，采用消防性能化设计来解决建筑防火问题的建筑工程大量涌现。

（2）性能化论证主要解决的问题。

宁夏开展性能化设计评估项目主要为家居城、商贸城、体育馆、机场等大空间场所，大型室内有顶步行街商业综合体及具有伊斯兰特色和特殊使用功能的大型会议展厅等场所。此类场所，有的功能复杂，建筑造型奇特；有的跨度大、空间开阔性要求比较高，使用处方式设计存在安全疏散距离过长、疏散宽度不足、防火分区划分、影剧院厅室面积难以满足项目特殊使用功能等问题。

2 性能化防火设计评估存在的问题

（1）性能化评估、复核市场规范性水平参差不齐。

近年来，参与宁夏性能化消防设计评估的项目主要为公安部沈阳消防研究所、四川法斯特消防安全性能化评估有限公司、建研防火设计性能化评估中心有限公司、国家消防工程技术研究中心和中国科学技术大学火灾科学国家重点实验室5家单位。由于目前缺乏对上述单位综合实力、业绩综合考评和有效衡量指标，导致性能化评估市场出现混乱、无序及恶性竞争现象，行业自律作用发挥不明显。社会单位在性能化设计、评估符合单位选择上还没有实现市场化，存在垄断及缺乏监督现象。

（2）性能化相关措施缺乏实验验证。

消防性能化设计中通过设定火灾场景、选取分析工具、采用特殊的分析计算方法等技术进行模拟、分析、评估等手段得出的消防问题解决方案，全部停留在理想阶段，没有经过工程实例的反复检验和改进，还是一种不太成熟的设计方法，存在着一定的不足。由于现行相关规定没有要求性能化评估单位按照工程实际开展实体实验验证，再加上技术水平、人力、物力、装备、场地等限制，因此，相关技术措施实际效果没有得到实践验证，开展性能化设计项目安全水平有待验证。

（3）性能化技术指标突破较多，评估复核单位把关作用发挥不明显。梳理宁夏近年来已开展的性能化设计项目，不同程度地存在评估单位屈从建设单位需求，在防火分区、疏散设计、消防设施方面突破尺度，并呈不断增大趋势；开展建设工程消防性能化设计评估的项目，委托相关单位进行了复核，虽然复核机构均提出了加强性的措施和建议，但未提出颠覆性、变革性的技术措施，复核单位把关监督作用发挥不明显。

（4）评审专家作用发挥不明显。

性能化设计方案的质量除了与设计者的设计水平息息相关之外，和审查者自身素质也有密切的关系，要求设计者和审查者的业务水平和专业功底要达到很高要求。虽然在组织开展消防性能化设计评估专家论证时，有意识地邀请了国内相关领域知名专家参与评审工作，打破了宁夏区内专家选择局限，但从已组织专家评审会相关专家意见来看，专家不同程度地存在对性能化评估的参数、判据及计算程序、结论等掌握不全面，所提问题和建议按部就班的现象，一定程度上制约了专家评审会质量。

（5）日常消防监督存在脱节现象。

所有消防性能化设计评估报告均在消防设施、日常管理、内部装修等方面提出了明确要求和限定，加强消防设施的日常维护管理，特别是在进行火灾模拟时，往往将商业步行街作为亚安全区设计，要求内部不得设置可燃物，保证人员在有限的时间内安全疏散。但在实际工程使用中，由于性能化设计、评审、消防设计审核、验收、后期监管等环节过多，加之建设单位、消防部门之间缺少技术交底等环节要求，导致一些建议和措施没有得到严格落实。个别商家为增加使用面积，投入使用后在步行街内随意增设摊位增加可燃物、部分商铺后期装修改变原设计、消防设施维护保养不到位等问题时有出现。另外，由于性能化设计项目在建设初期，负责前期工程的人员与投入使用后的管理人员不同，加之消防安全管理措施对管理人员的要求较高，实际工作中人员流动性大、工作不连续、对相关知识的掌握不全面等实际问题，造成性能化设计中诸多管理措施得不到有效落实，尤其是后期使用性质的变更，可能改变防火的需求，而这直接与性能化设计初设的各种前提条件相关。因此，这种类似建筑使用用途的改变，将直接导致性能化设计初始数据变更，将可能导致评估结果失效，并从根本上否定原有性能化设计方案，影响性能化设计项目安全水平。

3 性能化防火设计评估工作建议

（1）加强性能化法律法规体系建设。

性能化设计方法和处方式设计方法相互依存、互为补充，随着社会迅速发展，性能化设计体系亟须规范。目前，我国防火监督工作存在警力少、任务重的现象，对性能化设计、评估进行全面的管理存在困难。这就要求我们一方面要注重培养专业的性能化设计、评估人才，另一方面可以在立法中引入金融、保险等社会监督机制，补充行政监督体系的不足。加强性能化法律法规体系的建设，做到监督时有人可管，评估时有技术可靠，处罚时有法可依，拥有一套完整的性能化监督管理体系，确保性能化健康有序的发展。

（2）规范性能化评估市场秩序。

建议指定专门机构对从事性能化消防设计的单位进行管理，定期在公开网站或媒体上介绍各单位资质等级、从业经历及侧重的专业领域等，便于建设单位查阅并选择合适的评估机构和复核机构。每年组织对评估机构承担的项目进行抽查，发现评估单位有意规避消防设计规范强制性条文，随意降低消防安全标准的，应严格追究相关人员责任，并给予相应处理和制约。

（3）将实体验证试验作为强制要求。

建议对《暂行规定》进行修订，明确要求评估单位在完成消防性能化设计评估后全程参与建设工程的设计、施工和验收，在建设阶段通过开展实体试验对相关技术措施进行验证，根据验证试验结果对最终的设计方案进行修正；项目验收前出具验证报告作为项目验收必须条件。

（4）成立消防专家库。

鉴于《暂行规定》中“专家组成员中不同专业的专家比例应当均衡，且至少应有2名从事性能化设计评估工作的专家”，规定中对于“从事性能化设计评估工作的专家”实际工作中难以界定，建议在全国范围内考虑成立专家人才库，吸收熟悉或从事性能化设计评估工作的专家，为各地开展消防性能化设计评估专家论证工作，提供参考和保障。

（5）进一步规范性能化评估范围。

要明确性能化防火设计的对象，其必须是国家和本地现行的消防技术规范和标准未涵盖、按现有规范和标准实施确有困难或影响建筑物使用功能的建筑工程；或由于采用新技术、新材料、新施工方法，在实际应用中有可能产生消防安全问题的建筑工程。进行性能化防火设计可以是整栋建筑或建筑中某一特定区域，要坚决杜绝有意规避消防设计规范强制性要求，对已有建筑整改火灾隐患而去做性能化设计，或盲目跟风开展消防性能化设计评估现象的出现。

4　结束语

性能化防火设计方法是随着国家发展、经济建设需要而产生的一个新兴产物，他的出现为建筑设计行业提供了更广阔的思路，也为我国建筑设计、法律法规向国际化方向发展推进了一步。但性能化防火设计带来的一系列问题不容忽视，加强性能化法律法规体系的建设，建立科学有效的机制，落实社会各方责任，才能更好地推动此项工作，提高我国城市消防安全水平和消防管理水平。

参考文献

[1]　霍然，袁宏永. 性能化建筑防火分析与设计[M]. 合肥：安徽科学技术出版社，2003.

[2]　范平安. 建筑性能化防火设计技术应用探讨[J]. 消防科学与技术，2010，29（9）：832-833.

作者简介：乔珊珊（1980—），女，宁夏回族自治区消防总队防火监督部技术处工程师，工程硕士，主要从事建筑工程防火设计审核和验收工作。

通信地址：宁夏银川市北京东路169号，邮编：750001；

联系电话：13995082168。

新形势下超高层建筑的特殊消防设计

王镇洲
（黑龙江省公安消防总队哈尔滨支队方正大队，黑龙江 哈尔滨 150000）

【摘　要】 建筑高度超过 250 m 的超高层建筑往往是一个城市或地区的标志性建筑，故对其功能、美观和安全性能等方面的要求都很高。超高层建筑的消防给水系统设计一直是消防设计的重点和难点，而近年来在超高层建筑中广泛使用的双层玻璃幕墙也为建筑防火带来了新的难题。本文结合新形势下超高层建筑在设计中遇到的这两个问题进行论述。

【关键词】 超高层；消防给水；双层玻璃幕墙

1 引 言

随着我国城市化推进和经济的发展，建筑供地越来越紧张，近几年来国内的超高层建筑数量快速增长。超高层建筑不仅缓解了城市建筑用地紧张的问题，而且建筑高度超过 250 m 的超高层建筑一般作为城市的标志性建筑，往往会带动周围商业的发展，产生经济效益。近年来国内已建成的超高层公共建筑大都属于城市综合体，其功能包含了商业、办公、酒店、餐饮等。此类建筑功能复杂、消费档次高、火灾荷载大、火灾风险较高。由于其地位特殊，一旦发生火灾经济，其损失和社会影响都将十分巨大。超高层建筑高度过高，火灾发生后从外部救援困难，高层建筑火灾的防控已经成为一个社会性的难题，故其设计必须立足于自救；加强灭火系统设计，防止火灾大规模蔓延是关键。

2 消防设计难点

超高层建筑的消防设计一般存在以下四个方面的难点：

（1）建筑防火难。此类建筑内装饰装修档次高，可燃物较多。其建筑功能复杂，一般包含商业、餐饮等，人流量大，且电气设备和线缆较多，线路老化和管理松懈都可能导致火灾发生。此外，由于其高度高，影响大，地震和恐怖袭击的风险也相应较高，火灾也可能作为其次生灾害出现。

（2）火灾控制难。许多超高层建筑出于美学要求，外墙采用玻璃幕墙的形式。近几年来，双层玻璃幕墙因其玲珑剔透的美感兼具节能环保的优点被国内外越来越多的建筑师所青睐，但这也带来了新的问题。玻璃幕墙一般贯穿数个楼层，而普通玻璃温度达到 250 °C 便会破裂，玻璃幕墙楼层间的防火封堵失效和幕墙被烧穿都可能导致火灾沿外墙竖向蔓延。双层玻璃幕墙玻璃破裂后将产生“烟囱效应”，更加剧了火灾竖向蔓延的危险性。

（3）人员疏散难。超高层建筑因高度过高，所以竖向疏散距离很长。对于高度达到几百米的超高层建筑，如果仅靠疏散楼梯来疏散的话，可能需要两三个小时才能将建筑内的人员完全疏散至室外地面，此时建筑内某些承重构件可能早已达到耐火极限。一旦火势无法控制而使建筑局部或整体坍塌，则可能造成重大人员伤亡。

（4）灭火救援难：超高层建筑因其高度高，发生火灾时从外部扑救难度很大。目前国内采用的消防登高车能达到高度一般在 50 ~ 100 m，加上水枪的射程也远远无法达到 250 m。故此类建筑的消防必须立足于自救，而提高其消防给水系统的可靠性是关键。

表 1 是国内外一些高层建筑的火灾情况统计，管理不善和违规操作固然是产生火灾的主要因素；而火灾发生后自身灭火设施不能扑灭初期火灾，消防救援无法及时有效的靠近火场更是让火灾规模扩大，最终导致严重损失的根本原因。结合前文所述，超高层建筑的消防设计思路是要立足于自救的防火设计，加强对初期火灾的控火灭火能力，限制火灾范围，从而避免发生大规模的整体火灾。下面以某高度超过 250 m 的超高层建筑为例，从消防给水和玻璃幕墙设计两方面来介绍其防火设计。

表 1 国内外高层建筑火灾情况

时间	地点	建筑高度或层数	火灾损失
2009-2-9	北京央视新址附属文化中心大楼	159 m	1 人死亡 8 人受伤；直接经济损失 1.6 亿元
2008-10-9	黑龙江哈尔滨经纬 360 大厦（双子座）	28 层	直接经济损失 200 余万元
2010-9-9	吉林长春某在建楼盘	32 层	42 人受伤；经济损失 600 万元
2010-11-15	上海静安区某住宅	28 层	58 人死亡 70 余人受伤；经济损失 5 亿元
2001-9-11	美国纽约世贸中心	两幢 110 层双子塔	共造成 2998 人遇难
1970-8-5	美国纽约第一商场	50 层	2 人死亡 30 人受伤；经济损失 1 000 万美元
1971-2-1	巴西圣保罗焦马大厦	25 层	179 人死亡 301 人受伤
1980-11-3	美国米高梅饭店	26 层	84 死亡 679 人受伤

3 工程实例

3.1 工程概况

该项目用地面积 52 021 m^2，总建筑面积 480 178 m^2。项目包括会议中心和两座超高层塔楼。其中，作为会议中心的裙楼高 46.9 m，包含会议厅、音乐厅、多功能厅以及部分商业、展览、餐饮等功能；1 号塔楼高 255.2 m，主要为会议酒楼；2 号塔楼高 314.5 m，主要是办公及五星级酒店。该项目消防给水采用转输接力给水系统，部分外墙采用双层折纸玻璃幕墙。

3.2 消防给水系统

现行《高层民用建筑设计防火规范》（GB 50045—95，2005 年版）[1]对于系统的供水方式没有详细的规定，只是强调高层建筑室内消火栓给水系统最不利点的静水压力大于 1.0 MPa 时，室内消火栓给水系统应采取分区给水方式；而《自动喷水灭火系统设计规范》（GB 50084—2001，2005 年版）[2]要求自动喷水灭火系统配水管道的工作压力不应大于 1.2 MPa。

一些地方标准对于超高层的供水方式则有所规定。对于高度大于和小于等于 120 m 高度的建筑有不同要求，如江苏省工程建设标准《民用建筑给水消防系统设计规范》DGJ32/J92—2009[3]第 7.5.4 条规定：当建筑高度低于或等于 120 m 时，消防给水竖向分区宜采用减压阀、分区水泵等消防给水系统；7.5.5 条规定：当建筑高度大于 120 m 时，消防给水竖向分区宜采用消防泵直接串联或设中间水箱转输的串联消防给水系统，并应符合下列规定：① 各区应设高位消防水箱或转输水箱；② 采用消防泵直接串联的消防给水系统，上下级消防泵联锁启动的时间间隔不应大于 20 s，且应先启动下部消防泵；采用中间水箱转输的串联消防给水系统，可先启动上部消防泵；③ 采用中间水箱转输的串联消防给水系统，其消防转输泵应独立设置，消防转输泵的流量不应小于消防泵流量，且应设备用泵；消防转输泵的供电应符合消防泵的供电要求；④ 转输给水管不应少于 2 条。上海市工程建设标准《民用建筑水灭火系统设计规程》（DGJ08-94—2007）[4]第 6.1.7 条和第 6.1.8 条有类似规定；但上海地方规程明确了各级水箱的有效容积不小于 18 m^3，采用中间水箱转输的水箱有效容积不小于 60 m^3，且消防转输泵不应少于 2 台。

本项目在设计时参考了上述地方标准的做法，以 1 号塔楼为例（如图 1 所示）。

该项目地下室和裙房为临时高压加压供水系统，称为一区，由地下二层消防水泵房内一区消火栓系统加压泵（1 用 1 备）和消防水池 720 m^3 供水，系统平时压力由 1 号塔楼 26 层的消防转输水箱保证。

二区（6 层至 20 层）采用临时高压重力供水系统。由地下二层消防水泵房内的一级消防转输泵组（2 用 1 备），将消防用水转输至 26 层的消防转输泵房，设置两座 100 m^3 的消防转输水箱，进行重力供水。

三区（21 层至 34 层）：临时高压重力供水系统。由 26 层消防转输泵房内的二级消防转输泵组（2 用 1 备）将消防用水转输至 41 层的消防转输泵房，设置两座 100 m^3 的消防转输水箱，进行重力供水。

四区（35 层至 51 层）：临时高压重力供水系统。由 41 层消防转输泵房内的三级消防转输泵组（2 用 1 备）将消防用水转输至 58 层的消防转输泵房，设置两座 63 m^3 的消防高位水箱，进行重力供水。

五区（52 层至 58 层）：临时高压加压供水系统。由 58 层消防转输泵房内的五区消火栓加压泵（1 用 1 备）供水，系统平时压力由 58 层的消防高位水箱（两座 63 m^3）和五区消火栓系统增压稳压装置共同维持。

该项目在室内消火栓系统和自动喷水灭火系统的供水方式上，采用分区供水，每个塔楼分别分为 5 ~ 6 区，并采用常高压给水系统和临时高压给水系统相结合的方式，除最上层一个区采用临时高压给水系统外，其余各区均采用常高压重力给水系统，每个区分别设高位消防水箱，有效容积分别为 126 m^3 和 200 m^3，此高位消防水箱既用作低区的重力水箱，又用作高区的中转水箱。

对于高位消防水箱重力给水方式而言，其优点是高位消防水箱储存了大量的消防用水量，对于规模不大的火灾，甚至可不用启动消防转输泵，仅用高位消防水箱供水即可扑灭初期火灾，因此其给水系统的可靠性较高。但缺点是该供水方式需要设置一套备用的转输供水系统，供水管道较多，并占用较多的中间设备层，且在建筑上部增加了较多的重量，会对结构造成不利影响。

对于超高层建筑而言，消防给水系统的可靠性是其立足于自救的防火设计的基础，所以即使在结构和设备上付出一些代价也是值得的。但在采用此供水方式时，重力水箱的设置高度要满足室内消火栓和自动喷水灭火系统最不利点的供水压力，当重力水箱的容积满足不了火灾延续时间的用水量时，要确保其转输泵供水量满足室内用水总量。

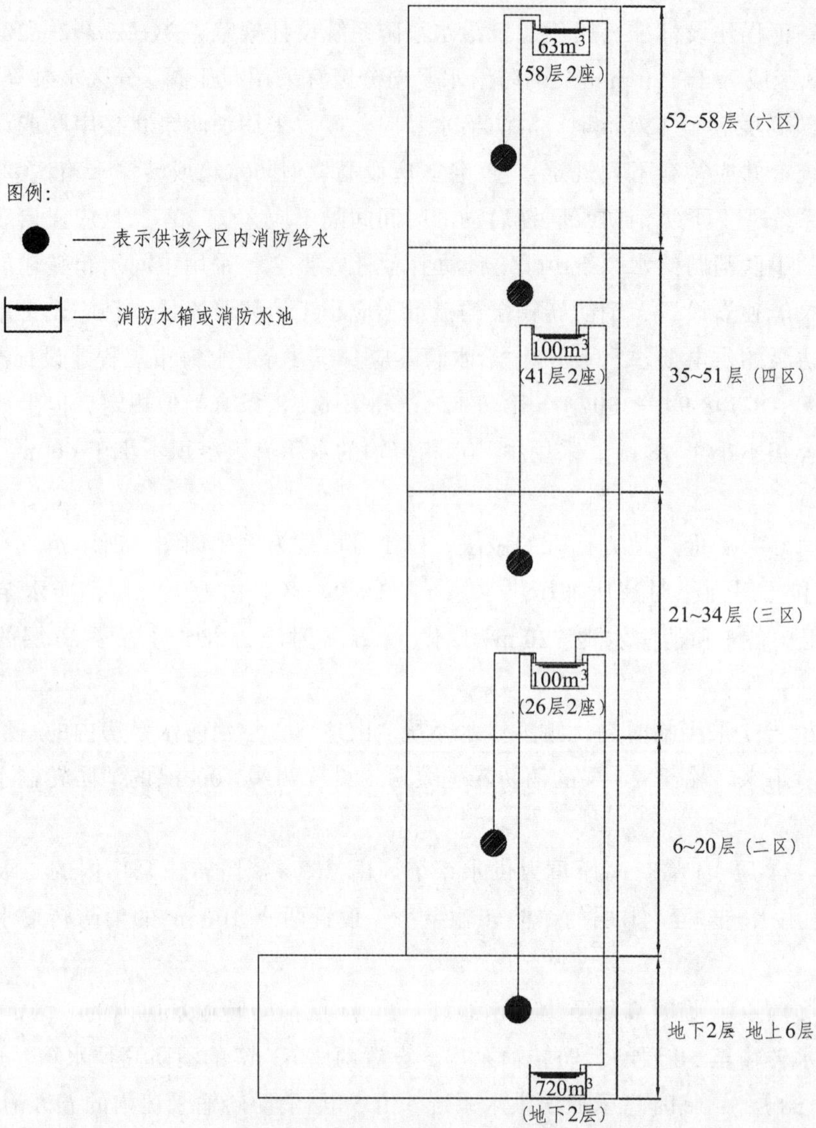

图 1　消防给水系统竖向分区示意图

近年来，常高压消防给水系统在特殊超高层建筑中受到消防审核部门的青睐。如重庆发布的《关于进一步加强建筑高度超过 250 m 高层建筑防火设计的通知》(渝公发〔2011〕549 号）第六条规定：宜在屋顶设置消防水池，有效容量需满足在火灾延续时间内室内消防用水量的要求。其他地方如广州珠江新城西塔、武汉中心、深圳京基金融中心、南京紫峰大厦等也是采用常高压供水系统。常高压供水系统的优点是，火灾时不需要启动消防水泵，避免了因电气故障或机械故障产生的系统失效，保证了灭火的可靠度。该系统把火灾延续时间内的全部室内消防用水量置于建筑顶部，利用重力自流保证室内消防用水。重力流不能满足压力的上部楼层采用稳高压系统。竖向各分区采用减压措施或设减压水箱，水箱可按 10 min 总用水量计算容积。

3.3　双层玻璃幕墙

该项目双层折纸玻璃幕墙的内幕墙为普通玻璃幕墙，外幕墙为折纸造型的玻璃幕墙，内外幕墙之间的距离为 0.7 ~ 1 m。图 2 是该双层折纸玻璃幕墙的构造示意图。

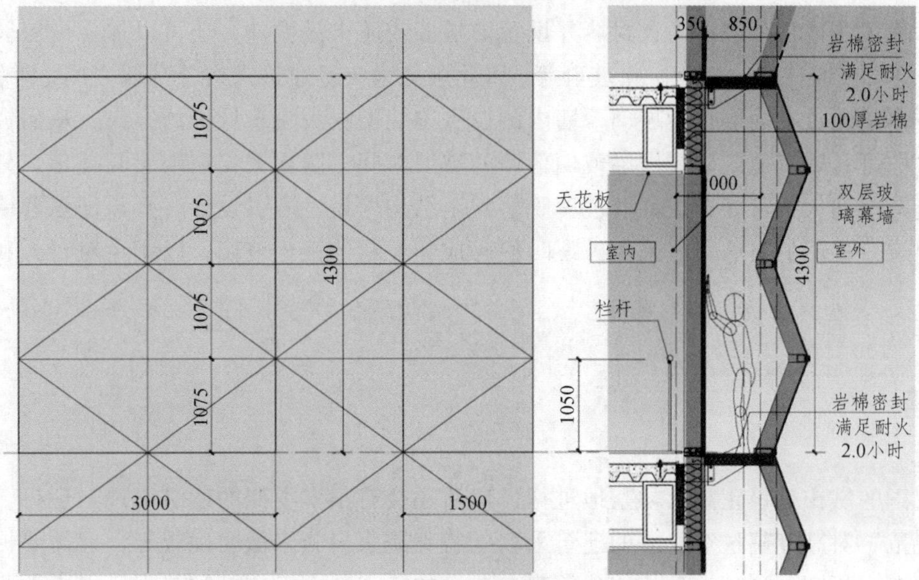

图 2　双层折纸玻璃幕墙的构造示意图

现行防火设计规范对双层玻璃幕墙的防火设计没有明确要求。国内对双层玻璃幕墙，尤其是该项目中的双层折纸玻璃幕墙的相关研究更是少之又少。公安部天津消防研究所曾对普通的双层玻璃幕墙做过一次全尺寸火灾试验研究[5]。试验结果表明，火灾时先是起火层内层玻璃幕墙破碎，然后是本层外层玻璃幕墙破碎。在整个实验中上层玻璃幕墙的外层玻璃温度高于内层玻璃温度，结论中的解释是由于烟气蔓延出来时有一个水平速度，先撞击到外幕墙，然后贴着外幕墙内侧流动的趋势向上蔓延的结果。该试验中的现象和结论与国内一些学者用计算机对同类玻璃幕墙模拟所得到的结果一致[6]。

在该项目中也采用了 FDS 软件对其双层折纸玻璃幕墙进行了模拟分析。虽然该项目的双层玻璃幕墙外层玻璃是折线形状，但模拟的结论仍与上述实验结果相似。图 3 是上、下层防火封堵失效的情况下某一火灾场景下双层幕墙内的温度分布情况。

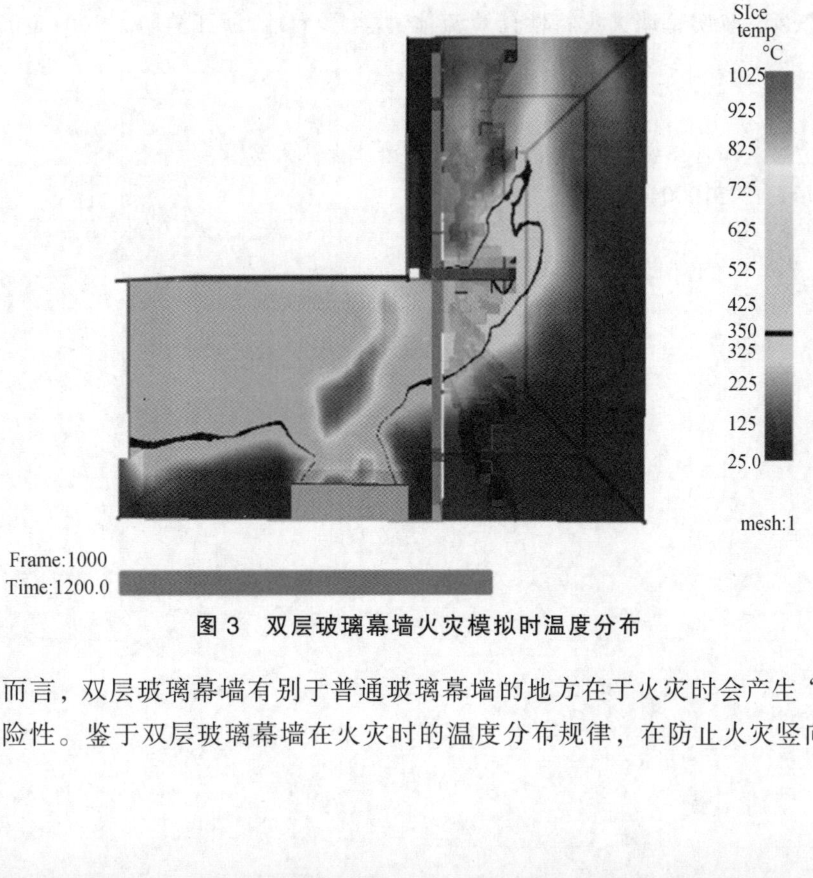

图 3　双层玻璃幕墙火灾模拟时温度分布

对建筑防火而言，双层玻璃幕墙有别于普通玻璃幕墙的地方在于火灾时会产生“烟囱效应”，从而加重了其火灾危险性。鉴于双层玻璃幕墙在火灾时的温度分布规律，在防止火灾竖向蔓延时，设计人员在设计时除了在楼板处进行防火封堵并设置窗槛墙或防火挑檐外，还可以加强内层玻璃幕墙的耐火性能。如将内层普通玻璃改换为防火玻璃等，以此避免火灾迅速进入内外幕墙之间，消除“烟囱效应”。在该项目中，是通过在内层普通玻璃幕墙内侧设置边墙型喷头喷水保护的方式，从而提高内层玻璃耐火性能。这样可有效避免或延缓内层玻璃幕墙的破裂时间，防止火灾在楼层间蔓延。另外，在幕墙防火设计时应考虑到大火可能造成幕墙玻璃脱落甚至结构垮塌，所以设计时必须加强幕墙固定框架的耐火性能。同时，幕墙的玻璃最好采用破裂时便碎成颗粒状的钢化玻璃，以避免对行人和救援人员造成严重伤害。

4　结束语

目前我国的城市建设正如火如荼地进行，以后还会有很多类似的建筑出现。现行《高层民用建筑设计防火规范》对高度超过 250 m 的建筑采取的特殊防火措施未做明确规定，但需要提交国家消防主管部门组织专家研究、论证。每一栋建筑都有自己的特点，由于功能和美观等方面的要求可能会出现很多新的消防设计问题。如果设计人员设计时无规范可依，那么为了使项目的防火设计能立足于自救，并保证生命安全，我们还需要借鉴很多类似的经验，从而达到兼顾建筑的功能、美观和安全的目的。

参考文献

[1] GB 50045—95（2005年版）. 高层民用建筑设计防火规范[S]. 北京：中国计划出版社，2005.
[2] GB 50084—2001（2005 年版）. 自动喷水灭火系统设计规范[S]. 北京：中国设计出版社，2005.
[3] DGJ 32/J92—2009. 民用建筑水消防系统设计规范[S]. 北京：中国计划出版社，2009.
[4] DGJ 08-94—2007. 民用建筑水灭火系统设计规程[S]. 2007.
[5] 倪照鹏，路世昌，智会强，江磊. 双层玻璃幕墙全尺寸火灾实验研究[J]. 火灾科学. 2007（04）.
[6] 何正红，牟跃军. 双层幕墙火灾特性计算流体力学分析[J]. 浙江消防，2003（07）.

作者简介： 王镇洲，黑龙江省公安消防总队哈尔滨支队方正大队大队长。
联系电话：13351000466。

多家联建建筑二次装修消防设计探讨

刘 霞

（山东省济南市消防支队，山东 济南 250101）

【摘 要】 随着经济的快速发展和经济模式的多样化，建筑模式也呈现多样化的趋势。高层、超高层建筑拔地而起，多家联建建筑呈现上升势头，因此，如何使二次装修后的建筑符合消防设计要求，结合济南高新区几个大型项目实际情况，以高层办公建筑为例，探讨了在二次装修时消防设计应注意的几点问题，供同行参考。

【关键词】 多家联建；二次装修；消防设计

1 引 言

随着经济的快速发展和经济模式的多样化，建筑模式也呈现多样化的趋势。高层、超高层建筑拔地而起，多家联建建筑呈现上升势头。以济南市高新区为例，典型的有怡科产业基地、舜泰广场、银河大厦等多家单位联合建造的建筑（简称多家联建），这些项目都有如下特点：一是建筑面积大，规模大，建筑面积多为 10 万 m^2 以上的建筑。二是高层建筑，个别是超高层建筑。三是需经二次装修，建设初期是多家联建，主体工程是毛坯形式，后期使用中都需进行二次装修。四是用途都为办公性质，是公共建筑。二次装修中，由于主体建筑本身都设置了自动喷水灭火系统、自动报警系统，因此装修设计时建筑主体出现问题较多，所以，如何使装修后的建筑符合消防设计要求，结合高新区几个大型项目实际情况，以高层办公建筑为例，探讨了在二次装修时消防设计应注意的几点问题，供同行参考。

2 安全疏散

《建筑设计防火规范》（GB50016—2014）第 5.5.15 条规定，对于公共办公建筑中位于两个安全出口之间的房间，当其建筑面积不超过 120 m^2 时可设置一个疏散门，门的净宽不应小于 0.90 m。当公共办公建筑位于走道尽端的房间，当其建筑面积不超过 50 m^2 且疏散门净宽度不小于 0.9 m，或由房间内任一点至疏散门的直线距离不大于 15 m、建筑面积不大于 200 m^2 且疏散门的净宽不小于 1.40 m，可设置一个疏散门，”按此规定，工程在消防验收时都能至少保证两个安全出口，但在二次装修中就会出现以下几种情况，致使安全疏散方面不符合要求。一是分割后的会议室、大办公室等房间按不同的位置，建筑面积超过 120 m^2、200 m^2，只设置了一个安全出口；二是有些单位往往整层购买，本单位使用不了，就二次分隔租给其他单位，多为 150 ~ 400 m^2，但只设置了一个安全出口。三是有些单位在装修中也保留了两个安全出口，一个作为主入口，无遮挡、无妨碍，另一个出口就经常设置在领导的办公室、会议室等或是其他房间，导致第二出口需经过房间才能进行疏散，未设置疏散通道。四是单位随意封堵安全出口，为了便于管理，觉得只要一个出口就可以，另一个无关紧要，就进行了封堵，致使不符合安全疏散的要求。因此，要按照规范规定的要求进行分隔，不能随意减少疏散门的数量。

3　消火栓设置

《消防给水及消火栓系统技术规范》（GB 50974—2014）第 7.4.6 条、第 7.4.7 条规定，室内消火栓的布置应满足同一平面有 2 只消防水枪的 2 股充实水柱同时到达任何部位；室内消火栓应设置在楼梯间及其休息平台和前室、走道等明显易于取用的位置。在实际装修中，由于原始平面为大空间，二次装修时，就会出现认为消火栓碍事、不美观，随意进行拆除，或是保留了消火栓，但装修后设置在房间内，未移至走道等易于取用的地点，或是由于重新分隔后，房内的任何部位不能由两个消火栓的水枪充实水柱同时到达，造成消火栓数量不足等问题，因此，需注意室内消火栓的位置和数量，以满足规范要求。

4　自动喷水灭火系统

《自动喷水灭火系统设计规范》第 6.1.3 条规定“湿式系统的喷头选型应符合下列规定：① 不做吊顶的场所，当配水直管布置在梁下时，应采用直立型喷头；② 吊顶下布置的喷头，应采用下垂型喷头或吊顶型喷头；从高新区多家联建的几个项目来看，由于成本问题，建设方只是按照最基本的设置来设计的，所有的工程都未吊顶，因此喷淋头选择的都是直立型的喷头，但在二次装修时，每个单位的要求不一，分为如下几种情况：一是设置吊顶，因此消防管道按照装修后的布局重新进行设计，喷淋头的型号需改成下垂型或吊顶型；二是不吊顶，只是按照装修后的布局进行位置的微调；三是设置格栅吊顶，这种设计系统的配水强度应按照规范表 5.0.1 规定值的 1.3 倍确定，增大了设计参数，有可能导致现有的喷淋泵满足不了要求；四是大空间分隔成场所后，喷淋头的位置需按照《自动喷水灭火系统设计规范》第 7.2 章喷头与障碍物的距离重新核算。

5　排烟设施

《高层民用建筑设计防火规范》（GB 50045—95，2005 年版）第 8.1.3 条、第 8.1.3.1 条规定“一类高层建筑和建筑高度超过 32 m 的二类高层建筑的下列部位应设置排烟设施：长度超过 20 m 的内走道”。从高新区工程项目来看，存在原大空间进行重新分割后，多数房间内有可开启窗户，但会形成超过 20 m 但不超过 60 m 的内走道，这些内走道或是无窗，或设置了固定窗扇，因此在设计中需考虑排烟设置，一种是按照要求增设机械排烟设施，或是按照不低于走道面积的 2%设置可开启外窗扇进行自然排烟以满足消防设计要求。

6　火灾自动报警系统

《火灾自动报警系统设计规范》第 6.2.2 条规定“探测区域的每个房间应至少设置一只火灾探测器。”从高新区的多家联建项目来看，多数单位需对大开间的办公场所进行分隔，隔出或多或少的房间来，有可能分隔后的房间内就没有感烟探测器，致使不符合要求，因此需考虑增加火灾探测器或考虑设置不到顶的隔断，隔断顶部至顶棚或梁的距离应大于房间净高的 5%。分隔后有火灾探测器的房间还需按照规范要求计算数量，调整安装位置。对于设置格栅吊顶的房间，应根据《火灾自动报警系统设计规范》第 6.2.18 条镂空面积比确定火灾探测器的具体安装位置。

7 应急照明灯、疏散指示标志设置

由于原本为大空间，重新分隔后，超过 20 m 的内走道应按照《建筑设计防火规范》(GB 50016—2014）第 10.3.1 条、第 10.3.5 条规定的要求，增设应急照明灯和疏散指示标志。

8 小 结

综上所述，多家联建建筑二次装修时涉及安全疏散、消防设施、排烟设施等多方面的要求，应在施工中不留先天性隐患，既要能符合业主的实际需要，又要能满足消防设计的要求。

参考文献

[1] GB 50016—2014. 建筑设计防火规范[S]. 北京：中国计划出版社，2014.
[2] GB 50084—2001（2005 年版）. 自动喷水灭火系统设计规范[S]. 北京：中国计划出版社，2005.
[3] GB 50116—2013. 火灾自动报警系统设计规范[S]. 北京：中国计划出版社，2013.
[4] GB 50974—2014. 消防给水及消火栓系统技术规范[S]. 北京：中国计划出版社，2014.

作者简介： 刘霞，女，主要从事建筑消防设计审核工作。
通信地址：济南市高新区新泺大街 3040 号济南市公安消防支队，邮编：250101；
联系电话：18615600172。

地铁站地下商业开发形式及消防设计概述

马仕贤[1]，王　刚[2]
（成都市高新区公安消防大队，四川 成都　610041；2. 四川法斯特消防安全性能评估有限公司，四川 成都　610036）

【摘　要】　根据国内地铁站地下商业发展情况，总结地铁站周边地下商业开发利用形式及特征，并针对不同形式提供防火设计要点。

【关键词】　地铁站；地下商业；消防

1　引　言

伴随着城市轨道交通的建设而兴起的地下商业空间的开发正成为各大城市的商业热潮。从地铁商业步行街到综合枢纽型商业体，倚靠地铁站而进行地下商业综合开发正日渐成为商业地产的主要模式。地铁意味着客流，意味着商业的机会，而国内目前的地铁站周边商业有哪些开发形式，具备什么样的特征以及消防设计关注的重点等问题，还有待研究。本文将对这些问题进行阐述和总结。

2　地铁站地下商业开发形式

结合地铁建设进行地下空间尤其是商业经营性空间的开发，可以改善行人购物环境，保证行人在雨雪风等恶劣的天气里可以出行购物。并且足够的人流量使商业经营可以良性运作，同时为地铁提供大量的客流，促进地铁的发展。

地铁修建的热潮正从一线城市扩展到二线城市，未来以地铁为纽带的城市轨道将作为重要的客流集散地，其地下商业价值日渐提升，将促进区域范围内的商业开发及资源整合。归纳现有地铁站地下商业形式，大致可分为点式商业、线式商业和立体式商业三大类（如图1和图2所示）。

（a）点式　　（b）线式　　（c）立体式

图1　地铁站地下商业形式案例

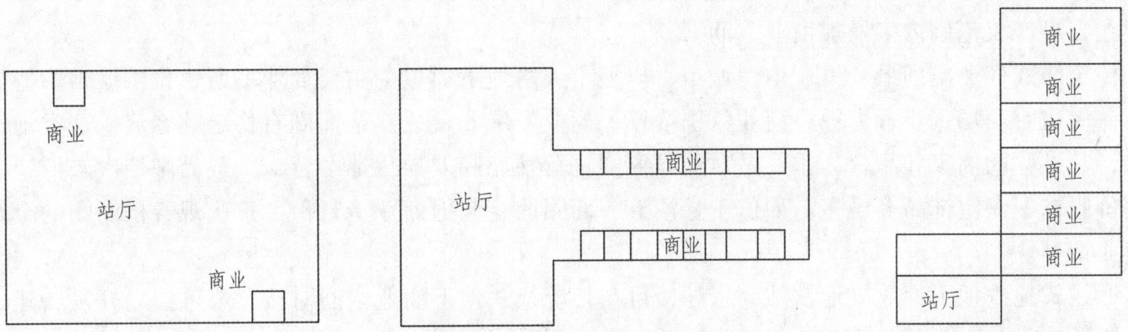

（a）点式　　（b）线式　　（c）立体式

图 2　地铁站地下商业形式示意图

3　三种地铁站商业形式特征及火灾风险要点

地铁商业根据不同的形态，人员停留的时间也不同。由于地下空间环境本身的特点，空气环境较差，光照能见度、无线通信受限以及人声鼎沸等噪声环境，容易引起人们产生一些消极心理反应，如幽闭、压抑等。为保证足够的停留时间，就需要在上述不利因素上做出改变。

地铁作为各地大中型城市交通的主动脉，早晚高峰单列车的运输能力是其他任何交通形式无法匹敌的，其站厅站台属于人员特别密集的场所。消防设计也执行专项规范，总体控制原则是保证人员的快速疏散和尽量避免以任何形式出现的可燃物。而地铁商业的出现又会对该原则造成影响，如何消除这些影响是目前各相关单位正面对的难题。同时，地铁商业空间不仅具备地下空间普遍的火灾风险特征，如火灾烟气量大、火势蔓延快、人员疏散和救援困难等，还具备其他特殊火灾风险因素。

3.1　点式地铁商业特征及火灾风险要点

我国多数地铁车站可见零星的车站商业，商铺大多设置在地铁站厅的公共空间，即非付费区范围，如过道、出入口等处。这些点式的商业空间通常情况下都是由地铁运营商经营或出租位置经营，人员停留时间明显较低，仅提供便利的快速消费品、专业服务以及自助销售机服务等。这类商业不仅分布零散，而且单个商业店铺面积有限，小则几平方米，大不过几十平方米，业态多以银行、报纸、饮料、电话卡等应急商品为主。且受限于站厅公共空间大小、客流量逐渐增大等因素，要新增更多的点式商业也难以获得批准。

因点式商业往往未纳入早期地铁建设规划或受消防规范限制，无法大规模布置，即便是少量商业的加入也势必增加地铁公共区内的可燃物以及电气设备等可能引发火灾的因素。这些可燃物位于地铁非付费区，难以得到有效的管控。虽然可加强对运营单位的监管和教育，但也无法完全避免发生火灾的可能性。同时因地铁公共区通常不设置自动喷淋灭火系统，防排烟系统设计又未充分考虑后期商业因素，无序的或未经申报的点式商业可能酿成惨祸。这类点式商业应参照民用建筑设计防火规范对其进行防火分隔，设置完备的消防设施，并严格控制店铺面积上限。

3.2　线式地铁商业特征及火灾风险要点

国内外真正盈利的轨道运营公司并不多，而香港地铁是为数不多的实现盈利的公司之一，它的做法是把地下商业的开发和周边物业的开发充分结合起来，做到综合的开发从而实现整个项目的盈利。国内轨道运营公司逐渐认识到这方面，不论是点式地铁商业还是部分线式地铁商业，地铁运营公司都希望在自身产权范围内多增加商业空间。

传统线式商业空间最常见于内地城市，以城市人防地下通道为主要商业场所，位于城市中心繁华地带，周边有商场、步行街等，商业氛围浓厚，商业发展非常成熟，商圈有稳定的客流。这类地下商业街，其进驻的商家和品牌，主要是对地面商圈进行补充和差异化地经营，一般品牌档次较低、以生活廉价服饰、淘宝饰品等居多。如位于长沙五一商圈的金满地商业步行街、重庆观音桥商圈的金观地下商业街等。

而线式地铁地下商业以地铁站为依托，可与传统线式地下商业空间对接，或可独立开发新建、扩建。该类商业以地铁人流通道作为商业主动线，主动线两侧布置各种业态商业。主动线形态各式各样，如过街通道形成的直线型；连接另一交通枢纽之间的“L”型；或多种类型构成的组合型。其规模小至过街通道，大则以城市中心广场地下多层空间集中开发的商城，如成都天府广场地铁站地下商业空间。

传统交通线式商业主要是“麦当劳、肯德基”等快餐店和便利超市。而由于我国“公交化”高频率运行的发展现状，线式地铁商业无论品牌形象还是品牌档次、商品丰富度、业绩均大为改善，规模较大的可媲美购物中心的高标准。早期的地铁地下商业主要是以人防为主，慢慢发展为以商业为主，兼顾人防的功能，现在的趋势是以综合业态为主。但地铁交通功能上的限制就导致其在业态上对于餐饮、娱乐等业态的限制性会比较多。餐饮店对风火水电、气味处理等的要求比较高，娱乐业态跟人流疏散的消防规范有关，也会有所限制。

因线式地铁商业经营的类型、业态进一步丰富和扩展，火灾风险性也进一步扩大。如皮革、服装经营大大增加了火灾荷载，燃气餐饮、用电设备等增加了引火源。通过实地调研发现，这些商业多呈现出店铺集中且小而杂、经营人员参差不齐且不受管控、违规占道、遮挡消防设施、分隔设施被随意拆除装饰、疏散路线十分复杂、防火意识淡薄等情况。如前所述，这类商业往往与地铁分期建设，有些甚至已建成经营多年，其消防设计符合当时民用建筑设计防火规范之要求，并采用防火墙、防火卷帘等方式与地铁公共区进行分隔，各种疏散路径独立，各自符合所适用规范的要求。但是，其忽视了地铁防火需要的更高等级和要求，缺乏对地铁商业连通形式的综合考虑以及忽略了商业对地铁的影响。

3.3　立体式地铁商业特征及火灾风险要点

地铁作为一种大众交通工具，使得人流大量聚集，但由于特定空间的限制，地铁乘客就成为了地铁商业特定的一类消费群体。而地铁站内的点式或线式商业，一定程度上满足了那些需要快捷、便利的人群。购物中心与地铁站的结合则使得传统购物中心如虎添翼，可在一定程度上解决目前实体商业的困境，提升竞争力。

立体式地铁商业常被称为地铁上盖物业，即地上地下联成一体并与地铁站直接相通的商业物业或商业综合体，通过某层楼面（通常为地下一、二层）与城市地铁站点通道直接或间接相连，使出入城市地铁站的客流可以直接或通过专用的通道进入购物中心。虽然直接和地铁站站厅平层相连的购物中心仅在少数（如成都大慈寺商业综合体与地铁春熙路站站厅直接连通），但多数上盖商业物业都有与地铁站间接相连的通道为往来购物中心的客流提供方便（如成都来福士广场与地铁省体育馆站之间的地下通道），商业项目得以通过地铁口和地上商业实现有机结合，分享依靠地铁交通便利优势带来的巨大客流，从而带动地铁进出口周边商业的发展，形成一个辐射力很强的购物中心。某种程度上，地铁站点相当于地铁上盖商业物业的特殊“主力店”，但地铁上盖商业物业是否能经营好，除了地铁通道连接要规划好之外，还取决于能否利用好地铁站这家特殊“主力店”，为这些行色匆匆无明确消费目的的通勤过客提供贴近生活需求的业态业种以及品牌组合。

这类地铁商业形式往往是在购物中心建成后，由购物中心建设运营单位提出与地铁连通的需求。

或是在购物中心早期设计时即考虑了预留地铁接口。相较线式地铁商业，这类商业同样是集中商业与地铁公共区的连通，但购物中心的商业经营活动能够得到有效的管控，接通地铁提供的消防预留条件好或余量较大。即在购物中心建设时有所综合考虑，比如在购物中心一侧加强消防设施设备、加强与地铁之间的分隔措施等。这在很大程度上消除了地铁消防设计与商业消防设计之间的差异，减少了商业高发火灾因素对地铁运营的影响。

4 消防设计概述

目前有关于地铁空间开发利用的消防设计依据主要参考《建筑设计防火规范》（GB 50016—2014）、《人民防空工程设计防火规范》（GB 50098—2009）、《地铁设计规范》（GB 50157—2013）、《城市轨道交通技术规范》（GB 50490—2009），以上规范均没有给出针对与地铁车站结合的地下商业开发的明确规定，这给设计和消防审查带来了困难。

随着各地地铁商业的爆发式增长，相关部门意识到其中的问题，亟待相关规范进行设计指导。目前在编的《地铁设计防火规范》已对地铁周边地下商业开发有所涵盖，部分条款如下：4.1.5 车站内设商铺以及与车站相邻的地下物业开发应符合下列规定：① 站台层、站厅付费区、站厅非付费区的乘客疏散区以及供乘客疏散用的出入口通道内，严禁设置商铺和非地铁用房。② 站厅非付费区不在乘客疏散区内设置的商铺不得经营和储存火灾危险性为甲类、乙类和丙类 1 项储存物品属性的商品。商铺的总面积不应大于 100 m^2，单处商铺的面积不应大于 50 m^2。商铺应采用防火墙或防火卷帘与其他部位进行防火分隔，并应设置火灾自动报警和灭火设施。③ 每个站厅至少应有两个出入口通道内不设置商铺。设有商铺的通道，其防火设计应符合现行国家标准《建筑设计防火规范》（GB 50016）的有关规定，此通道与站厅公共区临界面应设置防火卷帘。④ 车站站厅的上层或下层作物业开发时，站厅与物业开发层之间严禁采用中庭形式相通。当物业开发层与站厅非付费区内设置联系楼扶梯时，楼扶梯开口部位应进行防火分隔，梯洞口设置防火卷帘，并由地铁与开发分别控制。当物业开发层设于站厅层与站台层之间时，站台穿越开发层至站厅楼扶梯，应在开发层的楼扶梯开口部位采用耐火极限不低于 3.00 h 的防火墙进行分隔。⑤ 与车站站厅公共区同层相接的物业开发联通处宜采用通道连接方式，且设置二道耐火极限分别不低于 3.00 h 的防火卷帘，且由地铁和开发分别控制。当防火分隔部位的宽度小于等于 40 m 时，防火卷帘宽度不应超过 8 m；当防火分隔部位的宽度大于 40 m 时，防火卷帘的宽度不应超过防火分隔部位宽度的 20%。⑥ 与车站相接物业开发等建筑的防火设计应符合现行国家标准《建筑设计防火规范》（GB 50016）和《人民防空工程设计防火规范》（GB 50098）的有关规定。

以上规定已经涵盖本文提及的三种地铁商业开发形式，但鉴于该规范尚未正式颁布，仍有修改可能。目前体量较大的类似项目多采用消防性能化设计或专家评审论证的方式，以下将根据本人参与的项目情况，谈谈三种地铁商业形式的消防设计要点。

4.1 点式地铁商业消防设计

以往对于地铁站厅内布置点式商业持反对态度，后来借鉴发达国家或地区经验，允许零星布置面积不大、火灾荷载和火灾危险性低的商业业态。对于这类店铺，可参照“防火单元”进行设计，要求至少在火灾时展示面的防火卷帘可降落形成独立分隔空间。控制单个店铺面积不超过 50 m^2，并结合实际条件设置防排烟、自动灭火、火灾报警等系统。同时，地铁站厅作为人员特别密集的场所，防火等级要求高。加强点式商业的消防审查和后期监督管理异常重要，同时应该避免随意扩大商业范围、更改经营物品类型，导致火灾荷载增大。

4.2　线式地铁商业消防设计

线式地铁商业相对集中，火灾荷载和危险性进一步扩大。同时餐饮业态的引入也带来不少引火源，从业人员参差不齐，违规使用液化石油气等情况也时有发生。原则上，这类商业建设应与地铁建设同步考虑，从而为各自疏散设计和防火分隔创造条件。线式地铁商业通道日常可作为地铁人员人流通道，火灾时应考虑该通道不可作为疏散出口的情况。故地铁站厅疏散应保证至少2个出口不能布置商业且应布置在不同方向。地铁站厅与线式商业之间疏散应各自独立，并采用防火卷帘等方式划分为不同防火分区，在条件允许的情况下尽量采用防火隔离区（两侧设防火卷帘）、下沉式广场等方式进行分隔。线式地铁商业区域和地铁站厅严格按照各自适用的规范设置消防设施设备，结合部位宜采用加密喷淋灭火的方式。对于像成都天府广场地铁站地下商业空间这类组合式的线式地铁商业集中区，其周边布局复杂、连通区域多、连通功能多、地面疏散出口受限，应采用消防性能化设计的方式对其进行综合论证。

4.3　立体式地铁商业消防设计

对于立体式地铁商业模式，需要重点考虑地铁公共空间与购物中心连接口处的防火分隔和人员疏散设计。地铁与购物中心的开发主体单位不同，建设时间和周期均无法达到统一。现实建设中，往往是各自先按照各自适用的程序和规范独立进行。待购物中心或商业综合体建设完成时，向地铁运营单位提出接口的需求，从而导致消防设计和监督管理滞后。早期仅有上海市对此类情况作出了地方性规范，上海市公共建筑防火分隔消防设计若干规定（暂行）：① 地下商店和地铁的疏散体系应分别独立设置，不得相互借用；② 商业建筑与地铁站厅（台）层之间应采取防火墙、防火卷帘、甲级防火门进行分隔。当采用防火卷帘分隔时，每档防火卷帘的宽度不宜超过 8 m，每侧防火墙上相邻防火卷帘之间应设置宽度不小于24 m的防火墙。商业建筑不得利用地铁疏散通道作为火灾情况下人员疏散的出口。

经过多个项目的建设经验，此类项目接口部位消防设计基本形成共识，即购物中心与地铁公共区之间推荐采用公共通道、下沉广场等缓冲空间连接。公共通道内不应布置可燃物，一般设加密喷淋灭火，两侧设防火卷帘形成扩大的“防火隔间”，内部设独立疏散出口，任意一侧接到火警以后均能控制两端的防火卷帘动作。下沉广场可结合国内相关规范对开敞空间的要求进行设计。当购物中心与地铁公共区之间确需直接贴临连通时，就需要严格控制接口部位宽度，单个接口宽度不宜超过 8 m，且宜在购物中心一侧再划定一个公共空间，该公共空间同样参照上述扩大“防火隔间”进行设计。

同时，随着实体商业经营中餐饮比例逐渐提高，餐饮用电负荷高，随意使用天然气、液化石油气等问题严重。这给防火控制和消防监督管理带来挑战，需要在前期消防设计中综合考虑。

5　结束语

（1）根据国内地铁站地下商业发展情况，总结地铁地下商业可分为点式商业、线式商业和立体式商业三大类，并对其特征进行归纳供设计参考。

（2）根据不同的地铁地下商业开发形式，提出地铁公共区与商业结合部位的消防设计要点。

（3）建议今后的地铁周边商业开发应与地铁建设进行综合考虑，至少商业开发初期应将地铁接口纳入其设计范围，避免后期改扩建的不协调。

参考文献

[1] GB 50016—2014. 建筑设计防火规范[S]. 北京：中国计划出版社，2014.
[2] 肖中岭. 地铁车辆段及综合基地物业开发模式探析[J]. 都市快轨交通，2010（06）：48-53.
[3] 谢元一，等. 地铁车站与商业功能区的防火分隔技术研究[J]. 消防科学与技术，2013（10）：1082-1084.
[4] 徐速等. 上海地铁徐家汇车站商业改造与消防设计[J]. 都市快轨交通，2011（04）：49-51.
[5] GB 50157—2013. 地铁设计规范[S]. 北京：中国计划出版社，2013.

作者简介：马仕贤（1982—），男，四川省南部县人，助理工程师，大学本科，主要从事防火监督工作。
通信地址：成都市天府三街1266号高新消防，邮编：610041；
电子信箱：25647933@qq.com。

商业综合体中 IMAX 影厅的消防设计研究

马仕贤[1]，高　平[2]
（1. 成都市高新区公安消防大队，四川 成都　610041；2. 四川法斯特消防安全性能评估有限公司，四川 成都　610036）

【摘　要】 通过对商业综合体中 IMAX 影厅消防设计时存在问题的分析，笔者结合工程实际，对影院进行了性能化消防设计，并通过火灾数值模拟和人员疏散模拟，评估了影院的消防安全性，分析了商业综合体中影院设置 IMAX 影厅的可行性。

【关键词】 商业综合体；IMAX 影厅；消防设计；消防安全性

1 引　言

随着我国经济的持续快速发展，集商业、娱乐、办公、影院、餐饮、电玩、KTV、儿童娱乐等业态于一体的商业综合体建设成为一种趋势。影院作为商业综合体中主要的功能之一，已成为商业综合体的必备配套业态之一。在商业综合体中设置电影院，需考虑其自身的功能属性及设计要求，同时又要兼顾商业综合体的整体功能设计。《建筑设计防火规范》（GB 50016—2014）（以下简称《建规》）和《电影院建筑设计规范》（JGJ58—2008）对影院的相关防火设计进行了规定，但随着放映技术的发展和观影品质的提升，部分特殊功能影厅或者影院在设计中无法完全满足现有规范的要求。笔者结合工程实例，探讨 IMAX 影厅在商业综合体中设置的可行性。

2 存在的问题

近年来，随着科技的发展，电影的放映技术已经发生了转变，目前由原来的胶片放映升级为数字放映。在胶片放映时代，放映机与观众共处一室，彼时电影厅叫作放映厅。胶片放映机和胶片容易发生故障和燃烧，其放映厅发生火灾的风险较高，火灾危险较大，故规范对其消防设计要求也比较严格，已废止的《高层民用建筑防火规范》（GB 50045—95）和《建筑设计防火规范》（GB 50016—2006）中对放映厅做了相关要求：

《高层民用建筑防火规范》（GB 50045—95）4.1.5A 规定：高层建筑内的放映厅应设置在首层或二、三层，当必须设置在其他楼层时，一个厅、室的建筑面积不应超过 200 m^2。

《建筑设计防火规范》（GB 50016—2006）5.1.15 规定：当放映厅必须布置在建筑物内首层、二层或三层外的其他楼层时，一个厅、室的建筑面积不应大于 200 m^2。

目前，正在运营和建设的影院全部采用数字化放映技术，其与胶片电影的区别在于：数字化电影，放映设备需要设置在专门的房间内，所以放映厅和观众厅相对独立，形成了两个独立的厅室。数字化放映技术极大地降低了影厅的火灾风险，一方面，数字储存技术本身的火灾危险性比胶片低；另一方面，由于放映厅和观众厅的分隔设置，大大降低了观众厅的火灾风险，使得现有的观众厅发生火灾的几率和风险有了较大的降低。在 2015 年 5 月 1 日正式实施的《高规》《建规》合并版新《建筑设计防火规范》(GB 50016—2014)中，已经没有了放映厅的概念及其消防设计要求，新规范中只对观众厅的相关设计进行了要求：

《建规》5.4.7 规定：剧场、电影院、礼堂设置在其他民用建筑内时，布置在四层及以上楼层时，一个厅、室的疏散门不应少于 2 个，且每个观众厅的建筑面积不宜大于 400 m^2。

新规范的实施紧扣建筑及技术的发展，在新规范的要求下，现有影院的消防设计，不管是独立的电影院还是设置在其他建筑中的影院，基本都能够满足规范要求。但是在商业综合体中部分影院的消防设计还是遇到了难题：一方面，由于技术和效果的要求，部分影厅需要更大的屏幕及空间，使得厅室面积超过 400 m^2，例如 IMAX 影厅高大的空间提供了更大的烟气蓄积空间，使得 IMAX 影厅的安全性要求应高于一般影厅；另一方面，由于商业综合体，整体功能复杂，业态繁多，在合理布置业态和商业流线的情况下，往往将影院整体设置在 4 层及以上楼层。此种情况导致厅室面积不能满足规范的要求。

针对商业综合体中 IMAX 影厅设计遇到的问题，笔者结合工程实例，试图探索其消防设计的解决方案，并评估其消防设计的安全性和可行性。

3 案例分析

某商业综合体建筑地上 32 层，地下 4 层，总建筑面积 274 309 m^2，建筑耐火等级为一级。地上一至五层为商业综合体裙楼，影院设于 4 层，IMAX 影厅因放映功能需要，面积约为 510 m^2，不能满足规范的要求。对影院的消防性能化设计方案如下：

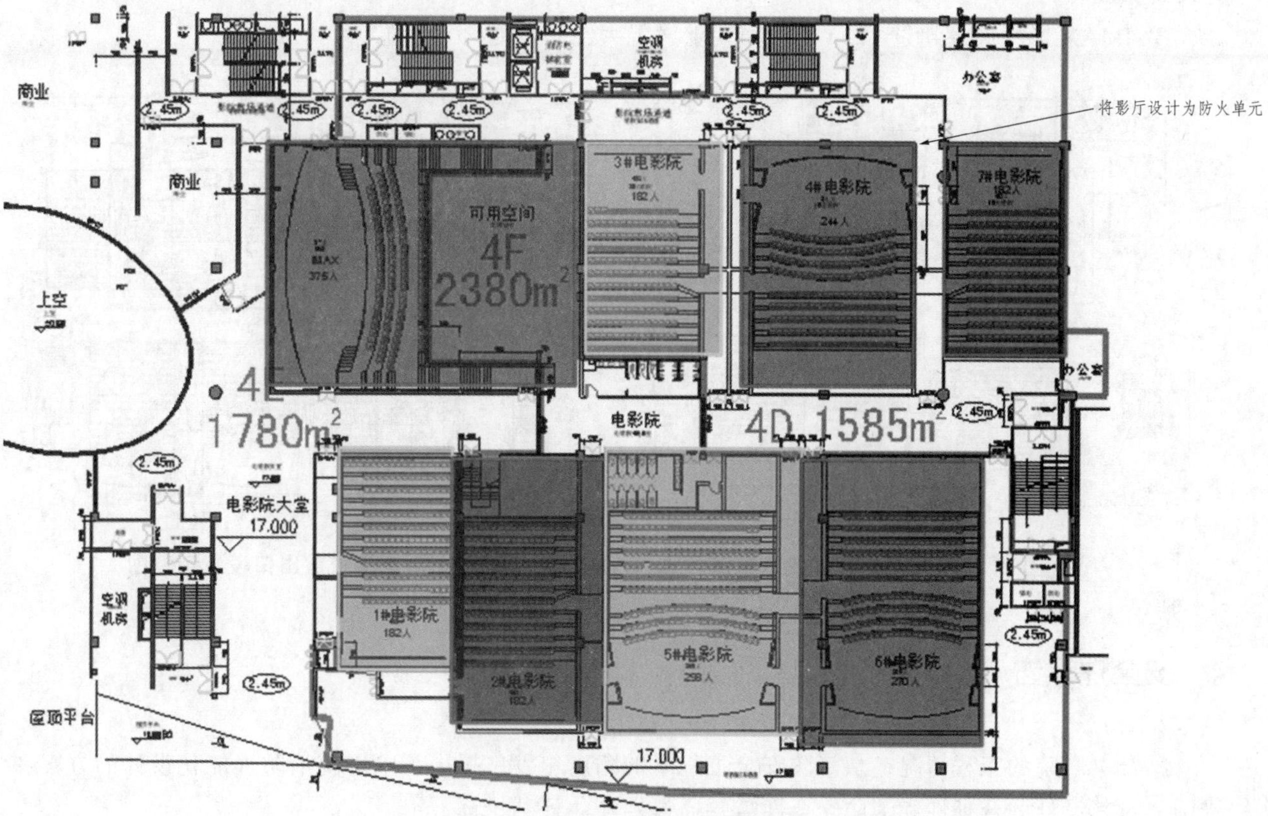

图 1　影厅设置防火单元示意图

（1）影厅区的防火分区面积超出规范要求，必然会增加消防安全隐患，为增加影厅区的消防安全性，将影厅作为防火单元进行设计。防火分区的划分是为了控制可燃物的数量和防止火灾的蔓延，将影厅设置为防火单元后，可将火灾控制在各个影厅的较小范围内，防止火灾在防火分区内大范围蔓延。防火单元的设置在控制可燃物数量和阻止火灾蔓延方面能够达到和防火分区一样的效果。防火单元设置要求：

① 影厅隔墙的耐火极限不小于 2.0 h，楼板的耐火极限不小于 1.5 h，疏散门采用甲级防火门；

② 影厅中设置喷淋系统、防排烟系统和火灾报警系统；

③ 各影厅的出口宽度应满足规范的规定。

（2）各影厅的排烟量应按照 13 次换气和 90 $m^3/h \cdot m^2$ 两者取大值进行设计。

（3）影院区域采用快速响应喷头。

（4）提高装修材料等级，墙面、顶棚装修材料采用不燃材料，幕布、座椅等均采用经阻燃处理的织物。

（5）影厅以外的公共走道区域和疏散走道内，不能堆放任何可燃物，并采用不燃或难燃材料进行装修。

（6）影院与下部商场共用楼梯，按影院营业时间进行管理，保证安全疏散出口正常使用。

（7）对于面积超过 400 m^2 的 IMAX 影厅进一步提出以下加强措施：

① 对影厅的人数进行控制：为了保证厅室人员的安全疏散，对厅室的容纳人员进行控制，要求 4 号影厅的座位数不应超过 400 个，现有设计为 375 个。

② 增加厅室的疏散出口：IMAX 影厅设置了 5 个对外疏散出口，其中 4 层 4 个（如图 2 所示），5 层夹层设置 1 个（如图 3 所示）。这样的设置使得影院的人员可以就近找到疏散出口，缩短疏散距离，对人员疏散有利。

③ IMAX 影厅高度超过 12 m 的空间要求设置大空间智能灭火系统。

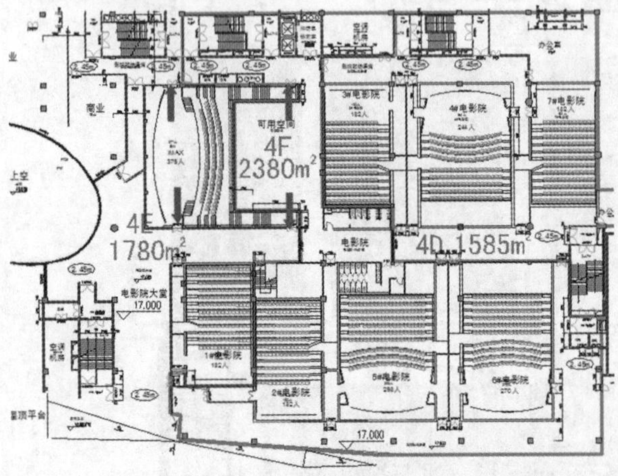

图 2　4 层疏散出口设置示意图

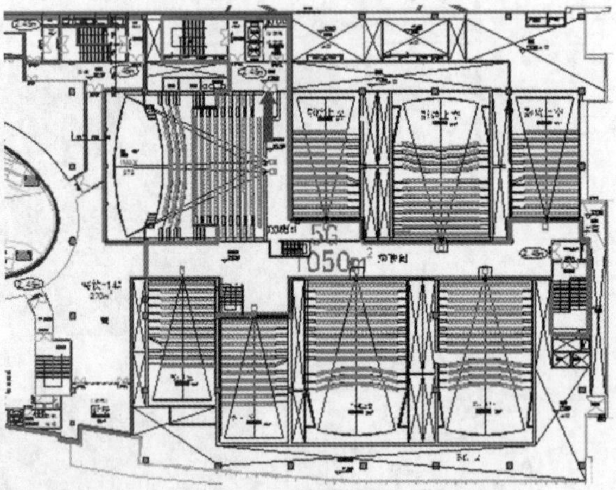

图 3　5 层疏散出口设置示意图

4　安全性评估

结合电影院的工程情况，从消防安全工程学的角度出发，提出了电影院消防性能化设计的方案和措施，对其设计的合理性和消防安全性需要通过性能化评估论证。

4.1 火灾烟气模拟计算

笔者结合电影院的火灾危险性，依据不利原则，设定火灾场景进行烟流量化模拟分析，起火位置设置在 IMAX 影厅内。火灾选择 t^2 火，增长系数参考美国消防协会标准 NFPA 204 M《排烟排热标准（*Standard of Smoke and Heat Venting*）》（2002 年）选择 0.047 kW/s^2；火灾规模参照上海市地方标准《民用建筑防排烟技术规程》（DGJ08-88—2006）中有喷淋的公共区域按照 2.5 MW 进行设计；消防设施正常启动。

采用 FDS 进行火灾模拟，模拟初始时刻，环境温度为 24 °C，压力为 1 个标准大气压，模拟时长为 900 s。

通过 FDS 对火灾场景烟气运动进行动态模拟，模拟结束时（900 s）除起火影厅下层烟气温度为 48 °C 外，其他区域为 32 °C，没有达到危险值。模拟至 450 s 时，起火影厅最高座椅上方 2 m 处的能见度下降到了 10 m 的危险值；模拟结束时（900 s）除起火影厅部分区域地面上方 2 m 处能见度下降到 10 m 外，其他区域地面上方 2 m 处的能见度下降为 28 m，没有达到危险值。模拟结果见图 4 ~ 图 7，模拟结果汇总见表 1。

表 1　模拟结果汇总表

区域	下层烟气温度达到 60 °C 时间（s）	距离地面 2 m 处能见度下降到 10 m 时间（s）	（ASET）（s）
IMAX 影厅	320	230	450
其他区域	>900	>900	>900

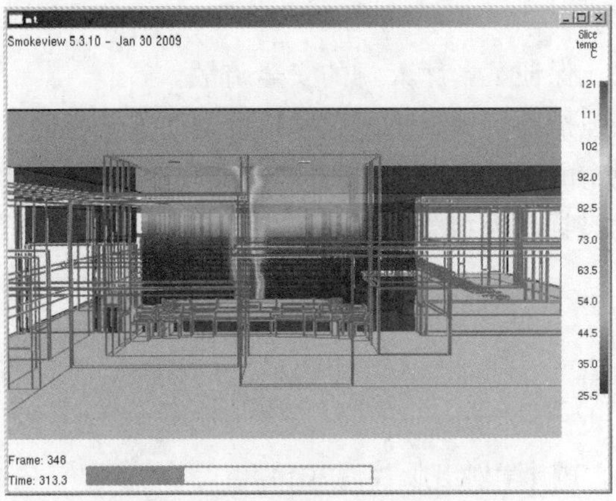

图 4　313 s 时烟气温度分布图

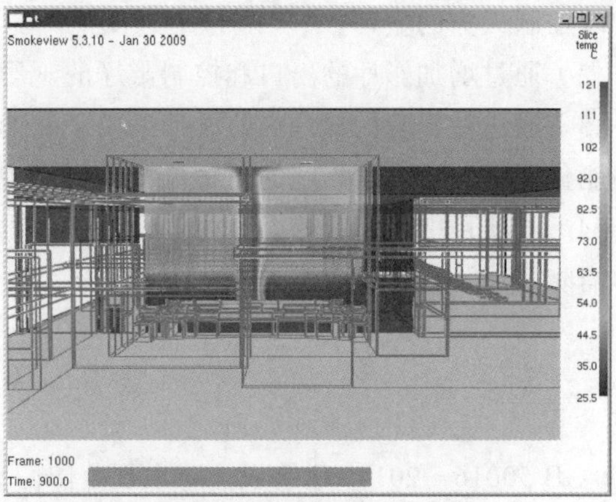

图 5　900 s 时烟气温度分布图

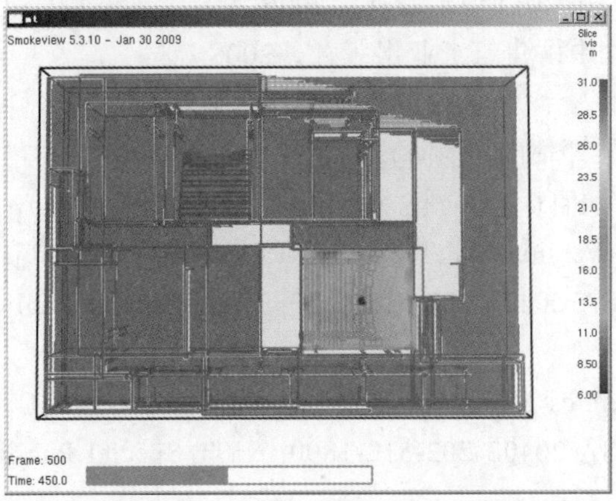

图 6　450 s 时能见度分布图

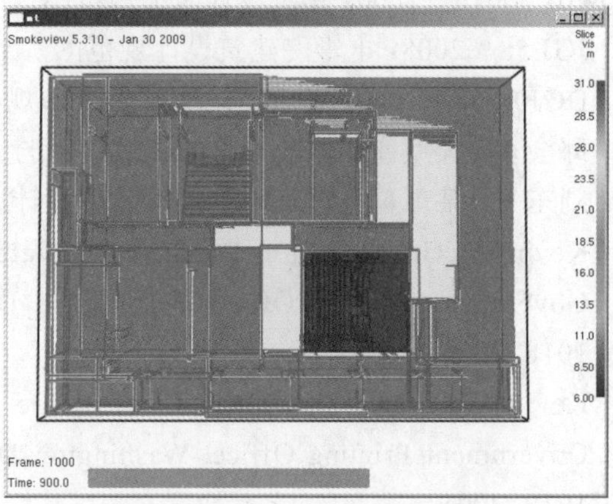

图 7　900 s 时能见度分布图

4.2 人员疏散模拟分析

在人员的疏散模拟中，将IMAX影厅所在防火分区作为一个疏散场景。采用STEPS人员疏散软件进行人员疏散的模拟计算。报警时间T_d为60 s；影厅预动时间T_{pre}为30 s，其他区域T_{pre}为90 s。经模拟计算疏散行动时间T_t，起火IMAX影厅为79 s，其他区域为163 s；得出起IMAX影厅的RSET为169 s，其他区域RSET为313 s。

经过对火灾烟气和人员安全疏散的模拟，人员可用疏散时间（ASET）和人员必须疏散时间（RSET）对比见表2。由表2可知，ASET大于RSET，且具有较大的安全余量，影院内的人员可以安全疏散，达到了消防设计的安全目标，影院的现有设计方案基本可行。

表2 人员疏散安全性判定表

区域	ASET（s）	RSET（s）	安全余量（s）	安全性
4号影厅	450	169	281	安全
影厅区	>900	313	>587	安全

5 结 论

在商业综合体建筑的电影院消防设计中，IMAX影厅因特殊要求，从而在厅室面积控制方面遇到了问题，结合工程实例，对其消防设计进行了探索，得出以下结论：

（1）通过性能化的设计方法，引入了防火单元的设计概念，将影院的每个影厅单独设计为防火单元，以控制火灾的蔓延。

（2）通过增加影厅的出口和控制影厅的观影人数，保证了影厅人员的安全疏散。

（3）通过对影院的部分消防设计采用了性能化加强措施，提高了影院整体的消防安全性能，并通过性能化评估，论证了影院的消防设计达到了规范规定的同等安全水平。

（4）本项目中在商业综合体内IMAX影厅的成功设计，为相关的项目提供了可借鉴的方法，供甲方、消防及设计参考。

参考文献

[1] GB 50016—2014. 建筑设计防火规范[S]. 北京：中国计划出版社，2014.
[2] GB 50045—95. 高层民用建筑设计防火规范[S]. 北京：中国计划出版社，2005.
[3] GB 50016—2006. 建筑设计防火规范[S]. 北京：中国计划出版社，2006.
[4] JGJ 58—2008. 电影院建筑设计规范[S]. 北京：中国建筑工业出版社，2008.
[5] DGJ08-88—2006. 民用建筑防排烟技术规程[S]. 上海：上海市建设和管理委员会，2006.
[6] 邱会东. 大型商业体电影院的疏散设计与安全性评估[J]. 消防科学与技术，2011（7）.
[7] 刘东平. 某球幕电影院的消防性能化设计应用分析[J]. 消防技术与产品信息，2007（12）.
[8] Kevin McGrattan. Fire Dynamics Simulator (Version 4) Technical Reference Guide[C]. U.S. Government Printing Office. Washington DC USA 20402 202-512-1800. NIST Special Publication 1018, 2004.
[9] Kevin McGrattan and Glenn Forney. Fire Dynamics Simulator (Version 4) User's Guide[C]. U.S. Government Printing Office. Washington DC USA 20402 202-512-1800. NIST Special Publication 1019, 2005.

地铁车站火灾烟气流动及控制研究综述

彭青松
（湖北省武汉市消防支队，湖北 武汉 430000）

【摘 要】 介绍了地铁车站火灾特点和地铁车站的烟气控制方法，综述了地铁车站火灾烟气控制方法和研究进展，并提出地铁车站火灾烟气控制研究的建议。

【关键词】 地铁车站；火灾；烟气控制；火灾模型；数值模拟

0 引 言

地铁作为现代化城市交通的重要设施，具有客运量大、高速快捷、时间准确的特点，它对于缓解城市交通压力、发挥城市功能具有重要的作用。由于地铁属地下建筑，建筑结构特殊，而且客流量大、人员集中，所以一旦发生火灾，特别容易造成群死群伤的严重后果。因此，开展对地铁车站烟气流动规律研究，设置必要的烟气控制系统对保证地铁车站内人员的生命财产安全具有重大意义。本文在分析地铁车站火灾特点的基础上，结合当前地铁车站火灾烟气控制方法以及烟气流动规律的研究进展，提出了地铁车站火灾烟气控制研究的建议。

1 地铁车站火灾特点

地铁车站与外界的联系只有车站的出入口，当高速行驶的列车在隧道内往返运行时，由于隧道空间的相对封闭性，列车运行将形成强大气流，从而在隧道内形成活塞效应。强大的不稳定气流将影响到车站内火灾烟气的蔓延扩散，使地铁车站内火灾危险性加大。地铁车站通常形式为地下车站，其车站构造物外部主要由岩石、土壤包围，只有内部空间，其车站内发生火灾时通常空气不足，可燃物的阴燃时间较长，造成发烟量较大，同时由于其封闭性强，排烟、排热性差，内部空间温度上升快，较易出现“轰燃”现象。地铁车站火灾主要有以下特点。

1.1 火灾烟气浓度大、温度高

地铁车站是地下封闭建筑，仅通过数量有限的楼梯、风亭与地面相通。发生火灾时，燃烧会产生大量的高温、有毒气体。由于车站相对封闭，有毒、高温烟气难以及时排出，将在车站内快速蓄积，使车站内烟气在很短时间达到较高的浓度和较高的温度。而高温烟气在热浮力驱动下，将通过站内通道发生竖向蔓延。由于地铁车站内各站台层与站厅层之间均通过竖直方向的楼梯相连，火灾烟气就很容易通过这些通道由起火层蔓延至其上部各层。

1.2 易发生轰燃

地铁车站由于空间相对封闭，受限空间发生火灾后，空气供给严重不足，燃烧不完全的高温热烟气体膨胀快，内部压力增加迅速，热烟气流聚集，一旦新鲜空气涌入极易产生轰燃，造成人员疏散环境急剧恶化。1987年伦敦国王十字地铁火灾中，车站起火后6 min即发生轰燃，对车站内人员逃生和灭火救援工作造成了极大的困难。

1.3 疏散困难

地铁站内人员密度较大，比如上海地铁人民广场站的日均旅客流量达到了25万人次。地铁站为狭长形结构，人员疏散的水平距离较长，且地铁站垂直深度较大，如上海地铁一号线的深度为地下 7~25 m，给人员安全疏散造成很大困难。与地面建筑不同，地铁站内热烟气运动的方向与人员疏散方向一致，竖向蔓延通道同时也是人员逃生通道，而地铁火灾时烟气的前锋流速为1.75~2.40 m/s，人员疏散速度在照明系统正常时也仅为烟气速度的一半。故火灾情况下保证地铁站内人员的安全疏散相当困难。

人的心理恐慌程度越大，则行为混乱程度越高。地铁站出入口少、通道狭窄、疏散距离长、人员多，加上发生火灾时高温、有毒烟气对人员造成身体伤害和心理刺激，所造成的人员恐慌和行动混乱程度要比地面建筑中严重很多，更易造成逃生通道混乱拥挤、发生挤踩事故。

1.4 救援难度大

由于地铁车站位于地下封闭空间内，救援人员无法迅速确定并接近起火点，同时由于地下通信困难，地面灭火指挥人员又很难准确、及时地了解火场内的情况，故难以保证及时有效的指挥和扑救任务的展开。并且由于地铁车站无外立面，故常用的大型灭火设备无法用于灭火救援，也难以采用破拆等手段阻止火势扩大，这些原因均导致地铁车站火灾的救援工作难度要远大于地面建筑火灾。

2 目前地铁车站内烟气控制方法

在我国现行的《地铁设计规范》(GB 50157—2013)中对地铁车站的防排烟系统的设计给出了一些规定。

2.1 防烟分区及排烟量设计

防烟分区通常采用设置挡烟垂壁、挡烟梁、挡烟隔墙等措施，以保证一定时间内火场内的高温烟气不随意扩散，并配合排烟设施对烟气进行控制，从而达到有利人员安全疏散，控制烟气蔓延范围和减少火灾损失的目的。

《地铁设计规范》第28.4.8条规定了防烟分区划分原则：地下车站的公共区以及设备与管理用房，应划分防烟分区，且防烟分区不得跨越防火分区。站厅与站台的公共区和每个防烟分区的建筑面积不宜超过2 000 m^2，设备与管理用房每个防烟分区的建筑面积不宜超过750 m^2。《地铁设计规范》第28.4.10条规定了排烟量计算原则：地下车站站台、站厅火灾时的排烟量，应根据一个防烟分区的建筑面积按1 $m^3/(m^2 \cdot min)$计算。当排烟设备负担两个或两个以上防烟分区的烟量时，其设备能力应按排除所负责的防烟分区中最大的两个防烟分区的烟量配置。

2.2 挡烟垂壁

固体壁面是防止烟气从起火房间或浓烟区向外蔓延的主要建筑构件，例如隔墙、隔板、楼板、梁、挡烟垂壁等。固体壁面可以用砖与水泥砌成，也可用其他薄板材料制成。为了能够有效防烟，固体壁面不应有缝隙、漏洞或无法关闭的开口。固体壁面是一种被动式防烟方式，它们能使离火源较远的空间不受或少受烟气的影响。

地铁站公共区内的挡烟垂壁主要设置在站厅公共区、站台公共区以及楼梯口通道下边缘处。《地铁设计规范》第 28.4.9 条规定：防烟分区可采取挡烟垂壁等措施，挡烟垂壁等设施的下垂高度不应小于 500 mm。

2.3 防　烟

当地铁车站站台层发生火灾时，烟气控制方案是站台层开启机械排烟，同时站厅层进行机械送风，在站台与站厅间楼梯等处形成向下的空气流动，将火灾烟气控制在起火站台层内。

《地铁设计规范》第 28.4.10 条规定：当车站站台发生火灾时，应保证站厅到站台的楼梯和扶梯口处具有能够有效阻止烟气向上蔓延的气流，且向下气流速度不应小于 1.5 m/s。虽然规范中对楼梯口处的向下风速进行了要求，但在实际情况中，该风速受到火源功率、火源与楼梯的位置关系、挡烟垂壁的高度以及站台结构等因素的影响。

2.4 机械排烟

机械排烟是利用排烟机形成负压，从而在防烟分区内对火灾烟气进行强制排烟的方式，机械排烟是控制烟气蔓延的最有效方法。机械排烟系统包括由防烟分区形成的蓄烟区、排烟管道、排烟风机等。地铁车站一般采用机械排烟，以减缓烟气在建筑内的沉降，使车站内能提供人员安全疏散的环境。研究表明，在火灾过程中良好的机械排烟系统能排出大部分烟气和 80%以上的热量，从而使空间内的烟气浓度和温度大大降低。

一般情况下地铁车站排烟模式为：站厅层发生火灾，则关闭站厅层送风系统和站台层排烟系统，启动站厅层排烟系统排出烟气，使站厅层形成负压，烟雾不致向下扩散到站台层，新风经站厅层直通室外出入口进入站厅，便于人员从车站出入口疏散至地面。站台层发生火灾时，则关闭站台层送风系统和站厅层排烟系统，同时开启站台层排烟系统排出烟气和隧道内轨顶通风系统辅助排烟，使站台层形成负压，楼梯口形成向下气流，便于人员安全疏散至站厅层及地面。

3　地铁车站内烟气流动的研究进展

目前国内外研究地铁火灾烟气流动的主要方法有实验研究和数值模拟研究。

3.1 实验研究

实验研究是指在特定的空间内，通过测量火场中热和烟气等各项指标，找出其规律。它的优点是直观、真实，所得出的数据具有说服力。但实验研究难以对整个建筑火灾过程进行再现，另外由于火灾实验是具有破坏性的，特别是开展全尺寸实验研究非常困难。

实验研究又分为全尺寸实验和小尺寸模型实验。全尺寸的地铁实验台存在建设费用高昂、占地面积大等许多难以解决的问题。要开展全尺寸地铁实验，只有通过已建成的地铁车站开展现场实验，但受到现场条件制约，一般只能开展冷烟或热烟实验，对车站的排烟系统性能进行验证，很难实现多种模式下的排烟方案研究。小尺寸模型实验是根据相似理论将地铁车站缩小成一定的比例模型，在模型中重现地铁车站发生火灾时烟气流动的物理现象。

仁川大学的 Dong-Ho Rie[4]建造了一个 1：40 的模型实验台，主要用于研究地铁站内的机械排烟模式，并结合数值模拟，分析了在地铁站内开启排烟口的模式。Drysdale[5]建造了1：15的小尺寸实验台研究金十字地铁站中自动扶梯燃烧产生的沟槽效应。研究结果表明，沟槽效应所导致的火焰加速蔓延现象是造成金十字地铁站火灾伤亡的主要原因。

国内也开展了地铁火灾烟气流动的实验研究。中国安全生产科学研究院的钟茂华和史聪灵[6]建立了1：10的小尺寸深埋岛式地铁站的模型，开展了列车火灾和站台火灾的实验，研究了站台与站厅连接处的风速以及地铁火灾时不同排烟模式的有效性。朱伟[7]在地铁站出入口的缩尺模型中进行了模拟实验，分析地铁火灾沿车站出入口烟气温度下降的规律及影响因素，对烟气分层所需条件及区域模拟方法在地铁火灾烟气特性研究中的适用性进行了讨论，通过气体成分测量，得到了CO浓度在出口处的变化规律。钟委[8]在深圳某地铁站对站厅正压送风挡烟的理论模型进行了全尺寸实验验证，并利用1：8 的小尺寸实验台对站台火灾时顶棚射流最高温度和站厅两侧出入口对于火灾烟气的蔓延现象进行了研究。纪杰[9]采用1：8小尺寸地铁模型实验台研究了地铁站内火灾烟气的流动特性，建立了地铁站台内烟气蔓延各阶段的质量卷吸速率模型。谢元一[10]在建成的成都地铁一号线开展了冷烟和热烟实验，对地铁站厅和站台的排烟性能进行了测试。

3.2 数值模拟研究

数值模拟研究是通过建立数学物理模型，模拟计算地铁车站发生火灾时的参数，得到车站内温度、速度、压力和烟气流动等参数随时空的变化。自20世纪90年代起，随着计算机技术的发展，结合流体力学、传热学和数值分析等多方面理论的计算流体力学（Computational Fluid Dynamics, CFD）技术获得较大进步，计算方法更加完善，发展并开发了许多专业性CFD应用软件，如FLUENT、PHOENICS、CFX、FDS等。CFD技术也成为火灾科学研究的重要手段，被广泛地应用到地铁车站内火灾烟气发展以及通风等分析中。现在有60～70种比较完善的火灾模型可供使用。有的模型适用于模拟计算火灾产生的环境，主要可以反映出建筑在火灾时其室内温度随时间的变化、火灾中烟气的流动、烟气中有毒气体浓度、火灾中人员可耐受时间等；有的模型适用于计算建筑、装修材料的耐火性能、火灾探测器和自动灭火设施的响应时间等。火灾烟气流动计算模拟方法可分为场模拟、区域模拟和网络模拟三大类，并衍生有场区模型、场区网模型和场区场模型等。

在国内外关于地铁车站火灾烟气流动及控制的研究中，有学者通过对[9]地铁车站烟气流动状况开展数值模拟研究，分析不同火源位置下的烟气温度场和速度场。以及对地铁火灾计算机模拟中的网格生成、网格质量、边界条件设置、物理模型的选择等方面进行了研究。Slusarczyk[11]对洛杉矶地铁的三个车站火灾时的事故通风效果进行了数值模拟，重点比较了两种不同的火灾强度下，全排风通风模式和推拉式通风模式的排热、排烟效果。Zigh[12]使用Fluent中三种不同的湍流模型对某岛式站台发生火灾时的烟气流动及温度分布进行了计算。

清华大学欧阳沁[13]研究了不同火源位置情况下地铁站内的通风模式，指出不同火灾情况应采用不同的通风模式才能达到更好的排烟效果。那艳玲[14]采用自主开发的区域模拟软件对地铁环控状态下的温度场、气流场进行了研究。对地铁火灾状态下不同地铁系统的不同站台型式、站台站厅不同位置着火以及列车不同位置着火的温度场分布规律进行了模拟分析。田沛哲[15]利用场模拟软件 CFX 对北京地铁前门站进行了数值模拟，计算了地铁在正常运行模式下、火灾运行模式下和堵塞运行模式下的风速分布、流量分布以及压力分布等，得到了三种模式下的最优通风方案。而田娟荣[16]分析比较了地铁列车中部和头部发生火灾情况下有、无屏蔽门时烟气的扩散规律，模拟结果表明屏蔽门对于火灾烟气的扩散有显著的抑制作用。

4 研究展望

地铁车站火灾从本质上讲是一类典型的非线性灾变过程，火灾的发生到发展整个过程始终贯穿着非确定性的因素，比如地铁火灾中烟气与环境系统之间的自组织、烟气羽流的混沌、烟气毒性的非线性等现象。地铁火灾现象的孕育、发生和发展，与构成灾害系统的各要素及其环境之间的非线性相互作用所产生的突变、混沌、分形、自组织等非线性现象有着密切关系。地铁火灾的非线性本质决定了未来地铁车站火灾烟气流动及控制研究需要从地铁火灾非线性系统的拓扑和演化特性入手，对地铁车站火灾的形成机理、火灾蔓延的时空非线性行为、烟气扩散的自组织特性以及毒性预测等方面开展研究工作，为火灾的发生、演化和防排烟系统的设计提供理论依据和设计指导。

对地铁火灾中的“轰燃”则需要结合地铁车站的建筑构造特点进行研究。如建立地铁车站火灾轰燃预测模型，分析火源参数、壁面温度、通风条件等控制因子对轰燃发生的影响。

研究火灾烟气毒物的分布对险情的扑救和人员的疏散具有非常重要的意义，因此烟气毒物的迁移成为目前火灾研究中的一项前沿课题。而在地铁车站这种特殊建筑结构条件中，随烟气的卷吸和扩展，烟气毒物的迁移一方面也将体现出混沌特性；另一方面随火焰的蔓延，烟气毒物在浓度差、温度梯度、反应驱动力等因素的作用下，与周边新鲜空气以及四周建筑环境之间还将发生自组织现象。在研究烟气羽流和混沌运动的基础上，分析地铁车站火灾中烟气毒性成分可能生成、发展的化学反应，对火灾轰燃前后烟气毒性成分的迁移和分布进行数值模拟，建立具有反应源项的烟气毒气蔓延模型，结合烟气毒性的评估结果，获得地铁车站火灾发生时，列车、地铁站厅、逃生通道中的毒性分布。

5 结 语

地铁车站发生火灾，其火灾烟气直接威胁到地铁乘客生命安全，并将对城市的地铁运营带来严重影响。我国现行的规范还无法完全满足地铁建设的需要，目前国内外学者采用计算流体力学工程方法开发了多种火灾烟气模型，对地铁车站内多工况、多排烟模式进行了研究，但由于地铁车站的多样性和复杂性，其模型的适用性仍有待完善。另外，由于全尺寸实验取得的数据较少，也还不能深入揭示地铁车站火灾烟气流动的规律。

因此，以后开展地铁车站火灾烟气流动及烟气控制研究除采取更多的实验研究外，还应结合实验研究对地铁火灾烟气流动模型进行优化和完善，以达到地铁火灾烟气流动及控制的计算机仿真再现用来指导制定科学、合理的防火设计方案的目的。

参考文献

[1] 陈伟红，张磊，张中华，徐伟. 地下建筑火灾中的烟气控制及烟气流动模拟研究进展[J]. 消防技术与产品信息，2004（10）：6-9.

[2] 杨立中，邹兰. 地铁火灾研究综述[J]. 工程建设与设计，2005（11）：8-12.

[3] 杨立中，邹兰. 地铁火灾研究综述（续）[J]. 工程建设与设计，2005（12）：32-35.

[4] Dong-Ho Rie. A study of optimal ventmodefor the smoke control of subway station fire[J]. Tunneling and Underground Space Technology, 2006(21)：3-4.

[5] Drysdale, D.D., Macmi1lan, A.J.R., Shilitto, D., Experimental verification of the trench effect[J]. Fire Safety Journal, 1992, 18(1): 75-82.

[6] 钟茂华，史聪灵，涂旭炜. 深埋地铁岛式站点火灾模型实验研究（1~3）[J]. 中国安全生产科学技术，2006.
[7] 朱伟，卢平，廖光煊，等，地铁车站出入口火烟气特性的模拟研究[J]. 中国工程科学，2005，7（2）：91-96.
[8] 钟委. 地铁站火灾烟气流动特性及控制方法研究[D]. 合肥：中国科学技术大学，2007.
[9] 纪杰. 地铁站火灾烟气流动及烟气控制模式研究[D]. 合肥：中国科学技术人学，2008.
[10] 谢元一. 成都地铁 1 号线一期工程车站热烟试验报告[Z]. 成都：公安部四川消防研究所，2010（9）.
[11] J.SlusarcZyk, J.R.SincIair, Bliemel M. Evaluation of emergency Ventilation in three subway station[D]. Proceeding of the 10 th International Conference of Aerodynamics and ventilation of vehicle Tunnel, 2000.
[12] A Zign，long，K Kang. CFD application for subway stations[C]. Proceeding of the 10 th Intemational Conference of Aerodynamics and Ventilation of Vehicle Tunnel, 2000.
[13] 欧阳沁，江泳，朱颖心. 地铁站台火灾排烟通风模式分析[C]. 全国暖通空调制冷 2002 年学术文集，2002.
[14] 那艳玲. 地铁车站通风与火灾的 CFD 仿真模拟与实验研究[D]. 天津：天津大学，2003.
[15] 田沛哲. 地铁通风系统火灾研究与疏导措施[D]. 北京：北京工业大学，2003.
[16] 田娟荣，周孝清，郑志敏，等. 屏蔽门对地铁火灾烟气的影响分析[J]. 暖通空调，2006(1)：101-105.
[17] GB 50157—2013. 地铁铁设计规范[S]. 北京：中国计划出版社，2013.

作者简介： 彭青松（1981—），男，目前在湖北省武汉消防支队。
通信地址：湖北省武汉市江汉区杨汉湖姑嫂树路 36 号；
联系电话：18802707531。

大型室内水乐园的防火分隔技术研究

任海生[1]，江梦梦[2]

（1. 牡丹江市公安消防支队　黑龙江　牡丹江　157000；2. 四川省法斯特消防安全性能评估有限公司，四川　成都　610036）

【摘　要】 以某大型室内水乐园为例，针对研究对象存在的防火分区面积过大问题，提出结合室内水乐园的造浪池、懒人河等水域设计“防火隔离带”，将室内水乐园划分为若干个防火控制区，尽可能地将火灾范围控制在着火区域内，防止火灾大面积蔓延。通过数值模拟方法对比分析烟气蔓延和人员疏散的计算结果，定量判定人员在火灾中疏散的安全性，进而验证方案的有效性和可行性，最终提出研究对象的合理化消防设计建议。

【关键词】 室内水乐园；消防安全；防火隔离带；防火分隔

1 引　言

近年来，随着我国经济水平的显著提高，居民生活质量也在不断改善，各种形式、规模的室内水乐园，已逐渐成为居民重要的休闲娱乐消费方式。大型水乐园内的大型设备、假山植物、水系等游乐展示设施所需平面较大，以及其特定的使用功能、建筑效果及构造需求导致室内水乐园的防火分区面积过大，难以满足现行国家规范的要求。如何破解室内水乐园防火分区面积过大的消防设计难点，成为同类工程迫切需要解决的共性问题。本文以某室内大型水乐园为研究对象，对该类工程的防火分区设计进行了探讨，研究确定合理的防火设计策略，以保障整个室内水乐园的消防安全。

2 特　点

室内水乐园属于比较特殊的一类建筑物，通过对国内外已建的室内大型戏水场所的调查分析，总结出室内水乐园的特点如下：

（1）现代的戏水场所已不仅仅是游泳、玩水，而是以水为中心，配以桑拿、餐饮、游戏、影视、售卖、表演等多种多样的功能，并将各种游玩方式尽可能地融于戏水之中，形成一个经营整体。

（2）从建筑特点来看，游乐中心内除少量休息区座椅外，基本没有固定的观众席位，水陆面积比可达到 4 : 6 左右，可燃物远比其他商业场所内的少。

（3）从运营方式、使用要求看，经营者为了保持水体的洁净，使系统运行得到充分的保证，一般要求顾客只穿泳衣方能进入游乐中心内。可以说，游乐中心内基本没有人为火源。

（4）大型轨道、旋风大喇叭等戏水设施往往高达十几米，使得建筑高度增加；造浪池、环流河等大面积水面使得建筑平域尽量扩大。从而，这类场所的室内空间越来越大，甚至超过一般的游泳馆、体育馆。而且在如此大的空间内，基本上没有柱及其他永久性构筑物，很难设置固定的消防设施。

3 案例概况及设计难点

某室内水乐园为单层建筑，建筑面积 16 376.62 m^2，高度 39.1 m。设有人造造浪池、人造沙滩、懒人河漂流、水上滑梯、水吧水寨、人造假山、戏水池等水上娱乐设施，种植有热带植物，如图 1 所示。

《建筑设计防火规范》(GB 50016—2014) 第 5.3.1 条规定：当建筑耐火等级为一、二级，且内部设有自动喷水灭火系统时，多层建筑内防火分区的最大允许建筑面积可达到 5 000 m^2。

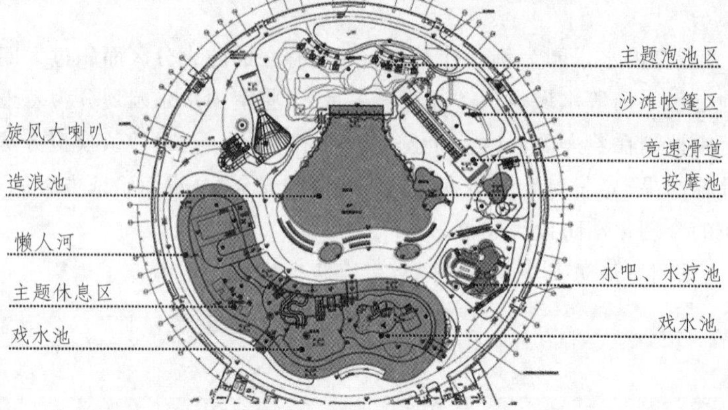

图 1 室内水乐园功能布局平面图

本研究对象内部设置有各种大型游乐设施以及假山等各种大型景观。若按照规范要求进行防火分区划分，则存在以下几个方面的难点：

（1）大型轨道、旋风大喇叭等戏水设施及造浪池、环流河、戏水池等大面积水域（图 1 蓝色阴影区域所示)，不便于人为地设置物理分隔物，若按照规范要求采用“防火墙、防火卷帘”的分隔方式划分防火分区后，必会影响室内水乐园的功能连续性及娱乐效果。

（2）由于建筑体量较大，若按照规范要求划分防火分区后，会导致部分防火分区无直通室外的安全出口。为满足防火分区内人员安全疏散的要求，必会在建筑内设置许多直通室外的疏散通道，从而破坏了室内水乐园的空间连续性，使空间的利用率降低。

（3）室内水乐园的建筑高度为 39.1 m，若采用防火墙分隔，会影响建筑内空间和视觉上的通透性。

鉴于以上原因，本着游客能在短时间内及时疏散到安全区域和有效控制、扑救火灾的理念，结合室内水乐园内部功能区域的设置情况及空间结构特点，对室内水乐园提供合理的防火分区方案，尽可能地将火灾控制在着火区域内，阻止火灾大面积蔓延，确保人员在室里水乐园内疏散的安全。

4 消防安全策略

在运用消防性能化设计方法对本案例中的消防问题提供安全策略时，将立足于建筑的实际使用功能、建筑布局以及建筑各部位可能的火灾危害特点，在保证建筑内消防安全的同时，兼顾建筑的实用性，从而在使案例的消防水平能得到保证的同时又能兼顾建筑设计、项目运营的要求。

室内水乐园水域面积约 3 450.16 m^2，约占游乐中心面积的 21.1%。建议结合游乐中心内造浪池、懒人河等水域，以及室内水乐园里通室外的安全出口，在室内水乐园里设置防火隔离带，将室内水乐园划分为若干个防火控制区，每个防火控制区的面积控制在 5 000 m^2 以内。案例的防火分区设置如图 2 所示。

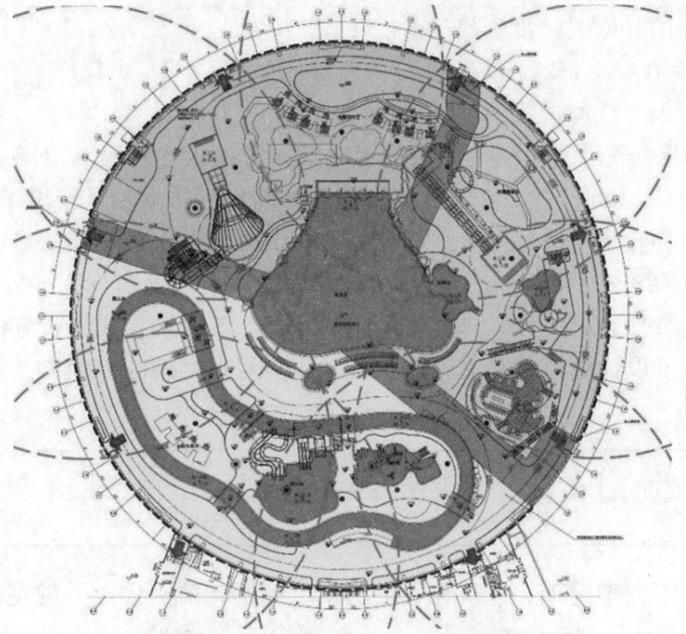

图 2 室内水乐园防火分区设置示意图

防火隔离带是在高大空间内，通过辐射模型的计算确定的具有一定宽度且可确保火灾时一侧的火焰不会辐射蔓延至另外一侧的隔离区域。此种方法已应用于国内一些新建的单体主题乐园、儿童乐园建筑以及大型商业综合体。国内部分采用了此种设计方法的工程案例如表 1 所示。

表 1 大型主题乐园案例统计表

案例名称	案例地点	大空间区域面积（m^2）	案例进展情况
青岛万达茂——室内主题乐园	青岛	12 670	已通过消防论证
呼和浩特市永泰城商业综合体	呼和浩特	27 876	已通过消防论证
哈尔滨万达茂	哈尔滨	64 000	已通过消防论证
新疆华洋广场	昌吉回族自治州	5 718	已通过消防论证
永泰·香福汇项目一号地块商业综合体	哈尔滨	75 232.12	已通过消防论证
青岛海上嘉年华	青岛	16 538	已通过消防论证
南宁万达茂——室内主题乐园及儿童乐园西区	南宁	24 782.2	已通过消防论证

火灾的蔓延是热量传递所导致的，热量传递的方式有三种：热传导、热对流、热辐射。影响火焰水平蔓延的最主要因素是辐射热的影响。为防止火灾向其他防火区域水平蔓延，最主要是防止其他防火区域的可燃物质被辐射热点燃。当前，大家通常使用能够点燃材料的辐射热通量作为该材料的点燃极限标准。将点燃可能性降到最小的方法是确保区域内出现的点火源的热辐射值不能达到材料的临界辐射值。英国标准学会（BSI）给出了部分材料的引燃极限值。NFPRF（National Fire Protection Research Foundation），FRAM（Fire Risk Assessment Method）对材料的燃烧等级进行了分类，并提出了对应这些材料被引燃的辐射热通量范围。

火灾起火后对周围的热辐射强度可以通过以下的简单辐射热模型求取：

$$I=\frac{Q/3}{4\pi x^2} \tag{1}$$

式中　I——火源对周围的热辐射强度，kW/m^2；

Q——火源的热释放功率，kW；

x——热辐射点与火源之间的距离，m。

对于火灾规模的确定可依照上海市地方标准《建筑防排烟技术规程》。上海市地方标准《建筑防排烟技术规程》(DGJ08-88—2006)第3.2节“火灾模型的确定和排烟量”给出了各类场所的火灾规模。在本工程中，保守考虑公共空间发生火灾，同时灭火系统失效，火灾规模的取值参照上海市《建筑防排烟技术规程》(DGJ08-88—2006)，取公共空间内的最大火灾规模为 8.0 mW。可燃物点燃能力参照“容易”考虑，即以可燃物的临界引燃热辐射强度为 10 kW/m^2 来确定设备设施的间距宽度是否能满足防止火灾蔓延的要求。可以计算得到起火后达到临界热辐射强度的临界距离，如表2所示。

表2　起火的临界间距

火灾规模（MW）	临界热辐射强度（kW/m^2）	临界间距（m）
8.0	10	4.6

根据计算可知，在不利情况下，要保证火灾不发生蔓延，防火隔离带的宽度应大于 4.6 m。在本案例的实际设计中，考虑1.5倍的安全系数，防火隔离带的宽度按照不小于7 m进行设计。

同时，为防止火灾通过热传导进行蔓延和保证疏散安全，本文对该防火隔离带提出以下要求：

(1)在日常使用中，为确保隔离区域的位置和范围，防火隔离带两侧应划定明显的标示，仅作为人员疏散的通道使用，严禁在其内设置任何摊点、售货亭、展示台等商业用途设施。

(2)防火隔离带范围内地面、墙面等部位的装修材料必须采用不燃材料。

(3)禁止在隔离带范围内设置任何可燃物，提供给顾客休息的设施均需采用不燃材料。

(4)防火隔离带两侧也应尽量布置火灾危险性较小的物品，为防止火灾时可燃物坍塌，倒向隔离带内，应避免在两侧集中大量布置可燃物。

(5)防火隔离带上空设置的构筑物等应采用不燃材料。

(6)防火隔离带中电线电缆应采用不燃的柔性矿物绝缘电缆，避免火灾沿电缆蔓延。

(7)室内水乐园的灭火系统应覆盖整个隔离带区域。

(8)防火隔离带作为人员的安全疏散通道，其消防应急照明的应急工作时间应满足《消防应急照明和疏散指示系统》(GB 17945—2010)的规定，不应小于 90 min，应急照明应保证地面水平照度不低于10.0 lx。

(9)防火隔离带内应设置保持视觉连续的大尺寸灯光疏散指示标志，其间距不应大于5 m。

5　室内水乐园安全性研究

5.1　确定人员疏散的判断标准

本文中采用的人员生命安全标准是根据火场环境是否达到人员不可耐受极限确定的，根据国际上普遍采用的判定条件，考虑热烟层的辐射、对流热，人员在烟气中的能见度，烟气的毒性等是否达到临界特性，判断标准如下：

(1)烟层距地板高度大于5.5 m，热烟层的温度不超过180 °C。

(2)烟层距地板高度小于5.5 m，热烟层的温度不超过60 °C，且能见度不小于10 m。

(3)烟层距地板高度小于5.5 m，CO_2浓度不得超过1%，CO浓度不超过500 ppm。

5.2 模拟场景

本文设定火源功率为 2.5 MW、8 MW。采用 FDS 进行数值模拟，模拟时间为 1 800 s，T2 快速增长火，选取室内水乐园中部以及出口附近作为起火点，见图 3，分别针对灭火系统有效和失效的工况进行模拟研究。火灾场景设置如表 3 所示。

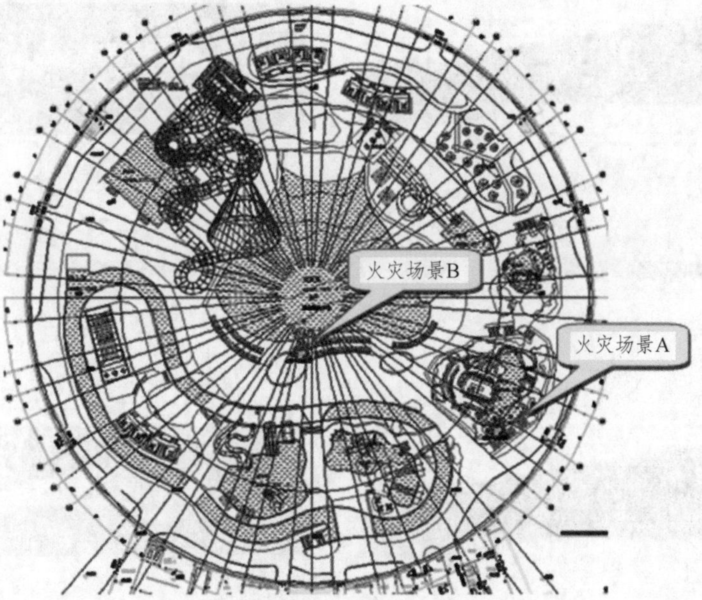

图 3 温泉游乐中心起火点示意图

表 3 火灾场景设置情况

火灾场景	火灾位置	排烟情况	喷淋情况	设计火灾规模（MW）	设计依据及说明
A1	出口附近	有效	有效	2.5	参考上海地规“有喷淋的公共场所”
A2	出口附近	有效	失效	8.0	参考上海地规“无喷淋的公共场所”
B1	中部	有效	有效	2.5	参考上海地规“有喷淋的公共场所”
B2	中部	有效	失效	8.0	参考上海地规“无喷淋的公共场所”

为了真实地体现园内的疏散人员数量，利用更衣柜计算人员数量。某室内水乐园设计更衣柜数量为 2 200 个，员工数量为 80 人，考虑 1.5 倍的安全余量，其疏散人数应为 3 420 人。

表 4 疏散场景设置情况

疏散场景	疏散区域	疏散人数	对应火灾场景
1	整体疏散	3420	A1、A2
2	整体疏散	3420	B1、B2

5.3 安全性分析

由于篇幅限制，典型模拟计算结果选取 1 800 s 时 A1，A2 场景烟气和温度分布云图，如图 4 所示，出口附近位置发生火灾时，场景 A1（喷淋有效）距离地面 5.5 m 处的能见度和温度处于安全水平，虽然场景 A2（喷淋失效）距离地面 5.5 m 处的能见度有所降低、温度有所升高，但均未降至危险临界值，因此该场景在 1 800 s 时是安全的。

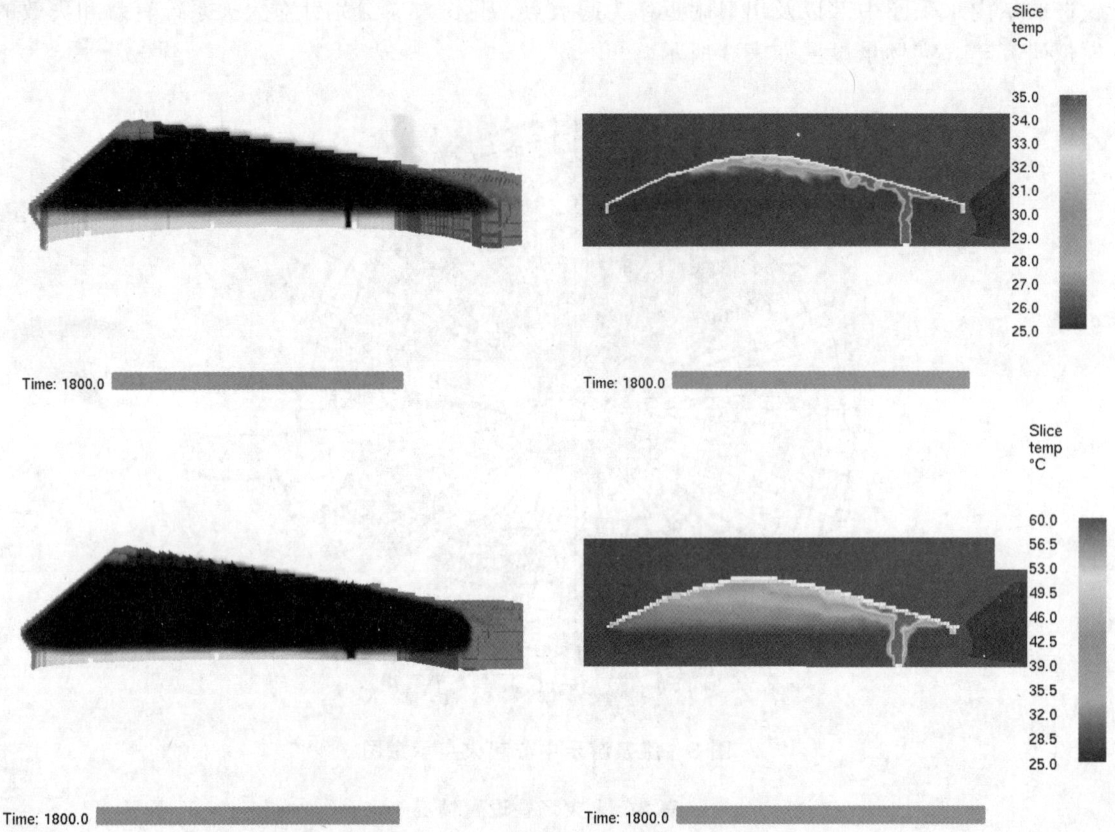

图 4　火灾场景 A1、A2 在 1 800 s 时能见度和温度模拟结果示意图

将火灾场景的各烟气特性参数（包括烟气温度、CO_2、CO 和能见度）的人员可用疏散时间 ASET 和人员疏散所需时间 RSET 进行对比，得出安全余量，如表 5 所示。

表 5　模拟结果统计表（火灾场景 A1，A2，B1，B2）

火灾场景	A1	A2	B1	B2
上层烟气温度达到 180 °C 的时间	>1 800	>1 800	>1 800	>1 800
下层烟气温度达到 60 °C 的时间	>1 800	>1 800	>1 800	>1 800
地面上方 2 m 处的 CO_2 浓度达到 1%的时间	>1 800	>1 800	>1 800	>1 800
地面上方 2 m 处的 CO 浓度达到 500 ppm 的时间	>1 800	>1 800	>1 800	>1 800
距离地面 2 m 处能见度下降到 10 m 的时间	>1 800	>1 800	>1 800	>1 800
火灾发展到致使环境条件达到人体耐受极限的时间（ASET）	>1 800	>1 800	>1 800	>1 800
从火灾发生到人员离开起火商铺所用时间（RSET）	405	405	381	381
安全余量时间	>1 395	>1 395	>1 419	>1 419
结论	安全	安全	安全	安全

在灭火系统有效（火灾场景 A1，B1）的情况下，火灾场景内的人员均能安全进行疏散，且具有一定的安全余量，火场烟气不会对人员造成伤害，能够保证各场景人员的安全疏散，达到了设定的消防安全设计目标。

在灭火系统失效（火灾场景 A2，B2）的情况下，有一定的安全余量时间，火场烟气不会对人员造成伤害，能够保证各场景人员的安全疏散，达到了设定的消防安全设计目标；

综上，通过对室内水乐园里人员安全疏散的定量分析，可知现有的消防设计方案能达到与规范要求相等同的消防安全水平，现有的消防设计可行。

6 结 论

本文以某大型室内水乐园为例，通过对国内外已建的同类型建筑的大量调研，总结分析该类建筑的火灾危险性。针对普遍存在的防火分区面积过大的问题，提出采用"防火隔离带"作为大型室内水乐园的防火分隔措施，将室内水乐园划分为若干个防火控制区，尽可能地将火灾控制在可能的着火区域内，阻止火灾蔓延，并通过数值模拟方法验证了该方案的科学性和合理性。在采取相应的安全措施，并有效保证各消防系统动作有效性的前提下，"防火隔离带"的消防安全性能够得到保证。论文成果对同类型建筑消防安全设计具有一定的参考意义。

参考文献

[1] 中华人民共和国公安部. GB 50016—2014建筑设计防火规范[S]. 北京：中国计划出版社，2014.

[2] 范维澄，孙金华，陆守香，等. 火灾风险评估方法学[M]. 北京：科学出版社，2004.

[3] 盛以军，姚倩，施佩娟. 上海某大型游乐设施项目消防系统设计探讨[J]. 给水排水，2014，51（7）：59-61.

[4] 姜红. 性能化消防设计在大型室内水上游乐场所的应用[J]. 武警学院学报，2014，30（4）：45-47.

[5] 李维. 对室内戏水游乐场所消防设计中几个问题的探讨[J]. 给水排水，2001，37（12）：70-73.

[6] 曹顺学. 室内水乐园消防设计方案探讨[J]. 消防科学与技术，2015（11）：1462-1464.

浅谈公路隧道的性能化防火设计

任海生
（牡丹江市公安消防支队，黑龙江 牡丹江 157000）

【摘　要】 根据性能化的指导思想，总结近年来国内外一些公路隧道、地铁隧道、建筑的防火设计，对于公路隧道的防火安全问题的性能化设计进行了初步探讨。采用性能化防火设计的方法，在隧道的设计、建造、使用中应采取必要的防范火灾的消防安全技术措施，使隧道在耐火等级、防火分隔和消防设施上符合消防安全要求。

【关键词】 公路隧道；性能化防火设计；消防安全；防火保护

1 概　述

性能化防火设计运用消防安全工程学的基本原理和方法，考虑火灾本身发生、发展和蔓延的基本规律，结合实际火灾中积累的经验，通过对建筑物及其内部可燃物和火灾危险性进行综合分析和计算，从而确定性能指标和设计指标。然后再预定各种可能起火的条件和由此所造成的火、烟蔓延途径以及人员疏散情况，来选择相应的消防安全保护措施，为建筑物提供足够的消防安全保障。目前国内外都非常重视性能化防火设计方法的研究和应用工作，我国已进行了许多卓有成效的研究，在许多大型建筑中也得到了初步应用。

从目前国内现行有关规程和规范来看，尚未对隧道的防火设计及消防设施有较具体的规定，未对隧道发生火灾时的人员疏散方式有较明确的规定。因此为解决公路隧道火灾所带来的诸多灾难性问题，采用性能化防火设计的方法，是一条十分可行的途径。借鉴国内外先进的消防技术、消防产品，在现行消防技术规范的基础上，采用经济合理的性能化防火安全设计方案，并得出一套完善可行的消防技术规定，有必要对隧道内火灾发生情况进行分析，找出较完善的隧道人员疏散方式。同时，在疏散过程中，必须较好地控制火灾烟气排除方向与人员疏散方向相反，以保证公路隧道的消防安全。根据性能化的指导思想，总结近年来国内外一些公路隧道、地铁隧道、建筑的防火设计，笔者对于公路隧道防火安全问题的性能化设计进行了探讨。采用性能化防火设计的方法，在隧道的设计、建造、使用中应采取必要的防范火灾的消防安全技术措施，使隧道在耐火等级、防火分隔和消防设施上符合消防安全要求。

2 隧道的消防安全性能化设计方法

根据隧道的火灾原因和火灾隐患及隧道火灾中烟气流动和火势蔓延的特性，在隧道的设计、建造、使用中应采取必要的防范火灾的消防安全技术措施，使隧道在耐火等级、防火分隔和消防设施上符合消防安全要求。基于隧道火灾蔓延快、温度高、扑救条件差的特点，为了使隧道火灾发生后损失减少到最少，我们应该区分不同的火灾危险等级，从以下几个方面来考虑防火安全设计：① 对结构防火保护进行设计，以提高隧道本身结构的耐火性能；② 设计完善的灭火及控火系统；③ 设置有效的防排烟系统；④ 提供易于逃生的安全疏散通道；⑤ 科学的主动和被动监测系统；⑥ 隧道的防火分隔设计。以上安全措施互相补充协调，共同发挥作用，对隧道火灾进行防范和控制。

2.1　对结构防火保护进行设计，以提高隧道本身结构的耐火性能

从隧道火灾对其结构产生破坏和造成影响的教训可知，在隧道防火设计中有必要对其内部结构进行防火处理。钢筋混凝土构件是一种不燃烧体，具有良好的耐火性，在空气中或高温作用时不起火、不微燃、不炭化，它虽然是不燃材料，但实际上防火隔热性能较差，其原因是：预应力钢筋混凝土在 300 °C 时，强度开始下降，600 °C 时强度降低一半左右，800 °C 时，强度几乎丧失。混凝土在高温作用下会产生裂纹和强度丧失而造成破坏。图 1 是高温下混凝土的强度与温度关系。

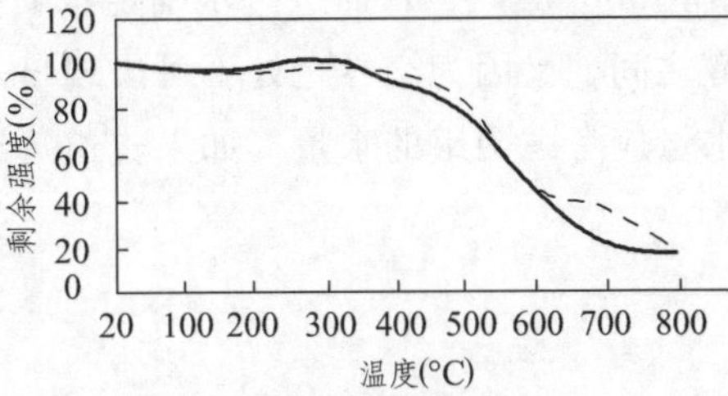

图 1　高温下混凝土的强度与温度关系

由图 1 可知，温度在 300 °C 以下时，混凝土强度变化不大。当温度高于 300 °C 时，混凝土的强度随着温度升高而降低。当温度升到 600 °C 左右时，混凝土的强度下降约 50%。在隧道火灾中，有关实验表明：隧道中型火灾（相当于两辆货车相撞引起的火灾）发生 3 min 左右，隧道顶部温度可达 1 000 °C 左右。在半小时左右，隧道顶部钢筋表面混凝土酥裂，黏着力受到破坏，钢筋失去保护层而断裂垮塌，从而使构件承载力下降甚至失效，引起大的坍塌，侧壁也会失去稳定。

对隧道内部提供结构防火保护，提高隧道本身结构的耐火等级，使耐火极限达到 2 小时以上是很有必要的。在结构防火构造设计上，隧道的长度、车流量以及温度变化曲线等都是我们应予以重视的，应采用 H-C 曲线作为防火构造的依据。隧道所用的材料耐火极限应为 1.5 ~ 3 h。目前，隧道内防火保护材料一般采用喷涂隧道防火涂料和防火板材的方式，以提高其耐火等级，防止隧道内钢材混凝土在火灾中迅速升温而降低强度，避免混凝土炸裂及衬内钢筋破坏失去支撑能力而导致的隧道内垮塌，防止墙体内埋的电缆等设施被烧坏。

2.2　设计完善的灭火及控火系统

由于隧道火灾的危害性，为使隧道火灾范围尽量得以控制，应将隧道火灾扑灭于初起阶段。因此我们在隧道防火设计中必须考虑灭火及控火设施。在隧道内应配备必要的灭火器材，设置消火栓系统以及便携式灭火器材。隧道的灭火系统设施目前主要采用了灭火器、消火栓和水喷雾系统。

（1）隧道内可能发生的火灾多为 A，B 类及带电火灾。灭火器用于扑灭初期阶段火灾，一般选用磷酸铵盐干粉灭火器和轻水泡沫灭火器。在隧道内壁每隔一段距离配置一定的消防灭火器材是很有必要的。

（2）消火栓系统是在火灾扩大而灭火器不起作用时使用的。在隧道的两侧间隔一定距离设置墙式消火栓，系统供水管道应形成环网，在比较长的隧道设计中还应考虑到管道的水流损失。消防泵的启

动方式，目前我国主要采用消火栓箱内的按钮启动、泵房内手动启动、控制中心遥控启动并显示水泵开启状况三种方式组合。此外还应考虑操作对象使用的方便，既要使现场人员（非职业队员）方便进行灭火，又要适合消防队员进行救援时的需要。在日本的隧道中，墙式消火栓的启动杆与消火栓喷嘴设计成联锁动作，只要拉出喷嘴，水泵即同时启动开始喷水。这对于非职业人员在火灾初期时扑救火灾相当方便。

（3）在隧道设计中，自动灭火形式目前主要还是考虑水喷雾系统。如果采用闭式系统，无法确定设计所需打开的喷头数，从而难以设定设计参数，所以一般都采用开式的水喷雾系统。

在隧道内部火灾发生后并扩大时，采用水喷雾系统主要是压制火势，冷却热气流，防止车辆及车上装载货物的火势蔓延，对隧道及各种设备的防护起到一定的效果，同时可以为人员的疏散争取时间，为扑救作业提供便利。

水喷雾的设计按隧道允许通行车辆的情况来假定火灾的规模，小轿车（潜热值 5～10 MW）、卡车（潜热值 100 MW）、油罐车（潜热值 300 MW），从而进一步确定水喷雾的用水量及一组的保护范围。考虑到火灾可能发生在两组水喷雾之间，又因为交界之处不可出现喷水盲区，两组水喷雾需要同时作用，因此在设计中水喷雾系统用水量应考虑两组的水量。如果隧道每组水喷雾的保护长度按 30 m 设计，则水量应按 6 L/(min · m)计算。

2.3 隧道的通风排烟设计

隧道火灾烟气流动和火焰传播、扩散是一个十分复杂的现象，尚待从理论分析、试验技术等方面进行深入的研究、探讨。隧道火灾危害主要来自于烟气和火势蔓延，而烟气的扩散和火焰传播的速度完全被隧道气流控制。大量的研究表明，导致隧道火灾中人员死亡的主要原因是逃生过程中吸入了有毒的烟气。因此，在长距离隧道中对烟气流进行合理的控制是相当重要的。在隧道的通风排烟设计中，需要对隧道火灾中烟气流动和火焰传播速度的特性有一定的了解。

2.3.1 隧道火灾中烟气流动的特性

（1）无风隧道中烟气自由流动扩散的主要特性。其特征表现为缓慢而非稳定的流动扩散过程。火灾初起阶段，烟气在隧道上部空间呈流束状纵向延伸，同时逐渐向下部空间的空气区横向扩展。这种烟气、空气的分层作用将随着烟气的扩散逐渐减弱以致消失，在一定距离处以全断面的烟气流状态继续扩散，已形成的流束状烟气也渐趋消失，其结果为在隧道中形成大范围、高浓度的烟气危害区。在火灾初起阶段，利用烟雾、空气的分层现象和烟雾缓慢扩散的特性，可对防灾起到积极作用。但是，当自由扩散形成烟气危害区后，将对防灾产生十分不利的影响。利用通风气流改变这一流动扩散形态，将对控制隧道火灾、防灾产生明显的作用。

（2）在自然风控制下隧道中的烟气受限流动扩散特性。其特征表现为：在下部烟气区，燃烧生成的烟气即刻被气流裹携，并在强烈的混掺作用下很快扩散至整个流区空间。烟雾区位置和对烟雾的稀释程度，是与火灾的强度和发生位置密切联系的。在少数特定的条件下，直接利用自然风控制火灾烟雾可以获得良好的防灾效果，但大多数情况下将对防灾产生不利影响甚至造成严重后果。因此，利用风机对气流的调节作用，改变烟雾扩散形态对控制隧道火灾是十分必要的。

隧道通风与隧道火灾的控制及防灾有着十分密切的关系，如何防止因烟气和火势蔓延危害而导致的火灾的严重后果，是隧道通风防灾技术中的一个关键问题。通过气流的调控改变烟气和火焰传播扩散的特性不仅是可行的，而且也是必要的。

2.3.2 隧道火灾中火焰传播速度的特性

在一绝热的混凝土长管中充满混合均匀的燃气(混气),在管的一端加热点燃混气,使之形成火焰。此后依靠导热的作用将能量输送给火焰邻近的冷混气层,使这些层的混气温度升高而引起化学反应(燃烧),并形成新的火焰。这样,一层一层的新鲜混气依次着火,如图 2 所示,也即薄薄的化学反应区—火焰前峰(或波前)开始由点燃的地方向未燃混气传播,它使已燃区和未燃区之间形成了明显的分界线。火焰位移速度是火焰前峰相对于实验坐标系在未燃气中前进的速度,其前峰的法向(正交)指向未燃气体,见图 3。若火焰前峰在 t 和 $t+\mathrm{d}t$ 时间间隔内的位移为 $\mathrm{d}n$,则位移速度为

$$u=\frac{\mathrm{d}n}{\mathrm{d}t}$$

火焰传播速度(在正常传播过程中又称正常传播速度或正交速度)是火焰相对于远处的未燃混气在其法线方向上的速度。

若设火焰前峰的位移速度为 u,未燃气流速为 w,它在火焰前峰法向(正交)上的分速度为 w_n,则火焰传播速度 s 为

$$s=u\pm w_n$$

在无风隧道火灾中,气流特征表现为缓慢而非稳定的流动扩散过程。气流速度约等于零,即 $w=0$ 时,$s=u$,这时火焰移动的速度就是火焰传播速度。此时火源正上方的顶棚温度将升高,通过辐射热量的返回,燃烧速度将猛烈增加,将对防灾产生十分不利的影响。因此,如果使隧道内产生一定程度的气体流动,利用通风气流改变这一火焰传播的状态,对控制隧道火灾、防灾将会产生显著的作用。

在自然风控制下,隧道火灾中的气流受限流动,当位移速度 u 与气流速度的方向一致时,取负号,反之取正号。利用射流风机对气流的调节作用,改变火焰传播扩散方向和速度来控制隧道火灾是十分必要的。

利用风机改变隧道火灾中的自然风状态(包括静止状态),气流完全被控制而强制流动,这时位移速度 u 与气流速度的方向一致,$s=u-w_n$。由于气流的调控不仅可以进行不同幅度的增速、减速调节,而且还能改变流动的方向,因此,被调控气流所控制的火焰传播也随之变化。如果是一定程度的风速,和敞开空间的火焰传播燃烧速度差不多,且连续稳定燃烧;如果风速减弱,火焰传播燃烧速度将猛烈增加。认识这种火焰传播扩散特性对控制隧道火灾是非常重要的。

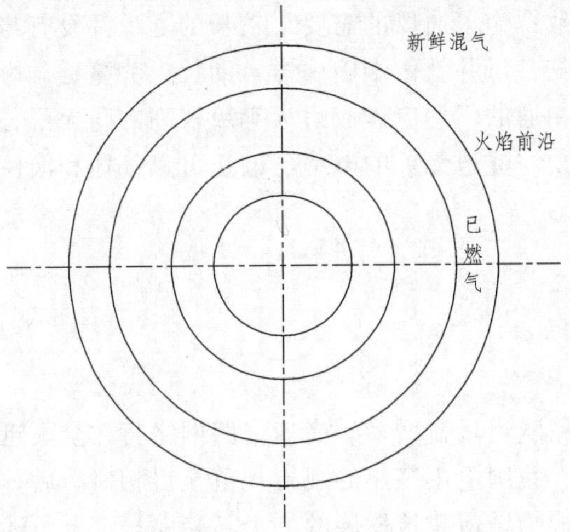

图 2 火焰传播示意图

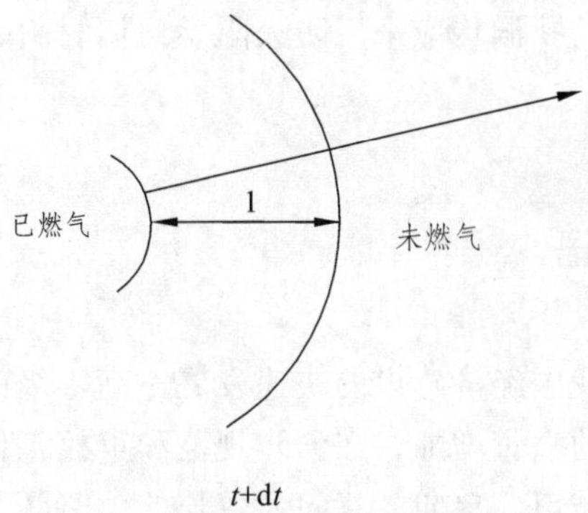

图 3 火焰传播速度方向示意图

根据隧道火灾中烟气流动和火焰传播速度的特性，目前隧道排烟设计基本上与通风设计相结合，在正常情况下具有通风功能，满足环保的要求；而在火灾情况下为排烟、控烟功能，其主要目的是为在场人员创造一个安全的疏散路线，同时帮助救火人员顺利到达火灾现场。排烟的方式可以分为横向排烟和纵向排烟两种。

横向排烟方式是通过沿隧道的整个长度持续均匀的送风或排风实现的。目前采用横向排烟方式时，在较长的隧道中大部分选用全横向排烟方式。全横向排烟方式具有正常交通运行时最好的通风效果和火灾时迅速排烟的安全性。

2.4 隧道的安全疏散设计

安全疏散始终在防火设计中占有很重要的位置。特别是在较长的隧道中，如何来确定人员疏散方式及疏散距离更为重要。隧道内应设事故照明和明显的安全疏散引导标志，以便火灾时指示人们的避难方向。在隧道及连接通道中应设置应急照明，它能在隧道供电中断及发生火灾时起到诱导疏散作用。应急照明由交流及直流蓄电池电源供电，维持30 min供电。根据经验，设置低位诱导标示对人员的及时疏散和逃生具有明显的意义。为提高应急措施的可靠性，应靠连接通道一侧沿线设置诱导标识灯。在灾情时，人员可迅速由此进入安全通道疏散，并指令另一隧道管停止交通以供人员疏散。

2.5 隧道的监测系统设计

早期发现起火点，并且及时地采取措施，使其不扩大成灾是我们在消防设计中的一个重要环节。在隧道内根据NFPA502《公路隧道、桥梁及其他限制公路标准》的要求，自动火灾探测系统必须能够在15 m范围内确定火灾的位置，且必须至少提供两种探测系统，确定及定位隧道内的火源。

设置火灾自动报警系统作为一种主动监测方式，一般设在电缆层和车行段。由于在火灾发生后会产生、聚集大量的烟及热，且在隧道中一般的风速为2～10 m/s，在车行段采用传统的烟感或温感似乎很难探测到准确位置，这样联动水喷雾系统灭火就很难达到效果。所以在设计中报警系统探测器的选用上应充分考虑到报警点和实际着火点位置的误差及以后的维护。

隧道应设置闭路电视监控系统作为被动监测系统，由控制中心值班员监视整条隧道，可以在发生火灾（或其他灾情）时与自动监测系统配合，及时了解准确的地点、现场和灾害和乘客疏散情况。

2.6 隧道的防火分隔设计

为了防止火灾蔓延及烟气扩散，较长的隧道应结合隧道本身的结构或隧道内的通风区域，划分成若干个防火防烟分区，防烟分区应与防火分区一致；为了通风的需要，较长的隧道都设有与隧道相连的风中，而风井一般都较高，如果隧道内发生火灾，风井就像烟囱一样，助长火势蔓延，影响风井内的所有设备。因此将风井与隧道之间分隔，所有相通的门均应做成耐火等级较高的防火门，凡风井与隧道相连的孔洞均应采用防火阻燃封堵材料；严禁与隧道无关的电缆、输送可燃气体和液体的管线穿越隧道。

3 结 语

随着我国经济建设的快速发展，高等级的公路隧道日益增多，高速公路网络将在全国迅速形成，公路隧道的大量增加，在消防规范和审核工作中，我国沿用多年的现行规范显得相对滞后。特别是在沿海发达城市，单向、双向、较长的公路隧道正成为城市建筑发展的一个新趋向。综上所述，隧道的防火设计是一门综合性科学，是多专业共同采取安全措施的综合体现。我们可以在学习国外先进经验技术的基础上，利用性能化设计的思想来弥补现行方式防火规范的不足，在隧道的设计、建造和使用中对火灾进行防范和控制，以适应飞速发展的社会需求，保证公路隧道的消防安全，最大限度地保障人民生命财产安全。

参考文献

[1] 兰利敏译. 交通隧道的防火——大规模试验的初步研究结果[J]. 隧道译丛，1994（2）.

[2] S.Kotch, G.Yamanaka. Air flow analyses in a longitudinally ventilated road tunnel on a fire AsmE/JsmE[J]. Thermal engineering Proceedings Volume 5-AsmE，1991.

[3] 覃文清，李凤. 材料表面涂层防火阻燃技术[M]. 北京：化学工业出版社，2004.

[4] 程文襄. 混凝土及砌体结构[M]. 武汉：武汉大学出版社，2004.

[5] 李元洲，等. 隧道火灾烟气发展的模拟计算研究[J]. 中国工程科学，2004，2（6）：67-72.

[6] 彭立敏，等. 隧道火灾后衬砌承载能力的可靠度评估方法[J]. 中国铁道科学，1998，4（19）：88-94.

作者简介： 任海生，工程师，男，牡丹江市公安消防支队防火监督处处长，主要从事消防监督管理及建筑防火审核工作。

通信地址：黑龙江省牡丹江市爱民区东地明街186号，邮编：157000；

联系电话：15765036111。

电气火灾成因分析与预防对策

孙广迪

（天津市公安消防总队武清支队，天津　301700）

【摘　要】　近年来，随着电能的广泛应用，电气火灾一直居高不下。本文阐明了电气火灾的特点及其危害的主要表现，并运用事故的轨迹交叉理论，阐述了造成电气火灾的直接原因和间接原因，近而有针对性地提出了预防电气火灾的对策措施。

【关键词】　电气火灾；轨迹交叉理论；成因；预防对策

1　电气火灾的危害

近年来，我国发生的电气火灾数量一直居高不下，每年都在10万起以上，占全年火灾总数的30%左右，在各类火灾原因当中居首位。近几年，在全国范围内造成较大社会影响的几起火灾事故，如2012年6月30日天津市蓟县莱德商厦火灾，2014年1月11日云南省迪庆藏族自治州香格里拉县独克宗古城如意客栈火灾，2014年11月16日山东寿光龙源食品公司火灾，2015年5月25日河南省平顶山市鲁山县康园老年公寓火灾，均是因电气设备使用不当或电气线路故障而引发。因此，随着我国经济的发展，不断研究我国电气火灾发展的规律，采取必要的预防对策，对抑制电气火灾是非常必要的。

2　事故的轨迹交叉理论

轨迹交叉理论作为一种事故致因理论，其基本思想是：伤害事故是许多互相关联的事件顺序发展的结果。这些事件可以被概括为人和物两个发展系列。当人的不安全行为和物的不安全状态在各自发展过程中（轨迹），在一定时间、空间发生了接触（交叉），能量“逆流”于人体时，伤害事故就会发生。而人的不安全行为和物的不安全状态之所以产生和发展，又是受多种因素作用的结果。人和物两大系列的运动并不是完全独立运行的。人的不安全行为和物的不安全状态互为因果，互相转化。这个轨迹交叉事故模型反映了绝大多数事故的情况。

实际情况中，只有少量事故是和人的不安全行为或物的不安全状态无关的。绝大多数事故是与二者同时相关的。

人的不安全行为和物的不安全状态是造成事故的表面的、直接的原因，在它们后面还有若干更深层次的基础原因（社会原因）和间接原因，（管理缺陷），管理缺陷是造成事故的间接原因也是本质的原因。这些原因可以表示如下：

遗传因素、经济、文化、社会环境影响、教育培训→生理和心理状态、知识技能情况、工作态度、规章制度、人际关系、领导水平→人的不安全行为。

设计、制造缺陷、标准缺乏→维护保养不当、保管不良、故障、使用错误→物的不安全状态。

事故的轨迹交叉理论为我们分析事故原因并采取措施有效预防事故发生提供了这样的思路：找出

造成事故的直接原因，进一步分析直接原因，总结其间接原因，有针对性地制定预防事故发生的对策措施。

3 电气火灾的成因

3.1 短路

凡电流未经一定的用电负载、阻抗或未按规定路径而就近自成通路的状态，称为短路。如几条相线直接碰触在一起，或者中性点接地系统的相线与零线或大地相碰等。此时导线的发热量剧增，不仅能使绝缘层燃烧，而且还会使金属熔化或引起邻近的易燃、可燃物质燃烧而酿成火灾。短路是电气设备最严重的一种故障状态。发生短路的原因主要有：① 电气设备的选用和安装与使用环境不符，致使其绝缘体在高温、潮湿、酸碱环境条件下受到破坏。② 电气设备使用时间过长，超过使用寿命，绝缘老化发脆。③ 使用维护不当，长期带病运行，扩大了故障范围。④ 过电压使绝缘击穿。⑤ 错误操作或把电源投向故障线路。短路时，在短路点或导线连接松弛的电气接头处，会产生电弧或火花。电弧温度很高，可达 6 000 °C 以上，不但可引燃它本身的绝缘材料，还可将它附近的可燃材料、蒸汽和粉尘引燃。电弧还可能是由于接地装置不良或电气设备与接地装置间距过小，过电压时使空气击穿引起。切断或接通大电流电路时，或大截面熔断器爆断时，也能产生电弧。

3.2 电器设备过载

当电流通过导线时，由于导线有电阻存在，便会引起导线发热。过载是指电气设备或导线的功率和电流超过了其额定值。发生设备过载的原因主要有：① 设计、安装时选型不正确，使电气设备的额定容量小于实际负载容量。② 导线截面选得过细，与负荷电流值不相适应。③ 乱拉电线，过多地接入用电负载。电气设备或导线的绝缘材料，大都是可燃材料。属于有机绝缘材料的有油、纸、麻、丝和棉的纺织品，还有树脂、沥青、漆、塑料、橡胶等。只有少数属于无机材料，例如陶瓷、石棉和云母等是不易燃材料，过载使导体中的电能转变成热能，当导体和绝缘物局部过热，达到一定温度时，就会引起火灾。我国不乏这样的惨痛教训:电线电缆上面的木装板被过载电流引燃，酿成商店、剧院和其他场所的巨大火灾。

3.3 接触电阻过大

在电气回路中有许多连接点，这些电气连接点不可避免地产生一定的电阻，这个电阻叫做接触电阻。正常时接触电阻是很小的，可以忽略不计。但不正常时，接触电阻显著增大，使这些部位局部过热，金属变色甚至熔化，并能引起绝缘材料、可燃物质的燃烧。电气连接点接触电阻过大的原因主要有：① 铜、铝相接并处理不善。铜铝连接处，因有约 1.69 V 电位差的存在，潮湿时会发生电解作用，使铝腐蚀，造成接触不良。② 接点连接松弛。螺栓或螺母未拧紧，使两导体间接触不紧密，尤其在有尘埃的环境中，接触电阻显著增大。当电流流过时，接头发热，甚至产生火花。③ 烘烤电热器具（如电炉、电熨斗等）、照明灯泡，在正常通电的状态下，就相当于一个火源或高温热源。当其安装不当或长期通电无人监护管理时，就可能使附近的可燃物受高温而起火。

4 电气线路的预防对策

通过对近年来发生的重特大电气火灾事故起火源的统计分析，结果表明，电气线路是引发电气火灾的主要起火源，占51.35%，其中低压电气线路火灾又占电气线路火灾的90%以上。由此可见，建筑的电气火灾预防应着重做好电气线路的防火措施。

电气线路是用于传输电能、传递信息和宏观电磁能量转换的载体，电气线路火灾除了由外部的火源或火种直接引燃外，主要是由于自身在运行过程中出现的短路、过载、接触电阻过大以及漏电等故障产生电弧、电火花或电线、电缆过热，引燃电线、电缆及其周围的可燃物而引发的火灾。通过对电气线路火灾事故原因的统计分析，电气线路的防火措施主要应从电线电缆的选择、线路的敷设及连接、在线路上采取保护措施等方面入手。

4.1 电线电缆的选择

根据使用场所的潮湿、化学腐蚀、高温等环境因素及额定电压要求，选择适宜的电线电缆。同时根据系统的载荷情况，合理地选择导线截面面积，在经计算所需导线截面面积基础上留出适当增加负荷的裕量。

4.1.1 普通电线电缆

普通聚氯乙烯电线电缆的适用温度范围为 - 15 ~ 60 °C，使用场所的环境温度超出该范围时，应采用特种聚氯乙烯电线电缆。普通聚氯乙烯电线电缆在燃烧时会散发有毒烟气，不适用于地下客运设施、地下商业区、高层建筑和重要公共设施等人员密集场所。交联聚氯乙烯电线电缆不具备阻燃性能，但燃烧时不会产生大量有毒烟气，适用于有清洁要求的工业与民用建筑。橡胶电线电缆的弯曲性能较好，能够在严寒气候下敷设，适用于水平高差大和垂直敷设的场所以及移动式电气设备的供电线路。

4.1.2 阻燃电线电缆

阻燃电缆是指在规定的试验条件下被燃烧，能使火焰蔓延仅在限定范围内，撤去火源后，残焰和残灼能在限定时间内自行熄灭的电缆。阻燃电缆的性能主要用氧指数和发烟性两个指标来评定。材料的氧指数越高，表示它的阻燃性越好。阻燃电缆按燃烧时的烟气特性可分为一般阻燃电缆、低烟低卤阻燃电缆和无卤阻燃电缆3大类。电线电缆成束敷设时，应采用阻燃型电线电缆。当电缆在桥架内敷设时，应考虑在将来增加电缆时，也能符合阻燃等级，宜按近期敷设电缆的非金属材料体积预留20%裕量。电线在槽盒内敷设时，也宜按此原则来选择阻燃等级。在同一通道中敷设的电缆应选用同一阻燃等级。阻燃和非阻燃电缆也不宜在同一通道内敷设。非同一设备的电力与控制电缆若在同一通道时，宜互相隔离。

4.1.3 耐火电线电缆

耐火电线电缆是指规定试验条件下，在火焰中被燃烧一定时间内能保持正常运行特性的电缆。耐火电缆按绝缘材质可分为有机型和无机型两种。有机型主要是采用耐800 °C高温的云母带以50%的重叠搭盖率包覆两层作为耐火层；外部采用聚氯乙烯或交联聚氯乙烯为绝缘层，若同时要求阻燃，只要绝缘材料选用阻燃型材料即可。有机型耐火电缆加入隔氧层后，可以耐受950 °C高温。无机型是矿物绝缘电缆。它是采用氧化镁作为绝缘材料、铜管作为护套的电缆，国际上称为MI电缆。耐火电线电缆主要适用于在火灾时仍需要保持正常运行的线路，如工业及民用建筑的消防系统、应急照明系统、救生系统、报警及重要的监测回路等。耐火等级应根据火灾时可能达到的火焰温度确定。火灾时，由于环境温度剧烈升高，导致线芯电阻增大，当火焰温度为800 ~ 1 000 °C时，导体电阻增大3 ~ 4倍，此时仍应保证系统正常工作，需按此条件校验电压损失。耐火电缆应考虑自身在火灾时的机械强度，因此，明敷的耐火电缆截面面积应不小于 2.5 mm^2。应区分耐高温电缆与耐火电缆，前者只适用于高温环境。一般有机类的耐火电缆本身并不阻燃。若既需要需耐火又要满足阻燃，应采用阻燃耐火型电缆或矿物绝缘电缆。

4.1.4 电线电缆截面面积的选择

电线电缆截面面积的选型原则应符合下列规定。通过负载电流时，线芯温度不超过电线电缆绝缘所允许的长期工作温度。通过短路电流时，不超过所允许的短路强度，高压电缆要校验热稳定性，母线要校验动、热稳定性。电压损失在允许范围内。满足机械强度的要求。低压电线电缆应符合负载保护的要求，TNT 系统中还应保证在接地故障时保护电器能断开电路。

4.2 电气线路的保护措施

为有效预防由于电气线路故障引发的火灾，除了合理地进行电线电缆的选型，还应根据现场的实际情况合理选择敷设方式，并严格按照有关规定规范线路的敷设及连接环节以保证线路的施工质量。此外，低压配电线路还应按照《低压配电设计规范》(GB 50054—2011)及《剩余电流保护装置安装和运行》(GB 13955—2005)等相关标准要求设置短路保护、过载保护和接地故障保护。

5 结束语

引发电气火灾的间接原因主要为公民忽视用电安全，缺乏用电知识和不严格执行规章制度以及操作规程。广泛开展电气火灾预防专项宣传，改善用电环境的防火条件不失为一项治本之策。面对日益严峻的电气火灾形势，每个公民都应以主人翁的意识积极预防电气火灾的发生。

参考文献

[1] 中华人民共和国公安部消防局.消防安全技术实务[M]. 北京：机械工业出版社，2016.

[2] 中国就业培训技术指导中心.安全评价师[M]. 北京：中国劳动社会保障出版社，2008.

作者简介：孙广迪，男，天津市公安消防总队武清支队火灾调查科科长，工程师，主要从事消防监督工作。
通信地址：天津市武清区下朱庄嘉河道与清源路交口，邮编：301700；
联系电话：13622189018。

关于地铁灭火救援的思考

何　荣

（广西壮族自治区公安消防总队，广西　南宁　530000）

【摘　要】　随着我国经济的不断发展，人口总量不断增大，道路拥堵成为城市发展新课题，社会公共交通所面临的压力与日俱增，于是人们越来越多地采用地铁这一快捷便利的现代化交通工具。但地铁因其特殊的环境和空间位置，发生灾害特别是火灾时的严重后果不可估量。现代地铁消防安全设计，确实已经针对常见的事故灾害，通过固定消防设施的设置等措施做了较为充分的准备，但是考虑到极限、极端情况，其还存在先天不足。本文针对地铁消防安全状况及存在的问题，从灭火救援的应用角度，结合消防专业知识和基层消防部队的实战经验，提出有针对性的具体对策，为消防指挥员在地铁火灾扑救中提供一定的参考和帮助，进而为地铁消防工作提供改革、创新的方法及策略。

【关键词】　消防；地铁；灭火救援

1　引　言

近年来，城市地铁迅猛发展，国内外许多城市纷纷开通地铁，在带给市民便利的同时也发生了一些火灾事故。国内众多相关领域的专家们注意到了地铁火灾的危险性，对地铁火灾进行了科学研究，分析了灭火救援活动中的扑救方法及对策中存在的问题，为扑救地铁火灾灭火救援提供了宏观的理论指导。

地铁消防安全俨然成为城市建设快速发展中突显的一个新课题。地铁消防安全设计，确实已经针对常见的事故灾害，通过固定消防设施的设置等措施做了较为充分的准备，但是考虑到极限、极端情况，其还存在先天不足。这些不利情况，可以通过改进地铁灭火救援战法进行改善。而地铁灭火救援技术，是除了地铁设计防火避险技术以外的另一必备安全技术支撑。因为出现晚、发展快，在诸如“消防员安全防护、隧道救援专用设备”等实际应用中，还有很多技术难题亟待解决。

2　现状分析

2.1　地铁的特点

地铁系统一般包括:车站、行车隧道、控制中心、主变电站和车辆段，其中控制中心、主变电站和车辆段一般位于地上。位于地下的车站一般由站厅、站台、车站值班控制室、车站变电所及其他设备用房等组成。车站设备用房主要有：通信设备室、信号设备室、变电所的控制室、高压室、变压器室、低压室、整流变压器室、环控电控室等。

2.1.1　建筑特点

地铁建筑结构复杂，地铁车站建于地下，一般距地面 13 ~ 15 m，有的深度更大，以广西南宁地铁

1 号线为例，其朝阳广场站整个站体将向下挖掘 32 m，相当于 10 层楼的深度。一般设置两层：上层为站厅层，下层为站台层。隧道顶部一般设有动力线路，两壁铺设有通信电缆和设备电缆，底部侧壁设有消防给水管道等。地铁车站通道较少，一般站台层与站厅层之间由 2 ~ 4 个竖向通道连接，站厅层与地面之间设有 2 ~ 8 个出入口。

2.1.2 运行特点

地铁作为城市交通的主要运输工具之一，主要有两方面特点：一是运行频繁，地铁列车车厢一般采用全钢焊接结构，铝合金厢体。运行最高时速一般为 80 km/h，平均时速为 35 km/h。地铁列车运行频繁，间隔时间较短，一般为 2 ~ 5 min。二是客流量大，车厢之间贯通，早期建造的地铁列车车厢采用独立设计，在连接处设有贯通门。地铁列车载客量大，不少都满负荷，甚至超负荷运行。南宁地铁日均载客量超过了 43 万人次，广州地铁日均客流量高达 777 万人次，而且随着夏季到来，载客量还在进一步增加。

2.1.3 消防设施特点

地铁规范后比较完善的安全疏散设施包括：火灾自动报警系统、自动灭火系统、室内消火栓给水系统和防排烟系统等。

2.2 地铁火灾的特点

分析地铁系统的空间火灾荷载可知，其本身的结构特点，即“地下密闭环境、电器设备密集”，决定了地铁系统的火灾诱发因素，除了人为暴恐行为外，主要来自于系统内电气设施自身的危险性。

2.2.1 高温浓烟威胁

地铁发生火灾，各种可燃物质的燃烧，都会产生大量的烟雾和热量，烟雾水平蔓延快，烟囱效应强，会在短时间内迅速充满整个地铁站，包括地下站台层、区间隧道、站厅层和疏散通道等区域，极易引起人们的中毒窒息，造成伤亡，是灭火进攻和抢救人命的最大障碍。

2.2.2 人员疏散不易

地铁电动客车乘客多，地铁隧道狭窄，隧道内地面有很多设备，道路不平，障碍物多，乘客不熟悉路面情况，相互拥挤，争路抢行；地铁车站有的设备间、值班室、房舍等通向地面的出入口少，且道路窄、距离长；加之火灾时烟雾大，能见度很低，增大了人员疏散的难度，极易造成很大的人员伤亡。

2.2.3 灭火救援艰难

地铁失火后，由于出入口少，地形复杂，浓烟积聚，能见度低等原因，给消防灭火人员造成侦察火情的困难，不能迅速组织有效的灭火战斗；地下失火后，事故区缺氧，必须佩戴隔绝式空（氧）气呼吸器才能进入火场。这些防护装具会影响灭火战斗人员的观察联络和战术动作并增大体力的消耗，给灭火行动带来极大的不便。同时由于地铁多为钢筋混凝土建筑，通道曲折，复杂的地形会造成各类无线通信器材功率的衰减，功能下降甚至无法使用。这些因素导致火场指挥决策实施慢，灭火战斗对抗性强。

2.2.4 损失影响巨大

地铁一旦发生火灾事故，势必造成事故地区交通拥堵，使城市交通受到严重影响，不仅会造成很大的经济损失，也给市民带来恐慌，使政府的有关部门工作陷入被动。如若发生群死群伤情况，不但会增加灭火和施救工作的难度，而且会直接威胁社会的和谐稳定，在国际上造成一定的不良影响。

3 有关对策

3.1 加强地铁救援专业队伍的建设

针对地铁火灾中警力不足的问题，可以在可能发生灾害的地铁站配置相应的中队，同时加强相邻中队的沟通协作，以便在事故发生的初期快速灭火，这样的方法在装备力量不足的今天无疑是最好的解决办法。

3.1.1 加强专业队伍编制建设

如建立地铁中队，地铁中队可以针对地铁火灾事故配备专业的装备，平时可以负责地铁周边辖区的灭火任务，一旦地铁发生火灾能在最快的时间内对地铁展开救援。建设的最低标准也要达到“十五分钟消防”中要求的数量，以便在发生地铁灾害事故时能够快速达到现场。从考察南京、重庆等地的经验来看，城市“地铁专业队站”和各辖区中队“地铁攻坚班组”的建设，南京市设有地铁大队，下属没有设立消防中队，大队为正营编制，大队编制人数共 9 人。重庆市设有地铁支队，下设有一个地铁中队。支队为正团编制，司政后防部门为副团编制，支队设有一个正营职科室。支队干部编制人数 25 人，下属中队编制人数 20 人。中队不参与灭火救援，轨道站点的救援任务由附近辖区中队负责。但很多地方还未建立此类机构。

3.1.2 配齐装备加强联动演练

针对地铁车站多、站台密度大的特点，增加建设专业地铁中队只是确保救援成功的一方面。另一方面就是要根据地铁火灾扑救的特殊需求，配好配齐装备，制定联合出动预案。首先大型攻坚车辆、器材必须由专业队伍掌握，从定点接驳站出发。其次按“最快出动”原则，辖区中队的地铁攻坚班组，必然是到达事故现场的第一力量，必须熟练展开、快速处置、有效施救。专业队伍、攻坚班组，要配齐备强各类特种救援车辆及专用器材设备：通信照明线、手抬机动泵、荧光水带、移动式高效能灭火装置、机动排烟机、液压破拆工具组、移动照明灯组。并开展经常性的训练，辖区中队要做好场地、设施熟悉。同时，两种消防队伍要加强类型预案编制和演练，特别是适时开展多重危险因素（如生化爆炸 + 坍塌火灾）情况下的灾害处置，以及地铁全线运行时段复杂条件下的实战演练，考验指挥员综合处置、队伍默契配合、地铁调度与城市减灾系统的接驳能力。

3.2 优化地铁固有设施与消防安全及防护装备的整合

3.2.1 推进地铁系统的整体不燃化建设，减轻灭火救援个人防护及排烟压力

除了在现有规范严格要求下，车站的基础设施、装修材料、车辆结构、附属设备等均应依规采用不/难燃材料，同时还应鼓励建设单位主动提升耐燃结构等级（扩大不燃材料比例、范围）、采用新型阻燃电缆（如无卤阻燃型）、增设电气装备阻燃/灭火隔离设施（如电缆阻燃段、气体淹没系统）等超前性投入。

提高了不燃化材料的使用率，相对减少了灾害事故中因烟、热、毒等伴生危害对逃生人群和救援人员的威胁，也就是减轻了灭火救援行动中对个人呼吸防护、排烟设备、防毒器材的展开强度，同样配置量下，消防员就能够坚持更长时间的战斗，逃生人员就能够得到更充分的生存支撑。

3.2.2 增加疏散流量的设计余度，充分考虑逃生与救援的双向流动需求

如前分析，站台的人员疏散路线，沿线都应该充分考虑逃生人群疏散流量和救援人员反向行动的同时需要，并考虑双方的干扰，适当加大设计通过宽度，尤其是在检票口、楼梯口等“瓶颈点”保证安全余度。

考虑到消防员全负荷状态，例如穿着一级防化服、携带移动排烟机、铺设大口径洗消涵道等极端需要，人员疏散沿线还必须从立体空间角度保证可通过性，甚至增设消防设备传输电梯、应急破拆隔墙、预留线缆竖井等非常规“扩容措施”（只要与地铁建设规范标准不冲突）。其次，还可以考虑由地面适当增加“紧急救援通道/井”直达地下站台，设计为救援人员专用，并设置隔烟防火设施、电水源接口、通信接口、专用器材储间，方便灭火救援人员兵分两路：“一路疏散、一路救灾”。有条件的地段，还可以在地铁相邻的地下建筑、并列隧洞一侧设置救援专用通道/门洞/破拆预留墙，并设置明显标志和照明、水电、通信接口等附属设施，以备不时之需。

3.2.3 增加地铁路轨系统的消防大型装备接驳点

为争取紧急情况下大、中型安全救援设备，如路轨消防车等，到达最不利点现场的速度，争取最佳灭火救援作战时机，地铁轨线系统为消防救援增设专用入口（接驳点）势在必行，并且这种“消防入口”的数量、分布乃调度方式，还必须按地铁线路灭火救援的需要，进行设计前的充分论证评估、运行中的科学导调，保证大型消防装备能够有效投入灭火救援现场使用。

3.2.4 消防通信装备和地铁工作通信资源的整合，保证地下行动通信畅通

地铁灭火救援环境下良好的有线、无线联系，实现救援现场快速、无缝的通信覆盖，是夺取战斗胜利的关键。进入地下灭火救援的战斗人员，建议实现：单兵“有、无线通信双保障”；班组“中继自构保障”；中队“350 M，800 M，有线三通”支队“一、二级通信能接驳地铁调度”的四层保障。有条件的地区，还应该利用地铁自身的通信中继，增加消防功能，实现图像传输、单兵状态监测、人员定位等功能，最大化保证地下行动的联络。

4 结 论

综上所述，地铁灭火救援有鲜明的专业特点和突出的难点问题，需要从设计、建设、运营、维护、防护、救援等多方面配合解决和保障实施。本文通过对地铁及其火灾进行特点分析，提出了一些可以提升灭火救援战斗效率的对策，希望能抛砖引玉，引起消防部门和地铁部门更为深入的思考和讨论，为地铁火灾救援工作献计献策、群策群力，为新时代的地铁公共交通营造更加安全、更加和谐的运行环境。

参考文献

[1] 崔泽艳. 地铁火灾的特点及防护[J]. 中国减灾，2007，6：19-22.
[2] 李为为，唐祯敏. 地铁运营事故分析及其对策研究[J]. 中国报，2004，14（6）：105-109.
[3] GB 50157—2013. 地铁设计规范[S]. 2013.

剪刀楼梯间在住宅建筑中的设置研究

唐　锋

（广西壮族自治区公安消防总队，广西　南宁　530000）

【摘　要】　本文总结出目前我国四种常见的剪刀楼梯间类型，并结合火灾时住宅内逃生人员的心理情况，分析每种类型剪刀楼梯间的消防安全性，并在此基础上总结出在住宅建筑中消防安全性最高的住宅剪刀楼梯间类型，为建筑设计人员及消防监督人员提供借鉴。

【关键词】　剪刀楼梯间；住宅；消防；安全

剪刀楼梯也可称之为叠合楼梯、交叉楼梯或套梯。两个楼梯之间互不相通、互相重叠，并且设置在同一楼梯间里。其优点是将建筑面积的使用率最大化的提高，降低了建筑成本。

1　剪刀楼梯间类型

目前，我国对于剪刀楼梯间类型尚未做出明确规定，但笔者结合工程设计图纸，总结出以下 4 种类型的剪刀楼梯间。

1.1　“Ⅰ型”剪刀楼梯间

该类型为“三合一”前室，在住宅建筑中属于常见的类型，它是两部防烟楼梯（含一对剪刀梯）和消防电梯共用一个防烟前室，且防烟前室为候梯厅，如图 1 所示。

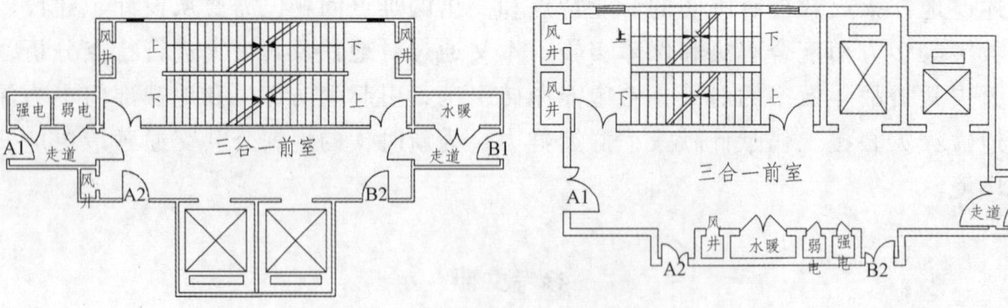

图 1　“Ⅰ型”剪刀楼梯间

此设计多为两梯 4 户：左右各 1 户，下方 2 户。其中，A1，B1 住户必须经过一段走道才能进入前室，A2，B2 住户可直接进入前室，故此设计对于 A2，B2 住户比较便捷。设备井设置在前室，有较好的通风效果，楼梯间设有窗户，有较好的采光效果，侯梯厅与楼梯前室部分走道重合，因此，部分公摊面积被减少，电梯直达性强，但是电梯运行时的噪声对 A2，B2 住户产生的影响较大，不利于住户休息。

1.2 “Ⅱ型”剪刀楼梯间

该类型是由两部独立的防烟楼梯间前室和一部独立的消防电梯前室所组成，如图 2 所示。

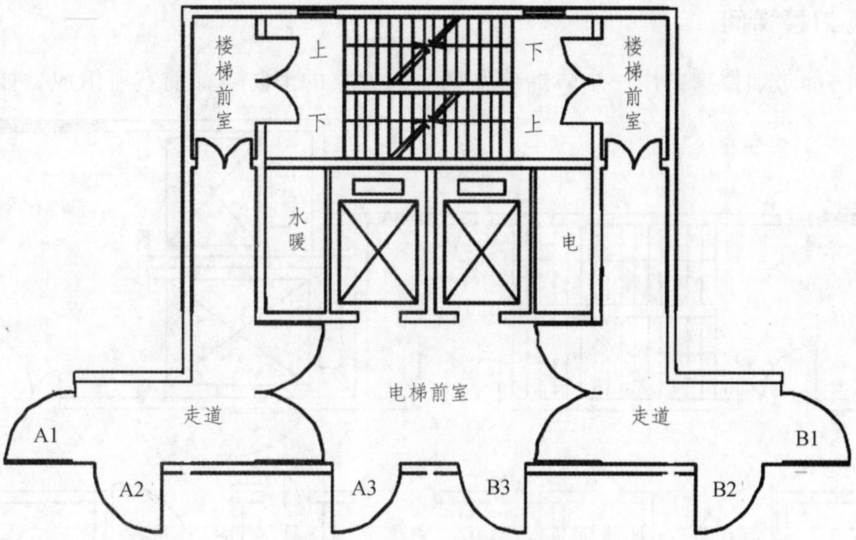

图 2 “Ⅱ型”剪刀楼梯间

此设计多为两梯 6 户：左右各 1 户，下方 4 户。其中，A1，B1 住户以及 A2，B2 住户，必须经过一段走道，才能进入电梯前室或楼梯前室，A3，B3 住户可直接进入电梯前室，故此设计对于 A3，B3 住户比较便捷。设备井设置在走道，对走道有较好的通风效果，楼梯间设有窗户，有较好的采光效果，由于此设计各个前室独立设置，故公摊面积较大，电梯直达性强并且紧贴楼梯间，电梯运行时的噪声对住户不产生影响，有利于住户休息。

1.3 “Ⅲ型”剪刀楼梯间

该类型是由一部防烟楼梯和消防电梯共用一个防烟前室，与另一部防烟楼梯单独设置防烟前室所组成，如图 3 所示。

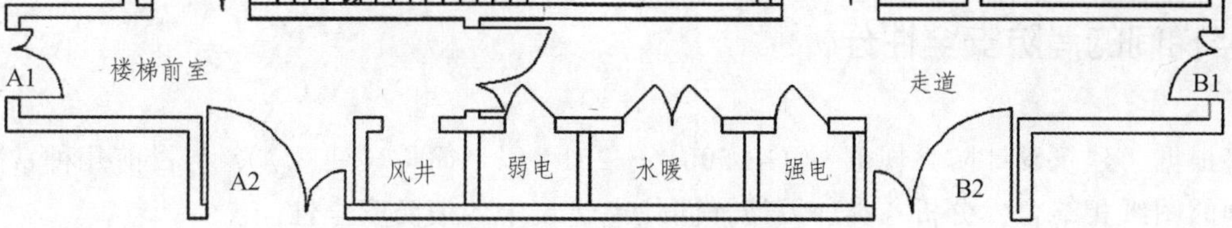

图 3 “Ⅲ型”剪刀楼梯间

此设计多为两梯 4 户：左右各 1 户，下方 2 户，其中，A1，A2 住户可直接进入楼梯前室，B1，B2 住户必须经过一段走道才可进入楼梯前室或电梯前室，但是由图可看出 B1，B2 户距离电梯共用前室距离较近，故此设计对于 B1，B2 住户比较便捷。设备井设置在楼梯前室及公共走道，有较好的通风效果，楼梯间与电梯前室设有窗户，有较好的采光效果，电梯单独置于一侧，但是紧贴 B1 住户墙壁，电梯运行时的噪声对 B1 住户产生影响较大影响，不利于该住户休息。

1.4 “Ⅳ型”剪刀楼梯间

该类型是由两部防烟楼梯共用一个防烟前室和一部独立的消防电梯前室所组成，如图 4 所示。

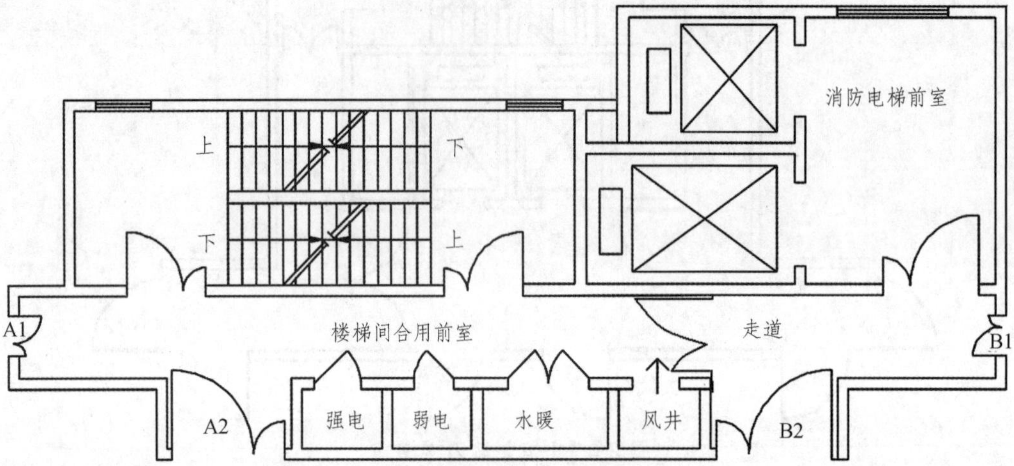

图 4 “Ⅳ型”剪刀楼梯间

此设计多为两梯 4 户：左右各 1 户，下方 2 户，其中，B1，B2 住户必须经过一段走道才能进入楼梯间合用前室，但是由图可看出 B1，B2 户距离电梯前室距离较近，故此设计对于 B1，B2 住户比较便捷。设备井设置在楼梯间合用前室，对楼梯间合用前室起到良好的通风作用，楼梯间与电梯前室设有窗户，有较好的采光效果，电梯单独置于一侧，并且电梯不与任何住户共用墙体，故电梯运行时的噪声对住户不产生影响，有利于住户休息。

综上所述，绘制出如表 1 所示的参数。

表 1 剪刀楼梯间各类型前室设置情况

类型	住户数量	前室数量	前室开窗情况	楼梯间开窗情况	设备井设置位置
Ⅰ-1	4	1	无窗	有窗	前室
Ⅱ	6	3	无窗	有窗	走道
Ⅲ	4	2	电梯前室有窗	有窗	前室
Ⅳ	4	2	电梯前室有窗	有窗	前室

2 剪刀楼梯间的消防安全性分析

本文将根据《建筑设计防火规范》(GB 50016—2014 以下简称《建规》)，与目前几种常见的剪刀楼梯间类型的图纸相结合，分析各类剪刀楼梯间住宅建筑中的消防安全性。

2.1 “Ⅰ型”剪刀楼梯间的消防安全性分析

目前，多数住宅建筑开发商、设计师都比较热衷于将“三合一”前室作为住宅公共前室的设计类型。《建规》5.5.27 中规定：住宅建筑的疏散楼梯设置应符合下列规定：建筑高度大于 33 m 的住宅建筑，应采用防烟楼梯间。同一楼层或单元的户门不宜直接开向前室，当确有困难时，开向前室的户门不应大于3樘且应采用乙级防火门。如图1所示，所示设计并不符合此项规定，该设计的户门全部向前室方向开启并超过3樘。《建规》5.5.28中规定：当住宅单元的疏散楼梯分散设置时，倘若确有困难，那么疏散楼梯间入口与任一户门之间的距离不应超过10 m，这样的情况下可选用设置剪刀楼梯间，但必须符合以下规定：消防电梯的前室不宜与楼梯间的前室或公共前室合用；合用时，合用前室的使用面积不应小于12.0 m² ，且短边不应小于2.4 m。

《建规》5.5.27中规定了户门开向普通防烟楼梯间前室时不允许超过3樘，与《建规》5.5.28中规定分散设置确有困难时的规定要求不可混为一谈。

从消防安全性角度来考虑，“三合一”前室已经是对剪刀楼梯间分别设置防烟楼梯间的放宽政策，如果再允许户门开向合用前室，那么必然使剪刀楼梯间的安全性难以保障。“三合一”前室还应该考虑到的一个因素是有些设计类型，其住宅内住户距离其中一部防烟楼梯较近，另一部较远。此类走道形式称之为“袋形走道”，当“袋形走道”火灾发生时人员进行逃生，进入前室后，人员会条件反射地选择距离自己最近的安全出口进行逃生，这样可能会造成其中一部楼梯拥挤，另一部闲置，难以形成双向安全疏散方式。这样不利于在火灾发生后住宅内人员逃生，其中一部楼梯间拥挤，耽误逃生时间，可能会导致人员错过最佳逃生时机，并有可能会发生踩踏事故，不能有效地安全疏散住宅内人员，另一部逃生人员少，不能最大地发挥出楼梯间的疏散作用。

2.2 “Ⅱ型”剪刀楼梯间的消防安全性分析

由于该类型为两部独立的防烟楼梯间前室和一部消防电梯前室共同组成的公共前室，是三个独立的防烟前室，所以符合《建规》5.5.28中楼梯间的前室不宜共用的规定。住户户门方向朝室内开启，故也符合《建规》5.5.27中户门开向普通防烟楼梯间前室时不允许超过3樘的规定。

从消防安全性角度来考虑，“Ⅱ型”前室设计是对于剪刀楼梯间分别设置防烟楼梯间最严谨的设计方案，在火灾发生时能够更加有效的保障各个前室空间的独立性，火灾烟气蔓延时不易在短时间内危害到其他前室，为住宅内人员在火灾发生时的安全逃生带来了有效保障。但是，高层住宅人员对电梯使用频率较高，此类型前室公共空间较大，平日电梯依赖导致住宅内人员对楼梯的感知度较差，在火灾发生后，他们逃生时会下意识地向电梯方向逃生，倘若电梯附近没有在直观上可以看见的楼梯，人员可能会找不到防烟楼梯间的所在位置，此时会神经高度紧张，内心充满害怕，最佳逃生时机会在恐慌中错失。所以，此类型应该考虑到火灾发生时逃生人员的这种心理，以及平日对电梯依赖程度较深的习惯，在走道、电梯附近、防烟楼梯通向处附近安装非常醒目的安全出口。这样，可以便于紧急疏散时，人员能够最快速地在自己最熟悉的道路上及时找到安全出口，安全逃生。

2.3 “Ⅲ型”剪刀楼梯间的消防安全性分析

根据《建规》5.5.25中规定：建筑高度大于54 m的建筑每个单元每层的出口数量不应少于2个。

从规范要求来考虑，此类设计满足规范所要求的每个单元每层的出口数量不应少于2个，故在设置要求上是没有异议的。并且如图3所示设计，由于住户空间相对独立，对于住户隐私有较好的保护，常被开发商所采用，也常被买主青睐。

从消防安全性角度来考虑：

（1）该设计只考虑到了住宅内人员在火灾发生时的消防安全疏散，并未对非本住宅住户和非本层住户的安全疏散考虑。倘若非本住宅住户和非本层住户在公共部位活动时，只可以使用一个安全出口。并且，当火灾发生时，如果住宅内人员从其中一个安全出口逃生，过程中发现其逃生路线发生事故、封堵、充满浓烟等不利因素不能疏散，这时需要退回户内才能进入另一安全出口。

（2）平时人员电梯依赖心理强，日常生活中多数情况应该是使用电梯来进行安全出入，另一安全出口不常被利用有可能会，因此杂物堆积。当火灾发生后人员进行逃生时，其思想意识的第一反应就是往电梯方向奔跑，但是，火灾发生后电梯逃生是非常不利的，故不可以使用电梯逃生；倘若选择与电梯共用前室的防烟楼梯进行逃生，会造成拥挤；而另一防烟楼梯间由于平日不常被利用，有杂物堆积，造成道路阻塞，不利于人员逃生，那么也是相当危险的。

（3）这样的设计对于消防人员进入室内进行救援和灭火也是相当不利的。当消防救援人员的救援路线被阻挠，改换另一路线时也需要从户内进行转换，这时需要破拆，浪费时间、精力，增加火灾损失，甚至错过最佳救援时机。所以，此类设计非常不合理，应该被禁止，并且在日后的设计中应满足任何部位都有两个安全出口的要求。

2.4 “Ⅳ型”剪刀楼梯间的消防安全性分析

根据《建规》5.5.25中对每个单元每层的安全出口数量不应少于2个的规定，如图4所示，从规范要求来考虑，此类设计满足规范所要求的每个单元每层的出口数量不应少于2个，故在安全出口设置要求上是没有异议的。

从消防安全性角度来考虑：

（1）假设右侧两户进入剪刀楼梯间合用前室的门周围引发火灾，那么右侧两户将没有办法进入剪刀楼梯间前室进行逃生。

（2）假设其中一部剪刀楼梯间着火，产生烟气蔓延，充斥着整个楼梯间导致该剪刀楼梯间无法逃生，这时，室内人员将会选择另外一部剪刀楼梯间进行逃生，但是由于该剪刀楼梯间类型为楼梯间前室合用型，这样，当其中一部剪刀楼梯间产生烟气并开始蔓延，烟气容易快速蔓延到楼梯间合用前室，一旦烟气充斥到任一层的楼梯间合用前室，那么，另一楼梯间也将会被烟气入侵，烟气会快速蔓延，导致两条剪刀梯全部丧失安全逃生功能，对人员逃生非常不利。

2.5 剪刀楼梯间合用前室问题在住宅建筑中的消防安全性分析

通常，高层住户对电梯的依赖性较强，故熟悉程度较强，对疏散楼梯的使用频率较低，疏散楼梯间的防火门通常处于常闭状态下，故熟悉程度较弱。久而久之，长期使用电梯的条件下，住宅内住户会形成一种无意识的行为习惯，上下楼梯时，下意识地会选择电梯作为交通工具，所以，住宅内住户会对户门至电梯前室的这段通道无比的熟悉，长期会下意识地选择这条通道为首选通道。

当火灾发生后，住宅内人员进行紧急逃生，大部分人员会受到此无意识行为的影响，不自觉地向自己大脑里最熟悉的方向走去。倘若电梯间附近没有非常容易就找到的安全疏散通道，会加剧人员的恐慌心理，并且整个住宅内住户在寻找安全疏散通道时会在前室中相互交错，可能会造成拥挤状态，更加剧了人员的恐慌心理。在有毒烟气缭绕中，人员想要找到自己不熟悉的安全疏散通道，会耽误时间，因此可能会错过最佳逃生时机。在实际工程建设当中，应考虑到住宅内人员平时对电梯的依赖性，在电梯前室安装安全出口标识，便于人员熟悉安全疏散通道的位置。

在火灾中，电梯井会产生“烟囱效应”，电梯在火灾中的情况也是不可预估的，比如火灾中突然断电，电梯将会停止运行，人员会被困于电梯内。可见，倘若人员将电梯作为安全疏散通道，是相当不安全的。《建规》5.5.4中也明确规定：“电梯不应计做安全疏散工具”。结合住宅内人员平时对电梯的依赖性，建议将电梯前室与剪刀楼梯间前室合用，这样，能够有效地阻止电梯“烟囱效应”而产生的火灾蔓延，也有利于人员对楼梯间位置的熟悉，对住宅内人员起到了安全疏散的作用，故应鼓励“剪刀楼梯间前室与电梯前室合用”。

3 结论与展望

在剪刀楼梯间几种常见的类型上，本文做出了总结归类，针对分类中的剪刀楼梯间进行了消防安全性分析，并对住宅前室的公摊面积做出了较为合理的优化，得出了以下结论。

首先，通过分析我国目前几种常见的剪刀楼梯间设计平面图，分析剪刀楼梯间与走道、消防电梯、合用前室的设计关系，作出以下 4 种分类：

（1）“Ⅰ型”剪刀楼梯间，为“三合一”前室；

（2）“Ⅱ型”剪刀楼梯间，由两部防烟楼梯共用一个防烟前室和一部独立的消防电梯前室所组成；

（3）“Ⅲ型”剪刀楼梯间，由两部独立的防烟楼梯间前室和一部独立的消防电梯前室所组成；

（4）“Ⅳ型”剪刀楼梯间，由两部防烟楼梯共用一个防烟前室和一部独立的消防电梯前室所组成。

其次，通过分析 4 种类型的剪刀楼梯间消防安全性，得出“Ⅰ型”是对剪刀楼梯间分别设置防烟楼梯间的安全性放宽政策；“Ⅱ型”是对于剪刀楼梯间分别设置防烟楼梯间的最严谨的设计方案；“Ⅲ型”和“Ⅳ型”全部符合规范要求，但在设置上还存在一些问题。与住宅内人员平时对电梯产生的依赖、形成的行为心理相结合，提出了鼓励“剪刀楼梯间前室与电梯前室合用”这一建议。

参考文献

[1] GB 50016—2014. 建筑设计防火规范[S]. 2014.

[2] GB 50096—2011. 住宅设计规范[S]. 2011.

[3] 武捷，史伟华. 高层建筑公共部分面积优化设计[J]. 山西建筑，2008，34（18）：74.

[4] 孙玉丽. 高层建筑剪刀楼梯间防烟设计解析[J]. 低温建筑技术，2012（7）：33-34.

[5] 白晶，武士杰，张雪梅. 浅析剪刀楼梯的设计[J]. 建筑科学，2012（11）：47.

[6] 牛小强. 改进型剪刀楼梯应用于商场疏散设计的探讨[J]. 消防技术与产品信息，2011（9）：12-14.

[7] 王祁为. 住宅楼梯设计存在问题及修改建议[J]. 武警学院学报，2011，27（6）：34-36.

[8] 王彦武. 从可靠性分析解读剪刀楼梯的设置要求[J]. 建筑，2009（19）：84-85.

[9] 梅宇华. 设剪刀楼梯的塔式高层住宅设计[J]. 上海建设科技，2011（1）：10-11.

[10] 姚砥中. 高层单元式住宅公共部位平面布置分析[J]. 住宅科技，2004（4）：17-18.

[11] 李鹏. 于芳芳. 高层单元式住宅消防设计合理性的探讨[J]. 建材与应用，2006，34（185）：50-60.

[12] 董传先. 住宅建筑施工图审查存在的主要问题探析[J]. 住宅科技，2008（3）：36-41.

[13] 王兵. 单元式高层住宅消防疏散问题的探讨[J]. 建筑防火设计，2009，28（4）：182-192.

[14] 徐孟强. 板式高层住宅疏散楼梯设计探讨[J]. 山西建筑，2012，38（9），25-26.

[15] 郭秀艳. 不同建筑中剪刀楼梯的设计应用[J]. 消防技术与产品信息，2016（10）:24-27.

[16] 李凌高，尹正，陈译民. 高层住宅剪刀楼梯间防火设计规范解析[J]. 消防科学与技术，2016（2）:218-221.

广西石油化工行业消防安全现状分析及对策

罗 晖

（广西壮族自治区公安消防总队，广西 南宁 530000）

【摘 要】 对全区石油化工生产储存企业生产规模、产业布局、消防安全管理、灭火药剂和主要灭火装备等情况进行了摸底排查分析并提出可行性对策。

【关键词】 石油化工；消防安全；分析；对策

近年来，随着广西产业规模的不断扩大，石化企业规模、石化产品储量也不断增大，石油化工类的火灾事故时有发生。为全面客观掌握当前石油化工企业各项基础工作情况，本文重点对全区石油化工生产储存企业生产规模、产业布局、消防安全管理、灭火药剂和主要灭火装备等情况进行了摸底排查分析并提出了可行性对策，不断提升公安消防部队灭大火、打恶仗的能力。

1 基本情况

广西规模以上的石化企业：石油化工 47 家，有机化工 25 家，无机化工 7 家，储存运输企业 21 家，加油（气）站等成品油（气）批发零售企业 1 家，其他小型危险化学品企业 11 余家。石油化工生产企业 18 家，年生产能力为 15 725.5 万 t。石油化工液体、气体储存单位 32 家，其中液体储存单位 25 家，储存油品 640.78 万 m^3。气体储存单位 3 家，储存气体 73.59 万 m^3，单罐储量 16 万 m^3。8 个油品码头，年吞吐能力为 2 030 万 t。大型石油生产、储存企业基本分布在南宁、钦州、北海、防城港，其中，南宁、防城港以石油储存企业为主，其余市以化学品生产、储存企业居多。

2 主要存在问题

2.1 石化园区规划布局不合理

（1）大型基地化建设与消防基础配套建设不适应。大型化、基地化发展，国有企业为不断地扩能改造、挖潜增效，企业总产能、单套产能，以及总储量、单罐储量急剧膨胀，但安全设防要求却没有同步提升，规划布局的问题严重。例如钦州港石油化工企业总体规模和危险等级超过了山东青岛市、广东省茂名市、甘肃省兰州市，不亚于辽宁大连市。但钦州市消防站数量仅分别是大连、青岛、兰州和茂名四市的 1/9，1/7，1/3，2/3，消防车数量仅分别是这四市的 1/11，1/6，1/3，1/2，泡沫灭火剂总量不及这四个市的 1/4，1/5，1/2，1/2。具体如图 1 所示。

（2）部分石化园区安全评价和总体规划缺失。部分地市未能及时根据各企业危险源类别进行分类设置与布局，石化企业分布不合理，未远离城市和人员密集区域。有的未建立石化园区，石化企业分布不集中，城市建设发展过快导致油库周边毗邻人员密集区域；有的未对石化园区进行专业规划，石化企业毗邻非石化企业建设，石化企业分布不合理；有的新修编的城市总体规划未对石油化工及其他化工企业做专门的规划，未设置集中的危险化学品工业园区。

（3）多元化建设无序，小化工火灾爆炸事故风险剧增。随着国家允许符合准入条件的个体经营企业进入石化领域，使得小化工在短时间内就得到了迅猛发展，产业发展呈现多元化趋势，呈现出由城市向乡镇农村，沿海向中东部地市转移的局面。小化工周期短见效快，为承接产业转移吸引个体经营企业落户，导致引进多，管理少，规划无序，失控漏管的局面，消防安全风险剧增。内河运输的码头港口整体呈现“多小散乱”分布，缺乏统一规划，消防设施建设不符合规范，有的内陆码头输油管线多级设置，高低差达 20 多米，消防安全保护措施十分薄弱。

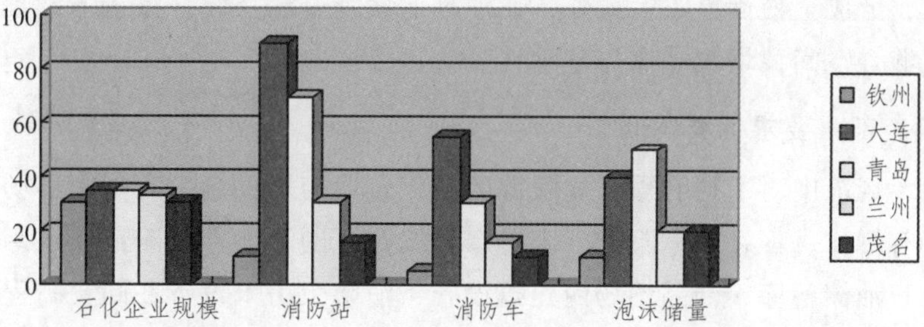

图 1

2.2 企业消防安全管理现状有待提高

（1）企业安全责任落实不到位。

安全管理方面，国有企业好于民营企业，规模化企业好于松散型中小型企业。各企业均不同程度存在思想上不重视消防安全管理工作，消防管理制度流于形式，落实标准低的现象。安全意识方面，员工安全意识不强，一线员工对生产运行工艺的风险不了解、不掌握。

制度落实方面，现场安全管理措施落实不到位，动火、受限空间设备检修、临时用电等部分特种作业管理不规范，现场监护不足。安全培训演练方面，现场处置预案缺失，企业普遍未按照《生产经营单位生产安全事故应急预案编制导则》（GB/T 29639—2013）编制预案，员工消防教育培训走过场，应急处置预案不切实际，应对大型石化火灾的准备不充分，熟悉预案不够，岗位现场处置方案未按规定每半年演练一次。

（2）消防设施维护保养不到位。

各企业消防设施不同程度存在控制系统故障、泡沫、冷却水系统管道、设施锈蚀、堵塞等情况。

（3）消防安全设施设置不规范。

防静电措施方面，石油化工企业存在工艺管道少于 5 个螺栓的法兰未设置静电跨接，跨接电阻直径小于 6 mm 的问题，未设置车辆静电接地报警器或损坏，物料装卸鹤管使用普通塑料管。管道工艺方面，单位全压力球罐工艺管道未在防火堤外设置紧急切断阀，缺少半固定应急注水口；防火堤雨水排水系统管网未设置阀门，储罐围堤设管线位置有与外面连通的孔洞；液化石油气充装系统使用软管，长输管道未设置防泄阀、实时检测系统和紧急切断设施。防爆措施方面，存在防爆区域电线裸露、设置非防爆设施，电气线路防爆套管和防爆灯灯罩破损，部分企业防爆密封电箱或防爆开关柱上，部分螺丝掉落或没有用密封胶泥将空洞缝隙填实，易燃易爆介质易进入电气管线中导致爆炸事故。可燃气体检测仪器管理方面，固定式、移动式可燃气体检测仪未做年度计量检定，缺少可燃气体检测传感器管理台账；部分可燃气体检测传感器超期服役，检测功能失效。

2.3 现行石化标准消防安全缺陷

2.3.1 石化行业标准涉及消防技术方面内容有缺项

固定泡沫系统方面，未对泡沫发生器的安装高度、管径，半固定泡沫接口、泡沫挡板和泡沫管网导淋阀设置要求进行明确，易导致泡沫产生不理想，无法补充泡沫液。

固定消防冷却水系统方面，规范未对固定冷却水系统管网安装方式及喷头选型明确，仅明确冷却水作用强度，实际检查中较难判定是否符合要求。排查发现，部分固定冷却水系统管网穿越爬梯时调整与管壁的间距，但未同时调整喷头的间距，容易导致冷却水强度和作用面积达不到规范要求的情况发生。此外，企业内浮顶储罐的浮盘普遍使用单层铝、不锈钢等不耐高温金属构件作浮盘，火灾发生时，浮盘极易烧毁，形成全液面火灾。另外，在浮盘下设置金属浮筒，浮盘下设置的浮筒极易与油品液面之间形成油气混合空间，增大了爆炸危险性。

2.3.2 石化行业规范部分要求标准偏低

安全距离方面，规范中对于拥有重大危险源的石化企业与居民区、人员密集场所的间距过小，由于石化企业普遍具有爆炸、毒害等危险性，未将爆炸波及范围和毒害影响范围统筹考虑。总平面布局方面，石化企业内石油储备库、油品站场内建筑设施、消防泵房未设置在同一高程，当泄露着火点位于相对高位且形成流淌火时，易向低洼处蔓延，引燃、烧毁下部消防泵房、收发油装置。消防车道方面，现行规范消防车道要求只有 6 m，但在灭火救援中，60 m 高喷车支撑臂展开后的宽度就达 5.2 m，6 m 的消防车道无法满足其他作战车辆通行要求。另外，现行规范对消防车操作平台尺寸、消防车停靠位置未做明确要求，石化火灾灭火救援中大多使用重型特种消防车，对作业展开平台、停靠位置均有相关要求。

3 措施和建议

（1）落实规划加快基层基础建设。从石化高危产业及其消防安全布局、消防救援力量体系、消防基础设施建设、应急管理机制等方面入手，逐年填补石化园区专项规划缺失，并确保落实。按照应对大型石化灾害事故的实际需要，在队站分布、人员数量、车辆装备、应急物资等方面进行扩建升级。加强消防队站建设，大力发展政府合同制消防员，弥补消防警力不足。根据石油化工灾害事故的特点，重点加强特种防护装备、侦检、堵漏、洗消器材、呼吸器具、紧急避险警报装置等器材以及大功率、大流量水罐泡沫车、高喷车、防化救援车、远程供水系统、拖车炮、移动遥控炮、泡沫运输车等车辆装备的配备，加强泡沫、干粉等灭火剂的储备，全面提升灭火救援作战实力。

（2）完善标准规范提高安全设防等级。此次摸底排查，暴露出现了国家标准不能完全满足现实灭火救援和火灾防控的需求，石化行业规范部分要求标准偏低，必须重新审视、抓紧补充完善。建议充分运用地方立法权，由行业主管部门组织建立地方技术标准或管理规范，予以补充国家标准涉及消防技术方面内容的缺项，对总平面布局、安全距离、消防车道提高标准要求。对固定泡沫系统、固定消防冷却水系统和事故应急设施要求进一步明确，消除对灭火救援的不利影响。对涉及重大安全问题，建议实行安全行政主管部门“一票否决”。

（3）采取有力措施开展隐患排查整治。针对发现的问题，建议采取措施，推动各有关部门落实监管责任，开展多部门联合执法联合整治行动，推动企业落实整改。各级政府建立石化企业责任人、管理人、操作人同责追究制度，杜绝违章操作冒险作业，建立更加严格的追责体系，最大限度地提高违法成本，倒逼企业落实安全生产主体责任。安监部门加强危化品生产、储存、经营、使用企业和安全评价机构实质性监管，实施安评报告与企业实际安全现状一致性抽查。质量技术监督管理部门严格执行《特种设备安全法》等特种设备管理规定，强化特种设备安装、使用、检验监督管理。住建部门依法组织编制和实施城乡规划，并与安全生产规划、管道规划等相衔接。尤其是指导地方规划主管部门应当将涉及石化产业安全布局的相关要求纳入城镇体系规划及城市总体规划。消防部门严格落实消防设施设计审核、验收制度，督促企业落实消防安全主体责任，深入开展火灾隐患排查治理，依法查处消防违法行为。

（4）完善应急救援体系，提升专业处置能力。一是加强石油化工专业队伍建设。完善政府统一领导、部门联勤联动、消防力量为主、属地组织指挥、专家辅助决策的石化火灾爆炸事故应急处置现场指挥体系。进一步加大经费投入力度，从组建标准、装备配备、人员编成、操法训练等方面，全力推进处置石化灾害专业队伍建设，规模企业、化工园区要依法建立专职消防队，承担本单位、园区的火灾扑救工作。二是构建量足质好的物资储备体系。建立灭火物资储备库，统筹管理，督促各园区、石化企业储存足量的泡沫液，加强干粉、沙土、石棉被等灭火物资储备，提高处置大规模石化安全事故的整体能力。应急管理部门有效整合当地挖掘机、推土机等社会救援资源的调用程序和补偿标准，最大限度满足最大、最难灾害事故处置所需的灭火救援装备、物资，确保遂行保障及时有效。三是强化应急联动机制建设。建立指挥调度平台，政府主导建立统一的应急指挥调度平台，构建信息共享、反应迅速、综合协调的应急救援指挥体系。

参考文献

[1] GB 50160—2008. 石油化工企业设计防火规范[S]. 2008.

[2] GB 50074—2014. 石油库设计规范[S]. 2014.

[3] GB 50016—2014. 建筑设计防火规范[S]. 2014.

浅谈如何提升少数民族村寨火灾防控能力

万绍杰

（广西壮族自治区公安消防总队，广西 南宁 530000）

【摘 要】 桂西北少数民族村寨火灾防控工作是广西壮族自治区社会主义新村寨建设的一个重要方面，也是国家高度重视农业、村寨和农民工作的具体载体，是扶贫攻坚工作的重要组成部分，与广大的少数民族群众的切身利益息息相关。本文从调研广西桂西北少数民族村寨消防安全整体情况入手，归纳总结存在的主要问题及原因，对少数民族村寨消防安全现状、火灾隐患存在原因、如何建立村寨消防安全管理机制等提出了工作建议和意见。

【关键词】 村寨防火；少数民族；主要问题

2008 年起，广西壮族自治区党委、政府全面贯彻落实党中央、国务院战略部署，总投入 12.8 亿元，全面完成了 4 个市 14 个县区 2 237 个 50 户以上连片村寨和 496 个 30～49 户连片村寨的防火“四改”（寨改、水改、电改、灶改），并组建志愿消防队 1 630 多支，建设消防器材室 1 157 个，消防器材 5.3 万多套，惠及 20.1 万户 100 多万群众，但随着经济社会的日新月异，大部分村寨的防火管理工作跟不上社会发展的脚步和各族群众对消防安全的需求，普遍出现了消防安全管理弱化，消防设施和器材损坏缺失，各类火灾事故时有发生等问题，亟待我们进行研究解决。

1 村寨防火工作的现状

1.1 村寨火灾情况

2002 年到 2007 年，桂西北村寨每年都要发生 30 余起连营火灾，共造成 3 万多群众无家可归。经过村寨防火大会战，2008 年至 2014 年，平均每年发生火灾 4 起，重大火灾事故下降 70%，受灾人数下降 80%，消防安全环境得到极大改善。随着少数民族群众生活水平的日益提高，大量家用电器走入农户，以往“村村通”用电入户的电线负荷及设置的电源插座已不能满足现有要求，加之“四改”设施设备逐步老化故障，使少数民族村寨火灾形势有所反弹。2015 年至今共计发生火灾 59 起，造成 188 户受灾，730 人无家可归，17 人在火灾中死亡，比上一同期增长幅度较大。

1.2 村寨火灾特点

（1）电气火灾多。当前，电气故障已成为村寨火灾最为突出的致灾成因。据统计，2015 年以来，电气原因引发的火灾 39 起，占总数的 66%，16 起典型村寨火灾中有 12 起是电气故障引起。

（2）火灾受灾户多。少数民族村寨遵循风俗习惯，沿坡群居，依山建房，户与户之间屋檐紧紧相连，耐火等级低，没有防火分隔，火灾很容易蔓延，且每栋建筑居住多户人家，一旦发生火灾，就易造成多人多户受灾。2015 年以来，少数民族村寨发生火灾已导致 17 人死亡，1 人受伤，188 户 730 人因火灾返贫。

（3）节假日火灾多。近年来，村寨火灾往往发生在元旦、春节、端午、清明、十一等节假日期间。火灾事故累计造成3人死亡，66户340人受灾，过火面积2180 m^2，直接财产损失126.3万元。虽然亡人数仅占17.6%，但是在重要时机重要节点发生亡人事故，造成了较大的社会影响，引起了各界的广泛关注。

2 村寨防火工作的问题及原因分析

少数民族村寨消防基础薄弱，火灾载荷系数高，火灾防控难度大，这是有着深刻的背景原因的，主要有以下几种：

（1）村寨建筑火灾隐患存量大。村寨的村镇公共设施、村庄安全通道、村庄供排水等公共建设历来没有规划，村寨房屋多数是瓦木或砖木结构，墙壁、房顶、楼板、大量采用竹、木、板皮、稻草等可燃、易燃材料搭建。一旦发生火灾，蔓延速度快，容易造成火烧连营。部分设置在景区的村寨，私自改建扩建现象严重，村民受旅游商业化的利益影响，未经土地、规划、建设、消防、旅游、工商等监管部门审批，擅自将自建房改建为宾馆、饭店、“农家乐”，位置相对隐蔽分散，执法监管难度很大，消防车道、防火分隔、市政消火栓建设等方面与火灾扑救需求差距大，遗留下了很多先天性的安全隐患，后续进行隐患整治非常困难。

（2）村寨防火改造经费保障不到位。村寨防火改造工作量大，涉及道路、饮水、建房、建灶等多个方面，与人饮工程项目、易地安置资金、灾后重建、茅草房改造资金、村寨危房改造项目、村寨沼气工程及村屯公路项目等都有交叉互补，但目前普遍存在项目资金整合利用率不高、整体效益不明显的问题，从而导致需要进行防火改造和维护设施财政投入缺口问题愈发突出，由于资金保障不到位，引起了后续设施维护、人员保障等一系列问题。仅村寨电气改造的工作量，以广西柳州、桂林、百色三市为例，就有近1200个村寨、约13.5万户要进行电气升级改造；而以防火经费投入来说，以柳州市为例，2014年投入经费211.57万元维修村寨消防设施59处，2015年投入761.64万元维修112处，2016年投入811.45万元维修156处，逐年攀升的消防设施维护经费，给县市、乡镇政府财政造成极大压力。

（3）基层职能履职交叉打折扣。村寨贫困人口面大，程度深，财政部门对村寨消防基础设施改造投入欠账严重，住建、水利等部门均有相关村寨消防设施建设职能，但是往往又各自为政，重复投入、成效不明。而少数民族村寨多为偏远村寨，乡镇、村组等基层组织存在等靠观望思想严重，不能认真履行消防安全职责，消防安全责任层层“衰减”，责任制落实大打折扣。部分县城为了村寨防火工作而临时成立的村寨机构，往往也因为职能、经费不明确等因素，导致职能被弱化，甚至面临撤销的困境。

（4）用电需要与现有电气设置不相符。当前，村寨家用电器增多，村民室内用电负荷不断增加，电网压力持续增大，用电功率相比10年前提升了2～3倍。不少村民擅自私拉乱接电线、将电气线路绕过空气开关（漏电保护装置）进户、多个大功率用电器同时使用、用铜铝代替保险丝、电气设备安装在易燃可燃物上等现象十分普遍。部分村民家中使用质量不符合要求甚至是假冒伪劣的家用电器、插座，隐患极大，电气火灾发生的风险剧增。

（5）消防设施少、维护完好率低。少数民族地区多依靠人畜饮水、小型公益水利设施等工程增设村寨的消防水池、管网以及配置消防水枪水带等消防设施，消防设施基础薄弱。由于自然灾害、道路修建以及村民私接私改管网盗用水枪水带等原因，消防设施设备极易出现损耗、渗漏、锈蚀、损坏，消防水源不能保证正常供给，发生火灾时消防设施不能发挥作用。如柳州三江县古宜镇里九屯高位水池，其日常的内部水位不足三分之一，还要同时为人畜饮水提供保障，根本无法满足消防用水的工作需求。

（6）群众自防自救的意识和能力低。村寨常住人口以行动不便的老人、妇女和儿童居多，接受消防宣传教育的机会相对较少，而青壮年常年外出经商、打工，人员流失严重，无法形成稳定的自防自救力量，现有的村寨志愿消防队伍防灾救灾的基本能力低下，日常灭火演练不到位，战斗力不强，火灾处置能力不足，一旦发生火灾，很难进行有效扑救。以广西桂林的龙脊镇平安村为例，在2009年组建的村寨志愿消防队伍共26人，因人员流失，目前仅剩下5人，能够履行消防安全管理职责的只有队长1人。

（7）村寨消防监督不够深入。基层消防部门在推动政府、部门开展村寨消防工作上，往往既要开展村寨火灾隐患经常性排查整治、又要抓好村寨消防安全宣传教育等工作，村寨防火工作方案、意见依旧习惯于用旧思维应对新形势，用老经验解决新问题，没有更好的落实上级对村寨火灾防控的要求。但由于对新形势、新常态下做好村寨防火工作的认识不足，平时的工作调研不够深入，工作方式循规蹈矩、抓头丢尾，未能使工作成效最大化。

3　村寨防火工作的对策与建议

（1）科学规划建设少数民族村寨消防基础条件。

编制消防规划是改善少数民族村寨消防设施的有效措施，可以统筹“美丽乡村”、新村寨建设内容，将消防道路、水源、队伍建设纳入少数民族地区基础设施和农网改造等建设项目，逐步夯实村寨消防工作基础。针对少数民族村寨、民族文化保留村等房屋耐火等级低、消防通道狭窄、消防水源不足和消防设备缺乏等问题，可以侧重配备适合村寨地区消防装备的规划。结合规划执行，可以有效指导发改、财政、住建等部门将部门任务项目化。如结合人饮和水利工程建设，水利部门可以抓好村寨消火栓、消防水池建设；结合村村通公路建设，可以扩展路面，疏通消防通道。特别是结合2017年5月国务院安全生产委员会在全国部署的为期3年的电气火灾综合治理行动，住建、电力等部门可以将村寨电气线路改造工作纳入农村电网改造工程，消除线路防护不到位等火灾隐患，并为消防水泵等设备设置专用消防供电线路。

（2）推动构建责任明晰的村寨防火工作体系。村寨消防工作必须争取党委、政府的重视，构建“党委政府统一领导、行业部门齐抓共管、村民委员会组织管理、村民群众共同防范”的农村消防工作格局，健全市、县、乡（镇）、村四级消防管理网络。消防部门可以通过推动政府建立主要领导负责的防火安全责任制，明确各级消防工作责任人、工作职责和任务，制订本地区实施计划，将全年消防工作目标细化、量化，使村寨消防工作有章可循、规范运行；基层司法部门可以指导乡镇村屯建立健全《乡规民约》《防火公约》；综治部门可以探索将村寨防火工作纳入当地社会治安综合治理、政务督查、绩效考核等内容中，与创建“平安村寨”活动同布置、同检查、同评比；督查部门更应建立完善市、县政府主导的责任追究制度，对发生亡人或有影响的火灾，既要追究火灾事故相关负责人责任，还要对村寨防火工作落实不力的相关单位和个人追究相应责任。有条件的地区，可以重点推进“村两委”消防履职的任务部署、日常督察和年度考核，并通过以奖代补、以扣代罚等方式与考核结果挂钩，全力推动消防安全责任真正落实到基层、落实到村民家庭。

（3）调动加强村寨防火工作的经费投入保障。村寨防火工作必须充分组织好发改、财政、住建、民政、农委、水利、供电、保险、公安、旅游、文物、扶贫等相关部门，整合所有涉及农村建设发展的多方经费，结合农村危房改造、人畜饮水工程、民族村寨保护、农业推进、电力改造、旅游开发、“美丽乡村”等工作，确保对村寨防火工作的投入。发改、财政、住建、水利等部门要积极统筹各方面资金，将村寨防火任务项目化，分步骤实施，才能改善农村地区消防通道狭窄、消防水源不足和消防设备缺乏的情况。编制、发改等部门可以通过部门职责，强化基层村寨防火机构的职能作用，明确各级各部门之间的关系与责任，确保村寨防火基础调研、资金测算、标准制定、建设管理、达标验收等工作落实见效。广西、贵州、云南等少数民族聚居地可以推动部分防火重点县设立有正式编制的村寨防火局，统筹整合发改、财政、住建等部门职责、人力和物力，推动村寨防火工作开展。

（4）配齐配全各类消防设施器材。结合扶贫攻坚的战略，要将村寨防火工作作为扶贫的一项重要内容，纳入党委政府的重点工作范畴。要加强村镇消防规划的编制、落实工作，与村容村貌的治理改造同步实施；相关职能部门要加大对农村市场的抽查比例与力度，严控不合格的电器产品进入农户；村“两委”要加强村民用电设施管理，统一规范大功率生产用电设备的管理与用电线路敷设。要通过人畜饮水工程、雨水集蓄利用工程、农村安全饮水工程和小型公益水利设施等项目的实施，将消防用水与生产、生活用水合建。积极引入保险机制，加强村民火灾灾后重建能力。

（5）加强村寨多种形式消防力量建设。通过政府购买服务，联合农业部全面开展“村两委”消防大培训等方式，推动基层消防管理上台阶、上水平。国家级、省级重点镇和有条件的乡镇应组建政府专职消防队，其他乡镇依托现有力量组建兼职消防队负责村寨火灾扑救；在历史文化名村、有文物古建筑群的村寨等有重要保护价值的村寨设置小型消防站，配备消防车，组建政府专职消防队伍。要通过乡镇政府的合理分工，整合村干部、农村治安巡查员、村寨防火协管员、清洁乡村保洁员、鸣锣喊寨员等职能。鼓励劳动妇女加入志愿消防员队伍，并指导村内留守青壮年按流动时间排班分工，轮流开展巡查检查、值班备勤，提高火灾自防自救能力。加强村寨多种形式消防队伍的建、管、训、用工作，特别是重点推动专职消防队及其骨干纳入事业编制，提高福利待遇，确保队员招得进、管得好、留得住、用得上。

（6）充分发挥各级消防部门参谋作用。近年来，全国消防部门大力推动省、市、县政府建立消防安全委员会，各级消防部门作为该政府议事机构的日常工作办公室，应积极当好党委政府的参谋，有效推动各项消防工作任务落实。消防部门应充分发挥各级消防安全委员会的作用，通过通报督办、会商研判、联合检查等措施，督促发改、财政、教育、公安等部门落实消防工作职责；同时发挥主力军作用，积极指导各地深入开展消防安全调查评估，调研村寨消防安全突出问题和火灾高风险区域，切实找准村寨火灾防控工作的“短板”，研究针对性措施，并报当地党委政府予以解决；推动基层政府加大人、财、物方面的投入，加强本辖区村寨的消防安全管理，强化重大节日、重要防火时期的防火检查和宣传教育；推动乡镇公安派出所履行消防监督法定职责，增强做好集镇和村寨消防工作的主动性，大力推广广西等地“一村一警务助理”消防工作机制，解决村寨消防警力不足的问题，充分发挥基层组织作用，减少“小火亡人”火灾事故的发生。

（7）普及村寨居民消防安全知识。乡镇政府是村寨防火宣传的主力军，需要定期或不定期地组织开展“接地气”的消防宣传教育和演练活动，建立健全多部门参与的、社会化的消防大宣传工作机制。农业部门应将消防安全纳入“美丽乡村建设”培训项目；县级以上行政区域应建设消防科普教育馆，配备消防宣传车，建成固定、移动两大消防宣传阵地；教育部门应落实消防安全宣传教育责任，使农村中小学校落实消防安全教育“有教材、有课时、有师资”；县级学校应定期举办县、乡、村领导干部消防培训班，将农村消防工作纳入教育培训内容；妇联、扶贫、司法、劳动人事等组织要将消防安全知识纳入机构培训内。同时，要在乡镇、村寨设立消防宣传栏、固定宣传牌，设置防火标语，发放重特大火灾典型案例和防火知识挂图，普及消防知识，并广泛利用民族节日、文化和风俗习惯，通过电视科普片、广播、山歌、民谣、消防运动会等群众喜闻乐见的形式，走近、贴近普通群众，面对面地讲，手把手地教，回应关切，激起共鸣，全面提高少数民族群众消防安全意识和火场逃生自救能力，为全面建成小康社会营造良好的消防安全环境。

参考文献

[1] 国务院关于进一步加强和改进消防工作的意见[Z]. 国发（2011）46号. 2011.

[2] GB 50039—2010. 农村防火规范[S]. 2010.

[3] 中华人民共和国住房和城乡建设部，公安部，国家旅游局，住房城乡建设部，公安部国家旅游局关于印发农乐（民宿）建筑防火导则（试行）的通知[Z]. 建村〔2017〕50号. 北京：住建部、公安部、国家旅游局，2017-2-27.

高层建筑火灾风险分析及应对措施探讨

马千里

（天津市公安消防总队南开支队，天津 300110）

【摘 要】 高层建筑具有火灾荷载大、火灾隐患多、火灾蔓延快、人员疏散难、灭火救援难的特点，结合工作实际，从消防设施、消防车道和消防车登高作业场地、消防安全责任制等七个方面存在的问题分析了高层建筑的火灾风险，并从完善现有高层建筑台帐等七个方面提出了应对措施。

【关键词】 高层建筑；火灾风险；分析；应对措施

1 前 言

英国伦敦“6・14”高层公寓火灾引起了国际社会的广泛关注，目前该起火灾已造成至少 79 人死亡或失踪，伤亡人数还可能进一步攀升，其教训可谓极为深刻。据不完全统计，目前我国有高层民用建筑 36 万余栋，其中有超高层民用建筑 8 500 多栋，类似英国伦敦“6・14”高层建筑火灾时有发生。2009 年北京央视新址“2・9”、2010 年上海静安公寓“11・15”、2011 年辽宁沈阳皇朝万鑫酒店“2・3”等高层建筑火灾，均造成重大损失和影响。高层建筑具有火灾荷载大、火灾隐患多、火灾蔓延快、人员疏散难、灭火救援难的特点，一旦发生火灾，极易造成重大人员伤亡和财产损失。因此，分析高层建筑存在的火灾风险并提出有针对性的预防措施是十分重要和必要的。

2 高层建筑火灾风险分析

高层建筑主要以高层居住建筑和高层公共建筑为主，通过大量的工作实践和调查研究发现，目前已经投入使用的高层建筑主要存在以下七个方面的火灾风险：

2.1 建筑消防设施未保持完好有效

通过检查发现，高层建筑特别是投入使用时间较长、年代久远的高层建筑中建筑消防设施普遍存在未保持完好有效的情况。有的自动喷水灭火系统和消火栓系统损坏，管网内无水；有的火灾自动报警系统存在大量故障点和误报点，联动启动消防设施的功能失效；有的机械排烟系统不能正常开启；有的应急照明和疏散指示标志失效；有的整个消防系统的各个部分均不能正常工作而处于“瘫痪”状态；还有的经擅自装修和改造后，将原有的消防设施随意遮挡、圈占、封闭，使消防设施“形同虚设”。

2.2 消防车和消防车登高作业场地被占用

高层建筑都设置了环形消防车道和消防车登高作业场地，有的消防车道被居民和业主停靠的车辆所占据而无法满足消防车的通行与转弯，有的消防车登高作业场地被汽车、隔离桩等占用，或者受架空电线、广告牌等影响，导致举高消防车无法停靠作业，影响救援。

2.3 安全疏散通道被堵塞、占用

高层建筑内的疏散楼梯是最为重要的公共安全疏散通道，但是却被居民和业主视为私人的“储藏间”而大量存放各种可燃杂物，不仅严重阻碍了安全疏散，更是大大增加了火灾荷载而使发生火灾的概率显著提高。发生火灾后，本来用于逃生的通道充满有毒烟雾，反而成为夺命的死亡通道。有的居民和业主更是在疏散通道处搭建违章建筑，严重影响了安全疏散。

2.4 原建筑使用性质和平面布置被随意改变

有的建筑被随意改变使用性质而增加火灾风险，如有的建筑原使用性质为办公，而某一层被擅自改变为复印店等生产经营性用途，增加了火灾荷载，使得其发生火灾的概率显著提升；有的则是在装修改造过程中，擅自改变原建筑布局而造成消防设施的设计不符合消防技术标准和规范，导致消防安全条件“先天不足”，如一个标准层被数家单位分隔为互不连通的空间，造成安全出口数量不足，严重影响人员的安全疏散。

2.5 用电用气用火管理不规范

有的高层建筑存在私拉乱接电线，电器线路老化，未定期进行维护和检测的现象。有的违规在高层建筑内使用液化石油气罐作为燃料。

2.6 消防安全责任制不落实

大部分高层建筑消防安全管理缺少主体责任体，有的物业服务企业以消防设施没有和建设单位进行“交接”为由对消防设施“不闻不问”，使得消防设施长期得不到维护保养而瘫痪；有的虽然接管了消防设施，但是不重视对其运行过程中的使用和管理，突出表现在消防控制室人员未持证上岗、不能保证24小时双人值班，消防控制室值班人员根本无法正常履行岗位职责；有的物业服务企业没有建立消防安全管理组织，日常防火巡查检查不到位，致使消防安全违法行为和火灾隐患无法被及时发现、制止和消除。

2.7 外墙采用易燃可燃外保温材料

我国在建筑节能综合改造初期，使用了大量易燃可燃保温材料，随着使用年限的延长，经过风吹日晒，墙体保护层变得越发脆弱，如果发生脱落和破损，遇到明火后就会燃着并迅速蔓延，形成大面积立体燃烧，使整栋建筑瞬间便被有毒浓烟和火海吞噬。

3 高层建筑火灾风险应对措施

3.1 完善现有高层建筑基础台账

建议由政府组织建委、房管局、街道、社区居委会等有关单位和部门对现有高层建筑基本情况进行详细统计，并建立基础台账，内容包括高层建筑层数、建筑高度、使用性质、所属街道、所属社区、管理单位、投入使用时间、建筑消防设施及维护保养情况、外墙保温材料使用情况等，此项工作对于开展好高层建筑消防安全综合治理具有重要意义。同时，建立信息共享机制，有关职能部门可以获得上述基础台账，以便于今后各自职责范围内工作的开展。

3.2 开展高层建筑专项联合检查

建议由政府组织建委、房管局、安监局、街道、公安机关消防机构、派出所、综合执法、安全专家等有关部门和人员组成联合检查组，包干包片，按照高层建筑基础台账对辖区内所有高层建筑开展全面检查，对发现的隐患问题由联合检查组提出整改要求，并由各职能部门依据自身职责进行执法，督促整改。

3.3 修复高层建筑消防设施

对检查中发现的消防设施严重损坏、不能发挥正常作用的高层建筑要重点督促整改。建议政府将因投入使用时间长、产权不清、责权不明、管理混乱而造成消防设施瘫痪且无人负责的高层建筑列为火灾高危建筑，并组织所属街道和居委会在对其产权、管理和使用情况进行了解的基础上，按照有关规定对消防设施进行维修。

3.4 加强对高层建筑物业服务企业的管理

对高层建筑物业服务企业要加大管理力度，重点监督检查其履行消防安全职责的能力，对于设有消防控制室的高层建筑，其物业服务企业的消防控制室值班人员必须满足双人持证上岗的要求。房管局物业科在指导业主委员会选择物业公司时，要把物业公司的消防控制室值班人员是否具有消防职业技能鉴定合格证作为一条刚性要求。同时，也要将高层居住建筑物业服务企业的消防管理工作纳入其监督和指导的范围内。

3.5 强化高层居住建筑微型消防站建设

公安机关消防机构可结合创建消防安全社区活动，在明确安全社区的工作标准的基础上结合公安部有关社区微型消防站建设标准，因地制宜地制定符合本地区实际的微型消防站建设标准，由政府出资、公安机关消防机构指导所有含有高层居住建筑的社区建设微型消防站。

3.6 加强高层建筑消防宣传教育培训

对于有条件的高层建筑，应充分利用自身广告屏等宣传媒介播放《高层楼宇火灾警示片》，旨在对高层建筑的管理者和使用者起到教育警示作用。同时，由各街道组织每个含有高层居住建筑的社区居委会观看该警示片，并由社区居委会组织业主委员会和业主也进行观看，提升业主的消防安全意识和消防安全常识。社区居委会应发挥好消防宣传教育的作用，通过组织业主观看视频、深入业主家中发放消防宣传材料等方式提升全体业主的消防安全素质，并定期组织演练，提高应急疏散逃生能力。

3.7 严格管理外墙保温材料

对于新建工程和节能改造工程，建设、设计、施工、监理单位要坚决执行现行规范标准，严格按照设计方案施工。有关部门要加强对在建工程外墙保温系统施工过程中的监督和管控，严防违法违规施工。对于既有的易燃可燃外保温材料，实施综合改造，更换符合现行规范的外保温材料。

4 结束语

高层建筑火灾预防工作是一项综合性极强的工作，要做好此项工作，需要在摸清底数的基础上，通过细致的摸排，建立完备的台账，做到有的放矢。有关部门要建立密切协作的机制，做到信息互通、资源共享，形成有效的合力，在治理现实火灾隐患的同时最终提升其使用者和管理者的消防安全意识和管理能力，使其自觉做好消防安全工作。

参考文献

[1] 陈家强. 高层建筑火灾与应对措施[J]. 消防科学与技术，2007，26（2）：109-113.
[2] 庞建军. 高层建筑火灾特点及防范措施改进[J]. 消防科学与技术，2011，30（11）：1070-1073.
[3] 叶超. 高层居民住宅小区消防安全管理[J]. 消防科学与技术，2012，31（11）：1246-1248.

作者简介： 马千里，男，工学博士，现任天津市公安消防总队南开支队工程验收科科长，高级工程师，主要从事消防监督工作。
通信地址：天津市南开区灵隐道与三潭路交口，邮编：300193；
联系电话：15902207290。

论乐山大佛景区的“智慧消防”建设与文物古建筑防火的有机结合

王 磊

（四川乐山市公安消防支队大佛景区公安消防大队，四川 乐山 614000）

【摘 要】 乐山市大佛景区是全国 4 个世界自然、文化双遗产中的其中一个，历史遗留火灾隐患多、火灾防控难度大，“智慧景区”建设给部门监管带来了机遇，“智慧消防”应该成为景区建设中不可缺少的一个环节，通过“智慧消防”的建设和长期规划，对景区文物古建筑防火提出科学合理的防控对策。

【关键词】 智慧消防；红外探测器；物联网

乐山大佛景区属于世界自然、文化双遗产，景区内有乐山大佛、麻浩崖墓博物馆、离堆（含乌尤寺古建筑群），分别处于凌云山、乌尤山上，山上森林覆盖率高，森林与古建筑依存度高，防火压力较大。在当前开展的“智慧景区”建设过程中，“智慧消防”作为其中重要的一部分，也在同步规划、同步设计、同步建设，实现了人防、物防、技防的前瞻性，确保了景区消防安全形势的高度稳定。

1 景区消防安全形势分析

离堆(含乌尤寺古建筑群)属于国家重点文物保护单位，寺庙位于乌尤山山顶，建筑面积 15 000 m^2，海拔 98 m，消防车无法停靠，消防队员全速跑到山顶用时 20 min。乌尤寺由 18 栋建筑构成，绝大多数为全木质结构，寺庙始建于唐代，建筑与建筑之间紧密相连，火灾预防和扑救完全立足于自防自救，全山建有室外消火栓 25 个，水源来自于寺庙背后的一个 500 m^3 的消防水池，火灾隐患极为突出，主要表现在以下几个方面：

（1）消火栓数量少，覆盖范围有限，乌尤山后山甚至没有设置一个室外消火栓，管网管径小，仅为 50 mm，管网材质为塑料，没有建设消防泵房，水池抽水泵为一台生活用潜水泵，没有设置备用泵及双电源，水泵扬程、流量均无法满足规范要求，在启泵后消火栓出水压力仅为 0.015 mPa，整个管网设置形同虚设。

（2）森林与古建筑依存度高，火源管控难度大，今年景区共发生火灾两起：一起是发生在乌尤后山，由于经营户蚊香未熄灭引燃了所在木建筑，巡山人员及时发现将火扑灭；另一起是游客吸烟引发山火，消防队员用时 4 个小时将火打熄。因此，建立一套智能监控系统迫在眉睫。

（3）微型消防站建设滞后，配备装备器材质差量少，平时维护保养不及时，经过景区消防大队的 3 次随机火警拉练，反映出启动时间长、人员到位慢等潜在隐患。

（4）乌尤寺内按照国家文物局与公安部联合出台的《文物古建筑消防安全管理规定》的要求，应当增设可视图像火灾报警系统和电气火灾监控系统。

与乌尤山相距一华里之外就是乐山大佛所在的凌云山，凌云山上屹立有闻名世界的弥勒佛、灵宝塔、凌云寺等建筑，大佛景区管委会于2016年出资286万元对全山的消防管网进行了彻底改造，新增室外消火栓64个，管径150 mm，山顶、山脚分别增设消防水池两座：容积分别为500 m^3、600 m^3，凌云寺增设了简易喷水灭火系统和独立烟感，消防硬件基础设施得到有效改善。

2 景区消防大队前期开展的工作

为了彻底消除火灾隐患，大队积极向管委会领导报告，与相关部门沟通协调，提出智慧消防建设思路，与设计单位不断修改完善，终于在今年2月使景区火警预警系统项目建设取得实质性进展，成功立项，项目建设资金350万元。6月启动乌尤山消防隐患整改方案设计，隐患整改需资金830万元。

3 乐山大佛景区文物古建筑防火的难点

大佛景区分为3个片区，重点单位分散，点多面广，3个片区分别为：凌云山片区、乌尤山片区、龟城山片区，区域之间间隔距离长，山上建筑处于森林高密度的覆盖之中，大佛景区全年日均游客在1.2万人，高峰节假日期间可达到每天5万人的客流量，单个游客的个体行为管控难度大，火源管控难度随之增大，单纯依靠巡查人员的检查无法解决隐患排查的根本问题。

4 “智慧消防”建设方案的论证与确定

在文物古建筑防火中实现“智慧消防”“智能管控”是建设方案的初衷。在最初项目立项时，大队提出建设方案要解决五个环节的突出问题：一是有效探测；二是信号传输；三是平台建设；四是信息反馈；五是系统升级预留功能。

4.1 有效探测

现有的探测器主要有以下类型：感烟探测器、感温探测器、复合式感烟感温探测器、线型光束探测器、红外火焰探测器、紫外火焰探测器、吸气式空气采样探测器。针对室外游客点多面广的特点，以及室外物质的燃烧特性，唯一适合的只有红外火焰探测器，它的优点是响应速度快，其敏感元件在收到火焰辐射光后的几毫秒，甚至几个微秒内就发出信号，它的性能稳定、可靠、探测方位准确。

4.2 信号传输

室内建设的预警系统，可以通过有线方式进行信号传输，在室外，线路铺设无法实现有线连接，解决的方案只有通过设置无线探测器来“接力传导”信号，各探测器以50～100 m距离部署安装，相邻探测器之间通过RF433 mHz短距离无线通信技术自动组网并通信，通过接力“跳转”方式将信息传输至预警基站，如此一来，探测器的供电问题又显现出来，国内针对无线探测器供电续航的产品目前只有太阳能板无线探测器，结合景区实际，每个无线探测器设置两个太阳能板进行不间断供电，在重点单位内部采用线路连接供电。

4.3 平台建设

预警基站接收到火警信息后，必将传输至一个信息中心。这个信息中心要集数据采集、信息处理、故障报警、实时监控等功能为一体。最行之有效的方案便是依托物联网服务平台建立“智慧消防安全服务云平台”，进而基于 GIS 可视化界面进行火灾定位、预警和响应。同时调取附近监控进行视频确认。

智慧消防安全服务云平台从研发理念到运行效能，都有很大的创新和突破，有效推动了社会化消防工作。平台建成后，不仅可以帮助监管部门实时掌握单位及景区内的探测器运行情况，更可以督促行业部门履职尽责。云平台设定了最低检查数量及检查路线，各级各部门各单位工作人员检查时，必须逐一扫描 NFC 射频标签、录入检查情况，如行业部门未按时检查或社会单位连续三天未开展巡查，云平台会自动预警并推送至相关负责人进行督办，仍未整改的由行业部门、公安消防部门现场检查、依法处理。

4.4 信息反馈

任何防控手段都是技防与人防的相互配合，火警信号发出后，虽然可以通过实时监控来及时掌握信息，但是更离不开巡查人员的现场处置。景区的每个单位、每个区域都确定了消防安全管理人和防火巡查人员，平台已将相关人员的手机号码提前录入，在火警信号发出后，平台会自动给相应区域、单位的管理人和巡查人员发出短信提示，反馈火警信息。

4.5 系统升级预留功能

随着科技的进步，平台可以实现的功能一定会越来越多。作为一种物联网智能信息平台，预留系统升级功能是十分必要的。

5 “智慧消防”建设开展现状

5.1 “智慧消防”建设目的

景区引入物联网技术及其管理模式，实现乐山大佛风景名胜区的全天候火灾监测、预警、联动和指挥，提高景区防火技术能力和管控水平，加强景区文物和森林保护。结合视频监控体系，实现了全网高清摄像机的视频采集、传输、解码。

5.2 建设范围

龟城山片区、乌尤寺片区（含麻浩崖墓、渔村）、凌云山片区（含：国庆楼、灵宝塔、集凤楼、凌云寺、东坡楼、佛国天堂、就日峰、下观音寺）防火管控为高风险的人行道、观光区、休息区的林区周边。

5.3 已建设内容

按照景区消防大队的初步设计构想，设计与施工单位全力结合科技手段，目前已建成防火监测与预警传感网系统：部署 92 只红外火灾探测器，3 台物联网预警基站，建成 3 个防火传感网络，对乐山大佛景区周界及重点单位实施全天候早期火险监测和预警。监测主机设置在景区消防中队接警中心。景区内所有重点单位火灾探测器均可接入该物联网系统。景区内三个片区设备构成如下：

（1）乌尤寺片区：安装部署红外探测器设备 30 台，物联网预警基站 1 台。图 1 为乌尤山地区防火线路。

图 1 乐山大佛乌尤寺景区探测器及物联网网关部署图

（2）龟城山片区：安装部署红外探测器设备 6 台，物联网预警基站 1 台。图 2 为龟城山地区防火线路。

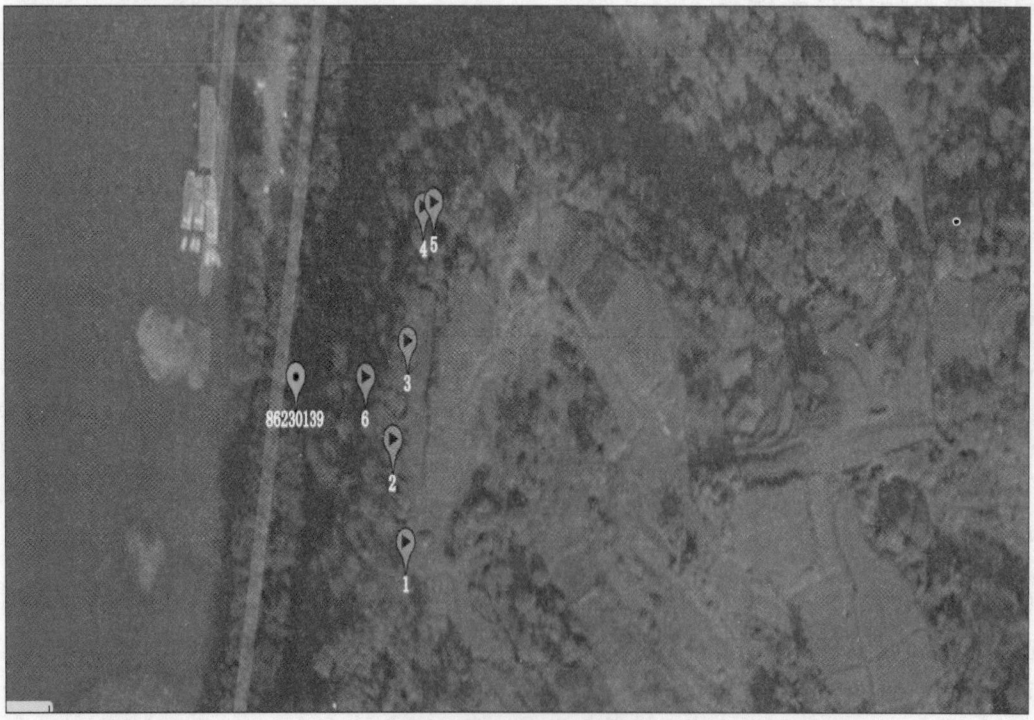

图 2 龟城山片区防火部署图

（3）凌云山片区：国庆楼、灵宝塔、集凤楼、凌云寺等及周边地区：安装部署红外探测器设备 56 台，物联网基站 2 台。图 3 为乐山大佛景区保护防火线路。

图 3　乐山大佛核心景区探测器及物联网网关部署图

5.4 “智慧消防”监测系统运行过程

采用红外光谱探测技术，通过红外火焰探测器感知物质燃烧释放的特定红外光谱及其闪烁特征，从而通过内置在探测器内的人工智能识别算法探测到早期火灾现象。

5.4.1 进入实时监管地图界面（见图 4）

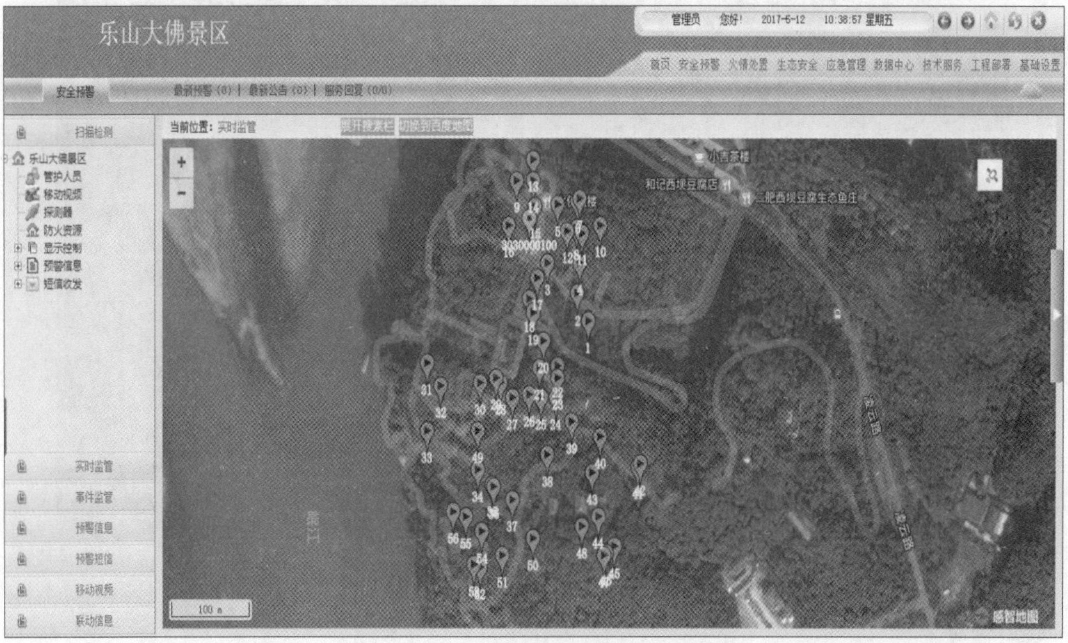

图 4　实时监管地图界面

实时监管地图支持感智地图、百度地图，地图可以进行切换；支持防火设备和防火物资的检索和查看，支持地图的放大缩小等地图插件功能。鼠标移动到某个探测器，则显示该探测器的详情。

5.4.2　报警短信接收用户设置

如图 5 所示，设置报警信息接收人员的姓名、手机号码，勾选是否接受报警短信，勾选是否巡查员（可在第一时间收到平台报警短信），保存完成。巡查员接到报警后第一时间到现场核查。

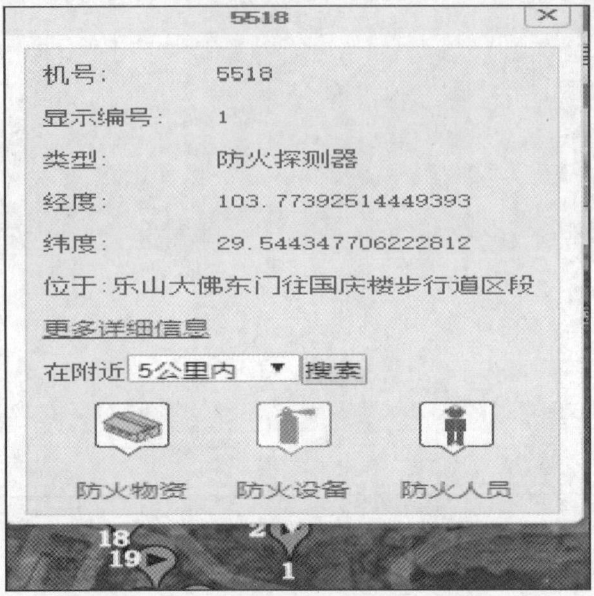

图 5　报警短信接收用户设置界面

5.4.3　进入预警监测界面（火情虚拟显现）

在平台上点击安全预警→实时监管，进入监看页面查看着火点报警演示效果，如图 6 所示。

图 6　监看页面查看着火点报警演示效果

5.4.4　取消预警

点击着火点图标选择销警，输入密码 12345 后确定即可消除警报。

6 未来规划

景区管委会将乌尤山隐患整改作为首要工作来抓，力争通过一年的时间将前面列出的隐患整改完毕，在离堆（含乌尤寺古建筑群）设置科技含量、自动化水平更高的可视图像报警系统，并入“智慧消防安全服务云平台”，督促监管部门更尽责、主体单位更负责，全面运用技防手段来确保文物古建筑的消防安全。

6.1 物联网的运用

物联网在消防领域的运用，是指通过使用物联网技术，消防远程监控系统可以 24 小时实时监控，借助手机 APP 成为你的“移动值班室”。随时掌控电气火灾监控、消防电源监控、消防设施监控、消防通道监控、消防巡查监控管理等状态数据。在此基础上搭建的电气安全隐患监管服务平台，将传统消防工作提升到“智慧消防”时代。

考虑到乌尤山海拔高、消防车无法停靠的特殊性，在大佛景区的“智慧消防”下步建设中，会充分利用科技手段，使用物联网、GIS 应用、移动互联网 + 、人工智能、大数据云信息处理等技术，实现横跨三个不同网络架构，构建一个消防大数据中心，打造一个电气安全大数据云服务平台，利用物联网、人工智能、虚拟现实、移动互联网 + 等最新技术，配合大数据云计算平台、火警智能研判等专业应用，最终将数据分析结果传送至 PC 端和手机端，便于人们随时查看。

近期，全国及部分城市相继发生重大电气安全事故，四川近期陆续发生了文物古建筑火灾，造成重大人员伤亡和财产损失，暴露出单位主体责任不落实、行业主管部门监管不到位、部门之间信息交流不畅、对消防安全形势的掌控能力不强等问题。大佛景区从 2013 年开始建设 “智慧景区”，为了抢抓机遇、强化监管，运用物联网、大数据、云计算等技术手段探索建立消防监管新模式，实现景区的消防智能化，是“智慧景区”消防信息服务的数字化基础，也是“智慧景区”智慧感知、互联互通、智慧化应用架构的重要组成部分。伴随着城市建设的快速发展，城市消防安全风险的不断上升，大佛景区的提质扩容、项目建设日益增多，景区消防安全问题越来越突出。消防灭火救援科技需求紧迫，需要提升社会火灾防控能力，实现消防工作与经济社会协调发展。火灾猛于虎，防患于未然。伴随着城市化进程的加快，如何防患火灾、确保消防安全，成为当今景区治理中的重点和难点问题。运用大数据、物联网等技术构建“智慧消防”系统，有效整合各方力量，摸清火患底数，加快构建城市公共安全、火灾防控体系，成为掌握灭火、救灾主动权的关键，同时还为确保消防人员的自身安全构建了一道有力的保障措施。建立消防领域知识库本体和消防资源动态监管调度系统成为智慧消防建立的基石。

6.2 “智慧消防安全服务云平台”的功能完善

未来，智慧消防安全服务云平台可实现的效果有以下几个方面：

（1）实时监控：实时监测电气设备安全状态参数，客户可通过手机 APP 和 PC 客户端实现电气设备的透明化监测管理，无需人工巡检、现场抄录与现场值守，就可随时随地掌控电气设备的健康状况及能效情况。

（2）故障报警：当系统诊断出电气安全异常时，精确定位，及时以界面消息框、短信、邮件、电话等方式通知用户，用户迅速排查故障隐患，有效防止电气火灾等安全事故的发生；

（3）大数据分析：基于大数据的分析处理，多维度预测电气安全状态发展趋势，为用户进行电气安全评估、隐患分析、系统优化、能效管理及整体用能情况提供强大的数据支撑。

（4）数据服务：提供报警提醒及技术咨询、定期推送电气设备安全“体检诊断”报告及“能效管理”报告等线上服务。

（5）服务托管：基于本系统平台，支持第三方代维服务托管。

通过乐山市大佛景区的“智慧消防”建设的实践与探索，为其余景区开了先河，实现了“智慧消防”与文物古建筑防火的有机结合。

作者简介：王磊，男，四川省公安消防总队乐山市消防支队大佛景区大队副大队长，主要从事消防监督工作。

通信地址：四川乐山市中区翡翠国际社区三期17栋1-902，邮编：614000；

联系电话：13419400351。

模糊综合评价法在公众聚集场所消防安全风险评价中的应用

刘宏慢

（浙江省公安消防总队衢州消防支队，浙江 衢州 324000）

【摘 要】 本文将层次分析和模糊综合评价相结合的方法运用于公众聚集场所消防安全风险评价，通过建立多级模糊综合评价模型，对公众聚集场所消防安全管理涉及的各层级指标因素，由下至上逐级进行模糊评价，可增加评价结果的可靠性和科学性。并通过实际案例进行评价分析 ，以验证该方法对公众聚集场所消防安全风险评价的有效性。

【关键词】 模糊综合评价法；公众聚集场所；消防安全；风险评价

模糊综合评价法是一种基于模糊数学的综合评价方法。该评价法根据模糊数学的隶属度理论把定性评价转化为定量评价，即用模糊数学对受到多种因素制约的事物或对象做出一个总体的评价。它具有结果清晰、系统性强的特点，能较好地解决模糊的、难以量化的问题，适合各种非确定性问题的解决，广泛适用于各行各业复杂系统工程的评价、分析、预测。对复杂的系统工程，评价指标体系往往涉及多个层级、多项评价，各层级评价指标的权重系数确定，可采用层次分析法来确定指标权重系数。

对宾馆、饭店、商场、市场及歌舞娱乐放映游艺场所等公众聚集场所，尤其是一些较大规模的公众聚集场所，具有可燃物多、人员密集、空间复杂等特点，其消防安全防范涉及制度、管理、人员、设施等各方面。本文采用层次分析法与模糊评价法相结合的方法，建立指标体系评估模型，从而进行消防安全风险综合评价。

1 建立层次模型

1.1 建立层次结构

对经消防安全检查合格的投入使用、营业的公众聚集场所，综合分析其消防安全情况，可从消防安全管理、建筑防火、建筑消防设施维护、消防教育培训四个方面进行分析。

（1）消防安全管理，主要包括各级岗位（责任人、管理人、消防控制室值班人员）职责明确及落实情况，消防安全制度和消防安全操作规程制定及执行情况，定期防火检查，日常防火巡查情况，火灾隐患发现和消除情况，电器产品、燃气用具检测及维护保养，明火作业等用火用电管理情况。

（2）建筑防火，主要包括总平面布局、平面布置（包括消防车通道、消防车登高操作场地、防火间距、防火分区是否符合标准及保持情况）情况、建筑内部装修材料情况、电气防火情况等。

（3）建筑消防设施，包括安全出口、疏散通道、应急照明、疏散指示等安全疏散设施，室内外消火栓给水系统、自动喷水灭火系统、气体灭火系统、灭火器等灭火设施、器材，消防供电配电、火灾自动报警系统等电气消防设施，以及防火防烟分隔、防烟排烟系统等其他消防设施。

（4）消防教育培训，主要包括岗位消防教育培训情况，灭火和应急疏散预案制定及演练情况，志愿消防队、微型消防站建设及培训演练情况。

根据上述五个方面的评估内容及其包含的具体评估指标的相互层次关系，建立公众聚集场所消防安全评估层次模型（见图1）。

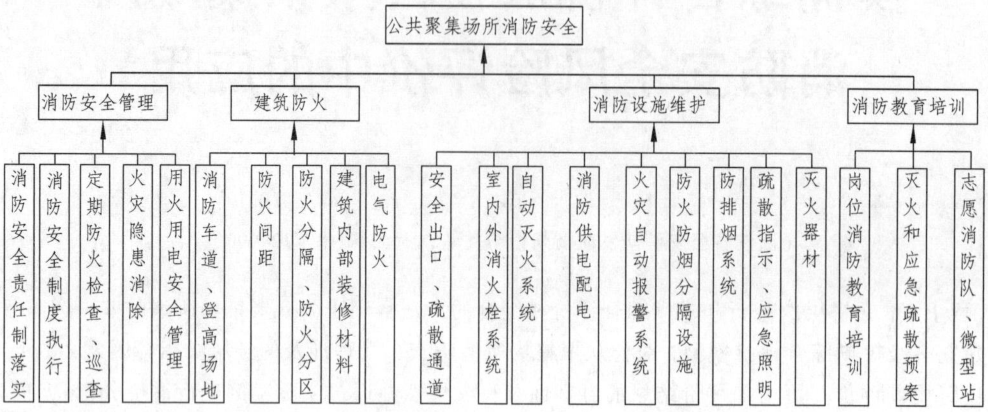

图1　公众聚集场所消防安全评估层次模型

1.2　计算指标权重

对层次分析结构模型，面向基层长期从事消防监督工作的执法人员生成调查问卷，进行调研统计分析，根据结果逐级建立评价矩阵，计算权重系数，并检查结果一致性。

1.2.1　一级指标权重

对消防安全管理、建筑防火、消防设施维护、消防教育培训4个一级评价因素建立评价矩阵如表1所示。

表1　评价矩阵

公众聚集场所消防安全	消防安全管理	建筑防火	消防设施维护	消防教育培训
消防安全管理	1	1/3	1/4	2
建筑防火	3	1	1/2	4
消防设施维护	4	2	1	5
消防教育培训	1/2	1/4	1/5	1

利用yaahp层次分析法软件，计算判断矩阵的最大特征根值：4.0484，一致性比例：0.0181<0.10，认为层次分析排序结果有满意的一致性，即权系数的分配是合理的。

求得对应的特征向量作归一化处理得向量，即权重系数为：

$$a=(0.124\,9,\ 0.305\,9,\ 0.491\,5,\ 0.077\,7)$$

1.2.2　二级指标权重

同样，求出二级指标权重。分别如下：

消防安全管理中消防安全责任制落实、消防安全制度执行、定期防火检查巡查、火灾隐患消除、用火用电安全管理5个指标权重系数为：

$$a_1=(0.072\,8,\ 0.048\,6,\ 0.241\,1,\ 0.241\,1,\ 0.396\,4)$$

建筑防火中消防车道、登高场地，防火间距，防火分隔、防火分区，建筑内部装修材料，电气防火 5 个指标权重系数为：

$$a_2 = (0.376\,6,\ 0.248\,4,\ 0.080\,0,\ 0.173\,6,\ 0.121\,3)$$

消防设施维护中安全出口、疏散通道，室内外消火栓系统，自动灭火系统，消防供电配电，火灾自动报警系统，防火防烟分隔设施，防排烟系统，疏散指示、应急照明，灭火器材 9 个指标权重系数为：

$$a_3 = (0.213\,3,\ 0.179\,6,\ 0.187\,6,\ 0.067\,3,\ 0.089\,8,\ 0.067\,3,\ 0.118\,4,\ 0.038\,3,\ 0.038\,3)$$

消防教育培训中岗位消防教育培训、灭火和应急疏散预案及演练，志愿消防队、微型消防站建设 3 个指标权重系数为：

$$a_4 = (0.539\,6,\ 0.163\,4,\ 0.297\,0)$$

2 模糊综合评价步骤

2.1 确定评价指标

根据上述层次结构模型，4 个一级指标和 22 个二级指标即为对公众聚集场所消防安全风险评估的对应评价指标。4 个一级指标记为 $u = \{u_1, u_2, u_3, u_4\}$；消防安全管理 u_1 对应的 5 个二级指标记为 $u_1 = \{u_{11}, u_{12}, u_{13}, u_{14}, u_{15}\}$，建筑防火 u_2 对应的 5 个二级指标记为 $u_2 = \{u_{21}, u_{22}, u_{23}, u_{24}, u_{25}\}$，消防设施维护 u_3 对应的 9 个二级指标记为 $u_3 = \{u_{31}, u_{32}, u_{33}, u_{34}, u_{35}, u_{36}, u_{37}, u_{38}, u_{39}\}$，消防教育培训 u_4 对应的 3 个二级指标记为 $u_4 = \{u_{41}, u_{42}, u_{43}\}$。

2.2 确定评语等级论域

确定评语等级论域，即建立评价集 $v = \{v_1, v_2, v_3\} = \{$低风险，中风险，高风险$\}$。其中低风险 v_1，表示几乎不发生火灾，火灾风险性低，火灾风险处于可接受的水平，风险控制重在维护和管理；中风险 v_2，表示可能发生一般火灾，火灾风险中等，火灾风险处于可控制水平，在适当采取措施后可达到接受水平，风险控制重在局部整治和加强管理；高风险 v_3，表示可能发生较大火灾，火灾风险较高，火灾风险处于难控制水平，应采取措施加强消防设施维护、消防管理。

2.3 逐级模糊评价

结合层次分析法，先进行低层次各因素的模糊评价，再进行高一层次各因素的模糊评价。

第一步，对 4 个一级指标消防安全管理、建筑防火、消防设施维护、消防教育培训分别进行模糊评价；第二步，再对总体消防安全进行模糊综合评价，本文采用最大隶属度原则分析方法。

对一级指标“消防安全管理”对应的 5 个二级指标（其中隶属度 r_{ij}，表示若干个评价指标中第 i 个评价指标在$\{v_1, v_2, v_3\}$中做出的第 j 等级评定的可能性程度），建立模糊关系矩阵：

$$\boldsymbol{R}_1 = \begin{bmatrix} r_{11} & r_{12} & r_{13} \\ r_{21} & r_{22} & r_{23} \\ r_{31} & r_{32} & r_{33} \\ r_{41} & r_{42} & r_{43} \\ r_{51} & r_{52} & r_{53} \end{bmatrix}$$

那么，根据层次分析法计算得到的各指标权重系数（a_1），可计算求得对“消防安全管理”一级指标的模糊评价结果，即为：$a_1 \cdot R_1$。

同样，可计算求得“建筑防火”“消防设施维护”“消防教育培训”3 个一级指标的模糊评，价结果分别记为：$a_2 \cdot R_2$，$a_3 \cdot R_3$，$a_4 \cdot R_4$。

再对总体消防安全进行模糊综合评价，其评价结果即为 4 个一级指标权重系数（a）与 4 个一级指标评价结果构成的模糊矩阵的乘积：

$$\boldsymbol{R} = (r_1,\ r_2,\ r_3) = a \cdot \begin{bmatrix} a_1 \cdot R_1 \\ a_2 \cdot R_2 \\ a_3 \cdot R_3 \\ a_4 \cdot R_4 \end{bmatrix}$$

式中，r_i 为总体消防安全在$\{v_1,\ v_2,\ v_3\}$中做出的第 i 等级评定的可能性程度。

3 案例应用分析

3.1 场所基本情况

笔者辖区城中心有小商铺市场，建于 1998 年以前，建筑地上 3 层，建筑高度 14 m，总建筑面积约 1.5 万 m^2，主要经营服装、纺织品、儿童玩具等物品，共有经营户约 800 多户。建筑内设有自动喷淋、室内外消火栓、自动报警、疏散指示、应急照明等消防设施、器材。该市场设有专门消防管理机构，有消防安全管理人员 14 名。

3.2 分级模糊评价

笔者邀请辖区中介技术人员及单位管理人员 10 名，对场所消防安全评价的 22 个二级指标按照{高风险，中风险，低风险}评价集分别进行模糊评价，对每项指标管理好坏，按照百分制采取打分的模式予以评价，得分在 90 分及以上的为低风险，70 ~ 89 分为的中风险，69 分及以下的为高风险，并按照隶属度赋值，结合层级因素指标权重系数，其评价结果如表 2 所示。

表 2 评价结果

一级指标	权重	二级指标	权重	评价集		
				v_1	v_2	v_3
消防安全管理	0.124 9	消防安全责任制落实	0.072 8	0.7	0.3	0
		消防安全制度执行	0.048 6	0.5	0.5	0
		定期防火检查巡查	0.241 1	0.8	0.2	0
		火灾隐患消除	0.241 1	0.3	0.7	0
		用火用电安全管理	0.396 4	0.5	0.3	0.2
建筑防火	0.305 9	消防车道、登高场地	0.376 6	0	0.3	0.7
		防火间距	0.248 4	0.3	0.5	0.2
		防火分隔、防火分区	0.080 0	0	0.8	0.2
		建筑内部装修材料	0.173 6	0.4	0.3	0.3
		电气防火	0.121 3	0.6	0.2	0.2

续表

一级指标	权重	二级指标	权重	评价集		
				v_1	v_2	v_3
消防设施维护	0.491 5	安全出口、疏散通道	0.213 3	0.4	0.3	0.3
		室内外消火栓系统	0.179 6	0.5	0.5	0
		自动灭火系统	0.187 6	0.5	0.5	0
		消防供电配电	0.067 3	0.7	0.3	0
		火灾自动报警系统	0.089 8	0.7	0.3	0
		防火防烟分隔设施	0.067 3	0.2	0.6	0.2
		防排烟系统	0.118 4	0.3	0.5	0.2
		疏散指示、应急照明	0.038 3	0.5	0.3	0.2
		灭火器材	0.038 3	0.8	0.1	0.1
消防教育培训	0.077 7	岗位消防教育培训	0.539 6	0.3	0.7	0
		灭火和应急疏散预案及演练	0.163 4	0.2	0.8	0
		志愿消防队、微型消防站建设	0.297 0	0.2	0.8	0

那么，一级指标“消防安全管理”的模糊评价集合为：

$a_1 \cdot \boldsymbol{R}_1 = (0.538\ 7，0.382\ 1，0.079\ 2)$，按照最大隶属度原则，结果为 v_1 低风险；

一级指标“建筑防火”的模糊评价集为：

$a_2 \cdot \boldsymbol{R}_2 = (0.216\ 7，0.377\ 5，0.405\ 6)$，按照最大隶属度原则，结果为 v_3 高风险；

一级指标“消防设施维护”的模糊评价集为：

$a_3 \cdot \boldsymbol{R}_3 = (0.477\ 7，0.409\ 6，0.112\ 6)$，按照最大隶属度原则，结果为 v_1 低风险；

一级指标“消防教育培训”的模糊评价集为：

$a_3 \cdot \boldsymbol{R}_3 = (0.254\ 0，0.746\ 0，0)$，按照最大隶属度原则，结果为 v_2 中风险。

同理，综合可得出该市场总体消防安全评价集为：(0.388 1，0.422 5，0.179 4)，结果为 v_2 中风险，即表示可能发生一般火灾，火灾风险中等，火灾风险处于可控制水平，在适当采取措施后可达到接受水平，风险控制重在局部整治和加强管理。从 4 个一级指标评价结果看，应优先在“建筑防火”方面考虑，开展局部整治或加强管理，如加强室外消防车道管理、落实严格防火分隔措施等；其次还应进一步加强“消防教育培训”，尤其是要加强灭火和应急疏散预案及演练，加强志愿消防队、微型消防站建设。

参考文献

[1] 陈丽丽. 公共建筑火灾风险评估及应用研究[D]. 长春：吉林大学建设工程学院，2010：14-43.

[2] 张天齐. 公众聚集场所火灾风险评估与控制对策研究[D]. 长沙：湖南大学，2013：25-46.

[3] 吕显智，马建云，陶昆，马峰，陈硕. 基于模糊综合评价法的高层宾馆消防安全现状评价[J]. 现代安全技术与管理，2011 (05)：15-17.

[4] 毕少颖，王志刚，张银花. 模糊综合评估理论在公共娱乐场所消防安全评估中的应用[J]. 理论与实践，2013（30）：27-30.
[5] 牛贵来. 模糊数学在消防安全评价中的应用[J]. 中国科技信息，2006（15）：29-32.

作者简介：刘宏慢，男，浙江省公安消防总队衢州市消防支队江山大队大队长，工程师；从事消防监督工作。
通信地址：浙江省衢州市江山市环城西路191号，邮编：324000；
联系电话：13757031203；
电子信箱：25683885@qq.com。

空气再生生命保障系统在高层避难区应用初探

王 舫[1]，魏立志[2]，孙 宇[3]，李 苗[4]，王多铭[5]
（1. 中科院大连化学物理研究所，大连圣迈新材料有限公司；2. 中国建筑东北设计研究院有限公司；
3. 大连联安知盾科技有限公司；4. 辽宁省消防总队防火部；5. 大连市消防支队防火处）

【摘 要】 空气再生生命保障系统由空气再生系统、空气净化系统和降温系统组成，可以向避难场所内提供氧气并消除有害气体。本文通过分析空气再生生命保障系统的工作原理，提出在高层建筑避难区增设该生命保障系统的设计理念，以便火灾时更有效地保障人员的生命安全。

【关键词】 高层建筑；避难间；空气再生；生命保障；安全性

1 引 言

经济的快速发展推动了建筑业的飞速发展。80 年代以后，在改革开放的大好形势下，经济迅猛增长，我国高层建筑进入了高速发展时期，尤其是 90 年代以后，在短短的 10 多年间，全国各地的高层建筑数以万计，其建设规模和速度空前，我国成为当今世界高层建筑建设大国。据专项调查统计，我国现有高层建筑 34.7 万栋，百米以上超高层近 6000 栋，数量均居世界第一。

随着高层建筑数量的增多以及各种新型节能、装饰材料的广泛应用，高层建筑火灾次数与严重程度呈快速上升趋势。2017 年 6 月 14 日，英国首都伦敦西部一栋 24 层的公寓楼凌晨突发大火，火势从二楼一直烧到楼顶，形成立体式燃烧，在连续焚烧了十几个小时后，整座大楼沦为废墟（见图 1），导致近 80 人遇难。 2017 年 6 月 22 日凌晨 5 时许，浙江省杭州市上城区一公寓 18 层突发大火，造成 4 人死亡（见图 2）。

图 1 英国公寓大火

图 2 杭州公寓起火

这些火灾再次为高层建筑防火安全敲响了警钟，又一次引发了人们对高层建筑消防安全的思考。高层建筑体量庞大、功能复杂、垂直高度高、火灾隐患多，一旦发生火灾，蔓延迅速、疏散时间长，仅靠消防救援来保障人员的生命安全难度较大。尽管高层建筑须严格按规范采取被动与主动防火措施，超高层建筑需增设避难层（间），但当火灾发生时，人员伤亡与财产损失仍十分惨重。因此，如何利用新材料、新技术设置高效安全的避难自救场所，成为高层建筑防火安全技术的重要研究课题。

2 现有避难空间存在的问题

建筑内的人员避难空间主要指避难层、避难间，是在火灾紧急情况下，人员无法进行正常疏散时，暂时停留的避难区域。设置避难层还是避难间，主要是根据建筑的不同高度段内需要避难的人数及其所需避难面积确定。

2.1 规范相关条款

2.1.1 设置范围

我国《建筑设计防火规范》（GB 50016—2014）要求如下：①建筑高度大于 100 m 的公共建筑和住宅建筑应设避难层（间），两个避难层（间）之间的高度不宜大于 50 m；②高层病房楼二层及以上的病房楼层和洁净手术部位应设避难间；③建筑高度大于 54 m 的住宅每户应有一间房间可兼作避难间使用。除此之外，对于 100 m 以下的其他类型建筑未做相关规定。

2.1.2 防火措施

为保证避难层（间）具有一定的抗火能力，楼板、墙体和门应满足相应耐火极限的要求；避难层（间）内应设专线消防电话和消火栓，以便避难人员与外界及时联系和应急灭火；封闭式避难层（间）应设独立的防烟设施，一般采用正压送风方式。目前对于避难层（间）还没有系统的检测和验收标准，其综合使用效果和人员在避难空间的耐受能力还有待进一步验证。

2.2 避难空间的安全隐患

目前规范没有对避难层是否封闭做出要求，部分高层建筑的避难层设置为敞开式或半敞开式。敞开式与半敞开式避难层靠自然通风排烟，火灾时易受到烟气蔓延和室外气候影响，安全性较低。封闭式避难层（间）空间环境相对封闭，由于人员的呼吸作用，封闭空间内的氧气会不断减少，二氧化碳不断增多。在 5.0 人/m^2 的高密度空间内，氧气消耗量大，容易造成氧气的不足，且在室外各种毒气、烟气的综合作用下，人员很容易失去生理机能。大量火灾事故表明，受害者大部分是因有毒有害气体窒息而死。高层建筑管井较多，在烟囱效应的作用下，极易形成类似伦敦大火的这种立体式火灾，大火在垂直方向和周边同时燃烧，整个避难空间被烟火包围，正压送风防烟系统将室外烟气送入避难间，避难间反而变成了烟气室，失去了避难功能。

2.3 现有建筑避难空间的局限性

2.3.1 住宅建筑

住宅建筑内可能有较多的老年人和儿童，疏散速度较慢，对于超过 100 m 的住宅，集中设置避难层（间）不利于这些弱势群体的疏散，如果能以家庭为单位，利用户内房间设置有效的家庭避难间，将明显提高建筑的安全性。

2.3.2 医疗养老建筑，儿童活动场所

现有规范对高层病房楼每层设置避难间有一定要求，对于其他类型的医疗门诊楼、养老建筑、儿童活动场所未作相关规定，由于这类建筑内老幼病残较多，不便于紧急疏散，对于这类人员行动受限的建筑，有必要考虑每层设置避难空间。

2.3.3 大型商业综合体

大型商业综合体与普通的商业建筑相比，集中了购物、娱乐、休闲等多种功能，表现出规模大和

功能复杂的特点。如大连恒隆广场地上商业面积达 19 万 m^2，地下商业面积近 3 万 m^2。这类商业空间内人员高度集中，可燃物多，特别是地下商场，空间相对封闭，发生火灾后，人员逃生拥挤，疏散困难。对于这类空间，若设置有效的避难场所，可大大减少人员伤亡。如韩国某地下商场，设置了避难空间，同时配备了防毒面罩等自救设施。

2.3.4 大型地下人防空间

人防工程是立足于战时防空的地下建筑，与地面隔绝，一般没有直接向外开启的门窗，火灾时产生的大量烟气和热量不易散发，建筑内的温度会急剧上升，人员在弥漫的烟气中很难辨清疏散出口的位置，容易在逃生途中窒息死亡。另外，人防工程常常缺乏日常管理，一旦发生火灾，人员疏散和救助都十分困难。针对这些问题，有必要考虑设置避难空间。

2.3.5 城市交通隧道

现代城市交通隧道长度日益增加，不仅车载量大，而且需通行运输危险材料的车辆，容易引发汽车火灾，若扑救不及时，会导致火情迅速扩展。隧道内自然通风条件差，火灾时供氧不足会产生大量的有害气体。这种特殊的火灾环境以及超长的疏散距离导致排烟和逃生困难。因此，有必要加强隧道内避难措施的设置。

3 空气再生生命保障系统应用背景

3.1 智利矿难引发的思考

2010 年 8 月 5 日，智利圣何塞铜矿发生矿难，33 名矿工被困井下 701 m，由于设置了井下避难硐，33 名矿工在被困 69 天后成功获救，创造了被困地下时间最长且成功生还的世界纪录，这在很大程度上得益于铜矿内预置的避难硐。在这个密闭的避难场所中，室温维持在 32 ~ 36 °C，有通风口，有生命赖以维持的饮用水，以备矿难中矿工避难等待营救。鉴于智利矿难的经验，我国于 2011 年开始，要求所有煤矿必须建设井下紧急避险系统，紧急避险设施应具备安全防护、氧气供给等保障人员生存的基本功能。由于煤矿的这种紧急避险系统与高层建筑的避难场所具有类似的特性，若将其中的生命保障措施应用于高层建筑的避难场所内，将有效提高火灾时人员避难的安全性。

3.2 空气再生生命保障系统的应用现状

随着紧急避险系统在煤矿大规模的推广建设，空气再生生命保障系统已经在多个煤矿避难硐/舱内安装。2011 年 12 月 9 日 ~ 11 日，阳煤集团新元矿采用空气再生生命保障系统系统率先进行了 100 人，48 小时避难硐载人实验（见图 3），并取得了圆满的成功，属全国首例，其各项性能指标均满足避难硐室的要求（见表 1）。目前已在阳煤集团安装 20 个 100 人永久避难硐。

图 3 避难硐载人实验

表 1　100 人，48 小时避难硐载人实验结果

关键技术要求	国家安监局要求指标	本次实验结果
CO 消除系统	20 min 降至 24 ppm	0
CO_2 消除系统	< 1.0%	< 0.86
O_2 再生系统	18% ~ 23%	19.8% ~ 21.8%
温度控制系统	35 °C 以下	26 ~ 32 °C
湿度控制系统	85%以下	35% ~ 84%

4　空气再生生命保障系统的工作原理与组成

空气再生生命保障系统由空气再生系统、空气净化系统和降温系统组成。

4.1　空气再生系统

空气再生系统包括空气再生药板和空气再生装置两部分。空气再生药板采用了超氧化钾化学生氧技术，可以在常压下进行，过程中无需电力供应。工作原理是：在一定的再生条件下，当含有一定浓度二氧化碳和水分的空气，从再生装置对流口处进入装置后，与药板接触，发生化学反应，空气中的二氧化碳和水分被吸收，同时放出氧气，并伴随放出一定的热量。这些热量同时加热了装置内的空气，热空气上升，从装置的上部出口处回到避难间，避难间的冷空气不断从装置下口进入，形成避难间与装置空气的对流系统，使反应不断进行下去。

这种一体化整合处理技术充分利用了避难室内的气体条件，将本来的技术负担（二氧化碳去除，湿度的降低）变成了整个体系的充分条件，通过空气中的水分与二氧化碳参与反应，释放出必需的氧气，可以说是根据人体的代谢状况来自动调控整个体系的平衡。因此，氧气浓度、二氧化碳浓度及环境湿度可保持适中平稳，人体感觉舒适。配套使用的空气再生装置体积小，基本尺寸为 300 mm × 300 mm × 900 mm，可根据需要灵活调整；使用时装置温度低，在保存期内基本免维护，具有明显的优越性。

4.2　空气净化系统

发生火灾时，建筑内气体环境复杂，局部一氧化碳（CO）、氨（NH_3）、硫化氢（H_2S）和有机蒸汽的浓度会升高，这些气体一旦进入避难间，势必会威胁避难间内人员的身体健康和生命安全。空气净化系统可以快速将避难间内的 CO 气体浓度降到安全范围内，其中 CO 气体可采用高效贵金属型催化剂消除。如果考虑成本，可采用霍加拉特剂消除，但霍加拉特剂的缺点是易吸潮，若保存不当需经常更换。其他气体采用高效活性催化剂吸附并反应去除。

4.3　降温系统

火灾期间，避难间内的温度会因为外界高温环境和避难间内人体散发的热量快速上升至超过 30 °C，此时，避难间内人员会感觉极不舒适。采用低温超导管配合预先贮存的化学制冷剂，利用无机盐的溶解吸热和相变吸热原理，吸收热量，降低周围空气温度。低温超导管也是利用化学相变原理，超导管内的超导液发生相变，从而快速进行热量传递，每根超导管散热面积超过 1 m^2。

4.4　与传统压缩氧瓶供氧方式比较

目前，封闭空间内的供氧和二氧化碳消除有两种方式：其中一种是采用单一技术组合的方式，即

供氧采用压缩氧瓶，吸收二氧化碳采用碱石灰型二氧化碳吸收剂，降低湿度采用除湿剂。压缩氧瓶的供氧方式采用氧气瓶供氧外接 15 mPa 高压氧气气瓶组，由汇流排行总控制，气瓶中的高压氧气会经过两次减压，第一次减压是将 15 mPa 高压氧气降为压力在 0.6 ~ 1 mPa 的氧气，第二次减压是将压力在 0.6 ~ 1 mPa 的氧气降为 0.1 ~ 0.2 mPa 的常压氧气，氧气流量为 0.5 L/min，而人体在不同的条件下需氧量是不同的，这就极易造成氧气浓度忽高忽低的变化，甚至造成氧中毒。从安装及后期维护的角度讲，空气再生系统无需安装，避难间建好后，直接摆放在室内即可；而压缩氧的安装与后期维护繁琐复杂，且容易泄漏，每三年必须进行一次强检，这一项将成为繁重的工作和支出。采用压缩氧瓶系统还需额外配备大量的二氧化碳吸收剂和除湿剂，除湿剂都伴随着大量的热量产生，这给整个体系的降温又增加了负担。

5 在高层避难区的应用理念

通过以上分析，在现有高层避难区安全措施的基础上，加入空气再生生命保障系统，可以为避难区内提供充足的氧气，并消除有害气体（见图 4），提高建筑的安全性。由于高层建筑疏散困难，以及一些养老医疗等弱势群体较多的建筑人员行动受限，也可以考虑在每层设置配备该系统的避难间，在火灾危险的情况下，建筑内的人员可就近进入这些避难场所内寻求庇护，其内部的供氧设施可保证人员生命延续，为消防救援赢得时间。

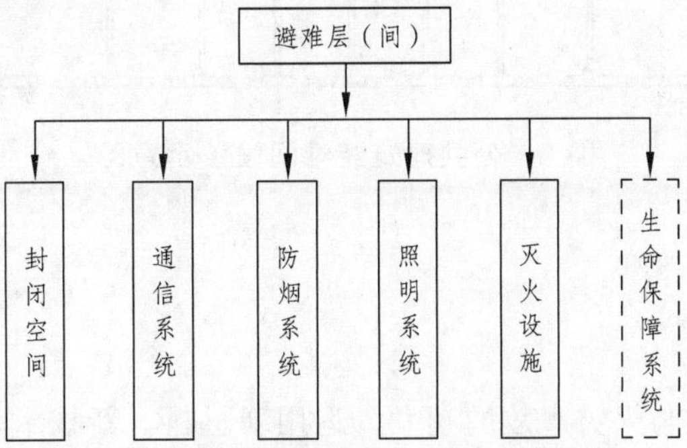

图 4 避难层（间）结构组成

5.1 基本要求

在避难区内设置空气再生生命保障系统应处理好房间的防火隔热性与密闭性，防火性主要指当发生火灾时，房间完整性不受到破坏，隔热性目的在于控制房间内背火面上升温度，密闭性可以防止火灾烟气进入避难间内。具体要求如下：

（1）防火隔热性：

楼板与墙体的耐火极限需按规范严格设置，门应采用防火门；楼板穿孔处应做好防火封堵。墙体与门内应填充高效隔绝热材料，楼板与地面作隔热处理，避免火灾时室内温度过高。插座采用密封型并带保护地线触头的保护性插座，电线采用金属导管或难燃性 PVC 导管进行保护。

（2）密闭性：房间的门窗、管道接缝处做好密闭处理；房间门口处保持正压，防止有害气体进入。

（3）供氧时间不宜低于 2.0 h。

（4）空气再生装置数量按避难人数每 5 ~ 10 人配置一个。

（5）为创建避难人员与外界有效的联系，考虑设置专用可视对讲通信设备。

5.2 在建筑中的设置位置

5.2.1 住　宅

住宅内的避难间可以以“户”为单元，利用户内房间如卫生间、储藏间等设置家庭避难间。空气再生装置尺寸较小，可结合室内装修进行设计，如设置在房间的壁柜、橱柜内，避免房间外观受到影响。如果每户按 3 ~ 5 人考虑，则需要配备一个空气再生装置。

5.2.2 公共建筑

在公共建筑内，空气再生装置除在避难层内设置外，也可以结合公共活动区域每层设置，如与会议室、休息室等合用，宜临近消防电梯和疏散楼梯，同时具有两个方向的疏散路径。假设办公楼标准层面积 1 000 m^2，每层人数 100 人，若按每 10 人配置一个考虑，则需要配备空气再生装置 10 个（见图 5）。

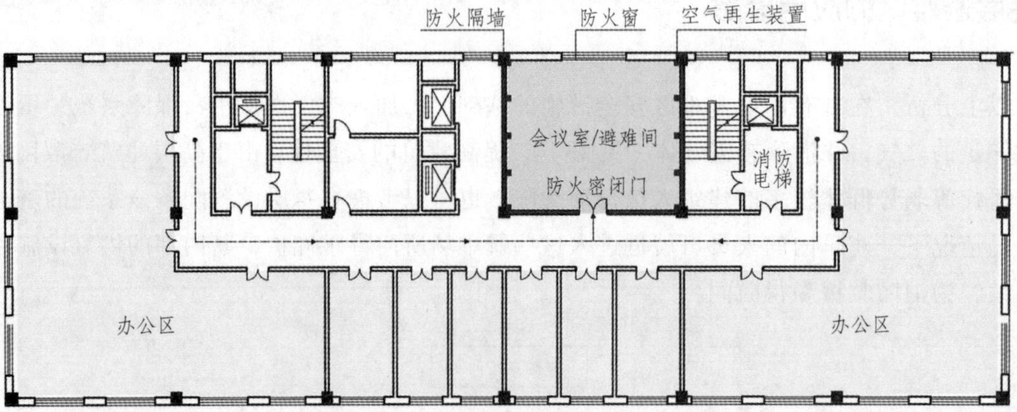

图 5　公共建筑避难间设置示意图

6 结　语

随着高层建筑数量的增多与火灾事故的频发，运用新材料、新技术设置高效的避难自救场所是保障人员生命安全的有效途径。空气再生生命保障系统技术安全可靠，不仅可以应用于高层建筑避难，对于地下公共场所、人防工程、隧道、养老医疗建筑、大型商业综合体的避难都有着广泛的适用性。本文只是针对在高层建筑中设置空气再生生命保障系统进行初步的探讨，对于设置的技术细节以及在其他空间领域的应用还有待进一步研究。

参考文献

[1] GB 50016—2014. 建筑设计防火规范[S]. 2014.
[2] 王希光. 从智利矿难想到高层建筑设立避难间的可行性[C]. 2011 中国消防协会科学技术年会论文集. 2011：30-30.
[3] 张鸿鹤，王晋波. 高层建筑避难间设置探讨[J]. 消防科学与技术，2012，31（10）：41-44.
[4] 张大明，马云东，丁延龙. 矿井避难硐研究与设计[J]. 中国安全生产科学技术，2009，5（3）：194-198.

高层建筑消防安全问题的探讨

吴 蓉

（武警四川消防总队培训基地，四川 成都 610000）

【摘 要】 现代高层建筑随着社会的发展不断进步，给人们带来更大的视觉盛宴和切身享受，但是对于高层建筑而言，安全是根本。本文介绍了我国高层建筑消防安全问题的现状，分析了现在消防安全所存在的问题，并针对这些问题提出了相关的改进措施。

【关键词】 高层建筑；火灾；消防设施；消防安全

随着改革开放的深入和经济的发展，高层建筑如雨后春笋般地矗立在城市中，出现在人们的生活里，从五层、六层、十一层再到现在的几十层高楼，深刻地记录着时代的变迁和城市的现代化建设。如今，不仅大城市到处高楼林立，连小县城里都随处可见高层建筑。伴随着快速建起的高层建筑，也相继出现了一系列的安全问题，而本文所要着重讲的就是高层建筑的消防安全问题。

1 我国高层建筑消防安全的现状

高层建筑，是指高层民用建筑（含十层及十层以上的居住建筑及建筑高度超过 24 m 的两层及两层以上公共建筑）和高层工业建筑（两层及两层以上且建筑高度超过 24 m 的工业建筑）。高层建筑可以缩小建筑的占地面积，不仅提高城市的土地利用率，也为城市带来了经济效益。但是，高层建筑也产生了一系列新问题，比如建筑质量不合格，安全管理不到位，防火、防爆、防震、防盗的安全问题难以解决等，其中防火问题尤其重要和突出。这些问题一旦出现，不仅会给经济和社会的发展带来严重的影响，还会威胁到居民的人身安全和居住安全，产生不可估量的后果。例如央视大楼北配楼发生的大火、上海电信大楼发生的火灾等都表明了高层建筑一旦发生火灾，将会造成相当严重的人员伤亡和经济损失，因此，高层建筑的消防安全问题一定要引起高度重视。

2 我国目前高层建筑在消防安全方面存在的问题

2.1 设计图纸中缺少防火设计，施工过程中消防防范措施不到位

对于开发商而言，在越短的时间内建出越多的高楼，才能从中获取更多的利润，而现在的买家在选择房屋上面，更多的是倾向于户型、采光、价格、地理位置、开发商的信誉等，不管是开发商还是买家，并没有将建筑的安全性作为其首要考虑的因素，这样的心理就导致了建筑方在设计和施工的时候，缺乏对安全问题的特别重视。首先，有些设计人员图省事，设计图纸缺图、漏图现象时有发生，甚至有些建筑方为了尽早施工，设计稿就只是抽象性的设计一下草图便开始动工，由于消防设施属于建筑的细节，粗略的草图明显不能详细地表达消防设施的内容；其次，个别单位在施工的过程中为了

节省资金，赶早交工，未能遵守相关的规范，未使用符合规范的材料，导致消防设施未能达到规定的要求，这样的做法就为以后的火灾留下了隐患；再者，有些高层建筑工程在消防审核后的建筑施工、设备安装、室内装潢等方面放松要求，常常会出现偷工减料，使用不合格产品，甚至有个别单位未经消防部门审核验收而擅自改建项目并投入使用，导致高层建筑在整体布局、消防设施、消防通道等方面造成了难以整改的火灾隐患。

2.2 高层建筑的火灾扑救工作复杂，消防设施不完备

高层建筑的高度远高于一般的多层建筑，一旦发生火灾，火灾扑救难度要远大于其他建筑，因此，高层建筑消防设计的理念重点立足于“自救”。为了更好地应对意外火灾，高层建筑中应当配备完备的消防设施，为火灾预防和火灾扑救工作提供有利条件。但是在实际的高层建筑中，消防设施不齐全的现象普遍存在，即便有的高层中有消防设施，但是因为经年不用，对自动报警系统、自动喷水灭火系统、室内消火栓等也没有进行及时的维修和保养，导致许多设施不能正常使用，一旦发生火灾，消防设施形同虚设。还有一种情况是这些消防设施是完好的，但是被人为关闭，影响其作用的发挥。虽然火灾等事件只是偶发性事件，这些设施或许没有用武之地，但即使是这样，我们也要做好万全的准备。

2.3 消防安全责任落实不到位，缺乏相应的惩戒措施

因为高层建筑的建筑面积大，内部人员多，所以高层建筑中大多数都是合用建筑，使用人员多，在管理上就会出现各自为政、多头管理的现象，也正是由于这种现象的存在，导致一旦发生火灾，就很难明确消防安全管理责任的主体，而且有的人或者单位在使用的过程中安全意识和集体意识缺乏，任意占据室内消防通道，对自己所占范围之内的消防设施没有尽到管理和保养的义务，而且大楼的物业也没有将消防责任落实到具体的单位或个人，一旦事故发生，就容易互相推卸责任，最后找不到责任的承担者，也难以对其他人起到警示作用。在对高层建筑的管理中，也缺乏对消防安全管理人员和消防设施维护保养人员的培训，管理人员在消防安全工作中有着不可或缺的作用，定期的检查、维修、排除故障等消防安全工作做得不到位，管理人员有着不可推卸的责任。

3 加强高层建筑消防安全的措施

高层建筑因为有结构复杂、功能多样的特点及特殊的物理环境，一旦发生火灾往往施救困难，容易造成人员伤亡和财产损失，因此加强高层建筑消防的安全预防措施极为重要。

3.1 设计图纸中要做出合理的防火设计，在高层建筑普及防火分隔措施

在高层建筑设计施工时，要设计使用防火墙、防火卷帘和防火门等防火分隔建筑，确保一旦发生火灾时，能在一定时间内将火灾限制于起火区域，不至于使火势扩大蔓延，给人员疏散和消防人员扑灭火灾创造条件。在高层建筑设计中，通常规定楼梯间、通风竖管、风道空间、电梯、自动扶梯升降通路等形成竖井的部分都要采取防火分隔措施，在水平面和垂直面划分防火分区和防烟分区。有条件的高层建筑，应当在建筑内部设置避难间，目前国外新建的高层建筑大部分都设有避难层或避难间，确保发生火灾的楼层较高时，消防云梯车即使不能到达，高层的疏散人员也可暂时利用避难层或避难间进行躲避和休息，等待进一步救援。

3.2 安装齐全的消防设备，并要定时检查、定期维修

相对于多层建筑而言，高层建筑中存在的安全隐患较多，而且发生火灾时，扑救难度大，人员疏散困难。因此，我们必须做好防范火灾的准备，这就需要充足而齐全的消防设施。因为高层建筑消防的理念就是以“自救”为主，我们要充分利用好建筑内的各种消防设施，比如消防安全警报，自动喷水灭火系统、消防栓等，一旦有发生火灾的苗头，警报就会自动报警，可以提前给室内人员以提醒，在火灾蔓延之前迅速及时地逃离，而且这些消防设备要定期检修、每天检查，一旦发现被人为关闭的时候，要及时地开启，以免产生不必要的麻烦，并且电梯内的消防工作要做好，避免人员困在电梯，影响生命安全。

3.3 落实安全责任，提高消防安全意识

防火重要的是日常防范，将火灾隐情防患于未然。高层建筑应当建立统一的消防安全管理组织，将消防安全责任落实到每层楼、每个房间、每个人。消防安全管理人员要定期组织进行消防安全知识学习和防火演练，提高高层建筑所有人员的防火自救意识。同时要加强对用火器具的安全管理，高层建筑使用的电器产品和燃气设备器具都要经过一定标准的检验方可使用，供气管道和供电线路的使用要派专人负责维护。严格维修保养制度，落实消防部门的巡查制度，通过现代技术监控，对电气设备、燃气设备和消防设施进行定期维修保养，发现故障要及时修复，确保其始终处于良好的运行状态。

参考文献

[1] 任宏，兰定筠. 建设工程施工安全管理[M]. 北京：中国建筑工业出版社，2005.

[2] 王伟. 浅析高层建筑防火安全问题及预防对策——从大型高层建筑火灾中的几点启示[J]. 安防科技，2006（4）：23-25.

论地铁火灾危险性及防控对策

吴　蓉

（武警四川消防总队培训基地，四川 成都　610000）

【摘　要】 地铁作为现代城市不可或缺的交通工具，在人们的生活中发挥着越来越重要的作用。本研究结合现有地铁项目的重要性，分析了地铁火灾的危害，指出地铁火灾危害性主要体现在功能多样化、人员疏散困难和灭火救援难度大等方面。针对地铁火灾危险性的特点，从把握工程消防关口、采用高效率消防设施、提高公民防火意识和灭火技能三个方面论述了地铁火灾的防控对策。

【关键词】 地铁火灾；危险性；防控对策

地铁是人们日常生活中出行的重要交通工具。在国家“十三五规划战略”建设中，全国大部分一二线城市都把地铁作为了重要建设项目。每天地铁都承担着亿万旅客的出行，它在现代城市交通工具中的地位是无可取代的。但是，由于地铁属于地下建筑，在结构和环境上有着与其他交通工具相比独一无二的特点。地铁客流量大，人员非常集中，一旦出现突发事故，例如火灾，就会引起大量死伤，带来不可估量的严重后果。因此，在十三五发展规划过程中，在中国 2025 的规划过程中，要加强对地铁火灾防控问题的研究，重视地铁兴建过程中的各种细节，借鉴国际国内先进经验，从思想和源头设计上，保证地铁火灾防控措施的完善。

1　地铁火灾危险性

从现有发生的案例看，世界范围内已有地铁发生火灾的先例。地铁客流量大，人员非常集中，发生火灾后，容易引发踩踏等其他次生危害，加之地铁列车上的一些车座、顶棚及其他装饰材料都具有可燃性，容易引发火势的进一步扩大。地铁火灾的危险性主要表现为：

1.1　功能多样化

地铁工程具有结构复杂、区域功能多样化的特点，在地铁工程建筑结构上，有着特殊的需求，其间存在着布局上隐藏的局限性。加上地铁需要各种各样的交通换乘，规划各色各样的功能区，彼此各个功能区之间并没有做好隔离设计，也没有设置一定的隔火措施。以广州的地铁站为例，地铁站往往与商业街规划在一块，商业区的聚集，加上站厅和开发空间的有限性，一旦发生了火灾，地铁大面积火灾事故的概率加大。因此，地铁的多功能性，使得用火场所与火灾荷载相应增大，发生火灾的几率也相应增大。

1.2　人员疏散困难

地下空间较地面空间而言，其疏散的困难度进一步加大。由于空间的限制，疏散出口少，火势蔓延方向与烟气的流动性几乎与人员撤离方向一致，这样增加了火灾蔓延的速度和人员扩散的难度。再加上地下工程中，照明多为人工照明，一旦发生火灾，人工照明系统受到了破坏，地下一片漆黑，人员恐惧感急剧上升，发生骚动的可能性明显加大。人员组织撤离的过程中会受到各方面的影响，消防安全知识欠缺和自我保护能力差的人，容易在撤离过程中受到伤害，互相拥挤，互相不信任，互相推诿，很可能导致大规模踩踏事故的发生。

1.3 灭火救援难度大

与一般的火灾事故救援相比，地铁火灾的救援难度明显加大。由于地铁开发空间有限，活动范围较为封闭，在高温危害下，空气流通困难，烟雾扩散的难度进一步加大，新鲜空气得不到补充，不完全燃烧的状态时有发生。倘若在有限的开发空间范围内，堆积了大量的商品，就有可能发生火灾，使得更多的有毒气体和热量得不到扩散，增加逃生的难度。消防救援人员也没有办法查明火情，获取火情信息，无法开展有效的救援活动，也没有办法进行针对性的灭火救援。

2 地铁火灾防控对策

针对地铁火灾的这一危害性和地铁自身的局限性，在制定地铁火灾防控过程中，要多做准备。"凡事预则立"，做好地铁火灾的防控对策，随时应对地铁运行过程中出现的火灾事故，通过技术手段、项目规划、制度安排、公民意识等多方面，全角度地预防地铁火灾的发生。

2.1 把握工程消防关口

对于任何新建的地铁项目，相关政府机关要严格按照消防工程设计标准，对其进行验收和审核。地铁工程的消防设计、施工符合国家工程建设消防技术标准，督促建设、施工单位按照原设计施工，防止开发商和施工队随意更改设计，留下"先天性"消防安全隐患[2]。在地铁工程建设的过程中，相关部分要在各自的职责范围内，做好消防主体责任工作。明确项目负责人的责任，明确工程设计方的职责，明确监管第三方的监管职责，保证各方承担相匹配的责任与义务。在设计方面，一定要强调防火分隔措施，对以交通功能为主的开发空间，严格控制相关商铺的发展面积，保留足够的乘客疏散通道，对于与地铁站组合的多个地下开发空间，每个区间之间通过扩大的防烟前室、下沉广场及防火墙组成防火分隔，与地铁站台站厅之间进行完全的防火分隔。

2.2 采用高效率消防设施

防火体系的核心在于自防。地铁结构建筑的特殊性决定了其在发生火灾后，需要采取及时的防火措施。一旦火灾蔓延，局势就会迅速恶化且难于扑救。因此在消防设施的配备上，要选择高效率的消防设施。建立真正的防火体系，旋转型喷头灭火系统、自动喷水灭火系统和消防水池都是地铁建设项目中消防可以考虑的技术。这些新技术具有响应速度快、灭火效率高、单只喷头保护范围大的优点。一旦发生火灾，可以在这些技术的帮助下，迅速灭火，防止火势的进一步蔓延。当然，好的消防设施只是一部分，相关部门要及时检查消防设施的有效性，注意消防设施的日常检查和维护保养，对建筑消防安全进行监管，以便发生火灾时能第一时间处置。相关地铁消防值班人员，要保持高度警惕，持证上岗，定期进行培训，熟练各项消防技能。

2.3 提高公民防火意识和灭火技能

公民的消防意识和灭火技能在地铁火灾防控过程中起着重要作用。人永远是第一位要素，无论多好的设计和消防措施，都需要公民对其进行掌握和使用。在地铁火灾出现的过程中，随时随地可能会出现各种突发状况，需要公民有一定的消防意识和自救意识，听从指挥，作出及时的反映。在相关部门方面，要定期对公民进行培训，制定灭火应急救援预案，定期开展“六熟悉”和灭火疏散演练[3]，组织灭火和应急疏散演练，认识应急疏散路线图，确保一旦发生火灾能够立即启动应急处置程序。相关媒体部门也要及时传播和宣传防火灭火知识，组织公民参与各种各样的安全宣传活动，及时将消防安全知识武装到个人，切实提高公民的灭火自救能力。同时，研发部门要不断研发新的技术，确保火灾预警工作能够第一时间得到控制和处理。根据地铁工程火灾的特殊性，加强战略和技术的研究，对地铁运行方案进行修正，力争从技术和意识的角度，防治火灾的发生。

3 结 语

地铁是城市交通运行的重要枢纽，是城市交通网中的核心，也是城市消防安全不可或缺的一部分。城市地铁工程由于自身的特殊性，在开发过程中，需要加强对其消防设计的管理，促进地铁防火能力的提升。无论是地铁项目的设计阶段、建筑阶段还是运营阶段都需要通过技术手段，提升消防意识，保障地铁火灾防范措施的有效运营。本研究结合现有地铁项目的重要性，分析了地铁火灾的危害，指出地铁火灾危害性主要体现在功能多样化、人员疏散困难和灭火救援难度大等方面。针对地铁火灾危险性的特点，从把握工程消防关口、采用高效率消防设施、提高公民防火意识和灭火技能三个方面论述了地铁火灾的防控对策。由于主客观因素的限制，本研究内容还不够全面，相关观点的科学性还不足，需要更多的研究者参与进来，共同促进我国地铁火灾防控措施的发展。

参考文献

[1] 沈友弟. 地铁的消防安全问题及其对策[J]. 消防科学与技术，2006，25（2）：260-264.
[2] 李叶明. 高层建筑消防安全问题及对策[J]. 江苏安全生产，2008：22-24.
[3] 马一太，曾宪阳，刘万福. 地铁火灾危险性的模糊综合评判[J]. 铁道学报，2006，28（3）：106-110.
[4] 杨立中，邹兰. 地铁火灾研究综述[J]. 工程建设与设计，2005（11）：8-12.
[5] 王芳. 地铁火灾事故人员应急救援安全疏散研究[D]. 北京：北京交通大学，2015.
[6] 张亦昕. 地铁十字换乘站火灾烟气控制系统的研究[D]. 北京：北京工业大学，2015.

障碍物对于隧道火灾影响的FDS模拟研究

王万军[1]，江梦梦[2]

（1. 甘洛县公安消防大队，四川 凉山 616850；2. 四川省法斯特消防安全性能评估有限公司，四川 成都 610000）

【摘　要】 本文运用火灾动力学模拟软件 FDS模拟隧道火灾，研究了障碍物对隧道火灾发展的影响，分析了障碍物与火源的不同距离对模拟结果的影响。模拟结果分析可知：① 当火源上风处存在障碍物时，隧道顶部最高温度点向上风处显著偏移，且火区上游温度高于无障碍的工况，火区下游则变化不大；② 随着障碍物与火源距离的增加，这种温升与偏移变小。

【关键词】 障碍物；隧道火灾；FDS

0 引　言

随着经济的发展，各种交通隧道不断涌现，隧道数量日益增多。与此同时，交通流量、隧道长度逐年增长及车速的提高，相关的隧道危害发生的概率也随之上升，其中火灾就是比较严重的危害，往往造成灾难性事故。隧道火灾往往伴随着高温、烟气窒息、能见度下降，造成逃生困难，以及短时间内外部救援很难到达现场展开施救工作。

国内关于隧道火灾的研究，主要包括：姜智彬等利用 FDS 对隧道内车辆间的受热引燃进行了数值模拟，得出了不同火灾场景下的车辆引燃临界距离。李伊平等通过缩小尺寸实验和计算机数值模拟，探讨隧道塞车情境对火场燃烧所造成的影响，结果表明火场环境及烟流将受有、无车辆回堵、回堵车体大小及火源与车体距离等因素而有不同程度的影响。汤渊等基于全尺寸隧道火灾试验研究了隧道内车辆高度对烟气蔓延特性的影响。李颖臻等建立了铁路隧道缩尺模型，讨论列车阻塞对隧道火灾临界风速的影响，研究发现有列车时控制火灾烟气回流的临界风速明显降低。本文利用美国 NIST 开发的火灾模拟软件 FDS 建立隧道的火灾模型，模拟火灾发生时隧道中烟气流动状态的变化，尤其考虑火源上风处障碍物对于火灾烟气的影响。

1 模拟软件介绍

CFD 是 Computational Fluid Dynamics 的简写，即为计算流体动力学。它是将流体力学、计算数学和计算机科学互相结合的一种用于分析流体流动性质的计算技术，它可以通过计算机对各种类型的流体在各种速度范围内的复杂流动进行计算。CFD 模拟具有成本低、速度快的特点，并且能够对真实条件和理想条件进行模拟。

火灾动力学模拟（FDS）是使用大涡模拟模型的计算流体力学（CFD）软件。它由美国国家标准技术研究所（NIST）开发，用于计算燃烧引起的流体流动。该软件通过数值方法求解 Navier-Stokes 方程来分析燃烧过程中烟气和热传导的过程。FDS 中包含很多个模型：燃烧模型、热辐射模型和热解模型等。燃烧模型采用混合分数模型。模型假设燃烧受混合因素多方控制，燃料和氧气的反应速度无限快。所有的反应物和燃烧产物的质量比可以由状态方程以及经验公式推导出来。辐射热传导通过求解非散射灰色气体的热辐射传递方程来实现。热解模型则采用木材热解模型。求解 FDS 偏微分方程组的核心算法是一种显式的预测-纠错的方法，时间和空间的精度为 2 阶。

2　建立模型

2.1　模型介绍

本文以某一地区常见的公路隧道为研究对象，运用 FDS 模拟软件，建立隧道火灾模型简图如图 1 所示。本次研究设置隧道尺寸为 50 m × 8 m × 8 m，火源位于距离进风口 15 m 的隧道底部中心轴线上。网格大小为 0.5 m × 0.5 m × 0.5 m。在距隧道顶部 2 cm 的中心轴线上，即 $Y = 4$ m，$Z = 7.98$ m 处，每隔 1 m 设置一个温度监测点采集温度数据。监测点从左到右依次编号为 1#、2#、…、50#，1#监测点横坐标为 $x = 1$ m，50#监测点横坐标为 $x = 50$ m。

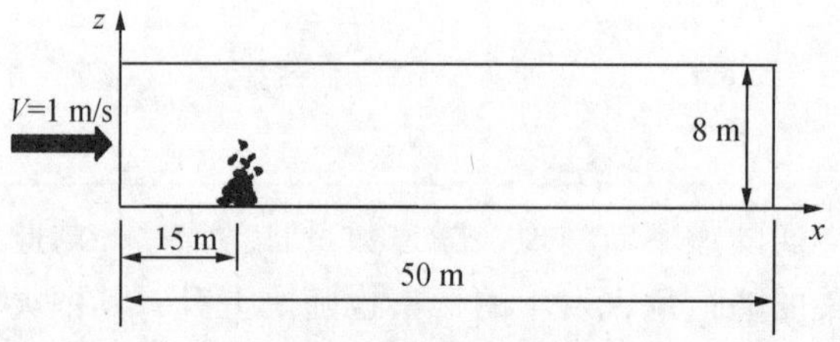

图 1　隧道模型简图

隧道环境温度设为 20 °C，设置 1 m/s 的纵向风速，隧道下游设为开放边界。火灾规模取为 3.6 mW，火灾发生后按 $Q = \alpha t^2$ 的曲线发展，火灾增长系数 $\alpha = 0.187\,8$ kW/s^2。考虑障碍物为小轿车，其大小为 5 m × 1.8 m × 1.5 m。

2.2　模拟工况设置（见表 1）

表 1　火灾模拟工况

场景	纵向风速（m/s）	火灾大小（MW）	障碍物位置
1	1	3.6	无障碍物
2	1	3.6	火源上风处 $D = 1$ m
3	1	3.6	火源上风处 $D = 5$ m
4	1	3.6	火源上风处 $D = 10$ m

3　结果分析

3.1　隧道顶棚最高温度

图 2 为各种工况下，隧道顶部测点 1# ~ 50#最高温度的变化曲线。从图中可以看出，无障碍时，19#监测点测得最高温度 134 °C；当障碍物位于火源上风处 $D = 1$ m 时，15#监测点测得最高温度 172 °C；

当障碍物位于火源上风处 $D=5$ m 时，16#监测点测得最高温度 149 °C；当障碍物位于火源上风处 $D=10$ m 时，17#监测点测得最高温度 147 °C。这是因为火源上游障碍物阻挡了大量的气流，可燃蒸气及火源附近热量比无障碍物（工况 1）时易于蓄积，因此最高温度高于工况 1。距离较远时阻挡效应不显著，纵向风所产生的气流可直接或大范围地接触火源，一方面冷却火场环境，同时将可燃性气体吹向下游，致使隧道顶棚温度降低，且最高温度点向右偏移。

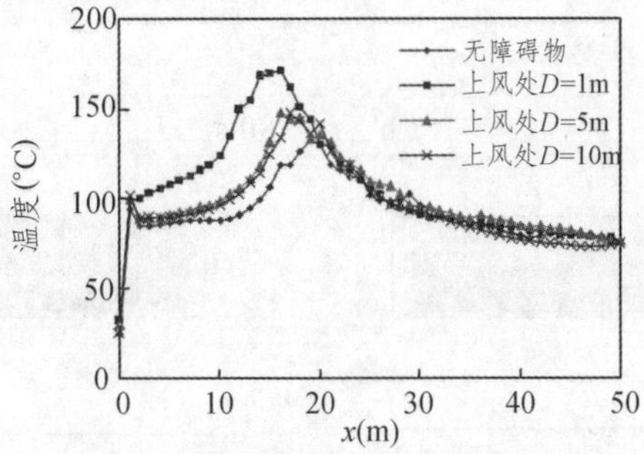

图 2　隧道顶部最高温度变化曲线

因此，当火源上风处存在障碍物时，隧道顶部最高温度向上风处显著偏移，且火区上游温度高于无障碍的工况，火区下游则变化不大；随着障碍物与火源距离的增加，这种温升与偏移变小。

3.2　烟气的影响

通过对隧道火灾有无障碍物进行数值模拟，可以得出其温度分布图。图 3 为火灾场景 1 ~ 4 发生情况下障碍物离火源不同距离的模拟温度剖面图。从图中分析可知：

当火源上风处存在障碍物时，隧道内部温度明显上升，且顶棚最高温度点向火源上风处显著偏移。从图 3（a）可以看出，$t=120$ s 时，隧道内的烟气分层较为明显，呈现出隧道顶部温度高，而底部温度偏低的情况。从图 3（b）、（c）可以看出，与无障碍物相比，$D=1$ m 时隧道顶棚温度显著增加，且最高温度向上风处偏移；随着距离的增加温升与偏移效果减弱。这是因为当障碍物距离很近时，车体阻挡了大量的气流，使热量及可燃蒸气易于蓄积，此时温度明显高于其他工况，由于烟层产生回流现象，最高温度点向左偏移。当障碍物距离增加至 5 m 时，仍有偏移现象发生。然而，当火源与障碍物距离再延伸至 10 m 时，影响较小，但相较于无障碍物时，隧道火场温度偏高。

因此，隧道火源上风处是否有障碍物及障碍物与火源的距离，对隧道顶棚温度与最高温度点的偏移造成不同程度的影响，其影响程度随障碍物与火源距离缩短而增大。

场景 1

场景 2

场景 3

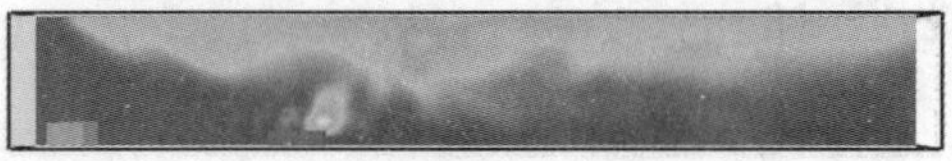

场景 4

（a）$t=120$ s

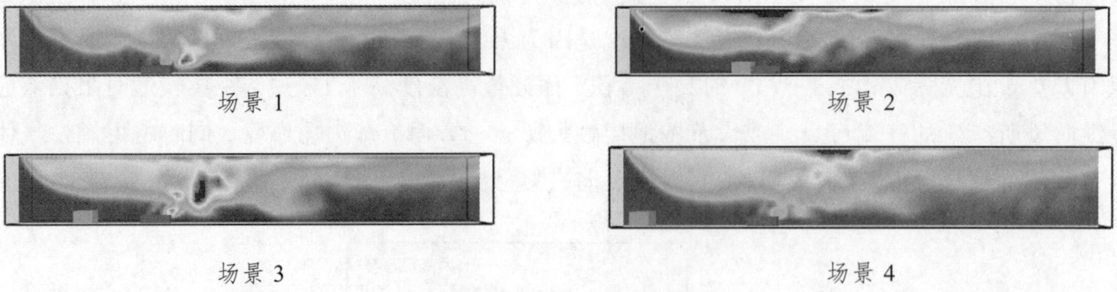

（b）$t = 180$ s

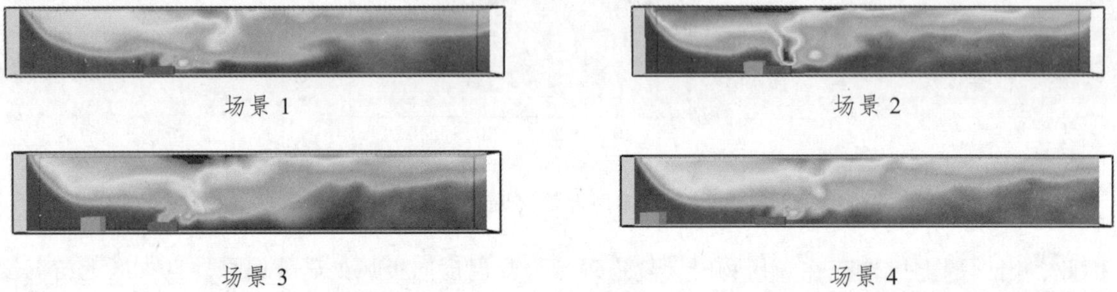

（c）$t = 240$ s

图 3　模拟温度剖面图

3.3　对火源上方温升的影响

图 4 给出了风速为 1 m/s，位于火源正上方的 15#监测点，在不同的工况条件下温度随时间的变化。从图中可以看出，火源正上方测点的平均温度在 $D = 1$ m 时最大，大于其他距离时的温度；而 $D = 10$ m 时火源上方的温度几乎等于无障碍物时的温度。这是由于障碍物与火源距离较近时，产生的高温烟气不断在火源点附近积聚，从而使火源点附近的温度较高；而当障碍物距离火源较远时，火源点产生的高温烟气很快被通风气流吹向了下风侧，并且随着与隧道壁的不断换热而使温度降低。

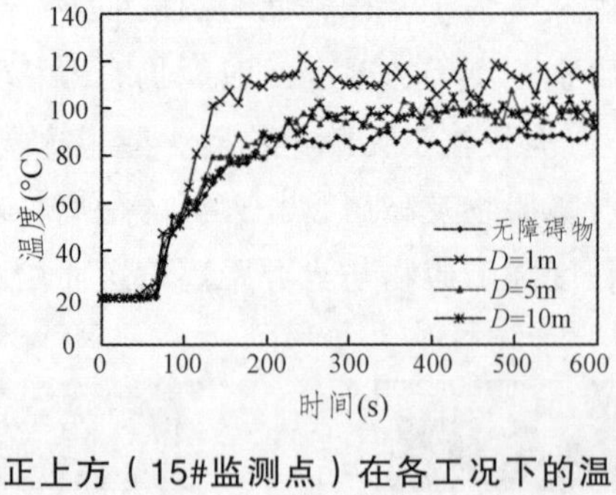

图 4　火源正上方（15#监测点）在各工况下的温升变化曲线

4　结　论

本文通过 FDS 建立隧道火灾模型，对 3.6 mW 火灾荷载、1 m/s 的纵向风速条件下，障碍物对于隧道火灾发展的影响进行了模拟，研究了障碍物与火源距离变化时对模拟结果的影响。通过对模拟结果的分析可以得到以下结论：

（1）当火源上风处存在障碍物时，隧道顶部最高温度点向上风处显著偏移，且火区上游温度高于无障碍的工况，火区下游则变化不大。

（2）随着障碍物与火源距离的增加，隧道顶部最高温升与最高温度偏移距离变小。

尽管模拟没有将障碍物尺寸，即隧道通过车辆类型、尺寸大小考虑进去，与实际隧道火灾有一定差别，但还是较好地说明了障碍物对于隧道火灾的影响，为隧道火灾救援与隧道火灾事故调查提供理论指导。

参考文献

[1] 成剑林. 公路隧道火灾数值模拟研究[D]. 长沙：湖南科技大学，2007.

[2] 何佳，徐志胜，倪天晓，等. 公路隧道火灾危险性分析及其防护[J]. 四川建筑，2007，27(6)：207-209.

[3] 张进华，杨高尚，彭立敏，等. 隧道火灾烟气流动的数值模拟[J]. 中南公路工程，2006，31（1）：4-8.

[4] 吴德兴.特长公路隧道火灾独立排烟道点式[D]. 成都：西南交通大学，2004.

[5] 姜智彬. 公路隧道火灾车辆引燃临界距离研究[J]. 企业技术开发，2011，1：015.

[6] 李伊平，蔡匡忠，简贤文，黄信创，邱重樵，陈婉盈. 车辆阻挡效应对隧道火场燃烧及烟流之影响研究[J]. 隧道建设（增刊1），2011，31：74-79

[7] 汤渊. 着火车辆高度对公路隧道火灾烟气蔓延特性影响分析[J]. 城市道桥与防洪，2012（11）：181-185.

[8] 李颖臻，雷波. 隧道火灾模型试验中列车对烟气控制的影响[J]. 铁道学报，2010，32（005）：136-139.

[9] 张进华，杨高尚，彭立敏，等. 隧道火灾烟气流动的数值模拟[J]. 中南公路工程，2006，31（1）：4-8.

[10] 高晓明，崔峰青，韩新，等. 地铁隧道不同排烟风速对火灾烟气控制的模拟分析[J]. 灾害学，2010，25（B10）：150-153.

[11] 李志强. 公路隧道火灾数值模拟及人员逃生研究[D]. 西安：长安大学，2011.

防火技术

喷淋保护下防火玻璃防火分隔性能试验研究

李　乐

（公安部四川消防研究所，四川 成都 610036）

【摘　要】 本文对防火玻璃在喷淋保护下的防火分隔性能开展试验研究。试验结果表明：在设定的木垛火和织物火时，防火玻璃的喷淋保护在火灾作用下能启动，并能长时间地保护防火玻璃，其防火分隔有效性可得到保证。试验结论可以为在建筑内采用防火玻璃加喷淋作为建筑内防火分隔等应用提供技术依据。

【关键词】 防火玻璃；喷淋；温度；防火分隔

1 引　言

玻璃由于具有透明和美观等特点，在现代商业建筑中应用普遍，越来越多的商业建筑中大量采用玻璃作为店铺分隔。如何有效利用和结合建筑中玻璃的使用作为防火分隔措施也是未来防火分隔措施所应考虑的。在《建筑设计防火规范》2014 版中明确提出可以采用防火玻璃作为中庭、步行街等位置的防火分隔措施，并在规范的 5.3.2.1 和 5.3.6.4 条做出要求：在采用防火玻璃作为中庭和步行街店铺的防火分隔处，当采用防火玻璃隔墙时，其耐火隔热性和耐火完整性不应低于 1.0 h，采用耐火完整性不低于 1.0 h 的非隔热性防火玻璃时，应设置自动喷水灭火系统进行保护。《建筑设计防火规范》5.3.6.4 条：步行街两侧店铺采用防火玻璃隔墙时，其耐火隔热性和耐火完整性不应低于 1.0 h，采用耐火完整性不低于 1.0 h 的非隔热性防火玻璃时，应设置自动喷水灭火系统进行保护。但规范中对于该防火分隔方式的设计参数并未给出明确规定。所以对防火玻璃在喷淋保护下的防火分隔实验研究也显得意义重大。本文就是在这样的背景下对防火玻璃喷淋保护下的防火分隔性能开展试验研究。

2 防火玻璃作为防火分隔功能要求

防火玻璃隔断作为一种具有一定耐火极限的建筑构件，可以用来控制和防止火灾沿竖向或水平方向向建筑物的其他区域蔓延。根据建筑物火灾蔓延的方式，以及防火玻璃隔断的作用，其应有如下基本特性：① 隔烟。在火灾发生时，能阻挡火灾产生的烟气从受火的一面传到背火的一面。这是最基本的要求，合理有效地阻挡火灾产生的烟气，是控制火势蔓延的关键。② 耐火完整性。在火灾发生且其一面受火时，能在一定时间内防止火焰穿透或防止火焰在背火面出现。防火玻璃的防火隔断应具有良好的完整性。如出现一烧即垮或达不到防火时限的要求，火灾也会蔓延，起不到防火分隔的作用。③ 耐火隔热性。在火灾发生且其一面迎火时，能在一定时间阻止其背火面温升不至于引燃背火面区域的可燃物。如果由于火灾产生的热量通过防火玻璃背火面温升导致可燃物燃烧，也视为没有起到防火分隔的作用。

根据《镶玻璃构件耐火试验方法》（GB/T 12513—2006）中耐火性能要求：当玻璃构件作为防火分隔时其背火面表面平均温升不超过 140 °C 或任一点最高温升不超过 180 °C。而防火玻璃作为防火分隔使用时，单片防火玻璃通常难以满足隔热性要求，所以在规范中提出其作为防火分隔使用时，要求配套设置自动喷水系统进行降温保护。所以试验研究中主要从其隔烟、耐火完整性和耐火隔热性三个方面对防火玻璃在喷淋保护下的防火分隔性能进行研究。

3 防火分隔试验方案

本次试验研究是为了研究防火玻璃作为防火分隔时其在喷淋保护下的防火分隔性能，试验主要测试了防火玻璃在木垛火和织物火火源情况下，防火玻璃的迎火面和背火面温度。

3.1 起火室

试验设计起火室面积为 288 m^2、高 5 m，起火室设防火玻璃隔墙，吊顶为纸面石膏板和防火板组合形式。

3.2 火源设定

本次试验研究设定了木垛火和织物火两种类型火灾。木垛火保守按 55 kg/m^2 进行设计，其布置见图 1。织物火按照服装商店中衣物在试验场地贴临防火玻璃悬挂布置。衣物分两层悬挂，距地分别为 1.9 m、2.8 m，共悬挂衣物 40 kg，具体布置方式见图 1。

图 1 火源布置图

3.3 喷淋系统

在试验中选择了垂直下垂侧墙喷淋，喷头的技术参数 $K = 80$，玻璃泡直径为 3 mm，喷头额定温度为 68 °C。喷头安装在距玻璃约 20 cm 处，喷头在吊顶下安装，每只喷头位于每部分玻璃的中央。喷淋系统用水由消防水池供水，总容量为 500 m^3，水泵采用自灌式吸水，水泵的扬程为 0.8 MPa，流量为 30 L/s，水泵运行方式为一用一备。

3.4 测试系统

测试系统包括温度测试系统、压力及流量测试和失重测试系统等。

温度测试系统采用 K 型铠装镍铬-镍硅热电偶，其测温范围为 0 ~ 1 300 °C。试验中在火源正上方设有一个热电偶树（测试点分别距离吊顶 2 m 和 3 m），火源周围距离吊顶 2 m 高处设有四个热电偶，防火玻璃两侧设有热电偶树，这些热电偶均紧贴玻璃表面，其高度分别距离吊顶 1 m、2 m、3 m。

压力及流量测试采用最大量程为 1.6 MPa、精度 0.4 级的压力表测量，在末端试水装置处、窗型玻璃喷头的支管旁均安装有压力测试表。系统流量采用超声波流量计测量，安装在主供水管上。

失重测试采用电子秤测量喷淋动作前燃烧木垛的失重情况，据此计算木垛的热释放速率。该电子秤的秤盘尺寸为 2.4 m × 2.4 m，最大量程为 500 kg，数据为实时采集。

4 试验结果

试验按照试验方案测试火灾试验中火源上方温度、喷头处温度、防火玻璃迎火面和背火面温度、木垛失重以及水系统流量和压力参数，并记录试验现象。试验时，室外温度为 5 °C，试验测得木垛火和织物火的防火玻璃迎火面和背火面温度中心点温度分别如图 2 和图 3 所示。

木垛火试验持续时间为 64 min。试验表明采用木垛火时，保护防火玻璃用喷头能及时启动并保护玻璃。防火玻璃的迎火面中心点温度最高约 65 °C，背火面中心点温度最高约 45 °C，其背火面温升仅 40 °C，满足背火面温升要求。在喷头动作后，防火玻璃迎火面和背火面温度明显降低且一直维持较低温度。试验中防火玻璃外观完整性一直保持良好。

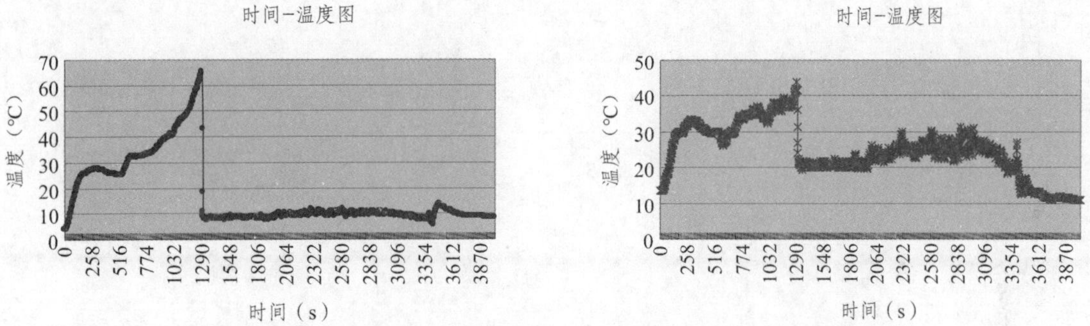

图 2　木垛火试验时防火玻璃迎火面和背火面中心点的温度曲线

织物火试验持续时间为 10 min。在织物火试验时，由于织物火竖向蔓延速度快，试验点火后仅 30 s 左右火羽流就直接接触到喷头，导致其相比木垛火喷头的启动要快很多。织物虽紧贴防火玻璃布置，但由于喷头启动速度快，防火玻璃迎火面和背火面的温度比木垛火要低。防火玻璃的迎火面中心点温度最高约 35 °C，背火面中心点温度最高约 27 °C，其背火面温升仅 22 °C，满足背火面温升要求。在喷头动作后，防火玻璃的迎火面和背火面温度明显降低且一直维持在较低温度。试验中对防火玻璃外观进行观察，其完整性保持良好。

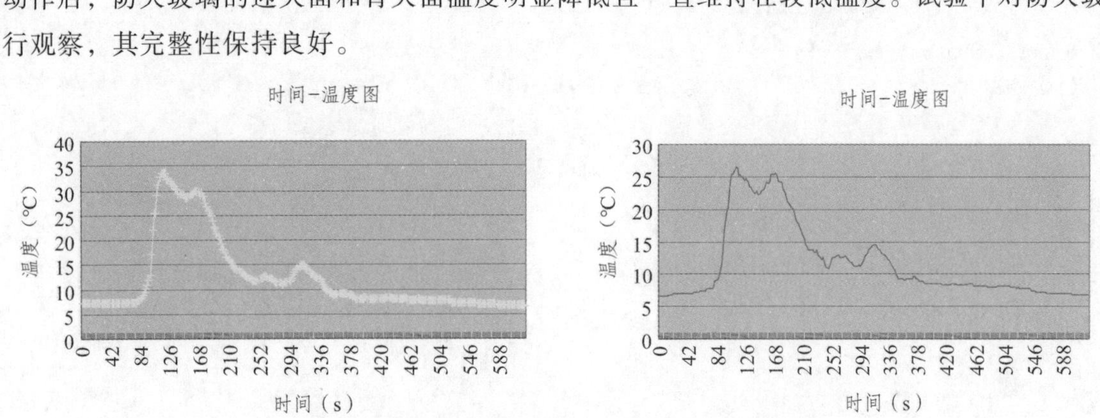

图 3　织物火试验时防火玻璃迎火面和背火面中心点的温度曲线

5 结 论

本文通过实体火灾试验研究了防火玻璃在喷淋保护下的防火分隔性能，试验中不对火源燃烧进行控制，使火源完全燃烧自行熄灭。试验结果表明：防火玻璃在喷淋保护下不仅能阻断火灾和烟气的蔓延，整个试验过程中均能保持结构完整，而且具有良好的隔热性能，玻璃背火面的最高温度不超过40 °C。试验过程中喷淋能在高温烟气作用下启动；喷头的布水效果很好，能在玻璃表面形成均匀完整的水膜保护玻璃，玻璃表面没有出现死角的现象；防火玻璃迎火面和背火面温度都较低，结果表明喷淋只要能持续供水则可实现对防火玻璃的长时间保护。本次试验研究可以为在建筑内采用防火玻璃加喷淋作为建筑内防火分隔等功能应用提供技术依据。

参考文献

[1] GB 50016—2014. 建筑设计防火规范[S]. 北京：中国计划出版社，2014.
[2] GB 15763.1—2001. 建筑用安全玻璃防火玻璃[S]. 北京：中国标准出版社，2001.

防火门产品耐火性能不合格原因分析及改进措施

王 琳[1]，周 扬[2]
（1. 山东省公安消防总队，山东 济南 250100；2. 山东省消防产品质量监督检验站，山东 济南 250102）

【摘 要】 防火门是现代建筑消防设施中一种重要的防火分隔产品，对防止火势蔓延和火灾损失起到了重要作用。本文介绍了钢制和木质防火门在耐火试验中不合格的几种基本形式，对不合格原因进行了分析并提出了相应的改进措施，对防火门产品质量的提高提供了指导性建议。
【关键词】 防火门；耐火试验；改进措施

0 引 言

防火门是一种在规定时间内能满足耐火隔热性和完整性的建筑防火分隔构件，它除了具有普通门的功能外，还具有防火、隔烟、阻挡高温的特殊功能，可在一定时间内阻止火势的蔓延，确保人员疏散。其广泛使用在高层建筑、金融、会展、车站、影剧院等重要的公共建筑中。随着经济的高速发展，高层建筑的不断涌现，人民群众防火安全意识的不断提高，防火门作为建筑消防设施中一个重要组成部分，其产品质量越来越受到重视[1-2]。根据《防火门》（GB 12955—2008）标准进行测试时，最主要的不合格项目为耐火性能。本文主要对影响钢质、木质防火门耐火隔热性能的各种因素进行分析，同时提出相应的改进措施和建议。

1 防火门产品不合格形式

1.1 钢制防火门不合格形式

钢制防火门面板采用钢板制作，标准规定两面面板应使用不低于 0.8 mm 厚的冷轧薄钢板，四周边框结构形式多种多样，可采用独立构件，也可由一面面板弯边构成，或由两面面板分别弯边后通过焊接或胶接组合在一起构成等。

对于单扇防火门，门扇一边采用铰链与门框相连，受到铰链的约束，框和门扇处不会产生明显的错位和变形，另外一边仅在门中部采用防火锁和门框相连，门扇上半部分和下半部分与门框无连接，在受火后，基本变形形式为上下角外翘产生错位，导致蹿火失去耐火完整性，具体见图 1。

对于双扇防火门，门扇和门框连接边不会产生明显的错位，且门扇变形量基本同门框变形量相同。因此，该部位同单扇防火门类似，基本不会发生蹿火现象。但在门扇和门扇的对接处，开启扇仅在对缝边中点采用防火锁与固定扇连接，上下两边与门框无任何连接，随着温度的升高，门扇变形不断增加，门扇和门扇对接处的间隙也不断增加，当超出一定范围后，就会失去密封作用，导致蹿火失去耐火完整性，具体见图 2。

图 1　单扇钢制防火门不合格形式

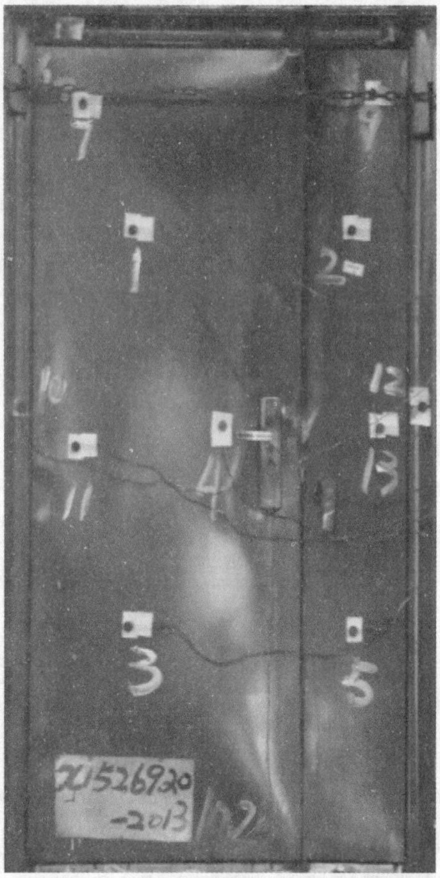

图 2　双扇钢制防火门不合格形式

1.2　木质防火门不合格形式

木质防火门是利用木材本身良好的隔热性能设计制作而成的，木质防火门在试验中较少出现背火面温度超标问题，因此，木质防火门很适于做隔热防火门。木质防火门在受火时，相对钢质防火门变形较小，利于保持耐火完整性，也利于大尺寸防火玻璃的安装。因此，镶玻璃结构的防火门多采用木质防火门[2]。

木质单扇防火门主要不合格现象为框-扇对接缝烧穿，多发生在框-扇上缝和框-扇立缝处，很多木质防火门由于背火面阻燃处理不足，火焰蹿出缝隙后，很快引燃背火面的门框和面板，出现持续火焰失去耐火完整性而不合格，具体见图 3。至于框-扇下缝，该位置在耐火试验中，温度相对较低，气压多为负值，一般不会发生问题，耐火试验中，该部位均采取封堵措施，不作为考核内容。

木质双扇防火门主要不合格现象为扇-扇对接缝蹿火，具体见图 4。对于带玻璃的防火门，木质防火门受火时相对钢质防火门变形较小，因此，木质镶玻璃防火门在耐火试验中因为玻璃安装过紧，门扇变形过大而造成防火玻璃破碎、脱落的现象并不多见，其不合格现象多为玻璃洞口处蹿火，具体见图 5。

图 3　单扇木质防火门不合格形式

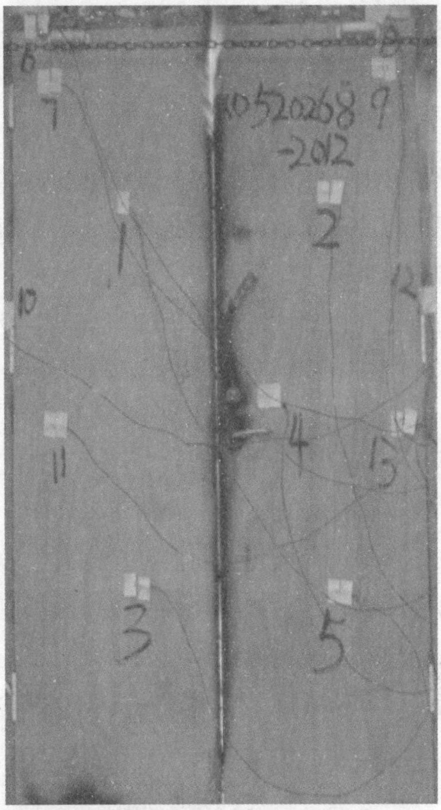

图 4　双扇木质防火门不合格形式

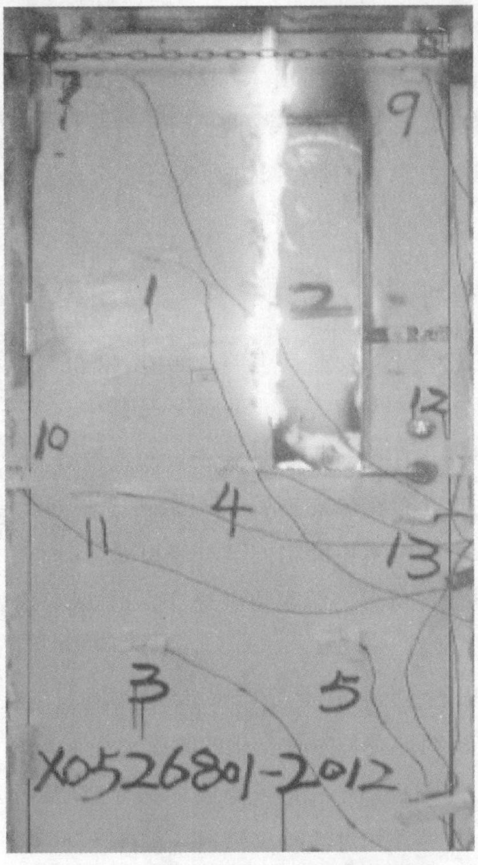

图 5　带玻璃木质防火门不合格形式

2　防火门产品不合格原因分析

2.1　钢制防火门不合格原因分析

由于钢材属于热的良导体，其受热后膨胀系数较大，在单面受火的情况下，门扇两面过大的温差会导致钢板弯曲和变形，若结构处理不当，过大的变形会导致门扇与门框、门扇与门扇间发生错位，造成门扇密封失效被烧穿，失去耐火完整性。

钢制防火门门扇中部，由于面板与门芯受热后分离，变形不一致，造成该部位门扇弯曲的主要因素是门芯的弯曲，而门芯材料热膨胀系数远小于钢材，受热后弯曲变形量相对较小，因此，钢制防火门变形主要体现在门扇周边部位[3]。

其不合格原因主要体现在：

（1）门扇弯边处理不足。在耐火试验中，由于热量主要是通过门扇四周钢板、加强筋、锁具五金件等部位传入背火面，背火面温度较高时，胶层易失效，面板与夹层分离，导致热气流侵入夹层，造成背火面变形、超温。如果采用受火面面板直接弯边、背火面面板焊接的结构，自受火面至背火面温度由最高点均匀递减，但在焊点处因钢板不连续而出现温度突变，易引起门扇整体变形，背火面钢板变形，热气流侵入夹层，背火面超温[4]。

（2）加强筋处隔热处理不足。在对一背火面超温防火门破拆时，当向火面钢板揭开后，去除粉化的无机防火门芯板后发现，在加强筋处无机防火门芯板粉化严重，形成一条明显的由上至下的粉化带，导致向火面温度快速传递到背火面，造成超温现象。

（3）防火锁处隔热处理不足。防火锁处由于锁盒存在，防火门芯板缺失，隔热性不足，因此属于整个防火门隔热最薄弱环节。大部分防火门锁体向火面均包1～2层防火板，但是实际检验中发现，锁体向火面防火板设置区域均偏小，且部分厂家在向火面钢板与锁盒之间用角铁焊接以固定锁盒，该结构极大地降低了该区域隔热性能，使锁盒周边无机门芯全部粉化，完全丧失隔热性能，因此背火面必然超温。

2.2　木质防火门不合格原因分析

在耐火试验中，火所形成的热气流方向是向上的，框-扇上缝的框构件正垂直于炉内热气流，且突出于门扇表面，因此，在试验中其受损程度是最严重的。试验中，其止口部位将会逐渐被烧掉，烧掉止口所需要的时间取决于止口部位的阻燃程度，加大止口的深度、宽度，提高木材的阻燃性能，将有助于提高该部位耐火性能。当门框止口部分烧掉后，框-扇间缝隙将直接暴露在火焰中，并且随着高温热气流对缝隙处不断侵蚀，缝隙两侧的木质结构逐渐被烧掉，当烧掉的部位越过框-扇间密封条时，门缝密封失效，热气流通过门缝外溢，导致门缝很快被烧穿，框-扇对接处缝隙越小，密封条效果越好，其耐火性能越好。

造成双扇门扇-扇对接缝蹿火的主要原因是扇-扇对接缝两侧门扇在耐火试验中变形不一致。在耐火试验中，双扇防火门相对固定扇四周龙骨木材炭化的收缩力引起门扇向向火面一侧收缩，门扇外凸，而相对固定扇门扇上下均有插销与门框固定，因此该收缩力导致中间锁点向外凸起，由于相对活动扇上下端并无固定措施，锁点的外凸导致相对活动扇锁边一侧的上下端外翘，扇-扇对接缝严重错位，从而导致了不合格现象的出现。如图 4 所示，防火门相对活动扇锁边上端由于闭门器的存在，导致扇-

扇对接缝上端错位较小，而扇-扇对接缝下端错位必然增大，因此加速了不合格现象的出现。

3 改进措施

3.1 钢制防火门改进措施

对于钢制防火门而言，建议采取以下措施提高防火门耐火性能：一是减小边缘钢结构的变形量及降低其弯曲刚度；二是采取相应措施，填充密度高、含水率符合要求的门芯材料，或提高边缘门芯板的弯曲刚度，加强其平抑钢结构变形的能力[5-6]；三是减少门框断面尺寸，加大其变形量，使之与门扇变形趋于一致，以减小两者之间的差距；四是门缝隙间距要符合要求，在门缝对接处设置防火密封条；五是门扇边缘不宜制作过多台阶，并确保有一个较宽的平面，使门扇和门框在比较大的错位下门缝仍能保持密封；六是双扇防火门应在中缝处设置盖板。

3.2 木质防火门改进措施

对于木制防火门而言，建议采取以下措施提高防火门耐火性能：一是适当增加门扇厚度，选择密度较高的木材，特别是对于甲级门，最好选用高密度的木材制作，如硬质柳桉木，进一步提高木材阻燃性能。二是门扇内填充密度较高的无机防火门芯板，填料越整越好。防止火焰穿透无机防火门芯板与门扇木质骨架间缝隙或无机防火门芯板自身拼缝导致不合格。三是适当提高止口宽度与深度，即框-扇搭接尺寸与门框厚度。四是在防火锁、铰链等五金件部位，加强阻燃补偿措施。如在防火锁安装部位向火面增加防火板，并在门扇厚度方向，将锁安装位置适当靠后，以增加骨架在受火面的厚度。在铰链附近密封条被侵占位置处，应设法在其旁边予以补加，补加的防火密封条宽度略大于原密封条宽度，以补偿因密封条不连续造成的阻燃效果降低。五是双扇木质防火门取消相对活动扇一侧的盖缝板或者采用无机防火板盖缝板，加强相对固定扇一侧盖缝板的连接强度和门扇中缝的阻燃措施。六是木质防火门镶玻璃时，玻璃与门扇连接处贴防火密封条，要求密封条连续。在玻璃洞口周边贴一层防火板，防火板宽度与门扇厚度相等，以防受火面玻璃压条烧掉后，洞口骨架直接暴露在火焰下，导致较早烧穿。

4 总　结

防火门的各组件质量，如钢板、木材、防火锁、防火合页、防火板、无机门芯、密封件等，均对防火门质量产生影响，在采取改进措施时需全面考虑各组件对防火门整体以及相互间的影响。在防火门上采取的任何改进措施还应考虑它的实用性，没有实用价值的任何措施都是不可取的，因为它只能应付试验，而无法用于实际产品。相信通过广大从业人员的不断探索、不断研究，防火门会一代比一代更实用、更安全，防火门行业的发展会越来越好。

参考文献

[1] 孙玉泉，于广和. 防火门生产与检测技术[M]. 济南：黄河出版社，2011：284-307.
[2] 刘义祥，赵敏. 防火材料与防火设施—性能、生产与应用[M]. 北京：化学工业出版社，2007：109-129.

[3] 张强，滕彦，崔秋鹏，等. 钢制防火门失去耐火完整性问题分析与改进措施的研究[J]. 河南建材，2012，3：36-40.
[4] 陈兵，周扬，邓小波. 防火门耐火隔热性影响因素分析[J]. 消防技术与产品信息，2014，10，48-50.
[5] 谭宪顺，黄志良. 论钢质防火门隔热断桥技术[J]. 中国建筑金属结构，2012（07）：40-47.
[6] 于伟江. 钢制防火门耐火性能的影响因素分析及改进措施[J]. 辽宁建材，2011（11）：42-43.

作者简介：王琳，女，山东省公安消防总队防火部助理工程师，主要研究方向为消防监督管理。
联系电话：18615178697。

厚型钢结构防火涂料往复大变形下抗开裂性能测试

陈建刚，陈明铮，王桂银，刘　棋，吴润泽
（江苏兰陵高分子材料有限公司，江苏 常州　213119）

【摘　要】 通过对涂有水泥基厚型钢结构防火涂料的钢结构构件进行不同荷载水平的往复加载试验，考查往复大变形荷载作用下，钢构件防火涂料的开裂和附着性能。评估地震等罕遇荷载下的钢结构表面厚型防火涂层情况，为钢结构防火涂料的设计与使用提供参考。

【关键词】 厚型钢结构防火涂料；抗开裂性能；往复大变形

0 引　言

钢结构因其自身强度高、重量轻、抗震性能佳和可靠性高等众多突出的优点被工程师们所青睐。近年来，随着我国城市化进程的加快，各大城市为了充分提高城市空间利用率，采用钢结构建造的超高层建筑越来越多。但相对于混凝土、砖石等其他建筑材料而言，钢材的耐火性能较差。当温度为 500 °C 左右时，钢材的屈服强度将降至常温下强度的一半。提高钢结构耐火性能的主要方法有：水冷却法；单面屏蔽法；浇筑混凝土或砌筑耐火砖；采用耐火轻质板材作为防火外包层；涂抹防火材料；采用耐火耐候钢材等[1]。其中，钢结构防火涂料是一种应用最为广泛钢结构防火措施。在钢结构防火涂料中水泥基厚型防火涂料可提供长达 3 h 的耐火保护，这一特性吻合了目前我国在建高层钢结构建筑柱子耐火极限 3 h 的设计要求，从而成为众多高层建筑防火措施的首选[2]。

高层、超高层钢结构建筑不同于一般钢结构建筑，其在使用期间会受到风荷载等导致的荷载水平较低但频度较高的可变荷载作用，也可能遭遇到高烈度罕遇地震引起的大变形往复荷载作用。然而相对于钢构件本身材料而言，厚型防火涂料的力学性能较差，在遭遇地震和恐怖爆炸等偶然性事故灾害时，涂装在钢结构上的厚型防火涂料因受到的大变形荷载反复作用，有可能开裂、破损甚至脱落，对钢结构构件在承受该类灾害后的耐火性能造成很大影响。

为了评估目前在我国应用广泛的水泥基厚型防火涂料在高层钢结构建筑上的适应性，为钢结构防火涂料的设计提供参考。选取具有代表性的兰陵牌 LG 厚型钢结构防火涂料作为测试对象，对涂有厚型防火涂料的钢结构构件进行不同荷载水平的往复加载试验，模拟地震等罕遇荷载下的钢结构的变形情况，考查往复大变形荷载作用下防火涂料的开裂和附着性能，评估高层钢结构建筑用厚型防火涂料进行防火保护的可行性。

1 实验部分

1.1 实验内容

为实现上述目的，本试验不考虑防火涂料因时间和环境等因素导致的黏结附着力等物理性能退化（老化）的影响，测试涂装有厚型防火涂料的钢构件在大变形往复荷载作用下的性能。主要模拟带厚型防火涂料钢构件在遭遇罕遇地震作用条件的性能，考查钢构件上厚型防火涂料在这种荷载作用时的开裂、损坏和脱落情况。

1.2 试件的设计[3-8]

大变形往复加载的测试用试件为焊接H型截面钢柱构件，构件数量为2个，钢柱总高度1.60 m，加载点离柱脚高度为1.50 m，柱子采用200 mm×150 mm×6 mm×10 mm的焊接H型柱。钢柱材料为Q235结构钢，柱脚连接螺栓采用10.9级高强螺栓。钢柱试件柱脚采用固接，在柱顶施加侧向集中荷载，在腹板上每隔500 mm设置一道加劲肋，防止加载过程中腹板局部失稳；在柱脚设置靴梁，加强柱脚并防止底板弯曲；在柱顶加载点处翼缘上加焊 200 mm×200 mm×10 mm 钢板，用于与作动器加载头的连接，施加的水平荷载使试件产生绕强轴的弯矩作用。大变形往复加载试件的设计如图1所示。

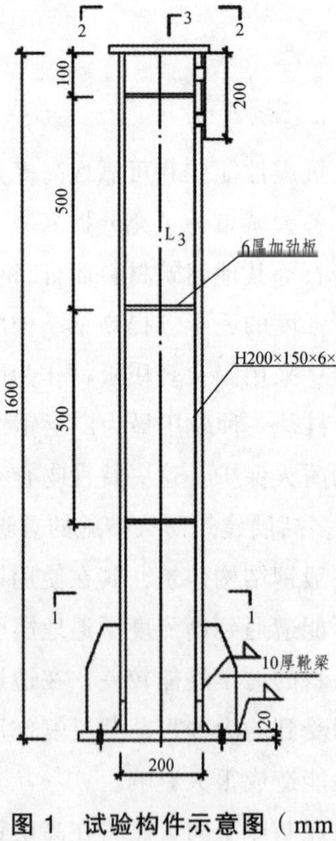

图1 试验构件示意图（mm）

1.3 加载方案[9]

构件下端部采用刚接设计，固定在预先设计的底座上，柱脚与底座通过高强螺栓连接，柱顶为自由端，加载位置在柱顶加强处，连接形式为铰接。通过安装在柱顶的作动器施加往复加载。加载原理如图2所示，实际加载装置如图3所示。

图 2　加载示意图

图 3　加载装置图

采用位移控制的方法在柱顶施加荷载，每一级位移循环 3 次。

（1）第一级加载位移量为 7 mm；

（2）加载初期，每一级加载位移量为上一级加载位移量的 1.4 倍；

（3）当构件出现屈服之后，增长倍数改为 1.3；

（4）当试件破坏时，试验停止。

1.4　试件的涂装

根据《建筑设计防火规范》（GB 50016—2014）[10]要求，建筑的最高耐火等级为一级，对应一级耐火等级的建筑钢结构柱的耐火极限要求为 3.0 h，因此，对本试验的钢柱试件按 3.0 h 耐火极限要求采用厚型防火涂料进行防火保护。防火涂料选用江苏兰陵高分子材料有限公司生产的 LG 厚型钢结构防火涂料，按 3.0 h 耐火极限要求进行防火保护，设计涂料厚度为 26 mm，施工工法为喷涂粘钉挂网工法。

2　测试过程及现象

2.1　大变形往复加载测试

大变形往复加载试验时，主要采用位移计测量柱顶的侧向位移和柱脚的转动，采用水平位移计测量柱顶荷载作用方向的位移（D2）及水平面内垂直于力作用方向的位移（D1），在柱脚底板上布置竖向位移计，测量柱脚底板两边的竖向位移，进而得到柱脚的转角。荷载的大小通过作动器的内置传感器测量得到。位移计布置如图 4 所示。

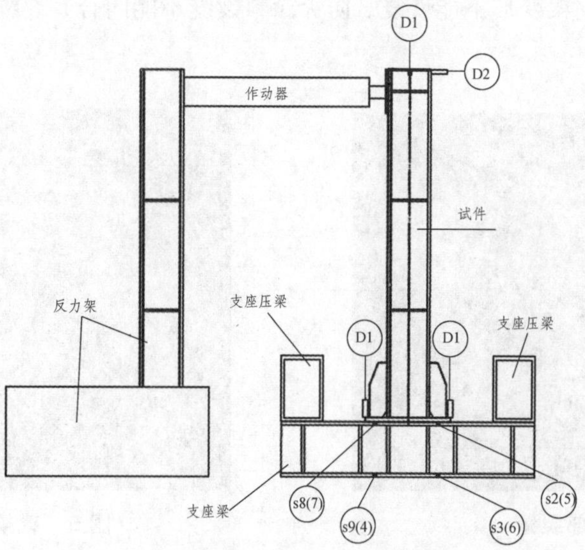

图 4　测点布置图（D1 ~ D4 为位移计）

2.2　试验现象

本次试验主要研究内容为防火涂料的破损形态，由于厚型防火涂料表面粗糙，质地疏松，难以用传感器测量其应力和应变，防火涂料对钢构件的刚度和承载力基本没有影响，主要通过肉眼观察其表面状态来判断其状态。柱顶的力-位移关系仅反映加载历程及构件本身对荷载的行为反应，与有无防火涂料差别不大。但构件变形的大小程度会影响防火涂料的附着性能，影响防火涂料的开裂、损坏与脱落。因此构件的受力、变形与防火涂料的破损有直接关系。

2.2.1　试件1

试件1防火涂料的实测平均厚度为28.25 mm，试件1实际加载历程如表1所示，每级位移往复3次。

表1　试件1加载历程

加载级数	1	2	3	4	5	6	7	8	9
加载位移值（mm）	±7.0	±9.8	±13.7	±19.2	±26.9	±37.7	±55.0	±77.0	±102.0

试验开始前，试件1上的防火涂料无可见裂缝。前3级荷载过程中，试件均未出现可见裂缝。加载至第4级（19.2 mm）时，靴梁顶部与钢梁翼板交接处首先产生裂缝（见图5），最大裂缝宽度不超过1.0 mm，荷载恢复至零时，裂缝闭合；加载至第5级（26.9 mm）时，同一翼板两侧靴梁上的裂缝发生贯通（见图6），且靴梁与底板连接处、柱底翼缘与腹板连接处产生细微裂缝（见图7，其中红线标记的位置为裂缝），最大裂缝宽度不超过 1.0 mm，荷载恢复至零时，裂缝闭合；加载至第 6 级（37.7 mm），靴梁周围的裂缝加宽，且向翼板内侧延伸，同时500 mm高度处加劲板对应的翼缘板外侧产生细微裂缝，最大裂缝宽度不超过1.0 mm，荷载恢复至零时，裂缝闭合；加载至第7级（55.0 mm）时，靴梁处裂缝沿翼板侧面向上延伸，接近加劲板，翼板内侧裂缝延伸至腹板，贯通整个腹板高度（见图8），最大裂缝宽度达到1.0 mm，荷载恢复至零时，裂缝闭合；加载至第8级（77.0 mm）时，靴梁周围的裂缝和翼缘板侧面的裂缝进一步加宽，已经可以看见钢梁板，荷载恢复至零时，裂缝不能完全闭合，最大裂缝宽度达到 1.0 mm；加载至第 9 级（102 mm）时，可以从裂缝中看到翼缘板发生很明显的屈曲裂缝宽度接近40 mm（见图9），钢梁塑性变形很大，截面局部屈曲严重，可以认为钢梁已经破坏，荷载回复到零后，钢梁变形不能恢复，防火涂料裂缝不能闭合，裂缝宽度仍然保持在20 mm以上，试验结束。

图5　靴梁顶部裂缝

图6　靴梁顶部裂缝贯通

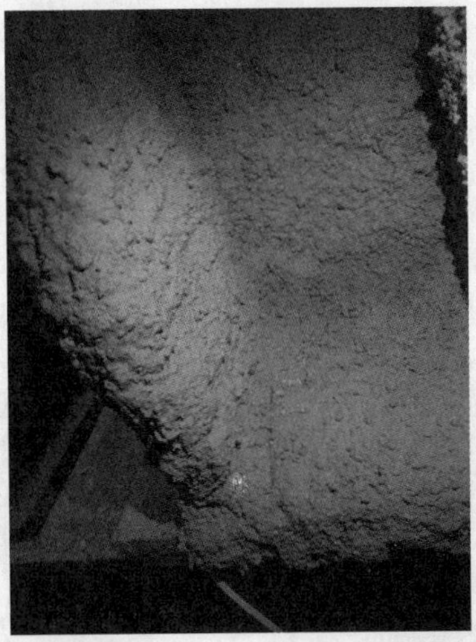

图 7　梁与底板连接处、柱底翼缘与腹板连接处裂缝

图 8　裂缝加宽并向腹板和翼缘侧面延伸

图 9　从裂缝中可看到翼缘板弯曲

2.2.2　试件 2

试件 2 防火涂料的实测平均厚度为 29.50 mm，试件 2 实际加载历程如表 2 所示，其中 1 ~ 7 级每级位移往复 3 次，第 8 级往复加载一次后试验结束。

表 2　试件 2 加载历程

加载级数	1	2	3	4	5	6	7	8
加载位移值/mm	± 9.8	± 13.7	± 19.2	± 26.9	± 37.7	± 52.7	± 73.8	± 103.3

试验开始前，试件 2 上的防火涂料未出现干缩裂缝。施加第 1 级荷载（9.8 mm）时其未产生裂缝。第 2 级荷载（13.7 mm）时，靴梁顶部与钢梁翼缘板连接处首先出现细微裂缝（见图 10），最大裂缝宽度不超过 1.0 mm，荷载恢复至零时，裂缝闭合。第 3 级荷载（19.2 mm）时，原有裂缝向两头延伸，在一侧的翼缘外侧裂缝发生贯通（见图 11），最大裂缝宽度不超过 1.0 mm，荷载恢复至零时，裂缝闭合。第 4 级荷载（26.9 mm）时，另一侧翼缘两边靴梁顶部的裂缝贯通，最大裂缝宽度不超过 1.0 mm，荷载恢复至零时，裂缝闭合。第 5 级荷载（37.7 mm）时，翼缘与腹板连接处及翼缘侧出现细微裂缝（如图 12 和图 13 中蓝色标记），原有裂缝加宽，最大裂缝宽度不超过 1.0 mm，荷载恢复至零时，裂缝闭合。第 6 级荷载（52.7 mm）时，靴梁顶部的裂缝向上延伸（如图 14 中咖色标记），最大裂缝宽度

达到 1.0 mm，荷载恢复至零时，裂缝闭合。第 7 级荷载（73.8 mm）时，靴梁顶部裂缝继续向上延伸，至 500 mm 高度加劲板附近，且横向延伸至钢梁腹板中部（如图 14 中紫色标记），荷载恢复至零时，裂缝不能完全闭合，最大裂缝宽度超过 1.0 mm。第 8 级荷载（103.3 mm）往复加载一周后，靴梁顶部及其沿翼缘侧面向上延伸的裂缝显著增宽，钢柱翼缘明显屈曲钢梁塑性变形很大，截面局部屈曲严重，荷载比第 7 级大幅下降，可以认为钢梁已经破坏，荷载回复到零后，钢梁变形不能恢复，防火涂料裂缝不能闭合，裂缝宽度仍然保持在 20 mm 以上（见图 15），试验结束。

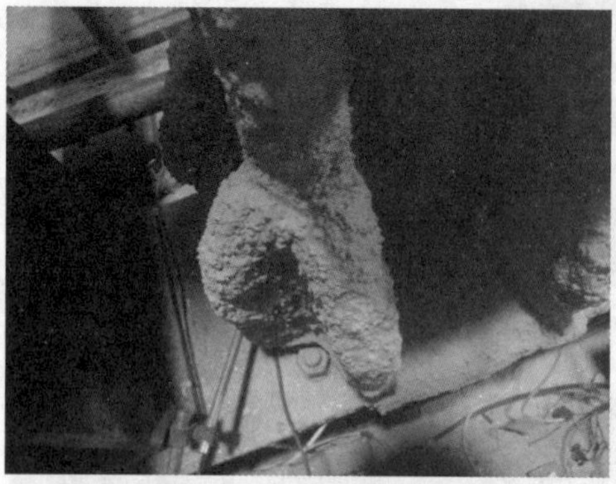

图 10 靴梁顶部连接处首先出现裂缝

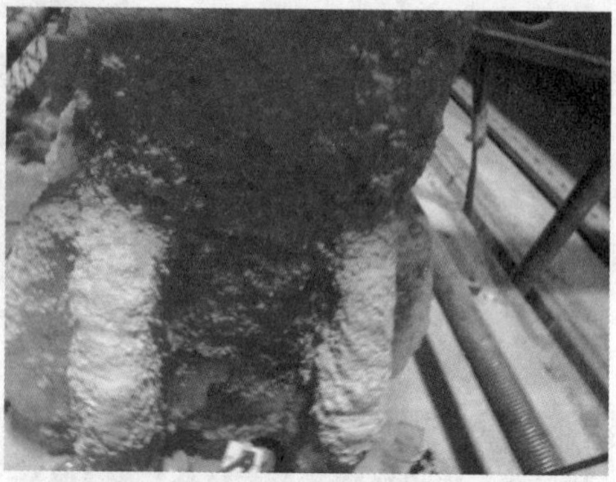

图 11 裂缝贯通（图中绿色标记）

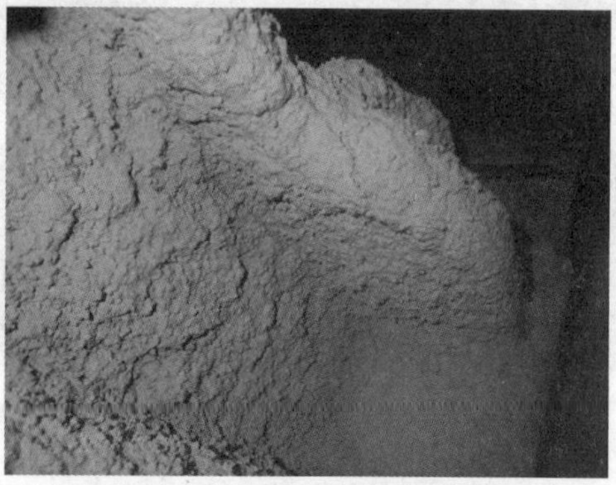

图 12 柱底翼缘与腹板连接处裂缝

图 13 翼缘外侧细微裂缝

图 14 裂缝向上方及腹板延伸

图 15 防火涂料与钢板分离

由上述对试件 1 和试件 2 的测试可知，两个试件呈现的防火涂料破坏情况大致相同，主要的破坏裂缝均从靴梁上部开始产生，随荷载增加，钢梁四个角上的靴梁处裂缝从翼缘外侧和内侧贯通，然后沿翼缘板侧面向上延伸，在柱顶变形不超过 53.0 mm（试件 1 为 55.0 mm，试件 2 为 52.7 mm）时，防火涂料的最大裂缝宽度不超过 1.0 mm，在荷载恢复到零时裂缝能够闭合，此后随着柱顶位移增加，加载过程中这些裂缝不断加宽，试验结束时，钢梁翼缘明显屈曲，防火涂料裂缝最大宽度超过 30.0 mm，局部防火涂料与钢梁明显分离。根据《钢结构防火涂料》（GB 14907—2002）[11]，当厚型防火涂料的裂缝宽度不超过 1.0 mm 时，不会影响其性能，因此可以认为当试件的变形不超过 53.0 mm 时，防火涂料没有破坏。

3 结 论

根据《建筑抗震设计规范》（GB 50011—2010）[12]规定，多、高层钢结构多遇地震下弹性层间位移角限值为 1/250，罕遇地震下弹塑性层间位移角限值为 1/50。根据本试验试件的钢柱高度（1500 mm），其相应的柱顶位移限值分别为 6.0 mm 和 30.0 mm。从大变形往复加载试验中厚型防火涂料的开裂情况可知，在多遇地震下（对应试件 1 和试件 2 中的第 1 级荷载），涂料不开裂。因此，该厚型防火涂料（平均厚度 28.25 mm）在经历设计罕遇地震作用后仍能有效地附着在钢构件的表面，并且不会产生影响其防火保护功能的裂缝，表现出可靠的附着性能，从而保证了防火保护的持续性。总之，采用水泥基厚型钢结构防火涂料，采用粘钉包网工法施工进行高层钢结构建筑的耐火保护是可靠的。

参考文献

[1] 吴润泽，刁晓亮，王桂银，等. 国内钢结构防火涂料生产工艺现状及发展趋势[J]. 现代涂料与涂装，2012.

[2] 吴润泽. 水泥基厚型钢结构防火涂料的开裂问题[J]. 涂料技术与文摘，2012.

[3] G-Q LI, W-Y WANG. Experimental behaviour of steel columns with partial damage of fire retardant coating in fire [C]. The Fifth International Conference on Structure in Fire. Singapore, 2008, 5: 738-747.

[4] 王野华. 钢结构防火涂料力学性能研究[D]. 上海：同济大学，2007.

[5] 张志凌. 钢结构防火涂料与钢构件的黏结性能研究[D]. 上海：同济大学，2007.

[6] 金楚. 单调荷载下厚涂型钢结构防火涂层的破损机理研究[D]. 上海：同济大学，2010.

[7] 王卫永，李国强，李大华. 防火涂料和钢板之间的层间应力[J]. 广西大学学报：自然科学版，2009，34（4）：451-455.

[8] 王卫永. 地震下钢柱上防火涂料破损机理及破损对抗火性能的影响[D]. 上海：同济大学，2008.

[9] FEMA 461, Interim testing protocols for determining the seismic performance characteristics of structural and nonstructural components [S]. American: Applied technology council, 2007.

[10] GB 50016—2014. 建筑设计防火规范[S]. 北京：中国计划出版社，2014.

[11] GB 14907-2002. 钢结构防火涂料[S]. 北京：中国标准出版社，2002.
[12] GB 50011-2010. 建筑抗震设计规范[S]. 北京：中国计划出版社，2010.

作者简介：陈建刚，男，江苏常州人，江苏兰陵高分子材料有限公司副总工程师，从事涂料研发、生产及管理工作三十余年。
通信地址：江苏省常州市横山桥镇五一村江苏兰陵化工集团，邮编：213119；
联系电话：13775173116。

厚型钢结构防火涂料高周疲劳荷载下抗开裂性能测试

陈明铮，陈建刚，王桂银，张 斌，吴润泽
（江苏兰陵高分子材料有限公司，江苏 常州 213119）

【摘 要】 本试验选用国内市场中具有代表性的水泥基厚型钢结构防火涂料为测试对象，对涂有水泥基厚型钢结构防火涂料的钢结构构件进行高周疲劳荷载试验，模拟高层钢结构建筑日常可变荷载作用下钢结构的变形情况，考查在此荷载反复作用下，钢构件表面的防火涂料开裂和附着性能。通过评估正常使用条件下钢结构防火涂料的使用寿命，为钢结构防火涂料的设计与使用寿命评估提供参考。

【关键词】 厚型钢结构防火涂料；高周疲劳荷载；抗开裂性能

0 引 言

近年来，随着我国城市化进程的加快，各大城市为了充分提高城市空间利用率、采用钢结构建造的超高层建筑越来越多。但高层、超高层钢结构建筑不同于一般钢结构建筑，其在使用期间会受到风荷载等导致的荷载水平较低但频度较高的可变荷载作用。然而相对于钢构件本身材料而言，厚型防火涂料的力学性能较差，当高层钢结构建筑在实际应用过程中遭受风荷载时会产生位移，高度越高变形量会越大。在这种反复荷载作用下，厚型防火涂层有可能开裂、破损甚至脱落，从而对钢结构防火保护的时效性造成很大影响。

为了评估目前在我国应用广泛的水泥基厚型防火涂料在高层钢结构建筑上的适应性，为钢结构防火涂料的设计提供参考。选取具有代表性的兰陵牌 LG 厚型钢结构防火涂料作为测试对象，对涂有厚型防火涂料的钢结构构件进行高周疲劳荷载试验，模拟日常可变荷载作用下（荷载水平较低，经历次数多、时间长）钢结构的变形情况，考查防火涂料的开裂和附着性能，评估正常使用条件下钢结构防火涂料的使用寿命，为钢结构防火涂料的设计与使用寿命评估提供参考。

1 实验部分

1.1 实验内容

为实现上述目的，本试验不考虑防火涂料因时间和环境等因素导致的黏结附着力等物理性能退化（老化）的影响，将测试涂装有厚型防火涂料的钢构件在高周疲劳荷载作用下的性能试验，主要模拟钢构件在日常可变荷载作用下（荷载水平较低，经历次数多、时间长）的构件结构性能，并考查钢构件上厚型防火涂料在这种疲劳荷载作用下的开裂、损坏和脱落情况。

1.2　试件的设计[1-3]

高周疲劳试验时为便于加载，采用梁式试件，对其施加横向荷载，使梁产生挠曲变形。考虑到涂料破坏主要和构件的变形有关，试验时要保证柱和梁的变形程度一致，钢梁跨度为 2.0 m，梁截面与大变形往复加载试验中的试件截面相同，钢材选用 Q235。为防止跨中集中力作用处钢梁提前破坏，在跨中上翼缘上焊接一块 150 mm × 150 mm × 10 mm 的钢板，并在上下翼缘间加焊 6 mm 加劲板。高周疲劳试验的试件尺寸如图 1 所示。

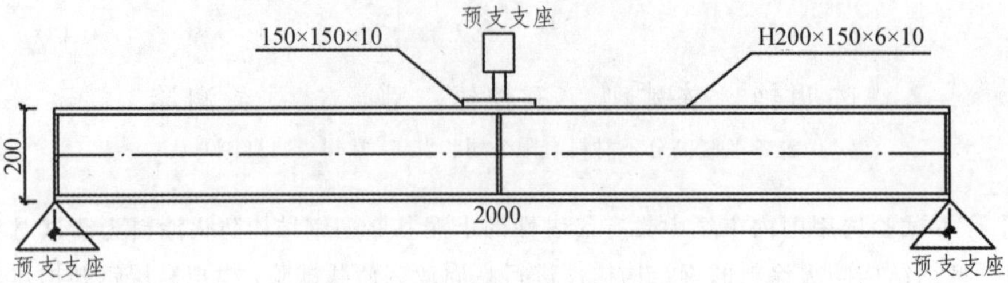

图 1　试验构件示意图（mm）

1.3　加载方案[1-4]

高周疲劳荷载试验时主要模拟风荷载作用，此时构件的受力取为极限荷载的 0.4 倍进行加载，初步预计加载次数为 1.0×10^6 次，并在加载过程中记录防火涂料的开裂情况。风荷载在起控制作用时，如果主要考虑风荷载则应当按照 1.0 的组合系数施加，当按照频遇值选取时，按照荷载规范规定，其组合值系数为 0.4，因此按照 0.4 倍（25.0 kN）的侧向极限荷载（承载力极限）值进行施加。疲劳荷载最大值为 61.0 kN。

高周疲劳荷载试验采用电液式脉动疲劳机进行，试验加载频率为 4.0 Hz，高周疲劳荷载作用时，需要测量梁跨中位移值，因此采用 DH3820 准静态应变测试采集系统检测跨中位移值，在梁跨中位置布置 YWC-50 型位移传感器，灵敏度为 253 με/mm，采样频率为 50 Hz。试验开始时，每 3 个小时监测一次跨中位移，并观察涂料有无出现裂缝。当跨中位移增大或涂料开始出现裂缝后，观测间隔缩短为每 1 小时一次。每次量测 10 000 个数据点，即 200 s 内的振动位移，试验荷载由疲劳试验机内置的力传感器测量记录。实际加载装置如图 2 所示。

图 2　加载装置图

1.4 试件的涂装

防火涂料选用江苏兰陵高分子材料有限公司生产的 LG 厚型钢结构防火涂料，根据《建筑设计防火规范》(GB50016—2014)[5]要求，建筑的最高耐火等级为一级，对应一级耐火等级的建筑钢结构柱的耐火极限要求为 3.0 h，因此对本试验的试件按 3.0 h 耐火极限进行施工，设计涂料厚度为 26 mm，共制作涂装两个试件。

构件制作时首先除去钢结构表面的油污和灰尘，然后涂刷 H53-6 环氧云铁防锈漆一道。在涂好底漆的构件表面间隔 30 cm 粘贴保温钉，钉长 20 mm，第二日检查钉子的黏附情况确认牢固后按照 LG 粉料：水：打底胶=3：2.1：1 拌料，采用重力式喷枪喷涂打底。挂钢丝网后进行后道施工，按照 LG 粉料：水=1：0.86 拌料，喷涂到预定厚度，养护 45 天后进行测试。

2 测试过程及现象

2.1 试件 1 测试

试件 1 防火涂料的实测平均厚度为 31.17 mm，试件 1 共进行了 200 万次加载，加载频率为 4 Hz。前 100 万次荷载上峰值为 61.0 kN，下峰值为 25.0 kN；后 100 万次荷载上峰值为 90.0 kN，下峰值为 36.0 kN。实际的荷载谱如图 3 所示。

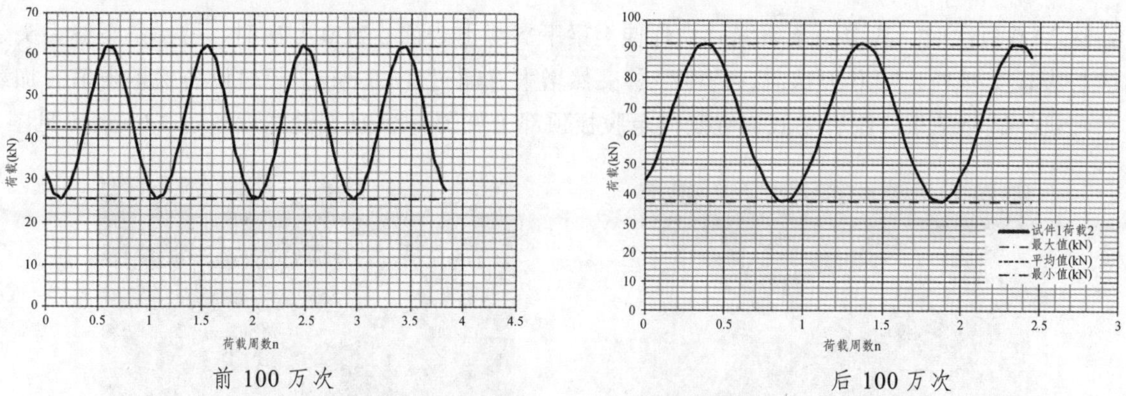

图 3 高周疲劳试验试件 1 荷载谱

前 100 万次试验过程中，试件防火涂料表面没有出现肉眼可见的裂缝。鉴于试件在疲劳加载 100 万次后，试件防火涂料表面未发生任何肉眼可见的变化，因此将荷载上调了 50%，荷载调整后，在累计加载次数达到 104 万次时，跨中梁底加劲板两侧出现细微裂缝，裂缝宽度远小于 1.0 mm；累计加载次数达到 129 万次时，梁底新增一条裂缝，最大裂缝宽度远小于 1.0 mm；此后直到试验结束时，没有新的裂缝产生，裂缝宽度也没有变化。试验结束时防火涂料的裂缝基本完全闭合。梁底的裂缝情况见图 4。

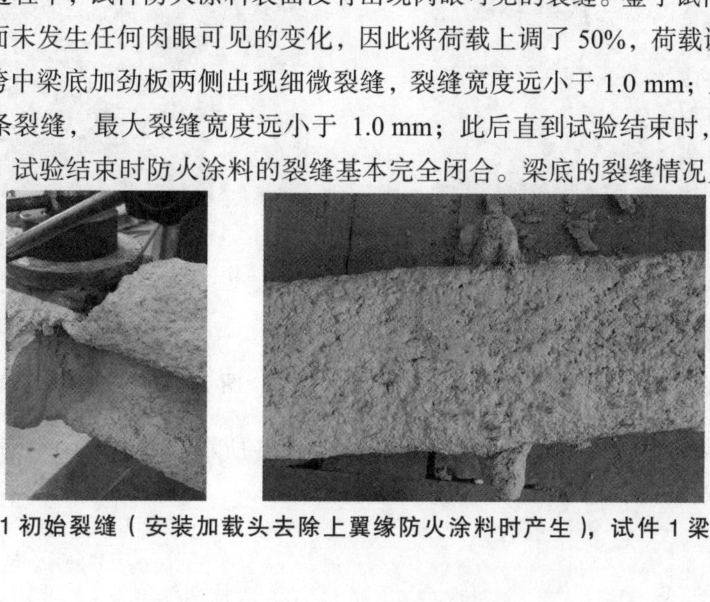

图 4 试件 1 初始裂缝（安装加载头去除上翼缘防火涂料时产生），试件 1 梁底最终裂缝

2.2 试件2测试

试件 2 的防火涂料实测平均厚度为 29.75 mm。试件 2 的疲劳荷载上峰值为 90.0 kN，下峰值为 30.0 kN，加载频率为 4 Hz。拟加载次数为 100 万次。

试验开始前，试件 2 上防火涂料无肉眼可见的裂缝。加载 1.0 万次后，在梁底跨中加劲板两侧出现细微裂缝（见图 5）。

图5 试件2加载1.0万次时出现裂缝（红色标记）

到达 36.0 万次时，其中一条裂缝一头延伸至梁下翼缘上表面；71.0 万次时，另一条裂缝一头延伸至翼缘与腹板交接处；72.0 万次时，跨中位移突然增大，超过 10.0 mm，超过设备保护限值，加载设备自动停机，试验结束。原有梁底裂缝延伸至腹板顶部（见图 6），且裂缝宽度超过 1.0 mm（见图 7）。

图6 梁底裂缝向上延伸至腹板顶部

图7 梁底裂缝宽度增大

将防火涂料表面敲开，发现梁下翼缘完全断裂，如图 8 所示。可能是由于钢梁该位置（梁下翼缘板拼接位置）焊缝初始缺陷引起的疲劳断裂。

图 8　梁底钢材破坏情况（钢梁下翼缘断裂）

试件 1 与试件 2 的挠度测量结果如表 1 所示。将简支梁的一半视作卧位的悬臂柱，则挠度与半梁长之比可评估相应悬臂柱模型的变形程度。

表 1　高频试验挠度测量结果

试件编号	加载次数（万次）	上峰值（kN）	下峰值（kN）	平均扰度变化Δf（mm）	$2\Delta f/l$
1	100	61.0	25.0	1.74	1/574
1	100	90.0	36.0	2.43	1/411
2	72	90.0	30.0	2.77	1/361

由上述对试件 1 和试件 2 的测试结果可知，两个试件荷载上下峰值分别为 61.0 kN 和 25.0 kN 时，加载 100 万次后，防火涂料保持完整，没有出现肉眼可见的裂缝；荷载上下峰值分别为 90.0 kN 和 36.0 kN 时，由于梁底防火涂料达到自身抗拉强度极限，梁底很快产生裂缝（荷载作用 5 万次以内），在钢梁本身不发生破坏的情况下，裂缝不会扩展，100 万次后裂缝宽度没有超过 1.0 mm，且加载结束后，裂缝能基本完全闭合；若钢梁出现破坏，防火涂料的裂缝将因为挠度的增大而在长度和宽度两个方向发生扩展，裂缝宽度超过 1.0 mm，不能恢复，但是可以认为防火涂料的破坏发生在钢梁破坏之后。

3　结　论

如果建筑的设计寿命为 50 年，200 万次荷载相当于平均承受 109.6 次/天的荷载作用。根据《高层民用建筑钢结构技术规范》（JGJ99—98）[6]规定：结构在风荷载（基本风压为 50 年一遇）作用下，质心层间侧移不宜超过楼层高度的 1/400。根据以上试验结果可知，1/400 层间位移角将使防火涂料产生细微裂缝，裂缝宽度小于 1.0 mm，但在构件本身不破坏的情况下，裂缝较细小，在 200 万次的振动过程中长度和宽度并不扩展，荷载作用停止后，裂缝基本能完全闭合。1/400 为 50 年一遇的风荷载作用下，产生的质心层间位移角，而每天 109.6 次频度的风荷载值将远小于 50 年一遇的风荷载值，对应的层间位移角也必远小于 1/400。因此，不考虑老化问题时，采用喷涂挂钢丝网的施工工法，水泥基厚型防火涂料（平均厚度 29.75 mm）在 50 年设计基准期内能有效地附着在钢构件的表面，并且不会产生影响其防火保护功能的裂缝，防火性能持续有效。

参考文献

[1] G-Q LI, W-Y WANG. Experimental behaviour of steel columns with partial damage of fire retardant coating in fire [C]. The Fifth International Conference on Structure in Fire. Singapore, 2008, 5: 738-747.

[2] 金楚. 单调荷载下厚涂型钢结构防火涂层的破损机理研究[D]. 上海：同济大学，2010.

[3] 王卫永. 地震下钢柱上防火涂料破损机理及破损对抗火性能的影响[D]. 上海：同济大学，2008.

[4] FEMA 461, Interim testing protocols for determining the seismic performance characteristics of structural and nonstructural components [S]. American: Applied technology council, 2007.

[5] GB 50016—2014. 建筑设计防火规范[S]. 北京：中国计划出版社，2014.

[6] JGJ 99—98，高层民用建筑钢结构技术规范[S]. 北京：中国计划出版社，2003.

作者简介： 陈明铮，男，硕士，江苏常州人，江苏兰陵高分子材料有限公司副总经理。

通信地址：江苏省常州市横山桥镇五一村江苏兰陵化工集团，邮编：213119；

联系电话：18912311007；

电子信箱：georgecmz@sina.cn。

水性超薄型钢结构防火涂料的研究现状及发展

申月琴

（四川天府防火材料有限公司，四川 成都 611800）

【摘 要】 本文以水性超薄型钢结构防火涂料为研究对象，对其组成进行了概述，分析了其在钢结构中的应用，并对该类防火涂料的研究现状进行了分析，根据其现存的问题对未来的发展进行了探讨。

【关键词】 水性；超薄；防火涂料；钢结构

0 引 言

在现代建筑行业中，钢结构由于设计灵活、强度高、性能优异、施工简便等特点而被逐渐推广。在应用过程中发现，钢结构的耐火性能差，其机械性能随着温度的升高而下降，当温度高于540 °C时，钢结构便失去承载力，使整体结构变形以致坍塌。如2001年发生的“9・11”事件，美国世贸中心大楼被飞机撞毁，主楼在大火作用下仅30 min便倒塌，造成数以千计的死亡和损失[1]。因此，对钢结构进行防火保护是保证钢结构安全稳固的重要措施，根据《建筑钢结构防火技术规范》(CECS200：2006)，钢结构的防火措施主要有：外包混凝土或砌筑砌体、防火板包覆、涂覆防火涂料、复合防火保护、柔性毡状隔热材料包覆[2]。钢结构防火涂料是一类涂覆于钢材表面，可延缓或阻滞火势的迅速蔓延，以提高钢结构耐火性能的功能性材料，具有施工方便、不受构件几何形状影响、防火效果优良等特点。涂覆防火涂料已成为钢结构防火保护中最理想的防护措施之一。

1 水性超薄型钢结构防火涂料

随着整个涂料工业向“5E”(Excellence、Easy of application、Economics、Energy Saving、Ecology)方向发展，以及在 “十三五”期间提出关于“开发力学性能好、防火时效长的超薄型高性能防火涂料”的规划[3]，建筑钢结构防火涂料也正向节能环保、超薄型及高性能化的方向迈进。其中，水性超薄型钢结构防火涂料以水为分散介质，具有环境友好、涂层超薄、装饰性好、施工方便等优点，是钢结构的一种重要保护材料。

1.1 水性超薄型钢结构防火涂料的组成

水性超薄型钢结构防火涂料主要由分散介质、基料乳液、膨胀阻燃体系、无机填料及助剂等部分组成。

1.1.1 基料乳液

基料乳液是防火涂料中的连续相，即成膜物质，对涂料的理化及防火性能起着重要的作用，它一方面将所有组分黏附在钢结构表面形成一个连续涂层；另一方面，基料乳液经高温软化，分解炭化形成炭质骨架结构。常用的基料乳液有纯丙乳液、苯丙乳液、氯偏乳液、改性丙烯酸乳液、醋叔乳液等，而理想的基料乳液应具有以下特点：① 在常温下或者高温下，有机物挥发物（VOC）排放量低，污染小，无毒性；② 具有抗电解质能力，避免基料乳液与膨胀阻燃体系混合后出现凝胶或增稠等现象；③ 在高温条件下软化熔融时，仍具有良好的附着力，并能黏附于钢结构表面；④ 较好的柔韧性、耐酸碱、耐水、耐候性以及冷热存储稳定性，对钢材无腐蚀作用；⑤ 其软化熔融温度应与膨胀阻燃体系的分解温度相近，且具有适宜的熔融黏度，以包裹住发泡剂释放的气体，生成泡孔均匀且致密的膨胀层。

1.1.2　膨胀阻燃体系

在水性超薄型钢结构防火涂料中，膨胀阻燃体系通常由脱水催化剂、成炭剂和发泡剂组成，其种类、用量及各组分之间的配比，对涂料的防火性能起着关键性的作用。

（1）脱水催化剂。

脱水催化剂即酸源，它是炭质发泡层形成的催化剂，一般为磷酸、聚磷酸等的盐、酯或酰胺类物质，其在 150 ~ 250 °C 受热分解生成磷酸或聚磷酸，同时减少热分解产物如可燃性焦油、醛、酮的产生，提高不燃性气体的产生速率。热分解产生的酸与成炭剂中羟基发生酯化反应，与成炭剂和发泡剂协同作用形成难燃的三维结构炭质层。

（2）成炭剂。

成炭剂即碳源，一般为高含碳量的多羟基化合物，它与酸通过酯化脱水反应炭化形成炭质层骨架。成炭剂中的碳含量和羟基数目分别决定了反应的炭化速率和脱水速率；另外，成炭剂的分解温度应与脱水催化剂相匹配，过高、过低都不利于高效炭质层的形成。当采用聚磷酸铵为脱水催化剂时，多选择热稳定性较高的季戊四醇（PER）、二季戊四醇（DPER）或三季戊四醇（TPER）为成炭剂。

（3）发泡剂。

发泡剂（气源）一般为含氮的化合物，这类物质受热分解释放出不燃性气体如氨气、水蒸气、二氧化碳等，使得熔融态的成膜物质与黏稠态的酯化产物迅速膨胀，形成海绵状泡沫结构，构成炭质层的骨架。发泡剂的热分解温度稍低于成膜物质的热分解温度及酯化产物的炭化温度。常用的发泡剂有三聚氰胺、碳酸铵、双氰胺、尿素、氯化石蜡、脲醛树脂等。

1.1.3　无机填料

无机填料是钢结构防火涂料中的重要组分，它不仅能改善防火涂料众多的理化性能，如提高涂膜的遮盖力及物理机械强度，增强涂料的耐候性以及涂层的抗渗透性等，还能有效改善涂层的阻燃能力。无机填料对涂层的发泡效果、膨胀高度及炭质层的强度影响都很大。通常情况下，填料的用量越大，涂层的膨胀高度越小，但炭质层的强度与致密程度却会明显提高[4]。

1.1.4　助　剂

助剂是涂料中不可缺少的组分，对改善涂膜外观、涂料的施工及固化条件，改进涂料的生产工艺，提高涂料的贮存稳定性及产品质量等都有显著的作用。对于水性涂料来说，更需要借助助剂来改善和解决在生产和制备过程中所存在的问题。通常助剂的使用量很小，但作用效果却很明显。防火涂料中常用的助剂有消泡剂、润湿分散剂、成膜助剂、防冻剂、增稠剂等。

2　水性超薄型钢结构防火涂料的应用

以一种典型的水性超薄型钢结构防火涂料为例，简要说明该涂料的制备工艺和性能测试指标。该钢结构工程中水性防火涂料的配比和性能指标如表 1 和表 2 所示[5]。根据实验配方将阻燃添加剂、颜填料、部分消泡剂和水搅拌均匀并研磨至规定细度，然后加入乳液和剩下的消泡剂用搅拌机充分搅匀，过滤得到成品。

该钢结构防火涂料以水为分散介质，具有环保、安全、施工方便等优点。将其喷涂在钢结构材料上，当涂料遇火膨胀形成发泡炭质层后，可明显提高钢结构的耐火极限。

表 1　水性超薄型钢结构防火涂料配比

材料名称	质量配比	材料名称	质量配比
丙烯酸乳液	16	季戊四醇	10
偏氯乳液	14	邻苯二甲酸二丁酯	2
氯化石蜡-50	5	乳化剂 op-10	1
氢氧化铝	5	六偏磷酸钠	1
金红石二氧化钛	7	轻质碳酸钙	6
二氰二胺	8	助剂	5
聚磷酸铵	8	水	15

表 2　该水性超薄型钢结构防火涂料的基本性能

项目		性能指标
耐火性能	涂层厚度（mm）	≤3
	耐火极限（min）	≥60
在容器中的状态		搅拌后呈均匀稠状流体、无结块
表干时间（h）		≤8
初期干燥抗裂性		无裂缝
黏结强度（MPa）		≥0.20
耐水性		≥24 h，无气泡、脱落、起层现象
耐冷热循环		≥15 次，无裂缝、气泡、脱落现象
外观与颜色		涂层干燥后，外观与颜色同样品相比，无明显差别

3　水性超薄型钢结构防火涂料的研究现状及发展趋势

3.1　水性超薄型钢结构防火涂料的研究现状

目前，国内外生产水性超薄型防火涂料的企业和单位较多。国外生产水性超薄型防火涂料的企业主要有挪威 Jodun 公司、荷兰 Akzo Nobel 公司、PPG 公司、日本 Nippon 公司等。如 Akzo Nobel 公司，在 2012 年推出的一款水性丙烯酸超薄型防火涂料 Interchar®1120，该涂料耐火时间长达 2.5 h，具有长效性、耐久性和良好的兼容性等特点。国内生产水性超薄型钢结构防火涂料的企业及单位主要有四川消防研究所、江苏兰陵公司、北京航空材料研究所等。如四川消防研究所在 1994 年相继推出的

SCB 溶剂型超薄钢结构防火涂料和 SCA 水性超薄型防火涂料。该水性超薄型钢结构防火涂料涂膜厚度为 1.6 mm 时，耐火时间可达 63 min，具有明显的防火阻燃效果。

虽然，国内对水性超薄型钢结构防火涂料的研究开发已有较长时间，但其防护及理化性能与溶剂型防火涂料之间仍有一定的差距，普遍存在以下几点问题：

（1）很多水性超薄型防火涂料遇火生成的炭质层结构疏松不够致密、强度和黏结性低，局部容易出现空鼓和脱落等现象，导致炭质层膨胀倍率和结构不理想、防火隔热效果不好。

（2）涂层经长期的日晒雨淋后表面容易起皱、粉化、开裂，随着时间的推移逐渐将失去防护能力。通常，涂料在防护 3 年之后，其耐火极限将下降至原来的 30%～40%，且在潮湿的环境下，防火涂料的防火性能也将受到很大的影响[6]。

（3）钢结构防火涂料的组分多为有机物质，这些组分在各种环境的影响下（包括日照雨淋、紫外光照射、酸碱性等），将部分发生降解、老化[7]，这将大大降低涂层的理化性能及防火涂料的防火性能。

3.2 水性超薄型钢结构防火涂料的发展趋势

基于国内外现有的技术水平，深入开展关于水性超薄型钢结构防火涂料的研究工作，结合防火涂料在钢结构中的应用及现存问题，对其未来的发展做如下分析：

（1）涂层超薄化。在工程应用中，使施工更方便，使用量比厚型和薄型钢结构防火涂料可明显减少很多。其次，在不影响防火性能的情况下，兼具美化装饰的效果。

（2）高性能化。在后期的应用研究中，应强化涂料的耐水性、耐久性和耐候性等，如在钢结构的防火涂层外设计面层，用于保护内部的防火材料免受长期的雨水冲刷、紫外线光照射等的影响。

（3）低烟低毒，无卤化。目前，市场上水性超薄型钢结构防火涂料多为含卤防火涂料，遇火时可能释放出氨、卤化氢、二氧化碳、一氧化碳、一氧化氮、二氧化氮等有毒有害气体。当这些气体的浓度超过人体的承受极限时，对于火场内部人员的逃生及火灾现场的营救工作都有很大的影响。在后期的研究中，应减少含卤防火阻燃体系的使用，以减少有毒有害气体的产生。

4 结　语

基于目前国内外的研究现状，针对水性超薄型钢结构防火涂料存在的耐水、耐久和耐候性差，膨胀发泡效果不理想等问题进行改进。积极推进关于 VOC 的含量低、涂料理化性能好及防火性能优良的水性超薄型钢结构防火涂料的研究、应用及发展。

参考文献

[1] 荆信峰，王海祥. 浅谈钢结构防火涂料使用中存在的问题及对策[J]. 中国科技信息，2005（19）：157-157.

[2] CECS200：2006，建筑钢结构防火技术规范[S]. 北京：中国计划出版社，2006.

[3] 中国涂料工业协会，涂料产业技术创新联盟，中国涂料行业“十三五”规划（二）[J]. 中国涂料，2016（4）：23-38.

[4] 彭华乔，夏祖西，柳华，等. 填料对膨胀型钢结构防火涂料性能影响的研究进展[J]. 现代涂料与涂装，2008（7）：6-8.

[5] 覃文清. 水性超薄膨胀型钢结构防火涂料的研究及应用[J]. 新型建筑材料，2007（6）：65-68.

[6] Sakumoto Y., Nagata J., Kodaira A., et al.. Durability evaluation of intumescent coating for steel frame[J]. Journal of Materials in Civil Engineering, 2001(8): 274-281.

[7] 王玲玲，李国强，王永昌.钢结构防火涂料应用的若干前沿问题[J]. 钢结构，2009（10）：73-76.

作者简介：申月琴（1991—），女，四川天府防火材料有限公司研发工程师。

通信地址：四川省成都市都江堰拉法基大道16号，邮编：611800；

联系电话：15228356271；

电子信箱：shenyq2016@yeah.net。

浅谈膨胀型防火涂料的研究进展

陈红海

（四川天府防火材料有限公司，四川 成都 611830）

【摘 要】 本文主要阐述了膨胀型防火涂料的四大组成部分，包括基料、膨胀防火体系、填料和助剂等的作用机理及研究进展。

【关键词】 膨胀型防火涂料；机理；进展

0 引 言

随着社会和经济的不断发展，人们已经意识到火灾是威胁公共安全和社会发展最常见、最普遍的主要灾害之一。研究火灾的发生、蔓延、传播、熄灭以及抗御火灾的对策、技术，对提高人们综合抗灾能力，保证社会经济平稳发展和保证人民生命财产安全具有切实意义。

防火涂料作为人们抗御火灾的手段之一，按照防火机理主要可以分为膨胀型和非膨胀型两种。其中膨胀型防火涂料较非膨胀型涂料具有明显的优势：其施工厚度小、黏结性能优异、耐火性能优秀，使得该类型防火涂料广泛应用于机场、石化、公共建筑、高层建筑、船只等。由于该类型防火涂料的应用范围广泛，具有极大的市场价值和切实需要，其一直是国内外研究的重点[1]。

1 膨胀型防火涂料的研究进展

膨胀型防火涂料主要由基料、膨胀防火体系、填料和助剂四部分组成，这四部分虽各由不同的物料组成，但是其相互间有紧密而又复杂的协调作用，是一个不可分割的整体。

1.1 基 料

对现阶段防火涂料而言，基料是指在涂料中所使用的树脂或乳液。基料的第一作用是起到与基材的黏结作用；另一个重要的作用是能够让涂料中所添加的其他组分有效分散于基料之中。除此之外，涂料的抗水性能、抗酸性、抗碱性、耐老化等性能也是选择基料时所需要考虑的问题。

国内诸多高校、研究所以及相关企业都对基料展开了深入的研究。孙鹏[2]等研究了有机硅改性环氧丙烯酸酯乳液，结果表明该乳液的防火涂料热稳定性能良好，炭质层结构致密完整且发泡快速、强度高、环保无污染，具有良好的防火性能。辛颖[3]等选取双环戊二烯改性的不饱和聚酯树脂作为基料制备膨胀型防火涂料，芳香族磷酸酯分解释放出的不燃性气体（氨气等）不但可以稀释氧浓度，还可促使成炭质层迅速膨胀形成表面致密坚硬内部多孔的碳质层，阻隔氧气流和热辐射，具有很好的阻燃效果。张广宇[4]等使用环氧改性丙烯酸乳液，合成了苯丙乳液，研究了以苯丙乳液与环氧改性丙烯酸乳液拼合作为基料的防火涂料耐火性能，该涂料碳质层发泡快，整体发泡致密均匀、强度好、结构完整。关迎东[5]等通过合成水性环氧改性丙烯酸杂化乳液，制得的环氧-丙烯酸酯乳液具有 VOC 低、干燥速度快、硬度大、耐水性和附着力好的特点，并由此制备了性能优异的膨胀型防火涂料。黄晓东[6]等以聚氨酯树脂为研究对象，研发出高效膨胀型聚氨酯防火涂料，分析并研究了它们的阻燃机理。

可以发现：现阶段的防火涂料主要仍然以丙烯酸树脂为基料，但是各种新型基料，包括环氧树脂、聚氨酯、各种改性树脂或乳液以及一些特种树脂都在广泛地被研究和开发。在上述基料中引入特定基团或结构，涂料的耐火和耐候性能都有明显的提高。

1.2 膨胀防火体系

膨胀型防火涂料主要由化学膨胀防火体系、酸源、炭源和气源等组成。酸源也称为成炭促进剂，为自由酸或加热时能产生无机酸的物质，一般认为酸源产生的酸性物质可以催化成碳或与成炭剂一起参与成碳反应；炭源多为含羟基的富碳化合物，它在酸催化下失水而炭化，为发泡层提供炭骨架，是形成膨胀炭化层的基础；气源也称为发泡剂，一般在受热分解时产生不燃性气体，为形成膨胀炭化层提供气体动力。该体系中三源的原料种类繁多，性能各异，但三者之间必须相互协同、缺一不可[7]。

为了提高防火效果，研究者们提出了许多方案，包括：添加协调剂以起到催化增加成炭剂、提高炭层品质等作用[8]；表面改进技术以改善膨胀体系与基料的黏结力和界面亲和力[9]；微胶囊技术改善膨胀体系与基料的不相容问题[10]；超细化技术提高强度、抗热震、抗氧化等以提高阻燃效果[11]；膨胀阻燃体系直接与基料进行共聚反应，将阻燃体系合成为一个阻燃剂分子，提高阻燃效率[12]；新型成炭剂的应用，包括多羟基化合物、含氮有机化合物、成炭聚合物等产品的研究，提高成炭层品质[13]；石墨烯、碳纳米管、富勒烯等协同阻燃作用的研究结果也表明，它们在阻燃剂中同其他阻燃物质的协同作用大大提高了阻燃效果[14]。

现阶段而言，膨胀防火体系已基本形成了多种系列化的产品，新的概念和技术包括纳米和纳米改性、石墨烯、富勒烯等不断引入和研究，防火涂料中防火体系的开发和拓展不断更新，低毒、无烟、无卤、高效等要求在不断被实现。

1.3 填 料

填料是一种固体添加剂，它可以增加涂料的固体含量，同时使涂料受火及持续火焰作用不会分解损失，并起到稳定炭层骨架的作用，从而实现提高膨胀型防火涂料的高效防火隔热性。填料的另一重要作用是对涂料增强，对膨胀型防火涂料而言其产生作用的机理主要在于所使用填料与基料之间产生化学键。

张光宇[4]等通过对纳米氢氧化铝的表面改性，改善其在涂料中的分散性，发现纳米氢氧化铝含量增加，耐火时间会提高，降低燃烧初期钢材升温速率，同时能有效地降低烟密度，并且符合室内以及室外的各项理化性能、耐腐蚀和耐老化性能的标准要求。王震宇[15]等用 Solsperse17000 超分散剂对纳米二氧化硅和纳米氢氧化镁表面进行包覆改性，结果表明纳米阻燃母液能有效提高防火涂料的耐水性，且不损害它的热降解行为和防火性能。邹敏[16]等以纳米 TiO_2 为添加剂来提高钢结构防火涂料的各项性能，经硅铝复合包膜改性后的纳米 TiO_2 粒子具有较好的分散性；改性钢结构防火涂料的性能有较大的提高，其耐热极限、耐水极限、黏结强度、抗菌率都得到一定的提高。邹敏[17]等还以氧化锌晶须和锐钛型纳米二氧化钛为添加剂来提高钢结构防火涂料的各项性能，改性后的氧化锌晶须具有较好的分散性，防火涂料的耐火极限、耐水极限、黏结强度都得到了不同程度的提高。

可以发现的是，填料的作用已经超出原本填料的意义，已经不止于降低成本和改善涂料理化性能，对传统填料的改性包括纳米化、微胶囊化、表面处理等，这些手段和技术的不断使用，使得填料出现了全新的作用，对改善涂料的性能起到了更大的作用。

1.4 助 剂

防火涂料由基料、膨胀体系和填料组成，但是彼此之间单独配合不能达到预定的理化性能要求，这就要求使用辅助材料来实现预期的要求，甚至通过辅助材料实现涂料特定的新功能，这些辅助材料称为添加剂或助剂。

王国建[18]等通过正交试验发现防火助剂是影响防火涂料防腐蚀性能的关键因素，防火涂料的防腐蚀性能随着防火助剂水溶性的降低以及粒度的减小而显著提高。吴润泽[19]等研究了水性超薄膨胀型钢结构防火涂料配制时助剂的选择，通过对分散剂、增稠剂、成膜助剂及 pH 调节剂的选择，制得储存稳定性优异的防火涂料。Alexandrovich[20]等对纳米材料在防火涂料中的应用进行了深入的研究和报道。

助剂的添加优化了涂料其他各组分之间的有效配合，提高了涂料有效组分间的发挥效率，对提高涂料的性能和质量有着重要作用。而不同厂家之间不同的配方和原料，对助剂的要求会越来越多样化和特殊化，这些要求在促进助剂发展的同时也提高了涂料本身的性能。

2 总结和展望

近三十年来，我国对膨胀型防火涂料的开发、应用及其机理研究都取得了长足的发展，不但取得了巨大的经济效益，而且取得了良好的社会效益。与此同时，研究者们不断向环保、高性能、高耐候以及极端环境条件下的防火涂料的方向研发，引入纳米、表面处理、改性树脂等一系列技术和概念，为提高防火涂料的各项性能起到了重要作用。

参考文献

[1] 覃文清，李风．材料表面涂层防火阻燃技术[M]．北京：化学工业出版社，2004.

[2] 孙鹏，张爱黎．硅烷改性环氧丙烯酸酯乳液的合成及性能研究[J]．沈阳理工大学学报，2012(06).

[3] 辛颖．膨胀型不饱和聚酯树脂防火涂料的研制及阻燃机理的研究[D]．长春：吉林大学，2014.

[4] 张广宇．纳米氢氧化铝改性超薄型钢结构防火涂料的研究[D]．浙江：浙江大学，2013.

[5] 关迎东，李少香．水性环氧改性丙烯酸酯膨胀型饰面防火涂料的研制[D]．青岛：青岛科技大学，2010.

[6] 黄晓东．膨胀型聚氨酯防火涂料的研究与应用[D]．福州：福建农林大学，2005.

[7] 徐晓楠，周政懋．防火涂料[M]．北京：化学工业出版社，2004.

[8] 张爱黎，张发余，高虹，刘万鹏．改性丙烯酸树脂钢结构防火涂料制备研究[J]．电镀与精饰，2009（10）.

[9] Duquesnea S, Delobel R, Le Bras M.A comparative study of the mechanism of action of ammonium polyphosphate and expand ab le graphite in polyurethane[J]. Polymer Degradation and Stability, 2002.

[10] Wang Z Y, Han E H, Ke W.Influence of nano-LDHs on char fomation and fire-resistant properties of flam-retardant coating[J]. Progress in Organic Coatings, 2005.

[11] RonSmith.Applied science how fire rrotecetive coatings should be applied to structural steel work[J]. Fire Prevention Joumal and Fire Engineering, 2002.

[12] Michael Grafe, Alan Grafe, Martin Sheeran.Thermally Reflective Substrate Coating and Method for Making and Applying Same[C]. US Pat6391143B1, 2002.

[13] B. Bodzay, K. Bocz, Zs. Bárkai, Gy. Marosi. Influence of rheological additives on char formation and fire resistance of intumescent coatings[J]. Polymer Degradation and Stability, 2010(3).

[14] Guojian Wang, Jiayun Yang. Influences of binder on fire protection and anticorrosion properties of intumescent fire resistive coating for steel structure[J]. Surface & Coatings Technology, 2009(8).

[15] Jun-wei Gu, Guang-cheng Zhang, Shan-lai Dong, Qiu-yu Zhang, Jie Kong. Study on preparation and fire-retardant mechanism analysis of intumescent flame-retardant coatings[J]. Surface & Coatings Technology, 2007(18).

[16] Tugba Orhan, Nihat Ali Isitman, Jale Hacaloglu, Cevdet Kaynak. Thermal degradation of organophosphorus flame-retardant poly（methyl methacrylate）nanocomposites containing nanoclay and carbon nanotubes[J]. Polymer Degradation and Stability, 2012(3).

[17] 邹敏，王琪琳. 采用 ZnO 晶须/纳米 TiO_2 复合粒子改善钢结构防火涂料的性能[J]. 纳米技术与精密工程，2009（01）.

[18] 邹敏，王琪琳，刘国钦，赵英涛. 纳米 ZnO 晶须改善钢结构防火涂料性能研究[J]. 涂料工业，2006（08）.

[19] 王国建，高堂铃，刘琳，樊爱园. 海泡石对水性钢结构防火涂料性能的影响[J]. 建筑材料学报，2007（04）.

[20] 吴润泽，王桂银，刘琪，张斌，张孟菲. 水性超薄型钢结构防火涂料助剂的选择及耐火性能测试[J]. 上海涂料，2015（03）.

[21] Alexandrovich A, Alexandro N, Alexandrovna T. et al.Composition for fire-protection coating[Z]. European Patent: 1136529, 2001.

GC/MS 法分析生物柴油燃烧残留物组分研究*

张　怡，阳世群，祝兴华，彭　波，王立芬，高　鹏，赵长征
（公安部四川消防研究所，四川 成都　610036）

【摘　要】　随着绿色技术的发展和石化资源的减少，生物柴油的生产使用日趋广泛。生物柴油燃烧残留物的检测分析对于火灾现场的助燃剂检测鉴定越来越重要。本研究采用气相色谱/质谱联用（GC/MS）分析技术，将市售 0#柴油作为比较对象，对生物柴油以报纸和聚乙烯自封袋为背景的燃烧残留物组分进行了分析。结果表明：生物柴油和市售 0#柴油的燃烧残留物特征组分组成相似，不同背景干扰和燃烧程度对生物柴油燃烧后的残留物组成影响较大。

【关键词】　生物柴油；燃烧残留物；气相色谱/质谱联用分析

1　引　言

随着世界经济的快速持续发展，化石能源需求量不断增加，由此带来的化石能源枯竭和环境污染问题日益突出。生物柴油具有原料可再生、价格较低、使用安全性好等优点，是理想的石化柴油替代燃料，越来越受到人们的欢迎[1-3]。与此同时，由生物柴油引发的火灾威胁也在增大，所以，对其燃烧残留物的分析显得尤为重要[4-5]。然而，目前对火场助燃剂的分析研究主要集中于石油基产品，关于生物柴油残留物的分析鉴定还缺乏详细的研究报道[6-9]。因此，本文采用气相色谱/质谱联用（GC/MS）分析技术，研究火场中提取到的生物柴油残留物的特征组分，通过与市售 0#柴油的比对分析，详细探讨了生物柴油残留物在不同燃烧程度和不同背景干扰下的组分差异，为火场中生物柴油残留物物证鉴定提供可靠的技术依据。

2　实验材料与仪器

实验材料：某火场中收集的生物柴油残留物、市售 0#柴油（中国石油天然气股份有限公司四川销售分公司）、正己烷（正己烷，Aldrich 化学试剂公司）、某火场送检的报纸和聚乙烯自封袋可燃物背景材料、直径 21 cm 不锈钢圆盘、脱脂棉。

实验仪器：安捷伦 6890-5973N 型气相色谱质谱联用仪（GC-MS）。

3　样品的制备与表征

3.1　样品制备

某火场送检的可燃物背景材料有报纸和聚乙烯自封袋。因此，本研究选择报纸和聚乙烯自封袋为

*基金项目：公安部技术研究计划项目（2015JSYJC12）；基本科研业务费专项项目（20168803Z）。

背景干扰进行研究。将浸润过助燃剂的背景材料，放入不锈钢圆盘内点燃，等待样品燃烧至一定程度后熄灭火焰，冷至室温，收集燃烧后聚积在圆盘内的残渣，得到助燃剂燃烧残留物样品。用脱脂棉直接蘸取适量助燃剂，作为未燃烧的助燃剂样品。

表 1 是根据以上方法制备出的样品的基本信息。

表 1 生物柴油燃烧残留物样品的基本信息

名 称	助燃剂	燃烧背景材料	燃烧程度
对比样品 1	0#柴油	—	未燃烧
对比样品 2	0#柴油	报纸	完全燃烧
B0	生物柴油	—	未燃烧
B1	生物柴油	报纸	未完全燃烧
B2	生物柴油	报纸	完全燃烧
B3	生物柴油	自封袋	完全燃烧

注：完全燃烧指燃烧至火焰自熄；未完全燃烧指背景材料燃烧约 1/2 后盖灭火焰。

3.2 分析测试

将样品用适量正己烷浸泡 10 min 后过滤，滤液在室温下挥发至约 1 mL 后倒入 2 mL 样品瓶直接进行 GC-MS 测试。

GC-MS 仪器分析条件：色谱柱，HP-5 MS（30 m × 0.25 mm × 25 μm）；载气，氦气（99.999%）；进样口温度为 250 °C；分流比为 5∶1；MS 扫描范围，Scan 模式，35 ~ 550 amu；升温程序：初始 40 °C，以 5 °C/min 升温至 150 °C，再以 10 °C/min 升温至 270 °C，保持 10 min。

4 结果与讨论

4.1 未烧样品的组分分析

图 1 为 B0 和对比样品 1 的总离子流色谱图。为了对比火场收集的生物柴油和市售 0#柴油组分的差别，本文选取烷烃、环烷烃和烯烃、烷基取代环己烷、烷基取代苯、茚满类、萘类、蒽类等助燃剂残留物鉴定中常用的碳氢化合物特征组分进行了相对含量的比较，B0 和对比样品 1 的特征组分含量列于表 2 中。

从图 1（a）中可以看出，对比样品 1 的色谱峰主要集中在 3 ~ 37 min，检测到的烷烃含量占比最高，达到了 67.2%，烷基取代芳烃、烷基取代环己烷和茚满类的色谱峰也较强，相对含量均达到了 9%以上。同时，对比样品 1 中还检出少量的环烷烃和烯烃。至于其他组分的化合物，因为相对含量太低，没有列出。图 1（b）为火场收集的未燃烧生物柴油样品 B0 的总离子流色谱图。从图中可以看出，B0 的主要特征峰都是在 9 min 以后出现，大多集中在 9 ~ 37 min，这可能是因为生物柴油经历了火场的高温作用后，挥发组分出现了不同程度的损失，使得 B0 样品中挥发性较强的轻质组分（如环烷烃、烯烃、烷基取代苯等）的含量较低，而作为柴油重要特征组分的烷基取代环己烷和茚满类碳氢化合物的含量保留较好，分别有 7.0%和 7.3%。萘类组分因为挥发性较弱，保留最好，相对含量达到了 6.8%。另外，生物柴油中含有的大量长链烷烃也因为挥发性弱得以保留，并且呈现出特有的高斯分布，其相对含量达到了 72.1%。

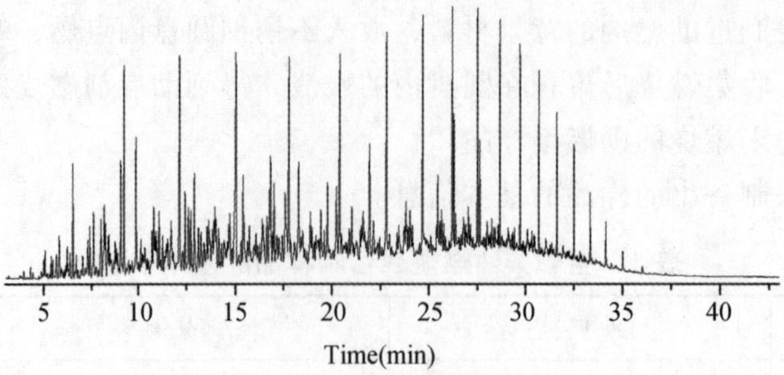

（a）对比样品 1

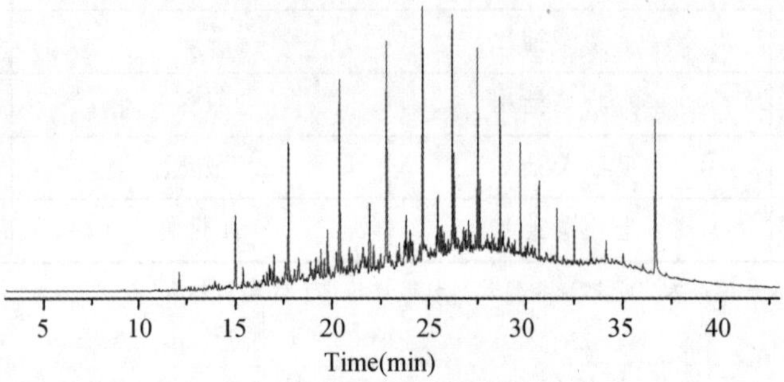

（b）样品 B0

图 1　总离子流色谱图

表 2　对比样品 1 和 B0 的特征组分相对含量

编　号	组　分	组分相对含量（%）	
		对比样品 1	B0
1	烷烃	67.2	72.1
2	环烷烃和烯烃	1.2	—
3	烷基取代环己烷	9.1	7.0
4	烷基取代苯	11.3	1.6
5	茚满类	9.3	7.3
6	萘类	0.4	6.8
7	蒽类	—	—

4.2　燃烧残留物样品的组分分析

为了进一步研究燃烧和背景材料干扰对火场生物柴油燃烧残留物组分的影响，本文对生物柴油分别在未完全燃烧和完全燃烧情况下不同背景干扰的燃烧残留物进行了研究。相关样品的总离子流色谱图如图 2 所示，对应的各个特征组分含量列于表 3 中。

从图 2（a）可以看出，对比样品 2 中分子量小的轻质组分损失较大，主要色谱峰向保留时间更大的方向移动，由表 3 可知，环烷烃和烯烃、烷基取代环己烷、烷基取代苯的相对含量在完全燃烧后分别下降了 83%、75%和 69%。对比样品 2 中检出的萘类化合物含量为 0.7%。不过，因为使用的背景材料报纸在实验中燃烧比较完全，自身难以生成蒽类等多环芳烃化合物，且燃烧的柴油用量较少，所以样品中没有检出蒽类化合物。值得注意的是，对比样品 2 中茚满类化合物的相对含量仍然有 7.8%。燃烧后的烷烃含量进一步增加。

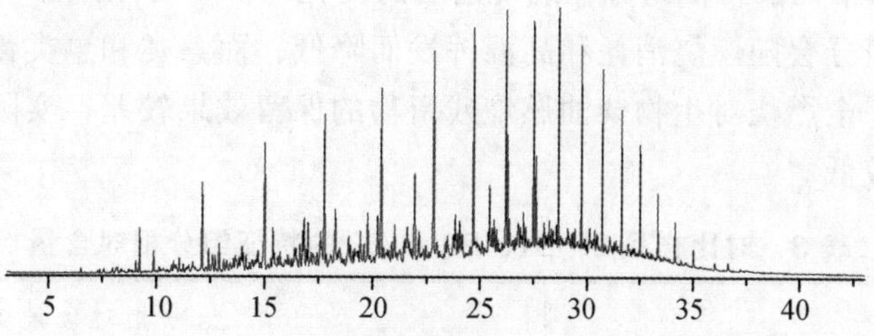

（a）对比样品 2

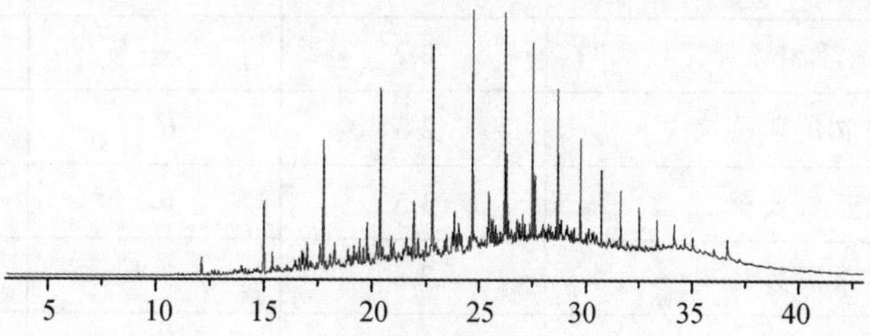

（b）样品 B1

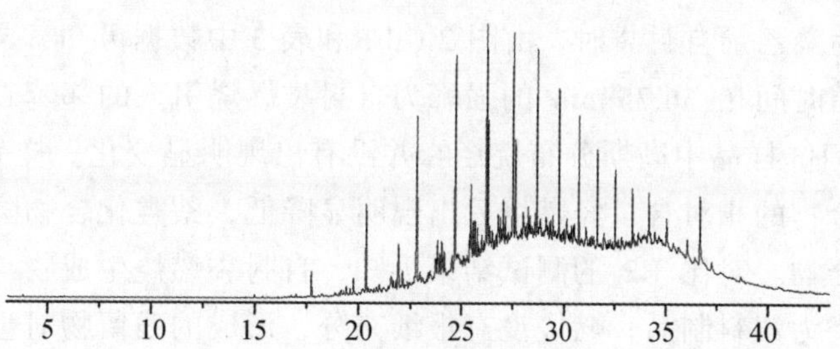

（c）样品 B2

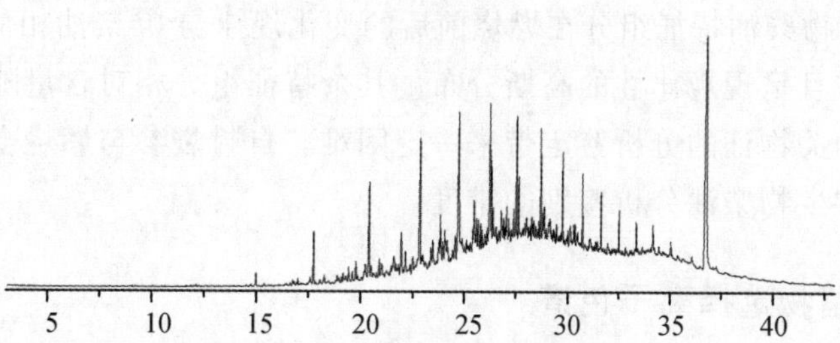

（d）样品 B3

图 2 总离子流色谱图

由图 2（b）和表 3 可知，生物柴油不完全燃烧后的 B1 样品中的烷烃峰同样呈现出高斯分布特征，且相对含量增加到了 74.8%，烷基取代环己烷、烷基取代苯和茚满类化合物的相对含量减少较多，分别只有 0.5 %、0.9%和 3.7%。燃烧中的芳构化反应使得萘类化合物基本没有随燃烧和高温挥发作用损失，其相对含量仍然有 6.7%，同时还检测出了少量的蒽类化合物。生物柴油经进一步燃烧完全后，由

图 2（c）可知，B2 的主要色谱峰继续向保留时间更高的方向移动，但烷烃峰的高斯分布特征基本不变，其相对含量进一步增加到 93.9%，其他特征组分的相对含量均出现了较大幅度的减少。这说明，背景材料为报纸时，生物柴油的特征组分在燃烧前后的变化与 0#柴油相似，烷烃含量随着燃烧程度的增加而增加，其他轻质组分会随燃烧消耗和高温挥发而降低，而萘类和蒽类化合物因为在燃烧过程中还会不断生成，但报纸完全燃烧对生物柴油燃烧残留物的保留效果较差，实际样品中检测出的萘类和蒽类化合物相对含量均较低。

表 3　对比样品 2、B1、B2 和 B3 的特征组分相对含量

编　号	组　分	组分相对含量（%）			
		对比样品 2	B1	B2	B3
1	烷烃	80.8	74.8	93.9	64.0
2	环烷烃和烯烃	0.2	—	—	0.1
3	烷基取代环己烷	2.3	0.5	0.2	1.8
4	烷基取代苯	3.5	0.9	0.1	0.1
5	茚满类	7.8	3.7	0.3	2.2
6	萘类	0.7	6.7	0.5	5.9
7	蒽类	—	0.4	—	0.9

当燃烧的背景材料为聚乙烯自封袋时，由图 2（d）和表 3 中数据可知，聚乙烯自封袋产生的背景干扰明显强于报纸，保留时间在 36.75 min 的强峰为自封袋燃烧引入的邻苯二甲酸酯背景干扰峰，其相对含量达到了 21.6%。B3 样品中高斯分布烷烃峰并没有出现明显变化。样品中的烷基取代环己烷、烷基取代苯和茚满类化合物的相对含量经燃烧后出现明显降低，萘类化合物降低较少，同时检测出了环烷烃和烯烃、蒽类化合物。对比 B2 的测试结果可知，自封袋燃烧生成物与生物柴油燃烧残留物存在部分重叠，而且自封袋为塑料制品，燃烧没有报纸充分，形成的残留物对生物柴油的燃烧残留物保留效果更好，使得研究选取的特征组分相对含量出现不同程度的增加。其中，烷烃的含量则出现了相对减少。

从以上分析可知，生物柴油特征组分在燃烧前后的变化规律与 0#柴油相似，烷烃是燃烧残留物中含量最多的特征组分，并且呈现规律性的高斯分布。其余特征组分相对含量随着燃烧程度的增加而显著降低，这会给火场中相关物证的分析鉴定带来一定困难。自封袋参与燃烧会生成与生物柴油特征组分相同的产物，也会增加生物柴油分析鉴别的难度。

4.3　生物柴油燃烧残留物选择离子色谱

众所周知，生物柴油是由动植物油脂与醇（甲醇或乙醇）经酯交换反应得到的脂肪酸烷基酯，最典型的是脂肪酸甲酯，而长链脂肪酸甲酯的质谱图与烷烃很相似，但是脂肪酸甲酯的两个特征碎片 $m/z = 59$ 和 $m/z = 74$ 可用于燃烧残留物中脂肪酸甲酯的鉴定[9]。因为研究发现 $m/z = 59$ 的选择离子色谱图与生物柴油中直链烷烃的色谱图很相似，所以本文只选取了 $m/z = 74$ 的选择离子色谱用于生物柴油燃烧残留物样品的组分分析，相应的选择离子色谱图如图 3 所示。

从图 3 选择离子色谱可以看出，生物柴油在未燃烧和未完全燃烧的情况下，B0 和 B1 中脂肪酸甲酯的特征碎片（$m/z = 74$）较明显，但是燃烧完全后，B2 中的脂肪酸甲酯含量太小，$m/z = 74$ 的选择离子色谱信号很弱，因而难以对生物柴油进行有效鉴定。B3 中的色谱信号明显比 B2 强，说明自身难以充分燃烧的自封袋对脂肪酸甲酯的保留效果更好，这有利于脂肪酸甲酯的检出。

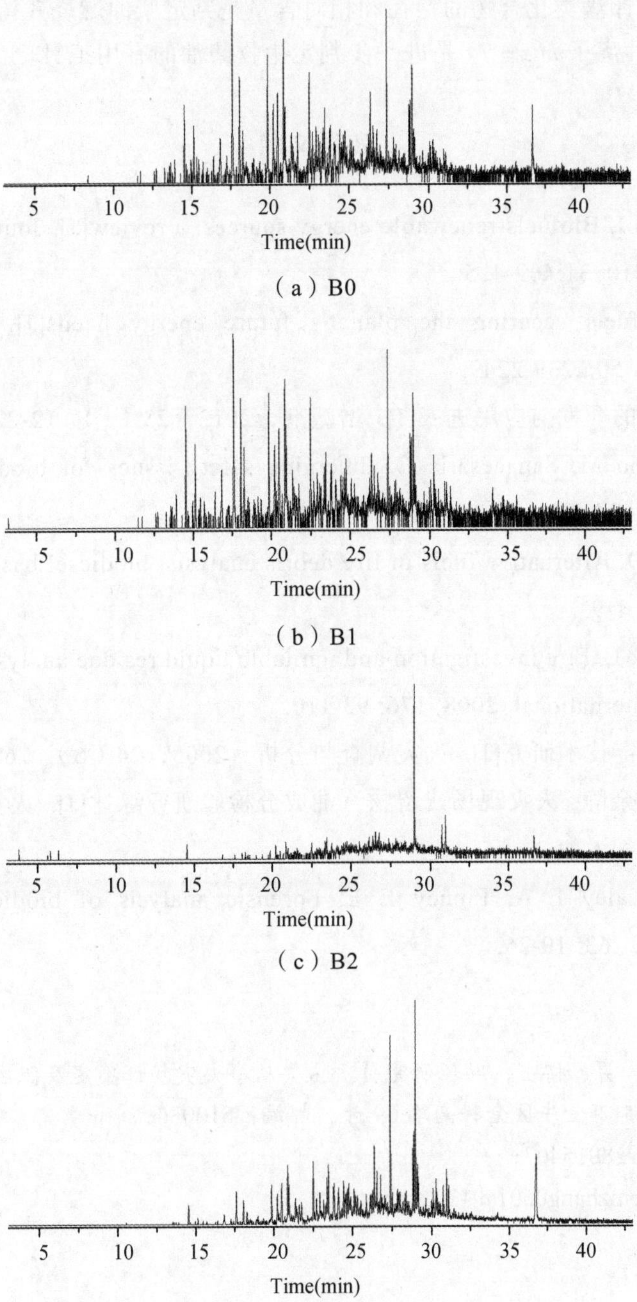

（a）B0

（b）B1

（c）B2

（d）B3

图 3　选择离子色谱图（$m/z=74$）

5　小　结

本文采用气相色谱/质谱联用分析技术，以报纸和聚乙烯自封袋为背景干扰物，对比研究了生物柴油在不同燃烧程度和不同背景干扰下的特征组分变化。研究结果表明：① 生物柴油中在燃烧前后的特征组分变化与 0#柴油相似，烷烃含量增加，且呈现特有的高斯分布，烷基取代环已烷、烷基取代苯、茚满类等化合物含量降低；② 生物柴油的特征组分中的烷烃随着燃烧程度的增加而持续增加，其余组分则显著减少；③ 聚乙烯自封袋产生的背景干扰明显大于报纸，增大了特征组分的含量；④ 烷基取代环己烷、烷基取代苯、茚满类化合物的存在和相对含量是判定柴油燃烧残留物存在与否的重要依据，而脂肪酸甲酯的特征碎片离子 $m/z = 74$ 是进一步判定生物柴油的有用工具。

参考文献

[1] Kralova I, Sjoblom J. Biofuels-renewable energy sources: a review[J]. Journal of Dispersion Science and Technology, 2010, 31:409-425.

[2] Demirbas A. Biofuels securing the planet's future energy needs[J]. Energy Conversion and Management, 2009, 50:2239-2249.

[3] 汪多仁. 生物柴油的开发与应用进展[J]. 增塑剂，2012，23（1）：12-22.

[4] Salzano E, Di Serio M, Sanacesaria E. Emerging safety issues for biodiesel production plant[J]. Energy Fuels, 2010, 24: 6103-6109.

[5] Stauffer E, Byron D. Alternative fuels in fire debris analysis: biodiesel basics[J]. Journal of Forensic Sciences, 2007, 52: 1-9.

[6] Mark P, Sandercock L. Fire investigation and ignitable liquid residue analysis-a review: 2001-2007[J]. Forensic Science International, 2008, 176: 93-110.

[7] 耿惠民. 放火案鉴定技术研究[J]. 火灾调查与分析，2005，24（6）：769-772.

[8] 庞松颖，王继芬，余静. 火灾现场残留物汽油成分检验研究综述[J]. 火灾调查与分析，2015，34（5）: 688-691.

[9] Goodman M R, Kaley E A, Finney E E. Forensic analysis of biodiesel[J]. Forensic Science International, 2016, 263: 10-26.

作者简介：张怡（1987-），男，博士，助理研究员，主要从事火灾物证鉴定及阻燃材料研究。

通信地址：成都市金牛区金科南路69号，邮编：610036；

联系电话：15928015407；

电子信箱：chemzhang0601@126.com。

轨道交通车辆消防设计探讨

肖振清

（北京中卓时代消防工程有限公司，北京 100000）

【摘 要】 通过分析轨道交通车辆的火灾危险性，分析车辆内的起火源及起火因素，按照车辆的特点配置消防系统，分析传统的点式感烟探测器性能、工作方式在轨道车辆中应用的缺点和吸气式早期探测器应用到轨道交通车辆中的优点，及在轨道交通车辆内采用吸气式早期探测器的布置方式；分析高压细水雾系统的灭火机理及特点，高压细水雾开式系统特点，瓶组式高压细水雾的组成原理，在轨道交通车辆中的配置情况，及着火时高压细水雾和火灾报警系统如何联动灭火。

【关键词】 消防；吸气式早期探测器；高压细水雾；排烟；灭火器

1 引 言

轨道交通车辆的电气化程度越来越高，存在大量的电缆电线以及电气设备机柜，因此，电气火灾是地铁中火灾发生的重要原因之一，客车初期火灾一般难以察觉，蔓延迅速，疏散困难，扑救困难，损失严重。所以如何避免火灾，及早发现、预防、疏散是地铁安全管理中的重中之重。由于轨道列车处于不断的高速运动中且多数处在地下，因此消防系统要求比固定建筑物内的消防系统要求更高。

2 轨道交通车辆的火灾危险性

客车机构日趋复杂，各种设施及内部装饰更加高档化，而且使用的材料也多样化，致使火灾越来越复杂多样。起火源主要为电气设备、旅客行李、垃圾桶、办公设施及车厢内部装饰材料，比如车厢内地板、墙板、座椅等材质可能含有可燃成分，着火时会产生浓烟和有毒有害气体，造成乘客窒息和中毒。客车发生火灾有车辆自燃和外部因素起火两种情形。自燃的起因主要是电气故障、燃油系统故障、排气故障、机械故障、操作失误及其他情形；外部因素可分为人为因素和环境因素，主要包括纵火、遗留火种、碰撞翻车或外来热源等。

3 消防保护系统设计

3.1 吸气式烟雾探测报警系统

传统的点式烟雾探测器的性能和工作方式对于地铁列车的火灾探测不太适用，主要原因有：点式烟感探测器一般安装在车厢的顶部，在列车车厢内，受空调气流的影响，烟雾粒子一旦产生，很快就会被气流稀释，随着气流的轨迹移动及蔓延，在刚开始阶段不会向顶部蔓延，因此点式烟感探测器在这样的环境中无法起到有效的探测功能，对电气火灾也不能做有针对性的探测。点式感烟探测器的安装方式单一，暴露在车厢内的探测器十分引人注目，既影响美观，也存在遭到有意或无意破坏的危险。地铁列车在高速运动中产生持续的振动，采用旋拧式安装的点式烟感探测器也比较容易脱落。由于地铁存在灰尘的干扰且运行环境多变，点式烟感探测器极易产生误报警。

吸气式烟雾探测报警系统特点：早期发现，提高地铁列车的安全性；能提供多级报警，提高性能；能提高系统设计的灵活性，探测器具有故障自诊断功能，美观且不易遭到破坏，独特的黑匣子功能，能大大降低维护成本，能提供绝对的烟雾值探测。由于吸气式早期烟雾探测报警系统能探测到早期火灾，可以及早发现及早处置，防患于未然，不仅能及时阻止火灾的发展，其维护成本也非常低廉，同时能有效防止误报警的发生，且报警时间比传统的探测器短，在火灾发生时对乘客的有序疏散提供了保障，所以对轨道交通车辆来说是个可靠高效的火灾报警系统。

司机室采用感温探测器保护，电控柜采用线性感温探测器，接口和终端盒装端子箱，客室采用吸气式早期烟雾探测报警器，另外设置感温电缆作为温度报警探测器，火灾报警控制器设置在司机室。探测器在通过采样管网对整个车厢进行烟雾探测的同时，将排气管道接入一个气体探测器，在进行烟雾探测的同时，甚至还可以进行有毒气体分析，从而做到对某些恐怖袭击事件的主动防范。

采样管网安装在整个车厢中，在每节车厢都安装一套极早期火灾探测器，它可以保护客室、顶棚、回风口及重点机柜。空气采样管网的设计应按照车厢天花板内的电缆/管路布置情况，对空间加以利用。在相对易发火灾的电气柜内开有探测孔来探测电气柜的火灾。

具体布置方式如下：

在车厢的吊顶内设置一根主采样管，位于车厢的中间位置，一根主采样管安装于车厢的吊顶内部，居于整个车厢的中央位置，使用毛细管穿透吊顶通往所需的位置，通常作隐蔽布置来遮盖采样管。采样管末端采用毛细管末端帽。这种布置方式既不影响车厢的内装美观，又不会引起乘客注意，或遭到破坏。毛细管即连接采样管的软管。毛细管通常用于对特定要求的目标进行采样。毛细管采样可适用于有隐蔽要求的地方，也可用于柜内采样。如图 1 所示。

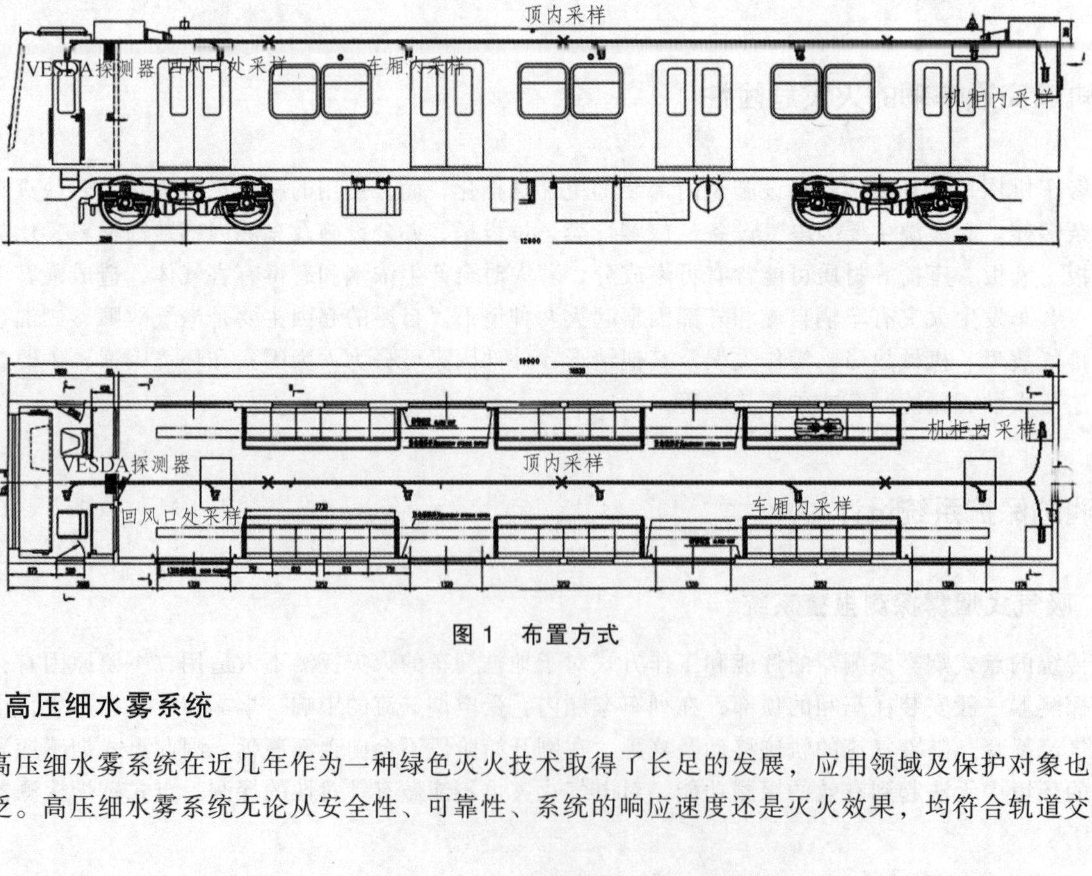

图 1　布置方式

3.2　高压细水雾系统

高压细水雾系统在近几年作为一种绿色灭火技术取得了长足的发展，应用领域及保护对象也越来越广泛。高压细水雾系统无论从安全性、可靠性、系统的响应速度还是灭火效果，均符合轨道交通车辆灭火的要求，在国外轨道交通车辆的灭火系统中，已有大量的实践和经验数据，成为主流轨道交通车辆的主动灭火系统。

高压细水雾灭火机理：高效吸热作用、窒息作用、阻隔辐射热作用、降烟洗尘作用。

高压细水雾灭火特点：安全环保、高效灭火、对人体无害。由于高压细水雾采用雾化的方式，在系统构造上相对简单，水量也要求小，总水量不会造成车辆的重量大幅提高。

高压细水雾灭火系统由细水雾开式喷头、控制阀（区域阀）、供水管网、瓶组型供水装置（高压气瓶、水瓶）、瓶头阀、集流管及火灾报警系统构成。瓶组型高压细水雾每3节车厢设置一套瓶组，同时在每节车厢预留手动启动装置，以防自动启动时瓶组失灵，进一步提高灭火的可靠性。单元内车厢间管道有高压软管连接，系统采用全淹没灭火方式。瓶组式细水雾灭火系统通过储存在高压储气瓶中的高压氮气将一部分气体和水混合形成高压气水流，通过管道从喷头的喷孔中高速喷出形成高压细水雾来灭火。高压细水雾系统管网由满足系统工作压力要求的316无缝不锈钢管、配套管件等组成。不锈钢管道材质为316，符合国家标准要求，确保系统长期使用寿命和水质清洁。管道接件材质与管道相同。管道接口应采用专用接头连接。喷头安装时应使用专用的喷头工具。安装前应逐个核对其型号、规格，并应符合设计要求。

当发生火灾时，火灾自动报警系统控制主机接收到灭火分区内一路探测器报警后，联动开启消防警铃；接收到两路探测器报警后，联动开启声光报警器，输出确认火灾信号，延时（0～30 s）后联动开启相应的控制阀，瓶组式细水雾系统通过高压储气瓶中的高压氮气把储存在储水瓶中的水压出，将一部分气体混入水流中，通过细水雾管道到高压细水雾喷头灭火。

3.3 通风排烟

对于地上线路，可采用自然排烟的方式将烟气排出车站；对于地下线路，若列车起火后在2个站台区间，采用区间排烟系统对烟气进行控制，可利用区间风井和左右站台车站风井采用分段纵向送排风方式或排烟道点式排烟方式将烟气排出；若列车起火后停在站台，开启站台隧道排烟系统将烟气通过隧道风井排出，同时关闭站厅排风系统，开启站台排烟系统，用以排出由隧道蔓延至站台的部分烟气。

3.4 灭火器

根据规范配备适用扑灭A类火灾的灭火器，每节车厢配备2具3 kg磷酸铵盐干粉灭火器。

4 结束语

随着地铁出行在城市中交通的地位越来越重要，地铁的安全运行也不容忽视，所以有必要出台相关的标准，首部《城市轨道交通车辆火灾自动报警和细水雾灭火系统技术规程》（辽宁省地方标准）在2017年正式实施，使国内城市轨道交通车辆的消防设计在规程中有了依据。在设置轨道车辆主动消防设施的同时，也应提高客车被动安全防护措施：提高车体的防火性能，车内用品广泛采用阻燃材料；优化客车逃生路线，如改进安全门、安全窗的开启方式，使用安全锤等，使得发生火灾后乘客能及时逃生。

参考文献

[1] GB 50116—2013. 火灾自动报警系统设计规范[S]. 2013.

[2]　GB 50898—2013. 细水雾灭火系统技术规范[S]. 2013.
[3]　DB 21/T2755—2017. 城市轨道交通车辆火灾自动报警和细水雾灭火系统技术规程[S]. 2013.
[4]　GB 50140—2005. 建筑灭火器配置设计规范[S]. 2013.

作者简介：肖振清，男，工学学士，高级工程师，北京中卓时代消防工程有限公司，一直从事消防工程的设计及施工工作。
联系电话：13671376123；
电子信箱：churlse@163.com。

电动车火灾的预防与扑救设施应用

张秋霞

（广西壮族自治区公安消防总队，广西 南宁 157000）

【摘　要】 电动车是近年来的新型交通工具，因其价格便宜、骑乘简单、停车方便、已成为很多市民出行的首选交通工具。伴随电动车数量的急剧增长，电动车火灾事故频发，特别是居民楼内停放的电动车火灾极易造成亡人事故。本文从分析电动车火灾入手，归纳总结电动车火灾预防与扑救的应用设施，为减少电动车起火造成的人员伤害及财产损失提供参考。

【关键词】 电动车；火灾防控；设施应用

近年来，随着经济的发展，电动自行车以其经济、便捷、环保等特点，行业发展迅猛，已成为城乡居民近距离出行代步的重要短途交通工具，在城市或农村街头巷尾随处可见。与此同时，随着电动车行业的发展，电动自行车火灾起数、造成的人员伤亡和财产损失也在逐年上升，电动车火灾已经成为危害人民生命和财产安全的“元凶”之一。

以南宁市为例，2006 年，电动车数量为 6 万辆，2015 年急增至 153 万辆，到 2016 年底已突破 180 万辆。而 2016 年南宁市平均每天发生 1.5 起电动车火灾事故，造成 9 人死亡、多人受伤，烧毁电动车 1 021 辆，占全市同期火灾总量的 25%。频发的电动车火灾极易呈现小火亡人的特点。

1　电动车火灾的致灾原因及特点

（1）电动车防火性能差。电动车作为近年来新型的交通工具，市场保有量大，质量参差不齐，主要生产质量依据只是 1999 年出台的《电动自行车通用技术条件》，国家至今尚未出台电动车生产的防火技术标准，导致电动车的防火性能无法得到保障。特别是为了美观，电动车的围挡、坐垫、灯具大多采用高分子材料制作，这些材料燃烧性能好，燃烧速度快，容易产生大量的有毒气体和浓烟，致使人员在逃生中吸入这些有毒气体和浓烟而伤亡。据实验，电动车发生火灾时，在前 1 ~ 2 min 燃烧速度较慢，2 min 后温度达到 680 °C，而车体的塑料最低熔点只有 120 °C，瞬间可以熔化塑料及海绵座体，滴落到地上形成立体燃烧，快速蔓延成灾。电动车在燃烧过程中，30 s 后车体即可产生大量的硫化氢、一氧化碳、二氧化碳等有毒剧毒气体，导致人员出现窒息、晕厥等情况，严重时甚至会造成群死群伤事故。如图 1 所示。

（2）电动车火灾多为电气火灾。受电动车设计原理及自身材料的影响，电动车发生火灾大多是由于电气线路短路、充电器线路过负荷、电动车电池故障等因素造成。经调查发现，电动车在行驶中发生火灾，主要原因是车辆电气线路过负荷、短路情况下，由于未安装电气安全装置或不合格，不能及时有效切断电源，大电流导致高温熔融绝缘层或引燃其他易燃可燃材料所致。停放中的电动车火灾则多数发生在充电过程中，大部分是因自身电气线路短路、充电器线路过负荷、电动车电池故障引起，不少是因为使用过程中，长期让电动车充电超过使用说明中额定的充电时限所致。

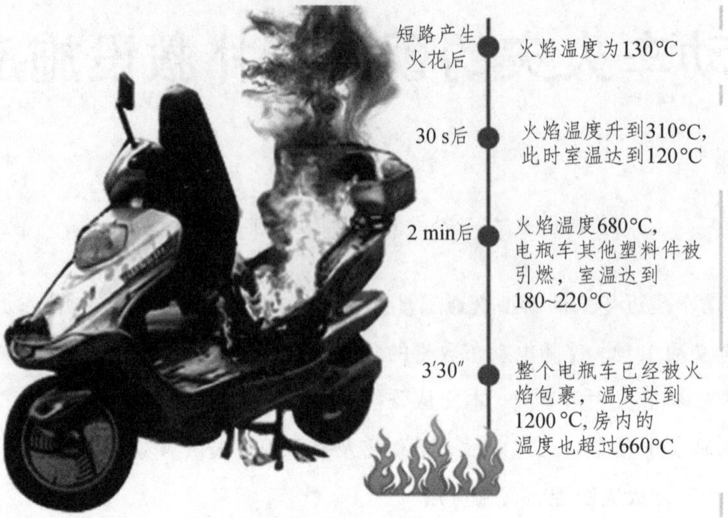

图 1

正是由于电动车自身较重、上下搬动不便、不适宜露天存放等原因，用户通常将电动车搬到室内存放并充电，存放地点多在建筑的首层门厅、走道或楼梯间内，导致火灾发生地点多在建筑首层室内。电动车发生火灾，火焰和浓烟极易封堵建筑的安全出口、逃生通道，被困人员在吸入毒烟后，会出现头痛、恶心、口干、昏睡、胸闷、眼睛剧痛等症状，被困人员面对火灾时往往神志不清，惊慌失措，一味地往楼梯冲，随之可能摔倒、碰伤，过量吸入有毒有害烟气极易导致窒息死亡。

2　电动车火灾如何防控

面对日益增长的电动车火灾，消防部门应该积极应对火灾防控的新痛点，着力研究预防电动车火灾的措施，主要有以下几个方面：

（1）开展调研分析。消防部门应结合当地电动车火灾发生的场所和规律，组织电动车火灾模拟实验，检测独立式烟感探测器、简易喷淋设施、悬挂式智能灭火装置等各类设施的工作效能，借助实验数据的调研形成分析报告。电动车生产、使用占比大的地方，还应通过联合工商、质监针对性地开展电动车市场销售检查，特别是了解掌握各地电动车改装拼装车辆的商家及改造比率，通过综治、住建、供电等部门掌握物业服务或主管单位的居民小区对电动车停放和充电行为的管理情况，归纳和总结出一些有效可行的预防和扑救电动车火灾的办法，并综合形成有效提案，向政府提出有针对性的工作建议，推动政府开展全面的电动车火灾防控专项整治，有效控制电动车火灾多发的局面。

（2）出台技术规定。围绕源头管控、隐患排查和设施建设方面，地方起草出台电动车停放点消防安全技术要求和管理指导意见势在必行。技术规定的制定要针对电动车防火性能无生产标准的情况，约谈电动车生产厂家，对产品生产的流程、质检的要求进行了解；要通过电动车火灾情景和简易消防喷淋、超细粉末智能灭火系统处置实验，分析防火分隔，增设简易喷淋、报警装置和悬挂式智能灭火装置的效能与作用，对防火分隔、消防设施、停放区域、充电设施线路等技术参数做出规定。

3　不同的灭火设施在电动车火灾的应用性能对比

近年来发生的电动车火灾的场所多为建筑环境复杂、人群聚居的地方，一旦发生电动车火灾后，极易发生人员伤亡，其社会危害影响巨大。电动车火灾事故往往又具有突发性强、火灾发展迅速、难以应急救援等特点，这使电动车火灾事故的预防刻不容缓，应该加大对电动车停放场所消防灭火设施的应用研发。我们结合广西南宁市对电动车火灾扑救的多次实验数据，参考国内外类似的工程实例和相关资料，比对了水喷淋灭火系统、悬挂式干粉灭火器和超细干粉灭火系统三种器材设施在电动车火灾中的效能与作用。

3.1　悬挂式干粉灭火器

该类器材大多是在球形干粉灭火器的喷嘴处设置感温玻璃球，当电动车火灾发生后，停放场所内温度迅速升高而使玻璃球内液体受热胀裂，干粉药剂在氮气的作用下自喷嘴喷出，如图 2 所示。此类灭火器在使用过程中，造价较低，安装简易，容易普及。但由于悬挂式干粉灭火器灭火剂容量有限，实际应用时，往往会出现因电动车起火场所温度较高而出现复燃的情况。灭火时通常是灭火器喷嘴正下方灭火有效，具有超出 1 m 半径的区域灭火效能难以达到灭火要求等缺点。

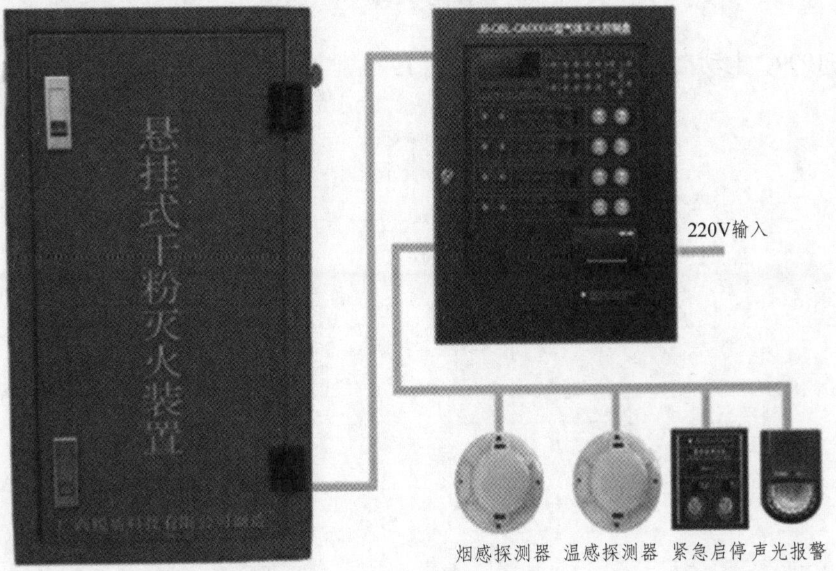

图 2　悬挂式干粉灭火装置

3.2　水喷淋灭火系统

水喷淋灭火系统的设计流量较大，如果采用市政管网，水压不稳定，运行效果受到影响，在用水高峰期，水压小于 0.25 mPa 时，喷淋头保护面积会急剧下降，甚至失去保护作用，水喷淋灭火系统采用水作为灭火剂，虽然价格低，易获取，但水对油类和电气火灾没有较大效果，系统动作温度一般在 68 °C，系统动作时火势已较大，延误扑救初起火灾最佳时间，增大了扑救难度，反而容易火灾扩大或造成漏电短路事故。

3.3　智能超细干粉灭火系统

智能超细干粉灭火系统采用全模块化、标准化零部件，装置充装灭火剂为超细干粉，灭火药剂无毒、无害、无刺激、无腐蚀，电绝缘性好，灭火性能高。系统通过检测火灾形成前的烟雾和温度进行报警，在无人值守的情况下，对防控区域实行全天候自动监测，一旦发生火灾，短时间内均匀喷射超细干粉灭火剂。超细干粉灭火剂相比传统干粉灭火剂，具有径粒小，流动性好，良好抗复燃性、弥漫性和电绝缘性等优点，可通过化学、物理双重灭火机能扑灭火焰。从物理上实现了被保护物与空气的隔绝，阻断再次燃烧所需的氧气，以物理方式防止复燃。化学方面，自动灭火装置释放出的超细干粉灭火剂粉末通过与燃烧物火焰接触，产生化学反应迅速夺取燃烧自由基与热量，从而切断燃烧链，实现对火焰的扑灭，灭火剂与火焰反应产生的大量玻璃状物质吸附在被保护物表面形成一层隔离层，因此既能应用于相对封闭空间全淹没灭火，也可用于开放场所局部保护灭火，是目前电动车火灾中应用较科学、合理、有效的灭火方式。该设施的投入较高，必须同时设置手动控制装置，联动控制组件应有紧急启动和紧急停止功能，自动控制装置应在接到两个独立的火灾报警信号或确定火灾信号后才能启动。

对电动车火灾的预防和扑救措施，我们还处在试验阶段，需要全民提高对电动车火灾的认识，选择更加快捷、安全的出行工具，减少电动车火灾给我们带来的危害。维护公共消防安全，是我们每一个南宁市民义不容辞的重任。

参考文献

[1] GB 17761—1999，电动自行车通用技术条件[S]. 1999.

以南宁市电动自行车火灾为例初探电动自行车火灾原因分析及对策

唐 婕，黄 靖

（广西壮族自治区公安消防总队，广西 南宁 157000）

【摘 要】 电动自行车因其价格便宜、骑乘简单、停车方便，已成为很多市民出行的首选交通工具，与此同时，电动车引发的火灾也日益增多，极易造成重大人员伤亡和财产损失。本文以广西南宁市为例，分析几起典型电动自行车火灾原因，探讨电动自行车火灾的应对措施并提出建议。

【关键词】 电动自行车；火灾；消防安全；原因分析；对策

1 基本情况

据不完全统计，南宁市目前电动自行车（下文简称电动车）保有量已超过180万辆，并以每日1 200辆的增量持续上升。伴随电动自行车数量的急剧增长，电动车火灾事故频发，特别是在安全设施条件较差的城中村、居民楼等场所，一旦发生电动车火灾极易造成亡人事故。据不完全统计，2016年广西因电动车线路或充电器故障等原因引发的火灾252起，死亡8人，受伤19人，直接财产损失428.6万元。其中，电动车电瓶线路故障引发火灾164起，占电动车火灾总起数的65%；电动车自身电气线路故障引发火灾50起，占电动车火灾总起数的20%；充电器故障（含充电器线路故障）引发火灾38起，占电动车火灾总起数的15%。

2 典型火灾案例及分析

2.1 典型火灾案例

（1）2016年3月13日3时42分，南宁市明秀路北一里107号民安公寓发生火灾，共造成2人死亡、23人受伤，火灾过火面积约140 m^2，烧毁电动车63辆，现场救出被困人员137人。起火原因为公寓楼一层车辆停放区一辆电动车车头大灯部位的电气线路故障，引燃电动车可燃材料造成火灾。

（2）2016年4月2日凌晨1点55分，南宁市江南区淡村二里5号民宅内电动车发生火灾，火灾过火面积约70 m^2，烧毁电动自行车25辆、摩托车2辆、自行车7辆，家具、家庭用品一批，火灾造成3人死亡，16人受伤。起火原因为一层车辆停放区内一辆电动车在充电过程中电瓶故障引燃周围可燃材料造成火灾。

（3）2016年8月11日5时55分，南宁市兴宁区长堽路四里虎楼岭77号居民房一层发生火灾，火灾过火面积约60 m^2，烧毁1楼电动自行车8辆、摩托车3辆、自行车1辆及部分生活用品等，火灾造成3人死亡。起火原因为一层车辆停放区内一辆电动车电瓶部位的电气故障引燃周围可燃材料造成火灾。

2.2 起火原因分析

经部门组织火灾调查发现，南宁市电动车火灾事故起火原因主要以下几种：

（1）充电器故障。一是充电器充电过程中，因变压器积热不散或回路意外短路引起起火。二是部分低成本充电器安全性能得不到保证，因散热不畅甚至部分电路原件松动脱落，导致接触不良、热量积蓄发生打火。三是充电器电线被反复缠绕放于电动自行车狭小的储物箱内，容易造成充电器电线内部损坏，或因骑行中颠簸造成充电器内部电路虚焊点脱焊等故障，进而起火。四是部分充电器充电插口正负极距离较近，且电极裸露，在雨天易受雨水或灰尘侵蚀，导致绝缘电阻降低，进而产生“爬电”现象发热起火。

（2）电池故障。目前，市场上使用的电动车电池主要分铅酸电池和锂电池两种。其中，铅酸电池发生自燃原因主要为电池组连接故障所致（如电极与导线连接不可靠、导线截面面积过小、电池盒没有保险装置、导线绝缘皮磨损造成短路等）。锂电池由于自身理化特性，也存在一定的火灾危险。而且多数电动车充电装置缺乏过电流、过充电保护，蓄电池充满后无法转入涓流模式，而继续以大电流充电，导致蓄电池产生高温，腐蚀极板，易造成电池漏液或发热引发火灾爆炸。

（3）线路故障。一是车辆行驶时颠簸、震动容易使线路绝缘层摩擦破损并导致短路，或接插件松动导致接头处温度升高，引起燃烧。二是一些车辆加装报警器后，其线路直接连接电池，不受电源开关控制，一旦线路发生故障，即使车辆处于停放状态也会起火。三是在车辆原保险丝断裂后，如随意更换代用品，甚至将线路直接短接，也会引发火灾。还有部分生产厂家选用线径小、质量差的电线，插接元件质量低下，敷设时未按照规定对其线路进行捆扎，较大负荷时因超负荷发热或连接端口氧化污染导致电阻增大产生热量引发火灾。

（4）违规改装。部分电动自行车违规加装电池和匹配控制器等，但连接电池的主电源线却没有更换，有的接头只用普通胶布简单包扎，当电流过大时，接头发热，极易引起火灾。另一方面，由于电池容量发生变化，改装后的电动车应重新配备充电器，而正规厂家几乎不生产 72 V 以上充电器，市面上很多改装车充电器使用劣质电子元件，甚至使用翻新电子元件，价格低廉。有的劣质充电器散热风扇损坏失灵，有的充电器没有过热过载保护，长期发热工作，很容易引起火情。

2.3 火灾成因分析

经调查了解，南宁市电动车火灾大多发生在城中村、城乡结合部、“九小”场所等区域，造成电动车火灾“小火亡人”小火酿大灾的原因主要有以下几种：

（1）建筑密集，功能混杂。一是城中村等建筑用地多为农村集体用地，未经城市规划建设许可，采用建筑材料因陋就简、能省则省，甚至直接使用木夹板、彩钢夹芯板等可燃或易燃材料搭建，在防火间距、耐火等级、消防车道、消防设施、安全疏散等方面存在先天缺陷。二是规划滞后，村内诸如消防车道、消防设施、消防水源等公共设施几乎全部由村集体自行解决，难以做到与城市建设协调和同步。三是“九小场所”（指小学校或幼儿园、小医院、小商店、小餐饮场所、小旅馆、小歌舞娱乐场所、小网吧、小美容洗浴场所、小生产加工企业）较集中的地带，城中村内居住类建筑、经营场所、办公场所、娱乐场所、出租屋等相互混杂，“楼中楼”“房中房”、前店后住、下店上住等典型的“三合一”厂房、库房的现象普遍存在。

（2）人员消防安全素质不高，消防管理混乱。这些场所人员密集、结构复杂，普遍缺乏消防安全意识，不了解基本的消防常识，安全疏散能力不足，发生火灾后未能及时自防自救。消防安全管理人员素质不高，人员流动性大，大部分没有经过消防安全培训，组织疏散逃生、扑救火灾的能力不高，消防安全管理责任落实不到位。

（3）电动车充电停放不规范。电动车数量多，停放充电不规范是造成火灾扩大的主要原因。在实地走访中发现，停放在过道、楼梯口、商铺等现象极为普遍，部分居民私拉电线充电，无任何保护措施，未统一设置电动车停放车棚、车库，未统一安装充电桩。一旦发生火灾极易造成火灾烟气沿楼梯、走道蔓延，人员逃生疏散困难，消防通道不畅通，外部消防力量难以进入火灾现场。

（4）消防设施设置不规范，消防力量薄弱。调查中发现，不少城中村建筑只有一部疏散楼梯，疏散通道、疏散楼梯和安全出口的位置、数量、形式及宽度不能满足消防安全要求，有的为了防盗又加设了铁栅栏，大大影响了安全疏散和应急救援，疏散通道和安全出口被锁闭、封堵或占用的现象严重。同时，不少已建成的城中村的综合建筑，由于使用过程中不断出租改变不同用途，加上擅自改建、扩建，导致建筑内的消防设施、耐火等级以及防火分区均失去效果。

3 对策研究

笔者聚焦于电动车火灾的预防措施，旨在规范电动车停放充电场所，从设计规划、防火分隔、建筑构造、安全疏散、消防设施、电气要求和消防安全管理等方面提出建议。

（1）停放充电场所规划。新建居住区应同时配套建设电动车停放充电场所，面积应符合当地规划行政主管部门的规定。如单独建造电动车停放充电场所，其与其他建（构）筑物、可燃材料堆场、储罐（区）等之间的防火间距应参照《建规》相关章节规定确定。电动车停放充电场所应合理确定位置，室外场所不应占用防火间距、消防车道和消防车登高操作场地，不应妨碍消防车操作和影响室外消防设施的正常使用；室内场所不应占用、堵塞安全出口和疏散通道，不应影响室内消防设施的正常使用。另外，电动车停放充电场所还应采取防雷、防风、避雨、排水等措施。

（2）防火分隔和建筑构造。设置在多层居民住宅楼底部的电动车停放充电场所，应采用不开设门、窗、洞口的不燃烧体墙和具有一定耐火极限的楼板将住宿部分与电动车停放充电场所完全分隔，住宿生活区与电动自行车停放充电场所应分别设置安全出口。已投入使用且难以分开设置安全出口的，可在防火隔墙上开设常闭乙级防火门。电动车停放充电室内场所应独立设置防火分区，根据其处于地上或地下两种不同位置以及是否设有自动灭火设施来分别确定防火分区面积。

（3）安全疏散。每个电动车停放充电场所或每个防火分区的安全出口和疏散门应分散布置，且不应少于 2 个。两个疏散门最近边缘之间的水平距离及门的净宽度应符合建规相关章节规定确定，且疏散通道的净宽应满足人员安全疏散的需要。疏散门应采用向疏散方向开启的平开门，并应确保人员在火灾时易于从内部打开。公共区域不应安装影响疏散和火灾扑救的金属栅栏。居民住宅户内安装防盗网的，宜设置逃生救援窗。设有电动车停放充电场所的建筑屋面为平屋面时，疏散楼梯应通至屋面。

（4）消防设施和器材。除按照有关国家消防技术标准要求应设置室内消火栓场所外，电动车停放充电场所所在建筑为公共建筑时，应设置室内消火栓。设置室内消防给水系统的电动车停放充电场所，当市政消防供水不能满足消防用水时，消防用水可由天然水源或消防水池供给，并满足一定量的消防用水。已投入使用的电动车停放充电场所，如设置室内消火栓系统确有困难，可设置手抬消防机动泵、消防软管卷盘等设施。除按照国家消防技术标准要求应设置自动喷水灭火系统的停放场所外，其他有顶棚的室外和室内电动车停放充电场所应安装自动喷水灭火系统或自动喷水局部应用系统。消防用水条件有限的场所，可安装其他符合国家消防技术标准的细水雾、超细干粉、气体等自动灭火设施。电动车停放充电场所应按照国家有关消防技术标准设排烟设施，并按照一定的危险级别配置灭火器。

（5）电气要求。电动车的充电设备线路应设置专用的充电配电箱，与其他场所合用一个供电回路的，总断路器应采用四极漏电断路器，用于防止电气线路因过载、短路和电压不稳造成的安全隐患；分支断路器应采用两极漏电断路器，用于间接接触防护。充电配电箱及充电线路、充电插座等应安装在不燃烧材料上，并设置在便于操作的地方。充电装置应具备定时充电、自动断电、过载保护、短路保护和漏电保护等功能。应严格控制每个分支回路连接的充电插座数目。电线电缆应使用RVV护套电缆或橡套电缆，不应使用RVV双绞电线或铝芯线等裸电线，线芯截面大小应满足线路载流量的要求。电气线路应暗埋或穿绝缘套管或线槽保护，如需从地面穿过应埋地布置。除露天以外的其他电动自行车停放充电场所应设消防疏散指示标志和消防应急照明灯具。

（6）消防安全管理。电动车停放充电场所消防安全管理应由其所在单位负责，如物业服务企业、居民小区管理单位是电动车停放充电场所消防安全管理的责任单位，应对电动车固定充电设施及消防设施、器材、消防安全标志等进行统一管理，保证其完好有效。未设物业服务或未明确管理单位的居民小区、城中村等居住区，由各村（社区）的村（居）民委员会统一明确该居民区的消防安全管理人，具体负责电动车消防安全管理工作。各单位应经常组织开展消防宣传活动，建立日常消防管理和防火巡查制度，明确专人负责，每天组织开展防火检查，加强夜间防火巡查。防火检查和巡查应如实填写检查和巡查记录，及时消除隐患。

参考文献

[1] 李恋. 电动自行车火灾原因分析及预防技术研究[J]. 工程技术：文摘版，2007：175.

[2] 张波. 电动自行车的火灾危险性分析及防范对策研究[J]. 商品与质量·学术观察，2014.

[3] 赵倚萱. 浅析电动自行车火灾成因及防范对策[J]. 科技致富向导，2013（16）.

[4] DB45/T 1553—2017. 电动自行车停放充电场所消防安全规范[S]. 2017.

钢结构防火涂料一致性的现场快速检定方法*

宋文琦，薛　岗，陶鹏宇

（公安部天津消防研究所，天津　300381）

【摘　要】　本文阐明了钢结构防火涂料在生产流通使用领域检查中存在的问题，提出了采用手提式近红外光谱设备现场快速检测判定钢结构防火涂料一致性的新方法。通过化学计量学中的标准偏差和相似度匹配理论，建立了钢结构防火涂料的快速检定模型，以某企业的钢结构防火涂料为示例进行模型的验证。验证结果表明，近红外光谱分析技术能够用于钢结构防火涂料在生产、流通和使用领域产品一致性符合性的快速检测判定。

【关键词】　钢结构；防火涂料；一致性；现场快速检定

1　引　言

钢结构防火涂料是一种广泛用于钢结构表面，阻滞火灾迅速蔓延，降低温度和传递速度和提高钢结构建筑耐火极限的化工产品。《消防产品一致性检查要求》（GA 1061—2013）中对认证消防产品的一致性提出了明确的要求，批量生产的消防产品与认证型式检验合格样品应一致[1]。目前，用于保证钢结构防火涂料产品一致性的方法主要源于对原材料、配方、生产设备以及生产工艺等的监督和检查。主要依据于《钢结构防火涂料》（GB 14907—2002）中规定的出厂检验项目，外观、颜色、涂料表面裂纹、容器中状态、干燥时间和耐水性等[2]；根据《消防产品现场检查判定规则》（GA 588—2012）中规定的现场检查项目、对外观、涂层厚度、容器内状态和喷灯下膨胀倍数等进行工厂检查和现场检查判定[3]。以上的监督检查方法都过于简单，无法从生产、流通、销售和使用等全流程领域对钢结构防火涂料一致性进行成分的监督和管理。

研究者们针对钢结构防火涂料的耐火性能等检测方法的研究也非常的广泛。例如，杨宁宁根据我国现行钢结构防火涂料在防火检测方面存在的问题，指出了钢结构防火涂料检测的研究方向[4]。邓小波等提出使用锥形量、热仪法、光电子能谱、扫描电镜和红外光谱法进行检测，并尝试建立防火性能与耐火极限的定量关系[5]。熊家锦等研制了一种测试超薄型钢结构防火涂料性能的小型装置，并结合傅里叶红外谱线测试涂层干膜的成分，对防火涂料品质进行评价[6]。王同喜等开发出了能够按照标准升温曲线升温的耐火性能现场检测电加热炉，提出将耐火极限为同一类型的钢结构防火涂料膨胀厚度和背火面平均温升作为涂料合格与否的判定依据[7]。孟志通过耐火试验研究对比分析同一涂料不同试件的背火面平均温度随时间变化的关系。通过时间-温度曲线得到了其面积偏差随时间变化的关系，给出了用于钢结构防火涂料一致性控制的方法[8]。

但是，目前用于钢结构防火涂料的现场分析测量手段或小型耐火性能检测炉，其体积仍然较大，测量时间过长，并且无法保证实验结果的重复性和一致性[9]。因此，本文希望从钢结构防火涂料化学成分分析的角度，找到能够用于钢结构防火涂料一致性现场快速检定的方法。

*基金项目：国家认监委认证认可科技支撑计划项目（2017RJWKJ04）。

2 手提式近红外光谱设备

为了能够实现在检测现场的取样快速检测，基于近红外光谱技术开发了手提式近红外光谱设备(见图 1)，采用 MEMS 傅里叶变换近红外光谱仪，设备尺寸 465 mm × 360 mm × 180 mm（长 × 宽 × 高），仪器质量约为 11 kg，波长范围 1 300 ~ 2 600 nm，基线噪声小于 0.000 8 AU，基线重复性小于 0.000 8 AU，波长准确性小于 0.5 nm，波长重复性小于 0.5 nm 和吸光度重复性小于 0.000 8 AU，检测器采用铟镓砷检测器（InGaAs），分辨率为 1 nm，操作系统为 Windows 7（32 位），测量方式为下方封闭照射、旋转漫反射测量。设备内配备了钢结构防火涂料测量分析软件。

图 1 手提式近红外光谱设备

3 一致性谱图库的建立

3.1 一致性样品选取

以钢结构防火涂料的生产者或生产企业生产的质量合格且产品一致性得到有效保持的样品为选取对象。将选取的样品按照《钢结构防火涂料》（GB 14907—2002）进行检测，将检测符合标准要求的样品作为一致性比对的样品。如果钢结构防火涂料的生产者或生产企业生产的产品配方、组成、原材料或工艺发生变化时，应重新选取一致性样品。

3.2 谱图采集及预处理

将搅拌均匀的钢结构防火涂料液体样品装入如图 2 所示的样品杯内，然后将样品杯放入手提式近红外光谱设备的检测样品室，确保承装的试样量超过样品杯的二分之一，保证透反射光线不会穿透样品。

图 2 装有钢结构防火涂料样品杯

为了消除钢结构防火涂料样品表面散射的影响，对原始光谱图进行标准正态变量变换（SNV）处理；为了消除谱图基线漂移和噪声的干扰，提高光谱的分辨率，对光谱进行窗口宽度为 5 点的移动平均平滑处理，为了消除系统误差对样本光谱曲线首端和末端较大的噪声影响，选取 1 300 ~ 2 600 nm 波段的光谱进行研究。经过预处理后的部分厂家的不同型号的防火涂料样品的光谱图如图 3 所示。

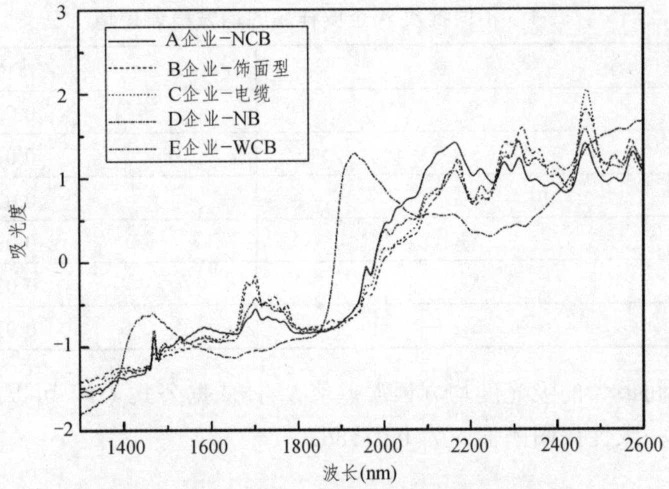

图 3　经过预处理后的不同型号防火涂料谱图

3.3　阈值确定

对钢结构防火涂料生产者或生产企业在产品证书有效期内稳定生产的样品，抽取不同批次的多个样品进行光谱测量及预处理。按式（1）对所有合格样品的吸光度进行阈值计算。

$$S_{ij}=\sqrt{\frac{\sum_{k=1}^{n}(y_{ik}-y_{jk})^2}{n}} \tag{1}$$

式中　S_{ij}——第 i 个合格样品和第 j 个合格样品间的吸光度均方根误差值；

k——第几个波长个数；

n——总共有多少个波长个数；

y_{ik}——第 i 个合格样品在第 k 个波长个数下的吸光度值；

y_{jk}——第 j 个合格样品在第 k 个波长个数下的吸光度值。

以 A 企业生产的室内超薄型防火涂料（NCB）为例，抽取不同时期 4 个批次的合格样品，其采集及预处理后的谱图如图 4 所示。

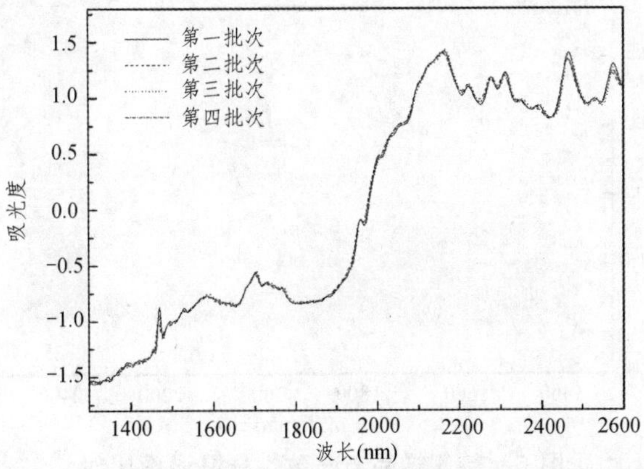

图 4　经过处理后的 4 批次 A 企业 NCB 预处理谱图

统计分析 4 个批次合格样品的 S_{ij} 值，其计算分析结果如表 1 所示。从表中可以发现，四个批次的样品两两比较，其中均方根误差值最大的是第二批次和第三批次之间的样品，其均方根误差值 S_{23} 为 0.037931。

表 1 不同批次 A 企业样品的均方根误差值

序　号	编　号	均方根误差值
1	S_{12}	0.029 428
2	S_{13}	0.019 034
3	S_{14}	0.020 105
4	S_{23}	0.037 931
5	S_{24}	0.014 306
6	S_{34}	0.030 114

根据不同批次样品间最大的吸光度均方根误差值 S_{23}，依据公式（1）可以确定 A 企业室内超薄型钢结构防火涂料产品的一致性谱图阈值 S 为 0.075862。

4 待测样品的检定

4.1 待测样品谱图采集

在生产、流通和使用领域的检测现场，首先应对手提式近红外光谱设备进行仪器自检，确保自检结果中仪器基线噪声、基线重复性、波长准确性、波长重复性和吸光度重复性满足仪器设备要求。自检合格后，方可将待测样品按照一致性样品的选取、制备和测量的要求进行现场待测试样的光谱图采集。

4.2 一致性谱图阈值比对

以 A 企业生产的室内超薄型防火涂料（NCB）为例，如图 5 所示，将待测样品 1 和待测样品 2 与一致性样品谱图进行比对，按式（1）计算待测样品与一致性样品谱图吸光度均方根误差值 S'，并与该产品的一致性谱图库阈值 S 进行比对，计算结果如表 2 所示。

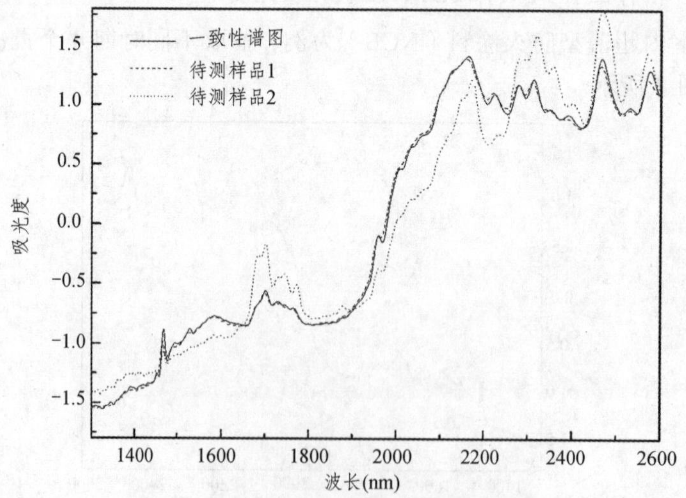

图 5 待测样品与一致性样品谱图比对

4.3 待测样品匹配度

在现场检测判定过程中，为了便于直观理解和显示，可按照公式（2）将 S'与 S 的比对量化为匹配度 R。

$$R = (100 - 5 * S' / S)\% \quad (2)$$

当匹配度 R 大于等于 95%时，判定为“符合产品一致性保持要求”；当匹配度 R 小于 95%时，则判定为“不符合产品一致性保持要求”，计算结果如表 2 所示，待测样品 1 的匹配度 R 为 98.225%，判定为“符合产品一致性保持要求”；待测样品 1 的匹配度 R 为 83.464%，判定为“不符合产品一致性保持要求”。

表 2 待测样品的均方根误差值及匹配度

序号	编号	一致性谱图阈值 S	待测样品均方根误差值 S'	匹配度 R	判定结果
1	待测样品 1	0.075 862	0.026 931	98.225%	符合产品一致性保持要求
2	待测样品 2	0.075 862	0.250 884	83.464%	不符合产品一致性保持要求

5 结论与展望

通过对一致性样品的选取、谱图的采集和预处理，建立了不同企业、不同型号钢结构防火涂料产品的一致性谱图库；通过对同一型号钢结构防火涂料产品证书有效期内抽取的多个样品进行光谱测量，结合化学计量学中的标准偏差理论，得到了该产品的一致性谱图阈值；通过将待测样品谱图与一致性样品谱图比对，结合相似度匹配理论，均方根误差值比对转换为可以现场快速判定待测样品是否符合产品一致性保持要求的匹配度值。研究表明，基于手提式近红外光谱的测量及判定方法能够用于钢结构防火涂料一致性符合性的现场快速检定。

参考文献

[1] GB 1061—2013. 消防产品一致性检查要求[S]. 2013.

[2] GB 14907—2002. 钢结构防火涂料[S]. 2012.

[3] GB 588—2012. 消防产品现场检查判定规则[S]. 2012.

[4] 杨宁宁. 浅述钢结构防火涂料耐火性能检测的研究[J]. 山西建筑，2008，34（7）：170-171.

[5] 邓小波，高萍，孙玉泉. 钢结构防火涂料防火性能检测方法的研究及应用[J]. 2010 年中国阻燃学术年会论文，西宁：有机化工，2010：222-226.

[6] 熊家锦，师华，裘陆道. 超薄型钢结构防火涂料现场检测装置及方法[J]. 涂料技术与文摘，2014，35（1）：39-45.

[7] 王同喜，李树超，齐楸. 钢结构防火涂料耐火性现场检测技术研究[J]. 消防科学与技术，2015，34（8）：1072-1075.

[8] 孟志，张林志. 钢结构防火涂料一致性控制方法[J]. 消防科学与技术，2016，35（2）：258-261.

[9] 薛岗，宋文琦，李树超. 基于近红外光谱技术的钢结构防火涂料品牌鉴别方法研究[J]. 光谱学与光谱分析，2015，35（1）：104-107.

作者简介： 宋文琦，男，硕士，公安部天津消防研究所助理研究员，主要研究方向为消防产品的快速检测。

通信地址：天津市南开区卫津南路 110 号公安部天津消防研究所，邮编：300381；

联系电话：15222473458；

电子信箱：songwenqi@tfri.com.cn。

阻燃技术

DMMP/TCPP 阻燃体系对硬泡聚氨酯高温下热降解行为的影响*

刘 微，葛欣国，张泽江，颜明强，高 宁

（公安部四川消防研究所，四川 成都 610036）

【摘 要】 本研究采用一步法制备，以甲基膦酸二甲酯（DMMP）、磷酸三（1-氯-乙丙基）酯（TCPP）为阻燃体系的阻燃硬泡聚氨酯材料，通过极限氧指数测试（LOI）表征未阻燃和阻燃硬泡聚氨酯的燃烧性能变化，采用 TG-FTIR 联用技术分析硬泡聚氨酯样品在氮气气氛下的热解历程和气相中降解产物的生成情况，并探讨了阻燃剂添加后对材料降解产物释放的影响。

【关键词】 阻燃聚氨酯；甲基膦酸二甲酯；磷酸三（1-氯-乙丙基）酯；TG-FTIR 联用；热降解历程

0 引 言

硬质聚氨酯泡沫（PUF）是一种低密度、微孔的高分子材料，具有绝缘性好、导热系数低、抗震抗噪、耐磨、耐腐等优异性能，被广泛应用于国民生活的各大领域，目前硬泡聚氨酯的产量已在聚氨酯制品生产中位居第二[1-4]。近年来，我国坚持可持续发展战略，“节能减排”政策是贯彻实施战略的主要内容，采用具有保温、隔热的建筑维护结构进行建筑节能成为“节能减排”的重要手段之一，硬泡聚氨酯也随之成为一种不可或缺且大量使用的保温材料。

聚氨酯材料主链上含有大量重复的氨基甲酸酯基团（NHCOO），由多异氰酸酯与多元醇加聚而成，属于易燃性有机聚合物，同时由于硬泡结构比表面积大，一旦发生火灾，极易造成火势蔓延迅速，造成巨大的经济损失，产生极其恶劣的社会影响。2008 年深圳市龙岗区舞王俱乐部的“9・20”火灾及 2010 年上海“11・15”火灾都是由聚氨酯泡沫塑料被引燃导致的，而造成火灾中人员伤亡的重要原因之一则是由燃烧产生的有毒、有害或窒息性气体[5, 6]。因此，为了深刻吸收事故教训，降低火灾带来的严重后果，深入分析硬泡聚氨酯材料的热降解过程和机制，抑制或减少聚氨酯燃烧时产生的有毒易燃气体是非常必要的。

本研究以常用阻燃剂甲基膦酸二甲酯（DMMP）和磷酸三（1-氯-乙丙基）酯（TCPP）作为硬泡聚氨酯的复合阻燃体系，探索阻燃剂提高材料阻燃性能，同时对高温下材料气相降解产物生成和释放的影响进行分析，研究未阻燃和阻燃硬泡聚氨酯的热降解历程，为硬泡聚氨酯材料的火灾危险性评价技术提供重要的理论支撑。

*基金项目：国家重点研发计划项目（2016YFC0800605）。

1　实验部分

1.1　原料（见表1）

表1　实验原料

药品名称	规　格	供应商
异氰酸酯44V20	化学纯	山东莱阳圣邦化工有限公司
聚醚多元醇4110	化学纯	山东莱阳圣邦化工有限公司
聚醚多元醇635	化学纯	山东莱阳圣邦化工有限公司
环己胺	分析纯	成都市科龙化工试剂厂
匀泡剂	化学纯	山东莱阳圣邦化工有限公司
HCHC-141b	化学纯	山东莱阳圣邦化工有限公司
DMMP	化学纯	济南金盈泰化工有限公司
TCPP	化学纯	济南金盈泰化工有限公司

1.2　DMMP/TCPP阻燃硬泡聚氨酯样品的制备

将聚醚多元醇4110和聚醚多元醇635按一定比例加入反应容器，再按比例加入匀泡剂、环己胺、HCFC-141b、水和阻燃剂DMMP和TCPP，搅拌至混合均匀，向容器中加入适量的异氰酸酯44V20，搅拌速度1 500 r/min，常温发泡，当泡体停止增长时，温度调至70 °C，再恒温熟化48 h，取出，称重。流程图如图1所示。

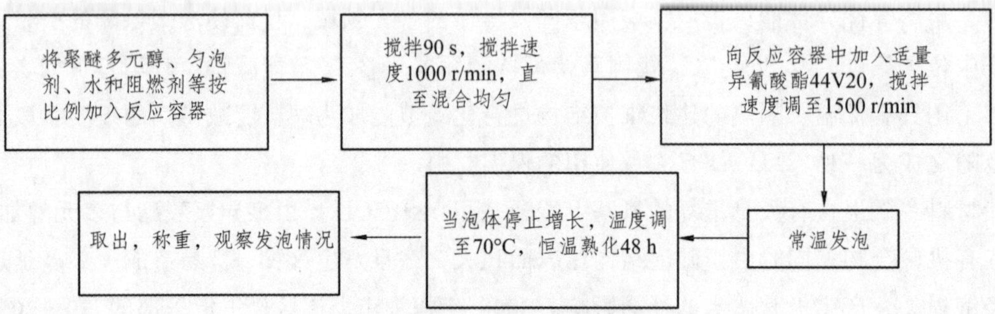

图1　硬泡聚氨酯的合成路线

1.3　测试与表征

（1）燃烧性能测试：采用HC-2C型极限氧指数仪（南京市江宁区分析仪器厂），按照GB/T 2406—1993标准测试试样的LOI值。

（2）热重-傅里叶变换红外光谱联用技术（简称TG-FTIR技术）：采用BrukerVector22傅里叶变换红外光谱仪（PerkinElmer，USA）作红外光谱扫描，测试样品质量为6~9 mg，载气为氮气，流速为40 ml/min，升温速率为10 °C/min，温度范围为30~800 °C，红外检测器检测范围为400~4 000 cm^{-1}，分辨力为4 cm^{-1}。

2 结果与讨论

2.1 阻燃性能

表 2 为未阻燃与阻燃的硬泡聚氨酯样品的氧指数，由此表可知，未阻燃硬泡聚氨酯的 LOI 值为 23.0，易于点燃，随着阻燃体系含量增加，其对应的 LOI 值增加。由表中数据可知，当阻燃体系中 DMMP 含量为 21 份，TCPP 含量为 9 份时，阻燃样品 2 的 LOI 值达到 31.6，这说明采用 DMMP/TCPP 阻燃体系能有效提高硬泡聚氨酯材料的阻燃性能。

表 2 未阻燃与阻燃的硬泡聚氨酯样品的氧指数

样品	DMMP（份）	TCPP（份）	LOI（%）
硬泡聚氨酯纯样（PUF）	0	0	23.0
阻燃样品 1	14	6	29.0
阻燃样品 2	21	9	31.6

2.2 热重分析

图 2 分别为未阻燃聚氨酯硬泡（PUF），阻燃硬泡聚氨酯样品 1 和样品 2 在氮气氛围中的 TG 和 DTG 图。由 TG 曲线可以看出，未阻燃 PUF 的初始分解温度（热失重率达 10%时的温度）为 285 °C，随着 DMMP/TCPP 阻燃体系添加量的增加，初始分解温度降低，当阻燃剂 DMMP/TCPP 添加量为 30 份时，初始分解温度最低（175 °C）。这可能是由于 P—O—C 易在较低温度下提前热分解[7]，从而使得阻燃改性后 PUF 的初始分解温度向低温区移动。PUF 纯样在 800 °C 时的残炭量为 14.1%，当 DMMP/TCPP 为 30 份时，残炭量升高至 15.9%，改性聚氨酯体系在高温下的热稳性提高。

在 DTG 曲线图中，PUF 在 50 ~ 800 °C 的温度区间有 3 个热失重峰，分别为 50 ~ 285 °C，285 ~ 400 °C 以及 400 ~ 600 °C。当添加 DMMP/TCPP 阻燃体系后，阻燃样品 1 和样品 2 的热失重峰数目不变，但失重峰峰值和峰面积都发生变化，其中样品 2 的第一个热失重峰峰值及面积明显增加，这可能是由于阻燃体系加入后将促使改性 PUF 在较低温度下提前分解；而第二个热失重峰峰值的降低说明添加 DMMP/TCPP 阻燃体系能将有效抑制材料在较高温度下的热降解行为；相较于 PUF 纯样，样品 2 的第三个热失重峰峰值变化不大，这说明 DMMP/TCPP 体系对改性聚氨酯硬泡的炭化速率无明显作用。由此可知，添加 DMMP/TCPP 体系将促使材料在低温提前分解，有效延缓聚氨酯硬泡在高温段的热降解历程，提高材料的热稳定性。

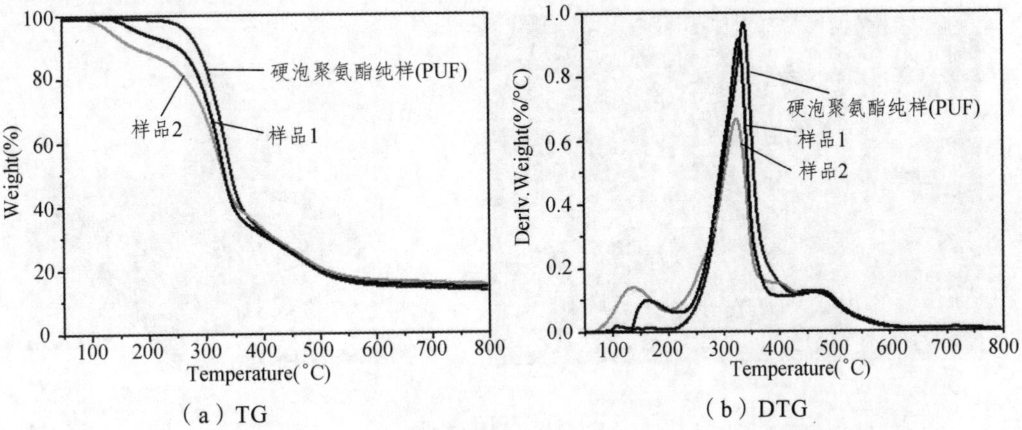

图 2 硬泡聚氨酯纯样（PUF）、阻燃硬泡聚氨酯样品 1 和样品 2 的热失重曲线

2.3　TG-FTIR 分析

图 3 分别为未阻燃硬泡 PUF 和阻燃样品 1、样品 2 在氮气氛中气相热解产物的 3D TG-FTIR 谱图。由谱图波峰颜色及波段可知：PUF 在热解过程中产生 C—O—C（1 050 ~ 1 150 cm^{-1}）、—C—N（1 220 ~ 1 320 cm^{-1}）、甲基的变形振动（1 370 ~ 1 450 cm^{-1}）、苯环骨架振动（1 485 ~ 1 540 cm^{-1}）、—C=C（1 595 ~ 1 655 cm^{-1}）、－NCO（2 250 ~ 2 300 cm^{-1}）、甲基和亚甲基伸缩振动（2 854 ~ 2 986 cm^{-1}）以及－NH（3 180 ~ 3 400 cm^{-1}），并且在 3 700 cm^{-1} 附近很微弱的波峰区域，与 PUF 的 3D TG-FTIR 光谱图相比，样品 1 和样品 2 的甲基和亚甲基伸缩振动峰（2 860 ~ 2 992 cm^{-1}）、C=C（1 595 ~ 1 655 cm^{-1}）和苯环骨架振动峰（1 485 ~ 1 540 cm ~ ^{1}）的强度明显减弱，但-NH 振动峰（3 180 ~ 3 400 cm^{-1}）强度增加。而样品 1、2 中，随着 DMMP/TCPP 含量增加，苯环骨架振动峰（1485 ~ 1540 cm^{-1}）加强[8-12]。

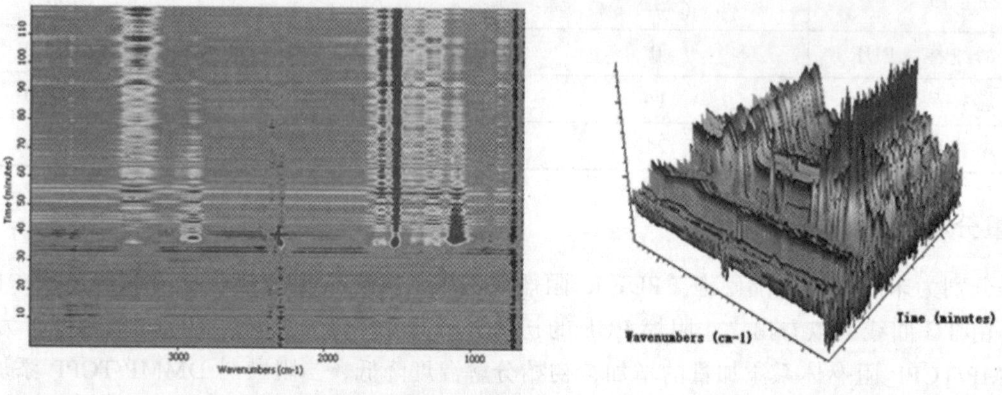

（a）未阻燃 PUF

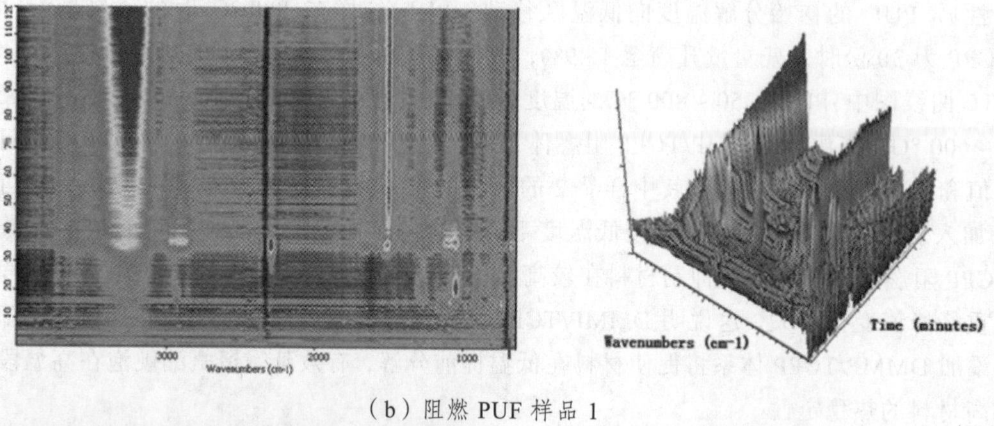

（b）阻燃 PUF 样品 1

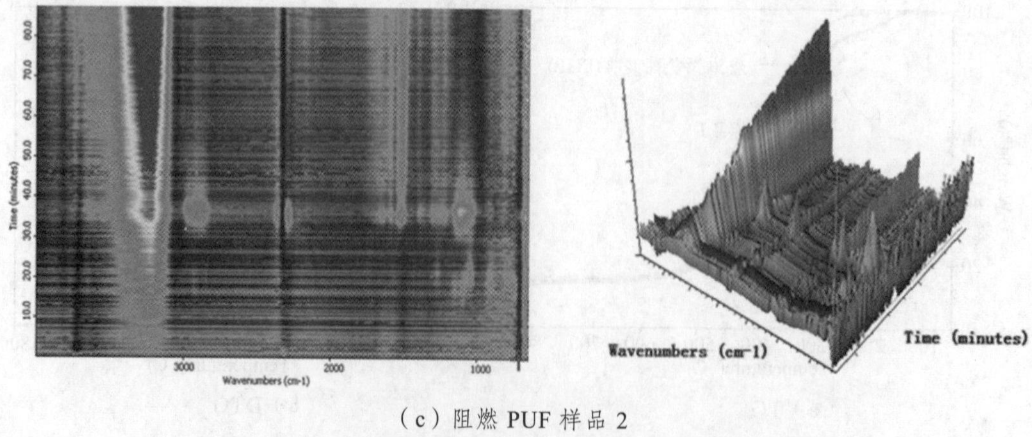

（c）阻燃 PUF 样品 2

图 3　硬泡聚氨酯的 TG-FTIR 的 3d 谱图

图 4 是未阻燃 PUF、阻燃样品 1 和样品 2 在热失重峰所对应的红外曲线图（即 DTG 极值点所对应的红外图）。图 4（a）为未阻燃硬泡聚氨酯在 110 °C、340 °C、479 °C 下的红外曲线。PUF 在 110 °C 的特征吸收峰强度较小，此阶段中主要是少量的小分子物质的挥发；340 °C 时主要红外特征峰分别归属为氨基甲酸酯（—NHC=O）（其中 N—H：3 298 cm^{-1}、N—H 变形振动峰：1 530 cm^{-1}）、—NCO（2 275 cm^{-1}）[50]、CO_2（2 352 cm^{-1}）、伯胺（其中 N—H：3 298 cm^{-1}、C—N：1 120 cm^{-1} 以及 798 cm^{-1} 处的变形振动峰[8, 9, 13]。由此推断，此阶段主要包括聚氨酯的解聚反应及异氰酸酯和多元醇结构的降解。当温度升至 479 °C 时，红外曲线中 1 530 cm^{-1}、2 275 cm^{-1} 处的—NHC = O 和—NCO 红外特征峰消失，在 1 513 cm^{-1}、2 905 cm^{-1}、1 465 cm^{-1}、1 626 cm^{-1} 和 935 cm^{-1} 处出现了新的红外特征峰，分别归属于苯环的振动吸收峰、—CH_3 和—CH_2—基团的吸收峰以及烯烃中 C = C 和—CH_2—变形振动吸收峰，而 700 cm^{-1} 处的特征峰属于酰胺中 N—H 的变形振动吸收峰[8]。由此推断，在 PUF 最大热失重峰时（479 °C），大部分聚氨酯和异氰酸酯结构已热解，生成 CO_2、伯胺、酰胺和水等小分子化合物，同时高温下降解产物开始炭化，气相中出现了苯环、烷烃、烯烃类化合物等产物。其热解反应可归纳为：

（1）分子断裂为异氰酸酯和醇：

$$RNHCOOR' \longrightarrow RNCO + R'OH$$

（2）生成伯胺、烯烃和 CO_2：

$$RNHCOOCH_2CH_2R' \longrightarrow RNH_2 + CH_2{=}CHR' + CO_2$$

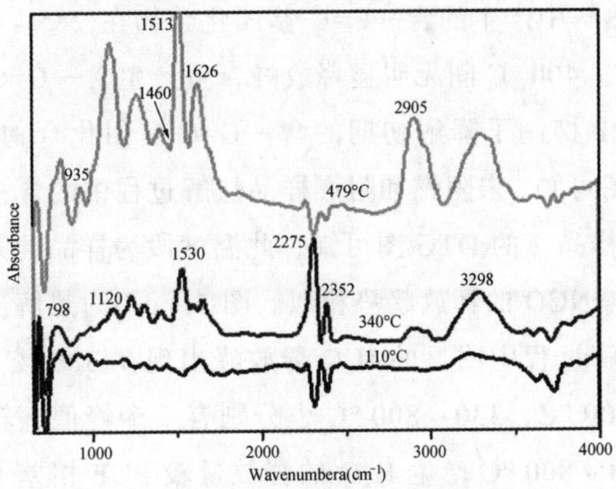

（a）硬泡聚氨酯纯样

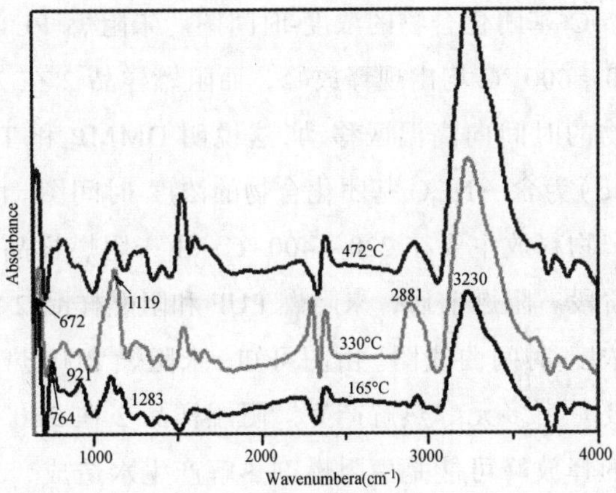

（b）阻燃样品 1

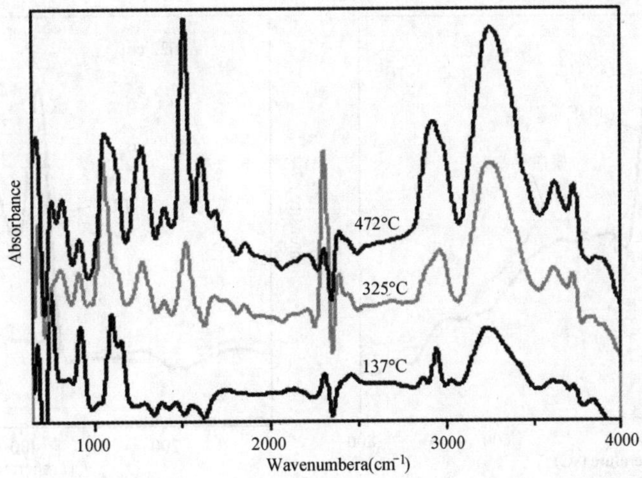

（c）阻燃样品 2

图 4 硬泡聚氨酯样品在最大热失重率下的气相红外谱图

图 4（b）为阻燃样品 1 分别在 165 °C、330 °C、472 °C 下的红外谱图。在 165 °C 出现的主要特征峰归属于有机磷化合物（R_3PO）（P=O 1 283 cm^{-1}、P—C 921 cm^{-1}、P—O 764 cm^{-1}、C—Cl 672 cm^{-1}）、N—H3230 cm^{-1}，这可能是部分 DMMP 和 TCPP 挥发被检测到的官能团。330 °C 时，C—Cl（672 cm^{-1}）峰值减小，HCl（2 881 cm^{-1}）、N—H（3 230 cm^{-1}）、C—N（1 119 cm^{-1}）增大，说明异氰酸酯分解成大量的胺类物质，而 TCPP 中氯原子可能转变成了 HCl 气体[9, 14]。在 472 °C 时，峰值及波段变化不大，在此高温下，残余物继续炭化。图 4（c）为 DMMP/TCPP-PUF（30）分别在 137 °C、325 °C、472 °C 下的红外谱图。137 °C 时，出现的主要特征峰归属于有机磷卤化合物（P=O 1 283 cm^{-1}、P—C 929 cm^{-1}、C—C1 672 cm^{-1}）、N—H 3 230 cm^{-1}。325 °C 时，NCO（2 278 cm^{-1}）、NH（3 236 cm^{-1}、1 530 cm^{-1}）增强，P—O（768 cm^{-1}）减弱[8, 9, 15]，说明 DMMP 和 TCPP 发生了热解，异氰酸酯生成了大量的胺类。结合 3D 红外谱图中产物的种类及生成量，我们可以推测 DMMP 与 TCPP 的联用抑制了聚合物的分解，并且气相阻燃起到了一定的作用。

图 5（a）为 PUF 和阻燃样品 2 在热解过程中含苯环化合物的浓度-时间图。由图可知，未阻燃 PUF 在 285 ~ 400 °C 及 400 ~ 600 °C 两个阶段分别出现释放峰；较未阻燃 PUF 而言，阻燃样品 2 在 285 ~ 400 °C 时含苯环化合物的释放量减少，而 400 ~ 600 °C 之间的生成量变化不大，在说明 DMMP、TCPP 的加入抑制了降解初期含苯环基团化合物的生成，而高温下（≥400 °C）此抑制行为减弱。图 5（b）含—C=C 基团化合物的浓度-时间图。未阻燃 PUF 热解中产生的含—C=C 基团化合物在 285 ~ 400 °C 及 400 ~ 600 °C 均出现释放峰，而阻燃样品 2 在 285 ~ 400 °C 间无明显释放峰，且产生含—C=C 基团化合物的时间向高温区移动，这说明 DMMP 和 TCPP 抑制了降解初期的含—C=C 基团化合物生成。图 5（c）为含—NCO 基团化合物的浓度-时间图。由图可知，未阻燃和阻燃样品热解过程中的含—NCO 气相产物释放主要在 220 ~ 400 °C，由未阻燃样品和样品 2 的 DTG 图可知，此温度段为样品的第二热分解阶段。阻燃前后，未阻燃 PUF 和阻燃样品 2 的—NCO 的释放趋势相似。图 5（d）为热解过程中水的浓度-时间曲线图。由图可知，未阻燃 PUF 热降解过程中明显的 H_2O 释放峰出现在 380 °C 左右，这主要是由多元醇热解产生。阻燃样品 2 在 200 ~ 300 °C、330 ~ 800 °C 也分别有一个峰值，较低温度下的释放峰可能是由阻燃剂热解产生水造成，330 ~ 800 °C 产生 H_2O 的释放量较 PUF 相差不大，为多元醇热解产生。

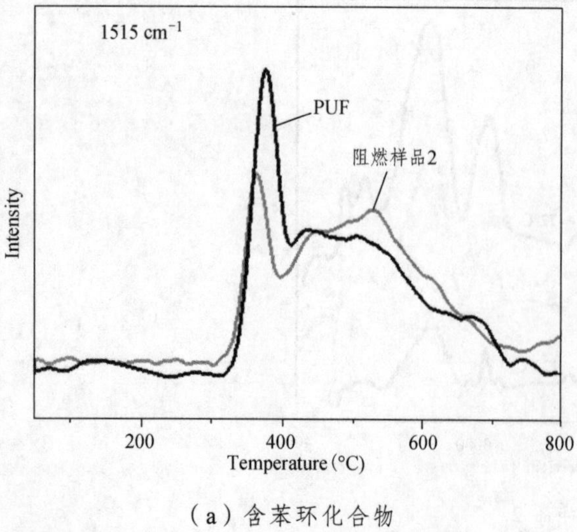

（a）含苯环化合物

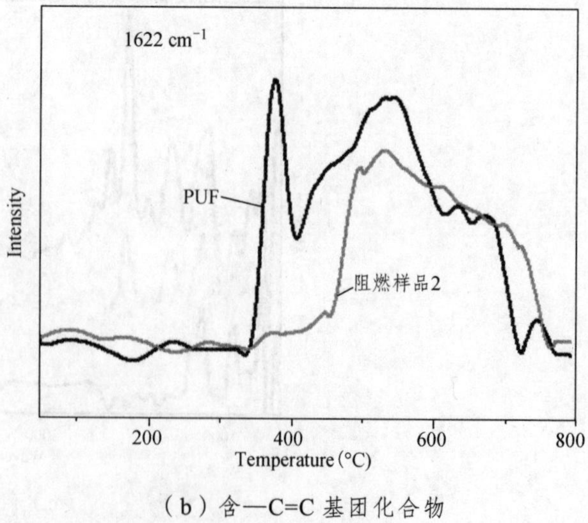

（b）含—C=C 基团化合物

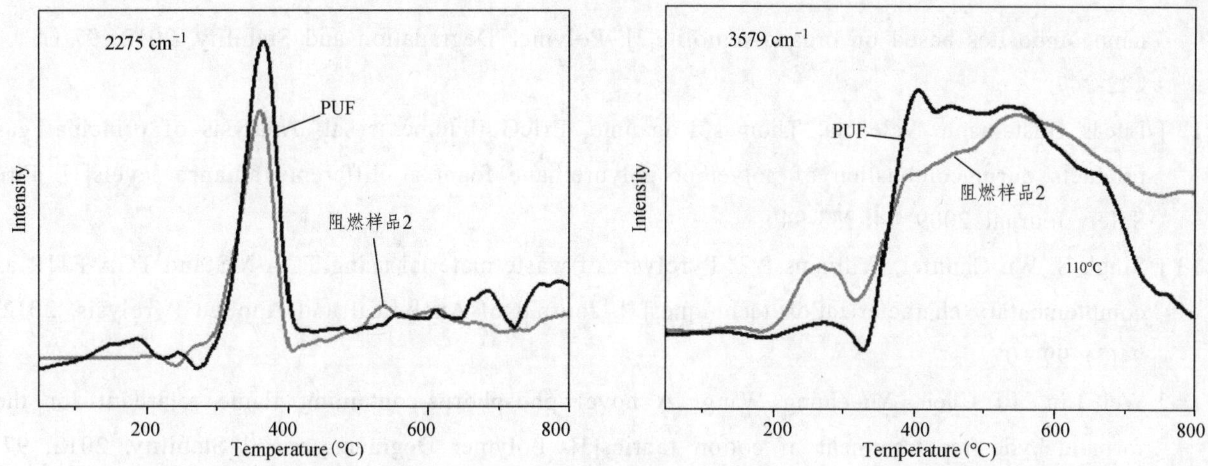

（c）含—NCO 基团化合物　　（d）H_2O

图 5　气相中基团浓度与时间的关系图

3 结　论

（1）聚氨酯硬泡的热分解主要分为三个阶段：第一阶段主要是水分蒸发以及主链中 C—O 键断裂生成异氰酸酯和多元醇，第二阶段是异氰酸酯和多元醇的热解反应，第三阶段残余物继续热解，高温下发生炭化。聚氨酯硬泡热解产物主要有烷烃类化合物、烯烃类化合物、苯类化合物、伯胺、酰胺、CO_2、H_2O 等。

（2）添加 DMMP/TCPP 阻燃体系后能有效抑制异氰酸酯分解，DMMP/ TCPP 对聚氨酯硬泡的成炭机理作较小，而加入后气相中烷烃化合物、苯环类化合物以及烯烃类化合物的释放量明显降低，但随着 DMMP 和 TCPP 的增加，苯环化合物的释放增加。

参考文献

[1] 朱吕民，刘益君，等. 聚氨酯泡沫塑料[M]. 3 版. 北京：化学工业出版社，2005：1-3.
[2] 陈勇军，李斌，刘岚，等. 阻燃型硬质聚氨酯泡沫塑料研究进展[J]. 塑料科技，2012，3：103-109.
[3] 方禹声，朱吕民. 聚氨酯泡沫塑料[M]. 北京：化学工业出版社，1994：383-463.
[4] 李俊贤. 塑料工业手册-聚氨酯[M]. 北京：化学工业出版社，1999：231-301.
[5] 高宁，刘微，李风，等. 聚氨酯耐热性能研究进展[J]. 塑料科技，2014，42（5）：123-127.
[6] 何宽新. 聚氨酯泡沫的火灾危险性及防范措施[J]. 科技信息，2008（21）：30-32.
[7] Wei Liu, Sheng Zhang, Serge Bourbigot, et al.Burning behavior and thermal degradationkinetics of surface photografted polyamide6.6 fabric[J]. Polymer for Advances Technologies, 2012, 23: 1550-1554.
[8] 胡皆汉，郑学仿. 实用红外光谱学[M]. 北京：科学出版社，2011：286-287.
[9] 李旭华，周长波，于秀玲，刘景洋，白艳英，尹洁. 热红联用研究废聚氨酯硬泡的燃烧特性[J]. 环境污染与防治，2013，08：9-13.
[10] 傅宁，张勇. 采用 TGA/FT-IR 分析聚碳酸酯复合材料的热降解行为[J]. 化学工程与装备，2010，06:1-4.
[11] Chen Hongxiang, Lu Huizhen, Zhou Yu, et al. Study on thermal properties of polyurethane

nanocomposites based on organo-sepiolite[J]. Polymer Degradation and Stability, 2012, 97（3）: 242-247.

[12] Lucas Bustamante Valencia, Thomas Rogaume, EricGuillaume, et al. Analysis of principal gas products duringcombustion of polyether polyurethane foam at differentirradiance levels[J]. Fire Safety Journal. 2009, 44: 933-940.

[13] Singh S, Wu Chunfei, Williams P T. Pyrolysis of waste material using TGA-MS and TGA-FTIR as complementary characterization techniques[J]. Journal of Analytical and Applied Pyrolysis, 2012, 94(3): 99-107.

[14] Wei Liu, Li Chen, Yu-Zhong Wang. A novel phosphorus-containing flame retardant for the formaldehyde-free treatment of cotton fabrics[J]. Polymer Degradation and Stability, 2012, 97: 2487-2491.

[15] David W. Hatchett, Gayani Kodippili, John M. Kinyanjui. TG FTIR characterization of volatilecompounds from flame retardant polyurethane foams materials[J]. Polymer Degradation and Stability, 2005, 87: 555-561.

[16] 陈沛智，徐晓鸣. 红外光谱研究三（2，3-二氯丙基）磷酸酯阻燃环氧树脂[J]. 塑料工业，1988（2）: 48-53.

作者简介： 刘微，博士，主要从事防火、阻燃材料研究。

电子信箱：0024361_cn@sina.com。

高岭土对硅橡胶成瓷性能和力学性能的影响研究*

葛欣国[1]，张秉浩[1,2]，刘微[1]，李平立[1]，尹朝露[1]，赵乘寿[2]
（1. 公安部四川消防研究所，四川 成都 610036；2. 西南交通大学，四川 成都 610031）

【摘　要】 在本文中，以混炼甲基乙烯基硅橡胶为基材，通过配方试验，采用力学性能测试、瓷化体强度分析、SEM 测试，研究了不同高岭土含量及不同助熔剂对硅橡胶性能的影响。

【关键词】 硅橡胶；高岭土；成瓷性能

1 引 言

高岭土可分为未煅烧高岭土和煅烧高岭土，纯度高的高岭土为白色。我国早在千年以前就用高岭土作为陶瓷制品的原料。未经煅烧的高岭土表面含有大量羟基，表面能高，使得分散性能不好，而煅烧过后的高岭土比表面积减小，粒径也更小，吸附性和表面活化能均降低，使得高岭土的分散性提高。因此，本文采用煅烧后的高岭土作为耐火硅橡胶的成瓷材料，研究煅烧高岭土对耐火硅橡胶力学性能和成瓷性能的影响，并且尝试用熔点为 500 °C 左右的氧化硼代替低熔点玻璃粉作为耐火硅橡胶的助熔剂（结构控制剂）。

2 实验材料与仪器

实验材料：甲基乙烯基硅橡胶（VMQ）、煅烧高岭土（5 000 目）、氧化硼 1（200 目）、氧化硼 2（1 000 目）、玻璃粉（熔点 450 °C）及其他助剂，均为市购商品。

实验仪器：开炼机（青岛鑫城一鸣橡胶机械有限公司）、平板硫化机（上海西玛伟力橡塑机械有限公司）、马弗炉（苌钲）、万能力学测试仪（Instron）。

3 样品的制备与表征

3.1 样品制备

将甲基乙烯基硅橡胶、高岭土、硫化剂及其他助剂按配方称量，在双辊炼胶机上进行共混加工，混炼 15 min。将混合均匀的硅橡胶复合材料在平板硫化机上模压硫化成型，制备国标 5A 型力学样条，模压成型加工温度为 140 ~ 145 °C。

表 1 是根据上述工艺条件下制备出的陶瓷化耐火硅橡胶电缆料的配方。

*基金项目：研究工作由国家重点研发计划（2016YFC080060502）；公安部技术研究计划项目（2015JSYJB33）；基本科研业务费专项项目（20148807Z）课题资助。

表1　陶瓷化耐火硅橡胶电缆料基本配方　　单位：g

名　称	VMQ	煅烧高岭土	低熔点玻璃粉	氧化硼1（200目）	氧化硼2（1000目）
硅橡胶-K1	300	100	0	0	0
硅橡胶-K2	300	150	0	0	0
硅橡胶-K3	300	200	0	0	0
硅橡胶-K4	300	250	0	0	0
硅橡胶-K5	300	180	0	20	0
硅橡胶-K6	300	170	0	30	0
硅橡胶-K7	300	190	0	10	0
硅橡胶-K8	300	180	0	0	20
硅橡胶-K9	300	180	20	0	0
硅橡胶-K10	300	180	20	0	0
硅橡胶-K11	300	180	10	0	10

3.2　性能表征

① 拉伸力学性能按照 ASTM/D 638 标准进行测试，测试采用 Instron 万能材料试验机，拉伸速度为 50 mm/min。② 弯曲强度测试采用 Instron 万能材料试验机，按照 GB/T 9341—2008 标准进行测试，加载速度为 5 mm/min。③ 扫描电镜采用 SEM 0460 场发射扫描电子显微镜分析复合物断面的微观结构。

4　结果与讨论

4.1　高岭土对硅橡胶高温成瓷后弯曲性能的影响研究

为了研究高岭土及助熔剂含量对硅橡胶陶瓷化性能的影响，本文对硅橡胶-K1～硅橡胶-K11 的模压弯曲样条在 1 000 °C 的高温中煅烧 30 min，并对硅橡胶-K11 分别单独进行了 800 °C 和 1 200 °C 的煅烧。将煅烧后的样条进行了弯曲强度测试，以煅烧成瓷后样条的弯曲强度判定其成瓷性能。硅橡胶-K1～硅橡胶-K11 的弯曲性能见表 2。图 1 为部分样品煅烧后成瓷效果图。

表2　硅橡胶成瓷后的弯曲强度参数

名称	弯曲强度（MPa）	名称	弯曲强度（MPa）
硅橡胶-K1	—	硅橡胶-K8	0.5
硅橡胶-K2	0.3	硅橡胶-K9	0.5
硅橡胶-K3	0.1	硅橡胶-K10	0.4
硅橡胶-K4	0.3	硅橡胶-K11	0.3
硅橡胶-K5	0.8	硅橡胶-K11（800 °C）	—
硅橡胶-K6	0.8	硅橡胶-K11（1 200 °C）	2.7
硅橡胶-K7	—		

注：—为弯曲强度太弱，没有测试结果。

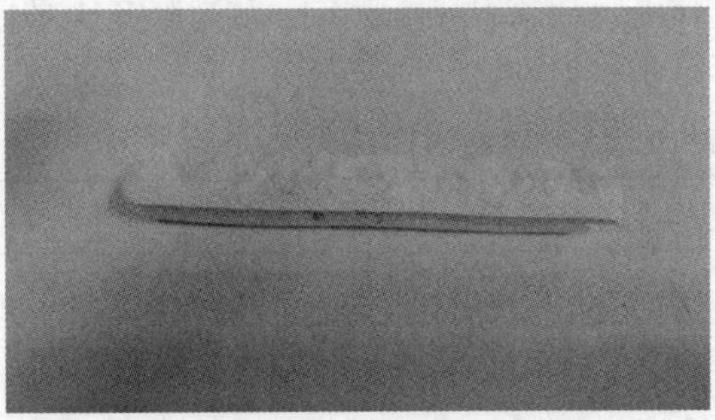

（a）硅橡胶-K1 在 1 000 °C 煅烧后

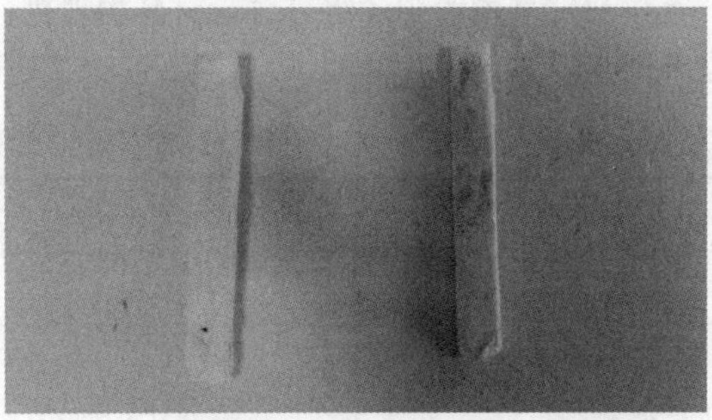

（b）硅橡胶-K4 在 1 000 °C 煅烧后

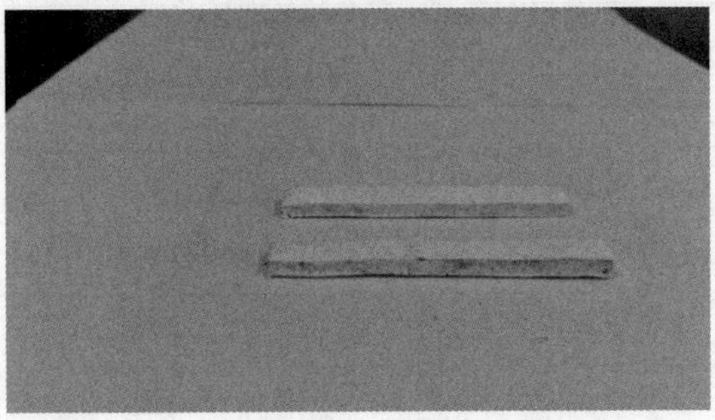

（c）硅橡胶-K5 在 1 000 °C 煅烧后

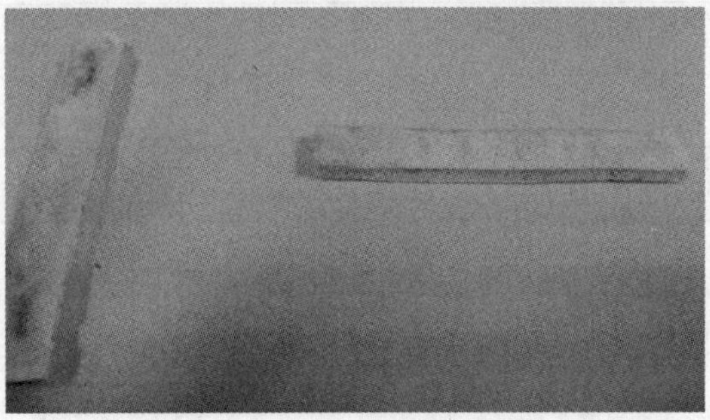

（d）硅橡胶-K11 在 1 000 °C 煅烧后

图 1　部分样品煅烧后成瓷效果图

分析可知，固定 VMQ 含量为 300 g，煅烧高岭土含量为 100 g 时，硅橡胶-K1 瓷化样品强度极差，没有获得测试数据；增加煅烧高岭土含量时，硅橡胶-K2 为 0.3 MPa，硅橡胶-K3 为 0.1 MPa，硅橡胶-K4 为 0.3 MPa，即当只填充煅烧高岭土时，即便是瓷化粉含量达到 45.5wt%，耐火硅橡胶在 1 000 °C 煅烧半小时后的弯曲强度也不能超过 0.3 MPa。

而当在 300 g 硅橡胶中保持填充 200 g 填充物质不变，将少部分高岭土替换为 1 ~ 2 种助熔剂时，研究结果表明：添加 10 g 的 200 目氧化硼的样品 K7 强度还很差，当添加 20 g 或 30 g 的 200 目氧化硼，耐火硅橡胶的弯曲强度均为 0.8 MPa（K5，K6），可以看出 200 目氧化硼对煅烧高岭土基硅橡胶复合材料成瓷贡献相当明显，煅烧后弯曲强度为硅橡胶- K3 的 8 倍，说明一定量的氧化硼同样能在硅橡胶残余物中起到桥架的作用，而氧化硼含量过少则很难起到作用。

采用 1000 目氧化硼和低熔点玻璃粉时，与硅橡胶-K3 比较，耐火硅橡胶成瓷后的弯曲强度均有所提高，硅橡胶-K8 和硅橡胶-K9 均为 0.5 MPa，而硅橡胶-K10 和硅橡胶-K11 分别为 0.4 MPa 和 0.3 MPa。但这一数据与 200 目氧化硼为助剂的样品比较却是有所降低的，这可能是因为结构控制剂粒径变小，而总量又不足，从而造成残余物表面并没有接触到足够多的结构控制剂而无法形成加固的结构；当添加 200 目氧化硼时，由于氧化硼粒径较粗，所以能够接触到氧化硼的残余物颗粒就能够接触到足够的结构控制剂与其他残余物颗粒相连接，而使得部分残余物能形成非常坚固的结构。研究还表明：温度升高更有利于瓷化，当煅烧温度变为 1 200 °C 时，耐火硅橡胶-K11 成瓷后的弯曲强度达到 2.7 MPa，这是因为温度越高，能够成为液相的物质越多，而液相物质的熔化加速了残余物粒子之间的重排列，也使得整个残余物体积收缩，液相物质能将残余物连接得更为紧密。

4.2 高岭土对硅橡胶力学性能的研究

为了研究硅橡胶中各组分含量对其物理机械性能的影响，本文对硅橡胶-K1～硅橡胶-K11 的模压力学样条进行了拉伸性能测试。硅橡胶-K1～硅橡胶-K11 的物理机械性能见表 3。

表 3 煅烧高岭土填充硅橡胶的力学性能参数

名称	拉伸强度（MPa）	断裂伸长率（%）	弹性模量（MPa）
硅橡胶-K1	6.5	332.4	17.1
硅橡胶-K2	6.8	260.6	25.1
硅橡胶-K3	6.8	197.7	33.4
硅橡胶-K4	5.1	110.2	47.3
硅橡胶-K5	4.9	156	51.7
硅橡胶-K6	4.3	168.8	36.7
硅橡胶-K7	4.9	136.2	51.3
硅橡胶-K8	4.9	243.4	46.6
硅橡胶-K9	4.7	140.5	32.6
硅橡胶-K10	4.8	164.8	30.9
硅橡胶-K11	5.4	188.1	42.1

研究采用硅橡胶原材料的拉伸强度为 7.4 MPa，从表 3 分析可知，硅橡胶-K1 添加 100 g 高岭土的拉伸强度为 6.5 MPa，硅橡胶-K2 添加 150 g 高岭土的拉伸强度为 6.8 MPa，硅橡胶-K3 添加 200 g 高岭土的拉伸强度为 6.8 MPa，而硅橡胶-K4 添加 250 g 高岭十的拉伸强度仅为 5.1 MPa，可知当在 300 g 硅橡胶中添加 200 g 及其 200 g 以下也就是总量在 40%以下的煅烧高岭土时，对硅橡胶的拉伸强度影响比较小，但当 300 g 硅橡胶中高岭土的添加量在 200 g 以上时，硅橡胶的拉伸强度则会急剧下降。这是由于过大的无机填料填充量造成的单位交联体积内的质量过大而影响了硅橡胶的力学性能。

当控制添加物的总量为 200 g 不变，将高岭土的一小部分变为氧化硼时，发现即使氧化硼的添加量只占总量的 2%也会大大影响硅橡胶的拉伸强度，添加 2%氧化硼的硅橡胶-K7 比只添加高岭土时硅橡胶-K3 的拉伸强度低 1.9 MPa，由 6.8 MPa 下降到了 4.9 MPa，而当添加 4%的氧化硼时，硅橡胶-K5 的拉伸强度仍然为 4.9 MPa，而添加 6%的氧化硼时，硅橡胶-K6 的拉伸强度则为 4.3 MPa，相比添加 2%和 4%的氧化硼时，拉伸强度降低了 0.6 MPa。可以看出，从不添加氧化硼到添加氧化硼，拉伸强度下降剧烈，而如果继续添加氧化硼，拉伸强度的下降率则会减缓。而将 200 目的氧化硼换成 1000 目的氧化硼和低熔点玻璃粉并不能减缓力学性能的下降率。

从断裂伸长率来看，对比硅橡胶-K1～硅橡胶-K4，随着煅烧高岭土的添加量不断增加，硅橡胶的断裂伸长率呈直线下降趋势，当 300 g 硅橡胶中添加 100 g 煅烧高岭土时断裂伸长率为 332.4%，当添加 150 g 时为 260.6%，当添加 200 g 时为 197.7%，当添加 250 g 时为 110.2%，可以看出随着煅烧高岭土量的增加，断裂伸长率下降严重，添加 250 g 高岭土时的断裂伸长率只有添加 100 g 高岭土时的三分之一左右。而当添加 2%的氧化硼也会对硅橡胶的断裂伸长率造成很大影响，当总添加量在 200 g，氧化硼的添加量在 10 g 时，硅橡胶-K7 的断裂伸长率为 136.2%。

从弹性模量上看，弹性模量从硅橡胶-K1～硅橡胶-K4，随着煅烧高岭土含量的不断增加，硅橡胶的弹性模量会随着增加，当不添加煅烧高岭土时硅橡胶基材的弹性模量仅为 7.7 MPa，300 g 硅橡胶中添加 100 g 煅烧高岭土时的弹性模量为 17.1 MPa，添加 150 g 煅烧高岭土时弹性模量为 25.1 MPa，添加 200 g 煅烧高岭土时弹性模量为 33.4 MPa，添加 250 g 煅烧高岭土时弹性模量为 47.3 MPa。而控制添加物的质量 200 g 不变，不添加氧化硼时的硅橡胶的拉伸强度为 33.4 MPa，添加 2%和 4%的氧化硼时，弹性模量增加到 51.3 MPa 和 51.7 MPa，而当氧化硼的添加量增加到 6%时，弹性模量为 36.7 MPa，也就是随着氧化硼添加量的增加，硅橡胶的弹性模量呈现先增大后减小的趋势。

4.3　耐火硅橡胶成瓷后的微观形貌分析

为了研究耐火硅橡胶成瓷之后的微观形貌，本文对硅橡胶-K6、硅橡胶-K10、硅橡胶-K11 进行了扫描电镜分析，分析结果如图 2 所示。

（a）硅橡胶-K6（1000 倍）　（b）硅橡胶-K6（3000 倍）　（c）硅橡胶-K6（5000 倍）

图 2-1　硅橡胶-K6

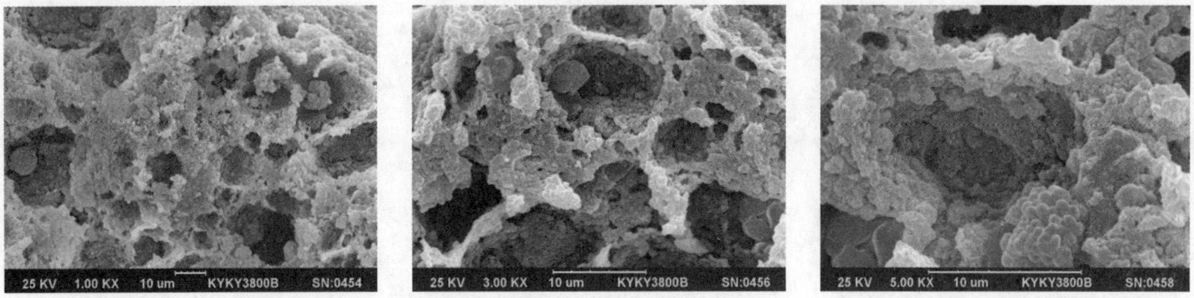

（a）硅橡胶-K10（1000 倍）　（b）硅橡胶-K10（3000 倍）　（c）硅橡胶-K10（5000 倍）

图 2-2　硅橡胶-K10

（a）硅橡胶-K11（1000 倍）　（b）硅橡胶-K11（3000 倍）　（c）硅橡胶-K11（5000 倍）

图 2-3　硅橡胶-K11

图 2　耐火硅橡胶成瓷后的 SEM 图

由图 2 中可以看出，添加 200 目氧化硼和煅烧高岭土的硅橡胶-K6，表面裂缝较多，液相物质在缝隙间显得有些不足。添加低熔点玻璃粉和煅烧高岭土的硅橡胶-K10表面有着蜂窝状的大孔，很多液相物质流入了大孔里，而大孔的壁厚很薄，但整个硅橡胶-K10除大孔外，并没有发现断层，所以它的煅烧膨胀率较小。硅橡胶-K11 的液相物质较少，并且分布也不够均匀。因此，虽然硅橡胶-K11 并没有形成裂缝和孔洞，但弯曲强度仍然不高。

5 小 结

本文以煅烧高岭土为成瓷材料，以不同粒径的氧化硼作为结构控制剂，研究了不同成瓷材料添加量对耐火硅橡胶力学性能和成瓷性能的影响。研究结果表明：① 当以煅烧高岭土作为成瓷材料填充耐火硅橡胶而不添加结构控制剂时，耐火硅橡胶成瓷后的弯曲强度最多只能达到 0.3 MPa，煅烧高岭土的填充量在 40%以下时，拉伸强度在 6 MPa 以上；② 控制填充物的量为 40%，改变氧化硼的量，发现当 200 目氧化硼的添加量在 4%的时候，硅橡胶成瓷后的弯曲强度达到 0.8 MPa，但力学性能有明显下降；③ 耐火硅橡胶成瓷后的弯曲强度会随着煅烧温度的升高而增加。

云母粉对硅橡胶成瓷性能和力学性能的影响研究*

葛欣国[1]，张秉浩[1, 2]，刘　微[1]，尹朝露[1]，李平立[1]，赵乘寿[2]
（1. 公安部四川消防研究所，四川 成都　610036；2. 西南交通大学　四川 成都　610031）

【摘　要】　在本文中，以混炼甲基乙烯基硅橡胶为基材，通过配方试验，采用力学性能测试、瓷化体强度分析、SEM 测试，测试研究了不同云母粉含量及低温烧结玻璃对硅橡胶性能的影响。

【关键词】　硅橡胶；云母粉；成瓷性能

1 引　言

绢云母和白云母的绝缘性能优良，且有很好的热稳定性，较低的电介质损耗，可以耐电弧、抗电晕，因此被应用于耐火电线电缆，现有市场上的部分耐火电缆就是用白云母所制成的耐火云母带绕包于铜芯导体上。低温共烧陶瓷技术是现代微电子封装中的重要组成部分，但是近 30 年来，低温共烧陶瓷技术仅限于电子元件及基板材料的领域内应用。早在 20 世纪 80 年代，美国和日本的一些大型的电子和陶瓷制造商就开始研发类似产品，并将封装材料应用于计算机中。玻璃/陶瓷体系是通过添加低软化点玻璃来降低电子陶瓷材料的烧结温度来实现的，本文就是将这一技术引入本课题的研究中，研究云母粉及低温烧结玻璃对耐火硅橡胶成瓷性能的影响。

2 实验原料与设备

实验材料：甲基乙烯基硅橡胶（VMQ）、白云母、绢云母、高岭土、玻璃粉 1（熔点 1 200 °C）、玻璃粉 2（熔点 450 °C）及其他助剂，均为市购商品。

实验仪器：开炼机（青岛鑫城一鸣橡胶机械有限公司）、平板硫化机（上海西玛伟力橡塑机械有限公司）、马弗炉（苌钲）、万能力学测试仪（Instron）。

3 样品的制备与表征

3.1 样品制备

将甲基乙烯基硅橡胶、云母粉、硫化剂及其他助剂按配方称量，在双辊炼胶机上进行共混加工，混炼 15 min。将混合均匀的硅橡胶复合材料在平板硫化机上模压硫化成型，制备国标 5A 型力学样条，模压成型加工温度为 140 ~ 145 °C。

表 1 是根据上述工艺条件下制备出的陶瓷化耐火硅橡胶电缆料的配方。

*基金项目：研究工作由国家重点研发计划（2016YFC080060502）、公安部技术研究计划项目（2015JSYJB33）和基本科研业务费专项项目（20148807Z）课题资助。

表1　陶瓷化耐火硅橡胶电缆料基本配方　单位：g

名　称	VMQ	白云母	绢云母	高岭土	玻璃粉1	玻璃粉2
硅橡胶-M1	300	30	0	0	15	0
硅橡胶-M2	300	85	0	0	15	0
硅橡胶-M3	300	40	0	80	20	0
硅橡胶-M4	300	90	0	0	0	10
硅橡胶-M5	300	70	0	0	0	20
硅橡胶-M6	300	100	0	0	0	0
硅橡胶-M7	300	80	0	0	0	10
硅橡胶-M8	300	75	0	0	0	15
硅橡胶-M9	300	0	80	0	0	10
硅橡胶-M10	300	0	100	0	0	0
硅橡胶-M11	300	0	150	0	0	0
硅橡胶-M12	300	0	200	0	0	0
硅橡胶-M13	300	0	250	0	0	0

3.2　性能表征

① 拉伸力学性能按照ASTM/D 638标准进行测试，测试采用Instron万能材料试验机，拉伸速度为50 mm/min。② 弯曲强度测试采用Instron万能材料试验机，按照GB/T 9341—2008标准进行测试，加载速度为5 mm/min。③ 扫描电镜采用SEM 0460场发射扫描电子显微镜分析复合物断面的微观结构。

4　结果与讨论

4.1　云母粉对硅橡胶高温成瓷后弯曲性能的影响研究

为了研究基材树脂中各组分含量对其陶瓷化性能的影响，本文对硅橡胶-M1～硅橡胶-M13的模压弯曲样条在1 000 °C的高温中煅烧30 min，并将煅烧后的样条（见图1）进行了弯曲性能测试，通过煅烧后样条的弯曲强度判断其成瓷性能。硅橡胶-M1～硅橡胶-M13煅烧后瓷化物的弯曲强度见表2。

表2　硅橡胶成瓷后弯曲强度性能参数

名称	弯曲强度（MPa）	名称	弯曲强度（MPa）
硅橡胶-M1	0.1	硅橡胶-M8	1.2
硅橡胶-M2	—	硅橡胶-M9	0.5
硅橡胶-M3	0.3	硅橡胶-M10	0.3
硅橡胶-M4	0.8	硅橡胶-M11	0.5
硅橡胶-M5	1.7	硅橡胶-M12	0.8
硅橡胶-M6	0.1	硅橡胶-M13	0.8
硅橡胶-M7	0.9		

注：—为弯曲强度太弱，没有测试结果。

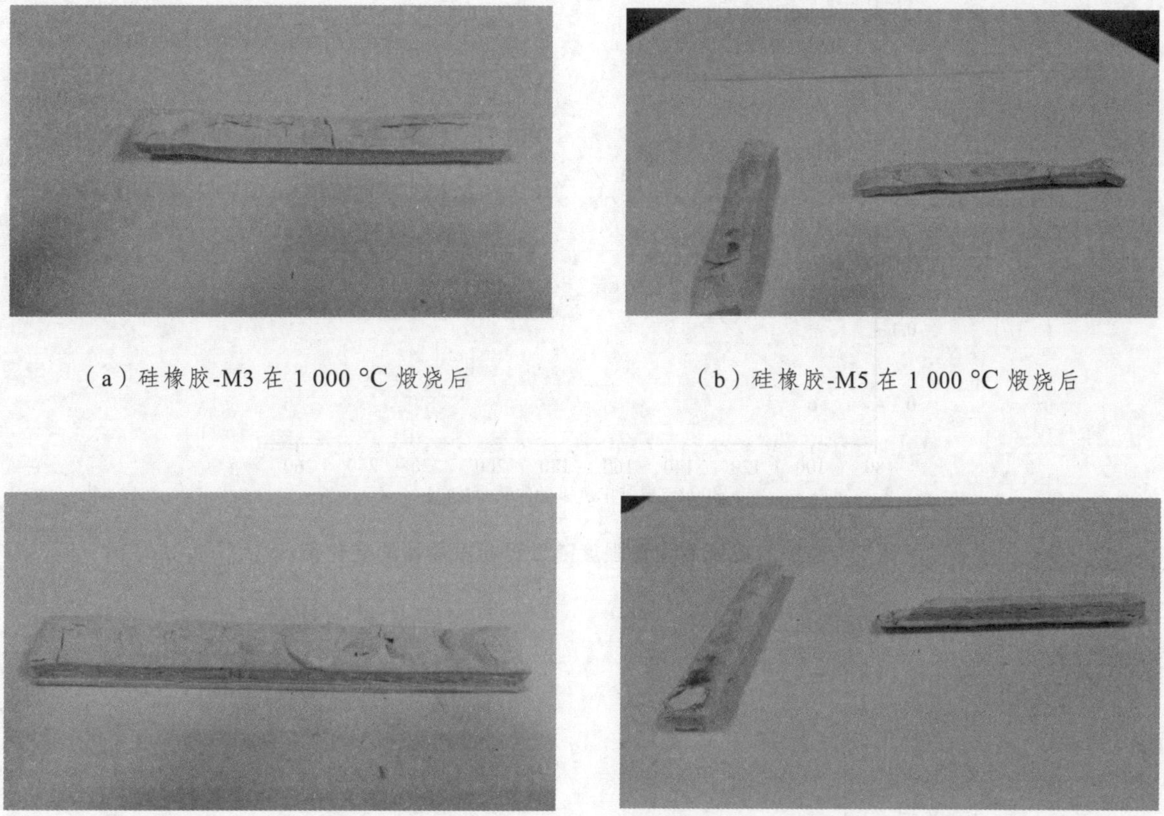

（a）硅橡胶-M3 在 1 000 °C 煅烧后　　（b）硅橡胶-M5 在 1 000 °C 煅烧后

（c）硅橡胶-M10 在 1 000 °C 煅烧后　　（d）硅橡胶-M13 在 1 000 °C 煅烧后

图 1　部分样品煅烧后成瓷效果图

根据对图 2～图 3 以及表 2 的分析可知，当 300 g 硅橡胶中分别添加 100 g 的白云母和绢云母时，添加白云母的硅橡胶-M6 成瓷后弯曲强度仅为 0.1 MPa，而添加绢云母的硅橡胶-M10 成瓷后的弯曲强度为 0.3 MPa，表明添加绢云母的硅橡胶成瓷性能略优于添加白云母的硅橡胶的成瓷性能，这可能是因为绢云母为鳞片状结构，使得云母熔化的液相物质可以更好地将绢云母和硅橡胶燃烧后的硅碳壳层结构连接。

对比硅橡胶-M2 和硅橡胶-M6，当无机物添加剂总量为 100 g 时，两种硅橡胶的弯曲强度都不超过 0.1 MPa，表明高熔点玻璃粉对硅橡胶的成瓷性能并没有帮助。这是因为高熔点的玻璃粉并不能在 1 000 °C 的温度中软化，从而不能将高温煅烧后分散的残余物连接起来。

分析硅橡胶-M4～硅橡胶-M9 可知，当低熔点玻璃粉的添加量由 0 g 增加到 10 g、15 g 和 20 g 时，其弯曲强度由 0.1 MPa 增加到 0.5 MPa、1.2 MPa 和 1.7 MPa，可知随着低熔点玻璃粉的添加量增加，弯曲强度上升明显，这是因为低熔点玻璃粉在 1 000 °C 的高温中很容易熔化成液相物质，这些物质流入硅橡胶残余物的孔缝之间，冷却后液相固化，将残余物之间紧密的连接在一起，从而弯曲强度大大增加。而当利用高岭土代替一部分白云母时，硅橡胶-M3 的弯曲强度为 0.3 MPa，即瓷化粉复合提高了瓷化性能。

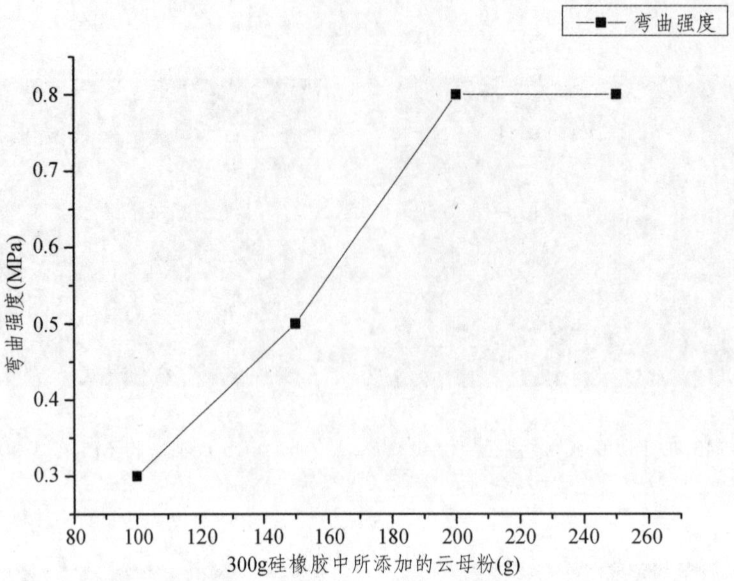

图 2 硅橡胶成瓷后弯曲强度随云母粉添加量的变化情况

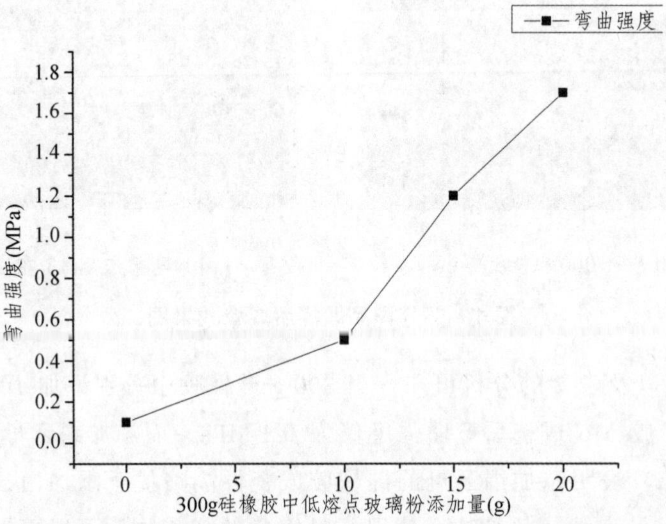

图 3 硅橡胶的弯曲强度随低熔点玻璃粉添加量的变化情况

分析硅橡胶-M10～硅橡胶-M13 可知当绢云母的添加量逐步由 100 g 增加到 150 g、200 g 和 250 g 时，弯曲强度由 0.3 MPa 增加到 0.5 MPa 和 0.8 MPa，当绢云母的添加量在 200 g 以下时，随着添加量的增加，弯曲强度上升明显，而当绢云母的添加量超过 200 g，也就是总比例超过 40%的时候，弯曲强度开始停止变化，这是因为当云母粉不足 40%时，随着云母粉含量的提高，增加了煅烧后的硅橡胶残余物的量，也增加了云母所析出的液相物质的量，因此将硅橡胶残余物之间连接得更为紧密，而当云母粉的量超过 40%时，硅橡胶的总质量分数下降，从而形成硅碳结构壳层的含量不足，因此造成成瓷后的弯曲强度无法继续上升。

4.2 云母粉成瓷物质对耐火硅橡胶力学性能的影响研究

为了研究基材树脂中各组分含量对其物理机械性能的影响，本文对硅橡胶-M1～硅橡胶-M13 的模压力学样条进行了力学性能测试，硅橡胶-M1～硅橡胶-M13 的物理机械性能见表 3。

表 3　耐火硅橡胶力学性能参数

名　称	拉伸强度（MPa）	断裂伸长率（%）	弹性模量（MPa）
硅橡胶-M1	6.0	417.8	18.5
硅橡胶-M2	6.0	336.9	26.3
硅橡胶-M3	4.7	151.8	61.9
硅橡胶-M4	6.3	273.5	31.5
硅橡胶-M5	6.7	455.6	11.7
硅橡胶-M6	5.8	484.6	13.4
硅橡胶-M7	6.6	457.7	11.9
硅橡胶-M8	6.2	390.5	12.9
硅橡胶-M9	6.5	382.6	12.6
硅橡胶-M10	5.2	417	23.5
硅橡胶-M11	4.7	278	25.7
硅橡胶-M12	4.3	208	34.6
硅橡胶-M13	4.1	179	50.6

从表 3、图 4 和图 5 中可以看出添加白云母的硅橡胶的力学性能明显优于添加绢云母的力学性能，原因可能在于白云母的粒径更小，使得白云母在硅橡胶基材间分散得更为均匀，从而使得力学强度更好。比较添加绢云母的耐火硅橡胶，可以发现当绢云母的添加量从 100 g 增加到 150 g、200 g 和 250 g 时，拉伸强度由 5.2 MPa 下降到 4.7 MPa、4.3 MPa 和 4.1 MPa，而断裂伸长率从 417% 也下降到 278%、208%和 179%，而只有弹性模量有所上升。因此，可以得出随着云母粉添加量的增加，耐火硅橡胶的拉伸强度会随之下降。只有硅橡胶-M10，当绢云母的添加量为 100 g 的时候，耐火硅橡胶能达到 5 MPa。

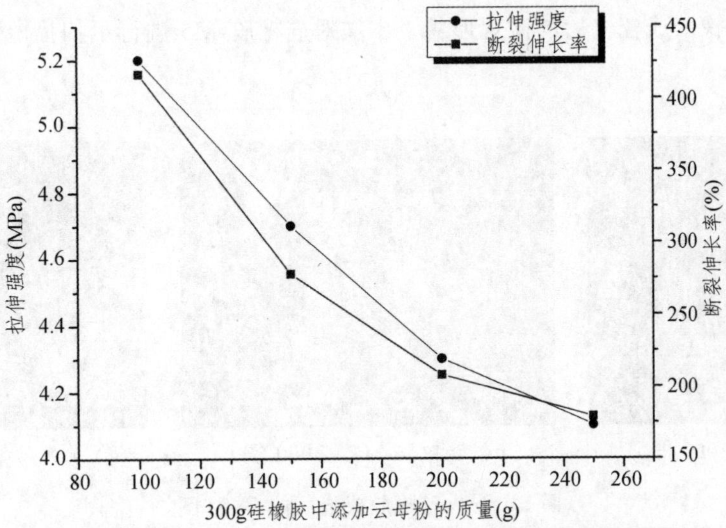

图 4　硅橡胶拉伸强度和断裂伸长率随云母粉添加量的变化情况

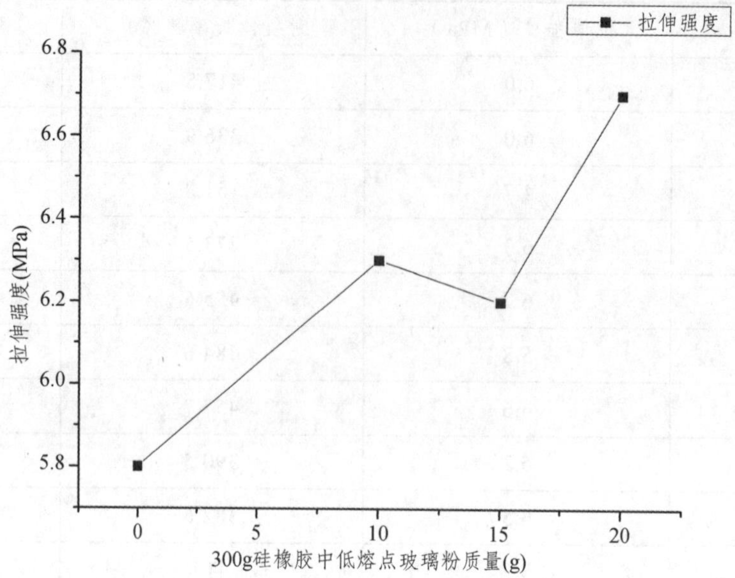

图 5 硅橡胶拉伸强度随低熔点玻璃粉添加量的变化情况

从添加白云母的耐火硅橡胶来看，当云母粉添加量在 100 g 以下时，也就是总比例在 25%以下时，拉伸强度除了硅橡胶-M6 以外都在 6 MPa 以上，断裂伸长率除了硅橡胶-M4 以外基本都在 400%左右，因此，但从拉伸测试力学性能上来说，白云母的性能明显优于绢云母的性能。当低熔点玻璃粉代替一部分白云母从 0 g 上升到 10 g、15 g 和 20 g 时，拉伸强度由 5.7 MPa 上升到 6.3 MPa、6.2 MPa 和 6.7 MPa，随着低熔点玻璃粉代替量的增加，拉伸强度会随之增加，而断裂伸长率和弹性模量并没有很明显的变化规律，这是因为封接材料用低熔点玻璃粉粒径较小，且与硅橡胶相容性较好。当添加一部分的高岭土复配云母粉作为耐火硅橡胶的成瓷材料时，其拉伸强度仅有 4.7 MPa，断裂伸长率也仅仅只有 151.8%，这是因为未经过煅烧的高岭土，含水量过高，且表面活性较低，因此与硅橡胶基材的相容性很差，导致力学性能下降。

4.3 耐火硅橡胶成瓷后的微观形貌分析

为了研究耐火硅橡胶成瓷之后的微观形貌，本文对硅橡胶-M5 进行了扫描电镜分析，分析结果如图 6 所示。

（a）硅橡胶-M5（1000 倍） （b）硅橡胶-M5（3000 倍） （c）硅橡胶-M5（5000 倍）

图 6 耐火硅橡胶成瓷后的 SEM 图

由图 6 中可以看出添加云母粉和低熔点玻璃粉的硅橡胶-M5 表面较为光滑，有大量的液相物质将残余物表面连接得很均匀，并且表面也很少有孔洞和缝隙，因而陶瓷化后样品弯曲强度较高，瓷化效果好。

5 小 结

本文中，以白云母和绢云母做耐火硅橡胶的成瓷材料，不同熔点的玻璃粉作结构控制剂。研究了不同成瓷材料添加量对耐火硅橡胶力学性能和成瓷性能的影响。研究结果表明：① 白云母添加量在25%以下时，对耐火硅橡胶的力学性能影响并不大，基材的拉伸强度能够达到6 MPa以上；② 随着云母添加量的增加，拉伸强度和断裂伸长率下降明显，而弹性模量则会增加；③ 绢云母的添加量在40%以下时，耐火硅橡胶成瓷后的弯曲强度随着云母量添加量的增加而增加，当添加量在40%以上时，耐火硅橡胶成瓷后的弯曲强度不再继续上升；④ 低熔点玻璃粉在高温中不仅可以作为桥架结构连接残余物，使残余物更为坚固，而且能促进粒子重排列，减小硅橡胶磁化后的膨胀率。

PVC材料氧指数检测影响因素分析

王　琳
（山东省公安消防总队，山东　济南　250100）

【摘　要】 以阻燃PVC电工套管为试验样品，进行一系列氧指数比对试验，对检测中的影响因素进行分析，并对在实验过程中出现的特殊情况及标准进行分析讨论，提出建设性意见，旨在保证检测的准确性，为检测部门、执法部门及生产单位等提供数据参考。

【关键词】 氧指数；因素；PVC

1 引　言

氧指数检测是对建筑材料及其制品燃烧性能进行评价的最重要的实验项目之一，氧指数是通入（23±2）°C的氧、氮混合气体时，刚好维持材料燃烧的最小氧浓度，以体积分数表示。氧指数试验是富氧条件下的燃烧试验，气流方向和火焰传播方向相反，遵守逆风传播模式，为蜡烛状火焰燃烧模式与实际火灾中常见的大面积表面燃烧模式不同。但是氧指数方法简便、成本低、重复性较好，可以用具体数值来定量表示、评价和分类材料，在工业中有较好的实用性，目前也得到了广泛的应用。塑料一般具有易燃的缺点，尤其是用电器的塑料因发热放电等原因酿成火灾事故屡见不鲜[1]，PVC电工套管是建筑施工中最常用的建筑塑料材料之一，其阻燃性能的好坏直接影响到建筑安全及火灾蔓延速度。氧指数是衡量PVC电工套管阻燃性能的重要指标之一。本文根据《塑料用氧指数法测定燃烧行为第2部分：室温试验》（GB/T 2406.2—2009），通过大量的比对试验与分析，确定各影响因素对氧指数检测结果的影响幅度，以便为消防阻燃技术部门和其他检测机构提供有力的数据参考。

2 影响因素分析

通过不同人员、不同设备、不同环境（温度和湿度）条件、不同试样长度、不同制样方式、不同点燃方式、不同试样调节时间条件下的比对试验，总结分析出不同因素对氧指数测量值的影响并进行原因分析。

2.1 人员比对试验

由于人的主观判断会对氧指数的最终结果有影响，因此联系三位取得氧指数上岗证的实验人员在相同条件下参加比对试验，每个人员分别对该样品进行1次平行试验后报出结果。其结果如表1所示。

表 1　人员比对试验结果

人员序号	氧指数检测值（%）	样品调试时间	环境温度	环境湿度	样品尺寸（mm×mm×mm）
1	38.2	88 h	（23±2）°C	（50±5）%	100×6.5×1.6
2	38.2	88 h	（23±2）°C	（50±5）%	100×6.5×1.6
3	38.1	88 h	（23±2）°C	（50±5）%	100×6.5×1.6

通过试样结果可以看出，在保证试验条件一致的条件下，人员的主观判断对检测结果影响不大。不同人员进行试验时，要先用标准气体对 JF-3 型氧指数测定仪进行校准，在保证检测条件一致的前提下，同种样品检测结果的差别才不会太大。在校准过程中，笔者发现，传感器盖取下后，氧指数仪上显示的数值低于空气中氧浓度 21%，这是正常现象，因为流经氧传感器的空气流速和标准要求不一致，校准满度是用标准气以标准流速流经燃烧筒和传感器的值为准的。

2.2　设备比对试验

选用三台氧指数测定仪进行比对试验，设备经计量检定部门计量合格，严格按照国家标准对样品进行处理，保证检验条件的一致性。三台设备的检测结果见表 2。

表 2　设备比对试验结果

设备序号	氧指数检测值（%）	样品调试时间	环境温度	环境湿度	样品尺寸（mm×mm×mm）
1	38.2	88 h	（23±2）°C	（50±5）%	100×6.5×1.6
2	38.2	88 h	（23±2）°C	（50±5）%	100×6.5×1.6
3	38.1	88 h	（23±2）°C	（50±5）%	100×6.5×1.6

通过试验结果可以看出，对型号规格相同计量合格的不同仪器的检测结果基本相同，对数据进行质疑分析时，可以排除设备对检测结果真实性的影响。但笔者发现在实际试验中，氧指数测定仪燃烧筒基座用玻璃珠填充，氧指数试验时有些可燃样品会产生大量的灰尘，还有熔融滴落物覆盖在玻璃珠上方的金属网和玻璃珠上，阻塞气体通路，影响气体的流速和均匀性，故应及时清理金属网和更换结块熔损的玻璃珠才能保证设备的正常功能，不会影响试验结果。标准制定单位应该监制设备生产单位进行设备设计生产，保证设备的统一符合性。

2.3　不同环境条件下的比对试验

在实际建筑应用中，PVC 电工套管主要使用条件是常温常湿即温度为 10～35 °C，湿度为 45%～75%，所以笔者在其范围内选择三个温度点和三个湿度点分别进行试验，并对产生这种现象的原因进行分析。

2.3.1　不同试验温度条件下的比对试验

随着研究的深入，人们逐渐发现绝大多数有机聚合物材料 LOI 值随温度的升高，表现出不同程度的下降趋势[2]。笔者根据 PVC 电工套管的实际使用环境，选择 10 °C、23 °C、35 °C 的试验环境分别进行氧指数试验，其检测结果见表 3，其中 23 °C 为标准要求的试验环境温度。

表 3 不同温度条件下比对试验结果

试验温度	氧指数测定值（%）	样品调试时间	环境湿度	样品尺寸（mm×mm×mm）
（10±2）℃	38.3	88 h	（50±5）%	100×6.5×1.6
（23±2）℃	38.2	88 h	（50±5）%	100×6.5×1.6
（35±2）℃	38.0	88 h	（50±5）%	100×6.5×1.6

通过试验结果可以看出，试验温度越高，氧指数值越低。温度增高，塑料试样会加快软化速度，熔融越快，越容易被点燃，在较低的氧浓度下越容易持续燃烧，从而导致氧指数值降低。

2.3.2 不同试验湿度条件下的比对试验

根据 PVC 电工套管的实际使用环境，选择 70%RH、50%RH、30%RH 的试验环境分别进行氧指数试验，其检测结果见表 4。

表 4 不同湿度条件下对试验结果

试验湿度	氧指数测定值（%）	样品调试时间	环境温度	样品尺寸（mm×mm×mm）
（70±5）%	38.4	88 h	（23±2）℃	100×6.5×1.6
（50±5）%	38.2	88 h	（23±2）℃	100×6.5×1.6
（30±5）%	38.1	88 h	（23±2）℃	100×6.5×1.6

通过试验结果可以看出，试验湿度越高，氧指数值越高。同种条件下，试样湿度越高，样品越不容易点着，燃气火焰温度也会不同程度的削弱，氧指数就会增加。

从上述温湿度的比对试验可以看出试验环境温度对氧指数检测结果有一定的影响，所以 GB/T 2406.2—2009 新标准对环境提出了更高的要求，有效地排除了环境因素对试验结果的影响。

2.4 不同试样长度条件下的比对试验

根据标准规定的第Ⅳ类样品形状的尺寸要求长度为 70～150 mm，从其范围中分别选取样品长度为 30 mm、70 mm、100 mm 和 150 mm 制取三组试样，分别进行氧指数试验，将试样垂直安装在燃烧筒中心位置，使试样的顶端低于燃烧筒顶口至少 100 mm，同时试样的最低点的暴露部分要高于燃烧筒基座的气体分散装置的顶面，试验结果见表 5。

表 5 不同试样长度条件下比对试验结果

样品序号	样品尺寸（mm×mm×mm）	氧指数测定值（%）	温度	湿度	样品调试时间
1	30×6.5×1.6	38.0	（23±2）℃	（50±5）%	88 h
2	70×6.5×1.6	38.2	（23±2）℃	（50±5）%	88 h
3	100×6.5×1.6	38.2	（23±2）℃	（50±5）%	88 h
4	150×6.5×1.6	38.2	（23±2）℃	（50±5）%	88 h
5	200×6.5×1.6	38.4	（23±2）℃	（50±5）%	88 h

通过上述试验可以看出，试样在标准规定范围内的长度值浮动，对氧指数检测结果的影响不大，而当长度降低到 30 mm 时，氧指数值会降低。当试样长度超过标准要求范围为 200 mm 长时，氧指数值会增加。因为，我们试验采用顶面点燃法，而不同长度的试样顶端在燃烧筒的位置不同，其所在位置的气流速率浓度也不同，位置越靠下流速会偏大，越易点着，氧指数就会越低；位置越靠上，混合气体的流速会变小，不容易点着，氧指数值会变大。新标准中燃烧筒出口内径处减小，在一定程度上保证了气体流速的稳定性。

2.5 不同制样方式条件下的比对试验

方法 1：利用机器切割加工的方式对 PVC 电工套管分段后中间切割，用台钳机械压平，然后根据标准尺寸制样。

方法 2：利用电热鼓风干燥箱对 PVC 电工套管进行加热软化，压平冷却后制样。

对两种方式制成的样品按标准要求调试后，在相同环境条件下分别进行实验，得出氧指数值，其结果见表 6。

表 6 不同制样方式条件比对试验结果

样品序号	制样方法	氧指数测定值（%）	样品调试时间	环境温度	环境湿度	样品尺寸（mm×mm×mm）
1	方法 1	36.9	88 h	（23±2）°C	（50±5）%	100×6.5×1.2
	方法 2	36.8	88 h	（23±2）°C	（50±5）%	100×6.5×1.2
2	方法 1	38.2	88 h	（23±2）°C	（50±5）%	100×6.5×1.6
	方法 2	37.0	88 h	（23±2）°C	（50±5）%	100×6.5×1.6
3	方法 1	42.4	88 h	（23±2）°C	（50±5）%	100×6.5×2.0
	方法 2	42.2	88 h	（23±2）°C	（50±5）%	100×6.5×2.0

通过对以上两种不同制样方式所制的样品分别进行试验，不同的制样方式对阻燃 PVC 电工套管的阻燃性能有一定的影响[3]。所得氧指数值由表 6 可知，机械切割的方式所得氧指数值比加热后制的氧指数值高，机械切割对 PVC 材料本身的阻燃性能影响几乎为零；而加热后制取的样品，虽然也是个物理反应过程，但在一定程度上会影响阻燃剂的分布或者蒸发流失，在一定程度上降低了 PVC 电工套管的阻燃性，加速了产品的老化。另外，随着样品阻燃性能的好坏，切割方式影响的程度也不同，阻燃越好，氧指数越高，切割方式对氧指数值的影响越小，说明阻燃越好，阻燃剂越不容易流失或移动。

2.6 不同点火方式条件下的比对试验

氧指数的点火方式分为两种：一种是顶面点燃法，另一种是扩散点燃法。顶面点燃法是在试样顶面利用点火器进行点燃，将火焰的最低可见部门施加于试样整个顶表面，不能碰到侧表面和棱，连续施加 30 s，每隔 5 s 移开一次，观察试样顶面燃烧情况。扩散点燃法是下移点火器施加于顶面并下移到垂直面近 6 mm，连续施加火焰 30 s，包括每 5 s 检查一次火焰燃烧中断情况，直到垂直表面处于稳态燃烧或可见燃烧部位达到支撑框架的上标线为止。

顶面点燃法在离点燃端 50 mm 处划标线，扩散点燃法在离点燃端 10 mm 和 60 mm 处画标线。笔者利用这两种点燃方式分别对三类 PVC 电工套管进行试验，其结果见表 7。

表 7　不同点火方式条件下比对试验结果

试样序号	点火方式	氧指数测定值（%）	样品调试时间	环境温度	环境湿度	样品尺寸（mm×mm×mm）
1	顶面点燃法	36.9	88 h	(23±2) °C	(50±5) %	100×6.5×1.2
	扩散点燃法	36.7	88 h	(23±2) °C	(50±5) %	100×6.5×1.2
2	顶面点燃法	38.2	88 h	(23±2) °C	(50±5) %	100×6.5×1.6
	扩散点燃法	38.0	88 h	(23±2) °C	(50±5) %	100×6.5×1.6
3	顶面点燃法	42.4	88 h	(23±2) °C	(50±5) %	100×6.5×2.0
	扩散点燃法	42.2	88 h	(23±2) °C	(50±5) %	100×6.5×2.0

通过以上方式的对比可知，扩散点燃法比顶面点燃法测定出的氧指数值偏低，说明扩散点燃法本身对样品的施加面积就大，很容易找到样品的易燃点，而且样品厚度越大，顶表面就越大的样品，其点火方式对氧指数测定值的影响越大。另外采用顶面点燃法时，应严格控制点火时间，最长不要超过 30 s，并且每隔 5 s 移开一次观察试样燃烧情况，以防试样被再次加热，降低氧指数测量值；并且燃烧试样夹要准备三个以上，以便随时更换，避免燃烧筒温度过高，影响检测结果。

2.7　不同调节时间下的比对试验

样品出厂前都有一定的老化时间，样品调试可以避免样品老化时间不足所带来的影响，并且在 GB 2918 中要求必须对样品进行调节，以降低或避免环境的偶然因素造成试验结果的偏离。

标准要求样品在试验前要在温度（23±2）°C 和湿度（50±5）%的条件下至少调节 88 h。

通过表 8 可以看出随着调试时间的增加，样品的氧指数值在下降，当调节时间达到一定值后，样品氧指数值处于稳定状态，和标准的规定时限一致，这样可以避免因为调节时间不足造成的数据偏差，利于相关部门进行控制和执法。

表 8　不同调节时间下比对试验结果

样品序号	样品调节时间	氧指数测定值（%）	环境条件	样品尺寸（mm×mm×mm）
1	0 h	38.4	(23 ±2) °C; (50±5) %	100×6.5×1.6
2	24 h	38.3	(23±2) °C; (50±5) %	100×6.5×1.6
3	88 h	38.2	(23±2) °C; (50±5) %	100×6.5×1.6

3　结论及建议

（1）试验人员在实验时，应严格控制检验流程，保证检验的准确性和合理性。

（2）标准制修订部门联合相关机械制造部门，研制出标准的制样工具，并在氧指数的测定标准中，规定特殊产品的制样方式。

（3）建议设备生产厂家不断进行技术改造，考虑气瓶压力和人为因素对检测结果的影响，进行自动化进取设计和电脑数据自动采集，提高仪器的精度。

（4）生产企业必须注重研发和长远考虑，在添加阻燃剂时，应该考虑产品老化带来的阻燃剂失效问题，根据氧指数值的变化研究出新型阻燃产品，保证产品质量和人们生命财产的安全。

（5）氧指数值能够提供材料在某些受控实验室条件下燃烧特性的灵敏尺度，用于质量控制，但不能评价材料在实际火灾中的着火危险性，只能作为评价某种火灾危险性的一个要素。

参考文献

[1] 陈立君. 浅谈用氧指数法测试塑料燃烧性[J]. 广西轻工业，2010（139）：63-64.

[2] 韩颂青，钱立军，杜建新，李斌，王建祺. 高分子材料科学与工程[J]. 2004，20（1）：168-170.

[3] 袁嘉伟，陈宏业，邓丽欣. 制样方式对阻燃 PVC 电工套管阻燃性能的影响[J]. 中国高新技术企业，2011（8）：53-54.

作者简介：王琳，女，山东省公安消防总队防火部助理工程师，主要研究方向为消防监督管理。

联系电话：18615178697。

老化对XPS泡沫阻燃性能的影响研究

赵成刚
（公安部四川消防研究所，四川 成都 610036）

【摘 要】 阻燃性能是高分子泡沫塑料建材产品必须要具备的一项基本性能，是降低建筑火灾风险的关键性能。在建筑防火设计法规和标准中，都对挤塑聚苯乙烯（XPS）在建筑中的应用提出了阻燃要求，但阻燃 XPS 在建筑的使用过程中，其阻燃防火性能经老化后是否依然有效值得研究和关注。本文采用自然老化、自然加速老化和人工加速老化方式，以 XPS 为研究对象，通过测试氧指数值的变化来研究老化对阻燃性能的影响。试验结果表明：经过老化处理的 XPS 泡沫阻燃性能会出现较大衰减，建材行业应关注老化对阻燃性能的影响。

【关键词】 老化；加速老化；阻燃性能；氧指数

1 引 言

建材工业的迅猛发展为建筑行业的工业化进程创造了有利条件，也为各种新型建材、装饰装修材料提供了广泛的应用领域，但是随着时间的推移，环境因素的作用将改变材料的性能，这些材料是否仍然起作用，作用降低了多少，这些问题值得我们思考，更是用户十分关心的。防火安全性作为建材制品一项必不可少的性能，其重要性已经得到社会广泛认可，各种标准法规的制定和实施推动了防火阻燃建材的研究和应用。但使用了防火建材不见得就一劳永逸，因为即使是检验合格或达到相应级别的防火建筑材料，由于使用环境和时间的因素导致功能降低甚至失效，这样必然给建（构）筑物造成不易发现的火灾隐患，材料逐渐丧失的防火性能和使用者、管理者日益放松的警惕将使得这种隐患比未作防火保护的危害性大得多。目前，国内对建材制品的关注点还侧重在提高制品的防火等级，获取好的评价结果上，而对使用过程中的老化对阻燃性能的影响还鲜有关注，缺乏研究。

挤塑聚苯乙烯（XPS）是目前在建筑工程领域大量使用的保温材料，常常用于建筑墙面、屋面、地面等部位的保温处理。XPS 由 PS 树脂和阻燃剂、发泡剂等共混挤出成型制成，其阻燃剂的种类和添加量直接影响泡沫的阻燃性能。本研究拟通过自然老化、自然加速老化和人工加速老化处理，了解 XPS 泡沫的阻燃性能变化情况。

2 老化处理

材料在使用过程中，会因为环境因素而呈现性能的变化，称为老化。为了反应 XPS 的阻燃性能经老化后的变化，研究选择自然状态老化、自然加速老化和人工加速老化三种方式进行比较。

2.1 自然老化

XPS 是生成出来需要放置一段时间待尺寸稳定后在施工的，因此，生产企业会将成品放在库房内进行陈化。研究人员选择将 XPS 样品放置在气候环境相对变化较大的新疆一室内库房进行自然老化两年。

2.2 自然加速老化

自然加速老化选择将样品直接裸露放置在国家建筑材料测试中心海南试验站进行自然加速老化。该曝露场地处海南省琼海市，位于海南省东部，距万泉河 1 km，离海边约 20 km，东经 110°28′41″，北纬 19°14′35″，海拔高度 10 m，占地面积约 80 亩（1 亩 = 666.667 m^2），试验面积 30 亩。2000—2005 年的年平均气象数据如下：年平均温度 25.3 °C，年平均湿度 86%，年降雨量 1916.56 mm，年日照时数 2 038.3 h，年辐射总量 5 190.49 MJ/m^2，属于典型的热带湿润乡村气候，样品曝露时间 2 年。

2.3 实验室加速老化

实验室加速老化采用专用老化试验箱进行，老化试验箱为美国 Q-panel 公司生产的氙灯老化仪：型号：Q-SUN XE-3-HS，喷淋用水采用摩尔老化专用纯水机 MOLUV-SUN40。氙灯老化程序选择《塑料 实验室光老化处理 第二部分 氙灯》（ISO 4892-2）规定的条件进行处理：黑标板温度 65 °C，相对湿度（50 ± 5）%，喷水循环 18 min，曝露时间选择 400 h。

3 阻燃性能测试

老化处理仅仅是试验样品的一种处理条件，更重要的是研究经过实验室老化处理后建材制品的燃烧性能会出现什么样的变化。燃烧性能试验方法有很多，考虑样品数量和样品尺寸限制，重点考察处理前后氧指数值的变化。试验方法依据《塑料用氧指数法测定燃烧行为第 2 部分：室温试验》（GB/T 2406.2—2009）。氧指数指维持材料持续燃烧所需的最小氧浓度，氧指数值越高，材料阻燃效果越好。对于高分子材料来说，表征阻燃程度高低通常采用氧指数法。

氧指数试验用试件依据标准规定要求制取，尺寸为 10 mm × 10 mm × 150 mm，截取试件至少有一面为样品表面。

XPS 样品进行自然老化和自然加速老化需要相对充足的时间，其中放置在新疆室内库房的样品存放两年：第一年样品为空白样，第二年取样进行测试。自然加速老化和实验室加速老化在老化前进行空白样测试，完成老化后取样进行测试。

4 试验数据及分析

采用三种不同老化处理方式得到的样品进行氧指数测试，其测试结果如表 1 所示。

表 1 老化前后氧指数结果

老化方式	老化前	老化后	
		第 1 年	第 2 年
自然老化	25.2%	27.4%	31.3%
自然加速老化	28.5%	22.3%	
实验室加速老化	31.3%	26.8%	

本次研究采取了自然老化和实验室加速老化的手段对XPS泡沫进行老化前后燃烧性能的比较。从以上进行试验可以看出，老化处理对XPS泡沫的阻燃性能存在较大的影响，结果分析如下：

对于XPS等采用添加反应型处理的泡沫塑料，根据阻燃剂在聚合物中的损失机理，最重要的因素是阻燃剂在加工过程中和使用环境下的相变性，这和阻燃剂的分子结构和分子量大小密切相关，而在XPS行业内通常采用卤系阻燃剂进行阻燃处理，分子量较小，其在高分子聚合物中会向表皮迁移，并随之挥发。在自然老化的样品中我们能看到，在两年的时间内，带有表皮的试件氧指数在增加，可推测是由于阻燃剂迁徙到表面所导致，而加速老化样品则看到老化处理后氧指数大幅度降低，表明泡沫内有效阻燃成分已大量流失。从多个试验结果能看到因为时间的关系和加速老化的关系会导致氧指数结果的大幅度变化。

XPS泡沫作为常见的建筑保温材料，而目前国内建筑相关标准法规并未对保温材料或者其他建筑装饰装修材料的使用年限做出强制性规定。在正常使用前提下，保温材料同建筑同寿命使用，而很多阻燃建材因阻燃方式的不同而存在阻燃性减弱甚至消失的可能。随着时间的推移，火灾风险会逐渐增大，加强长效阻燃处理技术的研究，完善防火性能标准评价标准等工作就显得尤其重要和迫切。

作者简介： 赵成刚，男，研究员，现在国家防火建筑材料质量监督检验中心防火建材检验室主任，主要从事防火建材检测技术研究和标准制修订工作。

电子信箱：ncfmzhao@163.com

体育场馆用无卤阻燃聚丙烯座椅制品的制备及性能研究

李碧英，朱　剑，颜明强，文桂英
（公安部四川消防研究所，四川 成都　610036）

【摘　要】 本文对体育场馆用聚丙烯座椅制品的阻燃技术进行了研究，最后研究出了一种环保型体育场馆用阻燃聚丙烯座椅制品。经测试其氧指数 32%，垂直燃烧 V0 级，拉伸强度 20.1 MPa，断裂伸长率 403.9%，悬臂梁缺口冲击强度 19.27 kJ/m^2。经 GB 8624—2012 标准对座椅组件进行全尺寸燃烧性能测试，$THR_{(5\ min)}$为 25 MJ，$MHR_{(max)}$为 178 kW，最大烟密度为 52%，满足 GB 8624—2012 B1 级标准要求。

1 引 言

城市公共场所诸如城市公交、轨道交通以及影剧院、录像厅、礼堂等放映场所，舞厅、卡拉 OK 厅等歌舞娱乐场所以及宾馆（饭店）等的建设随着我国经济社会的快速发展和城市人口密度的不断加大而不断增多。与此同时，大量可燃或易燃的高分子聚合物大量涌现并应用于各类公共场所，极易引发火灾，同时在燃烧时还可能放出大量浓烟和有毒气体，给建筑物留下了严重的火灾隐患，尤其是在人员密集的公共场所，发生群死群伤的火灾风险性将进一步增大。其中 2009 年的“6·5”成都公交车火灾，2011 年的“7·22”京珠高速客车自燃火灾等更是给了我们惨痛的教训。国家强制性标准《公共场所阻燃制品及组件燃烧性能要求和标识》（GB 20286—2006）已明确规定，公共场所使用的阻燃塑料、阻燃家具、座椅等在火场下的烟雾密度、燃烧性能等必须满足相关标准后才能使用。鉴于此，体育场馆用阻燃聚烯烃座椅制品的研究便成了相关领域消防科研人员的研究热点之一。本文采用氧指数测试仪、垂直燃烧测试仪、电子万能材料试验机、摆锤冲击试验机、ISO9705 表面材料全尺寸房间试验装置研究了基体树脂及相容剂对聚丙烯材料燃烧性能及力学性能的影响，最后研究出了一种较优燃烧性能及力学性能的体育场馆用阻燃聚丙烯座椅。

2 实验部分

2.1 实验主要原料

注塑型聚丙烯树脂，市售；EVA14-2，北京有机化工公司；PP -g-MAH 接枝剂，南京德巴化工有限公司提供；无卤复合阻燃剂，实验室自制；抗氧剂 1010、抗氧剂 168，工业品，瑞士 Ciba 精化公司；光稳定剂 uv531、光稳定剂 944、光稳定剂 622、光稳定剂 783 均为市售工业品。

2.2 实验设备

注塑机：JM-800 SVP，震雄机械（宁波）有限公司；注塑机：MA600II/130，海天塑机集团有限公司；25 吨平板硫化机：上海第一橡胶机械厂制造；双螺杆挤出机组：SHJ-50，兰州天华化工机械及自动化研究院；高速混料机：SHR-100A，昆山强威粉体材料有限公司；氧指数测试仪：HC-2 型，南京江宁分析仪器厂；垂直燃烧测试仪，南京江宁分析仪器厂；ISO9705 表面材料全尺寸房间试验装置，美国 FTT 公司；电子万能材料试验机，5967，美国 instron 公司，拉伸速率为 50 mm/min；摆锤冲击试验机，IT503，美国 Tinius Olsen。

3 结果与讨论

3.1 聚丙烯树脂对材料燃烧性能的影响

为考察基体树脂对注塑型阻燃聚丙烯座椅料的影响，本研究在固定阻燃剂及其他配方不变情况下，仅改变基体树脂，研究聚丙烯产品满足 GB 8624—2012B1 级要求后，材料的燃烧性能及力学性能，结果如表 1 所示。

表 1 基体树脂对聚丙烯座椅料燃烧性能及力学性能的影响

PP 树脂	PP3	PP 3/ P PP3/PPJ640	PP3/PP2/PPJ640	PP3/PPR370
	1 000	600/400	500/200/300	400/600
拉伸强度（MPa）	20.1	18.4	21	19.4
断裂伸长率（%）	403.9	232.7	135.6	277.7
缺口冲击强度（kJ/m^2）	19.27	16.83	5.05	4.24
氧指数（%）	32	29	36	28
垂直燃烧	V0	V0	V0	V0
全尺寸燃烧性能 GB 8624—2012	B1 级	B1 级	B1 级	B1 级

由表 1 可以看出，在相同阻燃剂添加量及配比情况下，不同的基体树脂配比对聚丙烯材料的燃烧性能及力学性能均有明显影响。其中随着 PPJ640 及 PPR370 的增加，聚丙烯的氧指数明显降低。综合材料的燃烧性能及力学性能（其力学性能如图 1 所示），采用 P3 树脂做基体树脂时制备的阻燃丙烯材料性能相对较优。经测试氧指数为 32%，垂直燃烧 V0 级，拉伸强度为 20.1 MPa，断裂伸长率为 403.9%，缺口冲击强度为 19.27 kJ/m^2。

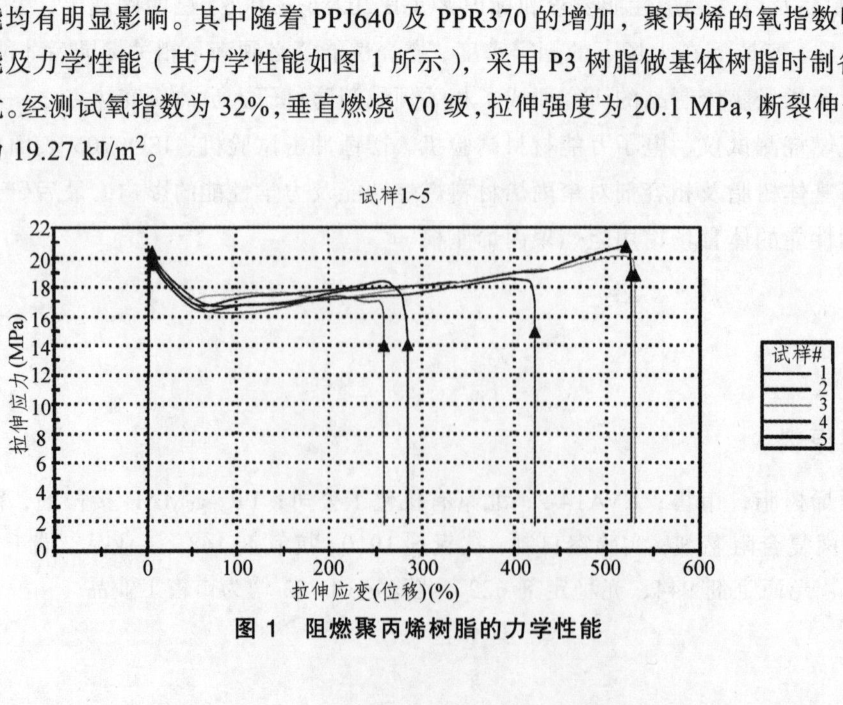

图 1 阻燃聚丙烯树脂的力学性能

3.2 基体树脂与阻燃剂的相容性技术研究

无卤阻燃聚丙烯燃烧时烟密度低，烟气毒性小，并且结合适当的光稳定剂，无卤阻燃聚丙烯耐候性能非常优异，因此无卤阻燃聚丙烯非常适合于公共场所座椅材料。但是无卤阻燃聚丙烯也有缺点——无卤阻燃剂与聚丙烯相容性差，这导致一方面其力学性能较差，拉伸强度、冲击强度普遍低于溴系阻燃聚丙烯。另外，无卤阻燃聚丙烯还容易析出，吸水吸潮，这也制约无卤阻燃聚丙烯在公共场所座椅的使用。为此，本研究通过加入聚合物相容剂方式，研究基体树脂与无卤阻燃剂的相容性。

为研究相容剂对阻燃聚丙烯材料燃烧性能及力学性能的影响，在固定优选的注塑型聚丙烯树脂、阻燃剂及其他配方不变情况下，分别研究了相容剂 EVA、马来酸酐接枝聚丙烯对阻燃聚丙烯材料燃烧性能及力学性能的影响，其结果见表 2。

表 2 相容剂对环保型阻燃聚丙烯性能影响

性能项	阻燃聚丙烯未加相容剂	阻燃聚丙烯+3%EVA	阻燃聚丙烯+5%EVA	阻燃聚丙烯+3%马来酸酐接枝聚丙烯	阻燃聚丙烯+5%马来酸酐接枝聚丙烯
拉伸强度（MPa）	20.8	19.6	18.5	19.8	20.1
断裂伸长率（%）	68	85	115	354.2	403.9
缺口冲击强度（kJ/m^2）	4.5	8.2	8.6	13.5	19.27
全尺寸燃烧性能	B1 级	B1 级	B1 级	B1 级	B1 级

从表 2 可以看出，当选用两种相容剂，添加量 3%或 5%时，可以发现添加相容剂 EVA，其冲击强度稍微提高，拉伸强度稍微降低，这主要是由于 EVA 为弹性体，添加后虽然提高了相容性，增加了材料的断裂伸长率，但是却降低了拉伸强度。而马来酸酐接枝聚丙烯的活性基团反应活性比 EVA 大，因此，添加马来酸酐接枝聚丙烯的阻燃聚丙烯材料拉伸强度，冲击强度都得到了明显提高。所以本研究选择马来酸酐接枝聚丙烯添加量为 3%～5%时为较优相容剂添加量。

3.3 聚丙烯阻燃座椅制品的燃烧性能

将本研究制备的聚丙烯座椅在 ISO9705—1993 标准火源下进行全尺寸实体燃烧实验，结果如图 2 所示。

图 2 燃烧前

图 3 燃烧中

由图 2 ~ 图 4 可以看出，在 20 kW 标准火源下燃烧 10 min 后，火源处座椅完全燃烧，火源旁边座椅除边缘处少量炭化外其他部分完好，说明本研究阻燃座椅火场中着火后不会发生火灾蔓延现象，能减少公共场所火灾安全隐患。经 GB 8624—2012 标准测试，最后座椅制品 THR（5 min）为 25 MJ，MHR（max）为 178 kW，最大烟密度为 52%，满足 GB 8624—2012 B1 级标准要求。

图 4 燃烧后

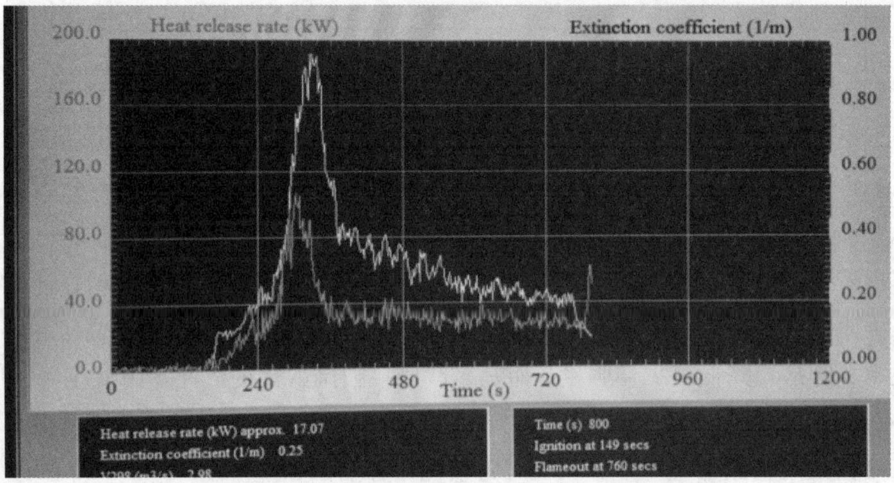

图 5 阻燃聚丙烯座椅的热释放速率及烟密度图谱

4 结 论

（1）不同的基体树脂配比对聚丙烯材料的燃烧性能及力学性能均有明显影响，经测试本项目研究的聚丙烯座椅材料氧指数为 32%，垂直燃烧 V0 级，拉伸强度为 20.1 MPa，断裂伸长率为 403.9%，缺口冲击强度为 19.27 kJ/m^2。

（2）通过对基体树脂与阻燃剂相容性技术的研究，当马来酸酐接枝聚丙烯添加量为 3% ~ 5%时为较优相容剂添加量。

（3）经 GB 8624—2012 标准测试，最后座椅制品 THR（5 min）为 25 MJ，MHR（max）为 178 kW，最大烟密度为 52%，满足 GB 8624—2012 B1 级标准要求。

参考文献

[1] 李碧英，张泽江，朱剑，等. 环保型阻燃聚丙烯座椅制品的研究[C]. 2015 年中国消防协会防火材料分会与建筑防火专业委员会学术会议论文集，2015.

作者简介：李碧英，女，1979 年 6 月生，硕士研究生，主要研究方向：阻燃塑料，防火保温材料。

联系方式：13408568563；

电子信箱：libiying980321@163.com。

A级聚苯乙烯防火保温板的制备及性能研究

李碧英，张泽江，朱　剑，颜明强，文桂英
（公安部四川消防研究所，四川 成都　610036）

【摘　要】　本文对A级聚苯乙烯防火保温板的制备及性能进行了研究，最后研究出了一种A级聚苯乙烯防火保温板。经测试，本项目为A级有机聚苯乙烯防火保温板热值为2.964（MJ/kg），比重为118 kg/m^3，导热系数为0.058 W/(m·K)，垂直燃烧为UL94V0级，氧指数大于70%，10%形变抗压强度>150 kPa，且600 kPa压力下未破坏。

1 前　言

建筑节能作为各级建设主管部门的一项重要工作，很多地方以强制性文件的形式规定，新建建筑物和旧楼改造必须使用节能材料，这给外墙保温行业带来了无限的市场发展空间。此外，2015年5月1日正式实施的《建筑设计防火规范》，明确规定人员密集公共场所、100 m以上住宅建筑以及50 m以上的其他建筑所使用的外墙保温材料，燃烧等级均必须达到A级。然而目前的A级防火保温材料，诸如无机保温砂浆、胶粉聚苯颗粒保温砂浆等经过实体工程实际应用，虽具有较好的防火性能，但却暴露出了一系列安全隐患，诸如板材太重施工困难（表观密度≥200 kg/m^3）、板材易开裂、易渗水、长时间使用可能造成坠落等安全隐患，以及还存在节能效率低（导热系数普遍≥0.06W/（m·K）等问题。目前建设部（659号文件）以及一些地方省市已出台限制无机保温砂浆材料和禁止胶粉聚苯颗粒保温砂浆、无机水泥发泡保温板系统使用的相关文件。因此，研发一种具有良好综合性能及施工性能的新型A级聚苯乙烯防火保温板便成了建筑消防科研人员的当务之急。

本文采用氧指数测试仪、垂直燃烧测试仪、热值测试仪、导热系数测试仪、电子万能材料试验机等研究了防火胶粘剂配方对聚苯乙烯保温板燃烧性能的影响，最后研究出了一种集优异燃烧性能与力学性能于一体的不燃聚苯乙烯防火保温板。

2 实验部分

2.1 实验原料

可发性聚苯乙烯，市售；耐高温无机胶粘剂，市售工业品；复合阻燃剂，实验室自制；有机胶粘剂，市售工业品；酚醛树脂，山东圣泉新材料股份有限公司

2.2 实验设备

苯板专用防火包覆改性设备：与企业联合研制；氧指数测试仪：HC-2型，南京江宁分析仪器厂；

垂直燃烧测试仪，CZF-3 型，南京江宁分析仪器厂；导热系数测试仪，HFM436/3/0 Lambda）；热值测试仪，SDC612 型，长沙三德实业有限公司；电子万能材料试验机，5967，美国 Instron 公司。

2.3 实验步骤

（1）配制防火胶粘剂：分别向耐高温无机胶粘剂、有机胶粘剂、无机有机复合胶粘剂中添加复合阻燃剂、强度增强剂等，在搅拌机内搅拌均匀后得到防火胶粘剂；

（2）将防火胶粘剂在 0.3 ~ 1.0 MPa 的高压下加入放置有聚苯乙烯泡沫板材的苯板改性设备中，然后在 0.01 ~ 0.1 MPa 的压力下静置 10 s ~ 10 min，使得防火胶粘剂穿透入阻燃聚苯乙烯泡沫板材内而达到包覆改性目的，最后将包覆处理的 EPS 板材干燥成型。

3 结果与讨论

3.1 防火胶粘剂对 EPS 保温板材燃烧性能的影响

热值是衡量保温板能否满足 A2 级燃烧性能要求的关键指标，为研究防火胶粘剂对 EPS 防火保温板燃烧性能的影响，本实验在固定阻燃配方不变情况下，分别选用热固性酚醛树脂、无机胶粘剂 A、有机无机复合胶粘剂 B 作基础胶粘剂，最后经防火改性的聚苯乙烯保温板燃烧性能如表 1。

表 1 胶粘剂对保温板性能的影响

胶粘剂性能	空白 EPS 泡沫	酚醛树脂	无机胶粘剂 A	有机、无机复合胶粘剂 B
热值（MJ/kg）	40.638	24.2	2.87	2.967
氧指数（%）	18%	—	>70	>70
垂直燃烧	—	—	UL94V-0	UL94V-0

通过表 1 可以看出，当选用无机胶粘剂 A 以及有机无机复合胶粘剂 B 在同等阻燃剂添加量下，保温板的热值均能满足 A2 级燃烧性能测试要求。但纯无机胶粘剂存在防水性能不够好、后期应用返碱、返霜等问题，而有机无机复合胶粘剂 B 在满足防火性能要求的同时兼具有较好的防水性能，且在保温板后期应用中较好的克服了返碱问题，因此本研究选择有机无机复合胶粘剂 B 为较优胶粘剂。

3.2 阻燃剂添加量对保温板燃烧性能的影响

为研究阻燃剂添加量对保温板燃烧性能的影响，本研究在固定较优的有机无机复合胶粘剂 B 及其他辅助添加剂固定不变情况下，仅改变复合阻燃剂添加量，研究复合阻燃剂添加量对 EPS 保温板燃烧性能的影响，最后结果见表 2。

由表 2 和图 1 可以看出，随着阻燃剂添加量的增加，制备的保温板热值呈逐步下降趋势，当阻燃剂添加量达到 50%时，保温板的热值可满足 A 级热值要求，但存在加工困难，为兼顾生产效率及燃烧性能，本项目选择阻燃剂添加量为 40%，为较优添加量。

表 2　阻燃剂添加量对保温板燃烧性能的影响

阻燃剂添加量（%）＼性能	热值（MJ/kg）	垂直燃烧等级	加工性能
0	40.638	—	—
20	11.798	UL94V-0	易加工
30	6.757	UL94V-0	易加工
40	3.913	UL94V-0	易加工
50	2.967	UL94V-0	黏度太高，加工较困难

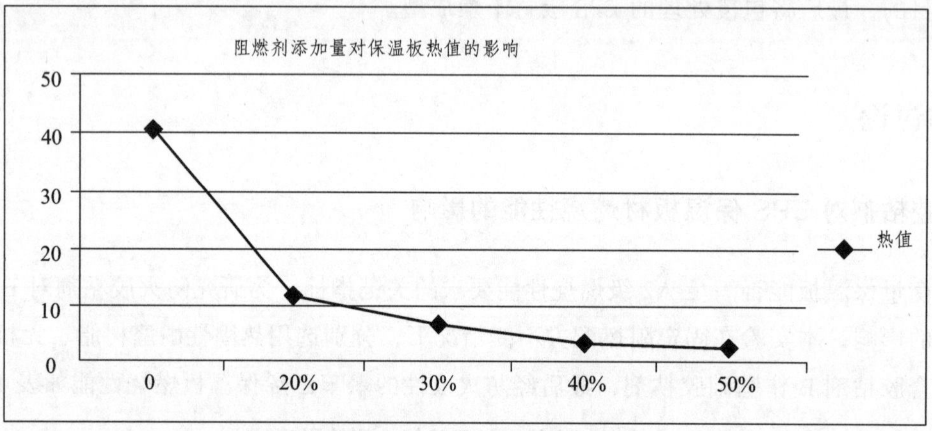

图 1　阻燃剂添加量对保温板热值的影响

3.3　协效剂对保温板燃烧性能的影响

为考查协效剂对保温板燃烧性能的影响，进一步降低保温板热值，本研究在固定复合阻燃剂配方、阻燃剂添加量为 40%、协效剂添加量及胶粘剂等情况下，仅改变协效剂类别，结果见表 3。

表 3　协效剂类别对保温板燃烧性能的协同效果影响

协效剂	热值（MJ/kg）	垂直燃烧等级	氧指数（%）	加工性能	比重（kg/m^3）	导热系数[W/(m·K)]	10%形变抗压强度（kPa）
未加协效剂	3.913	UL94V-0	>70	易加工	—	—	—
协效剂 A	3.304	UL94V-0	>70	易加工	—	—	—
协效剂 B	2.964	UL94V-0	>70	易加工	118	0.058	>150

由表 3 及图 2 可以看出，添加协效剂以后，保温板的热值均有明显下降。当选择协效剂 B 时保温板的垂直燃烧等级达到 UL94V-0，氧指数>70%，比重为 118 kg/m^3，导热系数达到 0.058 W/（m·K），10%形变抗压强度大于 150 kPa，且 600 kPa 压力下未破坏。此外由上表 3 还可以看出，改性后保温板热值达到 2.964 MJ/kg，满足 GB 8624—2012 对 A2 级燃烧性能要求中热值小于 3.0 MJ/kg 的要求，因此本项目选择协效剂 B 为较优协效剂。

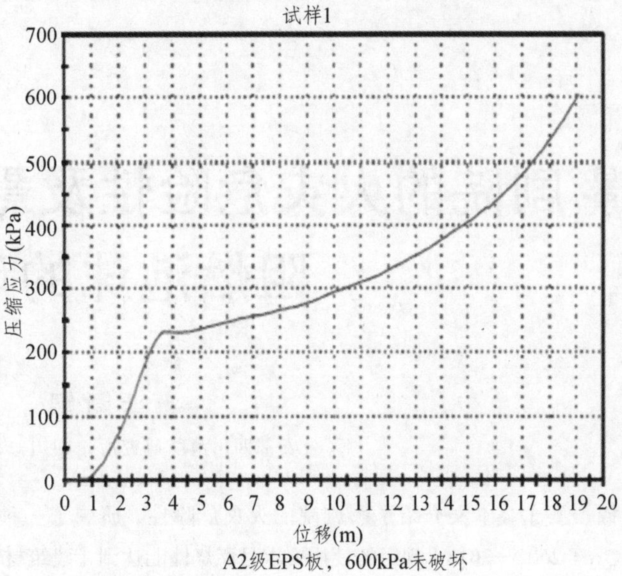

图 2　本项目保温板抗压强度测试

3.4　小　结

（1）通过对防火胶粘剂配方的研究，其结果表明：当防火胶粘剂选用有机无机复合胶粘剂 B 时所制备的 EPS 防火保温板兼有较好的燃烧性能及防水性能，本实验选择有机无机复合胶粘剂为较优胶粘剂。

（2）通过阻燃剂添加量及协效剂种类对 EPS 保温板燃烧性能的研究，其结果表明：当阻燃剂添加量 40%时，选择协效剂 B 时相对较优。

（3）通过本项目防火胶粘剂配方研究，最后研究出的保温板的垂直燃烧等级达到 UL94V-0，氧指数大于 70%，比重达到 118 kg/m^3，导热系数达到 0.058 W/（m · K），10%形变抗压强度大于 150 kPa，且 600 kPa 压力下未破坏。与此同时本项目保温板热值达到 2.964 MJ/kg，满足 GB 8624—2012 对 A2 级燃烧性能要求中热值小于 3.0 MJ/kg 的要求。

作者简介：李碧英，女，1979 年 6 月生，硕士研究生，主要研究方向：阻燃塑料，防火保温材料。
联系方式：13408568563；
电子信箱：libiying980321@163.com。

影剧院的火灾危险性及影剧院公共座椅用阻燃泡沫的研制*

王新钢
（公安部四川消防研究所，四川 成都 610036）

【摘 要】 本文介绍了影剧院的火灾危险性，研制了一种外观和使用功能满足《影剧院公共座椅》（QB/T 2602—2013）规定的使用要求且燃烧性能达到《建筑材料及制品燃烧性能分级》（GB 8624—2012）阻燃 B1 级要求的阻燃软质聚氨酯泡沫，并加工成一种可以实际使用的影剧院公共座椅。

【关键词】 影剧院；公共座椅；聚氨酯泡沫；阻燃

0 前 言

影剧院是供人们集会和开展文化娱乐生活的场所，随着社会经济的发展和人们生活的需要，影剧院已向多样化、多功能方向发展。集电影、歌舞、会议于一体，向人们提供各具特色的娱乐活动。现代大型宾馆、饭店，也多建有内部影剧院。这些活动场所主要由舞台、观众厅、放映室、变配电室、锅炉房、风机房演员化妆室、道具布景室、美工室等业务附属用房组成。建设部发布的行业标准《电影院建筑设计规范》（JGJ 58—2008）中的 4.1.1 条规定电影院的规模按总座位数可划分为特大型、大型、中型和小型四个规模，其中特大型电影院的总座数应大于 1 800 个，中型电影院的总座位数宜为 701～1 200 个，这些地方一旦发生火灾，往往会造成众多的人员伤亡。因为影剧院绝大多数容纳人员较多，建筑空间大，存在着大量的流通空气，有着天然的燃烧条件，同时可燃物品多，火灾荷载大，而影剧院为了追求豪华、高档次及良好的观影效果，其座椅基本都是采用高回弹软质聚氨酯泡沫作为填充物，遇到火源极易猛烈燃烧并迅速蔓延，因为软质聚氨酯泡沫火灾与其他可燃固体火灾相比，具有独特的燃烧特点，主要表现在燃烧速度极快且火焰温度高，烟雾大且毒性强。软质聚氨酯泡沫的燃烧产物很多，主要有 CO、CO_2、H_2O、NO、NO_2、NH_3 和 HCN 等，烟雾和毒性给安全疏散和灭火工作带来了极大的危险和困难，增加了火灾危险性，国内外死亡人数百人以上的火灾案例，大多发生在这些场所。因此，作为影剧院公共座椅填充物使用的高回弹软质聚氨酯泡沫必须进行阻燃处理，以减少影剧院的火灾危险性。

1 阻燃影剧院公共座椅泡沫的研究

影剧院座椅基本均采用高回弹软质聚氨酯泡沫，本文通过在高回弹软质聚氨酯泡沫塑料发泡时添

* 基金项目：国家重点研发计划课题（2016YFC0800605）；公安部技术研究计划项目“影剧院公共座椅用改性聚氨酯泡沫的阻燃技术及应用”（2015JSYJC13）。

加不同组分、不同剂量的阻燃剂，设计不同的聚氨酯软质泡沫塑料发泡配方，对其在高回弹软质聚氨酯软泡上的阻燃作用进行研究，进而筛选出阻燃性能和综合性能较好的阻燃配方。

1.1 实验仪器（参数见表 1）

表 1 实验仪器

仪器名称	仪器规格
烧杯	50 ml
电子天平	max = 210 g，d = 0.1 mg
数显磁力搅拌器	98-3 型
电热恒温鼓风干燥箱	DH-101 型
简易模具	80 mm×250 mm×10 mm

1.2 实验原料（见表 2）

表 2 实验原料

原　料	级 别
聚醚多元醇（PPG）	工业级
甲苯-2，4-二异氰酸酯（TDI）	分析纯
辛酸亚锡	分析纯
三乙烯二胺	分析纯
有机硅油	工业级
蒸馏水	自制
三聚氰胺（MA）	分析纯
聚磷酸铵（APP，$n \geqslant 50$）	工业级
DMMP	工业级
季戊四醇	工业级
氢氧化镁	工业级
氢氧化铝	工业级
三氧化二锑	工业级
3-ß-氯乙基磷酸酯	工业级

1.3 配方设计

聚氨酯泡沫塑料发泡过程中，采用的配方主要由表 3 所示的原料组成。

表3 聚氨酯泡沫塑料的配方组成及作用

原料名称	主要作用
多元醇	主要反应原料
甲苯-2，4-二异氰酸酯	主要反应原料
水	链增长剂和发泡剂
交联剂	提高泡沫塑料的机械性能（如弹性等）
催化剂（胺及有机锡）	催化发泡反应及凝胶反应
泡沫稳定剂	使泡孔稳定并控制孔的大小及结构
发泡剂（如HCFC-141b、环戊烷等）	汽化后作为气泡来源并移去反应热
阻燃剂	使泡沫塑料具有阻燃性

本文采用一步法发泡，按配方称取一定量的聚醚多元醇、聚合物多元醇、催化剂、发泡剂、泡沫稳定剂、交联剂、阻燃剂等助剂于一容器中，搅拌均匀，作为A组分，控制其温度在20～25 °C；在另一容器中按配方称取一定量的异氰酸酯，作为B组分，控制其温度在20～25 °C。将B组分迅速倒入A组分的容器中，高速搅拌5～8 s，立即倒入已预热到（50±5）°C的模具中，快速合模，待泡沫熟化5～6 min后脱模，放置48 h后再进行泡沫物理性能和阻燃性能测试。

1.4 性能测试

本文采用氧指数法对阻燃聚氨酯泡沫的阻燃性能进行测试。氧指数（LOI）是指在规定的条件下，材料在氧氮混合气流中进行有焰燃烧所需的最低氧浓度。以氧所占的体积百分数的数值来表示。氧指数高表示材料不易燃烧，氧指数低表示材料容易燃烧，一般认为氧指数<22属于易燃材料，氧指数在22～27属可燃材料，氧指数>27属难燃材料。

参照《塑料用氧指数法测定燃烧行为》（GB/T 2406—2009）标准对所制样品进行测试。将所制试样切割成10 mm×10 mm×120 mm的柱状体，其中每个组分切5条。调节氧指数仪的各项参数，使之符合国家标准。将试样夹持在架子上，利用本生灯进行灼烧。在固定时间和标定试样灼烧长度的条件下，对氧气流量进行调整，观察实验现象，并记录氧指数。

当基料一定时，阻燃剂、添加剂之间存在一个最佳值。在这时软质聚氨酯泡沫的阻燃性能与发泡性较为理想。将较好的几组配方进行多次重复实验，并根据《影剧院公共座椅》（QB/T 2602—2013）测试泡沫的理化性能，最后确定软质聚氨酯泡沫的最佳配方。

2 中试生产

从最终氧指数实验数据及理化分析数据可以得出阻燃影剧院座椅泡沫的最佳配方，根据该配方进行中试生产。将中试生产的影剧院公共座椅用阻燃软质聚氨酯泡沫样品分别送到国家防火建筑材料质量监督检验中心和国家家具产品质量监督检验中心（成都），分别按照《建筑材料及制品燃烧性能分级》（GB 8624—2012）和《影剧院公共座椅》（QB/T 2602—2013）进行燃烧性能和理化性能检测，检测结果见表4。

表 4　影剧院公共座椅用阻燃聚氨酯泡沫检测结果

检验项目	检验结果	技术要求
燃烧性能	B1 级	B1
热释放速率峰值（kW/m^2）	301	400
平均燃烧时间（s）	10	平均燃烧时间≤30
平均燃烧高度（mm）	180	平均燃烧高度≤250
底座软质聚氨酯泡沫密度（kg/m^3）	45.7	≥40
其他部位软质聚氨酯泡沫密度（kg/m^3）	45.5	≥30
泡沫回弹性（%）	50	≥35

从表 4 可以看出，该影剧院公共座椅用阻燃软质聚氨酯泡沫（见图 1）在外观和使用功能方面满足《影剧院公共座椅》（QB/T 2602—2013）的使用要求且燃烧性能达到《建筑材料及制品燃烧性能分级》（GB 8624—2012）的阻燃 B1 级，平均燃烧时间 10 s，平均燃烧高度 180 mm。

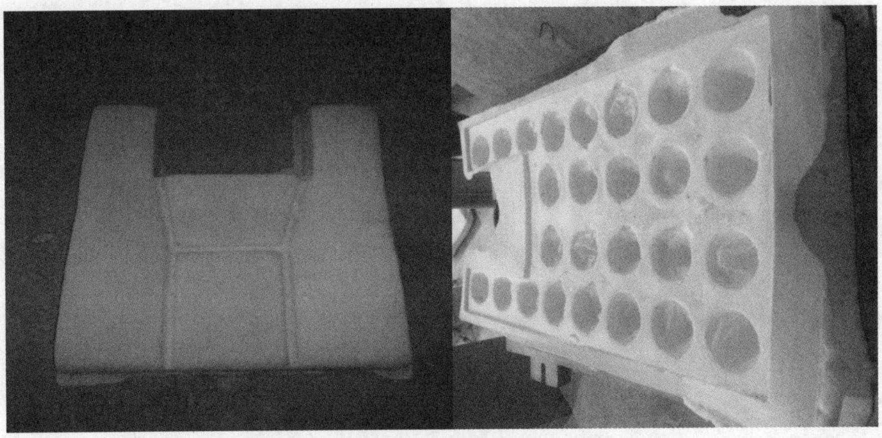

图 1　影剧院公共座椅用阻燃泡沫

将该影剧院公共座椅用阻燃软质聚氨酯泡沫加工成阻燃影剧院公共座椅（见图 2），其性能指标完全满足《影剧院公共座椅》（QB/T 2602—2013）。

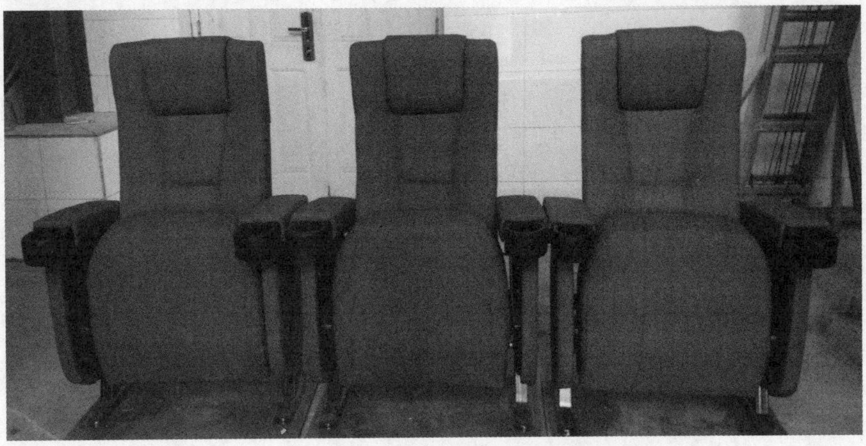

图 2　阻燃影剧院公共座椅

3 结 论

本文针对影剧院的火灾危险性，研制了一种用于影剧院公共座椅的阻燃聚氨酯泡沫，并进行了中试生产，将中试产品送往国家权威检测机构，按照《影剧院公共座椅》（QB/T 2602—2013）和《建筑材料及制品燃烧性能分级》（GB 8624—2012）进行检测，发现该阻燃聚氨酯泡沫燃烧性能达到B1级，平均燃烧时间10 s，平均燃烧高度180 mm，密度45.5 kg/m^3，回弹性50%，完全达到标准要求。因此，该阻燃聚氨酯泡沫可用于影剧院公共座椅，有利于降低影剧院的火灾危险性。

参考文献

[1] 张立英，顾尧. 难燃聚氨酯软质泡沫的制备及性能研究[J]. 聚氨酯工业，2003，18（4）：14-17.
[2] 柴多里，张道芝. 阻燃聚氨酯软泡的研制[J]. 安徽化工，1997，90（5）：20-22.
[3] 朱国强，蓝铭，顾志宏. 阻燃性软质聚氨酯泡沫塑料的研制[J]. 聚氨酯工业，1996，11（1）：19-23.
[4] 熊文义. 影剧院火灾特点和防火措施[J]. 江西化工，2011，6（2）：233-235.

常用外墙保温材料燃烧性能及阻燃、生烟机理分析

张洪涛[1]，聂来聪[2]，王灵玺[3]

（1. 济南市公安消防支队，山东 济南 250100；2. 山东省消防产品质量监督检验站，山东 济南 250100；
3. 山东省消防产品质量监督检验站，山东 济南 250100）

【摘 要】 本文对我国目前常的外墙用保温材料的燃烧性能进行了介绍，指出存在的主要问题，对最常用的有机类外墙保温材料如模塑聚苯乙烯泡沫塑料（EPS）、挤塑聚苯乙烯泡沫塑料（XPS）、聚氨酯（PU）、酚醛泡沫（PA）等材料的热分解特征以及生烟机理进行了剖析，并辅以大量试验进行证明，指出材料的生烟机理归根到底由其热分解方式决定。

【关键词】 保温材料；燃烧性能；阻燃及生烟机理；裂解方式

1 引 言

目前，我国常用的外墙外保温材料主要以膨胀珍珠岩、岩棉、膨胀玻化微珠、泡沫混凝土、聚苯乙烯泡沫塑料、聚氨酯、酚醛树脂以及无机改性有机材料等为主，但都存在部分缺陷，如无机材料虽然属于不燃类材料，但总体导热系数偏高；部分材料还存在吸水性差、抗冲击强度偏低等缺点；有机材料虽然保温性能好、吸水率低，但阻燃性能偏低、烟气较大等通病也极大地限制了其应用[1, 2]。

现将检验过程中发现的问题进行总结，着重对有机类外墙保温材料的生产工艺、阻燃技术、热分解特征以及生烟的机理进行分析，旨在帮助人们选择适当的保温材料。

2 无机类保温材料

无机类材料主要包括岩棉、泡沫玻璃、泡沫混凝土、膨胀玻化微珠、膨胀珍珠岩、石棉纤维增强硅酸钙板等材料，此类材料在欧盟标准中无需检测，可直接作为不燃材料使用。常用的各种无机材料性能见表 1。

表 1 各类无机材料主要性能

序号	名称	标准号	密度（kg/m^3）	吸水率	导热系数 [W/（m·K）]	压缩强度（kPa）	燃烧性能
1	岩棉	GB/T 25975—2010	80 ~ 110	≤1.0 kg/m^2（短期）	≤0.040（板）	≥40	A（GB 8624—1997）
2	膨胀玻化微珠	GB/T 26000—2010	≤280	—	≤0.070	≥200（墙体）	A2（GB 8624—2006）
3	膨胀珍珠岩	GB/T 10303—2001	≤200 ~ 350	—	—	≥300 ~ 500	A（GB 8624—1997）
4	泡沫混凝土	JG/T 266—2011	≤300 ~ 1600	≤5 ~ 50%	≤0.08 ~ 0.27	≥300 ~ 20000	不燃
5	泡沫玻璃	JC/T 647—2005	≤140 ~ 200	≤0.5%	≤0.048 ~ 0.070	≥400 ~ 800	—

从表1可以看出，各类无机材料燃烧性能较好，均能达到不燃材料的要求，但物理性能存在较大差别，如岩棉强度较弱且易吸水，吸水后导热系数变大，保温性能减弱，在实际施工中，采用锚栓上墙后，经过一定时间使用，容易发生面层的开裂及保温性能的丧失，后期使用存在较大的隐患；膨胀珍珠岩、膨胀玻化微珠以及泡沫玻璃等材料虽然吸水率较低，但自身导热系数较高，通常需要较厚的保温层才能达到保温要求，同时自身密度又较高，质量较大，增加了外维护结构的重量，容易对整个系统造成不良影响[3, 4]。

3 有机类保温材料

有机类保温材料主要有模塑聚苯乙烯泡沫塑料、挤塑聚苯乙烯泡沫塑料、聚氨酯、酚醛树脂等，该类材料受热值所限，燃烧性能最高只能达到GB 8624—2006标准中的B级，其主要性能见表2，其中SPU为现场发泡聚氨酯，PA为酚醛泡沫塑料。

表2 各类有机材料主要性能

序号	名称	标准号	吸水率	导热系数 [W/(m·K)]	压缩强度（kPa）	燃烧性能	烟密度等级范围
1	EPS	GB/T 10801.1—2002	≤2.0%～6.0%	≤0.039～0.041	≥60～400	B_2（GB 8624—1997）；LOI≥30%	15～30
2	XPS	GB/T 10801.2—2002	≤1.0%～2.0%	≤0.027～0.035	≥150～500	B_2（GB 8624—1997）	30～60
3	PU	GB/T 21558—2008	≤3.0%～4.0%	≤0.022～0.026	≥80～120	符合规范要求	50～70
4	SPU	GB/T 20219—2006	—	≤0.020～0.022	≥100～200	符合规范要求	55～75
5	PA	GB/T 20974—2007	≤7.5%	≤0.032～0.046	≥100～250	B_1（GB 8624—1997）	≤5

3.1 聚苯乙烯泡沫塑料

目前最常用的聚苯乙烯泡沫塑料为模塑聚苯乙烯泡沫塑料（EPS）和挤塑聚苯乙烯泡沫塑料（XPS），由于保温性能好、价格低、施工方便等优点，在外墙保温中用量最多。从表2可以看出，EPS的燃烧性能除了要进行可燃性能测试外，还要进行氧指数的测试，标准规定阻燃型EPS的氧指数不能小于30%。聚苯乙烯全部由碳氢元素组成，本质上极易燃烧，燃烧时火焰为橙黄色，并有浓烟产生，未经阻燃处理的聚苯乙烯氧指数只有18%左右[5]。

《外墙外保温工程技术规程》（JGJ 144—2004）中要求EPS体积密度范围为18～22 kg/m^3，标准中虽然没有对XPS密度提出明确要求，但工程中实际应用的XPS密度通常不低于35 kg/m^3，而进行烟密度检测时，只是对体积有要求。因此，上述两种聚苯乙烯泡沫塑料的烟密度差别较大。从图1可以看出，EPS在进行燃烧时，由于质量较轻，遇火迅速受热分解，产生大量的烟气，随着时间的推移，逐渐分散在整个试验箱中，烟密度降低；XPS由于质量较重，遇火熔融收缩并逐步分解，在开始的1 min时间内，烟密度逐渐增大，随着时间的延长，烟密度逐渐减小。

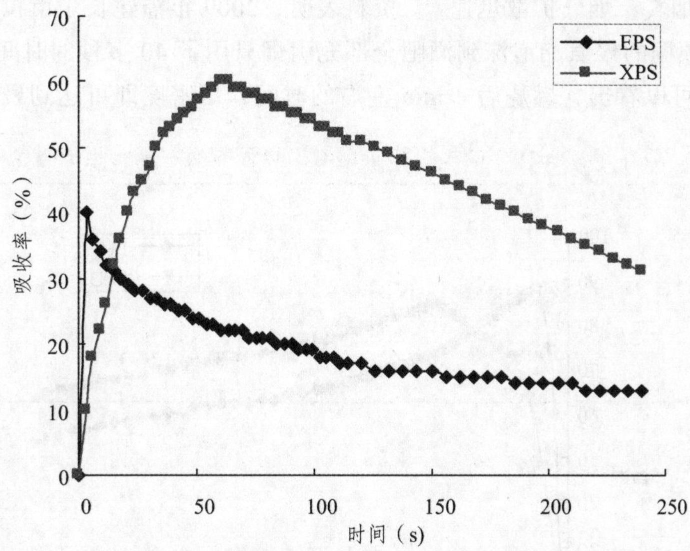

图 1　聚苯乙烯泡沫塑料烟密度示意图

通常而言，聚苯乙烯泡沫塑料烟密度均较小，这与聚苯乙烯的裂解方式不无关系。聚苯乙烯大约在 300 °C 下，首先脱氢接着 C—C 键裂解形成链端碳自由基，自由基然后逐步消除苯乙烯单体，直到聚合物分子链完全降解，或者自由基被终止，具体见图 2。可见每个苯乙烯的消除都是由相对于含自由基碳的β位的 C—C 键断裂的结果，并且产生了一个相同的自由基结构，可以继续进一步进行苯乙烯的消除反应。由于产物大部分为苯乙烯单体，而不是像聚氯乙烯裂解那样产生大量的脂肪碳氢物和炭，因而烟密度相对较小[6]。

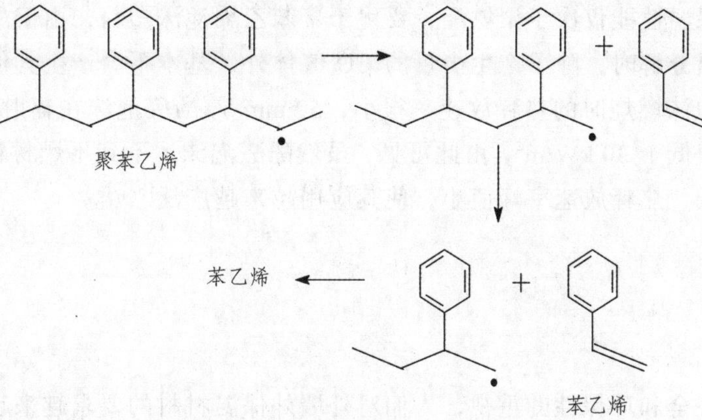

图 2　聚苯乙烯泡沫塑料裂解示意图

3.2　聚氨酯泡沫塑料

聚氨酯泡沫的种类较多，如硬泡、半硬泡和软泡等，一般在建筑保温隔热应用中使用的是硬质聚氨酯泡沫塑料，该泡沫是一种具有闭孔结构的低密度微孔材料，具有轻质、闭孔、比强度高、导热率小、吸水率低以及施工方便等优点。聚氨酯泡沫属于高度易燃材料，氧指数仅为 16.5%，且易发生阴燃燃烧。

聚氨酯在 200 °C 时就开始发生分解或降解与挥发，产生可燃性气体，当这些气体与空气中的氧气发生化学反应达到比较激烈的程度时，就会造成燃烧，因此在燃烧初期产烟量就较大。同时由于聚氨酯为热固性泡沫，加热时不发生熔融收缩的现象，内部空腔较大，因此，在热量的持续作用下，材料表面和内部同时产生烟气，烟气扩散迅速[7]。资料表明，2009 年福建长乐市拉丁酒吧火灾，从火灾录像来看，从烟花引燃顶棚的聚氨酯泡沫到酒吧全部充满烟只用了 40 多秒的时间。图 3 为聚氨酯泡沫烟密度曲线图，从图中可以看出，燃烧后 1 min 左右的时间，烟密度即可达到最大值，这就极大地限制了人员的逃生时间。

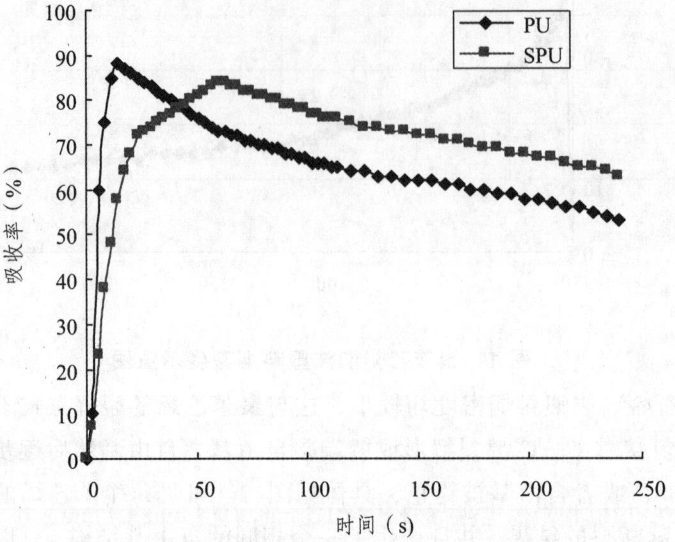

图 3　聚氨酯泡沫塑料烟密度示意图

3.3　酚醛泡沫塑料

酚醛泡沫塑料的保温性能仅次于聚氨酯，要优于聚苯乙烯泡沫塑料，由于酚醛分子中只含有碳、氢和氧原子，受到高温分解时，除了产生少量的 CO 气体外，基本不会产生其他有毒有害物质，烟密度等级小于 5。酚醛泡沫燃烧时的热释放速率很小，50 mm 厚酚醛泡沫在辐射强度为 40 ~ 70 kW/m^2 之间的热释放速率峰值低于 30 kW/m^2，由此可见，虽然酚醛泡沫达不到不燃材料的要求，但各种性能优良，尤其是烟密度低，热释放速率峰值小，使其应用越来越广泛[8, 9]。

4　结　论

随着人们对防火安全和环保性的重视，人们对外墙外保温材料的要求越来越高。本文对无机类保温材料和有机类保温材料的优缺点进行了比较，指出了各自的优缺点，同时对有机类保温材料的燃烧特性、裂解方式、生烟机理及燃烧热值进行了分析。通过比较不难看出，难燃、低烟、保温性能优良的保温材料是今后外墙保温材料的发展方向。

参考文献

[1]　朱乃林. 浅议外墙保温常见质量问题及防治措施[J]. 硅谷，2010（6）：114-114.
[2]　陈亚兰. 节能材料检测中的细节问题[J]. 新型建筑材料，2012（1）：88-89.
[3]　谭丹君，王莹，王鹏起，等. 我国岩棉不燃型外墙保温材料的应用与存在问题[J]. 新型建筑材料，2011（11）：35-37.

[4] 石璞，刘建龙，李福枝，等. 新型防火隔热复合膨胀珍珠岩板材的开发与研究[J]. 新型建筑材料，2011（1）：68-70.

[5] 徐峰，张雪芹，华七三. 建筑保温隔热材料与应用[M]. 北京：中国建筑工业出版社，2007.

[6] 张军，纪奎江，夏延致. 聚合物燃烧与阻燃技术[M]. 北京：化学工业出版社，2005.

[7] 刘国胜，冯捷，郝建薇，等. 硬质聚氨酯泡沫塑料的阻燃、应用与研究进展[J]. 中国塑料，2011（11）：5-9.

[8] 佟锐，李晓峰，周云，等. 酚醛建筑保温阻燃材料的研制[J]. 消防科学与技术. 2012（1）：83-85.

[9] 刘玲. 基于锥形量热仪对硼酚醛防火涂料阻燃性能的研究[J].涂料工业. 2010（9）：61-63.

作者简介：张洪涛（1976—），男，工程师，本科，研究方向为消防建审、验收，消防及阻燃材料的检测。

橡塑保温材料的单体燃烧试验研究

朱 剑
（公安部四川消防研究所，四川 成都 610036）

【摘 要】 以橡塑保温材料为研究对象，通过单体燃烧试验测量热释放速率、放热总量、产烟速率等参数，结合 GB 8624—2012 分析橡塑的燃烧性能，并通过对平板状橡塑、橡塑管材、铝箔面橡塑复合保温材料的各项参数分析比较，研究其阻火性能的差异。

【关键词】 橡塑；单体燃烧试验；阻火性能

0 引 言

橡塑保温材料于 20 世纪 70 年代进入中国市场，随着它的保温性能和阻火性能的优势日益突出，其在保温行业的角色越来越重要。橡塑保温材料是以橡胶、聚氯乙烯为主要原料，加入发泡剂、阻燃剂、抗老化剂等，经过密练、混炼、挤出、硫化、发泡、冷却等工艺制成的一种均质柔性泡沫绝热材料。橡塑保温材料具有柔软、耐屈绕、导热系数低、减震、吸音、阻燃、防水等特点，被广泛用于中央空调、建筑、化工、医药、轻纺、冶金、船舶、电气等领域的各类冷热介质管道、容器保温中，能达到降低冷、热损耗的优异效果。众所周知，衡量橡塑保温材料优劣的主要性能指标分别是橡塑保温材料的导热系数、透湿性能、燃烧性能、撕裂强度。按照国家最新标准 GB 8624—2012[1]，将建筑材料的燃烧性能分为 A 级不燃、B1 难燃、B2 可燃、B3 易燃 4 个等级。橡塑保温材料通过添加阻燃剂等增强其阻火性能，使其能达到 B1 难燃，但制造工艺、配方、阻燃剂选用等因素导致在进行单体燃烧试验时的防火表现差异较大。

1 试 验

1.1 试验设备

本试验基于耗氧原理，由 Thornton 和 Huggett 经过大量的试验研究，得出材料在完全燃烧时每消耗单位质量的氧所释放的热净量为 13.1 MJ/kg，在实际应用中假设该值所引起的误差不会超过 ± 5%[2-3]。

采用单体燃烧试验装置进行试验，如图 1 所示，单体燃烧试验装置包括燃烧室、小推车、集气罩、收集器、导管、排烟系统和测量装置。根据不同的应用方式对橡塑保温材料进行安装，然后将试样置于小推车上，暴露于由丙烷产生的功率为（30.7 ± 2.0）kW 的火源中，试验过程中燃烧产物由集烟罩收集经排烟管道到达综合测量区，综合测量区由热电偶、双向探头、气体取样探头、光衰减系统组成[4]。通过综合测量区的取样、测量等得到热释放、产烟量等参数来评价材料的阻火性能。

图 1 单体燃烧试验装置

1.2 评价指标

（1）$FIGRA_{0.2\ MJ}$，THR 临界值达到 0.2 MJ 后，试样热释放速率与受火时间比值的最大值；

（2）$FIGRA_{0.4\ MJ}$，THR 临界值达到 0.4 MJ 后，试样热释放速率与受火时间比值的最大值；

（3）SMOGRA，试样产烟率与所需受火时间的比值的最大值；

（4）$THR_{600\ s}$，试样受火于主燃烧器 600 s 内的总热释放量；

（5）$TSP_{600\ s}$，试样受火于主燃烧器 600 s 内的总产烟量；

（6）LFS，火焰在试样长翼上的横向传播。

上述指标均参与 GB 8624—2012 基于单体燃烧试验进行的燃烧性能等级判定和产烟特性分级判定。

2 结果与讨论

2.1 平板状橡塑保温材料

本文以大量平板状橡塑保温材料的单体燃烧试验结果为基础，选择其中较为典型的 5 个试样的结果进行分析，试验结果见表 1。

表 1 平板状橡塑单体燃烧试验结果

样品	$FIGRA_{0.2\ MJ}$	$FIGRA_{0.4\ MJ}$	THR_{600s}	SMOGRA	TSP_{600s}	Time to $FIGRA_{0.2\ MJ}$	Time to $FIGRA_{0.4\ MJ}$	LFS
1	57.1	6.5	1.6	1504.6	498.8	60	459	N
2	167.9	89.7	3.9	177.3	198.0	42	72	N
3	247.3	153.2	4.9	1096.5	518.8	36	60	N
4	308.5	245	4.7	817	413.3	36	54	N
5	411.4	311.9	7.5	918	516	33	48	N

（1）试验现象。

试验进行到 300 s 时，由辅助燃烧器切换至主燃烧器，此时火源在由试样长翼及短翼拼成的直角处形成墙角火，试样接触火源部位火焰立即上窜，高度达到最高，释放出大量的白色烟气。随着试验时间的继续，仅在火源接触到试样的位置能观察到火焰，火焰未在试样上横向蔓延，材料逐渐炭化、膨胀、开裂、卷曲，最后炭化物掉落。

（2）数据分析。

试验采用的计算评价橡塑保温材料燃烧性能等级的参数为 $FIGRA_{0.2\ MJ}$，$FIGRA_{0.4\ MJ}$ 和 $THR_{600\ s}$，其公式分别为 $FIGRA = 1000\times\max\left(\dfrac{HRR_{av}(t)}{t-300}\right)$，$THR_{600s}=\dfrac{3}{1000}\sum_{300s}^{900s}\left(\max\left[HRR(t),0\right]\right)$，FIGRA 为 HRR 和时间的比值，$THR_{600\ s}$ 为试样在 300 ~ 900 s 的热释放累积，见图 2 及图 3。

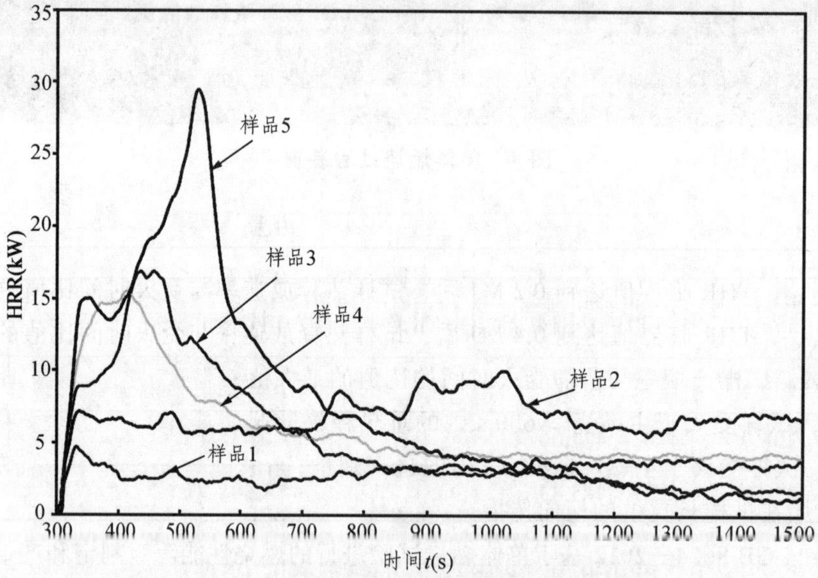

图 2　平板状橡塑保温材料热释放速率曲线

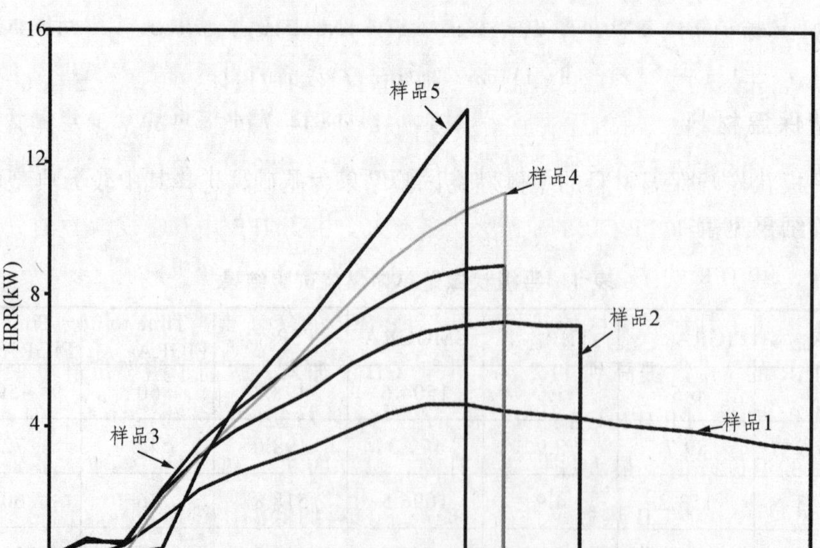

图 3　THR 临界值达到 0.2 MJ 时的热释放速率曲线

图 3 为 THR 临界值达到 0.2 MJ 时的 HRR 曲线和时间构成的面积情况，此时顶点与原点所得的斜率即为 $FIGRA_{0.2\ MJ}$，可以看出橡塑保温材料前期热释放很明显，基本前 60 s 的总热释放量就累积到 0.2 MJ，此时 FIGRA 达到最大值。要提高橡塑的阻火性能，使之达到满意的燃烧级别，就要尽量减缓材料的热释放，使材料的热释放总量尽可能晚的累积到 0.2 MJ。

样品 1 的热释放速率在 THR 临界值达到 0.2 MJ 时已处于缓慢下降过程。样品 2 的热释放速率在 THR 临界值达到 0.2 MJ 时已较为稳定。样品 3、4、5 的热释放速率在 THR 临界值达到 0.2 MJ 后依然增加，样品 5 的增加趋势尤为显著，最大值接近 30 kW，说明材料还在继续燃烧，且燃烧较为充分。HRR 达到最大值后，材料的热释放逐渐减小，200 s 以后趋于稳定，直至试验结束，没有出现二次燃烧。

图 4 为平板状橡塑的烟气释放曲线，随着材料遇火受热分解，材料表面产生大量的烟气，一般在前 60 s，产烟速率达到最大值，此后材料产烟速率逐渐减小，300 s 后趋于稳定。$SMOGRA = 10\,000 \times \max\left(\frac{SPR_{av}(t)}{t-300}\right)$，由于 SPR 在短时间内迅速增长，橡塑保温材料的产烟特性分级极少能达到 s2 级，5 个样品中只有样品 2 产烟速率小，产烟量低，产烟特性分级达到 s2 级，其余均为 s3 级。随着材料逐渐燃烧，烟气释放逐渐减少至趋于稳定。

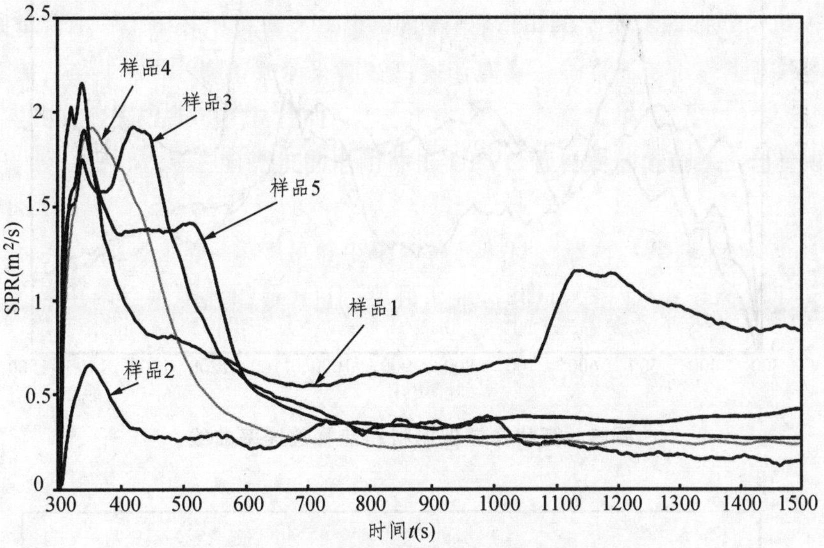

图 4　平板状橡塑保温材料烟气释放曲线

由此可见，由于橡塑燃烧速度快，产烟速率快，产烟量大，且橡塑材料受热分解会生成氯化氢等大量有毒气体的特点，一旦在人员密集场所发生火灾，人员逃生的时间短，容易造成人员伤亡。

2.2　管状橡塑保温材料

管状橡塑保温材料试验结果见表 2。

表 2　管状橡塑单体燃烧试验结果

样品	$FIGRA_{0.2\ MJ}$	$FIGRA_{0.4\ MJ}$	THR_{600s}	SMOGRA	TSP_{600s}	Time to $FIGRA_{0.2\ MJ}$	Time to $FIGRA_{0.4\ MJ}$	LFS
1	67.2	56.4	5.1	898.8	560.9	93	111	N
2	101.2	83.3	4.9	509	486.5	63	87	N
3	257.5	183.5	6.2	517	501.1	36	57	N

管状橡塑燃烧现象和平板状橡塑相似，其 $FIGRA_{0.2\ MJ}$ 和 $FIGRA_{0.4\ MJ}$ 出现的时间同样比较早，图5为管状橡塑保温材料热释放速率曲线。GB 8624—2012 判定平板状材料B级的 $FIGRA_{0.2\ MJ} \leq 120$ W/s，C级的 $FIGRA_{0.4\ MJ} \leq 250$ W/s，而管状材料B级的 $FIGRA_{0.2\ MJ} \leq 270$ W/s，C级的 $FIGRA_{0.4\ MJ} \leq 460$ W/s，这使得管状橡塑相对容易达到B级。由于橡塑管材之间以及管材与背板之间存在空气间隙，火源与橡塑外露表面的接触面积较大，试验过程中管状橡塑的燃烧会更充分，管状橡塑的 THR_{600S} 普遍大于平板状橡塑，试样2、3在1000 s以后HRR又出现一个峰值，这是由于橡塑管材受热后膨胀、变形，大块脱落在靠近火源的墙角位置，火源周围可燃物增加，热释放速率随之增加。产烟特性分级中s2级判据为管状材料 SMOGRA ≤ 580 m^2/s^2、$TSP_{600\ s} \leq 1\ 600$ m^2，平板状材料 SMOGRA ≤ 180 m^2/s^2、$TSP_{600\ s} \leq 200$ m^2。对比图4、图6及表1可知，管状材料的产烟速率和产烟总量并没有比平板状材料更大，因此，管状橡塑更容易达到s2级。

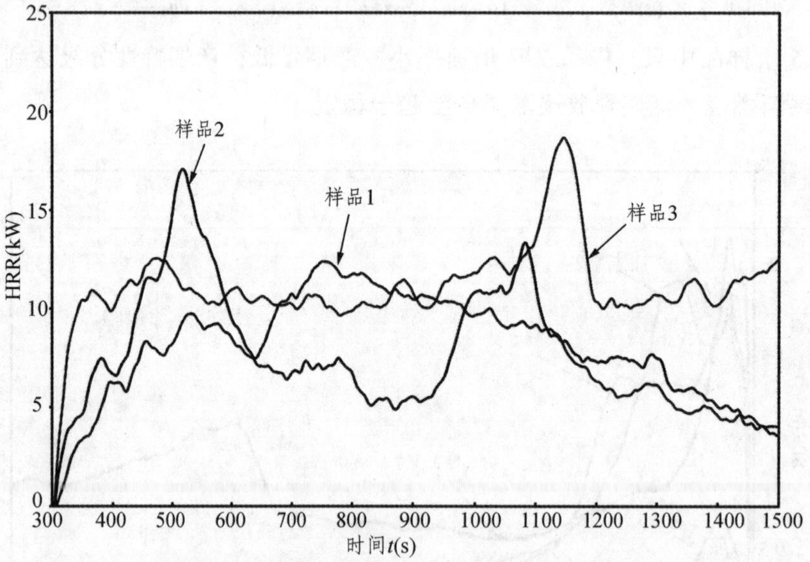

图5　管状橡塑保温材料热释放速率曲线

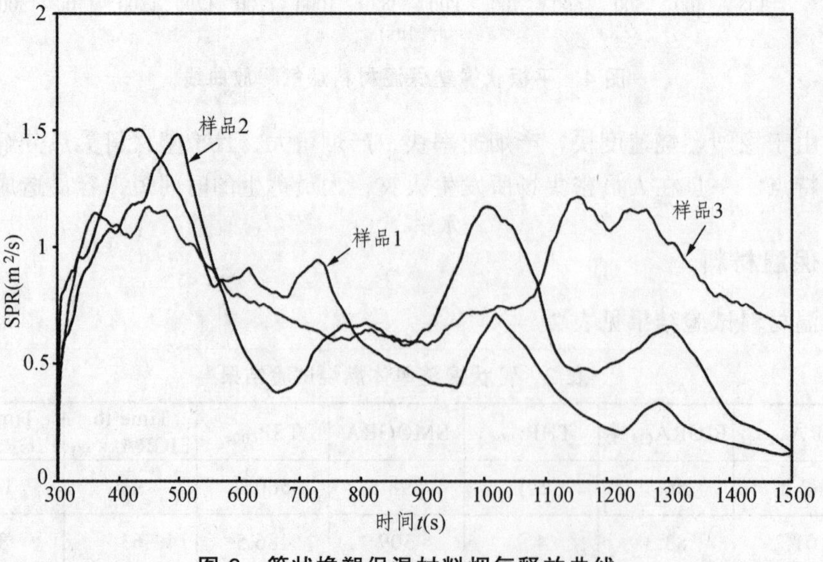

图6　管状橡塑保温材料烟气释放曲线

2.3 铝箔面橡塑复合保温材料

在使用过程中，为防止橡塑材料可能出现的老化现象，通常会在橡塑表面复合一层铝箔作为保护，从而延缓其老化速度。单体燃烧试验结果见表 3。

表 3 铝箔面橡塑复合保温材料单体燃烧试验结果

样品	$FIGRA_{0.2\ MJ}$	$FIGRA_{0.4\ MJ}$	THR_{600s}	SMOGRA	TSP_{600s}	Time to $FIGRA_{0.2\ MJ}$	Time to $FIGRA_{0.4\ MJ}$	LFS
1	124.4	114.3	5.2	280.9	778.6	36	72	N
2	1 307.1	1 307.1	10.0	274.3	272.5	42	42	N

当切换至主燃烧器时，火源首先接触试样的铝箔面，待铝箔面被烧穿或烧出裂缝后火源才与橡塑面直接接触，铝箔面从原理上能延迟烟气的产生和热量的累积。但火源温度很高，且橡塑表面的铝箔非常薄，受到火焰轰击时样品受热膨胀、变形使得铝箔开裂，火源直接与橡塑接触，这导致铝箔面延迟热量累积和产生烟气的效果有限。在试验初期热释放速率和烟气生成速率依然较大，FIGRA 和 SMOGRA 出现的时间都比较早，见图 7 和图 8。样品 2 的 FIGRA 指标较大，按 GB 8624—2012 判定，只能达到可燃级，因此在制造铝箔面橡塑复合材料时，仍需对橡塑进行阻燃处理。

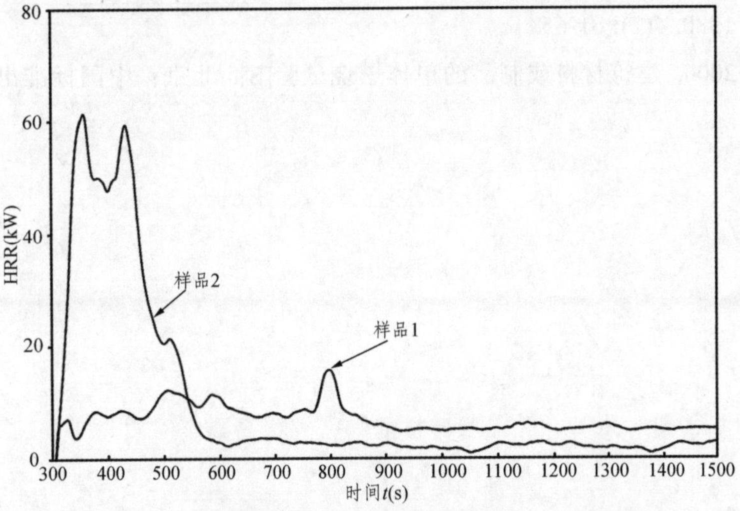

图 7 铝箔面橡塑复合保温材料热释放速率曲线

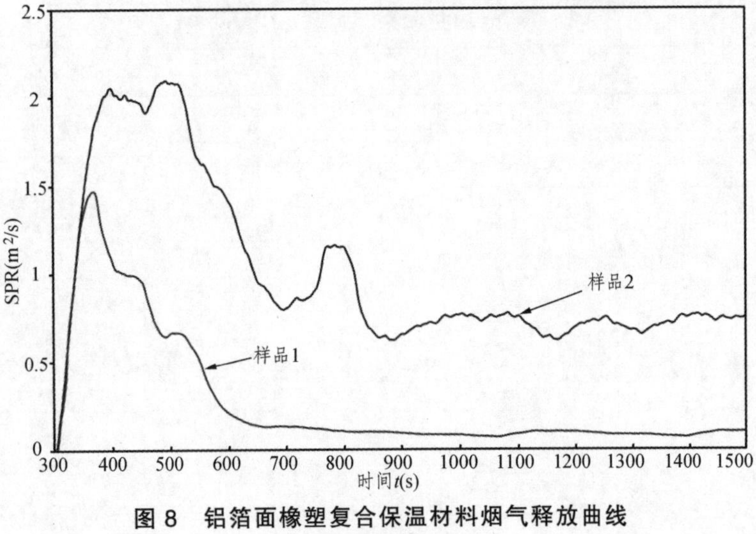

图 8 铝箔面橡塑复合保温材料烟气释放曲线

3 结束语

（1）采用单体燃烧试验对3类橡塑材料进行研究，得出热释放速率和产烟速率在试验初期均增长较快，在中后期普遍较为稳定。

（2）以《建筑材料及制品燃烧性能分级》（GB 8624—2012）为评判依据，得出橡塑管材较容易达到B级的燃烧性能等级和s2级的产烟特性等级。

（3）通过对铝箔面橡塑复合保温材料的研究，发现铝箔面对提高材料的阻火效果有限。

参考文献

[1] GB 8624—2012. 建筑材料及制品燃烧性能分级[S]. 北京：中国标准出版社，2012.

[2] Thornton W M. XV. The relation of oxygen to the heat of combustion of organic compounds[J]. The London, Edinburgh, and Dublin Philosophical Magazine and Journal of Science, 1917, 33(194): 196-203.

[3] Huggett C. Estimation of rate of heat release by means of oxygen consumption measurements[J]. Fire and Materials, 1980, 4(2): 61-65.

[4] GB/T 20284—2006. 建筑材料或制品的单体燃烧试验[S]. 北京：中国标准出版社，2012.

软垫座椅用织物的阻燃性能对大型客车火灾的影响*

谢乐涛

（公安部四川消防研究所，四川 成都 610036）

【摘　要】 本文介绍了我国目前客车内饰材料燃烧性能的相关要求，通过不同规模的实验得出不同阻燃性能的软垫座椅用织物对大型客车火灾的影响，体现出我国大型客车内饰材料需采用阻燃织物及制品的迫切性。

【关键词】 阻燃织物；座椅；大型客车；火灾

1 前 言

汽车作为一种现代化的交通工具，已经越来越广泛地融入人们的日常生活中，人们出行除了飞机、火车等交通工具外，旅游大巴、大巴车也成为人们日常出行的首选，其为人们的出行提供了不少便利，成为人们常用的代步工具。但是，近年来大型客车起火事故屡见报道，给人们的生命财产安全造成了极大的损失。

2010 年 7 月 21 日下午 4 时，湖南长沙机场高速公路上，一辆由黄花机场开往长沙市区的机场大巴车厢内突燃大火，造成至少 2 人死亡，10 余人受伤。

2016 年 1 月 5 日，宁夏发生大巴车火灾，17 人遇难，32 人受伤。

2016 年 4 月 28 日 12 时 40 分许，在福银高速蓝田段草坪隧道口前 200 m 处，一辆车牌号为陕 AG7597 的长途客车起火，造成 8 人死亡 5 人受伤。

2016 年 6 月 26 日 10 时 20 分左右，湖南郴州宜章县境内发生一起特别重大的道路交通事故，造成 35 人死亡，13 人受伤。

经过调查，多数大客车在火灾初期如未能有效扑灭，则火势的发展极为迅速，短时间内整车即可化为一团火海，等消防部队赶来灭火时整车几乎已被烧为空壳。中国之声曾经做过一个实验，一辆大巴车从起火到完全烧完是 42 s，所有乘客要在如此短时间内安全疏散十分困难。

2 我国目前客车用内饰材料燃烧性能相关要求及现状

燃烧性能是指材料燃烧或遇火时所发生的一切物理和化学变化。这项性能由材料表面的着火性和火焰传播性、发热、发烟、炭化、失重以及毒性生成物的产生等特性来衡量。燃烧性能等级高的材料可有效阻止火焰的传播以及产生更少的有毒烟气产物，可有效抑制火灾的快速蔓延和为人员安全逃生争取更长的安全疏散时间。

目前我国现行相关国家标准为《汽车内饰材料的燃烧特性》（GB 8410—2006），该标准对所有汽

*基金项目：四川省科技支撑计划项目（2015FZ0064）公共交通车辆内饰材料防火技术研究。

车用(不区分小型、中型、大型客车)内饰材料做出了要求,具体为燃烧(水平)速度不大于100 mm/min。目前我国相关客车制造商均按照该标准的要求使用各类客车内饰材料，但从我国近年来发生的大型客车火灾案例来看,采用满足该标准要求的内饰材料在大型客车火灾中并不能有效防止火灾的快速蔓延。笔者从国内客车内饰材料的制造商、检验机构处也得知，除部分易燃材料外，大部分客车内饰材料无须特殊阻燃处理就能满足上述国家标准的要求，说明该标准对客车内饰材料的燃烧性能要求并不是特别严格。

3　织物阻燃性能对大型客车火灾的影响及实验验证

旅游车、长途客车等大型客车使用的内饰材料中，主要可燃物为车内座椅套、窗帘等织物，座椅用软垫泡沫、各类隔热、隔音材料（主要为泡沫材料）。其中各类隔热、隔音材料一般位于车体中，座椅用软垫泡沫包覆于软垫内，在火灾初期能直接与火源接触的材料就是座椅用织物，笔者通过实体火灾实验对比了仅提升织物的阻燃性能对大型客车火灾的影响。

目前我国常用织物的纤维种类涉及棉、麻、毛、丝等天然纤维和聚酯（涤纶）、粘胶、聚丙烯（丙纶）及聚酰胺（锦纶）等化学纤维，其中以棉、聚酯和羊毛纤维的用量最大。在对织物燃烧性能评价中，可用极限氧指数（LOI）来粗略的加以区分，一般认为LOI≥32属于难燃织物，LOI≥26属于阻燃织物。但目前我国常用的织物并未进行阻燃处理，氧指数远低于26，属于易燃材料，而且织物的燃点比较低，一旦接触高温或者火源，即会迅速发生燃烧，且火焰蔓延速度也很快，火灾危险性很大。

笔者选取了一辆报废大巴车作为实验对象，该车乘客舱内部净空间为长10.5 m、宽2.35 m、高1.96 m，车辆前部、中部各有一个上下车门，顶部有一个天窗。将车厢后部设置为起火区域，在该区域布置了局部的顶棚、地板、侧围材料和2～3排软垫座椅，在靠走道一侧座椅下方设置了一个油盘，采用柴油为引火源，模拟大客车火灾。具体布置如图1所示。客车及座椅布置实物图如图2所示。

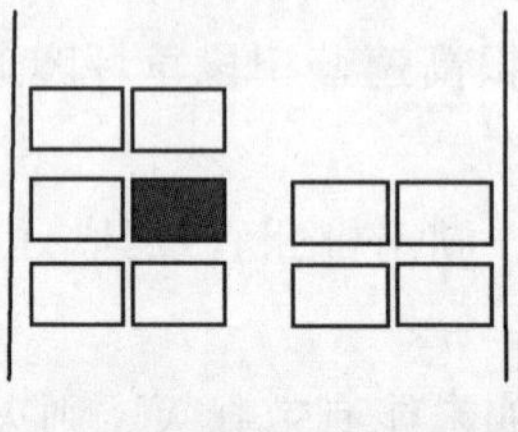

图1　座椅及火源布置示意

图2　客车及座椅布置实物图

设置油盘尺寸为 0.6 mm × 0.2 mm × 0.1 mm，开口面积为 0.12 m^2，采用 0.5 L 柴油为燃料，根据热释放速率的计算公式：$HRR = m \times A \times \Delta He$ 可以计算出火源的热释放速率为 0.22。

两次实验场景设置完全相同，软垫座椅采用的软垫泡沫材料也相同，仅座椅包覆的织物材料的阻燃性能不同。经测试该泡沫的氧指数为 26，垂直燃烧达 V-0 级，烟密度等级为 84。第一次实验采用的座椅织物氧指数为 19，垂直燃烧，续燃时间为 33 s、损毁长度>300 mm、引燃了脱脂棉，烟密度等级为 15，为未经阻燃处理的国内某大型客车品牌座椅常用织物材料；第二次实验采用的座椅织物氧指数为 32，垂直燃烧，损毁长度<150 mm、续燃<5 s、阴燃<5 s，未引燃脱脂棉，为国内某阻燃织物企业生产的永久阻燃织物，并且两次实验采用的内饰材料均满足 GB 8410 的要求。

实验对比结果：左侧为采用普通织物的座椅，右侧为采用阻燃织物的座椅（如图 3 所示）。

起火 30 s：左侧场景中火源上方座椅部分被点燃，右侧场景并未蔓延

起火 60 s：左侧场景中火势已蔓延到邻近座椅，右侧场景并未蔓延

90 s：左侧车厢即将轰燃，右侧场景火源上方座椅部分被点燃

120 s：右侧场景火源上方座椅完全被点燃

180 s：右侧场景火势开始蔓延

205 s：右侧车厢即将轰燃

图 3　不同起火时间的左右侧车厢着火情况图

从对比实验可以看出，采用普通织物的座椅在接触火源后外层织物会迅速燃烧并蔓延，同时快速暴露出包覆在织物中的可燃泡沫材料，泡沫着火后蔓延到邻近座椅引发连锁效应，造成火灾失控，导致车厢在 90 s 内即发生了轰燃，人员很难安全疏散逃生。

而采用高性能永久阻燃处理织物的座椅接触火源后初期火势蔓延并不迅速，如能被及时发现并正确处置的话，一个车用手持干粉灭火器就能顺利扑灭，即使不采取任何措施，直到 120 s 后火灾才蔓延到邻近座椅上，最终车厢轰燃的时间被延长到了 205 s，为车内人员的疏散逃生争取了宝贵的时间。如果座椅采用的软垫泡沫还能进一步提升阻燃性能的话，车厢的轰燃时间还将进一步得到延长。

4　结　论

从对比实验的结果可以看出，软垫座椅用织物的阻燃性能对该实验场景下车厢的轰燃时间影响非常大，在未改变除织物外其他内饰材料燃烧性能的工况下，采用阻燃织物场景的轰燃时间约为普通工况下的 2.3 倍，人员安全疏散时间延长到了 3.5 min，如果车内其他主要内饰材料还能进一步提升阻燃性能的话，车厢的轰燃时间还将进一步得到延长。大型客车内采用高性能阻燃织物及其他阻燃制品，对减少客车火灾危害、保障人身和财产安全具有重要意义，我国应提升现有相关客车标准，促进客车制造商产品的升级换代，让人民群众更安心地乘坐大型公共交通工具。

参考文献

[1]　GB 8410—2006. 汽车内饰材料的燃烧特性[S]. 北京：中国标准出版社，2006.

[2] GB/T 5454—1997. 纺织品燃烧性能试验氧指数法[S]. 北京：中国标准出版社，1997.

[3] GB/T 5455—1997. 纺织品燃烧性能试验垂直法[S]. 北京：中国标准出版社，1997.

[4] GB/T 2406.2—2009. 塑料用氧指数法测定燃烧行为第 2 部分：室温试验[S]. 北京：中国标准出版社，2009.

[5] GB/T 2408—2008. 塑料燃烧性能的测定水平法和垂直法[S]. 北京：中国标准出版社，2008.

[6] GB/T 8627—2007. 建筑材料燃烧或分解的烟密度试验方法[S]. 北京：中国标准出版社，2007.

用元素分析技术测试含氯材料氯含量的方法研究*

甘子琼，刘军军，唐胜利，胡忠日，何　瑾，郭海东

（公安部四川消防研究所，四川 成都　610036）

【摘　要】　在火灾中，含氯材料如墙纸、PVC 扣板和阻燃电工导管等会产生大量氯化氢（HCl）气体。氯化氢（HCl）气体是火灾烟气中阻碍人员逃生的最重要的刺激性气体之一，危及人的生命安全。本文采用元素分析技术，配置 IR 检测器和测氯附件，对这三种含氯材料中的氯元素的含量进行了测试。结果表明：墙纸、PVC 扣板和阻燃电工导管中氯元素含量分别为 21.92%、22.88%和25.71%。

【关键词】　元素分析法；氯元素；HCl；刺激性；毒性

0 前　言

随着科学技术和建筑业的飞速发展，高分子材料正以前所未有的速度改变和提高着人们的生活水平，被广泛使用在建筑装修、装修材料和家具制造中。但是，由于大多数高分子材料均属于易燃（B3 级）或可燃（B2 级）材料，所以人们通常会在高分子材料中加入卤素阻燃剂以提高材料的阻燃性能，但阻燃剂的使用会增加材料燃烧释放出的气体的毒性，因此测试材料中卤素的含量显得十分必要。

火灾中墙纸、PVC 扣板和阻燃电工导管燃烧后会产生大量氯化氢（HCl） 气体，氯化氢（HCl）气体是火灾烟气中阻碍人员逃生的最重要的刺激性气体之一，危及人的生命安全。在现有的方法中，只有结合元素分析技术的库仑法分析痕量的 HCl。随着元素分析技术的发展，德国 Elementar 公司生产的 cube 系列（Vario micro cube、Vario EL cube）的元素分析仪，配置 IR 检测器和测氯附件，可以测定样品中的氯元素含量。相对于库仑痕量法，IR 技术可测定含氯量高的样品，测定范围为 0.1%～100%（理论上）的样品。这正好能满足我们分析墙纸、PVC 扣板和阻燃电工导管中的氯元素含量的需要，是研究材料燃烧烟气毒性或火灾烟气毒性之必需。为此，本文采用元素分析技术，对这三种含氮氯材料——墙纸、PVC 扣板和阻燃电工导管中氯元素的含量进行了分析研究。

1 仪　器

采用德国 Elementar 的元素分析仪 Vario EL cube，其部件和附件包括 IR 测器、测氧附件、CL 消耗品包和 Elementar 分析工作站。

*基金项目：四川省科技厅项目“基于转化率的预测技术在火灾危险性评估中的应用研究”。

2 试剂及分析条件

2.1 试 剂

所用试剂包括聚乙烯（PE）、浓盐酸（AR）溶液、氧化钨（颗粒）等。

2.2 分析条件

气体流量其中气体流量为CL模式，具体为O_2: 0.13 MPa；温度为CL模式，具体为氧化管：1 150 °C。

3 标样制备和样品分析

3.1 标样的制备

用去离子水稀释浓盐酸（AR）溶液，配制不同浓度的盐酸溶液，装入不同规格的锡囊封口制备成标样。

3.2 样品的制备

称取样品墙纸、PVC扣板和阻燃电工导管各约1.5 mg，用4 mm×4 mm×11 mm的锡舟包裹制备样品待测。

3.3 校正曲线的制作

配制不同的标准溶液系列，经过多次试验，反复摸索，我们发现下面系列的盐酸标准溶液的重量可保证CL的测试范围在0.03 mg～2.0 mg。

校准系列：

（1）4个约10 μL（10 mg）的盐酸样品（1 mol），用于执行条件化；

（2）4个约10 μL（10 mg）的盐酸样品（0.1 mol）；

（3）8个约以下体积的盐酸样品（0.1 mol）：

8 μL－8 μL－10 μL－10 μL－15 μL－15 μL－20 μL－20 μL

（4）10个约以下体积的盐酸样品（1 mol）：

4 μL－4 μL－6 μL－6 μL－10 μL－10 μL－15 μL－15 μL－20 μL－20 μL

（5）8个约以下体积的盐酸样品（2 mol）：

15 μL－15 μL－20 μL－20 μL－25 μL－25 μL－30 μL－30 μL

3.4 样品的分析

待运行完上述序列后，再用6个约10 μL（10 mg）的盐酸样品（1 mol），执行条件化，然后放入制备好的三种样品进行试验。

4 实验结果

将样品墙纸、PVC扣板和阻燃电工导管各平行做3次，实验结果如表1所示。

表1 墙纸、PVC扣板和阻燃电工导管样品中氯元素的含量

样品名	进样量（mg）	Cl[%]
墙纸	1.58	21.92
PVC扣板	1.51	22.88
阻燃电工导管	1.49	25.71

5 下一步工作

在火灾中，含氯材料燃烧后材料中的氯元素会转换生成HCl。为此，应结合其他分析技术，计算材料中元素的含量与材料燃烧毒性产物之间的转化率。可用于分析评价材料燃烧产烟毒性及原因，以改进材料配方，减少火灾危险性，并对建筑安全进行性能化评估，降低火灾风险。

6 结 论

配置IR检测器和测氯附件，采用元素分析技术可以测定聚氯乙烯（PVC）样品中的氯元素含量。当样品中含氢元素的量不够供给样品中氯元素转换生成HCl时，加入含氢的添加剂（如聚乙烯，含氢约15%），能取得较好的重现性。相信随着元素分析技术的发展，元素分析法将会在火灾烟气分析中得到广泛的应用。

参考文献

[1] 占丽萍，祁海鹰，吕子安，等. 刺激性气体HCl在不同尺度火灾实验中的释放行为[J]. 中国安全科学学报，2004，14（3）.

[2] 范维澄，王清安，姜冯辉，等. 火灾学简明教程[M]. 合肥：中国科学技术大学出版社，1995.

[3] Chlorine analysis with IR detection in elemental analyzers of the cube series: Application Report AB-C-120608-E-01.

作者简介： 甘子琼（1976-），副研究员，研究方向为建筑防火。
通信地址：四川省成都市金牛区金科南路69号1-508；
联系方式：电话：028-87511960；13628056934；传真：028-87511960；
电子信箱：5955077@qq.com。

阻燃抗静电聚丙烯研究*

尹朝露

（公安部四川消防研究所，四川 成都 610036）

【摘　要】 本文采用无卤膨胀阻燃剂和导电炭黑对聚丙烯进行阻燃抗静电改性，研究了阻燃抗静电聚丙烯材料中阻燃剂与导电填料之间的相互作用关系。结果表明，IFR 能有效提高 PP 的阻燃性能，但会影响 CB 粒子之间的相互接触，降低其导电效率；CB 能有效提高 PP 的抗静电性能，但会降低 IFR 在 PP 中的阻燃效果；CB 能提高 PP 在低温区的热稳定性，但 CB 具有高热传导性，会产生“灯芯效应”，加快 PP 的分解。当 CB 含量为 6 份、IFR 含量为 30 份时，阻燃抗静电聚丙烯的 LOI 为 28 %，表面电阻率为 $8.70\times10^5\ \Omega$。

【关键词】 聚丙烯；无卤阻燃；抗静电

0 引　言

聚合物的易燃性和静电积累特性使其在一些特殊的应用领域具有较大的危险性，特别是在石化、煤炭及易燃粉尘排放等工业领域容易引发火灾甚至爆炸事故。因此，阻燃抗静电聚合物复合材料受到了广泛的关注和研究，也取得了不错的成果。目前，阻燃抗静电聚合物复合材料主要采用卤系阻燃剂和表面能活性剂类抗静电剂，使得其在实际使用过程中存在产烟量大、烟气毒性大、腐蚀性强、抗静电剂耐久性差等问题。

本文采用无卤膨胀阻燃剂、永久抗静电填料制备阻燃抗静电聚丙烯材料，研究了阻燃剂和抗静电填料对阻燃抗静电聚丙烯的阻燃性能、抗静电性能的影响，深入分析了阻燃剂和抗静电填料在阻燃抗静电聚丙烯中的相互作用关系。

1 实验部分

1.1 原料

聚丙烯（PP）、炭黑（CB）、聚磷酸铵（APP）、双季戊四醇（Di-PE）、分子筛（MS）。

1.2 试样制备

将 PP 和阻燃剂（IFR）、CB 等原料按设计比例称量后，先用高速混合机混合 3 ~ 5 min，接着用双螺杆挤出机在 165 ~ 190 °C 的温度下进行共混挤出，得到阻燃抗静电聚丙烯材料。挤出得到的粒料在 80 °C 下干燥 1 h，然后在 190 °C 的温度、10 MPa 的压力下，用平板硫化机压制成板材试样，用于表面电阻率的测试；在 175 ~ 190 °C 的温度下，用注塑成型机注塑成标准样条，用于燃烧性能测试。

*基金项目：公安部技术研究计划（2015JSYJB32）。

1.3　性能表征

燃烧性能：采用氧指数测试仪（HC-2型），按照GB/T 2406.2—2009标准测试极限氧指数（LOI）。抗静电性能：采用表面电子测试仪（ZC-90E型）测试热压成型样品的表面电阻率。热重测试：采用热重测试仪（Q5000型）测试样品在氮气气氛下的热失重行为，测试温度为室温至600 °C，升温速率为10 °C/min。

2　结果与讨论

2.1　燃烧性能

图1所示为阻燃剂含量对阻燃聚丙烯（PP/IFR）和阻燃抗静电聚丙烯（PP/IFR/CB）对极限氧指数（LOI）的影响。以质量比为2.5∶1的APP/Di-PE和5*wt*%的阻燃协效剂分子筛，复配成无卤膨胀阻燃剂（IFR），对聚丙烯进行阻燃处理，阻燃剂添加量为15～35份。PP/IFR/CB中抗静电填料为导电填料CB，含量为5份。

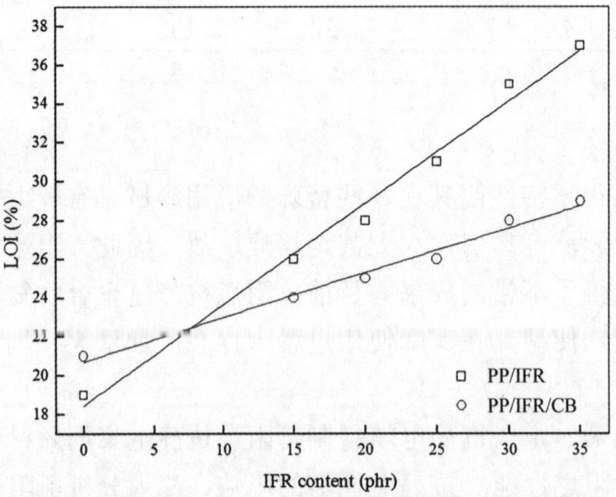

图1　阻燃剂含量对PP/IFR和PP/IFR/CB极限氧指数的影响

如图1所示，未经阻燃的PP的LOI值为19%，加入15份IFR使PP/IFR的LOI值提高到26%，并且PP/IFR的LOI值随IFR含量的增加呈线性增长的趋势，当IFR含量为35份时PP/IFR的LOI值达到37 %。这表明，IFR能够有效提高聚丙烯的阻燃性能。当在聚丙烯中单独加入5份的抗静电剂CB时，聚丙烯的LOI值为21%，可见CB的加入能够改善聚丙烯的阻燃性能。但是，当IFR含量为15～35份时，PP/IFR/CB的LOI值为24%～29%，比相同IFR含量PP/IFR的LOI值低2～8个百分点。可见，CB的加入会明显降低阻燃抗静电聚丙烯的阻燃性能，并且IFR含量越高，LOI值的降低幅度越大。

图2所示为导电填料含量对PP/IFR/CB的极限氧指数的影响。由图可见，IFR含量为30份时PP/IFR的LOI为35 %，CB的加入使材料的LOI值降低。当加入少量的CB时，PP/IFR/CB的LOI值出现大幅下降，CB含量为1～2份时，LOI值降低到26 %。随着CB含量的增加，其LOI值逐渐提高到28 %，可见，增加CB含量对提高PP/IFR/CB的阻燃效果是有积极作用的。

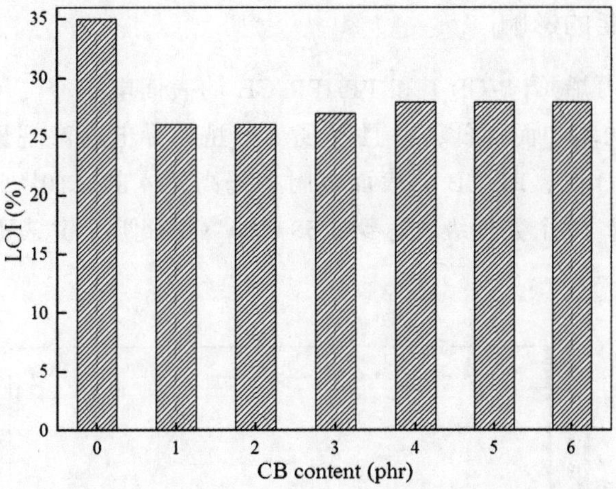

图 2　导电填料含量对 PP/IFR/CBLOI 极限氧指数的影响

综上可知，IFR 能够有效提高聚丙烯的阻燃性能，单独添加 CB 也能改善聚丙烯的阻燃性能，而 CB 的加入会影响 IFR 在聚丙烯中的阻燃效果（特别是在较低的 CB 含量下）。但是，增加 CB 含量能够提高 PP/IFR/CB 的阻燃性能。

表 1　PP、PP/CB、PP/IFR 和 PP/IFR/CB 的 TG 测试数据

Samples	$T_{5\%}$（°C）	T_{max}（°C）	Deriv. Weight at T_{max}（%/ °C）	wt_R^{600}（%）
PP	337.1	385.57	2.32	1.6
PP/CB	446.5	468.20	4.26	3.9
PP/IFR	306.9	471.00	2.32	11.2
PP/IFR/CB	320.2	465.43	2.98	12.9

表 1 所示为 PP、PP/CB、PP/IFR 和 PP/IFR/CB 的热重测试（TG）数据，其中 PP/CB 的 CB 含量为 5 份，PP/IFR 的 IFR 含量为 30 份，PP/IFR/CB 的 IFR 含量为 30 份、CB 的含量为 5 份。从表中可以看到，PP 的起始分解温度（$T_{5\%}$）为 337.1 °C，最大失重速率时的温度（T_{max}）为 385.57 °C，最大失重速率（Deriv. Weight at T_{max}）为 2.32 %/ °C，纯 PP 自身的成炭能力很差，其在 600 °C 下的残留物质量百分数（wt_R^{600}）为 1.6 %。由于 CB 具有较高的热稳定性，提高了 PP/CB 在低温区的热稳定性，其 $T_{5\%}$为 446.5 °C、T_{max} 为 468.20 °C；但 CB 加快了 PP 的分解，使其最大失重速率提高到 4.26 %/ °C；CB 能够提高 PP 的成炭性能，PP/CB 的 wt_R^{600} 为 3.9 %。由于 IFR 中双季戊四醇的分解降低了试样在低温区的热稳定性，PP/IFR 的 $T_{5\%}$降低到 306.9 °C；IFR 先于 PP 分解，形成了保护炭层，从而提高了材料的阻燃性能，提高了其在高温区的热稳定性，PP/IFR 的 T_{max} 提高到 471.00 °C；IFR 提高了材料的成炭性能，PP/IFR 的 wt_R^{600} 提高到 11.2 %。由于 CB 的加入，提高了阻燃抗静电聚丙烯复合材料低温区热稳定性和成炭性能，PP/IFR/CB 的 $T_{5\%}$和 wt_R^{600} 分别为 320.2 °C 和 12.9 %；但 CB 使 PP/IFR/CB 的最大失重速率时的温度降低、最大失重速率升高，试样的 T_{max} 和最大失重速率分别为 465.43 °C 和 2.98 %/ °C。由此可见，由于 CB 热稳定性高，提高了材料的低温区热稳定性，使材料的 $T_{5\%}$升高；但 CB 具有高热传导性，会产生类似“灯芯效应”的现象，会加快 PP 的分解，材料在受热时更快达到分解温度，使材料的 T_{max} 降低、最大失重速率升高。

2.2　阻燃剂对抗静电性能的影响

图 3 所示为抗静电聚丙烯（PP/CB）和 PP/IFR/CB 的表面电阻率与 CB 含量的关系图。PP/CB 的表面电阻率随 CB 含量的增加而降低，并且呈现出典型的导电逾渗现象。纯 PP 的表面电阻率为 $7.79\times10^{16}\ \Omega$；加入 2 份 CB 时，PP/CB 的表面电阻率仍高达 $4.82\times10^{16}\ \Omega$；当 CB 含量增加到 3 份时，其表面电阻率显著下降 10 个数量级，达到 $2.58\times10^{6}\ \Omega$；此后，其表面电阻率随 CB 含量的增加缓慢降低。

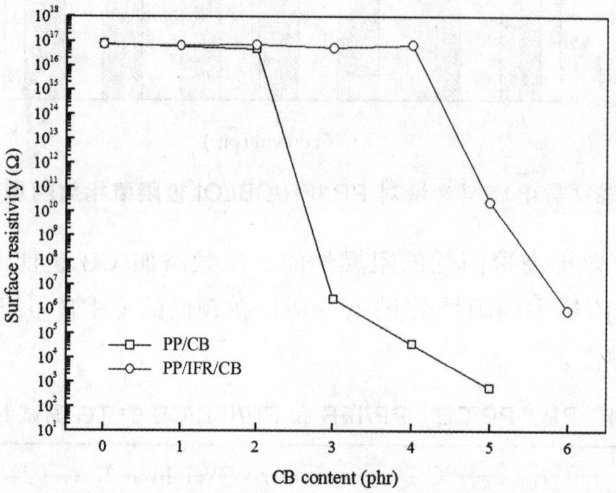

图 3　PP/CB 和 PP/IFR/CB 的表面电阻率

当阻燃抗静电聚丙烯中阻燃剂（IFR）的含量为 30 份时，加入 1～4 份 CB，PP/IFR/CB 的表面电阻率都没有出现明显的降低，均维持在 $10^{16}\ \Omega$；当 CB 含量增加到 5 份时，PP/IFR/CB 的表面电阻率才出现导电逾渗现象，其表面电阻率下降 6 个数量级，达到 $2.50\times10^{10}\ \Omega$；加入 6 份 CB 时，PP/IFR/CB 的表面电阻率下降到 $8.70\times10^{5}\ \Omega$。由此可见，阻燃剂的加入对材料的抗静电性能具有显著的影响，相同导电填料含量下，阻燃抗静电聚丙烯的抗静电性能明显低于抗静电聚丙烯。

图 4 所示为阻燃剂含量对 PP/IFR/CB 的表面电阻率的影响，其中导电填料 CB 的含量为 5 份，阻燃剂 IFR 的含量为 0～35 份。在聚丙烯中加入 5 份 CB 可使其表面电阻率降低到 $5.77\times10^{2}\ \Omega$。阻燃剂 IFR 含量的增加对 PP/IFR/CB 的表面电阻率具有显著的影响：当加入 15 份 IFR 时，PP/IFR/CB 的表面电阻率升高 3 个数量级，达到 $8.40\times10^{5}\ \Omega$；PP/IFR/CB 的表面电阻率随着 IFR 含量的增加而升高；当 IFR 含量为 35 份时，PP/IFR/CB 的表面电阻率达到 $5.42\times10^{16}\ \Omega$，完全失去抗静电性能。

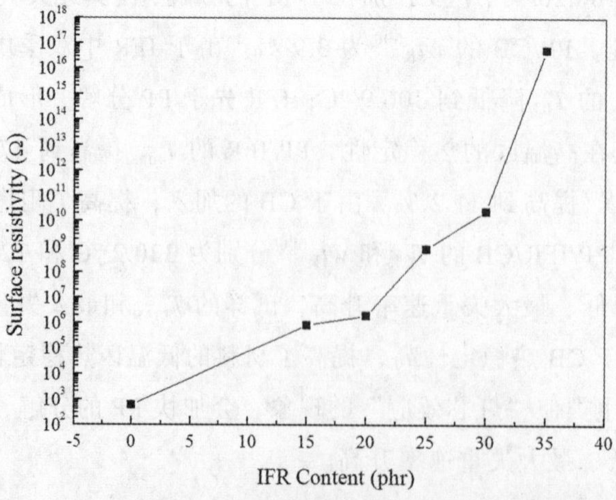

图 4　阻燃剂含量对 PP/IFR/CB 的表面电阻率的影响

由此可知，阻燃剂 IFR 的加入明显降低了阻燃抗静电聚丙烯的抗静电性能。这是由于大量阻燃剂的加入阻碍了 CB 粒子之间的接触，使得导电网络的构建变得更加困难，需要更多 CB 才能在聚丙烯中搭建起导电网络。因此，IFR 含量越高，PP/IFR/CB 的表面电阻率越高。

3 结 论

本文对阻燃抗静电聚丙烯复合材料中阻燃剂与导电炭黑之间的相互作用关系进行了研究。无卤膨胀阻燃剂 IFR 可有效提高聚丙烯的阻燃性能，但会影响抗静电性能。导电填料 CB 能有效提高聚丙烯的抗静电性能，但对聚丙烯的阻燃性能会产生影响：一方面，CB 热稳定性高，能提高聚丙烯的成炭性能和在低温区的热稳定性，这对提高聚丙烯的阻燃性能有积极作用；但另一方面，CB 具有高热传导性，会产生类似“灯芯效应”的现象，会加快 PP 的分解，会降低 IFR 在 PP 中的阻燃效果。通过配方优化，当 CB 含量为 6 份、IFR 含量为 30 份时，无卤阻燃抗静电聚丙烯材料的综合性能最佳。

参考文献

[1] 王心蕊，胡平，等. 超高分子量聚乙烯阻燃抗静电改性[J]. 工程塑料应用，2001，29（4）：4-6.
[2] 林琳，王存国，张萍，等. 聚丙苯纳米颗粒与聚丙烯复合制备新型抗静电阻燃材料[J]. 高等学校化学学报，2008，29（6）：1276-1281.
[3] 刘继纯，张肖楠，王伟晓，等. 阻燃抗静电耐冲击 UPVC 管材料的研制[J]. 合成树脂及塑料，2010，27（1）：10-12.
[4] 王勇杰，王延军，徐亮，等. 阻燃抗静电聚丙烯材料[J]. 塑料，2010，39（6）：72-74.
[5] 刘罡. 阻燃抗静电聚乙烯塑料的研究[J]. 塑料工业，2011，39（4）：116-119.

无机不燃保温外墙系统研究

张少晨[1]，张元祥[2]，安英居[3]，葛运亭[4]

（1.山东省烟台市公安消防支队，山东 烟台 264000；2. 山东省公安消防总队，山东 济南 250000；
3. 内蒙古呼和浩特市晟蒙保温防腐有限责任公司，内蒙古呼和浩特 010000；
4. 山东华兴环保科技有限公司，山东 济南 250000）

【摘 要】 以混合矿物纤维材料、矿物颗粒材料制浆作覆面层，以微米、纳米无机粉体混合干料作芯材，代替有机材料制成的SMXT不燃保温板，从根本上解决了外墙保温材料的防火问题。其生产工艺简单、施工方便，具有非常广阔的市场前景。

【关键词】 A级防火；高效保温；无机不燃

本文所述的无机不燃保温外墙系统是指以SMXT复合保温板为主要材料，辅之与黏结层、抹面层、饰面层和锚栓组成的墙体。

1 结构、性能指标与机理

1.1 结 构

SMXT复合不燃保温板外墙保温系统构造如表1所示，其物理力学性能指标如表2所示。

表1 SMXT复合不燃保温板外墙保温系统基本构造

基层墙体	保温系统基本构造					构造示意图
①基层墙体	②黏接层	③保温层	④连接件	⑤增强防护层	⑥饰面层	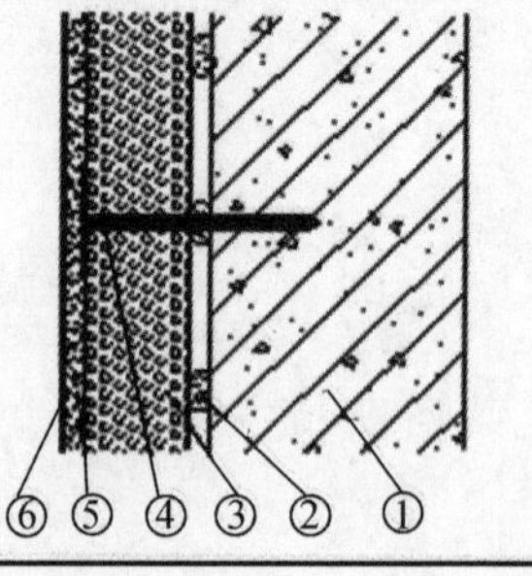
混凝土及各种砌块墙体	专用黏接砂浆	SMXT复合保温板	锚固件（不得位于复合保温板芯材层）	抗裂砂浆+耐碱玻纤网（加强型增设一道网格布）	饰面材料	

表2 SMXT复合不燃保温板外墙保温系统物理力学性能指标

项 目	单 位	性 能 指 标
干密度	kg/m^3	≤ 280
体积吸水率	%	≤ 10
含 水 率	%	≤ 5.0
干燥收缩值	mm/m	≤ 0.30

续表

项目		单位	性能指标
抗冻性（D_{15}）	质量损失	%	≤ 5
	强度损失	%	≤ 25
抗压强度		MPa	≥ 0.20
垂直于板面方向的抗拉强度		MPa	≥ 0.10
软化系数		—	≥ 0.60
当量导热系数		W/（m·K）	≤ 0.012
燃烧性能		—	不低于 A_2

1.1.1 SMXT 复合不燃保温板

SMXT 复合不燃保温板以混合矿物纤维材料、矿物颗粒材料制浆做覆面层，以微米、纳米无机粉体混合干料作芯材，经特殊工艺缩压而成的板状建筑外墙采用保温材料，其构造示意图如图 1 所示。

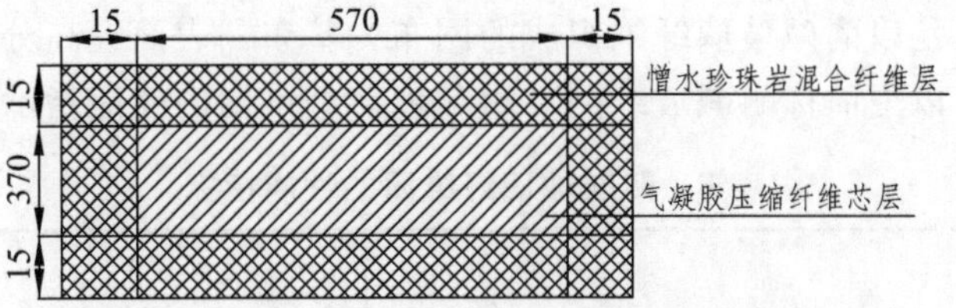

图 1 SMXT 复合不燃保温板构造示意图

1.1.2 覆面层

覆面层为由憎水珍珠岩、矿物纤维、无机胶凝材料经压制工艺形成的保温板材，起保温隔热、隔音防潮、增加强度与保护芯材的作用。

1.1.3 芯材层

芯材层由气凝胶、矿物纤维、金属高阻膜等轻质材料组成，起防水、保温隔热的作用。

1.1.4 黏结砂浆

黏结砂浆是用于SMXT复合不燃保温板与基层之间黏结的聚合物水泥砂浆，其性能指标如表3所示。

表 3 黏结砂浆的性能指标

项目			单位	性能指标
拉伸黏结强度（与水泥砂浆）	原强度		MPa	≥ 0.60
	耐水			≥ 0.40
拉伸黏结强度（与 SMXT 复合保温板）	原强度		MPa	≥ 0.10，破坏界面应位于 SMXT 复合保温板内
	耐水	浸水 48 h，干燥 2 h		≥ 0.10
		浸水 48 h，干燥 7d		≥ 0.10
可操作时间			h	1.5 ~ 4.0

1.1.5 抹面砂浆

抹面砂浆由水泥、砂及高分子聚合物为主要材料制成，是具有一定变形能力和良好黏结性能的干粉聚合物水泥砂浆，薄抹在粘贴好的SMXT复合保温板外表面，用于保证外墙保温系统的机械强度和耐久性。

表4 抹面砂浆的性能指标

项目		单位	性能指标
拉伸黏结强度（与SMXT复合保温板）	原强度	MPa	≥ 0.10，破坏界面在SMXT复合保温板内
	耐水		≥ 0.10
	耐冻融		≥ 0.10
柔韧性	压折比	—	≤ 3.0
可操作时间		h	1.5 ~ 4.0

1.1.6 耐碱玻璃纤维网格布

耐碱玻璃纤维网格布是以耐碱玻璃纤维织成的网布为基布，表面经高分子材料涂覆处理的具有耐碱功能的玻璃纤维网布，以下简称耐碱玻纤网。耐碱玻璃纤维网的性能指示如表5所示。

表5 耐碱玻璃纤维网的性能指标

项目	单位	性能指标
单位面积质量	g/m^2	≥130
耐碱拉伸断裂强力（经纬向）	N/50 mm	≥750
耐碱拉伸断裂强力保留率（经纬向）	%	≥50
断裂伸长率（经纬向）	%	≤5.0

1.1.7 锚固件

锚固件由尾端带圆盘的塑料膨胀套管和螺钉组成，是用于将耐碱玻纤网、SMXT复合保温板固定于基层墙体的专用连接件。金属螺钉应采用不锈钢材料或经表面防腐处理的金属制成，塑料钉和带圆盘（直径不小于50 mm）的塑料膨胀管应采用聚氨酯、聚乙烯或聚丙烯材料制成，且不得使用回收的再生材料。锚固件的性能指标如表6所示。

表6 锚固件的性能指标

项目	单位	性能指标
单个锚栓抗拉承载力标准值	kN	≥0.60

1.1.8 系 统

该系统指在基层墙体上采用黏结砂浆贴于SMXT保温板作为保温层（锚栓锚固），用抹面砂浆压入玻纤网格布作防护面层的外墙保温系统。

1.2 机 理

不同长度、性能的无机纤维经压缩成为紧密交织的纤维网格状结构，高压下的纳米材料阻滞了分子间的热传导，从而使无机保温材料的保温性能得以大幅提高。

2 主要性能指标（见表7）

表7 无机保温不燃外墙系统性能指标

项 目	检 验 指 标
干密度 （kg/m³）	≤250
抗压强度（MPa）	>0.2
抗拉强度（kPa）	>100
压剪黏结强度（kPa）	110～120
导热系数[W/(m·K)]（25 °C）	≤0.012
燃 烧 性 能	A1 级
憎 水 率 %	>96
抗 风 荷 载	6.7 kPa 无破坏
抗 冲 击 性	10 J 无断裂
耐 冻 融	30 次循环，表面无裂纹、空鼓、起泡、剥离现象
抗拉粘接强度（MPa）	原强度≥0.16 耐水≥0.15
耐 候 性	符合 JGJ 144—2004 标准要求
吸水量（g/m^2 浸水 1 h）	<1000
水 蒸 气 渗 透 阻	1.99 $g/(m^2 \cdot h)$

3 系统特点

3.1 SMXT 复合材料使高效保温与 A 级防火达到有机统一

目前国内从材料方面解决防火与保温的技术途径与思路主要是给有机材料增加阻燃剂或复合一些无机材料，以改变有机材料的防火性能。新型无机复合保温材料 SMXT 保温板在研发中突破了 A 级保温材料防火性能好而保温性能较差的技术关隘，使这一思路得到了验证。

3.2 系统的耐候性优良，可与建筑物同寿命

SMXT 不燃保温板保温性能优良，导热系数 0.012 [W/(m·K)]，防火等级 A1 级。作为建筑墙体保温材料，憎水性是保温系统的一项重要指标。SMXT 板作为纤维性保温材料，在憎水性上进行了十分有效的改进，避免了纤维材料吸水率高的通病，同时继承了纤维材料吸音、隔热、具有呼吸性的优点，发挥了纤维材料轻质、抗裂的优势，成型后收缩变形率极低，拼接处不出现收缩缝，能够保持建筑物墙面的平整性、美观性、整体性。同时作为无机材料外墙保温系统，在抗老化、耐风化、抗腐蚀等方面彰显出其优越性。

4 SMXT 保温板的适用范围与市场定位

4.1 使用范围

SMXT 不燃保温板为全无机保温材料，绿色环保，无有害物质，适用范围广泛，可应用于新建建

筑外墙内、外起保温作用，可用作各种气候区墙体、屋面的保温隔热。

4.2 市场定位

4.2.1 寒冷地区与节能75%标准地区

SMXT不燃保温板导热系数低，保温性能优异，保温层厚度3~4 cm，达到寒冷地区与节能75%标准地区的节能标准要求，较之一般有机材料保温层厚度5~10 cm，无机材料8~15 cm，SMXT板保温层以薄取胜，节省了材料与空间，是寒冷地区与节能75%标准地区外墙保温的优选材料。

4.2.2 A级防火建筑

SMXT板防火等级A1级，满足公共建筑与高层建筑的防火要求。

4.2.3 夏热冬冷地区、夏季炎热地区保温隔热

SMXT板作为夏热冬冷地区保温隔热材料，使建筑物冬暖夏凉；作为夏季炎热地区隔热材料，在节省空调能耗的同时，墙体能够保持呼吸通透，居住舒适。

5 推广应用意义

5.1 施工简单

SMXT不燃保温板的施工与传统的聚苯板薄抹灰系统基本相同，目前市场上已有大批相当成熟的施工队伍。

5.2 规模化生产保障

SMXT不燃保温板的原料为常用的矿物纤维材料，材料来源广泛，市场供应充足。板材生产为工厂流水线制作，每台班日产量1 500~2 000 m^2，可达到产量规模化的同时又保障了产品质量的统一稳定。

5.3 绿色、环保、节能

SMXT不燃保温板具有其优良的保温性能，同等条件下大幅减少了保温层使用厚度，节省了保温材料用量，减少了外墙保温占用的建筑空间；产品的生产与使用过程无废水、废气、废料、烟尘、噪声等污染；产品使用后，遇建筑物拆除时可回收再利用，二次加工后使用，产品性能不变，既不造成材料浪费又减少了建筑垃圾。

SMXT保温板上市后因施工简单，造价合理，节省空间，采用SMXT系统保温的建筑因其具有隔音、防潮，呼吸通透性、居住舒适度高，安全无火灾隐患赢得了用户的青睐。SMXT保温板及其保温系统具有广阔的推广应用前景。

6 结 语

SMXT复合不燃保温板尝试了将普通无机保温材料经科学配伍与特殊工艺制作后，全面改善了其各项性能指标，使之提升为集A级防火、高效保温于一体，各项性能指标均满足外墙保温系统要求的全新一代优良保温产品。SMXT不燃保温板的成功应用，验证了无机保温材料可通过提高保温性能达到高效保温与无机防火统一的新思路，开辟了无机保温材料新的发展途径。

参考文献

[1] GB 8624—2012. 建筑材料及制品燃烧性能分级[S]. 2012.
[2] GB/T 4111—2013. 混凝土砌块和砖试验方法[S]. 2013.
[3] GB/T 5486—2008. 无机硬质绝热制品试验方法[S]. 2008.
[4] GB/T 7689.5—2013. 增强材料 机织物试验方法 第5部分：玻璃纤维拉伸断裂强力和断裂伸长的测定[S]. 2013.
[5] GB/T 9914.3—2013. 增强制品试验方法 第3部分：单位面积质量的测定[S]. 2013.
[6] GB/T 20102—2006. 玻璃纤维网布耐碱性试验方法[S]. 2006.
[7] GB/T 29906—2013. 模塑聚苯板薄抹灰外墙外保温系统材料[S]. 2013.
[8] JGJ 110—2008. 建筑工程饰面砖粘结强度检验标准[S]. 2008.
[9] JGJ 144—2008. 外墙外保温工程技术规程[S]. 2008.
[10] JG/T 159—2004. 外墙内保温板[S]. 2004.
[11] JG/T 366—2012. 外墙保温用锚栓[S]. 2012.
[12] JG/T 407—2013. 自保温混凝土复合砌块[S]. 2013.
[13] JG/T 438—2014. 建筑用真空绝热板[S]. 2014.

作者简介：张少晨，男，1988年4月出生，山东省烟台市公安消防支队工程师；
通信地址：山东省烟台市莱山区芙蓉路4号，邮编：264000；
联系电话：15165356677，15168862727。

汽车内饰件产品质量安全风险监测分析

傅敬伟，李泽刚，李佳隆

（成都产品质量检验研究院有限责任公司，国家建材产品质量监督检验中心（四川），四川省消防产品质量监督检验中心）

【摘　要】　针对汽车内饰件产品燃烧后产烟毒性对人体造成的伤害，对其进行了风险监测，对监测数据进行了分析，对监测指标风险进行了评估。结果表明：本次监测的 50 个样品均未达到安全级的要求，危险级样品占整个样本的 4%，流通领域样品产烟毒性结果均为准安全级 ZA3 级。发生风险的严重程度为 4，可能性为 2，风险值为 8，属中等风险，可容忍，并提出了控制汽车内饰件产品质量安全的相关建议。

【关键词】　汽车内饰件；质量安全；风险监测

1　前　言

汽车内饰材料是与乘员密切接触的汽车零部件，多由高分子材料（塑料、纤维、橡胶等）构成，通常是影响顾客购买意向的主导因素之一。然而，大多数内饰极易燃烧，火焰传播速度快，不易熄灭，同时还会产生浓烟和有毒气体，对人员健康和环境造成危害。

随着近年来我国汽车市场的持续高速发展，中国乃至世界汽车保有量的不断增加，市场对汽车内饰件产品的需求日益提高，促使更多的内饰件企业投入新增产能。因此，对汽车内饰件产品质量安全进行风险监测具有重要的意义。

2　汽车内饰件产品的质量安全风险

2.1　风险表现

目前汽车内饰件产品的质量安全风险主要存在于以下方面：

（1）内饰材料有毒有害物质释放，如气味、甲醛、苯系物、雾翳、有机挥发物、多环芳烃等。

（2）内饰材料燃烧安全性能，如水平/垂直燃烧性能、熔滴测试、烟密度、氧指数、燃烧等级分类、产烟毒性等。

其中燃烧安全性能作为重要指标，受到了广泛关注。内饰材料的燃烧性能测试方法已经被众多国家制定为法律法规或强制性标准来强制执行。

国内许多研究表明[1]，造成重大损失的主要原因是汽车发生火灾后，汽车内饰材料（主要是塑料和纺织物等）的阻燃性能差，助长了火势的蔓延，同时还会产生浓烟和有毒气体，加剧了乘车人员的伤亡和财产损失。

例如 2003 年 2 月 18 日，韩国大邱市地铁中央路站发生火灾，造成 198 人死亡，146 人受伤，298

人失踪。分析原因发现，除了操作错误和灭火设备等方面的原因以外，车厢内的座椅、地板等虽然采用阻燃材料，但燃烧起来仍会产生大量有毒成分，火灾中的死亡者许多是在跑出车厢后找不到出口，吸入有毒浓烟窒息而死。因此，对内饰材料燃烧的烟气毒性进行有效评定，降低烟气中毒性成分的浓度，将有助于降低火灾中烟气的危害和人员伤亡。

2.2 风险监测标准

目前我国汽车内饰材料阻燃安全性要求的强制性标准有三个：《汽车内饰材料燃烧特性》（GB 8410—2006）、《机动车运行安全技术条件》（GB 7258—2012）和《专用校车安全技术条件》（GB 24407—2012）。本次汽车内饰件风险监测的检测项目定为产烟毒性。《材料产烟毒性危险分级》（GB/T 20285—2006）是目前我国主要采用的实验室定量制取材料烟气的方法和实验小鼠急性吸入烟气染毒的方法，是一种材料毒性定性判定的生物实验法。

3 风险监测实施

3.1 采样情况

根据抽样领域的不同，本次风险监测在生产领域共计采集了 39 批次样品，在流通领域共计采集了 11 批次样品；采集到 29 家生产企业生产的共计 50 个批次汽车内饰件样品，其中原厂内饰件 39 批次，主要涉及车顶棚、天窗遮阳板、A 柱护板、仪表板车、座椅、头枕、地毯总成等，车内二次装修材料 11 批次，主要涉及方向盘套、头枕、腰枕、脚垫等。采样批次分布如图 1 所示。

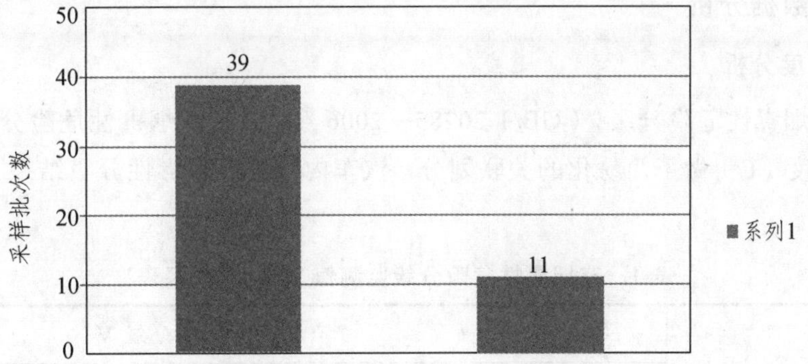

图 1 汽车内饰件产品采样批次分布图

3.2 检验方法和结果判定依据

本次汽车内饰件风险监测的检测项目定为产烟毒性，依据标准为 GB/T 20285—2006[2]。同一材料在相同产烟浓度下，以充分产烟和无火焰的情况时毒性最大。对于不同材料，以充分产烟和无火焰情况下的烟气进行动物染毒试验，按实验动物达到试验终点所需的产烟浓度作为判定材料产烟毒性危险级别的依据，所需产烟浓度越低的材料产烟毒性危险越高，所需产烟浓度越高的材料产烟毒性危险越低。产烟毒性的检验方法和结果判定依据详见 GB/T 20285—2006 标准。

3.3　监测结果与分析

经检验，本次汽车内饰件风险监测的 50 个样品均未达到安全级的要求，有 2 个批次生产领域的样品产烟毒性结果为危险级（WX），其余 48 个样品产烟毒性结果为准安全级中的最低 ZA3 级；危险级样品数量占整个样本百分比的 4%，流通领域样品产烟毒性结果均为准安全级 ZA3 级，结果如图 2 所示。

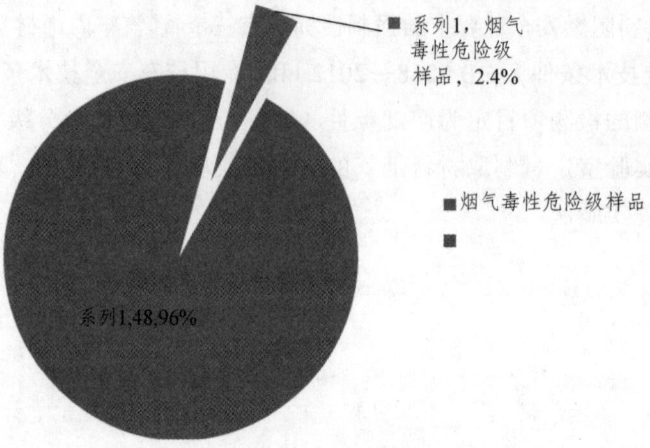

图 2　样品烟气毒性结果饼图

4　风险监测结果评估

4.1　监测结果和数据分析

4.1.1　风险伤害程度分析

根据《材料产烟毒性危险分级》（GB/T 20285—2006）对材料产烟毒性危险分级的规定，将本次监测结果和危害程度（C）做了简易化的关联划分。汽车内饰件产烟毒性分级结果 V 与 G 危害的严重程度评分见表 1。

表 1　产烟毒性危险分级监测值 V 与 C_G 关系表

G 危害严重程度 C_G	产烟毒性危险分级 V		
	烟气安全浓度 mg/L	烟气危险分级	
(0，1]	≥50.0	安全级（AQ）	
(1，2]	≥25.0	准安全级（ZA）	ZA_1
(2，3]	≥12.4		ZA_2
(3，4]	≥6.15		ZA_3
(4，5]	＜6.15	危险级（WX）	

根据图 3，经计算可知，发生风险的严重程度为 4，判定为“高”等级（依据《风险管理风险评估技术》（GB/T 27921—2011）[3]）。

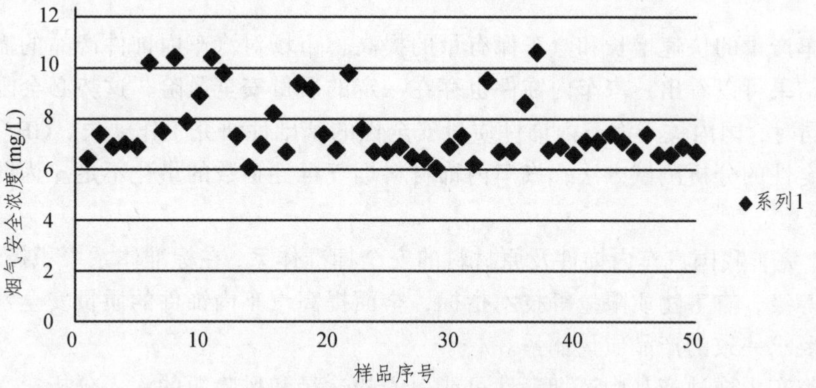

图 3　烟气安全浓度趋势图

4.1.2　风险发生可能性分析

通过对过往的重大汽车安全事故分析可知，汽车内饰件烟气毒性安全风险的发生应满足一定的客观条件。一是汽车车辆发生燃烧；二是车辆燃烧后，车内人员在短时间内无法逃离；三是燃烧车辆处于一个较为封闭的环境里（如地下室、隧道等），车内人员在短时间内无法离开该建筑物。

随着我国经济的持续发展，汽车保有量不断增大，汽车发生自燃或者主观恶意燃烧的事件越来越多，我们认为汽车发生燃烧的安全风险可能性为 4（很有可能）。

正常情况下，绝大部分的乘用车辆发生燃烧时，车内人员都能及时逃离。故我们认为，一般乘用车辆发生燃烧时，车内人员不能及时逃离的安全风险可能性为 1（极小），但大型客运车辆如公交车、旅游大巴等发生燃烧时，车内人员不能及时逃离的安全风险可能性为 2（不大可能）。

随着我国城市化水平的不断提高，道路建设愈加完善，高层、超高层建筑物不断涌现，地下停车场、城市下穿隧道和过山隧道数量也随之增加。当众多的车辆行驶在如此多的地下停车场和隧道内时，其发生燃烧导致场内（隧道内）人员无法及时撤离的概率也在成倍的增加。我们认为在这种情况下，事发空间内人员无法及时撤离的安全风险可能性为 2（不大可能）。

根据以上论述，我们认为在汽车保有量巨大的城市空间内，因汽车内饰件产烟毒性引发危害的可能性为 2（不大可能）。

4.2　风险等级评估初步结论

按照《风险管理风险评估技术》（GB/T 27921—2011）中的矩阵分析法[3]，此次风险监测指标发生风险的严重程度为 4，发生风险的可能性为 2，风险值为 8，属中等风险，可容忍，对该风险需保持监测并采取必要的控制措施。其具体准则见表 2。

表 2　风险重要性准则

风险等级	重要性等级	响应级别
（0，6]	可接受	在资源有限的情况下，对此类风险仅保持监测即可
（6，15]	可容忍	保持监测并采取必要的控制措施
（15，25]	不可容忍	必须采取控制措施

5 结　语

随着汽车整车产量的快速增长和汽车保有量的提高，市场对汽车内饰件产品的需求日益提高。从本次风险监测的结果可以看出，汽车内饰件也存在一定的质量安全风险，这势必会阻碍汽车内饰件的健康发展。与此同时，国内关于汽车内饰件质量安全性的基础性研究工作缺失，GB/T 20285—2006标准采用的是一种定性的分析测试方法，汽车内饰材料烟气毒性指数的量化不足。为此，作者提出了以下几点建议：

（1）加快建立完善我国汽车内饰件及原材料的安全标准体系，在标准体系中积极引入材料产烟量、烟气毒性、阻燃等级、有害物质限量等技术指标，全面提高汽车内饰件的质量安全性。建立与欧美日等汽车发达国家要求一致的产品质量体系。

（2）加强对汽车内饰件产品中产烟毒性可能引入的途径和风险源的深入分析，采用控制风险源和风险传播途径等措施达到风险监控的目的。

（3）建议构建汽车内饰件风险识别和风险分析的数据库，组建技术专家团队，应对“汽车内饰产品”引发的社会突发事件。

（4）加强对办公楼、商业综合体等大型地下停车场和城市重要下穿隧道等场所的监控力度，采取必要措施保证这些重要场所的消防设施随时运行有效，督促场所的物业管理单位建立有效的车辆燃烧应急处置预案。

（5）加强对城市公交车、旅游大巴等大型乘用车辆的监管力度，采取有效措施降低车辆发生燃烧（自燃或人为）的可能性，加强对车辆使用者、管理者科学处置车辆燃烧的应急知识培训。

（7）风险监测的常态化和系统化。将汽车内饰件的风险监测工作常态化，采取定期检查和不定期抽检相结合的方式，针对突出的质量问题，开展风险监测。建议出台汽车内饰等相关产品的质量风险监测细则，建立系统的汽车内饰等相关产品风险监测体系。

参考文献

[1] 豆永红，李建华，朱方龙. 汽车内饰材料存在的火灾安全隐患及燃烧特性检测[J]. 消防技术与产品信息，2015（9）：36-38.
[2] GB/T 20285—2006. 材料产烟毒性危险分级[S]. 2006.
[3] GB/T 27921—2011. 风险管理风险评估技术[S]. 2011.

作者简介：傅敬伟，男，高级工程师，从事高分子材料、防火材料及产品检测二十余年。
通信地址：成都市龙泉驿区兴茂街16号，邮编：610100；
联系电话：18180909986；
电子信箱：977327795@qq.com。

由一起亡人火灾事故调查透析外墙保温材料危险性及现状对策

赵曰兴

（江苏消防总队宿迁消防支队，江苏 宿迁 223800）

【摘 要】 笔者通过介绍一起在建工地因电焊施工作业引燃外墙保温材料从而引发亡人事故的调查，从火灾调查工作职责和消防监管的角度出发，着重提出了外保温材料的火灾危险性、目前现状以及防范对策，供借鉴和参考。

【关键词】 消防；事故调查；外保温材料；危险性；现状对策

建筑外墙保温材料给人类带来幸福的同时，也带来了灾难。近年来，在建工地外保温材料引发的火灾时有发生，特别是2010年11月15日，上海静安区教工公寓对外墙进行保温装修时，无证电焊工违章焊接作业，引燃可燃的外保温材料而引发大火，导致公寓楼58人死亡的典型火灾案例，不仅引发了社会普遍关注，造成人民生命财产受损，而且教训也十分深刻。从中暴露出的外保温火灾隐患十分普遍，形势十分严峻，进一步加强和应对外保温材料的使用和管理工作迫在眉睫。对此，笔者通过对一起火灾事故的调查研判分析外墙保温材料的危险性及现状对策。

1 火灾基本情况

2013年10月26日8时55分左右，位于宿迁市泗洪县人民北路和香江路交汇处的某小区在建工地36号楼在建工程发生火灾，过火面积约40 m^2，火灾主要烧损建筑设备、材料等建材，直接财产损失为2140元，火灾造成1人死亡，在建工程36号楼设计地上17层、地下1层，为二类高层住宅，火灾发生时已建至3层。

2 火灾事故重点专项调查要点

2.1 起火保温材料现场勘验

起火场所位于瑞丰翡翠城在建工地36号楼在建工程的西侧，该建筑为东西走向，南侧及东侧相邻为小区内临时道路，西侧相邻为在建地下车库，北侧相邻为在建工程34号楼。36号楼在建工程除西侧山墙一面过火（见图 1）和最东南侧墙面明显过火外，其他未有过火及烟熏痕迹。其中西侧山墙一面的防护网、竹排均被烧光，脚手架烟熏痕迹明显，在最东南侧墙面上有一直径约40 cm的外保温板材烧损痕迹（见图2），使用金属探测器对被烧残留外保温板材进行探测时，金属探测器发出连续清晰的蜂鸣音，勘验发现塑板内部有残留的金属熔渣。

图 1　发生火灾楼栋的西山墙（由西向东）

图 2　楼栋东南处地下室墙面被烧损（由南向北）

2.2　火灾现场保温材料专项检测

2013 年 11 月 11 日，火灾调查人员对 36 号楼地下一层使用的外保温板材抽样送往江苏省质量技术监督消防器材产品质量检验站就难燃性能、可燃性能和烟密度等级进行检验，2013 年 11 月 11 日出具了《检验报告》(No.2013049734)。经检验，该样品所检项目中平均剩余长度、平均烟气温度峰值、最小剩余长度、是否引燃滤纸、焰尖高度等项目均达不到 B1 级或 B2 级标准要求（见表 1）。

表 1　难燃性能、可燃性能和烟密度等级检验结果

序号	检验项目		单位	技术要求	检验结果	单项评价	备注
1	难燃性能	平均剩余长度	mm	≥150	0	不合格	—
		平均烟气温度峰值	°C	≤200	256 s 时平均烟气温度大于 200 °C		
		最小剩余长度	mm	>0	0		
2	可燃性能	是否引燃滤纸	—	不能引燃滤纸	不符合	不合格	—
		焰尖高度	mm	≤150	190		
3	烟密度等级（SDR）		—	≤75	46.25	合格	—

2.3　埋弧焊引燃保温材料模拟实验

根据火灾事故调查工作需要，火灾事故调查组组织开展了 6 次埋弧焊实验进行验证。实验采用的设备、工具、材料等均从火灾现场工地提取，温度、风力等与起火当日气象条件基本一致，实验从 2013 年 11 月 6 日 9 时 15 分开始，2013 年 11 月 6 日 9 时 45 分结束，实验共做 6 次，其中第 3 次、第 6 次模拟实验中，下方地面放置的从火灾现场工地提取的外保温板材起火燃烧，第 3 次模拟实验板材表面有 3 处起火，第 6 次模拟实验板材表面有 2 处起火，燃烧过程中蔓延快、烟雾浓。实验过程中进行了录像和照相。实验得出的数据及结论：在距离地面高度约 15 m 处进行电焊作业，焊接过程中产生的高温焊渣能引燃火灾现场工地的外保温板材。

2.4　调查结论及运用

该起火灾事故结合证人证言和对现场外保温材料、电焊熔渣等痕迹物证的重点专项勘验，并充分运用分析、推理、模拟实验、技术鉴定等方法进行综合分析，认定该起火灾起火部位位于瑞丰翡翠城小区在建工程 36#楼西南侧，起火点位于 36#楼西南侧地下一层地面处，起火原因系工人黄某在 36#楼电

焊施工作业过程中产生的熔渣掉落引燃下方外保温板材引发火灾。此火灾不仅准确认定了起火原因，并且火调人员对火灾事故教训进行了总结，剖析了引发火灾事故的深层次问题，事后及时反馈以推进消防审核、验收及监督管理改进工作。该起火灾事故案例具有一定的典型性和代表性。

3 外墙保温材料的火灾危险性

保温材料的英文是“thermal insulation material”，一般是指导热系数小于或等于 0.2 的材料。所谓外墙保温，是指将保温材料、抹面层、固定材料（胶粘剂、辅助固定件等）按一定方式复合在一起并安装在外墙外表面的非承重保温构造的总称。目前从市场材质上区分，可以分为有机材质和无机材质两种。

3.1 施工过程中火灾危险性

在施工过程中，由于可燃的保温材料板尚未抹面，施工中的电焊、明火、电气线路故障等十分容易引发火灾，且发生火灾时易形成立体燃烧，火灾蔓延速度快，易产生高温、有毒烟气，能见度降低，加剧了现场人员的恐慌心理，在很大程度上影响了人的逃生自救。

3.2 施工现场管理潜在隐患

外墙保温材料施工过程中，不规范的临时用电（电气线路安装敷设不规范），易引发电气线路故障从而诱发火灾；施工现场电焊施工、切割过程中易产生火花或高温熔渣，且现场防护措施不到位，容易引燃周围可燃物；现场外保温材料存放混乱，无专人看管，现场施工工人消防安全意识淡薄且又有抽烟等不良生活习惯，易遗留火种直接或间接引燃外保温材料；还有施工现场夜间使用大功率照明设施，这些高温照明灯具表面温度远远超过一般可燃物的自燃点，极易诱发火灾。

3.3 外保温材料施工工艺缺陷

目前，外保温材料现场施工工艺绝大多数为“墙体-空气间层-外保温层”这一构造。这一构造在源头上就形成了外保温材料与墙体间的空隙，因此，一旦外保温材料被引燃，其空隙的存在就会形成“空腔”，为火势的蔓延扩大提供了条件，很难及时扑救初期火灾。

4 外墙保温材料的现状及防范对策

4.1 “低烟、低毒”标准不明确

新版《建筑设计防火规范》（GB 50016—2014，以下简称《规范》）仅仅强调了非人员密集场所可以使用低烟、低毒的 B1 级保温材料，那么对于“低烟、低毒”的具体标准却没有明确，这使得在建筑工程施工前的图纸设计、审查、监管、验收等环节上均得不到有效把关和控制，所以这种潜在的火灾隐患将一直伴随着该建设工程始终，更谈不上什么“本质安全”。因此，应在下一步修订《规范》时予以明确。

4.2 防火堵料封堵规定不严格

对于保温系统与装饰层、墙体中间有空腔时，《规范》虽提出了每层进行防火堵料的规定要求，但

这一条文并不是强制性条文，这实际上忽视了当前外保温材料的施工构造和火灾立体燃烧的实际危险性。因此，要考虑外墙保温系统整体防火安全性，尽量采用满黏法的施工工艺，避免产生空腔，同时采用防火隔断和防火保护面层以确保达到最佳保护效果，这就需要在修订《规范》中作为强制性条文予以明确，同时应在相应释义中予以翔实解释说明。

4.3 强化在建工地施工现场管理

笔者在监督检查及火灾调查中发现，大部分保温材料施工现场多工种交叉作业，管理无序，防范失控，制度、规章不健全，安全预案不落实，无证上岗，违章作业，乱扔烟头，随意动火、电焊等现象严重。另一方面，2011 年 8 月 1 日虽颁布了《建设工程施工现场消防安全技术规范》(GB 50720—2011)，但施工单位执行规范过程中，没有具体施工标准。因此，建议在建设工程施工图设计中，把具体施工现场消防安全要求及做法一并进行设计，即设计施工现场消防安全设计专篇，便于施工单位有效实施，同时，加强建设、消防、质检等部门对保温材料使用的全程有效监督。

4.4 强化材料见证取样关口前移

目前，在实际工作中往往遇到外保温施工中已采取易燃、可燃材料的现象，而这些建设工程之前已经建设、消防部门审批同意，如强令拆除或因此而不能通过验收，易引发复议、诉讼，进而引发行政赔偿及其他社会不稳定因素。因此，建议国家进一步规定明确样品检测相关要求，在建设工程施工前，由建设单位 （亦可委托施工单位）按程序向质检机构报送拟采用的外保温材料的样品进行检测，即使是对已获得国家防火建筑材料质量监督检验中心检测合格的产品，鉴于目前保温材料市场运行现状，结合现场初步测试实际情况也可视情进行检测。

参考文献

[1] GA/T 812—2008. 火灾原因调查指南[S]. 2008.

[2] GB 50720—2011. 建设工程施工现场消防安全技术规范[S]. 2011.

[3] GB 8624—2012. 建筑材料及制品燃烧性能分级[S]. 2012.

[4] GB/T 8625—2005. 建筑材料难燃性实验方法[S]. 2005.

[5] GB/T 8626—2007. 建筑材料可燃性实验方法[S]. 2007.

[6] GB/T 8627—2007. 建筑材料燃烧或分解的烟密度实验方法[S]. 2007.

[7] 张伟. 浅谈建筑外墙保温材料存在问题及防范对策[C]. 2015 年中国消防协会防火材料分会与建筑防火专业委员会学术会议论文集. 成都：西南交通大学出版社，2015.

[8] GB 50016—2014. 建筑设计防火规范[S]. 2014.

作者简介：赵曰兴，男，江苏消防总队宿迁消防支队火灾调查技术科工程师，长期从事火灾调查及研究工作，

通信地址：江苏省宿迁市北一路与振兴路交汇处，邮编：223800；

联系电话：18351379508；

电子信箱：389206861@qq.com。

阻燃硅橡胶泡沫的制备与研究

董淑量[1]，段佳巍[2]，严　玉[2]，克　磊[2]

（1. 镇江市消防支队，江苏 镇江　212000；2. 江苏海龙核科技股份有限公司，江苏 镇江　212000）

【摘　要】 以 107 硅橡胶、含氢硅油、乙烯基封端聚硅氧烷、氢氧化镁、白炭黑、石英砂、辅助发泡剂为主要原料，在铂催化剂的作用下制成硅橡胶泡沫。本文分析了辅助发泡剂用量、氢氧化镁用量和发泡温度条件对硅橡胶泡沫的发泡性能和耐火性能的影响。结果表明，当使用 4.0 份低黏度羟基硅油为辅助发泡剂时，硅橡胶泡沫的发泡性能最佳，发泡系数最大；在 25 °C 条件下，硅橡胶泡沫的发泡系数最大，升高或者降低发泡温度，都会降低硅橡胶泡沫的发泡性能；添加氢氧化镁可以有效地提高硅橡胶泡沫的阻燃性能；制备的阻燃硅橡胶泡沫具有 2 小时耐火性能。

【关键词】 羟基硅油；氢氧化镁；发泡温度；发泡性能；阻燃性能；耐火性能

有机硅泡沫材料由硅氧键交替组成主链，通过硅与有机基团组成侧链的一种半无机高分子材料。由于其结构的特殊性，故具有许多其他材料所不能同时具备的优异性能，如卓越的耐高低温性、优良化学稳定性以及良好的耐老化性等，常用作密封、减振、隔音、隔热材料，可广泛用于电子电器元件及机械部件的灌封，起到防潮、防尘、防振的作用，也可用于建筑墙壁中配管、导线的贯穿孔的灌封或填充[1-2]。早在 20 世纪 50 年代由美国道康宁公司首先研制出这种泡沫塑料，并用它来制造耐高温制件。以后，日本、美国、德国以及前苏联一些公司也开始进行研究。80 年代，国内化工部晨光化工研究院一分院、中国科学院化学研究所、上海塑料研究所也开始对有机硅泡沫塑料进行了研制[3]。

近年来，很多学者都对有机硅泡沫塑料进行了研究。潘大海和刘海[4]研究了 107 硅橡胶黏度、含氢硅油和铂催化剂用量对室温硫化泡沫硅橡胶性能的影响。结果表明：黏度为 3 ~ 5 Pa · s 的 107 硅橡胶、含氢硅油和铂催化剂的用量分别为 3 份和 5 ~ 8 份时，可制得适合于灌封、发泡性能良好的室温硫化泡沫硅橡胶。陶林等[5]研究了单甘酯用量变化对室温硫化硅橡胶泡沫性能的影响。结果发现，单甘酯用量为 0.8 份时，会明显增大发泡系数和孔隙率，制品的泡孔更加密集，均匀度更好，形状更规整。沙艳松等[6]研究了泡孔结构、孔径对开孔型硅橡胶泡沫材料性能的影响。刘道龙等[7]研究了结构化控制剂、白炭黑、无机成孔剂的用量等因素对泡沫硅橡胶力学性能的影响。本实验研究了氢氧化镁、辅助发泡剂和发泡温度条件对硅橡胶泡沫性能的影响，同时对硅橡胶泡沫进行了耐火性能的测试。

1　实验准备

1.1　主要原料及仪器设备

107 硅橡胶：黏度 10 000 mPa · s，中蓝晨光化工研究设计院有限公司；含氢硅油：活性氢质量分数为 1.5%，中蓝晨光化工研究设计院有限公司；铂催化剂：CGPT，中蓝晨光化工研究设计院有限公司；乙烯基封端聚硅氧烷：黏度 3 000 mPa·s，中蓝晨光化工研究设计院有限公司；羟基硅油：1 000 mPa·s，中蓝晨光化工研究设计院有限公司；乙二醇：分析纯，苏州昌德源化工；白炭黑：H150，市售；氢氧化镁：600 目，市售；石英砂：600 目，市售；去离子水：市售。

电子天平：LBB，昆山钰恒电子衡量器有限公司；三辊研磨机：S65，上海源润新能源设备科技有限公司；水平-垂直燃烧试验机：WC-5400，昆山市万成测试仪器有限公司；γ射线辐照装置：Co-60，北京原子高科金辉辐射技术应用有限责任公司；耐火测试装置：国家防火材料质量监督检验中心。

1.2 基本配方

100 份 107 硅橡胶、20 份乙烯基封端聚硅氧烷、4 份白炭黑、20 份石英砂、8 份含氢硅油、2 份铂催化剂以及适量氢氧化镁和辅助发泡剂。

1.3 试样的制备

按配方称取 107 硅橡胶、乙烯基封端聚硅氧烷、白炭黑、氢氧化镁和石英砂混合，在三辊研磨机上研细，至无肉眼可见颗粒；然后依次加入含氢硅油、辅助发泡剂和铂催化剂，混合均匀后，在 25 °C 条件下，倒入模具内自由发泡硫化。

1.4 性能测试

发泡系数：在容器壁上标注未发泡液面高度 h_1，发泡完成后标注最终高度 h_2，测量两者高度，发泡系数定义为 h_2/h_1[4]；燃烧性能：按 GB/T 2408—2008 测试；耐火性能：按 GB 23864—2009 测试。

2 实验分析与探讨

2.1 辅助发泡剂用量对样品发泡系数的影响

图 1 为 25 °C 条件下，三种辅助发泡剂用量对样品发泡系数的影响。由图 1 可见，分别加入三种辅助发泡剂后，样品的发泡系数都增大，这是由于辅助发泡剂中的羟基会与含氢硅油发生反应释放氢气，促进了体系的发泡反应，从而提高了样品的发泡系数。当加入 1 份乙二醇后，样品的发泡系数由 2.3 增加至 2.6。随着乙二醇用量的增加，样品的发泡系数也随之增大。当乙二醇的用量达到 3.0 时，样品的发泡系数达到最大值 2.9，随后样品的发泡系数稍有减小。当加入 1 份去离子水后，样品的发泡系数迅速增大，达到 3.0，远大于等同加入量的乙二醇以及羟基硅油的样品发泡系数，这是因为去离子水中的羟基含量要明显高于其他两种辅助发泡剂。当去离子水的含量继续增大时，样品的发泡系数开始减少，这是由于去离子水在硅油体系中无法均匀分散导致。当加入低黏度的羟基硅油时，随着加入量的增加，样品的发泡系数逐渐增加，并在加入 4 份时发泡系数达到最大值 3.3，并趋于平稳，这是因为羟基硅油可以在体系中很好的分散，但由于体系中含氢硅油的氢含量是恒定，导致样品的发泡系数趋于平稳。最佳的辅助发泡剂为低黏度的羟基硅油，最佳用量为 4.0 份。

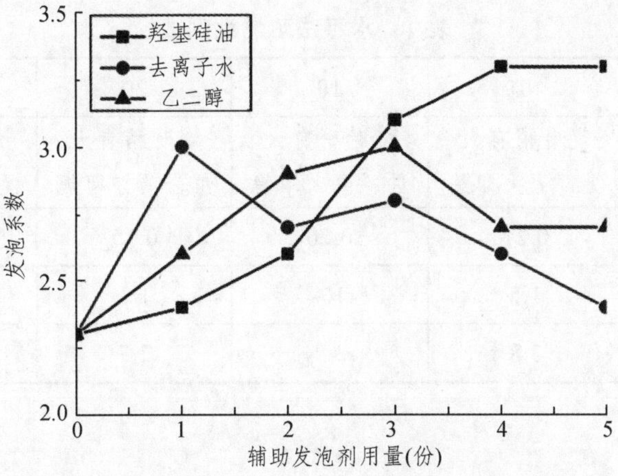

图 1　辅助发泡剂用量对样品发泡系数的影响（25 °C）

2.2　温度条件对样品发泡系数的影响

图 2 为样品分别在 10 °C、25 °C、35 °C 条件下发泡系数与时间的关系。从图中可以看出，在 25 °C 条件下，体系混合后，前 0.5 min 内，基本没有膨胀现象，由于反应初期，体系黏度还不够高，难以保持发泡气体。5 min 后，开始快速膨胀，在混合 3.5 min 后即达到发泡系数的最大值 3.3。当温度从 25 °C 下降为 10 °C 条件时，发泡时间变长，并且最大发泡系数减小为 2.7，表明此状态下发泡速度比硫化速度快，体系黏度的增长缓慢，生成的氢气过早从体系中逸出，使得样品的发泡系数降低。在 35 °C 条件下，体系交联反应与发泡反应速度明显加快，倒入模具后，样品的发泡系数便缓慢增加。在 2.5 min 时，样品的发泡系数达到最大值 3.0，但这低于 25 °C 条件下的最大发泡系数，这可能是由于体系反应加快，体系黏度迅速增大，很难充分混合各个组分，导致了发泡系数的减小。

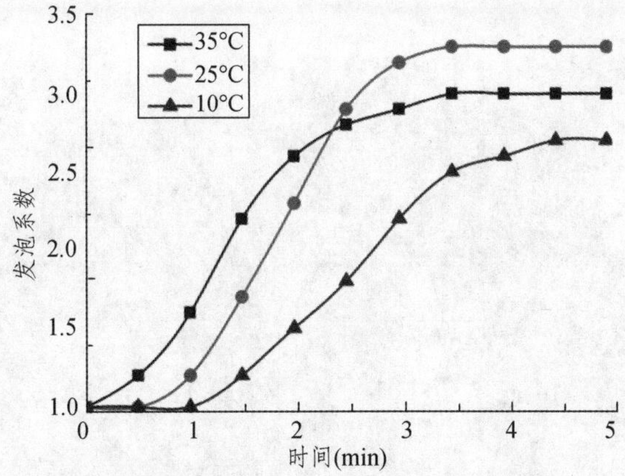

图 2　不同温度条件下样品发泡系数与时间的关系（4.0 份低黏度羟基硅油）

2.3　氢氧化镁用量对样品耐燃性的影响

表 1 为不同氢氧化镁用量样品的水平法耐燃性测试结果。由此表可见，未加入阻燃剂的样品烧时稍有火星，离火即熄。当加入 10 份氢氧化镁时，样品的燃烧情况虽没有明显改变，但其熄灭时间、燃烧速度都有所减小。这是因为氢氧化镁在受热时会分解，这类分解反应会吸收大量的潜热，由此会降低材料表面的实际温度而使聚合物降解为低分子的速率减慢，减少可燃物的产生[8]。当氢氧化镁的用量增加为 30 份时，样品已出现不燃现象，表明添加氢氧化镁可以提高泡沫硅橡胶的阻燃性能。

表1　水平法耐燃性测试

氢氧化镁用量（份）	0	10	20	30	40
燃烧情况	烧时稍有火星，离火即熄	烧时稍有火星，离火即熄	烧时稍有火星，离火即熄	烧时稍有火星，离火即熄	不燃
烧蚀量（g）	0.21	0.20	0.15	0.13	0.11
烧蚀尺寸（mm）	1.5	1.4	1.1	0.5	0
熄灭时间（s）	3.8	3.2	2.7	1.2	0

2.4　耐火性能测试

将107硅橡胶、含氢硅油、乙烯基封端聚硅氧烷、氢氧化镁、白炭黑、石英砂以及低黏度的羟基硅油在25 °C条件制备硅橡胶泡沫。将其填充于800 mm × 600 mm × 200 mm的C30混凝土框架内，在框架510 mm × 110 mm × 200 mm的内框口中部穿过不带孔钢质电缆桥架（宽500 mm、高100 mm、厚1.5 mm），并在电力桥架上布置6根（7 × 1.5）mm2KVV电缆、3根（3 × 50+1 × 25）mm2YJV电缆、4根（3 × 50+1 × 25）mm2YJV电缆、1根DN32钢管，长度均为1 500 mm。试验时在硅橡胶泡沫背火面距贯穿物表面25 mm处布置二支热电偶，在贯穿物表面距硅橡胶泡沫背火面25 mm处各布置一支热电偶（共四支），在电缆桥架表面距距硅橡胶泡沫背火面 25 mm 处布置一支热电偶，在距硅橡胶泡沫背火面25 mm处C30混凝土框架表面布置一支热电偶以测定试件背火面温度。图3为硅橡胶泡沫封堵构件背火面照片，在迎火面点火升温，升温曲线见图4。试验2 h后，构件背火面未出现火焰，未点燃棉垫。试件背火面最高温升 69 °C，贯穿物背火端距硅橡胶泡沫 25 mm 处表面最高温升 166 °C，背火面框架表面最高温升 28 °C，均小于标准要求的 180 °C，硅橡胶泡沫材料的耐火性能达到2 h。

图3　硅橡胶泡沫封堵构件背火面照片

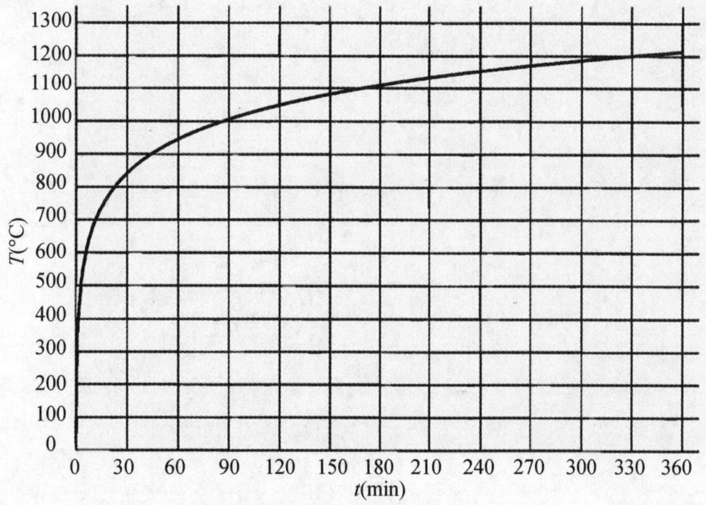

图 4 硅橡胶泡沫封堵构件 t（时间）–T（温度）升温曲线

3 小 结

以 107 硅橡胶、含氢硅油、乙烯基封端聚硅氧烷、氢氧化镁、白炭黑、石英砂、辅助发泡剂为主要原料，在铂催化剂的作用下制成硅橡胶泡沫。用 4.0 份低黏度羟基硅油为辅助发泡剂时，硅橡胶泡沫的发泡性能最佳，发泡系数最大；在 25 °C 条件下，硅橡胶泡沫的发泡系数最大，升高或者降低发泡温度，都会降低硅橡胶泡沫的发泡性能；添加氢氧化镁可以有效地提高硅橡胶泡沫的阻燃性能，制备的阻燃硅橡胶泡沫具有 2 h 耐火性能。

参考文献

[1] 冯圣玉，张洁，李美江，等. 有机硅高分子及其应用[M]. 北京：化学工业出版社，2004.
[2] 章基凯. 有机硅材料[M]. 北京：中国物资出版社，1999.
[3] 解德良，姜标. 有机硅泡沫塑鹉丽研究进展（上）[J]. 上海化工，1999，24 （1）: 18 - 21.
[4] 潘大海，刘梅. 室温硫化泡沫硅橡胶的研究[J]. 有机硅材料，2004，18（3）: 10 - 12.
[5] 陶林，张建威，陈军，等. 浇注型水发泡室温硫化硅橡胶的制备和研究[J]. 有机硅材料，2012，26（2）: 79 - 82.
[6] 沙艳松，张长生，李静莉，等. 泡孔结构对硅橡胶泡沫材料性能的影响[J]. 机械工程材料，2013，37（2）: 25-28.
[7] 刘道龙，刘鹏波，徐闻. 开孔型泡沫硅橡胶材料的制备及力学性能研究[J]. 塑料工业，2006，34（5）: 98 - 99，102.
[8] 汪关才，卢忠远，胡小平，等. 无机阻燃剂的作用机理及研究现状[J]. 材料导报，2007，21（2）: 47-50.

作者简介：董淑量，男，工学硕士，江苏太仓人，321322198405187018，载运工具运用工程专业研究生，研究消防工程图纸审核、验收、火灾调查、车辆监控系统等。
联系方式：13913430617；
电子信箱：719312649@qq.com。

消防管理

关于消防管理社会化的研究

莫雄琳

（广东省公安消防总队，广东 广州 510640）

【摘 要】 随着人类社会的不断发展，人们的生活方式也发生了巨大的变革，各类引发火灾的隐患越来越多，这就给现代社会的消防管理提出了新的课题。新中国成立以来，我国在消防管理上也有了很大的突破，但面对复杂的消防形势，消防管理工作开始表现出很多不适应。为此，我国提出了消防管理的社会化。在这一过程中，很多问题随之产生。本文基于此开展研究，首先介绍了研究背景、意义和国内外研究现状，然后论述了消防、消防管理和消防管理社会化的内涵，探讨了我国消防管理社会化的必要性，从基本方针、变革和法制建设三个方面阐述了我国消防管理的发展情况。在此基础上，系统地分析了我国消防管理社会化存在的问题。一是政府责任落实不力，缺少协作；二是社会单位在消防管理上存在侥幸心理；三是火灾责任保险的作用发挥不够充分；四是消防力量社会化程度低；五是公众参与消防管理不足；六是消防安全教育宣传教育力度欠缺；七是消防基础设施建设落后；八是消防技术的人性化和创新水平有待提高。而国外发达国家在消防管理社会化上相对比较成熟，如在日本，消防管理高度自治，消防力量强大，教育培训有效性高，防管理基础设施完备。在美国，消防法律法规制定过程公开，社会单位的消防管理规范化高，防、灭结合，消防注册工程师制度完善，消防技术服务多种多样，将消防纳入社会信用体系。在新加坡，消防管理队伍建设完善，社会单位自我管理水平高，公众参与消防管理的积极性高。总结可得我国可以借鉴的地方：一是利用社会力量，合理调度；二是消防管理要跟上经济和社会发展的脚步；三是大力提升社会消防服务水平；四是发挥火灾保险的作用。结合我国实际，提出构建我国消防管理社会化模式的基本原则，准确把握我国当前消防形势，明确消防管理工作未发的方向，创新社会化消防管理，坚持领导责任制。并针对上述问题提出提升我国消防管理社会化水平的措施：一是健全政府责任体系，强化部门协作配合；二是强化社会单位的消防管理；三是充分发挥火灾责任险的作用；四是提升消防管理的社会力量；五是调动公众参与消防管理的积极性；六是加强消防管理的宣传教育；七是完善消防管理的基础设施建设；八是完善消防技术，实现技术的人性化，以期为我国消防管理的社会化提供依据。

【关键词】 消防；消防管理；社会化

1 前 言

1.1 研究背景

正如古人所说：“火，善用之则为福，不能用之则为祸”。火为人类带来了光明、温暖，极大地促进了社会的发展和文明的进步，但是，火也常常以灾害的形式给人类带来痛苦。自从人类发明了钻木取火，怎样正确使用、管理好火就成为了摆在了人类面前的重要问题。而且，随着人类物质的丰富和社会的进步，对火的管理要求也越来越高。

消防管理，事关经济和社会发展的大局，事关人民群众的生命财产安全。在党中央、国务院，以及地方各级党委政府的正确领导下，社会消防安全环境明显改善，消防安全工作取得了重大进步，但是消防安全形势依然严峻。当前，我国正处于全面建成小康社会的关键时期，消防管理工作面临着许多新情况和新问题，任务十分繁重、十分艰巨。随着城镇化、工业化、市场化的深入推进，高层、超高层和地下建筑的大量增加，制造、运输、仓储等行业发展迅猛，石油、化工等易燃易爆企业规模的不断扩大，危险程度也大幅增加，"三合一"场所、"城中村"和城乡结合部的消防安全问题突出，引发火灾的因素、重大火灾危险源大量增加。管理上稍有疏忽，就有可能造成重大的火灾事故。客观分析我国消防安全的总体状况，消防安全基础设施建设同经济社会发展不相适应，社会消防安全保障能力与公众的消防安全需求不相适应，公众的消防安全意识与素质与现代社会的管理求不相适应的问题较为突出。总体上来看，当前和今后一个时期我国仍然处于火灾事故的易发和多发期。加强消防管理、积极预防火灾、减少火灾危害，是维护公共安全和社会稳定的重要任务。

1.2 研究意义

当前，我国的消防管理模式是从过去的计划经济时代演变而来的，由于改革开放的不断推进，社会主义市场经济体制也日趋完善，我国行政管理的方方面面也都发生了巨大的变革。但消防管理的改革趋势却相对比较落后，消防管理模式与我国当前经济和社会发展的情况不匹配，很多矛盾和问题都亟待解决。而我国提出消防管理社会化正是解决问题的一个重要措施。但是，由于我国在消防管理方面的经验相对欠缺，加之处于社会深度变革的时期，在消防管理社会化上仍然存在着许多的问题。

本文的研究意义在于，在相关理论研究的基础上，系统地探讨我国消防管理社会化过程中存在的诸多问题，并提出针对性的应对措施来解决这些问题，从而促进我国消防管理的社会化。在理论上，丰富了消防管理的理论体系，而在实践上则为我国消防管理社会化提供了参考依据，具有重要的理论与现实意义。

1.3 国内外研究现状

1.3.1 国内研究现状

国内有关专家、学者对消防管理的关注和研究还较少，主要还是一些消防行业内的人士，从工作实践角度，探讨一些具体问题。大多观点认为，现行消防管理机制存在诸多问题，不适应经济和社会的发展；"社会化"是消防管理发展的必然趋势。

李海峰（2011）在《我国消防及应急救援体制改革势在必行》一文中从体制机制角度分析了我国消防、应急救援的现状和问题，指出了救援力量不足、现行的体制不利于政府发挥作用、专业的消防院校和专业数量少、部队的兵役制不能保留人才等多个问题，阐述了消防和应急救援改革的方向。张云巧（2011）在《对构建适应我国社会和经济发展方向的消防体制新格局》一文中认为，我国进入社会、经济高速发展的新时期，只有改革创新现行的消防管理体制，走社会化的发展道路、充分发挥市场的调节功能，正确处理消防行政管理与消防市场服务的关系，才能实现高效的管理。在构建消防管理社会化模式的具体措施方面，黄敬顺（2008）在《我国消防体制改革与发展研究》一文中认为，我国目前的灭火救援力量严重不足，公安消防队、政府专职消防队、企业专职消防队和义务消防队等全部的消防力量与人口数量计算，每万人中配备消防员的数量远低于其他主要国家，应当大力发展社会化的消防队伍，解决灭火救援力量不足的问题。钟阅（2012）在《强化社会消防安全管理提升消防工作社会化水个》一文中认为，应当充分发挥保险在火灾防范、风险管理和灾后补偿力方面的作用。首先根据不同单位的消防安全状况来确定不同的火灾风险等级，制定不同标准的弹性费率，火灾风险大的实行较高费率，火灾风险低的实行较低费率。还要建立消防部门与保险机构的良好互动，推动投保的单位自觉提高消防安全条件，增强本单位防范火灾的能力。杨伟民、陈雪芹（2011）在《建立消防安全教育培训体系、推动消防社会化进程》一文中认为，根据大量火灾调查的结论，火灾造成人员伤亡有一个重要的原因，就是公众缺乏火灾中自救逃生的常识。对广大的人民群众开展消防安全的教育宣传，是促进消防管理社会化的重要途径，也是全社会火灾防范能力的基础。为实现社会化的消防管理，要依靠宣传教育来提高公众的消防安全素质，营造全社会关注消防、参与消防的氛围，从而实现预防火灾的目的。

1.3.2 国外研究现状

欧美等发达国家普遍十分重视消防管理，消防管理社会化的程度较高，对于消防管理社会化的研究也比较广泛和深入，已经形成了相对完备的研究体系。在消防法律法规、管理体制机制、消防宣传教育、灭火救援力量等方面有着很好的实践，积累了较为成熟的经验。发达国家的经验和做法，对于构建适应我国经济社会发展要求、符合我国实际的消防管理社会化模式，具有十分重要的学习借鉴意义。譬如，英国消防管理研究特别突出火灾的预防，在城市规划、建筑设计阶段充分考虑了消防需要。日本的法律法规也十分重视消防教育与研究，其消防法规定每个都、道、府、县都必须要办一所专业的消防学校，就是为了培养专职的消防员、消防团员，使他们具备优良的品德、良好的业务能力。日本各地的消防专业学校为社会输送了大量消防专业的合格人才，培养了消防的骨干力量。日本关于建立消防责任制的研究很有借鉴意义，日本的消防安全责任制突出单位自我管理，各个单位自觉依照消防法律法规履行职责。美国消防管理中很大一部分职责是由美国消防协会（NFPA）承担的，虽然其是个公益性的社会组织，但该组织在美国的消防管理中具有十分重要的地位。新西兰关于消防管理社会化的研究提出了一些公众参与消防管理的具体措施，新西兰组织了 8 000 名消防志愿者，对他们开展消防培训，使他们具备基本的灭火救援能力、掌握一些消防技巧以便开展消防宣传。这些消防志愿者不收取报酬，平时有着自己的工作岗位。

2 消防管理社会化的相关概述

2.1 消防及消防管理的内涵

2.1.1 消 防

“消防”的概念在我国并不是一直就存在，它是在清朝光绪年间才正式出现的。在此之前，我国有同“消防”类似的概念，诸如“火政”“火禁”等，都是指对火灾的管控。例如，在五帝时期，就有了“居火政，甚有功”的表述。1867 年在上海的美英租界内都设立了“火政处”，其职能也就是现在的消防机构。在 20 世纪初，“消防”一次被正式引入中国，当时清政府在警政司下设立了“消防队”。

从当前社会公共管理的角度来说，消防有狭义和广义两个层面的理解。狭义地说，消防是指在社会管理中，防火、灭火的各类管理活动。广义上说，消防是指防止和消灭灾害的社会管理活动，这里的灾害不仅仅是火灾，还包括了水灾、震灾等，像生产安全、防汛安全、环境安全、防火安全、工程抢险等在广义上都属于消防管理的范畴。

2.1.2　消防管理

消防管理在我国是出现在20世纪60年代。1963年公安部引发的《公安部关于城市消防管理的规定》中提出了消防管理的概念。消防管理属于社会管理的一个方面，更为具体地说是社会安全管理的一个方面，它是在一定的经济、社会、科技发展水平下，以政府机构为主的各类群体依据相关的管理原则、方式、流程，通过统一的指挥、安排、监督来共同维护消防安全，确保人们生命和财产安全的各类活动的总称。

2.2　消防管理社会化的内涵

《消防法》提出“建立健全社会化的消防工作网络”。2011年，《国务院关于进一步加强消防工作的意见》要求努力构建“政府统一领导、部门依法监管、单位全面负责、群众积极参与”的社会化消防工作格局。

2.2.1　政府统一领导

消防安全是社会稳定、经济发展的重要保障，是政府进行社会管理、提供公服务的重要内容。加强对消防工作的领导，是建设现代服务型政府的基本要求。“政府统一领导”不仅进一步明确了各级政府的消防管理责任，而且有着很全面和具体的内涵：要使消防随着国民经济与社会的发展而发展，要保证社会消防安全条件和管理水平与经济社会发展的水平相配套；要组织建立社会消防管理责任网络，确保责任全覆盖；要确保消防站、消防水源、消防通信、消防力量、消化装备等公共基础设施建设与当地的城市建设相配套；要通过各种渠道广泛开展经常性、群众性的消防宣传教育；要组织开展消防安全检查，对于火灾隐患采取多种行政措施予以消除；当发生火灾等灾害事故时，组织各方面的灭火救援力量开展事故处理，抢救人员生命和财产，降低灾害损失；要检查督促政府各部门依法履行消防责任。

2.2.2　部门依法监管

一方面是指消防部门要认真履行《消防化》等法律法规赋予的职责，把握消防监督管理的主体角色；另一方面是指政府其他职能部门，要在各自的职责范围内，依照《消防法》和其他相关法律法规，做好消防工作。如财政部门要保证地方消防业务经费的落实，城市规划和建设部门要科学合理的规划建设消防站、消防供水管网等消防基础设施，宣传部门要积极开展消防公益宣传等。政府各部门履行各自消防工作责任，齐抓共管、形成合力，这是由消防工作的社会化属性所决定的。

2.2.3　单位全面负责

单位是社会的基本单元，自我管理、责任自负是各项管理工作的原则。单位法定代表人或负责人也是本单位的消防安全责任人。单位的消防安全责任人应当在本单位内部建立消防安全责任网络、配备必需的消防设施并保证完好；明确消防安全管理人员、投入合理的消防经费；对员工开展消防培训教育、增强员工火灾防范意识；制定火灾预案并组织疏散逃生和灭火处置演练。

2.2.4　公民积极参与

公民是社会管理的基础，任何一项管理如果没有广大人民群众的参与，便无法实现规范的秩序。每一名公民都有维护公共消防安全、保护公共消防设施、举报火灾隐患、报告火警的义务和责任；每一名成年的公民都有义务参加有组织的灭火行动。“政府统一领导、部门依法监管、单位全面负责、群众积极参与”构成了社会化消防管理的主要框架。社会化原则的确定，为我国消防管理指明了方向。

2.3 我国消防管理社会化模式建立的必要性

我国新的《消防法》是在 2009 年 5 月 1 日开始实施的。这在很大程度上促进了我国消防管理工作的发展。在我国社会生产力不断提升的过程中，很多地方都设立了消防志愿队、义务队，在消防管理社会化上取得了很多的成绩，使得我国近年来新发生的火灾事故呈现了明显的减少趋势。据有关调查显示，在 2008 年到 2010 年期间，全国的消防安全形势比较稳定，与 2007 年到 2009 年间相比，在火灾数量、火灾导致的受伤人数、火灾导致的死亡人数上都呈现出下降趋势，分别下降了 36.5%、34.3%和 60.5%。而 2015 年与 2014 年相比较，火灾事故的数量下降了近 6%，因火灾事故受伤和死亡的人数也分别下降了 8%左右。这些数据都充分表明了当前我国消防管理工作的整体情况是不断在优化的，但是应当注意到在消防管理社会化的过程中，一些重特大火灾事故还时有发生，如在 2010 年吉林省吉林市船营区珲春街发生的“11・5”特大火灾事故和 2010 年在上海市静安区发生的“11・15”特大火灾事故就说明了在消防管理中还存在着很多的问题，亟待解决。

消防管理作为社会安全管理的一个重要环节，长期以来一直受到党和人民的高度关注。虽然在各类政策的帮助下，我国的消防管理工作取得了巨大的成绩。但也应当注意到，我国的消防工作还有很多问题没有解决，社会化消防管理模式还未完全建立起来，与经济和社会发展的水平不相适应。尤其是在改革开放不断深化的今天，城镇化步伐越来越快，城市中的基础设施建设问题就显得尤为突出，尤其是消防管理的基础设施建设，与城市发展的速度严重不符。很多发展很快的城市防控火灾的能力比较薄弱。在全国火灾事故数量减少的环境下，个别地区还存在着火灾事故增多的现象。这一方面是由于基础设施建设不完善，另一方面也是由于包括政府在内的社会单位、公众、社区没有将消防管理落到实处。所以，构建社会化的消防管理在当前我国发展的阶段是十分必要的，它是消防管理同经济和社会发展相适应的必然要求。只有社会的方方面面都参与到消防管理中来，才能有效地防控火灾，提升我国消防管理的水平。

3 我国消防管理的发展情况

3.1 确立消防管理工作的基本方针

建国之后，国家就确立了消防管理工作的任务和使命，即保卫国家建设和人民生命财产安全。1950 年召开的第一次全国治安行政工作会议将消防作为治安工作的三个基本任务之一。提出了“防火为主，消火为辅”的消防管理原则，后改为“以防为主，以消为辅”。中共中央批准了这一指导思想，并确定为消防工作的基本方针。

1984 年，《中华人民共和国消防条例》经全国人大会议通过，由国务院颁布并正式实施。第一次科学地说明了防火与灭火的辩证关系，明确提出了“预防为主、防消结合”的消防工作方针，将防止火灾的发生、火灾发生之前做好灭火准备放在火灾消防工作的首位；火灾发生后要防止火势进一步蔓延扩大，最大限度地降低火灾造成的伤亡和损失。“预防为主，防消结合”这一消防工作方针的确立，对消防管理具有十分重要的指引作用，并一直沿用至今。

3.2　消防管理体制的三次变革

建国后，我国的消防体制经历了3次大的变革。

一是新中国成立至1965年期间，人民公安机关吸收了一批青年，接收、留用了一批国民党政府的消防机构和消防警察，组建了一支公安消防民警队伍。公安部于1955年设消防局，各地大中城市和重点县于1957年根据《消防监督条例》陆续组建了公安消防队。

二是"文化大革命"期间，我国的消防事业受到了严重的阻碍。公安消防机构于1966年7月被整编撤销，公安消防队伍于1973年12月1日起由公安机关统一领导。

三是1996年至1999年，公安消防队伍实行现役体制，与其他警种统一组建成中国人民武装警察部队，并逐渐形成了现行的体制。公安消防部队是公安机关的组成部分，担负着社会消防监督执法职能，担负着消防执勤、灭火抢险等任务。

3.3　消防管理的法制建设

新中国成立以来，消防化律法规体系逐步完善，消防法制建设成就巨大，有力地保证了消防事业的发展。1957年的《国务院关于加强消防工作的指示》是中央政府关于消防工作和消防队伍建设的第一份专门文件。同年，全国人大会议通过了《消防监督条例》，文件和条例的出台是消防管理法制化的开端。1984年国家修订消防条例，对预防措施、管理组织和管理责任进行了明确规定，该条例在当初的历史条件下，对预防和减少火灾事故具有重要意义。1995年国务院发布了《消防改革与发展纲要》，作为《消防法》的重要基础，在计划经济向市场经济转型过程中对于推进消防管理工作具有重要意义。1998年《中华人民共和国消防法》颁布实施，2008年修订。《消防法》总结新中国成立以来消防管理的经验，并结合经济社会发展的实际条件，确定了社会化的发展方向，确立了防火安全责任制、发展专群结合的力量体系，明确了政府及其行政部门的消防工作职责，明确了单位和公民的消防权利与义务。

4　我国消防管理社会化存在的问题

4.1　政府责任落实不力，缺少协作

4.1.1　监管主体责任落实不力

我国政府在消防监督管理制度上进行了多项改革，虽然取得了很好的成效，特别是在新的《消防法》颁布实施后，在制度、方法和理念上给消防监督管理带来了巨大的改变。但是，在具体的落实环节上还存在着很多的问题。

（1）地方政府领导监管责任意识不强。

新《消防法》规定了消防工作由地方各级人民政府领导，但是在具体的工作中还是存在着诸多问题。从表象上看，各级人民政府对消防安全管理工作都比较重视，工作会开了，责任书签了，以政府名义也把文件发了。但是，从深层次来看，地方政府真正能坐下来研究谋划消防工作的为数不多，在一些领导的思想里"消防工作就是消防队的事"这一意识已根深蒂固。而很少有真正把当地消防安全工作当成一件大事来研究的。尤其是县级以下，由于受条件制约对消防工作的领导和认识就更加淡漠，光凭着消防机构工作人员努力，很难扭转这一局面。

（2）公安消防机构监督不力。

2009 年新修订的《消防法》颁布实施后，公安派出所被法律赋予了一部分消防管理的监督权力，能够在一定的范围内独立地行使相关的消防行政处罚权。公安派出所是公安机关中最基层的组织，能够直接联系到所辖范围内的各个社会单位、村居，对于周边的消防环境也都十分了解，因此在消防管理上有着得天独厚的优势。但是，当前我国很多公安派出所并没有发挥应有的作用。这其中的原因主要包括如下几个方面：第一，受到传统观念的影响，很多公安派出所的工作人员对于消防管理监督工作认识不够，仍然认为这不是自己分内的工作，存在不想管的思想；第二，社会公众层面也有很多人都认为公安派出所监管消防管理“名不正”，也使得公安派出所人员的积极性受到打击；第三，基层派出所由于在工作一线，工作任务比较繁重，有时往往难以分身进行消防管理监督；第四，消防管理监督在具有一定的技术性和专业性，公安派出所对于相关的业务了解还不够深入，缺乏一些必要的经验，这也导致其工作的开展受到阻碍。

4.1.2 缺少部门间的协作机制

“部门依法监管”是消防管理社会化的一个重要要求。这里的“部门”不是仅仅指消防机构，还包括所有同消防管理相关的政府行政机构，包括住建、安监、规划、质监、教育部门等。通常这些部门都会参与到各个地方政府所设置的消防管理委员会中。理论上讲，这些部门都有在各自权限范围内实施消防管理的责任，但是实际情况却是绝大部分消防管理工作都是由公安消防机构来完成的，那些相关的政府机构在消防管理上缺少主动性，往往都是消防机构去要求了，才会有行动，没能积极主动地配合公安消防机构进行消防管理，缺少协作机制，导致了公安消防机构在消防管理中“单打独斗”的局面，这是同消防管理的社会化格格不入的。

4.2 很多社会单位在消防管理上存在侥幸心理

随着我国所有制结构、分配方式的调整和完善，国有大中型企业改革步伐的加快，市场机制作用的充分发挥，也使我国的消防管理工作出现了更加严峻的局面。在自身利益的驱使下，社会单位更强调其经济效益，而容易忽视消防安全。一些单位擅自改变建筑的使用性质，擅自加高楼层，以致多层建筑变成高层建筑、高层建筑变成超高层建筑，严重违背了消防技术标准。部分单位很少开展消防技术知识的培训和疏散灭火演练，即使有制度也是流于形式，很少去执行，还有些单位擅自停用消防设施，给安全出口上锁。一些居民小区的物业管理部门，收物业费很积极，但消防设施却从来不愿意出钱维护保养，消防手动报警装置起了厚厚一层灰，也不定时清理。消防设施的线路严重老化而不及时更换，致使消防设施逐渐老化，最后损毁。更有甚者，即使消防设施有报警，也无动于衷，跟没发生过任何事一样，白白浪费了宝贵的灭火救援时间。如北京喜隆多商场消控室起火报警后，消控室值班人员第一反应是起身关掉警报器的声音，继续打游戏，浪费了扑灭初期火灾的宝贵时间，以致酿成大火，整栋商场被毁。造成社会单位忽视消防安全的原因显而易见，社会单位的负责人对消防不重视，存在侥幸心理，总认为火灾不会发生在自己身上，所以很少对消防设施定期进行维护保养，不对员工进行消防技术知识的培训，因为需要资金和时间的投入。擅自改变建筑的使用性质和加层，也是为了经济效益的最大化。这些都是由于人为的原因造成了极大的消防安全隐患，隐患一点点积累酿成大灾，一旦起火便追悔莫及。

4.3 火灾责任保险的作用发挥不够充分

第一，我国目前的火灾责任保险的投保率还不高，由于火灾责任保险不是像交通强制保险一样的强制险，很多社会单位，尤其是一些规模较小的企业，都没有购买火灾责任险。而火灾责任险发挥作用是以社会单位能够大量投保为基本前提的，这就使得火灾责任险的作用失去了最基本的保障。第二，火灾责任保险相关的工作开展不够深入。火灾责任保险中投保费用、赔付额度等重要标准都是建立在有关火灾数据统计的基础上，通过分析火灾的概率与登记来进行最后确定的。而我国无论是保险机构，还是政府相关单位在这方面开展的工作还很少，使得火灾责任保险缺少了最为基本的数据支持，从而在保费、赔付额度上往往与实际情况不符。第三，火灾责任保险辅助消防管理的功能没有发挥。在一些开展了火灾保险的保险公司，对于企业的消防管理没有进行有效的指导，这样不仅增大了投保单位的火灾风险，也同样增大了保险公司的经营风险，一旦投保单位发生火灾，受损失的不仅仅是投保单位，保险公司也同样会有损失。这主要是由于我国的保险公司在这方面的认识还不够，没有从保费与赔付额度上对投保单位进行制约，缺少日常的消防监督管理，使得火灾责任保险的辅助功能没有得到发挥。

4.4 消防力量社会化程度低

消防法律法规提出消防管理的社会化以后，我国很多地方政府都成立了多种多样的消防管理队伍，但还是不能满足经济和社会发展度对消防管理的需要，消防力量社会化程度还不够。这其中一个关键性的原因就是资金的短缺。目前我国消防管理的资金主要还是来源于政府，政府为专职的消防队伍提供办公场所、消防装备、人力资源等。相对来说资金的来源单一，而且政府在消防管理资金的投入上也没有明确的标准和规范，往往都是财政资金富裕了，消防经费就多点，财政资金短缺了消防经费就少点，这难以保证消防管理日常运转的资金需要。另一方面，由于消防人员的工作属于高危行业，而相关的工资标准却相对较低，缺少社会资金的支持，导致了消防人员工资标准与其承担的风险是不相符的，很多消防人员因此而流失，招募新消防人员也变得困难。可以看出，在资金方面，单纯依赖政府是同消防管理的社会化不相符的，对于社会资本利用的欠缺，是我国当前消防力量社会化程度低的一个主要原因，这一局面亟待改变。

4.5 公众参与消防管理不足

首先，在参与消防管理的主动性上我国社会公众还比较缺乏。公众没有树立起参与社会公共管理的基本意识，像在西方发达国家早已形成的公民社会在我国还没有形成，这也就从思想意识上降低了公众参与消防管理的可能性。其次，公众参与消防管理的渠道窄。我国政府在消防管理的信息公开上做得还不够深入，很多群众都不了解一些基本消防管理流程，对于一些消防法律法规、政策的制定和修订也都没有广泛地征求公众的意见，使得公众参与到消防管理中的渠道非常少。第三，社会层面缺少公众参与到消防管理中的第三方平台。当前，我国公众要想参与到消防管理中来，能够找的组织基本上只有政府，缺少一些第三方的组织平台，社会消防管理组织的建设严重滞后。最后，我国对于公众参与消防管理的激励程度还不够高。当前政府对于一些公众反映的消防问题经过调查属实的，会给予一定的奖励，但这些奖励往往都是简单的物质层面的，而且都还比较少，因此难以达到有效的激励作用，这也是我国消防管理需要改进的一个重要环节。

4.6 消防安全教育宣传教育力度欠缺

美国消防协会的研究表明，消防的宣传教育不是一朝一夕的，需要持续不断地强化人们的认识，从而改变其观念，增强其安全意识，促使其赶快行动起来。每年的消防周，美国消防协会都确定相应的主题，采取不同的宣传教育方式。从 1998 年开始，连续 3 年，都要搞一次大规模的演练活动：“大疏散”，鼓励人们制订家庭火灾疏散计划并付诸实践。日本一年之内的消防活动日就多达 38 天。当前我国消防社会化工作的宣传教育还仅限于公安消防部门的宣传教育，而且时间短，内容浅显，形式单一，方法简单，实际效果不明显，满足不了人民群众对消防知识的需要，达不到在社会上传授消防知识和提高整个社会抗御火灾能力的目的。各政府部门、单位内部的消防知识培训水平也不高，仅立足于政府、单位场所的简单使用，不能单独处置政府、单位发生的火灾，还需要公安消防队伍的力量。许多政府部门、单位的义务消防队仅是一种形式上的建立，全年都没有开展活动，做得好的单位也只是请公安消防队讲讲课，平时以会代训就算工作开展了。国民消防安全素质相对较低，消防宣传教育相对落后，消防宣传教育工作与全社会快速、健康、可持续发展之间的矛盾日渐突出，使得人们的消防安全素质还不能应对一些突发的火灾灾害，社区群众就更没有学习培训消防知识的渠道了。此外，消防知识也没有纳入各类学校的教育中。这些都是消防安全工作社会化的绊脚石，致使我国消防工作在社会上的影响不大。同时，在中小企业的用工中多数为临时用工，流动性大，企业招聘过程中也只注意到应招人员的劳动技能，不注意消防安全知识。由于企业自我管理能力差，不能组织员工上岗前进行消防安全培训，员工消防安全意识淡薄，消防安全“四懂、四会”常识缺乏，自防自救能力薄弱。这些都在很大程度上制约了消防管理。

4.7 消防基础设施建设落后

实施消防管理，一个基础就是要有消防管理设施。正所谓“磨刀不误砍柴工”，只有消防基础设施达到了要求，消防管理才能得到最为基本的保障。但是由于历史原因，我国当前城市中还存在着很多老旧小区，这些老旧小区都缺少基本的消防管理设备。有的楼层较高的居民楼虽然设置了相应的消防栓，但是其他配套器材，如水枪、水带等都不健全，有的甚至消防栓口都被破坏了，加之居民为了防盗加装的一些防盗网、门等，又人为地设置了消防自救的障碍，这些都成为了火灾发生时社区居民第一时间实施自救的重大隐患。如在 2011 年，北京大兴的一老旧居民楼发生火灾，接到相关群众报警后，北京市消防局第一时间调配了 7 个消防中队，27 辆消防车，以及二百多名消防官兵，联合交通、医院、公安等部门进行救援。但此次火灾事故仍然导致了 17 人死亡，属于重特大火灾事故。事后调查发现，该居民楼消防设施缺乏是导致火灾事故恶化的一个重要原因。这一案例直接体现了当前我国消防基础设施建设上的短板。

总的来说，当前我国的消防基础设施建设同城市的发展水平存在着较大的差距。排除老旧小区，即使是一些新的小区，在消防基础设施建设上也严重落后，消防装备严重不足。当然这与当地经济发展水平也有直接关系。经济发达的地区，消防基础设施相对比较齐全，基本能够满足日常消防管理的需要，而在经济欠发达的地区，政府、社会对于消防管理的重视就要弱一些，投入的资金也就少，消防基础设施建设往往都不能满足实际的需要。另外，一些社会单位，在消防基础设施建设上往往都是为了应付消防检查，得过且过，没有真正将消防基础设施建设看成是给自身未来发展买的一笔保险，常常是检查一过，对于消防基础设施就再也不过问，这给消防管理带来了巨大的阻碍。

4.8 消防技术的人性化和创新水平有待提高

这是消防技术手段社会化存在的问题，亦是技术本身的问题，部分消防技术科技含量不高，创新性不够，没有与时俱进。还有一些消防技术产品不便于安装也难于操作，造成技术本身的人性化、实用性水平也有待提高。事物总是不断向前发展，向高标准发展。随着经济和科技的发展，消防技术的标准也在不断提高，一方面新的消防技术不断涌现，同时技术标准也不断提高。即使现在符合消防设计规范的建筑，过了几年或十几年也会变成消防不合格建筑。那些历史建筑就会跟不上消防技术标准不断提高的步伐，处于一种静止不变的状态，无法达到现在的消防要求。已建好的老式建筑再装新的消防设施也非常困难，即使能够安装也会破坏原有建筑的风貌，失去原有建筑的意义。但不配备安装消防技术，一旦发生火灾，保留了几百年的建筑文明会在一夜之间灰飞烟灭。如湖南凤凰古城、贵州千户苗寨、云南丽江古城等，这些古城极具历史文化价值和旅游价值，体现了中国的建筑文化，是这些地区的品牌，也是国家的名片。但这些建筑都是木质结构建筑，耐火等级低，不方便配备消防技术，消防技术上很难达到现在的要求。凤凰古城、云南香格里拉独克宗古城、怀化侗族新丰村和路团村都发生过大火，特别是怀化侗族新丰村和路团村的大火，使两个村建筑毁于一旦，受灾的群众无家可归，具有历史价值的少数民族村落建筑毁于一旦。这就需要创新一批消防技术能够便于安装和使用在老的历史建筑上；或者使消防技术合理搭配，既符合现有消防技术标准，又不破坏历史建筑的风貌。

此外经济越发展，越会出现更多大空间、超高楼层的建筑，而且建筑形式也越来越富有个性，五花八门。在大城市，特别是像北京、上海这样的超级大城市，超过四、五百米的超高层建筑不断拔地而起，现有的消防技术标准，满足不了这些超高层建筑的消防要求。对于如此超高层的建筑，消防技术在发生火灾时，能不能发挥作用也是一个疑问，毕竟超高层建筑起火，消防水泵能提供的喷水灭火压力是有限的。超过 10 000 m^2 的大型商场、市场现在比比皆是，而且设计形状千奇百怪，一些商场中庭对于安装起到防火分隔作用的防火卷帘不是很方便，一旦起火势必会加快火灾蔓延的速度。对于消防技术的作用，社会单位和公众也存在疑问。消防技术可能并不美观，安装消防技术设备势必会影响社会单位，特别是娱乐场所的装修美观，以致很多社会单位不愿意安装消防技术。公众也会觉得消防技术是个负担，特别是商场，安全出口的常闭式防火门使公众出入不方便。这说明消防技术人性化、实用性水平有待提高，以前没有考虑到消防技术人性化的要求，不能做到既可扑灭复杂的火灾，同时也可方便安装和使用。

5 国外消防管理借鉴

5.1 日 本

5.1.1 消防管理高度自治

在日本，消防管理体制是以地方为主的自治模式。国家层面在日本总务省设立消防厅，各个地方市设立消防局或者消防部，厅级政府设立消防署、消防站，村级则设立小型的消防站。总务省的消防厅主要是负责全国性的消防法律法规、政策，以及一些消防设备、程序、管理制度的标准，并且在全国范围对消防管理相关的中高层干部进行消防管理方面的培训，保证消防管理干部队伍的基本素质。一般情况下，发生火灾事故时都由各个地方的消防机构进行应急处置，享有较高的处置权。只有当火灾事故较大，超出了当地消防机构的处置能力时，消防厅才会从其他地区调动增援的消防力量。而在消防经费方面，也是各个地方政府的财政负责各个地方的消防经费，包括一些基本的消防设施、装备、人员等。而消防厅则建立“消防补助金”，用以对一些重点的消防项目进行扶持。

5.1.2 消防力量强大

日本的消防救援力量主要有两种类型：一种类型是职业消防员，全国约 15 万人，每 10 万人中有 125 人；另一种类型是民间消防机构，主要是民间消防团。民间消防团有固定的办公和执勤点，配备有轻型的消防车、手抬消防泵等基本的灭火救援装备。民间消防团的成员平时从事自己的工作，发生火灾或者其他灾害后，迅速赶赴执勤点随消防车出动。消防团定期组织团员开展消防技能训练，消防团员都具备一定的消防业务素质，各地在每年都会举行消防技能比赛，其中的优胜者再参加全国的消防技能比赛。消防团的团章和主要骨干必须参加专业消防学校的技能培训。消防团的日常经费由当地政府负责筹措，日本现有消防团员 95 万人，消防团员根据年限设置相应的级别，并有一定的年度酬金，平时参加训练和有警情出动时都有经费补贴，而且 5 年以上的消防团员在退团时可获得到一定数额的退团补偿金。

5.1.3 教育培训有效性高

在日本，虽然职业的消防员没有学历背景，但都要受到专业化的职业培训。这种培训都是非常规范和严格的，这也造就了日本高素质的消防队伍。在刚开始招募到消防员时，先进行为期至少 6 个月并含有 900 学时的初始培训，这是一种综合性的培训，主要是在一些消防专业类的学校开展。普通消防队员想要晋升为消防班长，或者课长、署长等更好的职位时，必须要参加晋升培训。岗位发生变动时，要参加目标岗位的岗位培训。这其中，较高层次的干部参加晋升培训或者是岗位培训时都是隶属于国家消防厅的消防大学专门负责。虽说在日本很多职业的消防队员岗位变动非常快，但是他们平均大概两年就要接受一次专业化的、非常严格的消防培训，其教育培训有效性非常高，即使变换岗位也能很快适应，这就促成了其业务能力较强的消防专业化队伍。

5.1.4 消防管理基础设施完备

在日本，无论什么地方他们的消防设施都非常完备，在很多细节上也都很仔细。尤其是在一些消防重点位置，如酒店、KTV 等公共聚会场所，都严格地依据国家标准设建立了自动灭火系统、火灾自动报警系统，并科学地规划疏散通道、安全出口，灭火器、面罩等也都摆放在容易看到、拿到的地方。而且在日本，每一个宾馆的每一个客房内都配备了消防手电、面罩、绳索，以备在紧急时刻人员逃生用，而且每层又专门配备了缓降设备和绳索。这些都突显了日本在消防基础设施建设上的完备。

5.2 美　国

5.2.1 消防法律法规制定过程公开

在美国，消防管理工作的依据只有两部法律，分别是消防法和建筑法。这两部法律的制定都广泛争取了社会公众的意见建议，不为了统一而统一，充分考虑每个地域的实际情况，将行政需要同技术要求相结合，重视已经发生的火灾所带来的经验教训，并保持与时俱进，及时修订。

5.2.2 社会单位的消防管理规范化高

美国在消防管理的社会化上是多层次的、多方位的。基本的社会单位负责自身的消防管理责任。

各类消防的中介机构为社会单位提供全面的消防技术服务，并对其消防基础设施进行定期的检修，同时适时组织对于社会单位消防管理的评估，并依据评估结果提出针对性的整改意见。保险公司出于对自身利益的保护，对于投保的社会单位也进行定期的消防管理评估，并依据评估的实际情况来考虑保费额度，需要变更的进行变更。而消防部门则主要负责常规性的日常检查，对于发现的一些消防隐患，责令相关单位进行整改。

5.2.3　防、灭结合

在美国，位于消防一线的消防人员，经过教育培训，并取得相应资格后，可以进行消防安全检查工作。如华盛顿消防局的消防员也可以兼任消防检查员，他在日常熟悉辖区内防火情况的同时，也可以实施消防检查，如果发现了消防隐患，他有权下达整改通知，或者是报告上级进行处理。这也就使得目前在美国有超过9层以上的防火检查工作是由直接管辖的消防队伍来实施的。这样的工作方法能够有效地利用有限的人员，提高消防效率，也是防火与灭火相结合的直接体现。

5.2.4　消防注册工程师制度完善

美国现在已经构建了完善的消防注册工程师制度，全国几乎所有的州都能够进行消防注册工程师的认证和注册，目前全国已经有大概 6 000 名消防注册工程师。他们的主要工作是建筑的消防设计、自动消防装置的设计、建筑物的消防性能评估、建筑消防体系的验收、消防设备的开发、消防标准的制定、火灾原因的调查分析、消防专业培训讲解或者咨询等。因此，可以看出在美国消防注册工程师的就业范围非常广，建筑施工单位、建筑设计单位、消防专业院校、消防科研机构、保险公司、消防器材生产企业、消防咨询机构等都需要消防注册工程师。而消防注册工程师考试资格的审核是由美国工程与测量委员会负责的，相关人员需要有实习工程师的资质，并且辅助一名消防注册工程师不少于四年，才能参加考试，而出题和评分则是由消防工程师协会负责。这样就保证了考试更加公平、公正。

5.2.5　消防技术服务多种多样

由于消防注册工程师的存在，在美国除了政府的官方消防机构，很多社会化的消防机构也都很专业，包括消防协会、保险公司、消防工程公司、消防科研院所等。这些机构在建筑的消防设计、自动消防装置的设计、建筑物的消防性能评估、建筑消防体系的验收、消防设备的开发、消防标准的制定、火灾原因的调查分析、消防专业培训讲解或者咨询、消防管理的宣传等方面都能够提供专业化的消防技术服务，成为了美国消防管理系统重要环节。其中，美国消防协会的力量最为强大，有超过 6 000 名消防专家制定相关的消防标准，实施消防有关的科研活动，调查有关火灾的原因，以及开展消防管理的宣传教育活动，他们的研究成果不仅在美国，在全世界都有着重要的影响。另外，还有 UL、FM 等消防技术服务机构，他们也都为美国消防管理提供了强大的技术支持。

5.2.6　将消防纳入社会信用体系

在美国除了上述有效的措施来保障社会化消防的逐步完善外，他们的社会信用体系也很大程度地促进了社会化消防管理的开展。美国的所有公民都有一个同其绑定的、唯一的社会保障号，当其实施了一些不诚信的消防行为时，就会被记录，这将对其个人金融业务、就业等都有着重大的影响。正因为如此，在美国无论是单位还是个人，都将诚信看得非常重要，而将消防纳入社会信用体系，无疑是给社会消防管理提供了最为基础和全面的保障。

5.3 新加坡

5.3.1 消防管理队伍建设完善

新加坡的国土总面积不到 700 km^2，人口也不到 500 万。其国内负责消防管理的队伍是民防部队，成立于 1989 年，是由过去的消防机构和民防部队共同组建的，隶属于新加坡内政部。该队伍除了实施消防管理外，还担负着各类救援抢险等任务。在民防部队中，新加坡在全国总共设置了 16 个消防局，分散在全国各地，每个消防局平均人员超过 100 人。依据不同地域消防管理的工作特点，配备不同的人员数量和种类。每个消防局一般都有两辆摩托、一辆救护车、两辆消防车和一辆备用车。整体的队伍建设水平相对较高。

5.3.2 社会单位自我管理水平高

目前在新加坡各类社会单位中，总共消防管理经理将近 5 000 人，这些消防管理经理都是毕业于专业的消防院校，取得了相关的消防管理从业资格，具备相关的证件。他们的工作职责主要就是实施消防管理，具体来说包括本单位内应急消防预案的制定、组织消防演练、检修相关消防器材和设备、对单位内部的人员定期进行消防管理培训、排查日常运营中单位存在的消防风险，为消防管理的社会化提供了基础，极大地提高了新加坡社会单位消防的自我管理水平。

5.3.3 公众参与消防管理的积极性高

国民安全教育在新加坡开展的相对较早，这也就使得消防教育很早就在公众中得到了开展。其渠道主要是通过民防部队组织消防宣传活动、学校消防教育、消防协会教育，以及社区消防教育，通过多层次的消防教育使得新加坡公众的消防意识、避险能力、参与消防管理的积极性得到极大提升。具体说来，社区消防教育主要是进行紧急避险教育，对社区的全部居民进行指导，让居民参与到应急避险中。同时，在 2006 年新加坡政府又赋予了社区居民参加消防安全检查、消防救援服务的权利，来辅助民防部队的消防任务；民防部队组织宣传教育活动则是按照活动主题，针对性地向公众宣传消防管理，让公众了解并参与进来；学校教育方面，新加坡政府专门在中小学印发了消防应急手册，而且在全国的 40 所学校组建了学生消防团，让学生参与到了消防管理中；消防协会教育则主要是在全国范围内进行消防管理的宣传，让公众了解消防知识。

5.4 借鉴总结

从上文可以看出，发达国家在消防管理的责任落实、队伍建设、技术服务、应急救援等方面都有很多好的经验，都值得我们学习借鉴，给我国消防社会化带来了启示。

5.4.1 利用社会力量，合理调度

采取多种措施，调动社会公众的消防积极性，大量的招募消防管理的志愿者，利用志愿者进行消防管理的宣传活动，以弥补政府专职消防管理人员不足的问题，发挥社会力量的作用。同时，要对相关地域的人口、环境、地理等条件进行分析，统筹安排消防站点的规划建设，确保每一个消防站点都能发挥应有的作用。

5.4.2 消防管理要跟上经济和社会发展的脚步

经济和社会的发展必然带来各行各业的变革，这就给消防管理工作带来了挑战，如果消防管理跟不上经济和社会发展的脚步，那么必然导致消防管理的不适应及消防管理的滞后，从而给社会稳定带

来巨大的隐患。新加坡经济和社会高速发展的时期，并没有忽视消防管理，而是时刻保持对消防管理的关注，很早就实施全面的消防教育，这也就确保了其消防管理能够跟得上其经济和社会的发展，是值得我们学习的。

5.4.3 大力提升社会消防服务水平

消防设计、自动消防装置的设计、建筑物的消防性能评估、建筑消防体系的验收、消防设备的开发、消防标准的制定、火灾原因的调查分析、消防专业培训讲解或者咨询、消防管理的宣传等消防工作完全可以由非政府的社会组织提供，同时涉及消防产业的市场经营活动则必须要有第三方来实施，利用市场自身的调节功能，往往能够达到比政府行政管理更好的效果。

5.4.4 发挥火灾保险的作用

在发达国家，涉足火灾保险的保险公司都有自己的消防研究机构和实验室，能够进行专业的火灾理论研究，然后将研究成果应用于火灾保险销售中。对于投保单位，保险公司会首先对其进行火灾风险评估，如果该单位火灾风险过高，保险公司可以拒绝其投保。而对于已经投保的单位，保险公司也会定期对其进行消防检查，排查火灾隐患，对于问题提出整改意见，如果单位不接受整改意见，可以在火灾发生时不赔付。另外，保险公司对于火灾防范比较好的投保单位还可以采取降低保费等方式来实施激励，更好地引导其进行消防管理。

6 构建我国消防管理社会化模式的基本原则

6.1 准确把握我国当前消防形势

对于任何领域、行业来说，对形势的准确把握都是进行科学决策的前提，也是相关政策制定的主要依据。因此，对于我国消防管理来说，要明确当前消防管理的客观形势，准确把握现状，才能更好地推进消防管理的社会化。目前我国消防形势可以从三个方面来论述：一是消防工作的基础同经济和社会发展不匹配，主要表现在消防法治、设备、技术、人员等还不够完善。二是我国消防安全的保障能力同广大人民群众消防安全的需要存在矛盾，对于火灾的预防、控制能力还有待提高，一些重特大火灾事故时有发生，人民群众对于消防管理工作效果的满意度一般。三是人民群众的消防管理意识同现代社会管理的要求不一致，主要表现就是人民群众的消防意识欠缺，没有掌握最基本的火灾逃生知识。基于上述三个方面的探讨，加之近年来火灾事故的频繁发生，可以说我国目前仍然处于火灾事故的多发期，这也是我国当前消防形势最基本的一个判断。历史上，很多发达国家也都经历过火灾事故的多发期，这是社会发展的一个必然阶段，我国也要面临同样的问题。所不同的是，我国可以借鉴过去发达国家在火灾事故多发期前后的经验，少犯一些错误，利用较短的时间就能提升消防管理水平，度过火灾事故多发期。

6.2 明确消防管理工作未来的方向

我国要构建社会化消防管理模式，就应当明确未来消防管理的指导思想、基本原则、发展方向。具体地说，在指导思想上，要坚持“预防为主，防灭结合”，不断加强对于火灾事故的预防工作，减少火灾事故的发生，最大可能地避免重特大火灾事故，这也是我国消防管理工作的基本方针。

6.3 创新社会化消防管理

要坚持谁管理、谁负责原则，通过检查、培训等工作，不断提升社会单位消防自我管理的能力，实现责任明确化；要建立起消防管理人员的从业制度建设，设置专门的消防管理人员从业资格考试，并完善对于消防管理人员职业技能的鉴定程序；在财政制度上，中央和省政府要特别关注一些经济欠发达地区的消防管理工作，适当在财政上给予补贴，以保证地区基本的消防管理经费；从国家层面上明确消防管理人员属于高危职业，具有很高的风险性，应当提升消防管理人员，尤其是一线消防员的福利待遇，还可以通过保险体系来给消防管理人员提供保障，从而稳定消防管理队伍；对于主动举报火警的、积极参加火灾救援的群众要建立奖励制度，依据举报火警的严重程度和参与救火的表现来给予物质上的奖励，从而起到激励作用，带动更多的人参与到消防管理中；健全消防管理相关部门之间的协调机制，设置部门联席会议，在遇到重大火情，或者是研究重要问题时可以召开部门联席会议，商讨问题；建立消防产品监督检查机制，由质监部门牵头，定期对消防产品生产企业进行质量检查，确保流入市场上的消防产品质量都达到合格的标准。

6.4 坚持领导责任制

我国消防法律法规明确要求了消防管理工作要实行领导责任制，为了更加升华这一制度，在2011年国务院出台了《关于进一步加强和改进消防工作的意见》，对领导责任制进行了更为直接的要求。随后，各地方也都出台了相关的工作意见，领导层层签订消防责任书，明确了主要领导对于消防工作的直接责任，并制定了消防管理发展的战略规划。这一制度是适合我国实际的，应当继续坚持，并发扬。

7 提升消防管理社会化水平的措施

7.1 健全政府责任体系，强化部门协作配合

7.1.1 强化地方政府的领导责任

对于消防管理的社会化来说，关键的一个条件就是要切实的强化政府的领导责任，落实政府的领导责任，这也是“政府统一领导”的基本体现。

首先，要真正落实地方政府的消防管理工作责任制。把消防管理的发展同经济和社会的发展相结合，把消防管理方面的基础设施建设、应急能力强化、经费保障等纳入政府的重要议事项目清单上。强化对于消防管理的责任监督，让政府从上到下都重视消防管理，形成主要领导负责，分管领导具体落实，一级抓一级，层层抓落实的消防管理局面，让责任落到每个人的肩上。其次，政府应健全消防管理安全委员会。将同消防管理又关系的工商、安监、文化、教育、卫生、住建、公安等部门都纳入进来，进行日常管理。最后，要建立起完善的消防管理绩效考核制度，将消防管理纳入到领导班子的绩效考核中去，同时保证消防管理在考核中占有一定的分值，从而提升领导班子对于消防管理的重视程度，进一步明确领导的责任。

7.1.2 严肃查处火灾事故，落实责任追究

抓责任追究，查处火灾事故责任，是避免和减少火灾的有效措施。当前我国火灾形势依旧严峻，各地不断发生重大火灾事故。2010 年 11 月 15 日，上海市静安区胶州路 728 号公寓大楼发生特别重大

火灾事故，造成58人死亡，71人受伤，直接经济损失1.58亿元。经调查认定，这起事故是一起因企业违规造成的责任事故。事故的主要原因是在胶州路728号公寓大楼节能综合改造项目施工过程中，施工人员违规在10层电梯前室北窗外进行电焊作业,电焊溅落的金属熔融物引燃下方9层位置脚手架防护平台上堆积的聚氨酯保温材料碎块、碎屑，引发火灾。据调查了解，是由于静安区公安消防机构对工程项目监督检查不到位，静安区政府对工程项目组织实施工作领导不力造成的后果。根据国务院批复的意见，依照有关规定，对54名事故责任人做出严肃处理，其中26名责任人被移送司法机关依法追究刑事责任，28名责任人受到党纪、政纪处分。同时，责成上海市人民政府和市长韩正分别向国务院做出深刻检查。国家安全生产监督管理总局依据《安全生产法》《生产安全事故报告和调查处理条例》等法律和行政法规规定，责成上海市安全生产监督管理局对事故相关单位按法律规定的上限给予经济处罚。对于这次重大火灾事故的严肃处理是责任追究的直接体现，我国消防管理在未来的发展中要不断深化对于责任事故的追究，通过严肃的查处来不断警醒相关责任人要时刻注意消防安全，吸取事故教训，把消防管理真正放在每天的日常工作当中，促进消防管理的社会化。

7.1.3　加强相关部门之间的协作

我国消防法律法规明确规定了公安机关的消防机构是社会消防管理工作的主体，同时也要求了消防相关的政府部门，依据消防法律法规的要求，在自己的权限范围内，完成相关的消防工作任务。也就是说在“部门依法监管”中并不是只针对公安机关的消防机构，而是针对所有消防管理相关的政府部门，这就要求这些部门连同公安机关的消防机构需要建立起良好的协作机制。

（1）协作检查机制。

消防相关部门同公安消防机构可以从自身的职能出发构建协作检查机制。住建部门可以同公安消防机构联合对一些建筑施工工地进行消防安全检查，也可以联合对建筑的消防工程进行检查；质监以及工商部门可以联合公安消防机构对市场上消防产品的质量进行检查，或者直接进入消防产品生产企业内进行检查；安监部门可以联合公安消防机构对一些诸如有机试剂、烟花爆竹、包装箱等易燃易爆产品的生产企业进行消防检查，排查隐患；文广新部门可以联合公安消防机构对KTV、网吧等公共娱乐场所的消防安全进行检查。这样各个相关部门都同公安消防机构建立协作检查机制，就能够有效地提升工作效率，联合检查中能够实现部门间职能、业务的相互弥补，提升消防检查效果。

（2）信息沟通机制。

消防相关行政部门在各自权限范围内发现消防问题时，如果同其他行政部门有牵扯，应当同其他行政部门及时沟通。例如，当公安消防机构在对正在建设的工程项目进行消防检查时，发现其设计没有通过消防审核，应当及时向作为主管部门的住建部门通报，进行沟通。再如，消防机构在对市场上的消防产品进行检查的时候，发现不合格的产品，也应当及时向工商、质监，以及安监部门通报。这就需要建立一个沟通平台，具体可以在公安消防机构内部，设置信息沟通协调办公室，专门负责所有消防相关行政部门的信息沟通，其他部门发现了消防安全问题也可以通过沟通平台及时的与消防机构联系，这样就能够最大化地利用信息资源。

（3）构建联席会议制度。

所有消防相关的部门应当建立联席会议制度。一是对于一些重大的消防问题进行集体的协商、讨论，如城市消防布局问题、医院学校等公共单位的消防安全问题等。这些问题涉及面广，对人民的生活影响大，需要多个部门共同努力才能处理得当。二是对于一些重特大的火灾事故，也要通过联席会议进行讨论，商讨相关救援策略、信息发布问题等。因为重特大火灾事故的社会关注度高，一旦处置不当会引起很大的社会反响，利用联席会议，通过各个部门之间的讨论，能够最大可能地避免处置出现偏差，提高重特大火灾事故的处置效果。

7.2 强化社会单位的消防管理

第一，社会单位要树立起消防管理的自我管理意识，认识到自身就是自身消防管理的主体，而不是消防行政机构是自己消防管理的主体，加强火灾的防范意识，避免对于火灾事故的侥幸心理，从思想上筑牢消防管理的基础。第二，社会单位要严格的落实各项消防管理规章制度，依据消防法律法规的要求，设置相关的消防基础设施，并建立起相关的设施维护制度，确保消防设施在紧急情况下能够使用。第三，社会单位要对内部的人员进行消防管理培训，从用电安全、紧急避险等方面进行培训，提高内部人员防火、救火，以及自救的能力，利用物防、技防和人防相结合的方式，来提升单位整体的消防管理水平。第四，社会单位要同消防机构建立良好的沟通联系，定期邀请消防机构的专业人来单位进行消防管理业务上的指导，如帮助企业开展消防演练等，从而利用消防机构专业化的业务能力来帮助社会单位更好地进行消防管理。

7.3 充分发挥火灾责任险的作用

在我国《消防法》中，有条款明确指出了，国家对于一些公共场所、易燃易爆品生产企业投保火灾险是持鼓励和引导态度的，对于保险公司开展火灾保险业务也是鼓励和支持的。而且国务院在 2011 年印发的《国务院关于加强和改进消防工作意见》中也明确了要求，公共娱乐场所、易燃易爆品生产、储存单位要投保火灾责任险。因此，我国政府应当充分发挥火灾责任险的作用。

7.3.1 逐步将火灾责任险纳入强制险的范围

吸取交通强制险的经验，在相关的消防法律法规中明确要求火灾风险较高的单位要投保火灾责任险。这里就涉及对于“火灾风险较高的单位”的界定，可以设计火灾风险指标体系，将环境、物料等因素纳入进来，用具体量化的指标，配合消防部门的基本经验，来判断单位火灾的风险，从而对其风险程度进行界定。

7.3.2 强化消防机构同保险机构的合作

消防机构要同保险机构加强合作，建立沟通平台，对于一些消防信息进行共享。当消防部门在日常的消防管理中发现单位存在火灾隐患，尤其是一些较为严重的隐患时，应当及时同保险机构沟通，使得保险机构了解单位的消防管理情况，从而从保费、赔付上采取措施来约束投保单位。同时，当保险公司在对投保单位的检查时发现火灾隐患时也要及时向消防机构通报。消防机构得到相关信息后就可以采取行政手段，来更好地督促投保单位对于相关消防隐患进行整改。这样在实现消防机构和保险机构双赢的同时，也强化了对于投保单位的消防管理，通过信息共享提升了工作的效率。

7.3.3 支持保险机构开展进行防控火灾的研究

保险机构在资金上有着独特的优势，无论是从自身的经济效益出发，还是从社会效益出发，保险机构从保费中支出一部分资金开展防控火灾的研究都是有利的。消防机构可以采取提供技术人才的方式来鼓励保险机构投入资金，进行防控火灾的研究。而政府部门则可以建立防控火灾研究资金配套机制，当保险机构投入了一定资金进行火灾防控研究时，政府就按照一定比例配套资金，从而起到鼓励、支持的作用。

7.3.4　通过税收增加消防经费

可以通过法律的手段，向社会单位征收一定的消防税。对于不同火灾风险的社会单位设置不同的税率，一些社会单位火灾风险较高，征收的消防税就多；火灾风险较低，征收的消防税就少。从而利用税收的方式来弥补当前消防经费的短缺问题。

7.4　提升消防管理的社会力量

从根本上来说，消防力量来源于资金，有了资金就能够有充足的人力和物力，才能保证消防管理的基本力量。因此，提升消防管理的社会力量就可以从资金方面入手。

7.4.1　引导民间资金进入消防管理

在一些条件允许的地区，政府可以鼓励民间资金进入消防管理中，并给予一定的利益回报。而对于一些经济欠发达的地区，政府在消防管理上难以投入资金，则可以直接鼓励和引导建立民间消防队，政府在政策上给予支持，使其正常运转。条件允许的地方还可以建立起民间资本的配套机制，即民间投入资本，政府可以按照一定的比例也给予一定资金支持，从而提高民间资本进入消防管理的积极性。

7.4.2　实施税收减免政策

首先对于消防产品生产企业在税收上予以减免的优惠，促进其更好的发展，从而提升消防产品的质量、技术水平，更好地服务消防管理。其次，对于向消防管理捐款的企业，政府在税收上也可以进行减免，从而鼓励更多的企业来实施对于消防管理的捐助。最后，如果社会单位，尤其是企业自己组建了消防队伍，政府也应当在税收上给予支持，鼓励其更好地实施消防管理。

7.4.3　成立消防基金

政府应当设立消防基金，资金的来源从两个方面来抓：一是社会组织的捐助，二是保险公司火灾保险的保费。明确资金来源后，就要建立起完善的资金管理制度，确保消防基金能真正都用在消防管理上，突进消防管理的社会化。

7.5　调动公众参与消防管理的积极性

公众参与到消防管理中来，是消防管理社会化的一个重要基础，这就要求公众在参与过程中具有较高的积极性，具体措施可以从如下三个方面入手。

7.5.1　充分发挥基础组织的消防管理作用

我国的基层组织主要有社区居委会、村委会等。公民要参与到消防管理中来，最直接的平台就是基层组织，为社区、村庄提供义务的消防服务。因此，作为基层组织的社区居委或者村委会就有着组织公民参与消防管理的责任，例如消防演练、检查、训练等。专业的消防机构也应该去社区委员会或者村委会进行技术上的指导，从而使得公众在基层组织参加的消防管理更加规范、有效，同时也提升了公众参与消防管理的积极性。

7.5.2　完善促进公民参与消防管理的政策

一是要为注册的消防志愿者购买人身意外保险，为其提供基本的保障，同时在训练，或者是在救援中受伤，甚至死亡的志愿者政府应当给予物质上的补偿。二是对于积极出动参与消防管理，成为消防志愿者的公众，政府也应当给予一定的物质奖励，在食宿方面提供补贴。三是对于消防志愿者还应当颁发相关的荣誉证书，尤其是对于在火灾救援中表现突出的志愿者，要在媒体上进行宣传。这样从物质和精神上同时加力，就能够在社会上起到很好的激励作用，促进公众参与到消防管理中来。

7.5.3 拓宽公众参与渠道

要提高公众参与消防管理的积极性，一个重要的条件就是要有广泛的参与渠道。这可以从两个方面入手：一是政府鼓励设立第三方的组织，辅助进行消防管理，公众可以通过第三方组织来参与消防管理中去，改变当前仅仅能够通过政府机构参与消防管理的模式，将多种多样的社会组织纳入到消防管理的体系中。二是建设信息化网络平台。各地地方政府可以开设消防管理的信息化网络平台，开发相应的手机客户端，允许公众在平台上发表自己的关于消防管理的个人意见，以及发现的一些消防管理问题，也可以在平台上征求一些政府关于消防管理政策的意见，通过信息技术的利用，多样化公众参与消防管理的渠道。

7.6 加强消防管理的宣传教育

消防管理是一项综合性的社会管理工作，要完成好这项工作，前期的广泛宣传与教育是必不可少的，它在整个消防管理中占有重要的地位。这就需要充分发挥各个部门的职能，利用多方资源对消防管理相关的知识进行宣传教育，从而提升全社会消防管理的意识，打好消防管理社会化的思想基础。

7.6.1 以学校宣传教育为基础

学校对于消防管理的宣传教育可以说是消防管理社会化的一个重要环节。以学校为载体，对学校的学生开展消防管理的相关宣传教育，首先能够教育孩子本身，使其具备较高的消防管理意识，同时也能够给孩子的家庭带来影响，从而扩大了学校宣传教育的效果。一定程度上来说，学校对于消防管理的宣传教育是提升我国公众消防管理意识的根本方法。这就要求学校首先要设立消防管理教育课程，保证教育的课时，同时要强化相关的师资队伍建设，保证消防管理教育的教师的专业性。而在教材方面，对于不同年龄的学生，要开展不同的消防管理教学内容，遵循循序渐进、由浅入深的原则，让学生逐步学习到消防管理相关知识，树立消防管理意识。

7.6.2 广泛利用媒体进行消防管理相关知识宣传

以广播、电视、网络、通信、报刊等媒介，向大众传播消防安全知识。在新闻媒体方面，当前着重努力的是结合火灾形势、场所特点及受众需要的防火安全知识教育、法律法规教育、自防自救能力进行教育；在利用现代通信方面，消防信息较多，但教育内容丰富、层次较高的消防知识游戏、模拟软件、教育课件等有待开发；在利用互联网络宣传阵地方面，要着力开发网络资源，拓展消防宣传平台，如福建省建成了以福建消防信息网和消防服务网为主干，9 个设区市支队、89 个县（市、区）大队的互联网站为分支的消防公共信息网络系统，在全国消防网络宣传方面有很好的借鉴作用。同时各地消防机构还应当充分利用微博、微信等新媒体，建立自己的微博、微信账号，利用微博、微信的交互性及时同群众交流，提升对于消防管理相关知识的宣传效果。

7.6.3 多元化教育模式

第一，可以充分利用一些对外开放的消防站点、消防博物馆，以及专门的消防培训基地来进行宣传教育。吸引广大人民群众进行参观，并安排专门的人员进行讲解，利用实地的场景来提升宣传教育的效果。第二，消防机构应当建立起对于重点消防单位的培训教育制度。如化工企业、鞭炮烟花生产企业等，要定期组织对其单位的主要负责人，以及分管消防安全的分管负责人进行培训，提升其消防管理的意识，确保重点单位的消防安全。

7.7　完善消防管理的基础设施建设

我国社区的消防设施不到位是火灾隐患严重的根本原因，只有依靠政府加大改造社区的力度，才能真正实现提高社区抗御火灾的能力。如2012年，湖北省黄冈市罗田县消防大队投入近15万元资金用于加强社区和新农村消防设施基础设施建设，新农村配备了公共消防栓 12 具、各社区、村部配备4 kg干粉灭火器200具、消防水带50盘、水枪50支、消防扳手20把、消防斧20把、消防员战斗服25套，消防手台机动泵7台等消防设施和器材，全力推进"清剿火患"战役，大力推行消防工作进社区、进农村，切实预防和减少火灾事故的发生。这就是完善消防基础设施建设的好的做法，值得我们借鉴学习。对老旧小区不符合消防标准，将增加设施的投入资金来增加设施，该维修的进行维修。对于新建的社区，要严格把好消防关，确保其消防管理基础设施的完善，避免以后消防工作的开展受到阻碍。同时，为了提升消防管理基础设施建设的效果，政府还应当积极鼓励民间捐赠，将得到的社会资金严格管理，确保每一分钱都确确实实花在了消防管理上。

7.8　完善消防技术，实现技术的人性化

消防技术是消防管理社会的一个重要手段,完善的消防技术能够极大地提升消防管理的工作效率，促进社会化的推进。从这个意义上来说，我们应当强化对于消防技术的研发，多同国际上拥有先进消防技术的组织交流沟通，结合自己的实际，制造出简便、易用的消防设备，来打好消防管理的物质基础。这其中消防技术的人性化可谓是一个重点。例如，对于过去传统的常闭式防火门，为了在紧急情况下阻隔火势的发展，给行人的出入带来了极大的不变，有时很多单位都是用杂物将门卡住，这也就导致了防火门成为了摆设，根本发挥不了作用，缺失人性化的关注。针对这一问题，可以进行革新，设置常开式的防火门，将其与消防智能主机相连，当发生火灾时，主机会控制常开门迅速关闭，这样既能防止火情的扩散，又能方便行人出行。再比如，对于一些宾馆酒店，自动喷淋装置往往影响视觉效果，对此可以采取嵌入式的设计，将自动喷淋装置安装在吊顶内部，既保证了美观，又保证了消防管理的需要。总之，消防技术利用现代科技实现人性化的转变，在满足日常消防管理需要的同时，也能够保证人们的一些其他需求。

同时，针对当前越来越高、越来越多的高层建筑，单一的消防技术标准已经难以适应。必须采取不同消防技术的组合，消防管理也不能再单纯地硬性要求过去一些传统的消防标注，如喷淋、通道、阻隔门等。需要结合新的消防技术来组合使用，最终能够达到消防的效果，也就是性能规范，即消防能力达到标准即可。例如开福万达广场，商场疏散楼梯不能直通室外，不符合建筑消防要求，于是采用性能化设计方案。在商场的各门面装防火玻璃门并附有电磁感应吸盘，发生火灾断电后能自动关闭这个门面的防火玻璃门，防火玻璃门内设置自动喷淋系统，保护防火玻璃门不被烧穿，形成一道水幕，这样在商场走道上就建立了一个安全疏散区域，有效地弥补了疏散楼梯不能直通室外的缺陷。这是在消防技术标准之外，采取的消防技术弥补措施，优化了消防技术的应用，也体现了"人性化""以人为本"的理念。

另外，对于一些古建筑，其材质不比现代建筑，结构相对都不是非常稳定，如果硬性的要求消防标准显然是不太合适的。这就需要在技防的同时，加大人防力量，采取技防与人防有机结合的方式，来实现对于古建筑的保护。

8 结 论

消防管理的社会化直接关系到我国消防工作的整体水平，对于我国人民的生活有着重要影响。因此，逐步完善我国消防管理社会化工作有着重要的现实意义。但是由于多方面原因的限制，我国目前在消防管理社会化还存在着诸多的问题，采取科学的措施，来解决这些问题就成为了当前我国消防管理社会化的首要任务。本文首先介绍了研究背景、意义和国内外研究现状，然后论述了消防、消防管理和消防管理社会化的内涵，探讨了我国消防管理社会化的必要性，从基本方针、变革和法制建设三个方面阐述了我国消防管理的发展情况。在此基础上，系统地分析了我国消防管理社会化存在的问题：一是政府责任落实不力，缺少协作；二是社会单位在消防管理上存在侥幸心理；三是火灾责任保险的作用发挥不够充分；四是消防力量社会化程度低；五是公众参与消防管理不足；六是消防安全教育宣传力度欠缺；七是消防基础设施建设落后；八是消防技术的人性化和创新水平有待提高。而国外发达国家在消防管理社会化上相对比较成熟，如在日本，消防管理高度自治；消防力量强大；教育培训有效性高；防管理基础设施完备。在美国，消防法律法规制定过程公开；社会单位的消防管理规范化高；防、灭结合；消防注册工程师制度完善；消防技术服务多种多样；将消防纳入社会信用体系。在新加坡，消防管理队伍建设完善；社会单位自我管理水平高；公众参与消防管理的积极性高。总结可得我国可以借鉴的地方：一是利用社会力量，合理调度；二是消防管理要跟上经济和社会发展的脚步；三是大力提升社会消防服务水平；四是发挥火灾保险的作用。结合我国实际，提出构建我国消防管理社会化模式的基本原则：准确把握我国当前消防形势，明确消防管理工作未发的方向，创新社会化消防管理，坚持领导责任制。并针对上述问题提出提升我国消防管理社会化水平的措施：一是健全政府责任体系，强化部门协作配合；二是强化社会单位的消防管理；三是充分发挥火灾责任险的作用；四是提升消防管理的社会力量；五是调动公众参与消防管理的积极性；六是加强消防管理的宣传教育；七是完善消防管理的基础设施建设；八是完善消防技术，实现技术的人性化。为我国更好地实施消防管理社会化提供科学的参考资料。但是，应当注意到我国消防管理社会化工作并不可能一蹴而就，它需要一个过程，在这个过程中不断地发现问题、解决问题，最终才能实现完善的消防管理社会化，因此，我们必须要在心理上做好充分的准备。

参考文献

[1] 李福君. 社会单位消防管理现状调查及思考[J]. 消防技术与产品信息，2012（02）：67-70.

[2] 余威，王鹏翔. 我国消防产品质量监督管理对策研究[J]. 消防科学与技术，2012（06）：640-643.

[3] 王丹. 对当前社会消防管理创新工作的思考[J]. 中国科技信息，2012（15）：173-173.

[4] 田玉敏，李文莉. 火灾保险与消防管理互动模式研究[J]. 中国安全生产科学技术，2012（09）：178-181.

[5] 王伟红. 网格化在社会消防安全管理中的作用[J]. 消防科学与技术，2012（08）：870-873.

[6] 曲捷，于深源. 社会化管理下的高校学生公寓消防安全问题浅析[J]. 中国安全生产科学技术，2012（11）：211-215.

[7] 刁海山. 基于社会消防管理理论的关键问题研究[J]. 中国公共安全：学术版，2012（04）：42-45.

[8] 矫成科. 我国消防管理社会化模式存在的问题及建立措施[J]. 中小企业管理与科技（上旬刊），2011（02）：90.

[9] 高锦田，徐洁. 消防工作社会化现状与策略[J]. 消防科学与技术，2011（03）：254-257.

[10] 张伟. 浅谈社区消防管理工作存在的不足及对策[J]. 科技创业月刊，2011（07）：77-78.
[11] 范平安. 创新社会消防管理完善火灾防控体系[J]. 消防科学与技术，2011（09）：840-844.
[12] 孙鹏. 谈创新社会消防管理的几点思考[J]. 学理论，2011（26）：37-38.
[13] 刘军. 社会消防管理模式的创新[J]. 消防技术与产品信息，2011（12）：64-66.
[14] 徐洪锦. 关于我国社会消防管理创新的思考[J]. 科技创新导报，2011（36）：203-205.
[15] 范平安. 社会转型过程中的消防管理[J]. 消防科学与技术，2013（01）：90-92.
[16] 冯世基. 谈超高层建筑施工消防管理[J]. 建筑安全，2013（03）：57-60.
[17] 张元祥，刘沐炎. 火灾高危单位消防管理研究[J]. 消防科学与技术，2013（08）：920-922.
[18] 冯文林，李克建. 我国消防管理社会化存在的问题及对策[J]. 四川警察学院学报，2013（05）：36-41.
[19] 李克建. 我国城市化进程中社区消防管理工作的现状、问题及对策[J]. 湖北警官学院学报，2013（09）：114-118.
[20] 张振球. 智慧消防技术的社会消防管理应用[J]. 中国公共安全：学术版，2014（03）：4-7.
[21] 吴靖华. 浅析消防管理社会化的主要问题及对策[J]. 江西化工，2014（04）：215-216.
[22] 刘英. 关于火灾保险与消防管理互动模式的探讨[J]. 消防技术与产品信息，2015（04）：64-65.
[23] 郑俊. 我国消防管理体系存在的主要问题及相应对策[J]. 统计与管理，2015（06）：117-118.
[24] 李增波，徐鑫，刘璐，温暖冬. 我国消防安全形势及管理对策研究[J]. 中国安全科学学报，2015（08）：152-156.
[25] 宋立明. 浅议创新社会单位消防安全管理[J]. 中国公共安全：学术版，2014（01）：33-36.
[26] 齐涛，张焕青. 探究我国消防管理社会化的现状和措施[J]. 管理观察，2014（21）：34-35.
[27] 王华伟. 多元治理方式在企业消防管理中的应用[J]. 沈阳大学学报：社会科学版，2014（05）：607-610.
[28] 曹清泉. 浅析社会消防管理创新工作的几点思考[J]. 科技视界，2016（11）：294-306.
[29] 石景琮. 论消防管理体系存在问题及方法[J]. 江西建材，2016（21）：282-283.
[30] 段巍. 论我国公民参与消防管理存在的问题与对策[J]. 科技信息，2013（25）：485-486.

作者简介： 莫雄琳，女，广东省公安厅消防局，工程师。
通信地址：广州市天河区瘦狗岭483号，邮编：510640；
联系电话：13924292229。

关于城镇化进程中乡镇消防队建设的调查与思考

王海祥

（德州市公安消防支队，山东 德州 253020）

【摘 要】 近年来，我国广大城乡、特别是村办企业和私营企业火灾高发，人员伤亡比重逐年增大，面对严峻的农村火灾形势，公安现役消防队鞭长莫及，乡镇消防队建设势在必行。基于此，我国各地积极引导和规范乡镇消防队建设，填补乡镇、农村消防力量空白，全社会火灾防控的能力和水平不断提高，但由于农村消防工作基础比较薄弱，乡镇消防队数量少，站房设置及装备、人员配备标准不高，还不能满足实际灭火工作需求。本文从分析乡镇消防队建设经费预算入手，研究经费来源，探讨经费保障机制，解决困扰乡镇消防队建设的难题。

【关键词】 消防；乡镇；消防队；规划建设

1 引 言

1984 年 5 月 11 日，第六届全国人民代表大会常务委员会第五次会议批准实施的《中华人民共和国消防条例》第 18 条首次提出“镇和工矿区根据需要设立公安消防队（站）”的要求；1998 年 9 月 1 日施行的《中华人民共和国消防法》第 27 条明确提出“镇人民政府可以根据当地经济发展和消防工作的需要，建立专职消防队、义务消防队，承担火灾扑救工作”的要求；2009 年 5 月 1 日，新修订的《中华人民共和国消防法》第 36 条进一步明确要求“乡镇人民政府应当根据当地经济发展和消防工作的需要，建立专职消防队、志愿消防队，承担火灾扑救工作”。2012 年 7 月 1 日，与《中华人民共和国消防法》第 36 条规定配套的《乡镇消防队标准》（GA/T 998—2012）实施，该标准规定了乡镇消防队的建队标准、选址、装备配备、人员配备、执勤管理。可以说，我国进行乡镇消防队建设的探索之路始于 1984 年，至今已经 30 多年时间。目前，除经济发达的沿海地区的乡镇建设了一批政府专职和志愿消防队外，我国大多数乡镇的区域经济尚处于欠发达阶段，乡镇消防队建设严重滞后于城乡经济发展的被动局面没有得到根本改变，尚不能承担广大农村灭火救援工作的需要。

2 难 点

2.1 责任主体有责无权

《中华人民共和国消防法》第 36 条明确规定“乡镇人民政府应当根据当地经济发展和消防工作的需要，建立专职消防队、志愿消防队，承担火灾扑救工作。”据此，乡镇消防队建设责任主体是乡镇人民政府，但目前乡镇一级政府没有财政自主权，所需经费均由县级财政拨付，乡镇消防队建设的责任主体有责无权。

2.2 队员编制有名无实

目前，大部分省、市级政府均明确提出乡镇政府专职消防队员落实政府事业编制的要求，但在实际建设中，一般采取以下两种形式：一是依托乡镇公安派出所，使合同制民警兼职消防队员；二是依托乡镇企业，将企业专职消防队更名为政府专职消防队，而消防队员属于合同制企业员工，达不到《乡镇消防队标准》（GA/T 998—2012）。

2.3 日常经费难以落实

根据消防法规的有关规定，乡镇消防队建设责任主体是乡镇人民政府，其建设经费也是乡镇政府财政拨付，但从乡镇消防队建设的具体实施情况和实地调研情况看，除经济较发达地区的乡镇财政能够多渠道筹集乡镇消防队建设和业务经费外，经济欠发达地区的乡镇根本不能保障消防队（站）建设和日常业务经费，有的乡镇政府即使将其纳入财政预算也难以从县级财政落实到位，有的乡镇依托企业建起消防队，但因无财力支持，消防车辆装备维护保养、消防队员的工资和保险难以保障，致使乡镇消防队多数变成空壳队伍、有名无实。

3 举例估算乡镇消防队建设经费

乡镇消防队建设难在何处？经费困扰是主要原因。乡镇政府专职消防队建设到底需要多少经费？我们可以举例加以说明。以德州市为例，我们算一算一个地级市按照技术标准要求全部建成乡镇政府专职消防队需要多少钱，每年的正常业务经费需要多少钱，就知道此项工作任重道远。

3.1 德州市应建乡镇消防队类别

2014年，德州市共有建制镇88个、乡19个，其中，全国重点镇13个，省中心镇14个（含全国重点镇6个，省中心镇按8个计算），按照公共安全行业标准《乡镇消防队标准》（GA/T 998—2012），全国重点镇要按照不低于一级专职消防队的标准建设，省中心镇按照二级专职消防队标准建设，上述标准以外的86个乡镇要建立志愿消防队。

3.2 德州市按标准建设乡镇消防队所需经费预算

估算值拟定为每辆车按10万元计算；每辆消防摩托车按1万元计算；每人每年经费按4.975 5万元计算；营房建筑面积取平均值和中间指标，每平方米建设费取基本配套费0.15万元。

3.2.1 一级乡镇专职消防队建设经费预算（13个）

每队车辆配置经费（水罐车2辆、消防摩托车2辆）：2辆 × 10万元/辆 + 2辆 × 1万元/辆 = 22万元。

每队人员配置经费（每队15人）：15人 × 4.975 5万元/人 · 年 = 74.632 5万元/年。

每队随车器材、消防员防护装备、通信器材经费：共计343件套、29.304万元。

每队营房建设经费（建筑面积指标500 ~ 700 m^2、建设用地面积1 200 ~ 2 000 m^2）：

取平均值600 m^2计算：600 m^2 × 0.15万元/m^2 = 90万元。

每队建设经费合计：22万元 + 74.632 5万元 + 29.304万元 + 90万元 = 215.629万元。

13 个一级乡镇专职消防队建设经费预算：215.629 万元 × 13 = 2 803.177 万元。

3.2.2 二级乡镇专职消防队建设经费预算（8 个）

每队车辆配置经费（水罐车 1 辆、消防摩托车 2 辆）：1 辆 × 10 万元/辆 + 2 辆 × 1 万元/辆 = 12 万元。

每队人员配置经费（每队 10 人）：10 人 × 4.975 5 万元/人·年 = 49.975 5 万元/年。

每队随车器材、消防员防护装备、通信器材经费：共计 219 件套、20.202 万元。

每队营房建设经费（建筑面积指标 300 ~ 500 m^2、建设用地面积 800 ~ 1 200 m^2）：

取平均值 400 m^2 计算：400 m^2 × 0.15 万元/m^2 = 60 万元。

每队建设经费合计：12 万元 + 49.975 5 万元 + 20.202 万元 + 60 万元 = 142.177 5 万元。

8 个二级乡镇专职消防队建设经费预算：142.177 5 万元 × 8 = 1137.42 万元。

3.2.3 乡镇志愿消防队建设经费预算（86 个）

每队车辆配置经费（水罐车 1 辆）：1 辆 × 10 万元/辆=10 万元。

每队人员配置经费（每队 8 人）：8 人 × 4.975 5 万元/人·年 = 39.804 万元/年。

每队随车器材、消防员防护装备、通信器材经费：共计 180 件套、16.422 万元。

每队营房建设经费（建筑面积指标 100 ~ 300 m^2、建设用地面积 300 ~ 800 m^2）：

取平均值 200 m^2 计算：200 m^2 × 0.15 万元/m^2 = 30 万元。

每队建设经费合计：10 万元 + 39.804 万元 + 16.422 万元 + 30 万元 = 96.226 万元。

86 个志愿消防队建设经费预算：96.226 万元 × 86 = 8 275.436 万元。

3.2.4 德州市 107 个乡镇消防队建设一次性投资所需经费合计预算

德州市 107 个乡镇消防队建设一次性投资所需建设经费合计预算=一级乡镇专职消防队建设经费预算 + 二级乡镇专职消防队建设经费预算 + 乡镇志愿消防队建设经费预算 = 2803.177 万元 + 1 137.42 万元 + 8 275.436 万元 = 12 216.033 万元。

3.2.5 德州市 107 个乡镇每年消防队员的业务经费合计预算

德州市 107 个乡镇每年消防队员业务经费合计预算 = 13 × 74.632 5 万元/年 + 8 × 49.975 5 万元/年 + 86 × 39.804 万元/年 = 970.222 5 万元/年 + 399.804 万元/年 + 3 423.144 万元/年 = 4 793.1705 万元。

4 几点思考

4.1 充分认识乡镇消防队建设的艰巨性

从上述举例可以看出，德州市 107 个乡镇消防队建设一次性投资所需经费合计预算为 12 216.033 万元，要维持 107 个乡镇消防队正常运行，仅每年的消防员业务经费预算就需要 4 793.170 5 万元，接近德州市、县两级财政每年拨付公安现役消防部队的消防业务经费总和，根本无法实现。

4.2 明确乡镇消防队建设经费来源

各级政府应认真贯彻落实财政部《地方消防经费管理办法》（财防〔2011〕330 号），细化乡镇消防队的建设经费和正常业务经费保障标准，建立完善经费保障体系，乡镇消防队的经费保障、岗位管理和人员工资待遇、社会保险等应参照事业单位进行人员招聘、单位管理。

4.3　制定乡镇消防队建设经费保障措施

省级政府应按照“县级财政为主、市级财政补助、辖区企业协助、政企共同建设”原则，根据各地经济发展水平和财政支持能力，制定乡镇消防队经费拨付及保障办法，确保乡镇消防站正常运作。

4.4　现阶段乡镇消防队建设可采取的几种模式

现阶段，要遵循“政府主导、社会参与”的发展方向和“公益、自愿、平等、无偿”的发展原则，整合社会资源，丰富建队模式：

4.4.1　全国重点镇和省中心镇

按照《乡镇消防队标准》（GA/T 998—2012）中一级乡镇专职消防队建设标准进行建设，以政府专职消防队为主，队员列入事业编制，由县级政府统一征召、统一调配，由乡镇政府或派出所管理。车辆装备和建站经费，以及业务经费和队员经费纳入县级政府财政预算，消防队员为事业编制。

4.4.2　人口基数大、经济规模大的镇

按照《乡镇消防队标准》（GA/T 998—2012）中二级乡镇专职消防队建设标准进行建设，队员列入事业编制，由乡镇政府或派出所统一管理，正常业务经费纳入县级政府财政预算。

4.4.3　一般乡镇

县域周边的乡镇，可以按照《城市消防站建设标准》（建标 152-2011）中二级普通消防站标准，以“中心一站、辐射周边”为原则，与县域统筹规划建设区域性政府专职消防队，每个区域性政府专职消防队覆盖多个乡镇。每个乡镇也可以独立建立政企联办消防队、企业联办消防队，其中企业联办消防队的车辆装备和建站经费以及业务经费和队员经费由联办企业按比例分担，辖区其他企业可以与其签订救助协议，灭火救援收取一定的补偿费用。派出所负责对其进行日常的指导和管理。

4.4.4　大型企业

严格落实《消防法》第三十九条规定：在大型核设施单位、大型发电厂、民用机场、主要港口，生产、储存易燃易爆危险品的大型企业，储备可燃的重要物资的大型仓库、基地，以及火灾危险性较大、距离公安消防队较远的其他大型企业，距离公安消防队较远、被列为全国重点文物保护单位的古建筑群的管理单位建设或成立初期，由公安消防部门严格把关，在规划设计文件中明确其应当建立专职消防队（站），并经当地公安机关消防机构验收后纳入辖区公安派出所的日常指导和管理，除承担本单位的火灾扑救工作外，还应配合公安消防队和乡镇消防队开展工作。

4.4.5　大社区

结合社会主义新农村建设，同步规划大社区志愿消防队，辐射周边农村和社区，形成点状布设、网格化布局，建队经费纳入大社区总体规划和预算，建成后由辖区公安派出所进行日常指导和管理。

5　结　论

综上所述，目前我国广大乡镇经济基础还比较差，乡镇消防队建设缺乏政策支撑和经费支持，乡镇消防队建设难度大、任务艰巨，不能急于求成，必须与各地经济发展水平相适应，否则极易形成“面子工程”和“形象工程”，造成不必要的社会资源浪费。

参考文献

[1] GA/T 998—2012. 乡镇消防队标准[S]. 北京：中国标准出版社，2012.

作者简介：王海祥，山东省德州市公安消防支队高级工程师，主要从事建设工程消防验收和消防监督检查工作。
通信地址：山东省德州市德城区大学西路 1235 号德州市公安消防支队，邮编：203020；
联系电话：13583417281；
电子信箱：wanghx911@163.com。

基层消防科技工作者的现状分析及改进措施

王海祥
（德州市公安消防支队，山东 德州 253020）

【摘　要】 本文从定义基层消防科技工作者的范围入手，通过剖析2010年至2015年《中国消防协会科学技术年会论文集》，从人员基数、论文数量、获奖级别、论文质量、创新程度等方面分析了当前基层消防科技工作者的现状和发展趋势，并从工作学习氛围、交流培训、成果推广转化等角度分析查找基层消防科技工作者在参与学术会议及学术成果方面存在差距与不足的原因，有针对性地从构建交流平台、创建成果转化平台、创新评奖机制、营造学术研究氛围、创新技术干部考评机制五个方面提出了改进措施。

【关键词】 消防；基层科技工作者；现状；改进措施

1 引 言

中国消防协会自2010年成功举办第一届科学技术年会以来，至今举办了5届，笔者有幸多次参加会议，聆听专家最新见解，紧跟消防科技前沿，开阔视野，受益匪浅。但通过分析历届年会论文集，笔者发现，基层消防科技工作者在学术研究方面处于逐年上升趋势，但优势不明显，普遍存在一些突出的共性问题。基层消防科技工作者成长进步的环境和机制尚不健全，制约了基层消防科技工作者的学术研究积极性和创造力，值得进一步研究、探讨与改进。

2 基层消防科技工作者的范围

科技工作者是指现代社会中，以相应的科技工作为职业，实际从事系统性科学和技术知识的产生、发展、传播和应用活动的人员[1]。公安消防支队、大队、中队的防火、灭火干部就是实际从事系统性消防科学和消防技术知识的传播和应用的具体实施者，是推动消防科技不断发展进步的实践者。另外，公安消防支队、大队、中队的防火、灭火干部晋级晋升专业技术等级时需要取得一定条件的学术成果，包括论文、论著、科研成果等，均应纳入科技工作者的范围。本文所指基层消防科技工作者主要是指公安消防支队、大队、中队的防火、灭火干部。

3 通过剖析历年论文集，分析基层消防科技工作者的现状

通过对2010年至2015年《中国消防协会科学技术年会论文集》进行剖析（见表1、图1），以及对不同级别、不同工作岗位上的消防科技工作者在学术成果取得方面的难易程度进行分类对比（见表2），既可以清晰地看到基层消防科技工作者的差距，也可以看到基层消防科技工作者的成长进步。

表 1 2010—2015 年《中国消防协会科学技术年会论文集》收录论文分类统计表

年度	收到论文（篇）	入选论文（篇）	部局			科研机构（含院校）			总队			支队			大队/中队			一般社会单位		
			数量（篇）	人员基数（人）	人均占比（‰）	数量（篇）	人员基数（人）	人均占比（‰）	数量（篇）	人员基数（人）	人均占比（‰）	数量（篇）	人员基数（人）	人均占比（‰）	数量（篇）	人员基数（人）	人均占比（‰）	数量（篇）	人员基数（人）	人均占比（‰）
2010	414	187	2	100	20	60	5 000	12	39	3 000	13	61	10 000	6.1	11/1	30 000	0.4	14	100 000	0.14
2011	581	184																		
	一等奖	25	1	100	10	11	5 000	2.2	9	3 000	3	1	10 000	0.1	2/1	30 000	0.1	0	100 000	0
	二等将	60	1	100	10	23	5 000	4.6	10	3 000	3.3	15	10 000	1.5	4/2	30 000	0.2	5	100 000	0.05
	三等奖	99	1	100	10	25	5 000	5	23	3 000	7.7	33	10 000	3.3	11	30 000	0.37	6	100 000	0.06
2012	754	306																		
	一等奖	41	3	100	30	18	5 000	3.6	10	3 000	3.3	6	10 000	0.6	1/0	30 000	0.03	3	100 000	0.03
	二等奖	90	0	100	0	30	5 000	6	16	3 000	5.3	23	10 000	2.3	8/2	30 000	0.33	11	100 000	0.11
	三等奖	175	0	100	0	33	5 000	6.6	40	3 000	13.3	62	10 000	6.2	20/3	30 000	0.77	17	100 000	0.17
2013	867	213																		
	一等奖	26	1	100	10	6	5 000	1.2	4	3 000	1.3	12	10 000	1.2	2/1	30 000	0.1	0	100 000	0
	二等奖	63	2	100	20	15	5 000	3	12	3 000	4	22	10 000	2.2	7	30 000	0.23	5	100 000	0.05
	三等奖	124	0	100	0	30	5 000	6	27	3 000	9	40	10 000	4	15/4	30 000	0.63	8	100 000	0.08
2014	803	203																		
	一等奖	23	1	100	10	7	5 000	1.4	6	3 000	2	4	10 000	0.4	2/2	30 000	0.13	1	100 000	0.01
	二等奖	64	0	100	0	12	5 000	2.4	21	3 000	7	23	10 000	2.3	4/1	30 000	0.17	3	100 000	0.03
	三等奖	116	1	100	10	24	5 000	4.8	18	3 000	6	42	10 000	4.2	17/2	30 000	0.63	12	100 000	0.12
2015	714	221																		
	一等奖	32	1	100	10	11	5 000	2.2	7	3 000	2.3	8	10 000	0.8	3/1	30 000	0.13	1	100 000	0.01
	二等奖	65	0	100	0	15	5 000	3	11	3 000	3.7	25	10 000	2.5	5/6	30 000	0.37	3	100 000	0.03
	三等奖	124	0	100	0	25	5 000	5	11	3 000	3.7	49	10 000	4.9	27/2	30 000	0.97	10	100 000	0.1
备注	1. 论文数量以第一作者所在单位作为统计标准； 2. 人均占比=论文数量/人员基数； 3. 人员基数取估算值：部局为 100，科研机构（含院校）为 5 000 人，总队为 3 000 人，支队为 10 000 人，大队/中队为 30 000 人，一般社会单位（含消防施工、消防中介服务机构）为 100 000 人。																			

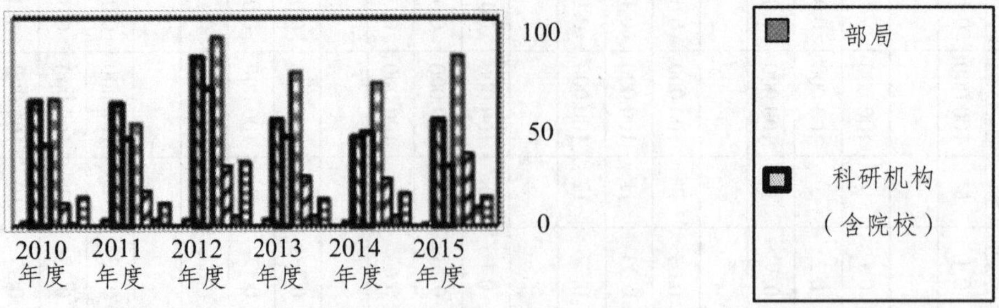

图 1　2010 年至 1015 年《中国消防协会科学技术年会论文集》收录论文分类对比图

表 2　消防科技工作者晋级晋职所需业绩成果取得难易程度

晋级晋职条件	部局	科研机构	总队	支队	大队/中队
学术论文	易	易	易	易	难
著作、教材与工具书	易	易	易	非常难	非常难
科研项目	难	易	难	非常难	非常难
法规标准	易	难	易	非常难	非常难
专利与软件著作权	易	易	难	难	非常难
成果奖励	易	易	易	非常难	非常难

3.1　基层基数很大，论文占比较小

基层消防科技工作者的人员基数是部局、总队、科研机构（含院校）人员基数总和的10倍，但论文占比较小，特别是大队、中队，人均占比要比部局、科研机构（含院校）、总队、支队少一至两个数量级。

3.2　“三驾马车”并驱，支队表现突出

科研机构（含院校）、总队、支队三个级别的获奖科技论文在2010年至2014年始终占据前三名，其中，支队级论文数量和占比逐年上升，2010 年与科研机构（含院校）基本平齐、2011 年略降，从2012年开始逐年上升，目前已成为获奖论文总量第一位的中坚力量。

3.3　发挥人多优势，大队异军突起

消防大队科技工作者数量最多，助理工程师、工程师多在大队任职，近年来随着硕士、博士等高学历、高素质人才的引进，大队任职的消防科技工作者整体业务和学术水平大幅提升，2010年至2014年，大队级消防学术论文获奖数量还远远低于科研机构（含院校）、总队、支队，但2015年的获奖数量一跃超过总队，标志着大队消防科技工作者的总体学术水平有了质的提升。

3.4　中队参与渐多，亮点论文偏少

近年来中队任职的消防科技工作者参与学术研究的兴趣渐浓，2010 年至 2015 年获奖论文数量逐年上升，但多数论文是与他人合作完成，且论文获奖等级多是三等奖，这说明基层消防科技工作

者撰写的论文虽然是基层实践经验的总结积累，但大多数缺乏创新点和新思维，真正让人眼前一亮的论文少。

3.5 评奖偏重实验，基层等级较低

分析历年论文集，获得较高奖项的论文大多数都融入实验室所得数据、图表和计算模式，一等奖、二等奖主要集中在部局、总队和科研机构（含院校）。基层消防科技工作者获得较高等级奖项难度较大，有的基层消防科技工作者为了获得二等奖以上的奖项，采取了与科研机构（含院校）合作的方式发表论文，而三等奖主要集中在支队和大队、中队。

3.6 获奖老面孔多，中间出现断层

统计分析历年来的论文集，我们能够发现许多论文作者几乎是年年获奖，而且大多数是四十岁左右的高级工程师、教授，获奖人员所在单位主要集中在公安部下属科研所和山东、广东等几个经济发达地区。老面孔较多，每年新增面孔较少，而且基层消防科技工作者出现断层现象，三十岁以下的消防科技工作者能够发表论文并获奖的不多。

3.7 社会参与较少，关注程度不高

与消防工作密切相关的各类设计院、消防产品研发和生产企业、消防产品和消防设施检测机构、消防安全评估机构等众多，社会单位的消防安全管理人员、特种岗位人员数量更是庞大，但参与者甚少，除 2012 年获奖论文达到 31 篇外，其他年份均在 11～16 篇之间摇摆，没有大的起色，社会单位参与消防学术研究的积极性不高，消防科技事业没有得到社会的广泛关注和重视。

4 原 因

4.1 忙于日常工作，缺乏经验总结

基层消防科技工作者战斗在防火监督、灭火救援一线，任务重，责任大，特别是等级较小的支队和经济欠发达地区的大队、中队，人员编制少，岗位调整频繁，学习时间少，加之多数基层消防科技工作者不善总结，理论与实践脱离，业务素质和理论水平提高较慢。

4.2 缺乏学习氛围，业务功底较差

级别较高的支队配备的高级工程师、工程师较为齐全，人员多，岗位少，竞争激烈，学习氛围浓厚，但在级别较小的支队，特别是大队、中队，高级工程师只有一两个，工程师也很少，技术岗位空缺多，年轻消防科技工作者缺乏竞争意识，学习兴趣不高，学术成果较少，加之热点、敏感岗位调整频繁，专业的调整直接割断了学术研究领域的再深入。

4.3 交流培训较少，缺乏创新意识

基层消防科技工作者交流培训机会少，参与学术会议的积极性不高，如每年举办的中国消防协会防火材料分会与建筑防火专业委员会学术会议，参加会议的人员多为科研机构、生产企业、消防总队的消防科技工作者，而支队、大队到会人员很少，中队几乎没有人员参加。基层消防科技工作者是建

设工程和建筑材料质量的监管者与事故处置者，如果不参与高水平的会议，就难以及时了解和掌握最新和前沿科技，使之服务于日常消防监督管理和灭火救援工作。目前，基层消防科技工作者为晋级晋职找人代写学术论文、花钱买论文的问题依然存在，花钱出版的著作抄袭严重、无推广价值。

4.4 纵向交流脱节，成果推广较难

基层消防科技工作者与科研机构、大专院校纵向交流较少，许多试验性学术论文第一作者是消防大队、中队人员，第二作者是实验室教授，表面看是基层消防科技工作者与科研机构的合作，实际上仅仅是挂个名而已，并没有真正参与相关实验的验证工作。有些基层消防科技工作者即使能够提出新观点、新思路，由于缺乏扶持政策和帮扶单位，也很难再深挖下去，仅仅局限于发表论文而已，学术成果转化推广难度大。

4.5 宣传引导不够，缺乏参与热情

基层消防科技工作者直接与设计院、消防施工企业、消防中介服务机构、消防安全重点单位打交道，但由于宣传引导不到位，致使社会单位对消防学术研究缺乏投入、缺少关注热情，且主要集中在消防培训机构、油田消防队、消防软件开发机构和消防产品生产、研发单位，而和消防息息相关的中介服务机构、施工企业、消防安全重点单位，却鲜有学术研究参与者。

4.6 站的高度不同，视野思路不同

巧妇难为无米之炊。近年来，基层消防科技工作者很少见到专业性的学术刊物、论著，目前仅仅局限于《消防科学与技术》《消防产品与信息》《中国消防》杂志，分析问题、解决问题的思路存在局限性。与科研机构（含院校）的专业消防科技工作者同台竞技，差距明显。

4.7 缺乏政策支持，成果转化较难

基层消防科技工作者的科技成果与企业技术进步的需求不能有效对接，与科技管理部门缺乏沟通，科研成果缺乏推广渠道和资金支持，难以实际应用，如基层消防科技工作者每年的发明专利很多，但能够真正推广运用的极少，消防科技成果转化机制亟待完善。

5 改进措施

5.1 构建一个交流沟通平台

中国消防协会及其专业委员会组织的学术会议要向基层消防科技工作者倾斜，多创造参与交流、学习的机会。创建基层消防科技工作者与科研机构（含院校）合作、交流、沟通机制，支持基层消防科技工作者充分利用公共科技创新平台、大专院校的重点实验室、各类消防科研所，开展研发活动，降低基层消防科技工作者创新活动的风险和成本，使其新思路、新技术能够得到实验论证，获得科学的数据支持。

5.2 创建一个成果转化平台

各级消防协会作为科研成果转化或产业化的平台，建议围绕消防领域建设一批产学研基地，完善

消防科技成果转化的政策环境，每年应启动一批科研项目，并向社会开放，吸纳社会单位积极参与。鼓励企业与消防科研机构、基层消防科技工作者联合攻关，实施关联性强、辐射面广的合作研究。应支持和扶持企业购买、研发先进科研成果，并使其迅速产业化。

5.3 创新科技年会评奖机制

学术研讨会鼓励创新、开拓新领域，评选论文可单独设创新类奖项，鼓励新视野、新领域、新思维研究，避免重复性试验类论文扎堆。

5.4 营造浓厚学术研究氛围

建议将学术价值较高的论文集、论著、科研成果，择优推广到基层消防科技工作者这一层面，建立消防科技工作者学术网站、学习专栏，及时刊发、更新成果、专著，服务基层，引导参与。

5.5 创新技术干部考评机制

中级、高级技术职称的基层消防科技工作者五年复评体制，通过几道题定胜负，对于不善言谈、口才不佳或者心理素质较差的消防科技工作者来说，是一道难以逾越的坎。建议提高中级、高级技术职称准入门槛，完善日常考评机制，降低复评难度，以学术成果论胜负，而不是仅凭一场答辩定人生。上级主管部门要充分听取基层消防科技工作者的心声，改进消防科技工作者管理工作机制。基层消防科技工作者要主动作为，大胆建言，积极献策，共同推动我国消防科技事业的发展进步。

参考文献

[1] 中国消防协会. 2010中国消防协会科学技术年会论文集[C]. 北京：中国科学技术出版社，2010.
[2] 中国消防协会. 2011中国消防协会科学技术年会论文集[C]. 北京：中国科学技术出版社，2011.
[3] 中国消防协会. 2012中国消防协会科学技术年会论文集[C]. 北京：中国科学技术出版社，2012.
[4] 中国消防协会. 2013中国消防协会科学技术年会论文集[C]. 北京：中国科学技术出版社，2013.
[5] 中国消防协会. 2014中国消防协会科学技术年会论文集[C]. 北京：中国科学技术出版社，2014.
[6] 中国消防协会. 2015中国消防协会科学技术年会论文集[C]. 北京：中国科学技术出版社，2015.

作者简介： 王海祥，山东省德州市公安消防支队高级工程师，主要从事建设工程消防验收和消防监督检查工作。
通信地址：山东省德州市德城区大学西路1235号德州市公安消防支队，邮编：203020；
联系电话：13583417281；
电子信箱：wanghx911@163.com。

对建筑装修材料消防监督标准规范的几点思考

刘　平，王　凡

（杭州市公安消防局，浙江 杭州　310000）

【摘　要】　对建筑装修材料消防监督工作所依据的消防规范和标准中存在的问题进行了分析，并提出改进建议。

【关键词】　装修材料；防火性能；标准规范；消防监督管理工作

0　前　言

随着我国改革开放的推进和人民物质文化水平的提高，人们对建筑物的需求也逐渐改变，不再仅仅满足于简单的居住和使用功能，而是进一步追求建筑物的外观与内在环境质量，建筑装饰的需求得以迅速释放，逐步形成了一个庞大的消费市场。仅从建设工程消防设计备案抽查情况来看，杭州全市每年的公建装修消防备案项目都在 2 000 个以上，总的装修面积近百万平方米，使用了价值上亿的装修材料。而对这些装修工程和装修材料，如果不能真正符合消防要求，无疑会增加建筑的火灾负荷，提高火灾蔓延扩大的可能性，因此，做好建筑材料的消防监督，直接关系到整个社会面上的火灾防控工作。笔者结合工作实际，就建筑装修材料消防监督在标准依据方面存在的几个问题进行了分析，并提出建议，以做抛砖引玉。

1　存在的主要问题

目前，建筑装修材料消防监督工作所依据的消防规范和标准主要有以下这些:《建筑内部装修设计防火规范》(GB 50222—2001)、《建筑内部装修防火施工及验收规范》(GB 50354—2005)、《建设工程消防验收评定规则》(GA 863—2009）和《建筑材料及制品燃烧性能分级》(GB 8624—2012）体系相关标准等。应该说基本考虑了每个环节，但在现实工作中，还存在很多操作层面的问题，主要在以下几个方面。

1.1　见证取样的实施缺少规范

在 GB 50354 标准第 2.0.5 条中，标准用黑体字提出了见证取样的强制性概念，明确了对见证取样相关各方主体的要求。但是在整个标准后续的条文中涉及见证取样的条文，均非黑体字，即没有强制性。在实际工作中，装修材料见证取样存在以下几个问题：

（1）取样过程不规范，多数由供应商直接提供，而不是在材料进场以后由监理或建设单位进行取样。

（2）取样的样品不规范，超越了标准规定的制成品的范围，对现场制作的阻燃材料进行见证取样。

（3）因 GB 50354 未明确见证取样的样品基数和取样量，造成见证取样在数量上的随意性，例如某消防机构曾要求建设单位按照防火分区数量来取样。

（4）进行见证取样检验的检测机构的资质不符合 GB 50354 的要求，大多数检验机构未取得国家实验室认可资质。

1.2 抽样检验实际无法有效实施

GB 50354 标准第 2.0.9 条提出了分阶段抽样检验的要求，但是并未采用黑体字，同时，在后续条文中，凡涉及抽样检验的条文，均采用黑体字，并明确了抽样检验范围和数量。但是，具体实施同样存在问题：

（1）未明确抽样检验由谁实施抽样和由谁来进行检验，因此，实际上被当作见证取样来实施，是否合理值得商榷。

（2）根据标准，需要抽样检验的材料实际有两类：一类是现场进行阻燃处理的材料，还有一类是通过见证取样，但是在施工中燃烧性能可能会受到影响的材料。对于后一类，事实上是比较难判断的，难以有效实施抽样检验。

（3）现场阻燃处理多数为小件材料，实际可以抽到的样品可能无法满足检验标准的基数要求，无法反应现场的真实情况。

（4）抽样检验结果的时效性较差，往往会影响装修工程的施工进度，在缺少施工工地监督的情况下，无法保证真实性。

1.3 工程验收无法有效把关

对装修材料的消防验收，根据 GA 863 的相关要求，应在 GB 50354 的基础上，查验阻燃制品标识或见证取样检测报告以及施工记录，但是在实际操作中，除了会碰到前述两个方面的问题外，还有一些问题会影响到验收把关的有效性：

（1）判定标准过于严格。GA 863 专门设置了建筑内部装修这个单项，具体的子项基本是按照 GB 50354 标准的内容来设置的，除对消防设施影响这个子项为 B 类外，其他子项均为 A 类项，是所有验收单项中要求最严格的单项。但是在一个装修工程中，使用的装修材料种类和数量非常多，比如一个宾馆装修工程，使用的窗帘等织物就有很多花色和种类，某一个种类不合格，就会影响整个工程是否验收合格，明显偏于严格。

（2）材料的核查难度比较大。对装修材料检测报告的真实性和一致性核查，光靠肉眼看是无法分辨出来的，有必要进行监督抽样或快速的现场判定，但是目前没有具体的标准或规定给予支撑。GA863 对消防产品的检查明确了现场判定的要求，但对类似的装修材料却没有做相应的规定，主要原因也是因为确实没有相应的依据。

1.4 规范和检验标准适用的问题

从目前使用的装修材料消防标准和规范来看，无论 GB 8624 体系所涉及的标准还是 GB 50222 等规范，主要还是针对制成品的燃烧性能评价和应用方面的规定。总的来说，规范考虑了跟标准的对应性，这从 GB 8624 标准两次修订的情况可以看到。但是，在实际监督中，规范和标准的适用性还是有问题的，主要体现在：

（1）检验标准是根据特定条件设置的，检验结果是否具有通用性值得商榷。比如，GB 20284—2006所使用的单体燃烧试验模拟的是地面墙角火对墙面装修材料的影响，但是就目前国内的装修情况来说，墙面上大面积的可燃或难燃装修还是比较少见的。从杭州消防产品质检站所进行的见证取样检验报告来看，大面积的可燃或难燃装修基本都是在吊顶造型部位或木龙骨处。那么，针对这些材料的单体燃烧试验的结果是否适用就值得怀疑了。对制成品燃烧性能统一检验标准无可厚非，但是还应该考虑制成品的具体应用情况。

（2）规范或标准缺少量化的概念。

从目前的规范和标准的要求来看，办公室简单装修和娱乐场所豪华装修，可以说完全是同一个标准，但实际上的火灾危险性天差地别，没有量化概念的标准导致了火灾负荷的不可控。

2 改进的建议

从前面所述的问题来看，要解决建筑装修材料消防监督工作中存在的这些问题，关键是要解决标准与规范中存在的问题，主要有以下建议：

（1）制定装修材料燃烧性能快速测试或评价的方法和标准。确保在消防验收和监督过程中，跟其他各子项的监督手段能同时开展。同时，通过加强消防监督部门现场监督检查的能力，有助于及时发现隐患并及时督促整改。

（2）修订 GB 50354，对标准中见证取样和抽样检测相关规定中存在的问题进行修改，对相同材料使用在不同部位时采用的检测标准进行区分或明确，尽量按照装修材料实际安装状态进行检测，避免像目前这样对吊顶内木龙骨等小件装修材料采用拼接方式进行单体燃烧试验的非实际状况检测行为。

（3）建立装修材料火灾危险性评估标准。通过大量试验，确定装修材料火灾危险性评估标准。要着力解决量化方面的问题，比如一个房间内最多可以有多少可燃或难燃材料，或者一个房间内多少数量以下的装修材料，可以不考虑燃烧性能，建立相应的评价标准。这样的标准，对于控制建筑物的火灾负荷，具有重大的意义，也便于消防部门的日常监督。

（4）建立强制性的标准或规范性文件，明确从生产环节开始各个环节的责任。消防监督部门要加强对装修材料行业的引导，逐渐实现装修材料的阻燃制品成品化，减少现场阻燃处理的材料的数量；要加强对装修施工企业的引导和培训，强化消防意识，主动使用符合消防规范规定的燃烧性能的装修材料进行装修，按照规范要求对装修材料进行阻燃处理；要加强对检验机构的监督，确保见证取样检验结果的真实性；要加强对建设和监理单位的培训和指导，规范和完善见证取样工作，确保见证取样材料的一致性。

3 结束语

正确使用阻燃装修材料，能够延缓甚至隔绝初期火灾，对消防工作至关重要。只有各个环节齐抓共管，有章可循，才能真正做到降低建筑物火灾负荷，提高建筑物抗御火灾的能力。

参考文献

[1] GB 50222—2001. 建筑内部装修设计防火规范[S]. 北京：中国建筑工业出版社，2001.
[2] GB 50354—2005. 建筑内部装修防火施工及验收规范[S]. 北京：中国计划出版社，2005.
[3] GA 863—2009. 建设工程消防验收评定规则[S]. 2009.
[4] GB 8624—2012. 建筑材料及制品燃烧性能分级[S]. 北京：中国标准出版社，2012.
[5] GB 20284—2006. 建筑材料或制品的单体燃烧试验[S]. 北京：中国标准出版社，2006.

作者简介：刘平，1972年12月生，男，浙江杭州人，毕业于浙江工业大学化学工程系，现任杭州市公安消防局高级工程师，从事消防产品监督工作。
通信地址：杭州市上城区鲲鹏路363号公安消防局，邮编：310006；
联系电话：13819185455。

消防产品二维码防伪溯源鉴别技术

傅 峥

（义乌市消防支队防火监督处，浙江 义乌 322000）

【摘 要】 本技术旨在通过二维码防伪溯源这一鉴别技术，在流通领域对消防产品质量进行监管，来达到提高监管效率、提升监管水平、普及监督手段，最终达到监控产品质量，确保消防产品真正起到有效预防和扑救火灾、提高公共安全水平的目的。

【关键词】 消防产品；二维码；防伪；智慧消防；物联网

0 引 言

消防产品是指专门用于预防、扑救火灾和火灾现场防护、逃生的产品。随着社会经济的不断发展，消防产品的应用越来越广泛，与群众关系也越来越紧密。消防产品的质量事关百姓的生命安全，其产品质量高低已成为衡量一个城市公共安全水平和抗御火灾能力的重要体现。

消防产品专业性强，生产工艺、质量相当讲究。正规的消防应急产品都有相关的产品标志、质量检验标志。一些单位和个人为了贪便宜而购买了偷工减料、以假乱真、以次充好的假冒伪劣消防产品，从而埋下了火灾隐患。比如，劣质灭火器无法在火灾初期阶段扑灭火灾，着火时假冒消火栓无法及时出水，断电后伪劣应急灯和疏散指示标志不亮，劣质防火门不能起到隔离作用，这些假冒劣质消防产品的存在不但不能起到预防和扑灭火灾的作用，反而可能加速火灾的蔓延，导致经济损失和人员伤亡。

在我国现行《中华人民共和国消防法》《中华人民共和国产品质量法》《中华人民共和国认证认可条例》等有关法律、行政法规框架内，消防产品实行严格的市场准入制度（强制性产品认证和技术鉴定）。但是由于经济利益的驱使，使得一些生产厂家置群众安全不顾，大肆生产不合格或假冒伪劣的消防产品，造成了假冒伪劣消防产品泛滥，对社会公共安全造成巨大威胁。据预测，2016年我国整个消防服务业产业（含消防产品生产销售及建筑消防服务等）产值近5 500亿元（消防产品生产销售约1 000亿以上），其中假冒伪劣消防产品约有100亿元以上。

本技术旨在通过二维码防伪溯源这一新型鉴别技术，在流通领域对消防产品质量进行监管，来达到提高监管效率、提升监管水平、普及监督手段，最终达到监控产品质量，确保消防产品真正起到有效预防扑救火灾、提高公共安全水平的目的。

1 假冒伪劣消防产品泛滥的现状

消防产品的质量安全直接关系着整个社会的经济建设与人民群众的生命财产安全。由于一些生产企业只为经济利益，毫无社会责任，质量意识薄弱，生产消防产品过程中偷工减料或无证生产、销售、维修消防产品。再加上管理体制上存在先天不足，使得对消防产品的监督管理存在不足，致使消防产品没有在预防、扑救火灾和火灾现场防护、逃生中发挥应有的作用，造成巨大的人身伤亡和负面社会影响，给个人和国家社会带来巨大损失。

假冒伪劣消防产品泛滥的原因如下：

1.1 从生产厂家看

① 未取得准入制度生产消防产品：主要表现为企业冒充有生产资质企业生产假冒消防产品；部分企业以消防产品市场需求巨大为背景，在未取得任何准入资格条件下生产“三无”消防产品。

② 不按产品型式认证和鉴定证书要求生产：主要表现为生产企业取得证书产品和真实生产产品严重不符的情况。部分企业送检时对抽样送检产品按照要求保质保量制作，一旦通过认证后，为谋取更大的经济利益，采取偷工减料、以次充好的手法生产劣质消防产品。还包括任意销售产品证书、任意给无合格生产能力的加工厂家贴牌加工等违法手段。部分企业擅自变更产品结构、外观尺寸或性能参数进行生产销售，有的甚至更换主要零配件或内配器材，产品实物与检验报告严重不一致。

③ 证书到期或被撤销、暂停后仍然违法生产销售消防产品。

1.2 从销售、购买及使用者看

① 销售者为取得利益最大化，在所销售的正规消防产品中掺杂假冒伪劣消防产品，或采取调包等隐蔽的形式销售伪劣假冒消防产品。

② 购买者为减少成本支出，压低采购价格，只讲价格，不求质量，导致成本更低的假冒伪劣消防产品有了市场。

③ 使用者对消防产品安装、使用方法不熟悉致使很多消防产品不能发挥其应有功效，严重影响产品的正常使用。有的合格优质消防产品因为安装方法不正确导致无法发挥正常功效。

1.3 从监管方看

① 多重监管导致监而不管：于 2013 年 1 月 1 日起施行的由公安部、国家工商总局、国家质检总局三部门联合发布的《消防产品监督管理规定》（公安部令第 122 号）将消防产品监督管理全面纳入法制化、规范化轨道。根据新《消防法》确立的分段监管的原则，规章全面具体地明确了质检、工商、公安三个部门对生产、流通、使用领域消防产品的各自监管职责，解决了消防产品质量监管职责不清、多头监管、交叉监管及失控漏管的问题。但是在实际操作过程中由于没有畅通的联网机制；没有完善的办案移交、受理、办案情况通报等流程；再加上生产、流通、使用领域所涉及的地域、时间跨度等众多原因使得表面上的“完善的”“多重监管”“分段监管”“生产、流通、使用领域全方位监管”却实实在在造成了“监而不管”“监而难管”和“管而无效”。

② 监管人员监管水平落后：消防产品质量技术监督涉及消防产品的生产、销售、使用全过程，涉及物理、化学、数学等多种学科，其对监管人员的专业水平有很高的要求。长期以来，消防监督执法人员在监督检查和消防审核验收时，对消防产品的质量情况，经常无法准确界定，只局限于查看审批意见书、检验报告、认证书等相关资料。尤其是在对使用领域的消防产品监督还缺乏行之有效的方法和手段。

③ 监管技术落后：虽然全国在推广使用消防产品身份识别备案系统，理论上监督执法人员可利用 UD 笔（消防产品身份识别的核心设备）、手提电脑等移动执法终端，在日常消防监督检查中，通过现场采集、现场录入、现场比对等方法，利用消防产品身份信息管理系统，能够准确获取现场产品的生产、销售和合法来源等信息，迅速判定该产品是否为合法生产企业生产的合格产品。但在实际操作中

存在：一是UD笔和移动执法终端笨重不易于携带，不能第一时间做出准确判断；二是普通消费者无法简单易行使用消防产品身份识别备案系统；三是身份识别备案系统内容简单，对正确准确识别消防产品型式认证具体内容并未涉及。所以该系统应用只能确定身份识别标识所具体承载的产品的生产厂家等基本信息，没有真伪及质量识别内容。所以说“UD笔扫描”这种方式在消防产品真伪识别方面相对落后。

综上所述，如何更好地做好事关百姓生命安全这“头等大事”的消防产品的质量监管作为一个重要课题放在了消防部门面前。在当前移动互联网快速普及的前提下，二维码防伪溯源技术作为紧跟时代的科技防伪技术在消防产品防伪溯源鉴别上必能发挥巨大作用。

2 二维码防伪溯源鉴别技术概念及优点

二维码防伪溯源鉴别技术，在国际上是一项成熟的防伪溯源技术。二维码可储存文字、图片、声音等各种防伪防串货信息，加密技术安全可靠，无法仿造，从根源处杜绝产品被假冒的危险；且详细的信息标示可供查询，从根本上打击假冒串货现象。

2.1 二维码防伪溯源鉴别技术概述

消防产品二维码防伪溯源鉴别技术就是利用二维码编码的唯一性和智能手机“扫一扫”的简单快捷的获取方式用来开展防伪溯源服务。主要流程为：在单个消防产品的外观上贴上具有唯一序列号和二维码的识别标志，任何用户（含销售者、安装施工者、使用者）只要用手机扫产品上的二维码，即可获得的真伪、销售区域、生产日期、使用期限、真假鉴别方法、产品图片、使用安装方法、产品强制性产品认证或技术鉴定情况、企业文化、售后服务电话等丰富的产品相关信息。简单说就是以消防产品上标识的二维码为信息载体，以手机终端为工具进行消防产品的真伪、认证情况、生产企业信息等细节等数据进行查询解读。

2.2 消防产品二维码防伪溯源鉴别技术优点

（1）从生产厂商：突破传统视觉防伪方式，有效解决了防伪溯源技术容易被仿制造假、查询方式复杂，查询效率低下，防伪溯源查询体系自身存在的安全隐患等问题。更好地保护了企业的利益，企业不用再频繁地变换包装和出重资鼓励发现假货者进行电话打假举报。使用二维码防伪溯源鉴别技术后，大大降低打假的成本和时间，更好地维护和提升了企业的品牌价值，有效降低造假、售假现象带来的损害，高效发现并打击制假、售假窝点；全面提升企业品牌价值，降低成本投入，扩大市场收益，提高企业综合竞争力。强化企业优胜劣汰、促进企业诚信建设。

（2）对消费者：为广大消费者提供简单、易操作的鉴别产品真伪的手段，通过手机扫码就能够分辨商品真伪，有效防止假冒产品、假冒人员造成的生命财产、人身安全的伤害，维护自身权益。充分调动消费者参与到打假防伪行动中，使假货生存空间越来越小，提升消费者的品牌意识，维护自身合法权益。

（3）对监管方：有利于政府主管部门提高监管和服务水平，规范市场秩序、社会秩序，增强执法部门快速反应和应对能力，提高执法效率，并带动监管方的电子政务的推行和管理职能的创新，紧跟时代响应“智慧消防”“物联网”的呼声。任何客户开展防伪业务前必须经过监管方多层安全保真审核，监管方可以充分发挥系统优势，在搜集假冒信息、举报、联合打假等多个层面上为企业保驾护航，为消费者提供全方位保护。监管方确保防伪溯源鉴别系统内信息的真实性和可靠性，同时对系统内的伪劣假冒信息及时做出反应。

（4）防伪溯源鉴别系统优势。

① 承载内容（表现形式）的丰富性：二维码防伪溯源系统能够超越传统的文字、包装、电话等防伪方式，通过文字、图片、声音、视频等各种形式将企业想要传递给消费者的信息表现出来，信息的表现不再受到限制，无限的信息任意传递。同时，可以在系统中对所有消防产品定岗定位，专岗专用，避免消防产品被挪用或灭失。

② 建立三向沟通渠道：在消防产品二维码防伪溯源鉴别系统中，生产企业、消费者、监管方三方在系统中不但可以各自按各自的需求得到信息反馈，同时各自发挥主观能动性共同参与到消防产品防伪溯源这个生态系统的建设。企业能够向消费者传递丰富的产品信息、企业信息；消费者能够第一时间对消防产品真伪、生产标准及使用方法相关产品信息进行查询；同时也能够随时随地向监管方和生产企业提交投诉或建议。监管方对企业的平台信息的真实性进行严格审核，对消费者进行举报信息反馈和社会化消防宣传活动。

③ 企业成本低廉：除系统搭建的成本外，企业应用该系统仅仅需要承担最低的二维码和序列码的印刷费用，与传统防伪手段相比，成本较低。

④ 平台的可扩展性：消防产品二维码防伪溯源鉴别系统可以依据固定服务器和微信平台相结合的方式，进一步发挥平台在企业营销、促销、品牌形象展示甚至是电子商城等方面的作用。同时，基于数量巨大的用户基数，该平台还可以在消防宣传、问卷调查、公开曝光违法案件和查处结果、消防执法公示和大数据分析等方面发挥积极的作用。

总之，消防产品二维码防伪溯源鉴别系统虽然是一个单独的防伪溯源系统，同时也是对消防工作“网络化、电子化、移动化”的有效实践；是“移动互联网”“大数据”和“物联网”这样的大趋势大背景下时代的产物；是电子政务、智慧政务的有效积极拓展。它从实际出发，完善制度，加强管理，以消费监督为着眼点，切实提高消防产品质量管理工作，开创了使用领域消防产品质量监管新模式。

参考文献

[1] 林火妹，中国消防市场[J]. 亚洲消防，2007（4）：25-31.

[2] 田思龙，刘福存. 中国消防产品使用中的问题成因与对策[J]. 消防技术与产品信息，2004（12）：98-101.

[3] 张阳，刘福存. 扩大内需推动消防消费增长势在必行[J]. 消防技术与产品信息，2009（1）：54-60.

[4] 张志源. 加强消防产品监督管理[J]. 亚洲消防，2007（2）：48-51.

[5] 李利民. 浅析消防产品监督管理中存在的问题及对策[J]. 科技资讯，2013（11）：227-227.

[6] 操基连. 浅谈消防产品质量问题[J]. 消防科学与技术，2006（b03）：172-174.

[7] 王伟. 浅析消防产品监督管理工作中存在的问题及对策[J]. 消防技术与产品信息，2016（7）：77-78.

[8] 张延祥，张阳，刘福存.中国消防产品市场消费现状及发展趋势与特点分析[J]. 安全管理与技术，2010（218）：192-194.

作者简介： 傅峥，男，1983年11月生，现任义乌市消防支队防火监督处副处长（专业技术十级，助理工程师），武警少校警衔。

通信地址：浙江省义乌市机场路636号义乌市消防支队防火监督处，邮编：322000；

联系电话：13735781119。

关于加强建设工程消防设计与规划管理衔接工作的思考

姜子港

（东营市公安消防支队，山东 东营 257091）

【摘　要】 受多个层面、多种因素影响，一些建设工程在取得规划许可后，因为规划条件限制，后期消防设计不能满足消防技术规范要求，从而无法通过消防设计审查，变更设计后又造成与规划许可不符，只能重新申请变更工程规划，造成项目进展缓慢、停滞甚至废止。本文根据笔者多年从事消防设计审核的实践经验，从民用建筑总平面布局、工业企业总平面布局和建筑外立面三个方面列举了消防设计过程中可能出现的实际问题，又从法律法规和消防技术规范、政府、建设单位、设计单位四个层面分析了存在的原因，并提出了自己的建议和思考。

【关键词】 消防；规划；布局；外立面

1 引　言

建设工程消防设计是对新建、扩建、改建等建设工程进行消防安全方面的设计，以满足消防法律法规、国家工程建设消防技术标准的一种行为，通常包括总平面布局和平面布置、耐火等级、建筑构造、安全疏散、消防给水、消防电源及配电、消防设施、建筑内部装修等方面的设计内容[1]。建设工程规划管理是城乡规划行政主管部门根据依法制定的城乡规划及有关法律规范和技术规范，对各类建设工程进行组织、控制、引导和协调，使其纳入城乡规划的轨道，并核发建设工程规划许可证的行政管理工作，包括建筑物使用性质、容积率、密度、高度、间距、绿地率、停车和交通组织、基地标高、建筑色彩和风格等方面的控制和管理[2]。笔者在多年的建设工程消防设计审核过程中，发现一些建设工程在取得规划许可后，因为总平面布局、平面布置、安全疏散、消防设施等消防设计不符合消防安全要求而无法通过消防设计审查，变更设计后又造成与规划许可不符，只能重新申请变更工程规划，造成项目进展缓慢、停滞甚至废止。究其原因，主要是由于消防设计与规划管理缺乏有效衔接造成的。

2　消防设计审查中遇到的实际问题

2.1　民用建筑总平面布局方面

2.1.1　消防车登高操作场地

《建筑设计防火规范》（GB 50016—2014）[3]（以下简称《建规》）第7.2.1条、第7.2.2条、第7.2.3条规定高层建筑应设消防车登高操作场地，并在设置位置、场地大小、设置面裙房进深等内容上都有具体的规定。如果建设、设计单位在建设工程的方案或初步设计阶段不去考虑消防车登高操作场地的设置，规划审批部门也不加以限制，就会出现消防车登高操作场地超出用地边界线、场地宽度不足、设置一侧裙房进深大于 4 m 等不符合《建规》规定的情况，若要进行修改变更，则对总平面规划影响较大。

2.1.2 消防车道

《建规》第 7.1 节对消防车道的设置有着详细的规定，其中消防车道设置位置、转弯半径、回车场地等设计对总平面布局的影响较大，设计中常会见到消防车道未布满高层建筑的一个长边、转弯半径不能满足消防车转弯要求、回车场地过小等类似情况，不能满足消防安全要求，而这些都与平面布局、绿化景观设置等整体规划密切相关。

2.1.3 绿地和停车位

绿地率和停车位数量都是建设工程规划的控制指标，而消防设计可能会影响这两个指标。有些住宅小区为了满足绿地率要求，在消防车道、消防车登高操作场地上覆土并种植草坪，将其设置成“隐形”，这样虽然满足了规划指标的要求，却让消防车如何在雨雪后或浇水后的草坪上通行和停靠成为一个现实问题。停车位的设置位置也同样重要，《汽车库、修车库、停车场设计防火规范》（GB 50067—2014）[4]第 4.2.1 条规定了停车场与一、二级耐火等级民用建筑之间的防火间距不应小于 6 m，不符合该条规定的停车场设计，会对停车位数量指标造成影响。

2.2 工业企业总平面布局方面

受园区规模控制、土地资源供应紧张等因素影响，在工业园区规划中，经常会遇到企业贴邻建造、共用围墙的情况。《石油化工企业设计防火规范》（GB 50160—2008）[5]第 4.1.9 条规定了石油化工企业与非同类企业之间的防火间距，例如液化烃罐组、甲类工艺装置与相邻工厂的围墙或用地边界线的防火间距分别不应小于 120 m、50 m。如果一家石油化工企业不能很好地进行自身用地范围内的总平面布局，就会为相邻的非石油化工企业的平面布置带来困难，甚至无法进行建设。即使同种类型的两家石油化工企业相邻建造，防火间距又符合规范要求，但由于工厂总平面布置中还要考虑风向、功能分区等因素，当缺乏统一规划时仍然会对消防设计造成很大的影响。

2.3 建筑外立面方面

建筑外立面效果是工程规划管理的一个方面，在一些工程案例中，常常会遇到消防设计考虑不周，设计变更后又需要调整工程规划方案的情况。例如，《建规》第 6.2.10 条提出了户外广告牌的设置要求，第 7.2.4 条、第 7.2.5 条规定厂房、仓库和公共建筑应当设置供消防救援人员进入的窗口，《消防给水及消火栓系统技术规范》（GB 50974—2014）[6]第 5.2.2 条要求高位消防水箱的设置位置应高于其所服务的水灭火设施……这些问题往往在方案阶段被忽略，造成按规范设计后的建筑外立面与规划审批方案不符，在后期审批阶段出现障碍。

3 消防设计与规划管理衔接工作的几点思考

3.1 法律法规和消防技术规范层面

建设工程规划管理与消防设计的衔接出现问题，突出表现在法律法规和消防技术规范层面。

目前，我国的法律法规没有把具体建设工程消防设计方面的问题纳入建设工程规划管理中，存在比较严重的缺位现象，城乡规划部门也因此没有把消防设计纳入方案阶段的审查之中，而消防法规将建设工程规划许可证明文件作为消防设计审核的前置条件，这就形成了规划许可在前、消防审核在后的情形。对于消防技术规范来说，由于数量多、专业性强，针对不同的建设工程适用的规范不一样，与规划相关的条文也比较分散，很难将其归纳总结和简单概括，对于规划审批部门来说难以掌握和应用。笔者认为，应当利用法律法规明确将消防设计，特别是总平面布局方面的消防设计纳入规划管理中，可以通过消防部门提前介入来实现，也可以将有关内容汇总编制成册，指导规划部门开展审批工作。

3.2 政府层面

政府对建设工程拥有决策权，使用哪块土地、如何布局、规划体量，设置立面造型，往往需要经过规划咨询委员会、规划委员会讨论通过，而好多地方没有把消防部门纳入这些“把关”机构，造成消防安全设计方面的缺陷。政府是规划、国土、住建、消防等各项工作的领导者，如果在化工园区规划、建设工程方案等阶段能够充分征集各部门的意见，就可以避免一些先天性不足的消防设计问题。同时，政府还应加大“打非治违”力度，对未批先建行为“零容忍”，避免出现“米已成粥”、无法整改的建设工程。

3.3 建设单位层面

建设单位是建设工程的缔造者，如果存在未批先建、违章建设等行为，或者主观上存在不懂不问、不管不顾的思想，很容易为建设工程造成先天性的安全隐患。为了使建设工程能够顺利、合法进行，建设单位应当吸取案例教训，遵章守纪，提前谋划，多与有关职能部门联系沟通，确保在征地、方案设计、初步设计等各阶段都能够同时满足规划和消防要求。

3.4 设计单位层面

设计单位是建设工程设计质量的责任者，设计水平的高低、设计人员的敬业态度直接关系到建设工程是否可以顺利实施，设计过程中的任何一点疏忽都有可能给建设工程造成很大的影响。因此，设计单位应当强化责任意识，认真学习研究相关的法律法规和技术规范，努力提高团队的综合素质，慎之再慎，切实保障消防设计与规划要求的可靠衔接。

4 结语与展望

建设工程消防设计与规划管理之间的衔接，涉及多个层面、多个部门、多种因素，不可能一蹴而就，在不同的行政区域内可能会有不同的解决措施，但总体来说还有待各个方面的共同努力。近年来，随着行政审批改革力度的不断加大，资源共享、职能整合、并联审批等措施不断出台，这促进了各个职能部门和办事环节之间的不断融合，相信建设工程消防设计与规划管理之间一定会实现无缝衔接。

参考文献

[1] 蔡芸. 建设工程消防设计审核与验收实务[M]. 北京：国防工业出版社，2012.

[2] 王国恩. 城乡规划管理与法规[M]. 北京：中国建筑工业出版社，2009.
[3] GB 50016—2014. 建筑设计防火规范[S]. 北京：中国计划出版社，2014.
[4] GB 50067—2014. 汽车库、修车库、停车场设计防火规范[S]. 北京：中国计划出版社，2008.
[5] GB 50160—2008. 石油化工企业设计防火规范[S]. 北京：中国计划出版社，2014.
[6] GB 50974—2014. 消防给水及消火栓系统技术规范[S]. 北京：中国计划出版社，2014.

作者简介：姜子港，男，硕士，东营市公安消防支队防火监督处工程审验科高级工程师，主要从事建设工程消防设计审核、消防验收等工作。

通信地址：山东省东营市东城曹州路60号东营市公安消防支队；邮编：257091；

联系电话：18954676339；

电子信箱：183452458@qq.com。

"智慧消防"建设与应用路径选择

鲁广斌
（安徽省消防总队，安徽 合肥 230001）

【摘　要】 随着经济社会、科技实力的快速发展，传统消防管理将向消防治理转变，借助科技驱动，通过创新治理手段，以"智慧消防"辅助决策、研判分析、指挥调度、处置灾情已成为近年来消防工作发展的新趋势。本文从"智慧消防"概念、需求、涵盖功能、业务应用实际入手，分析"智慧消防"建设与应用的路径选择。

【关键词】 智慧消防；灭火救援；社会管理

0 引　言

智慧消防是一个全新的概念和理念，它是以移动计算、智能识别、智能处理、虚拟仿真等现代信息通信技术为支撑，以数字地理信息为基础，结合移动行为系统、数字通信技术和计算机软件平台，为城市消防火灾防控、应急指挥、部队管理等工作建立消防装备、应急预案、消防水源、建筑固定消防设施等信息，智能采集、汇总、分析、发布及辅助决策的智能化消防数字平台，实现对城市消防安全的监测、预警、处置、指挥调度等管理功能，从而提高灭火救援战斗力和防火监管水平，进一步提升城市防灾减灾救灾能力。

智慧消防，不但关注信息的采集与传输，更注重的是信息的分析、知识或规律的发现及决策反应等，是基于数字消防的基础上进行消防工作各类项目的信息化平台，并具有感知、自动反应、智能分析、智能处理等特征。

1 "智慧消防"建设需求

1.1 社会单位消防安全管理

"智慧消防"将建筑形态及功能、消防设施及维护保养、消防安全巡查、消防救援预案和安全疏散演练等信息，通过客户端实现"全方位""全时段""无缝隙"管理：一是消防安全管理人员综合管理；二是消防值班人员在位管理；三是消防巡查人员履职管理；四是志愿消防队员定位管理。

1.2 建筑消防设施运行管理

"智慧消防"通过RFID电子标签、视频采集设备等感知和采集消防设施信息，借助智慧消防传输到云计算中心进行智能化管理和辅助决策，从而实现对建筑消防设施的全动态智能监控：一是实现消防设施设备实时监测预警；二是建立消防设施维护保养电子"户口簿"。建立消防设施基本情况、维保人员、检修记录等基础档案信息库，可以通过扫描二维码掌握其"户口"信息，及时上传到云端。

1.3 消防安全知识宣传

“智慧消防”通过感知建筑内人员手机信号，有针对性地发送相关消防安全知识。一是消防安全知识自动推送。自动推送建筑楼层布局、安全出口位置、消防设施布置等消防安全常识，甚至针对感知到的危险特征对涉险人员提供及时救助。二是安全疏散路径主动提醒。当火灾发生时，通过感知建筑内人员手机信号，判断人员当前位置、周边环境和身份特征等信息，分析建筑物整体布局、消防设施布置、安全通道设置等信息，向被困人员提供正确疏散路线和逃生方法，提高其自防自救能力。

2 “智慧消防”的功能

2.1 火灾报警信息接收传输功能

系统能接收来自联网单位的火灾报警，并将信息传输至监控中心，系统未检测到报警信息的，能在用户信息传输装置上手动接下报警按钮，报警信息自动传输至监控中心。同时，能显示和发出提示信号。

2.2 消防设施运行状态信息监测功能

系统主要针对火灾报警控制器、消防泵和防排烟风机等电气控制柜的末端双路电源并实现自动与非自动状态监测，消防水池和高位消防水箱的水位监测，喷淋和消火栓等灭火水系统管网最不利点水压监测。

2.3 消防控制室值班巡检查岗功能

消防控制室值班员上岗刷身份证就能判别是否持有控制室操作证上岗，通过语音系统呼叫点名检查值班员是否在岗在位，并能自动或远程拍照保存原始资料。

2.4 图形显示传输功能

消防控制室图形显示器能接收控制器发出的火灾报警信号和联动控制信号，在规定时间内进入火灾报警和联动状态，显示起火部位建筑平面图和相关消防设施设备联动信息，并能按通信协议格式传送至系统平台，但是图形显示器与控制器信息应同步，且在通信中断并恢复通信后，能重新接收并正确显示。

2.5 智能信息传递查阅功能

系统对各类信息自动分类统计汇总，通过手机等通信方式自动向消防责任人、消防主管等相关人员发出提示信息。

2.6 消防专家系统功能

系统收集了消防设备相关信息，在这些数据的支持下，能辅助判断消防设施故障发生时间和原因。智慧消防建设一般会包含信息收发子系统、报警处置子系统、综合服务子系统、数据交换子系统等，其系统功能结构如图 1 所示。

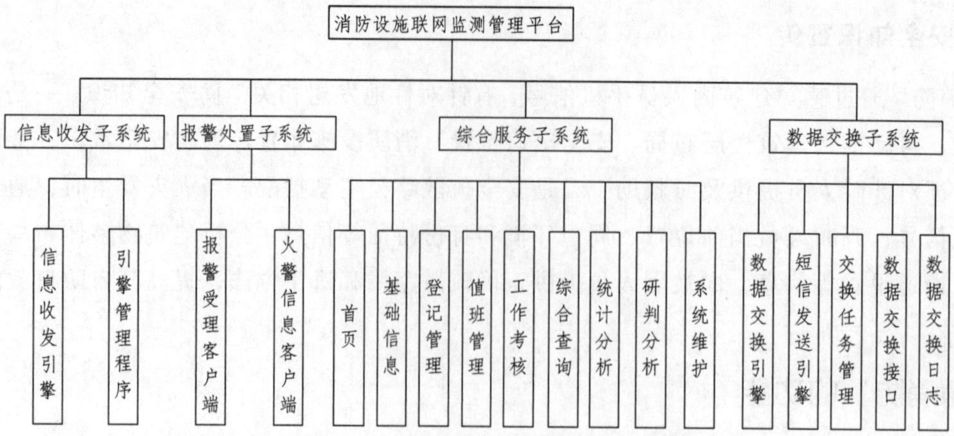

图1 智慧消防系统功能结构图

3 智慧消防的实际应用

3.1 智慧消防在灭火救援中的应用

3.1.1 建筑物身份系统

建筑物身份系统是在建筑物外或云端设置电子标签，标签存有建筑的基本结构、使用、消防设施信息和建筑周围基本情况等对灭火战斗有利的基本信息。消防部队接警即可从云端或到达火场时通过相应的终端设备读取信息，快速了解建筑基本情况，对到场力量的部署有较强辅助作用，大大缩短消防部队展开时间。建筑物设置的温度传感器，能够实时将温度信息传送到手持终端，使灭火指挥员在报警人报警信息不详细的情况下，迅速找到起火点的大概位置，为火灾的及时扑救赢得时间，提供有力的保障。

3.1.2 智能消防水源系统

智能消防水源系统，将城市室外消火栓和其他水源植入电子标签，标签内存有消防水源的压力、流量、水源源头等一系列信息，消防队到场后可以迅速了解周围水源的基本情况，掌握灭火的主动权。在车辆上植入的电子标签和压力传感器等，存有车辆基本性能参数，水泵基本性能参数，车辆配备其他装备的情况等。指挥员能够通过终端迅速了解到场车辆装备的性能，并且可以通过压力传感器等实时监控现场每台消防车的工作状态，有利于指挥员科学合理地进行力量部署。

3.1.3 全方位的侦察感知

通过在灾害现场布置多功能传感器，形成灾害现场的侦察传感网络，边感知、边传送，可以实时获得灾害现场各个点的温度、风速、烟气、有毒有害气体浓度等信息，及时将信息传递给指挥部，为指挥员提供全方位的、及时准确的现场信息，从而保证灾害现场信息的时效性、准确性和连续性，提高指挥员获取信息的速度。如果将传回的信息与地理信息系统融合，即可为指挥员提供直观的灾害现场态势图，从而提高指挥决策的科学性。

3.1.4 消防员生理信息监控系统

有些火灾或救援现场需要战斗员进入建筑物或是灾害现场内部进行处置，危险性较大。为内攻战斗人员植入生物传感器，实时检测战斗员的呼吸、脉搏、体温等生命体征参数。当战斗员生理指标出现异常时，火场外的监控器发出报警，指挥员可以及时组织撤离或者进行营救，提高对内攻人员的安全保障能力。火场其他部位的传感器将火场环境参数、空气呼吸器压力指数、救援人员在现场的位置参数等实时传输至现场指挥部，从而实现全局监控。

3.1.5 智能的作战指挥

可以利用云计算技术对无线传感器及其网络收集的灾害现场信息通过分类整理、鉴别提炼、分析研究等方法进行加工整理，为指挥员提供辅助支撑。通过执勤车上安装的GPS系统及时将车辆的位置信息发进到指挥部，同时，在车辆及其随车装备上安装电子标签，通过数据采集终端使指挥部提前了解前往现场的车辆类型，所属单位和配备的装备、人员数量，预先为车辆确定停靠位置、分配作战任务，防止现场交通混乱。

3.2 智慧消防在社会消防安全管理中的应用

3.2.1 智能楼宇系统

智能楼宇系统将每个消防设备植入相应的芯片，每幢建筑建立相应的数据库，管理人员和检查人员可通过无线手持设备读取每个设备的信息以及运行情况。在重点部位设备安装相应的传感器，出现故障时会自动向管理系统发出警报。在报警系统中植入带有发射功能的芯片，当报警器检测到火灾向控制室发出报警的同时会主动向相关人员发送手机信息，并向消防部门发出报警信息。

3.2.2 消防设施的动态管理

利用智慧消防可实现对自动喷水灭火系统、室内消火栓系统、灭火器、防火门等消防设施的监控，使监管人员能够对消防设施进行动态的管理。在自动喷水灭火系统、室内消火栓系统内安装传感器，实时采集管网内是否有水、水压以及阀门的开闭状态、水箱水位等信息，并将信息传送到管理平台，一旦出现异常状态，该平台就会发出报警信息，提醒单位人员进行保养维修，实现全天候监测。在灭火器、缓降器等消防器材上安装电子标签，标签内记录认证标志、生产日期、性能参数、使用寿命、维护保养等信息，检查人员利用手持读写器对标签扫描即可获取相关信息，确定该器材是否完整好用，是否需要更换，并可有效防止社会单位使用假冒伪劣产品。此外，还可利用视频监控系统对常闭式防火门是否按规定关闭、安全疏散通道和消防本通道是否畅通等进行监控，出现违规情况时，可立即通知单位整改，并可随时检查整改情况。

3.2.3 重大危险源的实时监控

重大危险源一旦发生事故极易造成人员伤亡和财产损失，其监控工作不容忽视。借助于智慧消防的识别、感知、智能分析、监控等技术特点，利用温度、压力、风力、风速、湿度、可燃气体浓度、有害气体浓度、液位等传感器，部署传感网络，实时采集重大危险源状态信息、设备状况信息及周围环境参数，并将采集的数据传送到监控中心的数据库，再利用云计算技术，对采集的数据进行智能分析，并与预先设置的安全参数范围比对，评估危险源的安全状况，预测可能发生的事故。当处于不安全参数范围内时，系统会发出警报，工作人员可根据系统提供的信息迅速定位隐患点，并采取必要的应急措施，防止事故的发生。

3.3 智慧消防在部队日常管理中的应用

3.3.1 智能人员装备管理系统

智能人员装备管理系统，将各个器材装备植入电子标签，内建器材装备的基本信息，如购买、使用时间，维护保养方法、时间，装备的编号，装备的基本工作参数等。每次交接班、车场日只需通过手持终端扫描并且与之前的记录进行自动的对比分析，可以迅速了解器材装备的基本情况，避免装备的漏查和丢失等情况的发生。每名战斗员都配备电子标签，内建战斗员的个人基本信息，包括健康信息、平时的训练信息、编号等，通过扫描可以实现快速点名。尤其是在混乱的火灾现场情况下，实现迅速准确清点人数，自动与记录信息进行对比，可以清楚地查询不在位人员的姓名、年龄、级别等基本信息，为平时和战时战斗员的管理提供便利。

3.3.2　智能消防车辆管理系统

基于智慧消防的智能消防车辆管理系统，采用电子标签和MEMS（微机系统）技术，并结合网络通信、数据传输、数据仓储技术，实现消防车在库情况实时监控，消防车车况、装备追踪管理，消防车日常维修、维护管理。此系统能够使领导实时掌握消防车辆的出入库情况，使消防车辆的出入库得到有效管理和监督，同时为指挥员分析各中队出警情况和决策提供实时数据支持。系统能实时监控消防车在出警途中以及战斗中的运行状态，如行驶路线的轨迹，行驶中车辆的刹车油路系统的工作状态是否正常，车辆的油、水、电是否正常等。灭火救援战斗中，根据车辆的功能不同，监控水罐消防车的供水压力，举高消防车的工作高度、工作压力等。消防车辆出现任何异常情况在终端上都会自动发出报警，使消防车辆管理达到智能化。

参考文献

[1]　丁祥郭. 智慧消防建设与发展的思考[J]. 计算机安全，2012（10）：66-69.
[2]　张振球. 智慧消防技术的社会消防管理应用[J]. 中国公共安全，2014（3）：4-7.

城市综合体消防监督管理探讨

吴 靖

（济南市公安消防支队，山东 济南 250100）

【摘　要】 本文结合工作实际，提出对城市综合体应严格落实性能化设计要求，并从实行分级分类管理、严把场所消防审批手续、提升消防安全管理标准、强化消防应急疏散演练四个方面加强消防监督管理。

【关键字】 城市综合体；消防；监督

0 引 言

近年来，随着城市建设的快速发展，全国各地陆续建成了许多城市综合体，这类建筑集商业、办公、居住、旅店、展览、餐饮、会议、文娱和交通等多种功能为一体，各部分间相互依存、相互助益。以济南市为例，目前投入使用的建筑面积大于 10 万 m^2 的超大城市综合体已达 10 座，如万达广场、恒隆广场、世贸中心等。城市综合体具有建筑面积大、建筑高度高、火灾荷载大、人员高度密集、建筑功能复杂、经营业态多样、用火用电设备多、易燃可燃物多等特点，火灾危险性比一般建筑突出，一旦发生火灾将造成巨大的生命财产损失和严重的社会影响。结合工作实际，本文对城市综合体的消防监督管理进行探讨。

1 落实性能化设计要求

城市综合体因为体量大、业态经营需要，其消防设计往往不满足建筑防火设计要求，因而大量采用性能化设计。一些性能化设计方案中采用管理类措施替代建筑防火技术要求，投入使用后，由于建设方与管理方脱节，这些管理类措施很难得到有效落实，从而大大降低了城市综合体建筑的消防安全，因而应将性能化设计要求纳入消防监管内容中。

1.1 “亚安全区”的监管

商业步行街作为城市综合体的核心部分，其安全性决定了整个建筑物的安全。性能化设计中常将商业步行街设计成人员暂时避难的“亚安全区”，从而解决步行街中庭的防火分区以及人员安全疏散问题。亚安全区成立的前提条件包括许多内容：在中庭顶部设置可开启装置；步行街周围的精品店与主力店的疏散楼梯、疏散通道等相连接部位进行严格的防火分隔；设置相应的报警、灭火、防排烟等自动消防设施；保证有足够的疏散楼梯或安全出口提供临时避难的人员疏散至室外安全区域；同时要求步行街内不得采用可燃装修，不得设置任何经营和非经营场所，确保安全通道畅通等。但是这种亚安全区在商业实际运营中常常无法做到，商业经营寸土寸金，步行街经常用于各类商品促销、节庆活动等，一些经营者在步行街上设置可燃材料制作的休息座椅、装饰物，造成步行街“亚安全区”形同虚设，因而应加强城市综合体使用后的监管，步行街严禁用于商业经营活动，确保实现亚安全区的设计要求。

1.2　借用疏散楼梯的监管

城市综合体除商场外，均同时设置有电影院、KTV 等场所，这些场所在楼层设置、营业面积、安全出口数量等方面很难满足建筑设计防火规范的要求。在一些性能化设计方案中，这些场所借用了其他商业部分的疏散通道或疏散楼梯，如济南市某城市综合体四层设有一个大型 KTV，需要与楼下各层合用疏散楼梯，部分疏散楼梯在首层需要经过步行街或者写字楼大堂才能疏散至室外。对于电影院、KTV 等场所，其营业时间通常晚于商场的经营时间，如商场锁闭了首层的安全出口，一旦发生火灾，与商场借用、共用的这些安全出口将无法使用。因而，电影院、KTV 等场所应尽量设置独立的能够直通室外的疏散楼梯，避免通过其他商业区域进行疏散，如必须借用或共用，应与商场经营单位约定，不得锁闭这些安全出口，综合体物业管理部门应全天每隔 2 h 进行一次防火巡查，确保所有疏散楼梯、安全出口畅通，保证这些场所的人员安全疏散。

2　城市综合体的消防监督管理措施

2.1　实行分级分类管理

近期公安部出台了《关于加强超大城市综合体消防安全工作的指导意见》，但目前我国消防技术规范中并未有城市综合体的相关内容，与一般商业建筑相比，城市综合体有一定的特殊性，因而应尽快研究出台技术规范或行业标准，明确城市综合体的定义、分级标准、建筑防火设计要求、消防安全管理措施等。建议从建筑面积、建筑高度、经营业态等多因素将城市综合体进行分级分类。如按建筑面积划分，可分为三级，总建筑面积小于 3 万 m^2 的为小型，总建筑面积大于 3 万 m^2 小于 10 万 m^2 为大型，总建筑面积大于 10 万 m^2 的为超大型。针对不同级别、不同类别的综合体，在防火分区、安全疏散、消防设施等方面提出不同的建筑防火设计标准和管理要求。

2.2　严把场所消防审批手续

城市综合体作为公众聚集场所，在开业前应取得消防安全检查合格证，但综合体内经营业户众多，一些商业、餐饮、影院、KTV 等场所规模大、面积大，且均是独立经营，对于这些场所，是否必须单独办理开业前检查手续，目前尚没有明确的规定。城市综合体投入使用后，由于经营状况的变化，其商业布局、店铺调整十分频繁，店铺二次装修必然会影响到原有的防火分隔、消防设施等，这些都增加了火灾风险。因而应严格执行消防审批程序，对于一定规模、独立经营的公众聚集场所，应单独办理开业前消防安全检查手续，以督促各经营单位明确各自的消防安全责任，落实消防安全措施。对于二次装修的店铺，必须符合国家工程建设消防技术标准要求，不得擅自改变防火分隔和消防设施，不得擅自改变原有特殊消防设计及性能化技术措施要求，并重新办理装修工程的建筑消防审核、验收和开业手续。

2.3　提升消防安全管理标准

山东省于 2013 年出台了《火灾高危单位消防安全管理规定》，城市综合体作为火灾高危单位，应提升消防安全管理标准。消防安全技术防范措施方面，应设置漏电火灾报警系统，火灾自动报警系统应与城市远程监控系统联网，在厨房的规定部位安装厨房设备灭火装置。城市综合体各使用单位应共同确定、组建或者委托负责统一消防安全管理的机构；签订消防安全责任约定书；遵守消防法律、法规、规章、消防技术标准、当地消防安全规定以及消防安全统一管理机构的要求；接受消防安全统一管理机构实施的防火检查（巡查）、消防演练、消防宣传教育和培训、消防工作奖惩。消防安全管理人、消防工作归口职能部门的负责人，应当按照国家规定取得注册消防工程师资格。城市综合体除每月进行 1 次消防设施维修保养外，应每年对自动消防设施进行 1 次全面功能检测，对电气线路进行 1 次电气防火检测，对消防安全管理体系运行情况进行 1 次评估，出具消防安全评估报告。

2.4 强化消防应急疏散演练

城市综合体应当提高微型消防站建设标准，设置一定数量的专职消防队员，按照建设标准，配备战斗服、防毒防烟面具、灭火器具等装备器材，组织开展经常性的实战训练。要组织发动所有员工、安保人员作为兼职消防队员，建立应急通信联络机制，确保任何位置发生火情都可在 1 min 内形成第一梯队，3 min 内形成第二梯队，组织火灾扑救和人员疏散。城市综合体各经营主体、使用单位应针对营业和非营业时段分别制定应急疏散预案，分区、分层细化优化疏散路线，明确各防火分区或楼层的应急疏散引导员，每半年至少组织开展 1 次演练。产权单位、委托管理单位应制定整栋建筑的灭火应急疏散预案，每年至少开展 1 次联合消防演练。

参考文献

[1] 聂健. 超大城市综合体建筑防火设计与消防安全管理[J]. 科技资讯，2016（19）:43-44.

[2] 公安部《关于加强超大城市综合体消防安全工作的指导意见》（公消〔2016〕113 号）[Z].

作者简介： 吴靖，女，济南市公安消防支队防火处高级工程师，工程硕士，主要从事消防监督管理工作。

通信地址：济南市高新区新泺大街 3060 号，邮编：250100；

联系电话：18615600118。

浅谈城市消防指挥中的虚拟现实技术应用*

唐胜利[1]，常　磊[2]，卢国建[1]，梅秀娟[1]
（1. 公安部四川消防研究所，四川 成都　610036；2. 广东省公安消防总队，广东 广州　510000）

【摘　要】　现有的城市消防指挥系统越来越不能满足城市日益发展的需求，这使得建立现代化的城市消防指挥系统变得十分必要和紧迫。随着科技的高度发达，逐渐发展起来的虚拟现实技术在现代化的城市消防指挥系统中作为关键环节，发挥着越来越重要的作用。

【关键词】　消防指挥；虚拟现实；现代化

0　引　言

随着经济的快速发展，城市建设日新月异，高楼大厦如雨后春笋，地理环境也发生了巨大变化。城市建筑结构、使用情况、道路布局、水源分布等非常复杂，这些都给消防部队的灭火救援行动增加了难度。对于一些化学危险品火灾、恐怖事件造成的灾害等重特大灾害事故的处置，尤其是在一些区域性灾害的处置过程中，由于情况特别复杂，需要在灾害现场与后方指挥中心之间建立一个全方位的信息沟通，以便后方能在最短时间内给予最科学的技术支持和物质保障。因此，为了更有效地保护国家和人民的生命财产安全，提高消防快速反应能力，建立现代化的消防指挥系统已成为当务之急。而虚拟现实技术恰恰能为现代化消防指挥系统的建立提供了强有力的保障。

虚拟现实技术是在计算机图形学、计算机仿真技术、人-机接口技术、多媒体技术以及传感技术的基础上发展起来的一门交叉技术。它是一种能把图形虚拟化和数据信息化结合起来的系统。通过虚拟现实技术，我们可以迅速了解灾害现场的重要信息，使得指挥员能够更加清晰地了解现场情况，做出正确的判断。它是城市执行灭火作战任务必不可少的保障手段。

1　城市消防指挥系统现状

现阶段，我国的消防事业主要是政府、消防队、企事业专职消防队三结合的体制。城市消防安全组织机构主要有防火委员会、消防监督机关等。城市防火委员会（或小组）的领导隶属关系如图 1 所示。

火灾一旦发生，司令部要进行最快速的灭火力量调度决策。在平时，则要与城市规划部门一起，根据城市的现状及发展，对消防规划提出建议。同时，司令部还要和战训科一起负责城市各单位灭火作战计划以及消防作战计划图的制定和管理。市消防支队是中等城市火灾防治工作的执行部门，在火灾发生时承担着灭火任务，在平时则承担着火灾预防任务。城市中消防支队、大队和中队是城市火灾扑救的执行部门。

* 基金项目：本文由项目“地铁车站灭火救援训练虚拟现实系统研究”资助。

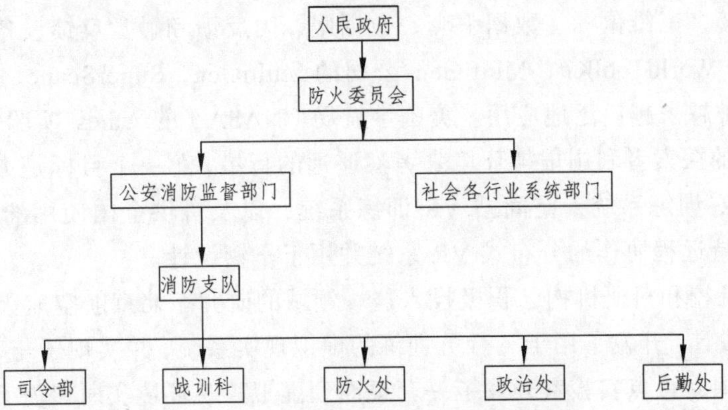

图 1　防火委员会的领导隶属关系图

在火灾现场，主要靠指战员头脑中对原有情况的了解和作战指挥经验，火场指挥往往具有很大的盲目性，缺少临场指挥的科学依据，因此灭火救援的成功率和效率较低。而对于那些没有灭火预案的起火单位，有时要浪费宝贵的灭火时间去调查现场的危险源，消防设施等情况，从而延误了战机。

由此，我们可以看出现有消防指挥系统已经远远落后于城市的发展需要。它导致了消防力量出动时间的延长，贻误了灭火战机，造成了火灾危害程度的加深。因此，通过虚拟现实技术，运用现代化手段建立城市消防指挥系统是十分必要和紧迫的。它是城市公共消防设施的重要组成部分，是执行灭火作战和抢险救灾任务必不可少的保障手段。同时，该系统在城市综合防灾对策系统中也占有重要的地位。

2　虚拟现实技术概述

虚拟现实技术是在计算机图形学、计算机仿真技术、人-机接口技术、多媒体技术以及传感技术的基础上发展起来的一门交叉技术，和其他许多新兴学科一样，虚拟现实还没有统一的定义。

虚拟现实系统可以分为三种：投入式、非投入式以及混合式。在投入式系统中，用户看不到真实的世界，只能看到计算机产生的、根据用户的动作产生相应变化的图形或图像。在非投入式系统中，用户能够看到现实世界，同时可以通过计算机屏幕观察虚拟世界，也可以在虚拟世界里漫游。混合式的虚拟现实系统允许用户看到真实世界，同时把虚拟世界的图形叠加在真实世界的景象上，典型的例子是飞行员的头盔显示器，把计算机产生的图形叠加在飞行员看到的真实地形上，如图 2 所示。

图 2　VR 特性图

目前，国内外已经推出了许多比较成熟的虚拟现实软硬件产品。硬件的种类有：头盔显示器、头部跟踪系统、立体眼镜、三维鼠标、数据手套、数据服、力反馈和触觉反馈设备、三维声音系统等。软件如 Sense8 公司的 WorldToolKit，MultiGen 公司的 MultiGen，SuperScape 公司的 VRT 等。

虚拟现实技术正被越来越广泛地应用。美国宇航局（NASA）的 Ames 实验室的“虚拟行星探索”（VPE）计划能使虚拟的探索者利用虚拟环境来考察遥远的行星，第一个目标是火星。NASA 已经建立了航空、卫星维护 VR 训练系统，空间站 VR 训练系统，以及可供全国使用的 VR 教育系统。美国 Illinois 大学研制了支持远程协作的分布式 VR 系统并用于车辆设计。

我国的一些重点院校和科研机构已积极投入这一领域的研究。北京航空航天大学计算机系实现了分布式虚拟环境网络设计，开发了用于飞行员训练的虚拟现实系统，并实现了与有关单位的远程连接。浙江大学 CAD&CG 国家重点实验室开发了一套桌面型虚拟建筑环境实时漫游系统，实现了立体视觉并提供了方便的交互工具。中国科技开发院威海分院研究了虚拟现实中的视觉接口技术，还开发了 VR 硬件：LCD 红外立体眼镜，且已实现商品化。

3　虚拟现实技术在消防指挥系统中的应用

在有火警时，现代化的城市消防指挥系统能使消防人员快速高效地完成从接警确认到下达消防命令的过程，从而在各个环节上都可以节约一些宝贵的时间，以便消防队尽快到达火场，进入作战状态。现代化完善的消防指挥系统在消防工作中起着决定性的作用。构建数字化城市更是城市消防指挥系统的基础。因此，虚拟现实技术在其中可以起到关键的作用。

本文通过以下三方面介绍虚拟现实技术在消防指挥系统中的应用。

（1）用于起火单位和周边环境的虚拟表现。

虚拟现实程序可以模拟起火单位附近区域的城区景观，突出其中与消防相关的信息（消火栓和消防水源位置等），帮助消防人员提前了解消防设施的位置，以及附近的单位和建筑物布局，以便迅速确定灭火、营救和（可能需要的）疏散方案。

实现这项应用的主要需求是建立建筑物和消防设施的三维模型（这在后两项应用中也是需要的，不再指出）。另外还需要使程序具备自动沿固定路线漫游的功能，以便在短时间内提供信息。

（2）用于火灾发展过程的虚拟表现。

虚拟现实程序可以模拟火灾发生后，在建筑物内部蔓延和蔓延到相邻建筑物的过程，对蔓延趋势进行预测。

为实现此项功能，需要在程序中引入一些火灾蔓延模型，结合城市地理信息系统中的该区域建筑物信息进行预测。火灾蔓延模型的准确性直接影响预测结果的准确程度。在虚拟现实技术方面，需要建立火焰的动感三维模型。

（3）用于火灾扑救过程的虚拟表现。

可以用虚拟现实程序模拟在火场不同部位投入消防力量、使用灭火剂的效果，帮助消防队员确定主攻方向。

为实现此项功能，要结合使用以上两项应用的成果，并考虑新的因素。比如，需要考虑不同灭火剂在不同条件下的效果。又如，为提高真实感，灭火效果应与火灾蔓延结果同时计算。

虚拟现实技术在城市消防指挥系统中的的应用，可以使我们更加清晰完整地了解采用这类系统的原因，使开发这样的系统比较节约人力物力，而且仍能达到预期目的：了解附近区域的情况、火灾发展的过程以及我们可以采用的火灾扑救手段。

4 结 论

虚拟现实技术的使用，有助于灭火救援指挥智能化。它可以帮助消防队员在到达火场前了解着火地点附近的消防设施，在消火栓间距过大或部分消火栓不可用的情况下尤其重要。另外，它还可以帮助消防部队更快地确定灭火、营救、疏散方案、首先要保护的对象和要阻止火灾蔓延的方向等。随着现代科技的高度发达，虚拟现实技术在城市消防指挥系统中发挥着越来越重要的作用，相信会有更广阔的应用前景!

参考文献

[1] 张连民. 虚拟现实技术在消防作战指挥训练中的应用[J]. 消防科学与技术，2001（6）：38-39.

[2] 夏东海，李天立，陈青云. 论智能化消防指挥决策思想及实现方法[J]. 消防科学与技术，2001（2）：48-49.

[3] 张丽敏，等. 消防指挥自动化系统效能评估指标体系研究[J]. 消防科学与技术，2010（4）：311-313.

[4] 王四清，浅谈灭火救援指挥智能化体系建设[J]. 消防科学与技术，2015（08）：1089-1091.

[5] 陈驰，任爱珠，张新. 基于虚拟现实的建筑火灾模拟系统[J]. 自然灾害学报，2007（1）：55-60.

[6] 刘艳，邢志祥，刘伟. 虚拟现实技术在消防模拟训练中的应用研究进展[J]. 消防科学与技术，2009（3）：214-216.

[7] 张磊，朱国庆，郭大刚. 基于 VR 的公共建筑火灾逃生训练系统研究[J]. 消防科学与技术，2015（04）：526-529.

作者简介：唐胜利，助理研究员，研究方向为建筑防火。

通信地址：四川省成都市金牛区金科南路 69 号 1-507，邮编：610036；

联系电话：028-87511960，13666209175；

电子信箱：tangfee@hotmail.com。

浅谈新形势下如何依托基础化工作和信息化手段提高建筑消防设施维保监管效率

宋萌萌

（烟台市消防支队，山东 烟台　264000）

【摘　要】　本文立足于当前建筑消防设施维保现状，从夯实基础化消防工作和应用信息化监管手段等方面，探讨新形势下如何提高建筑消防设施维保工作监管效率。

【关键词】　建筑消防设施；维护保养；监督；管理

0 引　言

近年来，随着消防工作社会化发展理念的不断深入和公安部《社会消防技术服务管理规定》（公安部令第129号）的贯彻实施，改进消防监管模式、提高消防技术服务监管效率已成为大势所趋，期间严格规范消防技术服务行为、提高消防技术服务机构履责能力成为重中之重。本文将结合工作实际，从构建基础数据库、完善日常工作机制和狠抓工作关键环节等方面，浅谈了新形势下如何依托基础化工作和信息化手段提高建筑消防设施的维保监管效率。

1 建立“三大数据库”，全面掌握消防维保工作基础信息

1.1 建立维保企业信息数据库

对在本地执业的维保企业执业信息进行分类整理，建立包含企业名称、资质等级、执业范围、法人身份信息、维保技术人员执业资格证书、维保报告和维保设备清单等在内的各类基础信息数据库，并针对所有维保技术人员，完善其包括职称专业、鉴定工种、职业年限、鉴定机构等内容的基础信息，做到企业信息无盲区。

1.2 建立设有自动消防设施单位数据库

对本地所有消防安全重点单位中设有消防设施的单位进行梳理，建立全套电子消防档案，每份档案均要反映单位消防安全概况、建筑消防设施维护管理、消防安全自我评估3个方面的各类信息，并结合每年消防安全重点单位的调整和各类消防安全专项整治等工作，对数据库内的各项信息进行调整、更新，确保数据实时有效。

1.3 建立维保合同数据库

对本地已投入使用的社会单位，要求每年度定时上报新的维保合同；对新验收合格的单位，在工

程验收时要求单位将维保合同一并上报消防机构备案；对在本地执业的维保企业建立维保合同动态上报机制，即签订维保合同5日内上报消防机构备案。通过统筹社会单位和维保企业上报维保合同的“双向”信息，有效防止单位建筑消防设施失控漏管，确保本地设有自动消防设施的社会单位维保签约率达到100%。

2 健全“三项机制”，着力提升消防维保服务质量

2.1 健全维保工作机制

认真落实《建筑消防设施维护保养规程》，从工作流程、现场操作和质量管控三个关键环节对建筑消防设施维保工作提出的明确要求，要求维保企业签订维保合同时必须出示资质证书、营业执照、工作程序、收费标准、执业守则5项内容；维保合同中必须明确项目负责人、技术人员、服务项目、现场操作规程等8项内容；现场操作规程中必须树立“技术人员必须到场、仪器设备必须使用、操作记录必须填写”的“三必须”工作原则。在此基础上，按照建筑消防设施类别细化各项现场维保工作流程，建立包含各分项的详细服务档案，明确各个环节的最低工作时长，要求维保企业必须坚持“1次服务1个结论，1次反馈1次建议”，确保不漏项、不错项、不走过场。

2.2 健全消防技术服务诚信机制

制定出台《消防技术服务诚信管理暂行办法》，明确维保工作的各项工作要求，重点针对消防技术服务工作中存在的非法出借资质、滥设分支机构、技术人员无证上岗、维保质量不高等各类常见不良行为及其轻重程度，对维保企业执业行为实行“不合格、合格、良好、优秀”4个档次的量化计分和“上、中、下”3个层面的阶梯式管理。对于计分较少的，约谈企业负责人，责令限期改正；对于计分较多的，在责令改正的同时，依法立案处罚。同时协调工商、住建等职能部门以及证监、银行等2家证信机构建立信息共享机制，将维保企业的相关信用信息纳入企业联合证信系统、金融基础信用信息数据库等信用信息交换共享平台，实现了对消防维保企业从“粗放式”到“精细化”管理的转变。

2.3 健全工作通报机制

改变以往“事无巨细、大包大揽”的保姆式监管模式，每月以《工作简报》的方式通报维保企业执业情况；每季度召开1次维保企业工作例会，通报各企业季度执业量化计分和处罚情况，剖析维保执业工作中发现的问题；每年度根据维保企业量化计分情况，对维保企业年度执业情况进行评比表彰，实行末位淘汰，提高维保企业的危机意识和服务意识。

3 狠抓“三个环节”，确保消防维保行业规范化发展

3.1 狠抓监督执法环节

烟台支队依托“山东省消防维保监督系统”的应用，组织全市设有自动消防设施的单位逐步完成“山东省消防维保监督系统”的安装并联网运行。利用系统中的消防设施检查、测试等获得的数据，对维保企业的工作质量进行随机抽查，对企业盲目扩大维保单位数量、维保技术人员数量不足、企业挂靠资质等各类违法行为进行严肃查处；同时，利用系统的统计分析功能，对社会单位开展有针对性的

检查，加大对建筑消防设施完好率较低、整改不及时单位的检查频次，对于拒不整改隐患、甚至强迫维保企业违规出具合格报告的单位，依法立案，从重处罚。

3.2 狠抓专项整治环节

结合火灾防控工作，组织开展了消防技术服务机构执业情况专项整治、消防技术服务机构资质专项检查等活动，建立“维保企业定期自查，消防机构全面检查，监管区域异地互查”的工作机制。通过专项整治维保企业未取得维保资质擅自开展维保服务、未按照国家标准、行业标准维保消防设施等违法行为，进行依法查处。

3.3 狠抓宣传培训环节

每月组织本地维保企业技术人员召开业务交流会，各维保企业轮流派出业务骨干分专业、分系统进行现场示范讲解和工作经验传授，以“老带新、讲学问”的方式快速提高技术人员业务技能。在本地印发《建筑消防设施维护保养告知书》，编印《建筑消防设施维修保养操作规程》，发放给维保企业和社会单位参照使用；组织开展“维保企业媒体行”活动，邀请媒体跟踪专访维保企业，对维保工作进行集中报道，在全社会营造良好氛围。拓展“96119”举报热线职能，接受社会单位对维保企业执业行为的监督；建立本地消防维保微信群及QQ群，实时发布通知公告和违法行为通报，全方位督促维保企业规范服务流程、提升服务质量，形成良性互动。

作者简介：宋萌萌，女，现任烟台市公安消防支队防火监督处工程师，专业技术10级。
通信地址：山东省烟台市莱山区芙蓉路4号烟台市公安消防支队防火监督处监督指导科；
联系电话：15905356268。

加强和改进兴安盟地区消防装备建设的分析与思考

王占成
（兴安盟公安消防支队，内蒙古 乌兰浩特 137400）

【摘 要】 近年来，兴安盟各级党委、政府高度重视火灾扑救与应急救援能力建设，逐年增加消防站和消防装备建设经费投入，积极推动消防站建设和消防装备配备。兴安盟公安消防支队主动适应消防安全工作新形势、新任务的需要，积极争取各级党委、政府和有关部门对消防装备建设的支持，部队综合作战能力显著提高，全盟火灾形势平稳，有效保障了兴安盟经济和社会的快速发展。但是，与经济社会发展及人民群众对消防安全保卫的需求相比，兴安盟在消防装备配备数量、质量性能、结构比例和战勤保障能力、经费保障等方面还存在一些不足，这制约了城市防控火灾和抵御灾害事故能力的进一步提升。

【关键词】 消防；装备；建设

1 目前消防安全形势现状分析

兴安盟下辖 3 旗、1 县、2 市，总面积约 5.98 万 km^2，总人口约 168 万。近年来，兴安盟以“稳增长、惠民生、保稳定、促和谐”为主线，紧紧抓住自治区差别化政策扶持和厅局延伸帮扶等重大机遇，经济社会快速发展，城市建设日新月异。与此同时，各类致灾因素、灾害事故也逐年增多，灭火救援任务日趋繁重，救援难度不断加大，消防安全形势日益严峻。

1.1 人员密集场所逐年增多，动态消防安全隐患多

全盟共有人员密集场所 1 855 家，该类场所建筑功能多样，空间跨度大，人员高度集中，用电负荷大，加之装修多采用可燃材料，部分单位改变使用性质等原因，一旦发生火灾，人员疏散困难，易出现踩踏窒息等伤亡事故。

1.2 易燃易爆危险品从业单位较多，潜在危险性大

全盟共有易燃易爆危险品单位 206 家，易燃易爆危险品在生产、经营、储运过程中危险性大，诱发爆炸火灾事故的因素多，潜在危险性较大，一旦发生爆炸火灾事故，易发生连锁爆炸并产生大量有毒烟雾，消防官兵和消防车辆难以靠近，灭火救援难度和危险性极大。

1.3 高层、地下建筑发展速度快，灭火救援难度大

全盟共有高层建筑 134 幢，其中，50 m 以下高层建筑 109 栋、占总数的 81.3%，50 ~ 70 m 的 16 栋、占总数的 11.9%，70 m 以上的 9 栋、占总数的 6.7%。全盟共有地下建筑 50 处，大多用于商业、

娱乐和地下车库。高层建筑不仅分布相对集中，且大多使用玻璃幕墙，体量大、层数多、功能齐全、结构复杂，火灾危险性大、火势蔓延快，极易因“烟囱效应”形成立体燃烧，人员疏散困难，难以有效开展灭火救援。尤其是早期建设的高层建筑，间距小、道路窄，举高消防车停靠、作业困难，一旦发生火灾，灭火救援难度非常大。地下建筑通风条件差，安全疏散困难，发生火灾后产生的有毒烟雾不易排除，极易造成群死群伤。

1.4 老城区、城中村交叉分布，消防安全隐患大

全盟各旗（县、市）的老城区和城中村交叉分布，所处区域以街巷为主，小商小贩摊位及出租屋数量较多，普遍存在建筑耐火等级低、防火间距不足、易燃可燃材料存放多、消防车通道狭窄、车辆可转弯半径小、疏散逃生困难等问题，且部分电气线路安装不规范、老化严重，用火、用电、用气难以管理，消防安全监管难度大，加之消防设施缺乏，市政消火栓数量不足、完好率不高甚至没有市政消火栓，无法满足灭火用水需要，一旦发生火灾，不仅蔓延速度快，而且消防车辆难以进入，火灾扑救与抢险救援十分困难。

1.5 农村和牧区地域广，火灾发生率高

兴安盟农村和牧区地域较广，农村和牧区人口约113万，约占全盟人口总数的三分之二。农村和牧区住房以土木结构、砖木结构、砖混结构等耐火等级较低的建筑为主，使用和堆积易燃、可燃材料多，用火、用电、用油不规范，火灾发生几率较高。另外，随着劳动力外出数量与日俱增，“留守儿童”和“空巢老人”群体不断增加，火灾防御能力不断降低，加之道路狭窄、等级低，消防设施缺乏，一旦发生火灾，易形成“火烧连营”“群死群伤”式恶性事故。

1.6 交通路网发展速度快，交通救援任务日益繁重

全盟共有1条高速、2条国道、2条省道、1条一级公路，公路通车总里程为1万余km，机动车保有量19余万辆，年增长13.4%。由于道路建设和交通路网的迅速发展和车辆数量的快速增加，交通事故发生率逐年递增，抢险救援的难度越来越大。2009年1月至2014年12月，全盟交通事故抢险救援332起，占抢险救援总起数的61%。

1.7 建筑工地数量较多，动态致灾因素多

兴安盟已进入快速发展时期，在建工程数量较多。在建工地具有人员流动性大、易燃可燃材料堆场多，电气线路多为临时安装，固定消防设施缺乏，消防水源匮乏，消防车停靠困难等特点，且工人违章用火作业时有发生，一旦发生火灾或坍塌事故，救援难度大，易造成大量人员伤亡和财产损失。

1.8 名胜古迹、文物建筑及旅游景点火灾隐患多

兴安盟有国家级重点文物保护单位3个，自治区级重点文物保护单位4个，4A级国家旅游景区2个，3A级国家旅游景区3个，另有3个国家森林公园、1个国家地质公园和1个国家湿地公园。这类旅游景点和文物保护单位存在人流、车流量大、建筑耐火等级低、不安全因素多、难以管理等特点，易发生火灾、交通、踩踏等事故。另外，文物古建筑不可再生，一旦发生火灾将造成重大社会影响。

1.9 地理气候条件特殊，自然灾害频发

兴安盟属温带半干旱季风气候，气候条件和自然环境复杂，各类自然灾害多发，主要有雪灾、洪

涝、山体滑坡、泥石流等，特别是冬季气候严寒，雪灾严重。2010 年冬，兴安盟遭受了 30 年不遇的雪灾，全盟积雪面积达到 5.75 万 km^2，降雪平均深度达 0.3 m，局部地区积雪厚度达 1 m，造成经济损失 2.7 亿元。

1.10 林业资源丰富、森林覆盖率高，火灾危险大

兴安盟是内蒙古自治区林业大盟，林地面积和活立木总蓄积位列全区第三，森林覆盖率 23.8%，森林面积 1.42 万 km^2，林木总蓄积量 4 627 万 m^3。受干旱、高温、大风天气影响，因此，发生森林火灾的几率大。

2 兴安盟消防装备建设存在的主要问题

2.1 消防车辆总体性能偏低

一是底盘性能整体偏低。全盟消防部队执勤车辆采用东风、解放、斯太尔系列等中、低端底盘的有 18 辆，占总数的 39.1%。这些采用中、低端底盘的消防车，大多人机工效差、灭火强度低、可靠性不高，而且比功率较低，影响灭火作战能力提高。二是老旧消防车辆占比高。全盟服役超过 10 年、接近报废的消防车有 10 辆，占总数的 21.7%；服役 8 ~ 10 年的有 19 辆，占总数的 41.3%。这些车辆车况老化，消防性能下降严重，可靠性差、故障率高，影响到操控安全和执勤效率。三是车载消防泵流量小。灭火类消防车中流量 40 L/s 以下的有 20 辆、占总数的 74.1%，流量 40 ~ 60 L/s 的有 7 辆、占总数的 25.9%，尚未配备水泵流量大于 60 L/s 的消防车。消防泵性能偏低，制约了持续灭火和扑救较大火灾的能力。四是综合抢险救援能力不足。全盟仅有 3 辆具有起吊和牵引功能的抢险救援消防车，有 4 个执勤消防站不具备综合抢险救援能力。五是随车器材配备较少。随车器材种类、数量偏少且未能有效固定等问题普遍存在。如灭火消防车大多仅配备了基本的水带、水枪等基本灭火器材，各类破拆、救生等抢险救援器材缺配严重，难以满足多样化灭火救援任务的需要。六是防冻性能不高。兴安盟冰冻期长，但仅有 4 辆消防车做了防冻改装，大部分消防车辆无专业的防冻措施，导致冬季管路冻裂、阀门冻死等现象时有发生。

2.2 装备配备结构欠合理、攻坚装备缺乏

一是动力性好、灭火救援能力强、体积小的多功能城市主战消防车配备少，制约了第一时间出动力量灭火救援能力。二是重型泡沫（水罐）消防车配备较少。全盟 26 辆泡沫（水罐）消防车中，载液量 10 t 以上的仅有 4 辆，加之兴安盟消防水源建设滞后，严重制约了火场供水能力和攻坚能力。三是尚未配备处置地下建筑火灾的专业装备，如大功率排烟消防车、照明消防车等。四是尚未配备用于扑救大体量建筑、大跨度大空间厂房仓库及易燃易爆场所等火灾的举高破拆消防车，多剂联用举高喷射消防车，防化洗消消防车，大流量（不小于 100 L/s）远射程（不小于 100 m）重型泡沫消防车等车辆装备。

2.3 抢险救援器材品种数量不足、性能偏低

一是普通消防站缺配数量较多。按照新颁布的《城市消防站建设标准》和《公安消防部队攻坚组装备配备标准（试行）》，普通消防站应配备抢险救援器材 1 890 件（套），实配 1 535 件（套），缺配 355 件（套）、缺配率为 18.8%。二是配备品种较少、性能偏低。如应对特殊火灾和救援的电磁式堵漏

工具、防爆输转泵等特种抢险救援装备配备不足，所配液压破拆工具组性能偏低，无法与日益繁重的抢险救援任务相适应。三是部分器材损耗严重、更新不及时，影响救援工作。如液压破拆工具组、无齿锯、机动链锯等器材损耗明显，需要及时更新。四是配备针对性不强。部分地方在选配抢险救援器材时存在同质化现象，导致各类器材配备与所在地的主要灾害事故特点不完全相符。

2.4　消防员防护装备超期服役严重、防护等级不高

一是普通消防站缺配数量较多。依据新颁布的《城市消防站建设标准》，普通消防站应配特种防护装备 852 件（套），实有 737 件（套），缺配 115 件（套），缺配率 13.5%，特别是一级化学防护服、避火服等特种防护装备缺配率高，分别达 33.3%、17.6%。二是超期服役现象严重。全盟消防员防护装备中，约有 50%的消防员防护装备已达到报废年限。三是部分防护装备使用频繁，损耗严重。大约 31%的灭火防护服和抢险救援服由于使用频率过高、清洗频繁等原因严重降低了防护功能。四是各执勤中队使用的部分消防员防护装备型号差异大，互补性、通用性、配套性差。如正压式空气呼吸器型号不同，跨区域灭火作战时不同执勤中队间的接口、面罩无法互换，制约了灭火救援能力。

2.5　战勤保障能力有待加强

一是未建设完成战勤保障消防站，制约了大型灾害事故现场的战勤保障能力。二是尚未配备供液消防车、装备抢修车、加油车、宿营车、发电车等战勤保障消防车。三是物资储备运输方式单一，未配备战勤保障模块，如抢险救援模块、灭火药剂模块、公众洗消模块、水域救援模块等。四是储备的物资未达标，应储备的消防员防护装备、抢险救援器材等数量不足，特别是灭火药剂储备数量明显偏少。五是装备维修能力有待提高。目前战勤保障大队尚未配备必要的装备维修检测设备，专业技术人员和常用零部件缺乏，无法履行车辆装备的日常技术保障和遂行保障任务。

2.6　消防装备建设经费保障水平仍然不高

近年来，虽然兴安盟消防装备建设经费投入不断加大，消防站和装备建设状况明显改观，但消防装备建设经费投入仍滞后于经济社会发展。2008 年至 2014 年，全盟总投入消防装备专项建设经费约 7 368 万元，年均 1 052.5 万元，占财政一般预算收入的比例不高，不能完全满足消防装备的基本配备和正常维护更新要求。另外，对公共消防设施投入的经费缺口较大，影响了消防装备效能的充分发挥。

3　改进和加强兴安盟地区消防装备建设的具体措施

3.1　着力提升消防车辆整体性能

一是应按照《执勤消防车辆退役报废标准》分年度淘汰超期服役消防车辆，优先采用性能较高的汽车底盘，提高车辆性能，为实现车辆装备从数量规模型向质量效能型的根本转变打下基础。二是加强城市主战消防车配备。主城区各消防站应逐步配备满载总质量 14～20 t、载液量 3 t 以上、比功率 12 以上、水泵流量 50 L/s 以上，配有多种灭火救援器材、短轴距、多功能、多乘员的城市主战消防车；道路条件较差的城区和其他县级消防站应逐步配备满载总质量 8～14 t、载液量 2 t 以上、比功率 12 以上、水泵流量 50 L/s 以上、短轴距、窄车身、多功能、多乘员的轻型城市主战消防车。三是对现有消防车泵室进行防冻改造，设置暖风系统，确保严寒气候下水力系统能够正常工作。四是按照标准配齐随车器材，实现主要消防车辆和随车器材的标准化配备，确保消防车辆器材科学配备、合理布置。

3.2 进一步优化消防车辆装备配备结构

应结合经济社会发展情况和灭火救援实际需求，按照“标准配备与实战需求、常规配备与攻坚配备、基本配备与针对性配备相结合”的原则，逐步调整和优化消防车辆装备配备结构。应按照《公安消防部队2012—2015年灭火救援装备建设规划》的规定，开展“1辆大功率多功能城市主战消防车、1辆重型水罐或泡沫消防车、1辆举高救援消防车和1辆专业综合抢险救援消防车”的灭火救援基本作战单元装备配备，提高消防站独立应对各类灾害事故的能力。应在现有主要装备配备的基础上，根据辖区保卫对象特点和区域灭火救援及战斗编成情况，对新购车辆进行统筹规划，优化消防车辆结构，以满足灭火救援的实战需求。

3.3 加强特种攻坚装备的针对性配备

一是易燃易爆重大危险源多、规模大的地区，适时加强高性能攻坚装备的配备，如大流量（不小于100 L/s）、远射程（不小于100 m）、大功率泡沫消防车，多剂联用举高喷射消防车，举高破拆消防车，大流量移动消防炮，化学事故抢险救援消防车或防化洗消消防车等特种装备。二是隧道及地下建筑较多的地区，应配备排烟量大于20万 m^3/h、正负压、大流量排烟消防装备，高倍数泡沫消防车，以及可在地下临时组网的通信装备等装备器材。三是对于森林和草原火灾形势比较严峻的地区，适量配置适用于草原、浅水灭火救援作业的全轮驱动消防车。

3.4 加强抢险救援器材配备

一是按照标准配齐抢险救援器材。二是淘汰技术性能偏低的破拆、起重、支撑等器材装备，更新损耗严重的器材装备，如机动链锯、液压破拆工具组等。三是根据兴安盟地区特点加强针对性器材装备配备，如针对高层建筑灭火救援特点，配备防坠落装置、升降器、水带及器材高层运送敷设装置等；针对洪涝、水域灾害事故救援特点，配备浮艇泵、救生艇等装备；针对地震及建筑倒塌事故救援特点，配备生命探测仪、机动链锯、无齿锯、电源逆变器、混凝土破拆工具组、重型支撑顶杆等装备；针对化工企业火灾危险特点，配备化学救援、侦检等装备。

3.5 加强消防员防护装备配备

一是尽快按标准配齐消防员防护装备，完成消防员基本防护装备双份配备任务，并根据冬夏不同灭火救援作战防护需求，提高消防员防护装备的舒适性和适体率。二是根据实际使用情况，加快防护装备更新频率，并按照消防员服役年限和消防员防护装备使用寿命，定期更新装备，确保防护性能。三是在全面达标的基础上，加大高性能防护装备的配备力度，减轻装备重量，提升防护等级，提高综合性能。四是根据各地主要灾害事故特点，有针对性地增加特种防护装备的配备品种和数量。

3.6 完善消防装备集中采购制度

一是根据国家政府采购目录，消防装备属于特种专业装备，应由使用单位根据需要和实际情况进行采购。因此，应在消防员防护装备集中采购的基础上，继续完善消防车辆装备和抢险救援器材的集中采购工作，充分发挥集中采购的优势，加强统型建设，减少采购成本，提高装备质量，降低维修费用。二是针对兴安盟地域特点、装备使用习惯和经费财力保障等实际情况，从加强装备一致性角度出发提出采购要求，细化标书文本，严格市场准入，明确技术参数，切实落实装备质量检验员检查测试和验收签字制度，保证装备质量性能和落实装备售后服务措施。三是为方便维护维修，在采购消防车辆时应当在合同上要求生产商或销售商提供消防车底盘、上装、车载设备、随车器材的使用说明书、修理手册、零配件目录等资料。四是为确保消防员防护装备完整有效，应当在合同上要求生产商或销售商对厂标、型号和生产日期等进行准确标识。

3.7　加大战勤保障能力建设力度

为满足重大灾害事故处置需要，应遵循“警地联供联保、机制服从战勤、储备科学足量、资源满足要求、运输手段多样、调运迅速准确”的保障原则，加大战勤保障能力建设力度。一是按照《城市消防站建设标准》完成战勤保障消防站建设，配齐各类战勤保障消防车，并建设灭火药剂、防护装备、抢险救援器材、灭火器材、生活保障等专业储备库以及相应的模块化储备舱，以实现应急救援装备平时集中存放、定期保养，战时统一调运、遂行保障。二是针对目前消防水源建设滞后的现实，适时配备远程大流量供水系统，并组建供水分队，配备至少4辆载水量25 t以上的供水消防车和足够的消防水囊。三是加快推进落实消防员空气呼吸器“两室一站”的建设，提高消防员防护装备的检修能力。四是加强技术保障能力建设，大力培养装备维修人才，添置必要的维修设备，适时添置消防车水力性能测试设备，提高消防装备的检测与标定能力，并与相应消防装备生产企业签订维修保障协议、设立特约维修站。五是在盟行署主导下，继续完善社会联勤保障体系建设，并协调地方政府有关部门，加大社会资源整合力度，将政府和社会储备物资纳入公安消防部队战勤储备管理系统，提高紧急情况下的物资转运效率，为灭火救援行动提供强有力支撑。

3.8　加强农村和牧区公共消防设施与装备建设

按照“因地制宜、突出重点、科学规划、逐步实施”的原则，结合社会主义新农村和新型城镇化建设实际，在提升农村和牧区人居环境质量的同时，依法将消防安全布局、消防供水、消防通信、消防车通道、建筑物耐火等级、防火间距等内容纳入城乡建设和消防总体规划中，逐步加强乡镇公共消防设施建设，从根本上改善农村和牧区的消防安全条件，并因地制宜地配备符合国家标准要求的小型水罐消防车，消防摩托车等车辆，以及手抬消防泵等灭火器材。

3.9　进一步强化消防装备建设经费长效保障机制

一是按照《消防法》和《地方消防经费管理办法》（财防〔2011〕330号）的规定，加大消防装备建设经费投入，确保消防装备建设经费与地方财政收入同步增长。二是应当建立新建消防站配套消防装备建设经费保障机制，确保新建消防站建成后营房、装备同步投入使用。三是应当建立淘汰报废装备更新经费保障机制，按照消防装备服役年限分年度安排装备更新经费，确保淘汰报废装备能够及时补充。四是应当建立消防装备维持性经费保障机制，逐步加大维持性经费投入比例，防止装备“买得起、用不起、养不起”的情况发生，确保执勤装备全寿命期内能够进行有效维修，并及时补充消防员防护装备以及抢险救援器材、灭火器材、灭火剂等耗材。五是为切实解决消防水源问题，应将市政消火栓、消防水鹤和其他消防取水设施的建设、管理、维护维修等费用纳入财政核算。

3.10　努力提升消防装备管理水平

应积极破解制约装备建设与发展的体制性、机制性矛盾，创新举措，构筑顺畅、高效的装备发展良性机制，加强装备信息化建设，丰富装备管理手段，建立装备质量监督机制，大力提升包括装备建设规划和年度计划制定、采购配备、日常检查、使用维护、储备维修、退役报废、实力统计等装备全寿命管理水平，使各项管理制度落到实处，提高装备完好率，实现消防装备建设的可持续发展。在装备验收时，应当严格按照技术合同文本和国家有关技术标准要求对新购装备进行一致性检查和全功能测试，并对消防车底盘、上装、车载设备的使用说明书、修理手册和零配件目录等资料的完整性、准确性进行检查。

3.11 加强消防装备人才队伍建设

一是要加强执勤中队干部装备管理业务培训，提升装备管理干部队伍业务素质。二是要按照士官编配标准，配齐配强装备技师，落实装备技师岗位津贴等待遇保障，并按照国家和公安消防部队职业技能等级评定的有关要求，全面开展车辆装备职业技能鉴定工作。三是要进一步加大装备人才培养力度，使装备助理员、装备质量检验员、装备维护管理和操作维修人员等在数量规模和专业技能上与装备管理工作相适应。四是建立完善的装备人才使用管理机制，营造拴心留人的良好环境和氛围，逐步培养具有专业技术职称的人才队伍，充分发挥装备人才骨干作用和技术优势，满足装备管理的实战化、专业化的需求。

作者简介：王占成，内蒙古商都县人，兴安盟公安消防支队后勤处军需装备科助理工程师。
通信地址：兴安盟科右前旗同德西街，邮编：137400；
联系电话：13190958868；
电子信箱：wangzhancheng119@163.com。

由一起火灾事故调查引发对化工企业本质安全及监管的思考

赵曰兴

（江苏消防总队宿迁消防支队，江苏　宿迁　223800）

【摘　要】　笔者通过对一起亡人火灾事故的调查，介绍事故企业因工艺流程存在先天性隐患导致亡人火灾事故发生的典型案例，从火灾事故调查职责和消防监督管理的角度，分析、归纳、总结火灾事故教训及暴露的问题，并反思当前企业消防安全管理及消防监督模式存在的问题和不足，提出了有针对性防范措施及改进监管的建设性意见。

【关键词】　火灾事故调查；本质安全；监督管理；思考

0　引　言

2016年2月1日1时57分，位于宿迁市生态科技化工产业园区经六路的某化学工业有限公司发生火灾，火灾主要烧损烘干箱、染料等，混合车间建筑被部分烧损，过火面积约800 m^2，火灾造成1名工人死亡。经调查，起火部位位于混合车间三层北侧的烘干房内东南处，起火点位于烘干房内最东南角处烘干箱，火灾原因为烘干箱内染料在烘干过程中积热引发火灾。

1　火灾事故调查情况

1.1　现场勘验情况

起火建筑为混合车间，二级耐火等级，三层，起火区域为第三层最北侧烘干房，烘干房东南及西南处各设置两台烘干箱，西北处设置机器设备，中间北侧区域放置装有染料的铁桶，铁桶烧损程度由东至西逐渐减轻，烘干房东侧及北侧墙的窗户烧损程度分别由南至北及由东向西逐渐减轻，西南处烘干箱的东南侧设置一配电箱，配电箱及内部线路烟熏痕迹明显而过火痕迹不明显。在房内东南处烘干箱的西南处放置两废弃配电箱，两配电箱体烧损变形、变色明显，在其下方处塑料物品烧损程度由东向西逐渐减轻。烘干房东南处的两烘干箱过火变色、变形程度南侧明显重于北侧，且南侧箱体上有明显灰白色“V”字形痕迹，整个箱体呈向外鼓起状，该烘干箱内未有电气线路敷设，箱外安装的电机及其线路未有电气线路故障痕（见图1、图2）。

图 1　烘干房西南处两烘干箱烧损概貌

图 2　烘干房东南处两烘干箱烧损概貌

1.2　烘干箱工艺流程和原理

含水率 50%染料 → 通入蒸汽 → 控制烘箱内温度 60 °C → 烘干 24 h → 烘干至含水率 5%～8%收料。

原理：将含水的染料放入烘箱用蒸汽压力 3 kg/m^2 的蒸汽进行烘干，当烘干箱内温度超过 60 °C 时电磁阀自动关闭停止蒸汽进入烘箱，从而断气切断热源。

1.3　烘干箱工艺缺陷

未考虑到蒸汽总管压力过大，特别是夜间或者用气过少时管道内蒸汽压力最高可以到达 9～10 kg/m^2，烘干箱内温度过高时，虽然设置了电磁阀自动切断保护，但由于受到 6 kg/m^2 以上的蒸汽压力时，会出现电磁阀失控，残余蒸汽进入使烘干箱内温度继续升温，导致内部物料积热。

1.4　事故直接灾害成因

起火烘干箱内染料在烘干过程中未及时回收，虽控制烘干箱的电磁阀已动作，但因该设备未安装减压阀，烘干蒸汽持续向烘干箱内供给（必须关闭总阀才能切断），导致烘干箱内温度过高致使染料在箱内闷烧，因设备本身存在设计缺陷，加之岗前员工业务培训不力，对工艺流程原理及操作规程不熟，应急处置技能不高，盲目打开起火烘干箱箱门，大量新鲜空气进入后，造成烘干箱内染料瞬间燃烧蔓延，从而造成悲剧发生。

2　单位本质安全问题剖析

本质安全从 20 世纪 90 年代开始逐渐成为安全管理研究的一个热点问题，一些人认为它是一种全新的安全理念，将会从根上改变人类在事故治理和预防上的被动局面。英国的 Kletz 教授首先提出了“本质安全”概念，他认为物质和过程的存在必然具有其不可分割的本质属性，比如某物质有剧毒性，某过程是高温高压的，等等，它是形成过程危害的根源，只有通过消除或最小化具有固有危害性质的物质或过程条件，才能从本质上消除过程的危害特征，实现过程的本质安全。

2.1　单位本质安全存在的主要环节

在化工企业生产中，常常在生产装置和储存设施环节存在本质安全问题，没有根据工艺特点、装置规模、存储形式和可控程度等，进行设置相应安全联锁，压力、温度、液位的超限报警，可燃、有毒气体浓度监测信号的声光报警，自动泄压、紧急切断、紧急联锁停车等自动控制装置，企业安全自动控制水平较低，高危作业现场出现人工操作现象；还有部分化工企业管道的架设、连接等环节不科学、不合理，单位电气线路敷设和防静电、除静电措施未按规范执行，单位重建设、轻管理，重效益、轻安全的安全意识淡薄，单位自我管理模式较低等。

2.2　单位本质安全存在的潜在原因

一是单位没有组织好内部工程技术人员、安全评价机构、相关专家以及化工设计施工单位，对单位生产工艺装置或存储设施进行科学论证、科学设计、科学施工，造成源头上的先天性安全隐患；二是单位设施设备本身存在质量、安全问题，包括设施、产品的质量和适用性能等，这就造成了生产工艺装置具有不可靠性；三是单位在投入生产运行中不进行定期检测维护，不按照操作规程进行操作使用，造成设施设备安全性能下降。

2.3　单位本质安全存在的危险性

由于化工企业使用的原料和生产产品多为易燃易爆物品，如果本质安全出现问题，一旦发生安全事故，势必造成重大财产损失和人员伤亡，社会负面影响大。大多数危险物品具有易燃、易爆特性，起火后不仅燃烧速度快，而且具有流动扩散性，造成火势蔓延扩大；大多数危险物品还具有爆炸特性，有些是先爆炸后燃烧，有些是先起火后爆炸，甚者发生多次爆炸，爆炸冲击波及释放的毒气会造成建筑物倒塌和人员伤亡事故；同时此类事故现场较为复杂，在处置方面较为困难，事故处置要求高，不确定安全因素多。

3　单位管理和部门监管存在问题及对策

3.1　管理存在问题

3.1.1　单位管理存在问题

分析近年来我国发生的重特大火灾，如1997年北京东方化工厂储罐区火灾爆炸事故，2014年江苏昆山中荣金属制品有限公司火灾爆炸事故等，从事故原因调查角度分析，首要原因就是单位生产工艺本身存在本质安全隐患及相关安全责任制度没落实。近年来，虽然消防安全专项整治不断推进，陆续开展了单位消防安全"四个能力"建设、消防安全防火墙工程、"清剿火患"战役、夏季消防安全专项整治等，但仍暴露出社会单位对消防机构检查的依赖程度比较高，诸多工作存在进展缓慢现象。笔者通过多年来实践工作和调研发现，在社会单位中存在"管事的不重视，干事的不明白"等严重影响安全管理的现象，不愿管、不想管、不会管的现象突出，因此单位主体责任不能有效落实，单位自身管理水平和防控能力不高。

3.1.2　部门监管存在问题

目前，虽从国家层面提出了按照"管行业必须管安全、管业务必须管安全、管生产经营必须管安全"的要求，但部分行业部门常态化消防安全监管机制尚未完全建立，一些地方的行业部门没有将消防安全纳入业务工作进行同部署、同开展、同检查、同落实，消防安全职责不明确，对本行业、本系统单位的消防安全疏于监管、督促，同时考核措施也不完善。长期以来，特别是相关职能部门消防安全责任意识普遍淡薄，不少行业主管部门在思想认识上存在抓消防安全工作全属消防部门的误区，因此缺乏做好消防工作的积极性和主动性，从而弱化了部门消防管理工作。另一方面，消防部门"保姆式"监管模式亟待改变，推动单位落实消防安全主体责任制尚未完善，对火灾发生的深层次原因和深层次机理研究不够、不透。

3.2 应用对策

3.2.1 强化隐患源头管理

一是要从化工企业立项规划进行充分论证，必须符合国家、行业及地方法律、法规、规章及规范性文件的规定，要对建设项目进行专项安全评价及对建设项目安全条件进行专业审查；二是要对设计、施工、监理单位的资质、技术力量和诚信度进行审查，并对施工质量和开工运行前的安装、测试等进行严格把关；三是要对新项目把好竣工验收关，老项目也要促进安全设施的改造，从源头上确保设施设备本身的安全性能。

3.2.2 强化宏观调控管理

要从国家层面强化社会单位整体管理水平，可以通过立法等调控手段，通过上层建筑的制度建设，引领社会朝着正确的方向去预防和控制火灾的发生，从而提高社会抗御火灾的能力。倡导建立市场化消防安全评价体系，包括保险、信贷、信用等体系衔接，从而促进单位重视消防工作。

3.2.3 强化行业部门管理

要以国务院消防工作考核和加强消防刑事案件办理工作为抓手，强化责任倒查追究力度，推动行业主管部门重视安全工作，提高部门消防监管专业化水平，培养管行业、管系统单位消防安全的“明白人”，督促行业部门对所属企业主体责任的落实，建立常态化工作机制。同时火灾事故调查人员要深入研判火灾事故发生的深层次原因及机理，并将研究理论成果反馈各行业部门及消防监督管理人员，从而推动监管手段有的放矢。

3.2.4 强化单位科学管理

一是要推动单位对本质安全管理制度的落实，这应该是当前和今后治理本质安全隐患的重点和方向。二是整合单位专业技术人员资源建立联防联治体系，探索社会企业专家组互查互宣模式，提升管理质效。三是要顺应当前消防工作社会化发展趋势，鼓励企业购买社会消防中介服务，促进单位科学管理上层次、上水平。

参考文献

[1] 葛春涛. 化工过程本质安全原理及应用的研究进展[J]. 化工技术与开发，2014，43（10）：26-30.
[2] 许正权，宋学锋，吴志刚. 本质安全管理理论基础：本质安全的诠释[J]. 煤炭安全，2007（09）：75-78.
[3] GA/T 812—2008. 火灾原因调查指南[S]. 2008.
[4] 崔照宽，等. 生产工艺防火[M]. 北京：中国人民公安大学出版社，2004.
[5] 中国消防手册. 第二卷，消防管理/中华人民共和国公安部消防局编[M]. 上海：上海科学技术出版社，2006.
[6] 姜迪宁，等. 防火防爆工程学[M]. 北京：化学工业出版社，2015.

作者简介： 赵曰兴，男，江苏消防总队宿迁消防支队火灾调查技术科科长兼工程师，长期从事火灾调查及研究工作。

通信地址：江苏省宿迁市北一路与振兴路交汇处，邮编：223800；

联系电话：18351379508。

电子信箱：389206861@qq.com。

一起电镀厂火灾调查及思考

吴庆驰
（温州消防支队，浙江 温州 325000）

【摘 要】 本文通过对一起电镀厂火灾的询问调查和火灾现场勘验，借助监控视频更准确地认定了火灾原因，并由此次火灾的调查进行了一系列的思考。

【关键词】 电镀厂火灾；询问调查；现场勘验；思考

1 火灾概况

2016年11月26日22时28分，温州市公安消防支队指挥中心接到报警，位于瓯海电镀园区泰昌路21号发生火灾。接警后，温州公安消防支队支队立即调派娄桥、牛山、勤奋路3个公安现役消防队以及郭溪专职队，共13辆消防车、59余名指战员赶赴现场扑救。起火建筑为四层钢筋混凝土结构厂房，火灾烧毁电镀流水线、生产设备及成品等物品，过火面积约1 500 m^2，未造成人员伤亡，直接财产损失约36万元。

2 起火房屋基本情况及调查

2.1 起火房屋基本情况

起火建筑位于瓯海区电镀园区泰昌路21号。该建筑建于2009年，地上四层，建筑面积约3 000 m^2，过火面积约1 500 m^2，楼梯、楼板均为混凝土结构，第一层至第三层为电镀车间，第四层为产品包装车间。法人代表郑某于2010年3月18日注册成立该电镀有限公司，2011年3月车间开始投入生产和使用。

2.2 询问调查

据第一报警人证言，11月26日22时25分许，他刚从起火建筑东面的华豪工贸有限公司下班出来，看到隔壁厂房车间北侧楼上窗口起火冒烟，火势较大，他就马上拨打火警电话了。据起火建筑一层车间值班人员证言，21时50分许，他站在起火建筑的西南侧，看到三楼车间南侧西边第四至五个窗口有火光且冒烟。

对车间负责人询问了解到，该厂房三层有自动流水线及各类控制电源开关，基本是专人负责的，下班后都是员工自己关闭电源的，管理人员也没督促夜间值班人员定时开展巡查。

2.3 现场勘验情况

起火厂房一至二层车间内未见过火痕迹。厂房东边楼梯间三层以上墙面有明显的烟熏痕迹，其他楼层均无此现象。厂房三层南侧西边第 4 个窗口及外檐墙体烧毁程度较周边窗口严重，且形成“V”型燃烧痕迹（见图 1）。厂房三至四层车间内烧毁严重，三层车间较四层严重，四层车间内部分挂具和加工材料未见明显的过火痕迹，顶板烟熏痕迹较重，抹灰未见明显的脱落痕迹。三层车间南北两侧中间为 1.2 m 宽的通道。北侧靠西面楼梯间的为放货区，地面主要堆放电镀加工材料，被烧毁后呈西高东低，北高南低；靠东面的为上挂区，半空悬挂着被烧毁的挂具，烧毁程度西重东轻。三层车间南侧为电镀区，电镀区有两条垂直升降自动线，电镀区烧毁程度较其他区严重，南侧那条自动线较北侧严重（见图 2）。

图 1　厂房外观

图 2　车间内部烧毁情况

对车间三层南侧靠窗的垂直升降电镀流水线碱铜槽及周边进行勘验。车间三层南侧靠窗的垂直升降电镀流水线最西侧碱铜槽上方的吊架被烧变形曲折，吊架上的挂具全部烧毁坠地。碱铜槽西北侧的几个镍槽槽缸被烧融，呈现西高东低。碱铜槽这侧的槽缸基本已烧融。槽池边的玻璃钢格栅过道已烧融，只剩下不锈钢的角铁。槽池内的太篮整排向南倾斜，悬挂太篮的铜排向南侧弯曲，流水线上的排风管道已烧毁，只剩下铁支架，东西方向的三根支架向下严重弯曲，最北侧那根弯曲变形程度较严重。西边第一个碱铜槽北侧底过道的角铁已烧断裂，向北倾斜且形成明显的缺口。

2.4　监控视频情况

监控视频显示：2016 年 11 月 26 日 21 时 43 分，车间三层南面靠窗那条流水线西边第一个碱铜槽的北侧角紧贴地面的位置上有一道微弱闪光，间隔不到 10 s，此处又连续闪动了五下，忽明忽暗。21 时 45 分，上述位置有持续发光且伴有冒烟现象。21 时 50 分，此处不断燃烧冒烟，形成较强的火光，并逐步向周边扩大和蔓延（见图 3）。

图 3　监控视频情况

综合分析以上情况，火调人员认定起火时间为2016年11月26日21时45分许。起火部位为车间三层西南角，起火点距南墙4.2 m，距西墙8.6 m，且在一定高度范围内。起火原因为电气线路短路引燃周边可燃物，导致火灾蔓延和扩大。

3 思　考

3.1 灾害成因分析

造成火灾的直接原因是电气线路短路引燃周边可燃物，间接原因主要是业主消防安全主体责任不落实，车间内部可燃物多、火灾荷载大，造成火灾蔓延扩大迅速，建筑内人员消防安全意识差等因素造成火灾蔓延和扩大。

（1）业主消防安全主体责任不落实导致火灾发生并扩大。企业负责人未组织制定消防安全制度和保障消防安全的操作规程，特别是消防值班制度和用火用电制度。企业未组织开展对员工消防安全知识的宣传教育和培训，未组织灭火和应急疏散预案的实施和演练，车间员工特别是值班人员素质普遍不高，且从未接受过单位组织的消防安全培训。

（2）建筑内火灾荷载大导致火势蔓延扩大迅速。车间内流水线上的槽缸、挂具等为塑料材质，产品的泡沫包装盒堆放较多，火灾荷载大，导致起火后火势迅速燃烧和蔓延。

（3）建筑车间内上下层连通导致火势迅速扩大。车间三至四层中间位置有条垂直升降的流水线，上下层连通，车间三层发生火灾后火势通过连通的洞口迅速向四层蔓延和扩大。

（4）建筑车间消防安全管理混乱。车间内各流水线的控制电源较多，员工消防安全意识和责任心不强，下班后未及时检查和关闭电源，生产设备长时间处于通电状态容易引发电气线路故障。

（5）电镀园区内人员消防安全意识普遍较弱导致火灾发生后不懂得第一时间报警，延误了灭火扑救的最佳时机。视频监控显示火灾发生时间是2016年11月26日21时50分，车间一层值班人员第一时间发现了火情，仅电话通知了厂里的老板。周边群众围观的多，积极参与灭火救援的少。温州市公安消防支队指挥中心记录显示报警时间是2016年11月26日22时28分。

3.2 防范措施和建议

（1）深化消防安全“网格化管理”。政府部门要认真总结事故教训，要始终坚持重心下移，加强消防工作基础，深化消防安全“网格化管理”，把工作任务分片包干、量化到每一名基层检查人员和消防安全网格员的身上，实行定网定人定责，落实“实名制”检查制度，坚持谁包干谁负责，谁检查谁负责的原则，确保基层隐患排查整治工作落到实处，杜绝检查 “走过场”现象。针对该起火灾事故暴露出来的问题，应立即对园区内所有电镀企业开展一次消防安全专项检查，重点检查消防设施和器材是否完好有效，电气线路敷设是否符合消防技术标准，夜间值班是否定时开展巡查，用电安全和管理是否落实专人负责，消防安全“四个能力”建设等方面。要进一步加大执法力度，对检查发现的火灾隐患，坚决依法督促整改，对存在影响公共安全的重大隐患单位，该关停的依法关停，该查封的依法查封，决不能养痈遗患。

（2）强化行业自查自律。电镀园区协会应充分发挥协会的桥梁纽带作用，带动本协会会员单位建立健全消防安全工作机制，切实督促各会员单位落实消防安全主体责任，明确消防安全工作职责，进一步推动消防工作社会化，增强火灾防控能力。一是开展行业内自查行动。协会负责组织会员单位开展消防安全隐患自查，重点查看消防设施和器材、疏散通道和安全出口、电气线路方面存在的问题。

二是建立会员单位消防安全黑名单制度。针对未及时消除火灾隐患、拒不整改火灾隐患或消防管理制度不落实导致发生火灾的单位，一律列入黑名单。黑名单内的单位一律停业整顿，仍不主动整改的，一律责令搬离。三是进一步明确多业主单位的消防安全责任。单幢建筑物中存在多业主单位的，应明确消防管理人对整幢建筑的疏散通道、安全出口进行统一的管理，对消防设施和器材进行维护。同时还应建立联防联勤队伍，定期开展联防会议、消防巡查、消防安全互查等，切实提高多业主单位火灾防控和自我管理的能力。

（3）实行宣传教育培训全覆盖。推进电镀园区消防法律法规和消防常识的普及教育和培训。针对园区群众消防安全知识知晓率低的情况，应开展对园区消防安全责任人、管理员、生产员工的全员消防安全培训，宣传“一畅一懂两会”消防常识（一畅即消防安全通道和消防安全出口畅通，一懂即懂消防安全常识和日常防范措施，两会即会扑救初起火灾、会火场自救逃生），结合电镀行业火灾发生的特点和危险性，充分利用各种媒介宣传防火常识。同时在园区内开设专栏，设立安全宣传平台，形成铺天盖地的消防宣传声势。进一步督促单位加强消防应急演练，切实提高企业单位员工对初起火灾扑救、火场自救逃生等消防安全基本常识，最大限度地提高群众消防安全意识和自我逃生能力。

参考文献

[1] 沈建国. 电镀行业火灾特点及火灾扑救对策探讨[J]. 消防技术与产品信息，2014，5:51-54.

[2] 刘东昱，吴奇峰. 电镀行业火灾危险性浅析[J]. CPSE 第十五届安博会，2015：147-149.

作者简介： 吴庆驰，男，汉族，工程师，负责建审、验收和防火监督等工作。

通信地址：温州消防支队瓯海大队，温州市鹿城区县前大楼 A 幢 306 室，邮编：325000；

联系电话：13858829259；

电子信箱：wqc2003@163.com。

住宅小区建筑消防设施维护管理现状分析与探讨

谢 伟

（安徽省合肥市消防支队，安徽 合肥 230000）

【摘 要】 当前，全国消防部队正在开展“创建消防平安社区”活动，而作为社区主要组成部分的住宅小区的消防安全现状却不容乐观，突出地表现在小区建筑消防设施的维护使用管理上存在大量问题，需要我们在日常消防监督中予以高度关注。本文分析了住宅小区消防设施存在的问题及其成因，并结合工作实际提出了加强消防监督的措施和建议。

【关键词】 消防；住宅小区；消防设施；改进措施

0 引 言

随着我国经济建设持续高速发展及城镇化步伐的加快，人民群众的生活水平不断提高，城市里出现了大批环境优美、配套设施完善、物业管理规范的居民住宅小区，这在改善居住条件的同时，也带来了居民住宅火灾持续多发高发的问题。据统计，2012 年全国居民住宅火灾 36 915 起，占火灾总数的 26.9%；死亡 803 人，占火灾总数的 52.8%。而到了 2015 年，居民住宅火灾已达 11.1 万起，占火灾总数的 32.9%，死亡 1 213 人，占火灾总数的 69.6%。今年 1 至 10 月，各类居民住宅火灾 10.1 万起，占火灾总数的 40.5%，死亡 1 012 人，占火灾总数的 80.3%。不难看出，居民住宅火灾呈较快增长之势且较其他场所火灾对于人员的危害程度更大。与此同时，居民住宅小区的消防设施却存在大量问题需要我们解决。

1 住宅小区建筑消防设施存在的突出问题

1.1 火灾自动报警及联动控制系统

系统故障报警、火灾报警多，设备被随意屏蔽。火灾报警及联动控制器上大量的各种报警、联动信息没有得到及时规范的处理，设备损坏多且没有及时修复或更换而是被大量屏蔽，系统实际上已经处于无法使用的瘫痪状态。

1.2 消防水系统

1.2.1 共性问题

（1）储水设施，包括消防高位水箱、消防水池或生活消防合用水池水位达不到设计要求，合用水池的消防用水无法保证。（2）稳压系统电接点压力表启、停泵的压力设置随意，没有按照设计要求正确设置。（3）各类阀门的启闭存在问题，该开启的被关闭，该关闭的被开启，而尤其容易被忽略的是应该开启的阀门未开启到位，系统启动后，开启不全的阀门必然满足不了系统设计水量水压的要求。

1.2.2 自动喷水灭火系统

通向水力警铃压力开关的阀门被人为关闭，导致火灾发生喷淋头动作后压力开关无法及时启动喷淋主泵，延误喷水灭火。

1.2.3 消火栓系统

栓口可以旋转的消火栓栓口卡死无法旋出向外；消防水带霉烂损坏，消火栓配件损毁丢失较多。

1.3 防排烟系统

由于材质的原因，防排烟系统的各类阀门（防火阀、正压送风阀、排烟阀、排烟防火阀）因保养不到位，锈蚀无法启动；风道封堵不严、防火门或阀门的启闭状态错误等导致系统无法满足设计要求条件。

1.4 其他消防设施

1.4.1 防火门及防火卷帘

最常见的问题就是常闭式防火门闭门器损坏，且常闭式防火门经常处于开启状态；防火卷帘缺乏必要的保养无法使用，地下车库由于车位紧张随处乱停也影响防火卷帘的使用。

1.4.2 消防应急照明及疏散指示标志

灯具损坏较多；比较突出的问题还有消防控制室、消防水泵房、配电室、发电机房、防排烟机房等场所的消防应急照明普遍没有考虑此类场所要在火灾情况下使用的特殊要求，设置上远没有达到作业面处满足正常照明的照度要求。

1.4.3 管井道的封堵

随着住宅功能的不断完善，住宅建筑纵向管井种类和数量也越来越多，纵向贯穿整个建筑，一旦发生火灾，会因烟囱效应导致火焰及烟气的迅速蔓延，因此规范中对管井的设置以强制性条款明确要求。但在实际工作中，我们发现的问题有：

（1）井壁的围护结构满足不了耐火极限要求。有的管道井直接将消火栓箱、配电箱等作为管井井壁的一部分，薄薄的一层铁皮是远远无法满足 1 h 耐火极限的要求的。

（2）电缆井、管道井的封堵不到位。有的是楼板或是井壁上孔洞周围留有间隙，未彻底封堵；有的是电缆桥架内未封堵，尤其是对于功能复杂横截面大的桥架，这种疏忽必然导致严重的后果。今年 11 月发生在合肥保利香槟国际的一次高层住宅火灾，就是因为电缆井内的电缆桥架内未封堵导致火灾烟气从负一层地下室着火点一直蔓延至顶层，有毒的高温烟气又烧坏用作电缆井井壁的配电箱窜入楼梯前室、疏散楼梯间，若不是消防救援及时，后果不堪设想。

1.5 涉及消防设施维护的管理问题

（1）控制室值班人员没有持证上岗，不知道自身岗位职责，不懂工作内容、火灾应急处置程序，不会操作设备，甚至有的只会按消音键消音。

（2）消防水泵房等重要设备用房无人值班、上锁，水泵控制柜控制开关处于手动位置。

（3）消防设施各种标识简陋、缺失或损坏，设置不符合要求，水泵控制柜、水泵接合器、湿式报警阀等未标注系统种类及保护的部位分区。

（4）工程竣工资料方面的问题。一是竣工资料不完整、不规范甚至错误的情况大量存在。依据《建设工程消防监督管理规定》（公安部令第119号）的规定，除一类高层住宅以外的住宅工程只需要消防设计及竣工验收的备案抽查，因此部分不良开发商和施工企业及设计单位心存侥幸，为节约成本铤而走险、应付了事。二是竣工资料的移交和管理也不规范。很多小区在工程竣工交接或是物业公司更换交接时往往只注意硬件设施而忽视工程竣工相关资料的移交，没有履行规范的交接手续，再加上本身对资料管理不规范，造成很多消防相关资料缺失。

2 问题出现的成因分析

目前，上述问题在住宅小区中或多或少地普遍存在，有的还非常严重，究其原因，有以下几个方面。

2.1 住宅小区的消防安全管理没有得到应有的重视

按照《机关、团体、企业、事业单位消防安全管理规定》（公安部第61号令）的规定，居民住宅甚至是高层住宅均不属于消防重点单位，其消防安全由公安派出所和街道社区等机构进行管理，住宅小区的消防安全管理一直没有得到足够的关注。

2.2 住宅小区的消防设施管理的主体责任不明确

根据《中华人民共和国消防法》十八条规定，“住宅小区的物业服务企业应对管理区域内的共用消防设施进行维护管理，提供消防安全防范服务”。看似已经明确了物业公司对共用消防设施的维护管理责任，事实上是有问题的。住宅小区的公共资源和设施均属小区业主所有，物业公司收取物业费提供物业服务，完全是市场行为，必然要受到经济利益的影响。以目前物业公司运营大多比较艰难的情况看，物业公司即使愿意承担共用消防设施的维护管理责任，若是日常的维护管理还没有问题，一旦设施出了较大问题需要投入资金维修，或是需要投入资金聘用消防设施维保企业时，则物业公司必然无力承担，这种情况对于老旧小区和规模较小导致物业维护成本高的小区更是如此。

2.3 物业管理公司在消防安全管理方面的问题

物业管理公司在日常的服务中，一般比较重视小区生活设施维护、卫生、治安等方面的服务，对消防工作则缺乏足够的重视，聘用的人员不懂得消防设施的维护、保养和操作，也不愿意花钱派人参加建构筑物消防员的培训考核，消防控制室人员无证上岗的情况大量存在。

2.4 消防设施维保企业的问题

一是消防维保企业自身素质的问题。随着《社会消防技术服务管理规定》（公安部令第129号）在2014年的实施，消防设施维保检测机构的管理也正在逐步规范。但是由于国家注册消防工程师执业资格考试实施过程中的问题及中、高级国家建构筑物消防员职业资格培训鉴定的滞后，时至今日，三年过渡期结束，办理相关服务机构所需要的技术人员及操作人员的数量均远远满足不了要求，企业现有人员素质差强人意。二是维保企业经营问题。激烈的市场恶性竞争、不合理的最低价中标的招标办法等导致企业为生存或占领市场不惜成本获取维保合同，为了不亏本在实际中偷工减料、搪塞应付。此外，目前常见的一年一签的维保合同的签订方式也会导致维保企业有短期应付思维，不利于设施长期的稳定维护。

3 加强消防监督管理的措施

3.1 明晰住宅小区建筑消防设施管理的责任主体是解决问题的关键

如前所述，公平地说，依据消防法规定的物业服务企业所承担的住宅小区共用消防设施维护管理职责，更应该是类似于消防安全重点单位中消防安全管理人的职责，虽然其可以也应该履行消防设施的维护管理职责，但其主要的职责应是包括拟定小区消防服务计划、落实小区消防管理具体工作、提出和拟定消防设施整改资金投入和组织保障方案等，而更重要的是全体业主或者是业主委员会必须作为住宅小区消防设施管理责任主体予以明确，具体做法可以由辖区街道社区居委会负责牵头，成立小区消防安全委员会，成员有居委会负责人、公安派出所、物业服务企业、小区业主委员会负责人，他们共同承担起消防安全管理、隐患整改的主体责任，重点解决涉及消防设施整改的资金等重点难点问题。

3.2 加大公安机关消防机构的监管指导力度

一是公安机关消防机构应顺应火灾发展特点，根据辖区消防安全形势研判结果，对规模大、设施多、情况复杂的住宅小区加大抽查比例，对于特别重要或复杂的住宅小区考虑纳入消防重点单位予以监管。同时指导和要求公安派出所将住宅小区纳入重点进行管理，积极协助公安派出所定期开展检查。考虑到大型住宅小区消防设施的复杂性，应建立公安机关、消防机构和公安派出所的联合检查机制，依照公安派出所的计划和要求，消防机构应按分工及时派员参加指导。

二是规范公安消防机构执法行为。一方面努力提升消防监督人员业务水平，提高监督检查中发现问题解决问题的能力；另一方面规范执法行为，重视执法检测仪器的使用，减少仅靠眼看手摸加询问的简单随意方法，提高执法行为的科学、公正、权威性。

三是突出检查重点、难点。要加强对涉及建筑消防设施能否正常使用的重点难点问题进行重点检查，对消防控制室、消防泵房必查，还要善于通过对系统的综合功能性测试暴露的问题倒查。

3.3 重视技术手段的运用，提高监督管理的科技含量和效能

充分利用信息网络技术成果，借助目前各地正在推进的智慧城市建设，把重要住宅小区的消防安全管理纳入通过物联网、远程监控系统中，建立对小区消防安全的实时监控，结合火灾数据的综合分析，定期对辖区住宅小区消防安全现状分析研判，针对突出问题制定专项方案，加强检查频次，有的放矢，必将事半功倍。

3.4 加强对消防设施维保企业的指导，规范其服务行为

公安机关消防机构要利用对消防设施维保企业资质的管理督促企业加强行业自律。通过建立质量信誉管理体系，引导企业经营市场化、服务规范化，依规、合法、诚信运作。

3.5 加强对物业服务企业的指导，明确物业管理公司的消防安全责任

公安机关消防机构要督促物业公司提高物管人员的消防安全素质和管理服务水平，消防控制室的值班人员要持证上岗；自动消防设施要签订维保合同，进行定期检测、维护和保养；要定期开展消防安全检查，对于发现的问题要及时督促整改，依法处理。

参考文献

[1] GB50016—2014. 建筑设计防火规范[S]. 北京：中国计划出版社，2014.
[2] GB50116—2013. 火灾自动报警系统设计规范[S]. 北京：中国计划出版社，2013.
[3] GB50084—2001（2005 年版）. 自动喷水灭火系统设计规范[S]. 北京：中国计划出版社，2005.
[4] GB50974—2014. 消防给水及消火栓系统技术规范[S]. 北京：中国计划出版社，2014.
[5] 公安部令第 119 号. 建设工程消防监督管理规定[Z].
[6] 中华人民共和国主席令第 6 号. 中华人民共和国消防法[Z].
[7] 公安部令第 61 号. 机关、团体、企业、事业单位消防安全管理规定[Z].
[8] 公安部令第 129 号. 社会消防技术服务管理规定[Z].

作者简介：谢伟（1969—），男，安徽宿州人，硕士，高级工程师，主要从事消防监督管理工作。
通信地址：安徽省合肥市政务区习友路与科学大道交口，邮编：230000；
联系电话：13905693250。

浅谈如何构建我国注册消防工程师制度的法律框架

赵艳红

（山西省消防总队晋市消防支队，山西 晋中 030600）

【摘 要】 如何借鉴国外先进的社会消防管理经验，建立具有我国特色的注册消防工程师制度，解决我国社会消防专业技术人员队伍发展的困境，一直以来是公安部消防局研究推进的重要工作之一。2012 年 9 月，我国注册消防工程师制度正式建立，消防技术从业人员职业化建设取得重要突破。这项制度的建立是我国消防安全领域的重大创新。本文通过对注册消防工程师制度的必要性和我国注册执业资格制度立法情况的分析，探讨如何构建我国注册消防工程师制度的法律框架。

【关键词】 消防；注册工程师；执业；法律框架

1 引 言

人力资源总体匮乏，消防技术服务能力较低，人才流失严重的情况长期制约着我国消防事业的整体推进和全面可持续发展，也是我国火灾防控工作的“瓶颈”之一。如何借鉴国外先进的社会消防管理经验，建立具有我国特色的注册消防工程师制度，解决我国社会消防专业技术人员队伍发展的困境，一直以来是公安部消防局研究推进的重要工作之一。2012 年 9 月 27 日，公安部与人力资源社会保障部共同颁发了《注册消防工程师制度暂行规定》《注册消防工程师资格考试实施办法》及《注册消防工程师资格考核认定办法》。这三个规定与办法的实施，充分说明我国消防技术从业人员开始实行职业资格准入制度，标志着我国消防安全领域人才社会化评价工作开始与国际接轨。这是 2007 年国务院清理规范各类职业资格制度 5 年来，第一个准许建立的行政许可类职业资格制度，充分体现了国家对公共消防安全的高度重视，由此也看出建立这项资格制度的重要性和必要性。这项制度的成功建立，有人比喻是打开消防工作社会化的一把“金钥匙”，推动了我国社会消防从业人员职业化建设的进程，从根本上可以提高全社会防范火灾风险的能力。但这一制度在我国还处于起步阶段，如何提高注册消防工程师的法律地位 ，完善这一制度的运行机制，还需要相关政策法规的配套和支持。本文就如何构建我国注册消防工程师制度的法律框架进行简要分析。

2 实行注册消防工程师制度的必要性

2.1 实行注册消防工程师制度，是贯彻落实《消防法》的迫切需要

《消防法》第 34 条明确规定：“消防设施检测、消防安全监测等消防服务机构和执业人员，应当依法取得相应的资质、资格”。国务院 46 号文件也明确提出要“探索建立行政许可类消防专业人员职业

资格制度，推进社会消防从业人员职业化建设”。建立注册消防工程师制度通过法律化、规范化的手段来加强消防技术从业人员队伍建设，是贯彻落实国家法律、法规的具体举措。目前，我国社会经济发展急需高素质的消防专家队伍，企事业单位内部也迫切需要具有消防安全管理经验，能预防和处理初期火灾事故的专业技术人才。努力造就数以万计的消防安全工作的专门人才队伍，已经成为21世纪开创消防安全工作新局面的一项战略任务。

2.2 实行注册消防工程师制度，是改变我国消防安全现状的迫切需要

随着我国经济建设的迅猛发展，高层地下、大型商场以及各类集游、购、玩于一体的超大型综合功能建筑群等建筑日益增多，功能越来越复杂，火灾危险性也日益加大。在建筑高速发展过程中，消防安全监管问题也日益突出，相当一部分单位由于缺乏高素质的消防专业技术人员，特别是懂消防安全管理的技术人员，导致单位消防工作不会管甚至无人管。注册消防工程师执业资格制度，对注册消防工程师的权利、义务、法律责任做出了明确规定，因此，可以从体制上、制度上解决单位消防安全管理缺位、责任制不落实等问题，使单位能够履行消防安全主体责任，能有效解决我国政府机构改革、职能转变过程中出现的消防安全监管力量不足、监管不到位等问题。

2.3 实行注册消防工程师制度，是提高消防专业技术人员素质的迫切需要

《注册消防工程师制度暂行规定》第二十三、二十五条规定，“注册证的每一注册有效期为3年”。“继续教育是注册消防工程师延续注册、重新注册和逾期初始注册的必备条件。在每个注册有效期内，各级别注册消防工程师应当按照规定完成相应的继续教育”。由此可知注册消防工程师的管理是动态的，注册资格并不是“一考定终身”。随着我国“大众创业、万众创新”的政策推进，新技术和新设备将不断出现，消防科技水平也将会有大幅度的提高，注册消防工程师必须要结合本职工作不断学习，改善知识结构，接受定期复核。继续教育的规定会激励消防技术人才不断努力学习，将有利于提高消防技术人员的自主创新能力，建设高素质创新型的消防专业技术人才队伍。

3 我国注册执业资格制度的立法情况

我国部分注册执业资格制度的法律和相关行政法规的制定情况如表1所示。

表1 我国部分注册执业资格制度的法律和相关行政法规的制定情况

职业种类	国家法律			国务院行政法规			其他部门规章		
	名称	施行时间	颁布形式	名称	时间	颁布形式	名称	时间	颁布形式
会计师	《中华人民共和国注册会计师法》	1994年1月1日	中华人民共和国主席令第13号	《中华人民共和国注册会计师条例》	1986年10月1日	国务院国发〔1986〕68号文件	《会计从业资格管理办法》	2013年7月1日	财政部令第73号
教师	《中华人民共和国教师法》	1994年1月1日	中华人民共和国主席令第15号	《教师资格条例》	1995年12月12日	国务院令第188号	《教师资格条例实施办法》	2000年9月23日	教育部令第10号
律师	《中华人民共和国律师法》修订版	2008年6月1日	中华人民共和国主席令第76号	--------	--------	--------	《律师执业管理办法》	2008年5月28日	司法部令第112号

续表

职业种类	国家法律			国务院行政法规			其他部门规章		
	名称	施行时间	颁布形式	名称	时间	颁布形式	名称	时间	颁布形式
医生	《中华人民共和国执业医师法》	1999年5月1日	中华人民共和国主席令第5号	——	——	——	《医师执业注册暂行办法》	1999年7月16日	卫生部令第5号
建筑师	《中华人民共和国建筑法》	1998年3月1日	中华人民共和国主席令第91号	《中华人民共和国注册建筑师条例》	1995年9月23日	中华人民共和国国务院令第184号	《注册建筑师执业及管理工作有关问题的暂行规定》	1996年12月13日	建设部〔1996〕624号
安全工程师	《中华人民共和国安全生产法》	2002年11月1日	中华人民共和国主席令第70号	《注册安全工程师条例》已报国务院法制办			《注册安全工程师管理规定》	2007年3月1日	国家安全生产监督管理总局令第11号

4 构建我国注册消防工程师法律框架设想

分析我国注册执业资格制度的立法情况，笔者认为我国注册消防工程师制度的法律可以构建成如图1所示的框架。

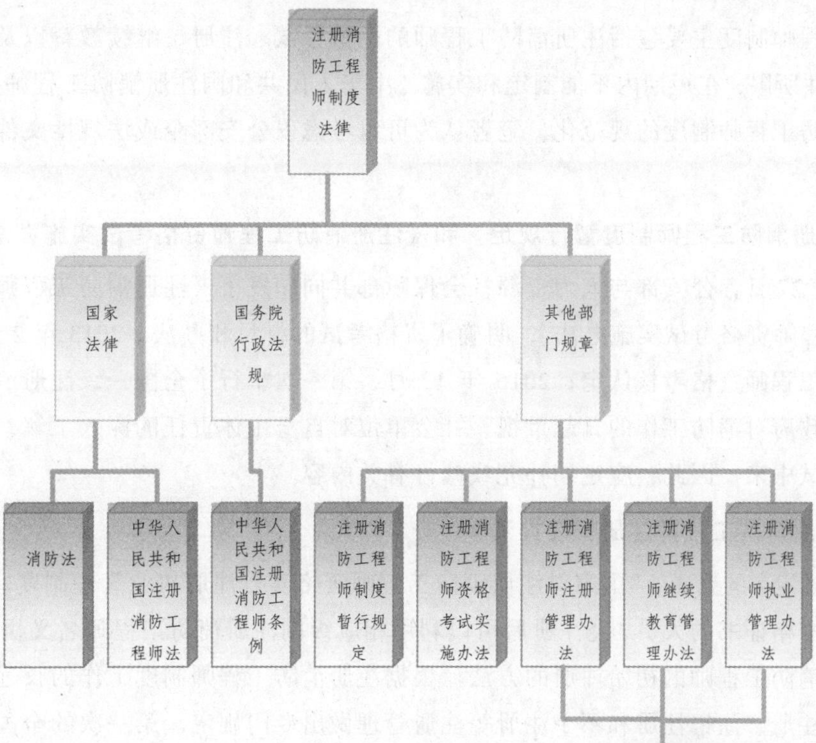

图1 注册消防工程师制度法律体系框架

对于此框架，解读如下：

4.1 修正或修订《消防法》

迄今为止注册消防工程师制度在我国实施还不满四年，因此制定专门的法律即《中华人民共和国注册消防工程师法》为时尚早。但《中华人民共和国消防法》的修订稿现正在征求意见阶段，可以利用这次修订《中华人民共和国消防法》的契机，提出实施注册消防工程师制度，并从从业人员的法律地位、执业范围、资质条件和审批监管等方面加以明确。

4.2 起草、颁布《中华人民共和国注册消防工程师条例》

众所周知，我国的立法程序非常严谨，过程较为复杂，而注册消防工程师制度在我国还处于起步阶段，制定《中华人民共和国注册消防工程师法》并不现实。因此，在立法体系上，笔者认为可以考虑先从颁布实施国务院行政法规做起，例如我国的注册会计师资格制度，在建立之初首先发布了《中华人民共和国注册会计师条例》，在实行八年后才出台了《中华人民共和国注册会计师法》。因此，我们可以在《暂行规定》和《资格考试实施办法》的基础上，首先制定《中华人民共和国注册消防工程师条例》，以法律的形式明确了注册消防工程师的执业地位。在将来条件具备时，再出台《中华人民共和国注册消防工程师法》。

4.3 完善和制定部颁规章

注册消防工程师制度主要包括注册消防工程师的资格考试、注册、继续教育以及执业管理等各项工作。但由于条件所限，在短期内不能制定和实施《中华人民共和国注册消防工程师条例》的情况下，为了保障注册消防工程师制度的规范化，笔者认为可以考虑以公安部令或法规性文件的形式完善和制定以下规章。

4.3.1 完善《注册消防工程师制度暂行规定》和《注册消防工程师资格考试实施办法》

2012 年 9 月 27 日，公安部与人力资源社会保障部共同印发了《注册消防工程师制度暂行规定》和《注册消防工程师资格考试实施办法》，明确了资格考试的科目和办法。2013 年 2 月至 12 月，开展了一级注册消防工程师资格考核认定；2015 年 12 月，第一次举行了全国一级注册消防工程师资格考试。今后，随着政府对消防工作的日趋重视，社会单位对自身主体责任的深入了解，会有越来越多的人参加到这项考试中来，因此，应定期补充或修订有关内容。

4.3.2 制定《注册消防工程师注册管理办法》

根据《暂行规定》的要求，“国家对注册消防工程师资格实行注册执业管理制度。取得一级、二级注册消防工程师资格证书的人员，经注册后可以利用相应级别注册消防工程师名义执业。”《暂行规定》主要规定了注册消防工程师的初始注册的方法。根据注册消防工程师制度工作的长远规划，应当对于延续注册、变更注册、注销注册和不予注册等注册管理做出专门规定。第一次的全国一级注册消防工程师资格考试成绩已经公布，因此应及早出台《注册消防工程师注册管理办法》。

4.3.3 制定《注册消防工程师继续教育管理办法》

根据《暂行规定》的要求，“继续教育是注册消防工程师延续注册、重新注册和逾期初始注册的必备条件。在每个注册有效期内，各级别注册消防工程师应当按照规定完成相应的继续教育。”由此看出，对注册消防工程师的管理并不是固化的，取得了执业资格并不意味着一劳永逸。注册消防工程师需要参加继续教育，对知识和技能进行更新、补充、拓展和提高，进一步完善知识结构，提高创造力和专业技术水平，并且要定期接受延续注册的审核。为了激发消防技术从业人员的潜在能力，提高队伍整体素质，应制定《注册消防工程师继续教育管理办法》，对注册消防工程师继续教育工作作出明确规定。

4.3.4 制定《注册消防工程师执业管理办法》

注册消防工程师在一线从事消防技术服务机构经营活动和社会单位的消防安全管理活动，直接影响着服务质量和管理水平。因此，对注册消防工程师的执业出台具体的管理办法特别重要。现阶段对于注册消防工程师的执业管理只在《暂行规定》第四章《执业》和第五章《权利与义务》中有概括性的规定，因此，笔者认为应以公安部部门规章的形式，颁布实施《注册消防工程师执业管理办法》。《管理办法》中应包含以下内容：一是不同注册级别的工程师的执业范围，除了在《暂行规定》中提及的执业范围外，还应补充高级注册消防工程师的执业范围等。二是注册消防工程师应实行强制配备制度，对配备单位、级别和数量作出明确规定。三是对注册消防工程师的监督管理，应明确由消防机构工作人员对注册消防工程师的执业活动进行监督检查。四是注册消防工程师的权利、义务和法律责任应进一步细化，如注册消防工程师在受聘单位是否存在虚假注册行为，是否存在挂靠、出借、空转等违法行为；是否真正参与日常管理和经营活动，签发的技术报告真实性和质量，有无超越执业范围的行为等内容。

4.3.5 制定《注册消防工程师管理规定》

如果对于上述注册、执业、继续教育等无法尽快制定专门的管理办法，笔者认为也可以尽快出台《注册消防工程师管理规定》，在规定中可以将这些内容包含进来，并对注册消防工程师的权利、义务和法律责任做出专门规定。

5 结 论

从现实情况来看，一定时期内还不具备制定《注册消防工程师法》和《注册消防工程师条例》的条件，笔者建议应以此次修订《消防法》为契机，明确注册消防工程师的法律地位，同时尽快以公安部令或法规性文件的形式颁布实施关于注册消防工程师的资格考试、注册、继续教育以及执业管理等的专门规定。只有确立了注册消防工程师的法律地位，建立注册执业制度运行规则和监管体系，才能激发消防技术从业人员的竞争力和创新力，促进我国注册消防工程师制度又好又快发展。

参考文献

[1] 对建立注册安全工程师执业资格制度法律体系的探讨[J]. 中国安全生产科学技术，2005（10）：12-16.

[2] 樊晶光，王宇航. 中国企业消防培训工作存在的问题及对策[J]. 中国消防科学技术，2005（4）：66-69.

[3] 樊晶光. 应完善注册工程师执业资格制度相关法律法规[J]. 劳动保护，2005（7）：52-53.

[4] 黄玉治. 注册消防工程师执业资格工作思考[J]. 劳动保护，2004（8）：32-33.

[5] 人力资源社会保障部,公安部. 注册消防工程师制度暂行规定和注册消防工程师资格考试实施办法及注册消防工程师资格考核认定办法[Z]. 2012.

作者简介： 赵艳红，女，硕士，山西消防总队晋中支队高级工程师，主要从事建筑防火审核、验收、监督执法等方面的工作；中国法学会会员。

电子信箱：1136898780@qq.com。

居民住宅小区人员消防安全素养调查分析

刘志坚

（湖南省消防总队长沙市消防支队，湖南 长沙 410005）

【摘 要】 为研究居民住宅小区人员的消防安全素养，以湖南省 3 个地级市（以下简称 A 市、B 市和 C 市）为调研对象，采用问卷调研的方式，累计回收有效问卷 6 017 份，并对问卷数据进行分析整理。结果表明，A 市、B 市和 C 市的居民消防安全素养得分均未超过调研问卷的及格线（90 分）。就各年龄段比较分析来看，21～40 岁的居民消防安全素养得分最高；城镇居民消防安全素养总体得分要高于农村居民。

【关键词】 住宅火灾；问卷调查；消防安全素养

0 引 言

据公安部消防局统计，2014 年，全国共接报火灾 39.5 万起，死亡 1 817 人，受伤 1 493 人，其中，居民住宅火灾死亡 1 244 人，占总数的 68.5%。2015 年，全国共接报火灾 33.8 万起，造成 1 742 人死亡、1 112 人受伤，其中，住宅火灾 11.1 万起，造成 1 213 人死亡，虽然起数只占总数的 32.9%，但亡人数占总数的 69.6%。2016 年，全国共接报火灾 31.2 万起，造成 1 582 人死亡、1 065 人受伤，其中，住宅火灾死亡 1 269 人，占总数的 80.2%。

从以上数据可以看出，近三年来住宅火灾死亡人数占总死亡人数的 60%以上，并且呈上升趋势，尤其是 2016 年，住宅火灾死亡人数占比达到了 80.2%，可以说，住宅火灾消防安全形势越来越严峻。因此，调查分析普通群众的消防安全素养，了解其面临火灾时的行为特征，进而研究如何有效预防和减少住宅火灾事故中的人员伤亡具有重要意义。

笔者采用问卷调查的方法，随机选取了湖南省 3 个地级市作为调查研究对象，在不同区域的居民住宅小区，针对不同人群开展了消防安全知识问卷调查工作，获得了湖南省 3 个地级市人民群众的消防安全意识现状、消防安全知识现状和面对火灾时的人员反应等数据，以期为今后开展的消防工作提供一定的参考。

1 研究对象与方法

1.1 研究对象

调查研究对象为湖南省 3 个地级市的普通居民，年龄分为 6 个阶段：20 岁及以下、21～30 岁、31～40 岁、41～50 岁、51～60 岁、61 岁及以上，调研区域涵盖城镇和农村，累计发放问卷 6 300 份，共回收有效问卷 6 017 份。

1.2　研究方法

通过参考大量的文献和相关专家的意见，设计了一套科学的、有针对性的全民消防安全素养调查问卷。问卷内容包括人员基本信息、消防安全基本知识、消防安全意识、消防安全教育培训、灭火救援疏散演练、消防器材使用能力、火场逃生能力等。采取随机抽样的方法进行调研，分现场发放问卷填写和手机扫码填写这两种方式收集基础数据，调研结束后对数据进行整理和分析。

2　结果与分析

2.1　消防安全基本知识掌握情况

3个城市的居民对于火警电话和火灾隐患举报电话知晓率情况如图1所示。从中可以看出，对于火警电话知晓率，3个城市的居民知晓率都能够达到95%以上，但距离100%都还有提高的空间；对于火灾隐患举报电话知晓率，3个城市的居民知晓率都不容乐观，A市水平最好，达到了28.0%；B市水平最差，只有6.0%，说明在火灾隐患举报电话知识普及方面这3个城市都有待加强。

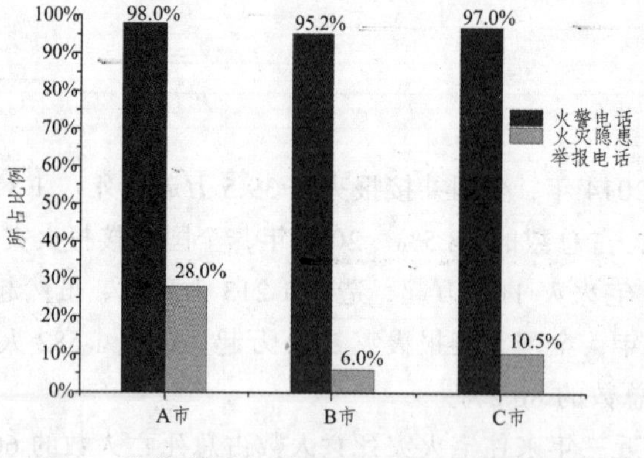

图1　火警电话和火灾隐患举报电话知晓率

3个城市的居民对于检查燃气用具漏气点的方法知晓率情况如图2所示。从中可以看出，A市、B市和C市分别有69.5%、54.7%、66.0%的居民知道通过涂抹肥皂水这一正确方法来检查漏气点，但还有3%左右的居民选择划火柴的这种危险的方法，说明对于如何正确地检查燃气用具的燃气泄漏，在今后的消防安全宣传教育中，这3个城市应加强对此类消防安全常识的宣传与培训。

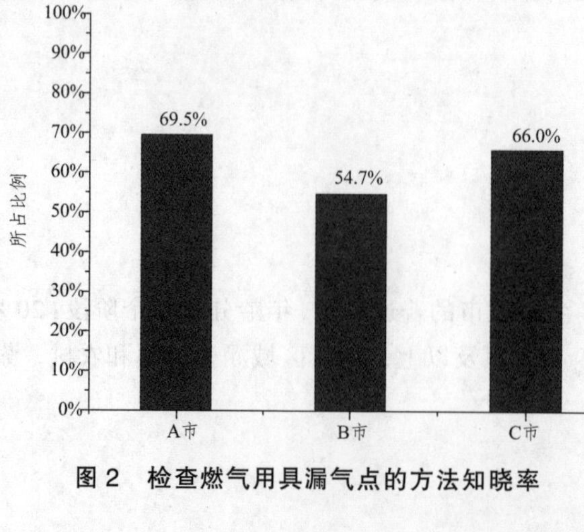

图2　检查燃气用具漏气点的方法知晓率

3 个城市的居民对于家用电器或线路着火处理情况如表 1 所示。发生电气火灾时，首先应切断电源，防止火势继续扩大，之后选用适当的灭火器进行灭火。从表 1 可以看出，大部分的居民知道应该首先切断电源，但还有一小部分居民不清楚正确处理电气火灾的方法。

表 1　家用电器或线路着火处理情况

题　目		A 市	B 市	C 市
如果家用电器或线路着火，您认为应该首先做什么	用干粉灭火器直接扑救	4.3%	14.2%	6.0%
	用水扑救	4.0%	3.4%	2.0%
	先切断电源	87.7%	78.0%	88.0%
	用湿棉被盖住着火的电器	3.3%	3.1%	4.0%
	不知道	0.7%	1.3%	0

2.2　消防安全意识情况

3 个城市的居民对小区内消防设施设备状况关注度如图 3 所示。从图中可以看出，A 市、B 市和 C 市的居民普遍对小区内消防设施设备状况关注度不高，只有分别为 29.4%、15.5%和 20.6%的居民关注过这方面的信息。而小区内的消防设施设备是探测火灾发生、及时控制和扑救初起火灾的重要保障，一旦发现火灾，无效的消防设施设备无法投入灭火使用，将会造成严重的后果。

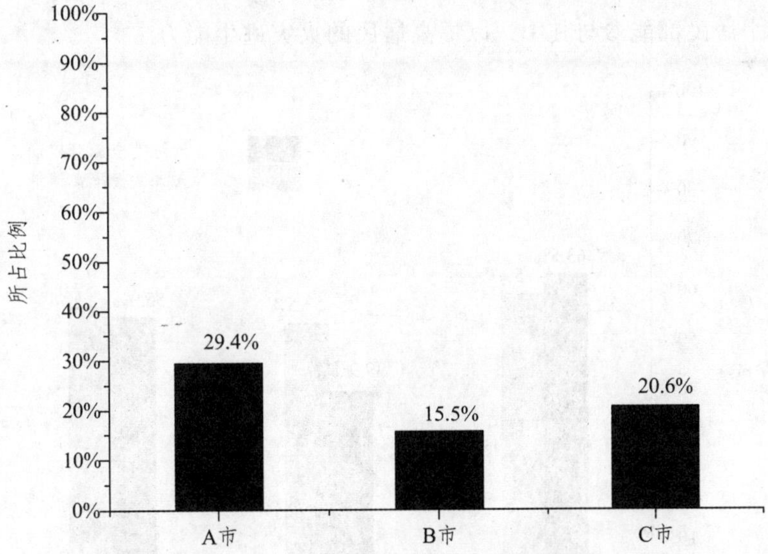

图 3　居民是否关注过小区内消防设施设备状况

3 个城市的居民对消防安全知识的关注度如图 4 所示。从图中可以看出，对消防安全知识非常重视的居民较少，A 市对消防安全知识非常重视的居民所占比例最高，为 24.8%；B 市对消防安全知识非常重视的居民所占比例最低，为 10.2%，相应地，B 市对消防安全知识不感兴趣的居民所占比例在 3 市中最高，为 23.3%。

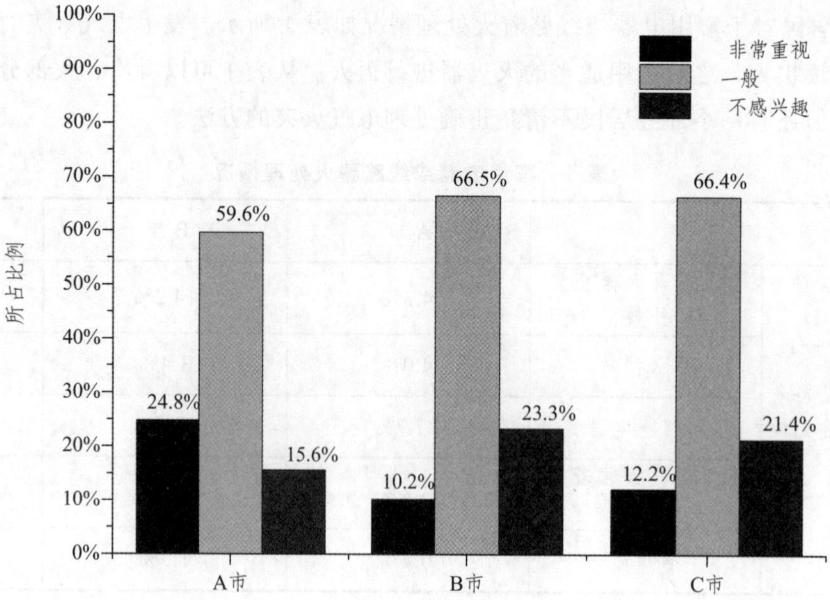

图 4　居民对消防安全知识关注度

2.3　接受消防安全教育培训和灭火救援疏散演练情况

3 个城市的居民参与消防安全教育培训和灭火救援疏散演练情况如图 5 所示。从图中可以看出，A 市参与消防安全教育培训和灭火救援疏散演练的居民所占比例最高，分别为 63.5%和 59.3%，这是因为 A 市较 B 市和 C 市经济发展好，当地政府购买过消防宣教服务，但是从总体来看，消防宣教服务覆盖面还远远不够。在以后的工作中，A 市、B 市和 C 市应加强消防安全教育培训和灭火救援疏散演练的力度，力求每个居民都能参与其中，以提高居民的火灾逃生能力。

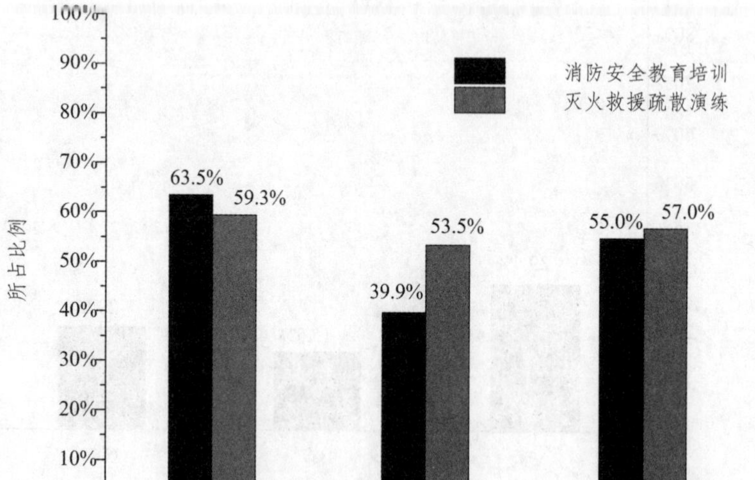

图 5　居民参与消防安全教育培训和灭火救援疏散演练比例

2.4　消防器材使用能力情况

3 个城市的居民对灭火器材使用能力情况如表 2 所示。在火灾初期，对火灾进行有效的控制有较为重要的作用，公安部构筑社会消防安全“防火墙”工程也提出要“提高社会单位组织扑救初火灾的能力”，而能否正确地使用灭火器对初起火灾进行扑灭将对火势的发展有着重大的影响。但通过调研发现，A 市、B 市和 C 市居民使用灭火器的正确率不高，A 市的居民正确使用灭火器的能力要高于 B 市和 C 市，A 市居民在两项测试中正确率均达到了 70%以上，B 市居民在“使用灭火器灭火时，人应站在火源的哪个位置灭火”这一项测试中正确率只有 63.5%。

表 2 消防器材使用能力情况

题目		A 市	B 市	C 市
1. 使用灭火器灭火时，人应站在火源的哪个位置灭火	上风侧	70.7%	63.5%	65.0%
	下风侧	21.4%	23.9%	26.0%
	无一定位置	6.6%	10.4%	9.0%
	不知道	1.3%	2.2%	0
2. 用灭火器灭火时，应该对准火焰的哪个位置喷射	上部	9.0%	10.4%	9.0%
	中部	7.2%	9.8%	23.0%
	根部	82.7%	77.9%	68.0%
	不知道	1.1%	2.0%	0

灭火器上的压力表用红、黄、绿三色表示灭火器的压力情况，通过对 A 市、B 市和 C 市的居民调研发现，这 3 个城市的居民对于灭火器上的压力表的指针表示意义比较了解，知晓率都达到了 84%以上，如图 6 所示。

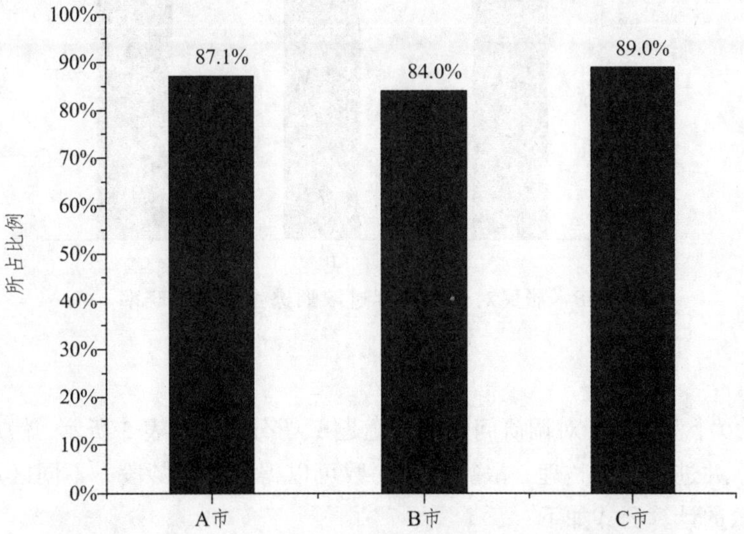

图 6 居民对于灭火器上的压力表指针表示意义知晓率

2.5 火场逃生能力情况

3 个城市的居民对于住宅火灾如何逃生的测试情况如图 7 所示。从图中可以看出，大部分的居民还是能够选择正确的方式逃生，即发生火灾时，选择从安全出口逃生，而不是坐电梯或者跳楼逃生，正确率均在 78%以上。

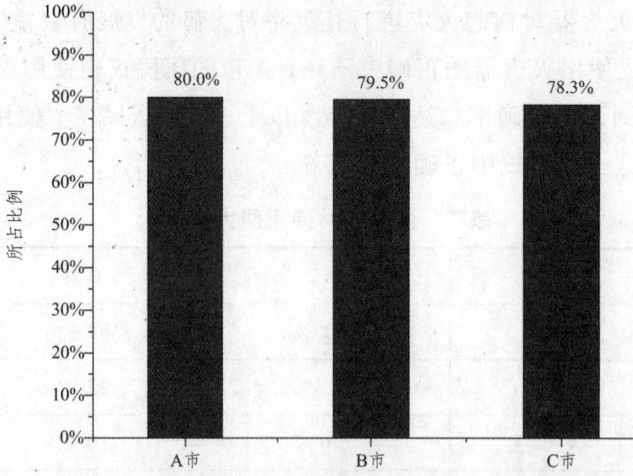

图 7　居民对于住宅火灾如何逃生的测试正确率

根据日本、英国火灾统计资料对火灾死亡人数分析表明，被烟熏死的比例较大，最高达 78.9%。据国内火灾统计研究表明，火灾事故中 80%的人员伤亡是由火灾中产生的烟气熏死的，而不是烧死的。

3 个城市的居民对于如何穿过浓烟逃生方法知晓率如图 8 所示。从图中可以看出，67%以上的居民知道如何穿过浓烟的逃生方法，即尽量使身体贴近地面，并用湿毛巾捂住口鼻。

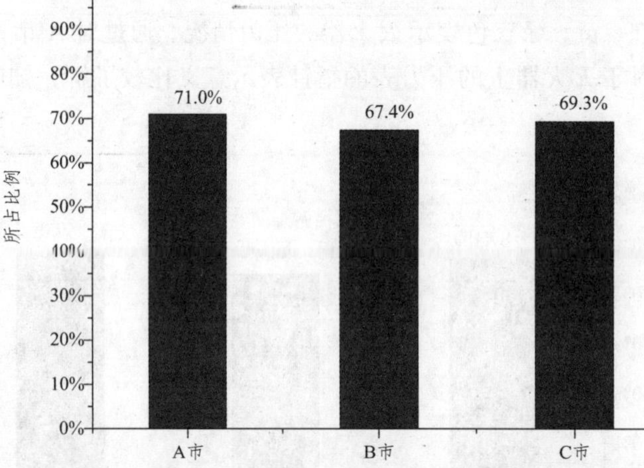

图 8　居民对于如何穿过浓烟逃生方法知晓率

2.6　总体评价

调研问卷总共 20 个测试题，对调研问卷的每道题赋予分值，如表 3 所示，然后计算得出 3 个城市每份问卷的总得分，并进行分类整理，取算数平均数可以得到各年龄段、不同区域的居民平均得分情况。总体平均得分数的计算公式如下：

$$\overline{x}=\frac{x_1+x_2+\cdots+x_n}{n}=\frac{1}{n}\sum_{i=1}^{n}x_i \tag{1}$$

式中　$\overline{x}$——总体平均得分数；

n——样本数量；

x_i——第 i 份调研问卷得分数。

利用专家打分法，邀请本领域内理论知识和实际经验都很丰富的 10 个专家对调研问卷题目的难易程度进行评估打分，确定及格线，最终取 10 个专家打分的算术平均值 90 分作为本套调研问卷的及格线。

表 3　调研问卷题目分值表

题目代码	分值	题目代码	分值
T1	6	T11	4
T2	5	T12	5
T3	5	T13	5
T4	5	T14	4
T5	6	T15	5
T6	6	T16	5
T7	6	T17	5
T8	5	T18	4
T9	5	T19	5
T10	4	T20	5

将每个城市的居民按照年龄段分为 6 个层次，图 9 ~ 图 11 显示了 A 市、B 市和 C 市各年龄段的居民消防安全素养得分情况。就各年龄段比较分析来看，21 ~ 40 岁的居民消防安全素养得分最高，A 市为 21 ~ 30 岁的居民消防安全素养得分最高，为 78.7 分；B 市为 21 ~ 30 岁的居民消防安全素养得分最高，为 67.5 分，C 市为 31 ~ 40 岁的居民消防安全素养得分最高，为 76.4 分，40 岁以上的居民随着年龄增长消防安全素养得分呈下降趋势。由于此调研问卷根据专家打分设定的及格线为 90 分，但 A 市、B 市和 C 市各年龄段的居民得分均未超过 90 分，因此判定为不及格。

每个城市的居民整体得分、按照城镇和农村分类得分情况如图 12 所示。城镇居民消防安全素养总体得分要高于农村居民，这主要是因为城镇经济发展较好，消防经费、人力、物力投入较农村多。A 市、B 市和 C 市这 3 个城市比较来看，由于 A 市在湖南省经济发展处于领先地位，其在消防方面的投入较其他城市多，政府在开展消防宣教服务方面投入了一些精力，所以其居民消防安全素养总体得分要高于 B 市和 C 市，但由于 A 市的消防宣教服务覆盖面有限，不能覆盖到每家每户。因此，其居民消防安全素养总体得分也没有达到及格线 90 分，只有 75.8 分。3 个城市中，B 市的居民消防安全素养最低，总得分只有 65.1 分，远远低于及格线，说明 B 市的消防安全教育宣传工作急需加强。总的来说，A 市、B 市和 C 市需要提高居民的消防安全意识，减少住宅火灾和人员伤亡的发生。

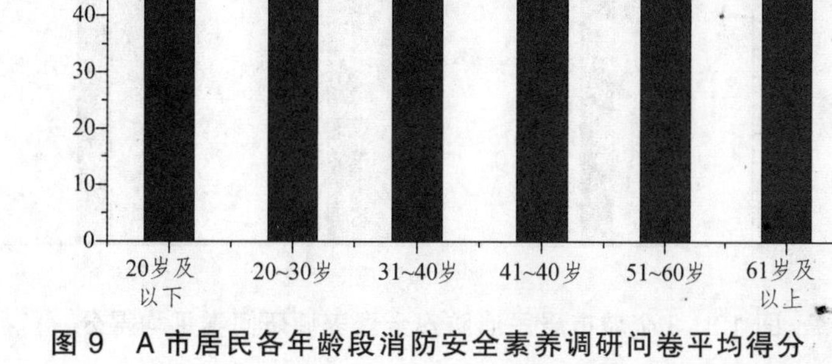

图 9　A 市居民各年龄段消防安全素养调研问卷平均得分

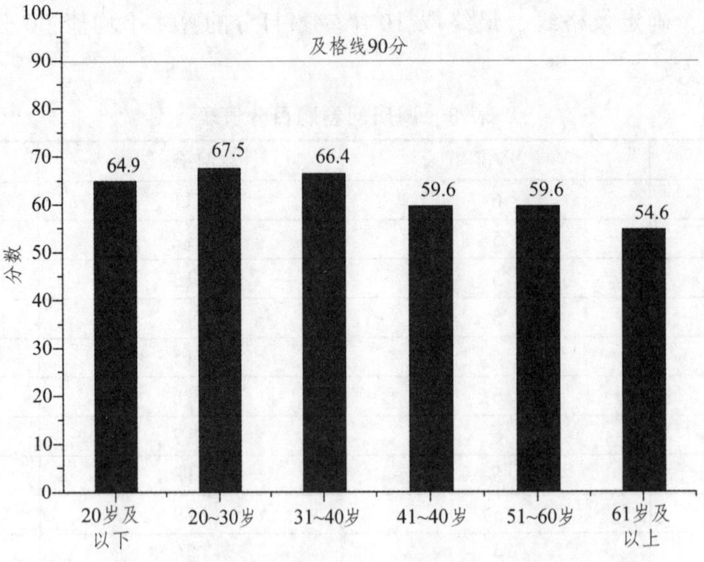

图 10　B 市居民各年龄段消防安全素养调研问卷平均得分

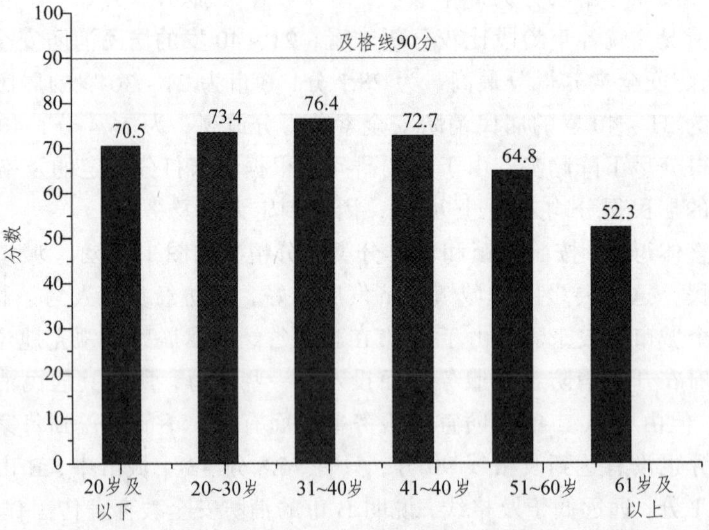

图 11　C 市居民各年龄段消防安全素养调研问卷平均得分

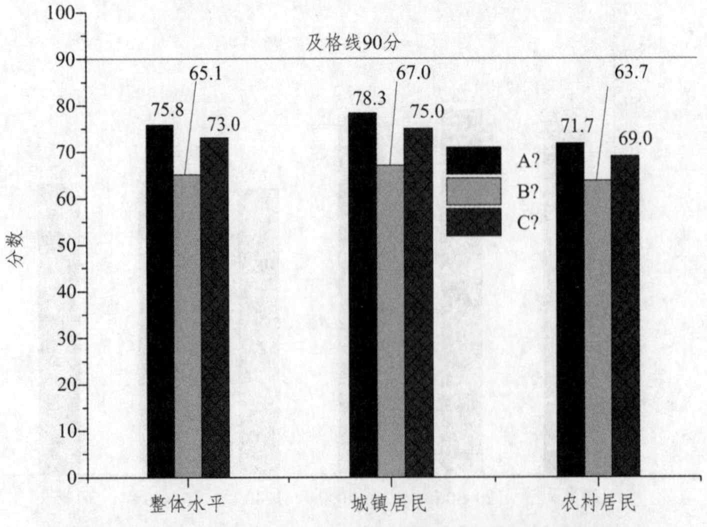

图 12　3 个城市居民消防安全素养调研问卷平均得分

3 结 语

通过问卷调查的方式，对湖南省 3 个地级市的居民消防安全素养进行了分析研究，主要得出以下主要结论:

（1）A 市、B 市和 C 市的居民对消防安全基本知识掌握得不太理想。在火灾隐患举报电话知晓率方面，A 市、B 市和 C 市的居民都表现得不好，尤其是 B 市，只有 6%的居民知道火灾隐患举报电话。

（2）在消防安全意识方面，A 市、B 市和 C 市的居民总体来说消防安全意识较差。如 A 市、B 市和 C 市分别只有 29.4%、15.5%和 20.6%的居民关注过消防设施设备状况。

（3）在消防安全教育培训和灭火救援疏散演练方面，居民参与度还有待进一步提高。3 个城市之间，A 市参与消防安全教育培训和灭火救援疏散演练的居民所占比例最高，分别为 63.5%和 59.3%，B 市居民参与消防安全教育培训比例最低，只有 39.9%。

（4）A 市、B 市和 C 市的居民消防安全素养得分均未超过调研问卷的及格线（90 分）。就各年龄段的比较分析来看，21～40 岁的居民消防安全素养得分最高；城镇居民消防安全素养总体得分要高于农村居民；A 市、B 市和 C 市这 3 个城市比较来看，A 市的居民消防安全素养得分最高，B 市的居民消防安全素养得分最低。

参考文献

[1] 田娟荣，梁栋. 不同城市地铁人员疏散特征的调查分析[J]. 消防科学与技术，2014，33（6）：698-701.
[2] 田水承，高瑞霞，沈剑. 高校学生应对火灾能力调查研究[J]. 消防科学与技术，2012，31（10）：1109-1111.
[3] 张树平. 建筑火灾中人的行为反应研究[D]. 西安：西安建筑科技大学，2004.
[4] 任辉，董羰，常宁. 经济发展与消防安全的关系研究[J]. 消防科学与技术，2016，35（1）：122-125.
[5] 贺俊杰，石水中，王荷兰.我国公众消防安全素质分析研究[J]. 消防技术与产品信息，2014（9）：3-6.
[6] 范秋闽. 居住建筑阳台逃生的探讨[J]. 消防技术与产品信息，2016（11）：43-56.
[7] 双忠，邓云峰，蒋清华. 基于火灾统计灾情数据的城市火灾风险分析[J]. 中国安全生产科学技术，2006，1（3）：15-18.
[8] 李学美，任伯帜，刘新华. 城市高层建筑火灾消防及安全逃生策略研究[J]. 中国安全科学学报，2009，19（8）：61-66.
[9] 李庆功，伍东，谢飞，宋文华. 居民住宅火灾危险及安全防火措施探析[J]. 消防科学与技术，2009，28（6）：457-460.
[10] 赵雷. 住宅火灾解决方案[J]. 消防科学与技术，2011，30（4）：310-312.
[11] 阿丽玛. 住宅电气线路火灾原因分析及防火对策[J]. 武警学院学报，2012，28（10）：54-55.
[12] 李宜浩，勇俊宝，丁小鹏. 住宅自动灭火可行性研究[J]. 给水排水，2003，29（2）：57-59.

作者简介：刘志坚，男，1972 年 6 月出生。长沙市公安消防支队高级工程师。
通信地址：湖南省长沙市开福区学堂园路 1 号（长沙市公安消防支队），邮编：410005；
联系电话：13973185097。

浅析公共安全视角下消防安全与法制教育同行的重要性

赵　静

（山东省日照市公安消防支队，山东　日照　276800）

【摘　要】　在严峻的消防安全形势面前，重视公共消防安全与法制教育同行是当务之急。本文围绕当前存在的问题，有针对性地提出了相关的策略。

【关键词】　公共安全；消防安全；法制教育；问题；策略

随着经济的高速发展、产业结构的不断升级调整以及工业化和城镇化进程的加快，公共消防安全面临着巨大的挑战。有关部门的统计结果表明，每年在全国范围内发生的火灾事故大约15万起，由此造成的经济损失达16亿之多，而其中发生最为频繁的是家庭火灾，占据总数的三分之一，因家庭火灾死亡的人数每年都在800人以上。在严峻的消防安全形势面前，重视公共消防安全与法制教育同行是当务之急。

1　公共安全视角下消防安全概述

公共安全视角下消防安全，就是要严格遵循火灾发生和国民经济发展的客观规律，并贯彻消防工作的方针、政策、原则和法规精神，将管理科学的理论和方法加以运用，充分发挥计划、组织、指挥、协调、控制等职能，对人力、物力、财力、时间和信息进行合理有效地利用，并围绕预定的消防安全目标顺利实现和开展的各种消防活动的总和。公共安全视角下消防安全在公共安全管理和平安中国建设重要范畴之内，属于巨大的社会系统工程。公共安全视角下消防安全就是要实现公共消防安全由传统“管理”向“治理”转变、由单一手段向多种手段综合运用转变以及由事后处置向源头治理前移转变，要大力推进依法治“火”的社会进程，将一个完善的消防安全责任体系构建起来，并将消防工作的社会基础夯实好，使部队灭火救援能力得到有效提升，同时加强消防安全宣传教育，在公共消防安全治理“法治化、社会化、制度化、实战化和大众化”的系统体系和创新模式的构建过程中，促进消防工作社会化水平的显著提升，并使全社会消防安全环境得到持续优化，抗御火灾的整体能力能够逐步提升，使部队灭火救援能力全面提升，从而使重特大火灾尤其是群死群伤恶性火灾事故的发生得到有效的遏制。

2　当前公共安全视角下消防安全与法制教育存在的问题

（1）公众缺乏强烈的消防意识。相关资料显示，我国重特大火灾事故的发生原因70%以上在于公众消防安全意识不强，依然存在事故的多发和意识欠缺的突出矛盾。因此，公民的消防观念淡薄和防火灭火知识贫乏依然是目前我国社会消防教育的突出问题。

（2）缺少实施主体联动。在我国社会消防教育方面，尚且不存在有效的联动机制，教育主体之间、教育主体与社会之间尚未形成相互配合、齐抓共管的良好局面。相关职能部门还不够重视社会消防教育工作，甚至有些部门仅仅将消防教育作为一种形式对待。而且，积极性和主动性在各个教育主体中都很缺乏。由于缺乏政策和资金的保障，消防教育工作的形势依然处于零乱、重复和无序发展的状态。

（3）教育程度不够深化。其原因在于：一是相对单一的宣传方式，仅仅停留在消防宣传日或者重大活动开展前的消防宣传教育，没有经常性和持续性，无法不断强化宣传效果。二是消防培训大都在重点单位和城市居民中进行，没有对普通公众开展培训，其教育的广度和深度自然受到很大的影响。

（4）需要完善内在机制。首先，激励机制没有形成，就无法让教育主体拥有扎实的理论和丰富的实践经验。其次，缺少制度保障机制。目前，关于社会消防教育的法规和程序的规定很少，也很少有能够持续从事社会消防教育的组织存在。最后，未对社会各方面工作进行充分整合，使消防教育的合力无法形成。

（5）难以有效落实城镇消防规划。任何城市基础消防设施发展都必须适应城市的发展，也必须在城市规划范畴中纳入，可不少城市在城镇消防规划与城市整体规划方面两者严重脱节，导致公共消防设施建设跟不上形势需要，前瞻性不够，无法接受新形势的考验。

（6）市政消防供水设施保障乏力。近年来，虽然各地城市在增建完善市政消防供水系统方面不断加大力度，但因历史欠账比较多，全部达标压力很大。另外，给水管网水压偏低的问题很普遍，特别是城镇老城区，因较早的建设年代，所使用的管件质量比较差，保护保养也欠缺，难以正常使用。

（7）消防车通道堵塞、占用现象司空见惯。一般来说，城市管理者鉴于安全角度，要将隔离墩和限高栏杆设置在主要道路上，对大货车进入市中心进行限制，有时会导致火灾发生时无法通行消防车，贻误灭火时机。在城中村、老城区等区域内存在众多的老建筑，缺乏足够的建筑防火间距，不仅消防车道非常狭窄，甚至有的未设置消防车道。

3 公共安全视角下消防安全与法制教育同行的策略

鉴于上述关于当前公共安全视角下消防安全与法制教育存在的问题分析，很有必要在今后的工作中，坚持消防安全与法制教育同行，建议采取如下策略：

（1）不断增强公众的消防意识。首先，必须使公众的社会消防安全意识不断增强。作为系统工程的社会消防教育，离不开政府、企业、公益组织及个体等力量的共同努力，需要以多元的教育方式将社会安全观树立起来，不断促进公众消防安全素质的提升。其次，需要对消防宣传效果不断强化。要引导和鼓励各类社会组织积极投身社会消防宣传，及时宣传消防安全工作中涌现的先进典型，全面营造良好的氛围。

（2）大力进行社会多元联动的构建。各级政府应从全局工作角度重视社会消防宣传工作，将一个政府统一领导、部门齐抓共管、各单位各负其责的消防宣传教育机制构建起来，将政府主导、消防部门主体和相关单位共同参与的消防宣传联动合作机制建立起来。要科学宣传社会消防教育，并不断推进社会化消防宣传。

（3）创新方式促进宣传效果的深入持久。首先，要在全社会积极营造重视消防安全的良好舆论氛围。在充分发挥传统媒体作用的前提下，重视发挥新型媒体的内在优势，使消防宣传达到持续传播的效果。其次，发挥好先进典型的示范作用。通过先进典型和经验的大力弘扬，为社会消防教育的深入和持久开展发挥推动作用。再次，进行社会消防教育方法的创新。要以不同领域和不同受众的特点为依据，有针对性地开展分类宣传教育，不断强化宣传的吸引力和生动性。

（4）构建完善的教育保障机制。当前我国的社会消防教育是以政府推动为主，在此基础上，需要相关部门充分运用各种手段达到有效整合。首先，制度手段。要将相关法律法规建立健全起来，进一步完善《消防法》，不断落实消防宣传的相关制度规范，以法律制度保障社会消防教育。其次，行政手段。要以发通知、确定部门职责、落实相关责任等一些手段和方式，建立社会消防教育开展所需的良好行政环境。再次，经济手段。要运用信贷、税收等手段，从资金上保证社会消防教育的发展。

（5）城乡消防规划的全面修订编制。要根据城市发展的趋势，将城镇规划、市政、交通以及公安消防等部门定期组织起来，深入调研，认真研究适合城镇发展的消防专项规划。作为长期任务的消防规划，必须将公共消防设施以及消防装备建设的年度计划制订好，按照时间节点进行相关建设任务的分解落实，再以规范的评估考评机制去监督消防规划的落实情况，使每一项消防规划保证能真正落到实处。

（6）加快落实标准消防站建设。相关部门和单位应按照建成区面积、城市常驻人口和灭火救援任务的实际要求，并以《城市消防站建设标准》为依据，进行消防站建设，做好人员、装备及相关设施的配备工作。

（7）加强市政消防供水设施建设。要将消火栓和消防水鹤在城镇规划区域内合理布置，对于给水管道和计量设施要科学选择，使消防供水设施正常供水有保障。相关政府职能部门必须密切配合，确保切实落实法律、法规规定的各项职责，有力地保证区域内的消防供水。

（8）确保消防车通道的畅通。政府相关部门必须将消防车道依据相关规定在人口密集区域进行设置，并将当地道路交通实际情况和消防站分布制定应急引流方案等紧密结合，使消防力量可在发生火灾等突发灾害时快速到达并实施有效控制。

参考文献

[1] 吴义新. 浅谈消防安全宣传教育的现状及改进对策[J]. 低温建筑技术，2012（08）.

[2] 周博文. 经济转型时期构建和谐警民关系问题研究[J]. 公安研究，2013（7）.

作者简介：赵静，女，1982 年 9 月出生，现任山东省日照市公安消防支队防火监督处工程师，从事消防监督执法工作。

通信地址：山东省日照市东港区山东路 639 号消防支队，邮编：276800；

联系方式：13561902723；

电子信箱：52629138@qq.com。

火灾预防与保险

沈永刚

（甘肃省庆阳市合水县公安消防大队，甘肃 庆阳 745000）

【摘 要】 火灾责任险对于化解社会矛盾，调动企业自我管理消防工作和加强社会火灾预防工作的积极性具有十分重要的意义。笔者结合工作实际，分析了火灾预防工作和保险的关系、未来发展趋势和当前两者在链接上存在的问题，提出了针对性对策，实现消防与保险的良性互动发展。

【关键词】 火灾预防；火灾风险；保险

随着社会经济的快速发展和人民生活水平的逐步提高，火灾事故已成为影响经济建设、社会稳定和治安大局的重要因素，亟需建立一种社会保险激励机制，通过市场机制和经济手段解决企业的火灾责任赔偿，有效提高单位、居民抵御火灾风险能力，进一步提升单位消防自我管理的积极性。同时，通过购置保险，也为企业、居民提供资金保障，扭转“平日老板赚钱、灾后政府买单”的不合理状况。

1 火灾预防工作和保险的关系

火灾是指在时间和空间上失去控制的燃烧所造成的灾害。从概念上看，火灾风险无处不在、无时不有，范围之广无法估量。火灾预防工作的难度越来越大，需要社会多方面参与，共同发展。

1.1 火灾预防工作会推动保险业的蓬勃发展

一个大的企业，火灾预防工作需要巨大投资，需要大量人力去管理消防工作，需要投入大量主动消防设施，花费大量的财力去购置、检测和维护保养消防设施。近几年，从因火灾预防工作而产生的社会经济体系情况来看，全国有近 2 000 家消防产品厂家、400 多家社会消防技术服务机构和 1 181 名受聘于各类企业的一级注册消防工程师。同时，随着社会保障体系的逐步完善，企业和个人都会在如何减少和挽回经济损失方面考虑，加之各保险公司将火灾公众责任险作为一个重要险种推广，于是，火灾公众责任险脱颖而出，产生了巨大的社会经济链条。在国家法律层面，《消防法》第三十三条明确规定：“国家鼓励、引导公众聚集产生和生产、储存、运输、销售易燃易爆危险品的企业投保火灾公众责任保险；鼓励保险公司承保火灾公众责任保险”，进一步促进了保险业的蓬勃发展。

1.2 保险业会进一步促进火灾预防工作大发展

社会在发展，广大人民群众对火灾危害的认识也在逐步提升，企业和居民也会寻求火灾风险转移或补偿损失的途径，社会上的火灾风险率大大降低，政府买单和由于火灾得不到赔偿而造成上访的压力会有效缓解，进一步促进火灾预防工作的大发展。就拿笔者所在的县来说，通过近几年的大力宣传，部分企业主动购置火灾公众责任险，特别是一部分居民也开始购置房屋、经济作物等财产火灾险，在发生火灾后，也得到了保险公司的赔偿。

1.3 火灾险具有中介调节作用和辅助社会管理功能

当一个企业发生火灾事故后，可能燃为灰烬，企业无力赔偿或重新再生产而产生社会不稳定因素，急需要一个中介机构出面解决损失和民事赔偿等事情。这时，保险公司作为第三方机构，负责民事赔偿责任，及时化解了社会矛盾，也提高了企业管理者的消防安全意识，调动企业整改自身消防隐患的积极性，达到改善社会整体消防安全环境的目的，实现消防与保险的良性互动发展。

2 当前在保险业和火灾预防链接上存在的问题

为了发挥保险在社会管理中的辅助功能,《中华人民共和国消防法》专门就更容易发生重大火灾事故的商场市场、宾馆、饭店、网吧、KTV等公众聚集场所和易燃易爆场所提出了火灾公众责任险，但从实际运行情况看，在保险业和火灾预防链接上存在诸多急需解决的问题。

2.1 保险公司赔偿范围窄

目前，火灾公众责任险的赔偿范围仅限于被保险人场所内涉及的第三者人身损害，不包括保险人和其雇佣人员的人身损害，导致大部分企业从心里不认同，虽然是购买了火灾公众责任险，但许多场所认为发生火灾事故后，由于公众场所在法律法规上有明确规定，需要履行疏散引导、初期火灾扑救等法定责任，在火灾受损害人当中，其雇佣人员必然也受损害，且人员较多，也应该得到保险公司赔偿。企业火灾保险和家庭财产保险同样是赔偿范围较窄，比如家庭火灾险，存放于院内的农机具、生产资料、粮食及农副产品以及现金、有价证券和无法鉴定价值的电脑软件等均不在赔偿范围内。

2.2 保险公司免责条款多

当前，火灾公众责任险仅适用于公众场所的火灾灾害赔偿；火灾保险适用于企业、团体及机关单位；家庭财产保险适用于所有城乡居民家庭由于火灾、爆炸等原因造成损失的赔偿。以上火灾险种均有很多免责条款，真正出现火灾，很多人害怕得不到赔偿，特别是家庭火灾险，如规定人为原因燃气用具、电器、短路、漏电等所造成的火灾以及燃气泄漏引起的火灾和爆炸均不在保险范围。火灾公众责任险规定，火灾、爆炸事故造成的任何直接和间接财产损失以及未经消防或安全监管部门验收合格的场所发生的火灾等内容均不负责赔偿，导致参保人员少。

2.3 火灾投保范围小，理赔效率低

许多保险公司的火灾投保范围较小，特别是农业上，仅将收获期农作物列入投保范围，且是在收割、由田间向碾打场运输、场院碾打过程中发生的火灾事故，才给予赔偿，苗圃林木未纳入投保范围。对于符合赔偿范围的，需要的环节较多，需要提供保险凭证、财产损失清单、发票、费用单据、有关部门证明、投保人、被保险人所能提供的其他与确认保险事故的性质、原因、损失程度等有关的资料，如果发票、单据等被火烧了，无法提供证据，就更难得到赔偿。

2.4 保险公司主动检查消防工作落实难

在火灾公众责任险相关条款中规定：“被保险人应严格遵守公安、消防等部门有关消防、安全生产等方面的法律法规规定，加强管理，采取合理预防措施，尽力避免或减少责任事故的发生”，同时规定：“保险人可以对被保险人遵守以上规定情况进行检查，向投保人、被保险人提出消除不安全因素和隐患的书面建议，投保人、被保险人应当认真付诸实施”。但是由于保险公司人员无执法资格，针对发现的

消防不安全因素和隐患不能采取有效的措施制止。因此，保险公司主动检查投保人、被保险人企业消防隐患基本处于纸质的合同条款中，很少真正落实，缺乏一个有效的法律支撑。

2.5 法律上无强制性规定

《消防法》中，对于公众聚集场所和易燃易爆场所投保，没有做强制性规定，其他场所未做任何要求。近年来，火灾大部分发生在公众聚集场所和居民家庭，公众聚集场所火灾事故易造成重大人员和财产损失；而居民火灾亡人所占比例却是最高的，据统计，2007 年，住宅火灾亡人占总数的 66.7%，2008 年 69.8%，2009 年 70.5%，其后几年虽有起伏，但 2014 年上升至 76.8%，2015 年达到 78.7%，2016 年突破 8 成，达到了 80.4%。但由于多数场所和家庭没有购置火灾险，火灾风险无法转移。同时，没有相关法律法规强制性要求保险公司在保险期间对被保险人履行消防安全合同条款情况进行检查。

3 保险业和火灾预防链接上的对策

火灾保险对于降低社会火灾风险、稳定社会治安大局具有重要作用，能及时化解灾后赔偿和再生产等社会不稳定因素。如何在保险公司、投保单位（个人）、社会消防技术服务机构和消防监督机构建立一套机制来预防和转移火灾风险显得尤为重要。

3.1 将火灾责任险纳入社会救助体系

《社会救助暂行办法》（国务院令第 649 号）第四十七条规定：“国家对因火灾、交通事故等意外事件，导致生活暂时出现严重困难的家庭，给予临时救助”。借助《办法》协调推动民政部门，将火灾责任险纳入社会救助体系，费用由政府列入财政公共服务或应急救灾资金范围。投保费由当地政府和投保人共同承担，当地政府可出资一定比例，其他部分由投保人自筹。鼓励当地企业或居民购置火灾责任险，特别是鼓励农民购置农作物火灾保险，这样，一旦出现火灾，可以由保险公司挽回一定的经济损失。

3.2 将火灾公众责任险作为部分场所行政许可的前置条件，实施火灾强制保险

对于公众聚集场所、易燃易爆场所、文物古建筑以及公共汽车等容易引发重大人员伤亡和财产损失的场所，一旦发生火灾事故，涉及大量民事赔偿责任。如果场所负责人没有能力赔偿，损失将由政府买单，赔偿数额较大，且易引发社会群体性事件，影响社会的安全稳定。因此，有必要将火灾公众责任险作为此类场所行政许可的一个前置条件，实施强制保险，这样有利于转移政府责任风险，有利于发挥保险公司的社会管理作用，更有利于社会稳定。

3.3 扩大保险公司赔偿范围，减少责任条款和理赔环节

改变保险公司相关条款，通过适当提高保险费率，减少苛刻责任条款，扩大赔偿范围，使投保人有更多选项去选择，特别是火灾公众责任险、居民家庭火灾险、农业作物和苗圃林园火灾险。同时，要尽量减少理赔环节，缩短时限，简化手续。如属于保险责任范围内的火灾案件，由政府公安、消防或安监等相关部门出具事故证明，保险公司可先行赔付部分资金，而后再完善理赔手续，让群众真正感受到保险的作用，全面提高企业、居民参保的积极性。

3.4 强化保费对消防安全违法行为的约束和惩戒

借鉴车险做法，不出现车辆事故，第二年的费率就会降低若干个百分点。保险公司对企业消防安全每年抽检一次，抽检时可以聘请社会消防技术服务机构或注册消防工程师进行，同时同当地公安消防机构建立信息互通机制，公安消防机构检查企业情况可以给保险公司公布或查阅，保险公司结合自行检查情况一并对企业消防安全风险进行评估，评估结果和保险费率挂钩，按照风险大，保险费率高，风险小，保险费率相应就低的原则收取保费。通过保险公司对消防安全违法行为的约束和惩戒，提高企业自我消防安全管理和自我降低消防风险积极性，达到管理社会的效果。

3.5 强化宣传，让更多人了解火灾责任险

当前，许多人还对火灾责任险不是很了解，直到发生火灾后，事故调查询问时，才想起没有火灾保险，特别是居民家庭，更是知之甚少。即使很多企业和居民知道火灾责任险，但由于心存侥幸，觉得没有必要购置，认为只要多加注意，就不会发生火灾。保险公司和相关行业部门要深入企业和老百姓群体调研，真正掌握企业和百姓所忧，从群众所担忧的地方入手，通过运用新型媒体、微信、微博、服务窗口、热线等多种形式，加大火灾责任险赔偿案例的宣传力度，让企业和居民真正了解火灾责任险。同时，通过国家修订相关法律法规，强制部分场所购买公众火灾责任险，逐步提高群众认知度。

3.6 修订相关法律法规

针对当前火灾责任险运行情况，修订《中华人民共和国消防法》，对部分火灾危险性大的场所实施火灾强制保险，及时化解火灾后企业经营管理者因无力履行民事赔偿责任而带来的社会不稳定因素。修订《保险法》，将消防安全检查作为一项强制条文，要求保险公司在保险期间对被保险人和投保人履行消防安全合同条款情况进行检查；同时，保险公司要成立消防安全评估组织，强制在保险公司推行注册消防工程师制度，对投保人履行消防安全合同情况进行专门评估检查，充分发挥保险中介作用，有效推进抗御火灾社会化进程。

参考文献

[1] 消防局第32期消防工作简报.基于近十年统计数据的亡人火灾分析及防范对策[Z]. 2017.
[2] 国务院. 社会救助暂行办法[Z]. 2014.

作者简介：沈永刚，男，1981年出生，汉族，河北蔚县人，职务：甘肃省合水县公安消防大队大队长兼工程师。
通信地址：甘肃省合水县育才北路消防大队，邮编：745400；
联系电话：13263245320；
电子信箱：251744498@qq.com。

信息获取和识别技术在建筑消防工程图中的运用研讨

应　科

（浙江省消防总队宁波支队鄞州区大队，浙江　宁波　315000）

【摘　要】　在建筑消防工程图设计过程中，信息获取与识别技术的应用受到广泛重视，在计算机辅助的情况下，可以提高技术人员的工作质量，优化其工作体系，增强数据信息准确性，减少人力资源与财力资源的使用，降低建筑消防工程的成本，提高其工作质量。

【关键词】　信息获取与识别技术；建筑消防工程图；应用措施

建筑消防工程图审查部门在审图期间，需要对消防系统的建设质量进行全面的分析。应用计算机方式可以减少图纸审核工作量，通过电子文件方式，提高审查工作质量，及时发现建筑消防工程图中存在的问题，采取有效措施对其进行改进。

案例：某工程在实际施工的过程中，地上面积为 39 800 m^2 左右，地下面积为 2 400 m^2 左右，地下为 1 层，地上为 20 层，主楼建筑物的高度为 80 m。在图纸设计中，要求地下一层结构为车库与设备用房，地上一层到三层区域为综合用房，地上三层与二十层区域为居住房。2016 年 3 月份，设计单位设计了建筑消防工程图，审查部门对该消防工程图进行了审查。

1　建筑消防审查工作内容

案例中该建筑消防工程审查工作复杂，工作内容烦琐，需要对消防设施形成正确的认知。相关审查部门在实际工作期间，需要根据相关要求，对设计图纸进行分析，明确审查申报工程项目消防设施的建设要求，按照土建工程建设要求对灭火系统进行设置，提高系统的建设质量，满足相关工作要求。建筑审查单位在实际工作期间，需要对建筑消防系统相关知识进行分析，总结工作经验，明确法律法规要求与技术规范流程，保证自身工作公正性与可靠性，避免出现错误与遗漏等现象。在建筑审查工作中，工作人员需要科学应用先进的计算机审查方式，引进信息获取与识别技术，提高自身工作准确性与有效性[1]。

在建筑消防审查期间，审查人员需要对地上 20 层与地下一层消防工程图进行审查，耗费大量工作时间，这就需要相关审查人员可以利用信息获取与识别技术对其进行处理，将消防工程图转换成为电子文件，通过计算机方式开展审查工作，提高其工作质量。审查人员需要做好政策分析工作，按照相关要求开展审查活动，利用科学的工作方式对消防工程平面图、火灾自动报警系统等进行全面的考核，逐渐提高系统的建设成效。在实际审查期间，如果发现消防设备数据中存在问题，就要对其进行全面的整改，保证消防设备数量满足相关规定，逐渐提高其工作质量，进而达到预期的审查目的[2]。

2 信息获取与识别技术在建筑消防工程图中的应用措施

在建筑消防工程图中，需要科学应用信息获取与识别技术，利用科学方式对其进行处理，保证工作质量可以满足相关规定。具体措施包括以下几点：

2.1 数据文件分析措施

在分析数据文件的过程中，可以先利用 CAD 对地下一层结构为车库与设备用房的工程图进行保存，利用多种形式开展存储工作，例如：应用 DXF 或是 DWG 方式开展存储工作。在应用 DWG 存储方式期间，所存储文件的数据数量较少，不能满足相关工作要求，无法保证数据文件存储工作满足相关规定，甚至会影响其长远发展。而应用 DXF 存储方式则可以解决此类问题，增加数据文件的存储量，利用先进的存储方式对数据进行整理，及时发现文件格式存储问题，采取有效措施对其进行整改，完善编辑器的工作形式，达到预期的工作目的。在实际工作中，相关人员需要科学应用 DXF 技术，对各类结构进行全面的分析，逐渐提高文档读取工作质量与成效，科学完成各类工作任务，优化其发展体系[3]。

在应用 DXF 技术的过程中，需要明确图形特征，科学开展分析工作，提高工作质量。DXF 图形具有图形元素组合的特点，是工作中较为重要的组成部分，在文件中，主要包含 TEXT，SOLID 等段落，属于图形元素数据结构。在对图形进行处理期间，各个图像元素之间都存在一定的联系，不属于独立的个体，需要对其进行全面的处理。对于 DXF 而言，在实际应用中，具有时间特点，可以对建筑消防工程图进行动态化、静态化的分析，按照相关要求及时发现工程图中存在的问题。同时，可以利用 DXF 对数据文件进行排列，按照顺序要求与排列特点，科学处理各类数据，提高工作质量。在了解 DXF 特点之后，需要科学应用图形识别技术，以便于开展作图工作，提高技术的应用质量[4]。在实际工作期间，需要相关部门利用图形识别技术开展作图工作，例如：在地上一层到三层区域的综合用房画圆的过程中，需要利用复制命令方式开展处理工作，利用圆定义方式对其进行处理，通过各类作图方式解决其中存在的问题，提高 DXF 文件数据反应效率，优化工作体制，保证在图形识别期间，可以针对数据特征与表征等，合理优化工作方式，以便于开展工程图处理活动[5]。

2.2 建筑消防工程图符号特点分析

在建筑消防工程图中，存在较多符号，需要对其特点进行全面的分析，科学应用先进的信息获取与识别技术开展数据分析工作，提高工作质量，满足建筑消防工程图的研究要求。首先，相关工作人员需要对地上一层到三层区域的综合用房工程图符号的表示特点进行分析，明确语义要求，对各类数据信息进行控制，明确工程图几何特点，保证其工作质量。虽然此类符号在应用中，几何特征会保持不变，但是，在工程图中的使用经常会出现变化，例如：相同符号在实际应用中，会形成不同的几何角度，且代表的工程意义不同，导致在计算机识别期间，出现一些难以解决的问题，影响着建筑消防工程图的处理效果。其次，在实际工作期间，工程图中每一个图形符号、形状符号都会受到一定程度的约束，在识别期间，难以对其进行可靠的处理[6]。

因此，相关部门在对工程图符号进行识别之前，需要明确符号语义、几何特点，在计算机识别系统中设置专门的数据结构，以便于开展工程图符号识别工作，逐渐提高其工作效果与可靠性，满足实际发展需求。

2.3 建筑消防工程图符号获取措施

在对建筑消防工程图进行处理的过程中，需要做好符号获取工作，科学应用先进的信息获取技术，创建专门的管理机制，明确各个部门的工作职责，以此提高符号获取工作的可靠性。在地上三层与二十层区域的居住房消防工程图符号获取工作中，需要科学开展信息数据识别工作，利用先进的识别技术，明确图形符号元素，将其输入 DXF 文件中，形成一定的数据系统，以便于提取各类尺寸数据，明确位置数据信息与图形形状数据信息，提高几何信息获取的准确性，满足其实际工作要求。同时，需要科学应用先进的信息识别技术，对图形符号进行处理，按照工程图纸信息，对符号数据进行处理，及时发现其尺寸问题，做好坐标设置工作，逐渐提高其工作效果，以便于开展其他工作。

在获取符号信息的过程中，需要科学应用信息识别技术，对符号信息进行识别，建立专门的图形元素链结构，按照工作要求对各类信息进行管控，逐渐提高图形对象的分析成效，满足相关工作要求。同时，相关部门需要做好图形对象信息提取工作，按照工作特点等，对消防设施信息数据进行控制，提高工作可靠性与有效性。

2.4 积极建设专门的管理机制

在应用信息获取与识别技术的过程中，建筑消防工程审计部门需要制定专门的管理机制，针对地上一层到三层区域的综合用房工程图的相关工作，创新工作方式，明确各个部门的工作职责，发挥信息获取与识别技术的应用作用。同时，需要建设高素质人才队伍，聘用专业素质较高的技术人才，对其进行阶段性、系统性的培训，使其可以掌握先进的工作技能，将各类技术应用在建筑消防工程图中，逐渐提高其工作效率。另外，需要做好思想政治教育工作，保证工作人员可以树立正确的责任和道德观念，提高其工作效果。

3 结 语

在建筑消防工程图处理中，需要科学应用信息获取与识别技术，按照相关要求对各类技术措施进行创新，建设高素质人才队伍，利用先进的技术方式提高信息获取与识别技术的应用质量。

参考文献

[1] 胡晓东. 浅谈信息获取和识别技术在建筑消防工程图中的运用[J]. 房地产导刊，2014（19）：414-414.
[2] 姚浩伟，李厚强，梁栋，等. 消防设备符号的特征识别技术研究[J].科技通报，2015（7）：208-212，217.
[3] 陈龙飞. 消防给排水设计常见问题措施[J]. 装饰装修天地，2015（12）：128-128.
[4] 李湧. 建筑消防给排水设计常见问题措施分析[J]. 城市建设理论研究：电子版，2012（4）.
[5] 刘文俊. 高层建筑消防给排水设计与问题[J]. 城市建设理论研究：电子版，2015（4）：2430-2430.
[6] 杨增辰. 建筑消防给排水设计常见问题措施分析[J]. 装饰装修天地，2015（3）：254-254.

作者简介：应科，浙江慈溪人，2010 年毕业于浙江工业大学土木工程专业，大学本科学历，同年 6 月参军入伍，2011 年分配至宁波消防支队，多年来一直从事防灭火工作，目前任职宁波消防支队鄞州区大队助理工程师，主要负责审图工作。

通信地址：浙江省宁波市鄞州区天童南路延伸段鄞州区消防大队；

联系电话：13615887063　18668862185。

浙江省消防产业发展现状及发展建议

李海学

（浙江省消防协会，浙江 杭州 310003）

【摘 要】 本文通过对浙江省内消防产业的发展现状进行调研，了解了消防产品生产企业质量保证体系运行情况、技术创新情况，深入分析了企业面临的重点、难点问题及限制产业发展的主要因素，总结了消防产品生产企业存在的主要问题，并提出了产业的发展建议。

【关键词】 消防；产业；发展；建议

1 引 言

浙江省是消防产业大省，全省拥有各类消防产品生产企业约 400 家，其中防火门生产企业 131 家，防火卷帘、挡烟垂壁生产企业 55 家，消防排烟风机、防火阀生产企业 150 家，灭火器生产企业 15 家，室内消火栓生产企业 9 家，消防水带生产企业 8 家，洒水喷头 12 家，消防应急照明灯具 7 家，消防水枪生产企业 3 家，消防接口 3 家，水泵接合器 2 家，基本涵盖了消防车辆生产以外的所有消防产品。

在这 400 家消防产品生产企业中，技术含量高，特别是高精尖消防装备企业极少，企业拥有产品专利不多或含金量不高，产品技术含量不高，门槛较低，极易复制。企业以中小规模居多，规模大的比较少。在分布上，半数以上防火门生产企业分布在浙江永康和武义，大部分风机生产企业分布在浙江上虞，大部分防火卷帘、挡烟垂壁生产企业分布在浙江富阳，其他消防产品企业零散分布在全省各地。

2 消防产品生产企业质量保证体系运行情况

根据调研情况以及平时掌握的情况看，绝大部分消防产品生产企业都通过了质量管理体系认证，有的企业还通过了环境体系认证，有的企业还通过了职业健康安全管理体系认证。大部分企业编制了管理手册、程序文件、作业指导书，制订了运行流程和控制措施，确定了相关工艺参数。有的公司对最终产品实施 100%的例行检验，并定期对关键零部件和成品实施确认检验。但也存在少部分企业质量体系认证运行不规范，特别是零部件采购环节把关不严，仍然采购缺乏检验报告或检验报告过期的零部件。有的企业执行程序文件和作业指导书不严，未完全按照要求进行生产，导致一致性判定不合格。

3 消防产品生产企业技术创新情况

浙江省内的防火门、防火卷帘、风机、气体灭火系统、灭火器等行业内的一些规上企业都不同程度地开展了技术创新。

信达可恩，作为国家级高新技术企业，拥有政府扶持的企业技术中心和科技研发中心，一直致力于行业技术创新和对气体灭火系统组件性能的持续改进。公司主要产品“海烙”气体灭火系统作为市级名牌产品、省级著名商标产品，拥有行业内较齐全的产品型号及先进的产品技术。公司目前已拥有多项发明专利、实用新型专利等，并拥有一项国家级创新基金项目、多项省级新产品及工业新产品等，产品质量、科技含量位居行业前列。

浙江金大门业有限公司在行业内最早实施煤改气工程，大幅度降低了二氧化硫的排放。通过低温等离子治理，现排放的 VOC 仅为 16.9 mg/m^3。特别是该公司针对菱镁系防火门芯板存在返卤特性（对钢板有腐蚀性，工程安装后，经一段时间，就会出现钢板锈蚀、表面涂层起泡、猫眼处流水）的情况，后来，组织技术攻关，研制成功了以耐火水泥、膨胀珍珠岩为主的新配方防火门芯板，达到了 GB 12955—2008 所规定的阻燃性能、产烟毒性危险分级要求，并先后解决了抗压抗折强度、生产制造工艺和质量一致性控制等一系列问题，一举克服了返卤难题。

步阳集团，作为浙江省高新技术企业，拥有自主知识产权专利 134 项，其中外观专利 112 项，实用新型专利 21 项，发明专利 1 项，并成立了目前浙江省内唯一专门设计研究门类产品的省级研究院。

浙江双阳风机有限公司十分重视产品开发和技术创新工作，二十年来坚持与清华大学、上海交通大学和沈阳鼓风机研究所等大专院校和科研单位实行产、学、研合作，建有双阳节能风机省高新技术企业研究开发中心，配备有流体机械、机械设计与制造、制冷与热交换、材料等专业研发人员，配置有国内和国际领先水平的风机设计专用硬件和软件。研发的地铁隧道轴流风机、射流式通风机、核电站常规岛大型屋顶风机等产品，被省科技厅认定为“省高新技术产品”，列入科技部“国家重点新产品”和“火炬计划项目”以及国家发改委“十大重点节能工程、循环经济和资源节约重大示范项目”。公司拥有上述产品的发明专利、实用新型专利和外观设计专利 40 多项。

浙江浙风科技有限公司与浙江大学及华东电力设计院实行科研联合，一直致力于开发高科技的通风制冷产品。其中和浙江大学联合研发的节能型防爆风机及防雨百叶和电动防雨百叶产品的技术创新点已被国家知识产权局认可并核准为实用新型专利。“浙风”牌风机、百叶在 2009 年被中国产品质量认证中心评为“中国优质名牌产品”。

杭州建安消防设备有限公司主营各类洒水喷头、EC 喷头、ESFR 喷头、CMSA 喷头、雨淋喷头、水雾喷头、水幕喷头、湿式报警阀、雨淋报警阀、干式报警阀、预作用装置、水流指示器、压力开关、消防信号蝶阀、压力式比例混合装置、闭式泡沫-水喷淋装置、探火管式灭火装置等，在自动喷水灭火系统产品领域深受用户信赖，多项产品走在同行前列，尤其是 202 直立型 ESFR 喷头、扩大覆盖面积洒水喷头均为国内首家研发，其中直立型扩大覆盖面积洒水喷头更是目前国内市场的独家产品。

宁波东灵水暖空调配件有限公司十分重视产品技术创新，专门设立企业研发中心，中心拥有研发场地 200 余平方米，专职研发人员 21 人，并在 2014 年被评为宁波市企业工程（技术）中心。在防火阀执行机构方面，公司与浙江大学宁波理工学院积极开展科研合作。共同设计技术方案，搭建测试平台，完成数据分析，实现合作既定目标。在进行项目研发的同时，公司非常重视保护项目成果的核心技术，积极申报国家专利，已累计获得授权专利 50 项，其中发明专利 7 项，实用新型专利 39 项，外观专利 4 项。

4 消防产品生产企业面临的重点、难点问题及限制企业发展的主要因素

浙江的消防企业很大一部分属于中小企业，存在一些共性的难点及限制企业发展的主要因素。

（1）税收成本压力。在税收政策上，中小企业与大型企业相比，无法享受更多优惠。在增值税方面，中小企业大部分都是小规模纳税人，增值税发票难以抵扣，实际税负增加；在企业所得税方面，现行所得税的名义税率为25%，中小企业准予税前扣除的项目非常有限，承担了相对较高的税负。

（2）劳动力成本压力。近两年来浙江省劳动力成本提高很快，并且仍保持上涨趋势，一定限度上压缩了企业在技术创新、产品开发等环节上的资金投入。另外，技术管理、熟练技工、市场营销等方面的劳动力短期内缺额较大，各企业均以提高待遇的方式相互挖取人才，造成了职工队伍的不稳定。

（3）恶性竞争较多。消防产品越来越多地实施强制性认证后，对行业起到了较强的规范作用，但仍有一部分未取得强制性认证的企业在非法低价销售产品，导致“劣币驱逐良币”的现象在某些类别消防产品销售领域屡禁不止。特别是防火门、防火卷帘行业，产品一致性执行情况参差不齐，弄虚作假、以次充好、低价竞争的情况仍然时有发生，扰乱了正常的市场秩序，不利于企业发展。

（4）经济调控压力。近年房地产、钢铁行业不景气，处在“压库”阶段。作为下游产业，各类消防产品企业处于两头受压境地。房地产业压库，导致消防产品社会总供给减少，并伴随价格波动；钢铁行业压库导致钢材价格上升，迫使消防产品成本上升。

（5）资金回笼压力。经济形势滑坡，导致业主单位、采购单位资金紧张，付款周期长，影响企业资金回流。建筑行业的“三角债”间接影响消防行业，导致回款难，且经营者缺乏诚信意识，企业的维权周期长且执行困难，牵扯企业精力。

5 消防产品生产企业存在的问题

（1）从业人员整体素质不高。虽然与以前相比，消防产品生产企业从业人员的素质比以前有所提高，但作为一个有较高科技含量的产业，与IT等高科技产业相比，其人员素质相距甚远。已形成的以博士、硕士等高级人才为核心团队的消防企业极少。

（2）全国性品牌意识不强。由于行业历史原因，凭关系做市场的现象普遍存在，加上地方保护等因素，消防企业绝大多数是地方性品牌，尤其从事消防工程承包的消防企业更是如此。在消防工程承包企业中，全国性品牌很少。

（3）以工程总承包模式为代表的“交钥匙”服务较少。

对于业主而言，该项服务具有责任清晰和整体性能价格比高的优点。提供该项服务的理想条件：同时具有消防设计资质、消防工程承包资质并具有自主知识产权的消防产品。符合上述理想条件的企业也是屈指可数。

（4）知识产权保护乏力。一个产品，从概念到设计再到转化为产品，需要企业投入大量的人力物力。市场上的某些中小企业，往往盯着几家领军企业，伺机仿冒、变造其产品设计，从而起到走“捷径”的效果。造成产品一哄而上，没有工业设计，没有产品特色，市场上产品千人一面的局面。被仿冒企业往往维权困难，维权成本高，经常只能吃哑巴亏。

（5）竞争能力不强。大部分企业设备陈旧，工艺落后，产品科技含量不高。所生产的产品仍然停留在初加工阶段，产品大多是简单的生产加工，产品档次低，附加值低，缺少自身的产品优势。

6 消防产业的发展建议

6.1 政府、社会组织、中介机构应对消防产品生产企业进行调控、指导和服务

（1）对消防产品生产企业做好宏观调控。一是要加强监管，根据消防法规要求进一步加强制度建设和顶层设计，建立自上而下的明确责任职能的监督管理机构，负责对全国消防产品发展导向、消防生产企业、消防产品和工程质量、流通领域的监督管理。二是加强对消防产品质量的查处力度，营造优质高效的服务环境、规范有序的经营环境和诚实守信的信用环境，净化市场，建议取缔一些所谓的家庭小作坊及不正规的小厂，或提高此类企业的市场准入门槛。三是建议加快推进强制性产品认证的认证速度，严格把控认证标准，杜绝不符合规范的企业通过认证。四是成立行业协会，充分发挥协会在政府和企业之间的桥梁纽带作用，履行好监管服务职能，引导产业健康发展，并加强对社会单位的培训、指导，提高社会单位对消防安全的重视，注重消防专业类人才的培养，适时组织参观考察国外消防展或消防产品企业交流活动，促进产业升级。

（2）对风机行业加强管理。一是依托地方消防协会成立风机行业协会，并强化管理职能，建立健全各项规章制度，加强风机行业自律约束，建立风机企业联席会议制度，定期组织企业相互通报情况，达成共识，增进信任，减少和杜绝内耗，防止各种无序竞争和恶性竞争。二是未实行 3C 之前，排烟防火阀上的执行机构基本上采用具有二次动作功能的执行机构；阀门 3C 开始实施后，原来 1 个阀门能够实现的功能，需要两个阀门配合才能实现。原来使用的具有二次动作功能的执行机构由于功能上与国标规定的 3 种阀门都不符合，按 3C 要求，是不能再生产使用的。希望能够修订国标，遵循行业内排烟防火阀的普遍做法，恢复二次动作功能执行机构。三是严格执行《强制性产品认证实施细则》，增加对企业生产规模、生产设备、检测手段、人员等方面的要求，严格消防风机和防火排烟阀门产品的市场准入制度，提高准入门槛。

（3）对防火卷帘行业加大扶持、监管力度。一是需要加大扶持力度，如在融资、贷款方面给予推介。二是需要将防火卷帘的规格、型号、技术规范的使用要求及禁用标准与住建部门的设计规范要求进行对接统一，使企业在执行相关规范时有一个统一的标准，需要相关部门出台具备可行性、可操作性的统一性相关文件，规范此类现象。三是应设定防火卷帘使用年限，并进一步规范消防卷帘市场的竞争秩序，加大对防火卷帘厂家生产行为的监管力度，不鼓励恶性竞争行为，扭转、纠正工程低价中标的错误原则，提倡合理价竞标，严厉打击假冒伪劣产品。

（4）对防火门行业进一步规范。一是根据调研，工程方的建筑门洞尺寸很多，强制认证要求厂家申报的证书规格型号与门洞一一对应匹配，涉及后续申报分型规格型号产品尺寸繁多，增加了企业工作压力及成本压力。二是建议组织相关部门对防盗安全门和防火门两个国标的产品使用结果进行调研，将两个标准合并为一个安全门标准，或增加一个防盗防火门标准。三是行业协会多组织培训，开展技术交流，从而提高技术人员技术水平。

6.2 消防行业主管部门应加强对消防产品生产企业的领导与管理

（1）行业主管部门应在年初发布各类消防产品全国总需求与总供给能力预测信息，年终发布各类消防产品年产总量信息，使企业掌握市场占有率，以便及时调整企业发展策略。建立明确规范性的消防行业产品标准要求。

（2）行业主管部门应提高企业准入门槛，对企业的硬件、软件提出最低配置要求，避免重复建设、减少社会总资源的浪费。鼓励现有企业做专、做精、做大、做强，形成产业龙头企业。

（3）行业主管部门应关注政府鼓励发展的装配式建筑领域、装配式建筑消防产品，特别是防火门、防火卷帘等如何配套，并帮助政府与企业之间进行协调。

（4）规范行业秩序，加强监管，对不规范企业或违法行为予以曝光、查处。

（5）制定切实可行的评定（选）规则，对各类消防生产企业开展资信等级评定或诚信企业评选，并向社会公布，促进企业诚信经营。

6.3 消防产品生产企业提升科技含量的方法及科技创新方向

（1）提升科技含量的方法。注重企业人才资源的培养开发，培育学习型组织；建立健全的技术、业务、项目管理、生产管理等各项管理制度；提高现场管理人员的管理水平，促进企业正常运营；加强技术创新体系，提高持续的创新能力；提高工程管理部门的创新机制建设；创新人才的激励机制，激发企业的创新活力；实施竞争机制，为能者创造更好的晋升环境。

（2）科技创新的方向。开发新的门芯板材料，向无腐蚀、低重量且耐高温的方向发展；开发水冷式防火门（防火原理是防火门门扇为空腹式，内装循环水，在特定的水流量下达到隔热、防火的目的）；自主研发加人才引进，加强行业内交流，增加国内外的学习，创新方向应该朝新材料、智能化家居、防火防盗防震等方向发展。促进消防产业与新兴的物联网、互联网等技术的结合。

6.4 消防产品生产企业应承担社会责任，为消防事业的发展服务

（1）承担诚信、确保产品货真价实的责任。消防产品属于安全类产品，是关系到国家和人民生命财产安全的产品。为了切实维护人民生命财产安全，企业必须要严格自律，承担起确保产品货真价实的社会责任，严格按行业标准和规范的工艺流程制作产品，绝不能为了低价竞争而偷工减料。

（2）承担依法纳税的责任。企业的任务是发展和赢利，并担负着依法纳税的义务。企业必须承担起发展的责任，不断扩大企业规模，扩大纳税份额，完成纳税任务，为国家发展做出贡献。

（3）承担保护环境的责任。随着全球和我国的经济发展，环境日益恶化，特别是大气和水污染日益严重，给人类的生存和发展带来了很大威胁，环境问题成了经济发展的瓶颈。为了人类的生存和经济的持续发展，企业一定要担当起保护环境的重任。

（4）承担可持续发展与节约资源的责任。企业不能顾此失彼，不顾全局。作为企业家，一定要站在全局立场上，坚持可持续发展，视节约资源为己任。

（5）承担发展科技和创新自主知识产权的责任。企业要高度重视引进技术的消化吸收和科技研发，加大资金与人员的投入，努力做到创新以企业为主体。通过科技创新，降低煤、电、油、运的消耗，进一步提高企业效益和社会效益。

（6）承担保障职工健康和确保职工待遇的责任。人力资源是社会的宝贵财富，也是企业发展的支撑力量。保障企业职工的生命健康和确保职工的工作与收入待遇，这不仅关系到企业的持续健康发展，而且也关系到社会的发展与稳定，企业必须承担起保障职工生命、健康和确保职工待遇的责任。

7 结 语

浙江消防产品生产企业生产的产品基本涵盖了所有消防产品种类，在全国消防产品市场上占有较大份额。因此，做好浙江消防产品质量的监督管理，不仅事关浙江本身，而且事关全国。消防产品生产经营企业一定要树立质量意识，在政府、消防行业主管部门、社会组织、中介机构等的共同指导下，不断加强消防产品质量自律检查，规范消防企业生产行为，推动消防产业健康发展，为保障国家和人民的生命财产安全做出应有的贡献。

作者简介：李海学，高级工程师，一级注册消防工程师，现任浙江省消防协会副秘书长，1990 年 7 月毕业于西安武警技术学院消防工程系，长期从事防火工作。

联系方式：0571-88056559，13958028008；

电子信箱：zjxf-fire@163.com。

地铁突发事件应急管理体系优化探究

王祎龙，李善麒

（浙江消防总队舟山支队，浙江 舟山 316000）

【摘 要】 地铁作为城市轨道交通的重要组成部分，因其高效快捷、节能环保等优点成为越来越多人的首选出行方式，也为政府所青睐而大力倡导建设。随着线路规模的逐步扩大，地铁运营安全问题不容忽视，处理不好就有可能引发重大社会公共安全事故。本文以地铁站的应急管理能力为研究对象，对现有的地铁应急管理体系进行探究，通过相关理论与国内外实践经验发现其中不足，从不同角度分析提出合理的建议，为地铁应急管理系统的改进与优化提供参考意见。

【关键词】 地铁；应急管理；改进对策

1 引 言

近些年来，中国的城市地铁建设步入快速发展时期。截止到2015年年底，全国已开通运行的地铁线路总里程突破3 000公里；预计至2020年左右，全国地铁规划总里程将达到万余里，有将近50个城市拥有或修建地铁[1]。人们在享受地铁带来方便快捷的同时也面临着如火灾、爆炸、脱轨、停电、恐怖袭击等地铁突发事件对人身生命财产安全形成的威胁，且会对社会心理与政府形象造成重创，影响恶劣。比较典型的如2003年2月18日的韩国大邱地铁站纵火案，造成了198人死亡，146人受伤，298 人失踪的惨剧。灭火救援过程暴露了韩国政府应急处置能力的不足，导致了突发事件影响危害的扩大，车厢内和站内消防设施失效较多；被困人员缺乏科学的逃生自救意识与方法，惊慌失措；政府和公共部门未能采取适当措施处理紧急情况，这些都是应急管理机制不健全的体现。惨痛的教训为我们敲响了警钟，为避免地铁站发生类似惨剧，建设提升地铁的应急管理能力迫在眉睫。

2 地铁应急能力建设理论依据

应急管理是针对突发事件进行预防、监测预警、应急处置和恢复重建的全过程[2]。一个城市应急管理能力的高低在相当程度上反映了这个城市的现代化水平和城市管理情况。学术上普遍将应急管理流程定义为四个阶段，即预防、准备、响应和恢复，这四个环节形成一个闭合的循环，互为前提条件，如图1所示。每一次处置突发事件都会总结经验教训，为下一次突发事件的应对与预防做准备。

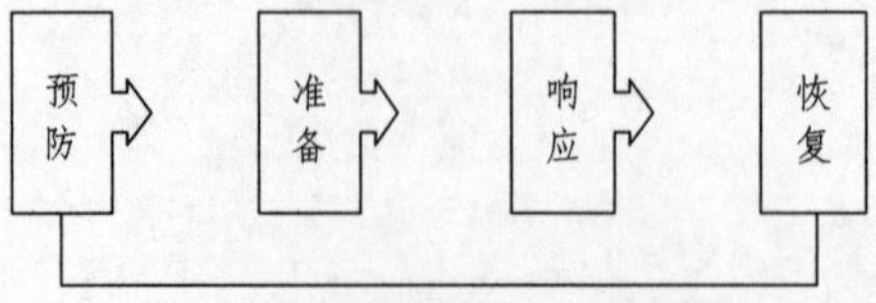

图1 应急管理流程示意图

对于地铁站而言，由于其属于地下空间，通信、通风和人员疏散等条件相对来说更加困难，且在突发事件状态下地铁站各方面稳定性较地上空间更加脆弱，人员恐慌程度加剧，所以地铁站突发事件在一般场所突发事件的基础上更具重要性与紧迫性[3]。

应急管理的主体是人，人的意识与行为对应急管理的成效起着决定性的作用。应急管理的过程需要消耗大量的人力物力，涉及的部门单位也复杂繁多，所以对相关指挥领导体系的建立、人员心理的把握和应急资源的配置都需要科学的理论来支撑。其中广泛应用了管理学、心理学、灾害学、信息科学等学科，形成高效可靠的应急管理体系去处置各类突发事件。

3 地铁应急能力建设中存在的问题与改进措施

虽然我国已建立起系统的应急管理体制机制，在科研和社会管理上取得了丰硕的成果，但应该注意到，我国应急管理研究应用的水平仍处于起步阶段，与世界发达国家仍存在较大差距。笔者从公共安全理论和地铁站危险性特点出发，结合实地调研与案例分析，发现目前我国地铁站应急管理中主要存在如下问题：

3.1 应急预案制定深度不足

应急预案的制定是应急管理体系中重要的一环，对突发事件的处置有着预测和指导作用。我国地铁站应急预案是近几年在地铁安全管理中才发展起来的。目前国内还没有建立起完善系统的应急预案理论框架，对于制定出的应急预案只是单纯用演习的手段去验证其合理性[4]。然而，演习与真实状态下人员的心理情况和设备状况相去甚多，其验证结果并不可靠。笔者调查翻阅消防部门对地铁站制定的应急救援预案，发现其中内容仅包括地铁站内及周边的基本情况和出动力量部署情况，缺乏对危险性较大情况和部位的救援预想，预案指导性和科学性较低。

在应急预案的制定上，最主要是尽可能全面地考虑到不同突发事件的情况。在这一点上可以借鉴伦敦地铁的风险管理体系和美国的安全认证体系，运用概率论和数理统计方法给出事件风险的定量值来表示事故出现可能性的大小，供领导部门决策，依照此数据有针对性地科学制订应急预案。2005 年的伦敦地铁爆炸案发生后短短几天，伦敦地铁就实现了正常运营，充分证明了这种方法制定预案的准确性与应急管理水平的先进性。

3.2 应急管理指挥机构运转效率不高

指挥体系设置的好坏直接影响了处置突发事件的效率，只有强有力的指挥中枢才能协调调动各个部门，只有科学的部门设置和理顺的部门间职责功能才能使应急管理工作高效运转。应急处置需要调动多个部门，耗费大量人力物力。因此，结合我国行政体制特点，中央采取了政府负责制，各级政府最高领导是本地应急管理工作的第一负责人，是紧急状态下当地应急处置的总指挥，服从上级政府领导，自上而下形成垂直领导结构。这一管理体系在实际运转中优势明显，能够在短时间内整合各个参与处置的部门，集中力量，并确保应急物资供给的充足。然而也暴露出了不少问题，不同程度上影响了应急处置的正常进行。

指挥体系的繁琐导致了上传下达效率低下，贻误最佳突发事件处置时机；各职能部门间协调性不佳，配合不默契，导致应急管理工作人力物力资源分配不合理，突发事件处置效果不理想。所以，对现有应急管理指挥体系的优化十分必要。对于地铁的应急管理指挥可以引入企业管理中“扁平化管理”概念[5]这一模式，即通过抽走决策层和实施层之间的中间管理层，解决传统“金字塔”结构部门臃肿、信息传递缓慢的弊端，提高运转效率的同时还节约了管理成本。但考虑到后者所涉及的部门远多于灭火救援的指挥，可将应急处置最高决策层设为由多人组成的一个委员会，而不是现在的由政府主要负责人作为最高决策者。委员会中每个成员分别分管若干联系紧密的应急处置部门（如公安、消防和交通），从而实现决策层直接对处置一线单位进行指挥，解决效率不高、协调性差的难题。

3.3 地铁站应急管理相关法律缺失

地铁站不同于其他场所，其突发事件的危险性大，处置难度高，所采取的处置方法与一般场所也截然不同，稍有疏漏就会导致重大生命财产损失，社会心理冲击难以消除。所以，十分必要通过相应法律法规来明确突发事件下政府和民众的义务与责任，集中力量处置好各类地铁事故。目前，从国家到地方还没有出台针对地铁应急管理的法律，北京、上海、南京等较大城市颁布有城市轨道交通运营安全条例，其中涉及有地铁应急管理的相关规定，但大都与地上交通合在一起，只是从总体层面上提出了要求，针对性不强[6]。随着城市地铁建设项目的增多，我国地铁里程高速增长，地铁运营客流量逐年增加，制定地铁突发事件应急管理法律法规迫在眉睫。

4 结束语

社会公共安全是社会经济发展的前提与重要保证，应急管理与危机处理能力从一定程度上体现了一个国家的发达程度与发展水平，应从国家战略层面上去考虑这一问题。地铁作为人员密集场所的典型代表，其应急能力建设与发展需引起足够重视。我们要正视自身存在的不足与问题，充分学习国际上先进的应急管理理念与理论，结合本国国情实际，大力发展相关研究与应用，提升我国应急管理能力，维护社会稳定、和谐、繁荣。

参考文献

[1] 卢文刚. 城市地铁突发公共事件应急管理研究——基于复杂系统理论的视角[J]. 城市发展研究，2011（4）：119－124
[2] 于庭安. 我国城市地铁突发事件应急体系建设的研究[D]. 长沙：中南大学，2008，11：9-10
[3] 徐之恒. 地铁突发事件应急救援资源的配置研究[D]. 成都：西南交通大学，2012.
[4] 姜兰. 论我国突发事件应急管理体系的构建[D]. 上海：华东政法大学，2007，10：18-21
[5] 徐庆禹，范平洪. 构建灭火救援扁平化体系的几点构想[J]. 四川警察学院学报，2013，25（5）：42-47.
[6] 吴熙平. 城市突发事件应急管理体制存在的问题及对策研究[D]. 湘潭：湘潭大学，2013，5：15-16

作者简介：王祎龙：舟山消防支队防火监督处监督指导科助理工程师；李善麒：舟山消防支队防火监督处火调技术科工程师。

通信地址：浙江省舟山市海天大道560号舟山消防支队，邮编：316000；

联系电话：13645802304（755274）。

发挥综治网格优势 构建消防区域联防

张秋霞

（广西壮族自治区公安消防总队，广西 南宁 530000）

【摘　要】 随着经济增长的加速，高层、地下建筑、大型物流场所等大量出现，各类致灾因素迅猛增加，火灾风险持续增大，加上流动人口众多、物流高度聚集，城中村群居现象突出，基层消防基础薄弱的问题已成为消防工作的难点课题。本文从广西南宁市依托综治网格化，将消防工作主动纳入网格化管理，大力推进城乡消防安全整治入手，提出构建以“落实责任、群防群治、标本兼治”为目标的消防安全区域联防新模式。

【关键词】 网格化；区域联防；消防安全管理

一直以来，专门机关与群众相结合是公安工作和消防工作的老传统，是“政府统一领导、部门依法监管、单位全面负责、公民积极参与”消防工作原则的具体体现。在广大乡镇、街道、村屯和社区，到底“谁来管、怎么管”和“怎么把群众发动起来共同管理”一直是基层消防工作的难题。广西消防总队大胆尝试，针对南宁市城乡结合部多、社会治理难度大、消防工作基层薄弱的特点，坚持多年试点，推行将消防工作纳入综治网格化管理，发动群众直接参与消防工作，实现消防隐患监控信息化、消防治理形式综合化，消防服务便民化，消防安全可控化，为创新“专群结合、群防群治”的消防工作模式提供了有效参考。

1　消防工作纳入网格化管理的创新模式

1.1　火灾频发倒逼基层消防工作改变传统工作模式

南宁市流动人口众多，约占总人口三分之一。这种特有的人口结构从一个侧面反映了城市的包容性，也造就了南宁市的建筑结构传统和现代高度兼容并存的现状。老旧城区和城中村规划的先天性缺失、私人建筑密集拥挤、消防基础薄弱、消防管理混乱等问题大量存在，外来务工人员也冲着老旧居民区和城中村低廉的租金而大量聚居，从而导致老旧居民区和城中村消防安全管理成为城市管理的主要内容。据不完全统计，南宁市居住建筑近 190 万栋，出租屋就超过 25 万栋，大量流动人口在此租住、生活、工作、消费，仅靠消防部门单枪匹马开展消防隐患排查，不仅力不从心，更不可能将消防工作全面落实到基层。借助综治部门开展“平安建设”的契机，将消防工作融入社会管理综治工作中，同步建设，同步发展，成为消防部门改变困境的有效举措。通过广大综治网格员在走村串户开展社会治理工作时，将消防检查、消防宣传带到各家各户，主动了解民意、倾听诉求，解决关系群众切身利益的问题，延伸了消防服务基层的触角，做到底数清、情况明，真正改写消防监督人少事多难管的被动局面。

1.2　整合社会综治平台可以有效破解基层防火难题

2015年广西推行消防安全网格化工作以后，消防网格化正式纳入城市综合治理体系。在试点开展消防安全网格化管理过程中，南宁市消防支队率先整合广西综治信息平台、数字化城管系统平台、综治视联网平台、社会治安防控平台 “五大系统平台”，建成“市—城区—镇街—村社—网格”五级消防安全网格化工作层级。平台同步接入城乡主要道路和重要场所装配的摄像头，以及各网格内的村居民住户自行安装的摄像头一同纳入联网、并网，全部纳入四大系统平台的管理，全部实现联网联线，全方位立体化防控，按网格设置监控中心，落实人员24小时对重点部位、隐患集中区域的消防安全进行的重点监控。网格值班员借助四大社会管理系统平台的辅助，能实时巡检发现火灾隐患，并把现场记录、信息同步上传、影像即时反馈给综治网格化系统，使各网格信息直抵网格工作的各个层级，增强了城乡抗御火灾的整体能力。

1.3　建立网格工作机制打牢消防群防群治工作基础

广西共有乡镇1 243个、街道办120个、社区1 892个、行政村14 291个，而全区公安消防部门和派出所民警才有1万多人，仅靠公安消防部门单打独斗地排查，工作难以奏效。南宁市在推进消防安全网格化工作当中，广泛发动基层群众力量，通过网格分工开展火灾隐患排查，综治网格员借助综治E通手机，可以实时借助多部门的综合合力，形成“发现、立案、派遣、结案”的闭环工作步骤，有效前移了火灾防控的关口，较好地解决了单部门难以彻底整治消除火灾隐患的问题。同时，借助综治管理的有效手段，南宁市建立了完善火灾防控网格运行机制，即简单的火灾隐患问题可以由网格员现场自行处置并立即结案；网格员无法处置的，网格管理中心可根据处置权限将相关火灾隐患、投诉举报、消防设施损坏等问题进行分析、归类，同时流转到上一级网格指挥部门或有职权的相关职能部门进行联合处置，真正创新了社会消防安全管理模式，发动起社会各级力量去打响火灾防控的“人民战争”。

2　有效开展基层消防安全治理的启发

基层消防安全治理工作，必须打破传统的监督管理模式，以消防管理创新为抓手，将新技术、新成果与社会综治管理手段相结合，从建、管、用等方面不断探索、创新，积极构建以系统为平台的火灾防控体系。

2.1　网格化为基层消防工作提供了群防群治的平台

消防工作网格化，是解决乡镇、街道、村屯和社区基层的消防工作 “谁来管、怎么管”和“怎么把群众发动起来共同管理”的有效手段。消防安全网格化工作要取得成效、有生命力，就应该将消防工作与其他社会治理工作结合在一起，建立“市—城区—街道（镇）—村（社区）—网格员”五级网格管理层级，明确各级政府的消防网格管理职责，与多部门建立信息互通渠道，将消防工作纳入基层政府的归口管理。消防工作纳入综治管理平台统一管理后，就可借助政府综治平台，建立起一张由城市空间地理信息与城市管理部件信息高度融合的社会综合管理网，覆盖城区所有场所、村（居）民住宅、消防设施、燃气设施和水电管网等，实现消防基础信息一网录入、公共资源一网整合、关联部门数据一网查询、消防服务一网跟进、日常管理一网考核的归口集成，随时随地掌握基层社区村屯的消防工作实时信息、消防安全管理需求和变化状况。通过社会综治管理的整合，使消防工作真正融入到各级政府的日常工作当中，是群众参与消防工作的一个最直接、最生动也是最富有成效的载体和手段，既提高了消防安全管理的针对性和有效性，真正解决了在新形势下如何将消防工作“专群结合、群防群治”传统予以巩固充实、发扬光大的问题，又改变了过去消防部门单打独斗战效甚微的治理困境，使许多过去群众看得见管不着、消防管得了却看不见的消防问题得到了有效解决。

2.2 制度化为夯实消防安全网格管理提供基础

消防工作纳入综治管理，形成常态化和普及化，必须建立完善各项流程与制度。一是统一确立消防网格与综治网格同域划分的原则。消防工作与综治管理的网络应共同按照“属地管理、规模适度、无缝覆盖”标准，同步完成网格划分，不留死角。网格划分后应重新整合基层政府工作人员，使消防安全管理网格的划分与管理力量匹配，通过“一格一员”划分标准，实行定人、定岗、定责、定位，并将网格员的消防工作职责纳入到各级网格的工作职责任务当中，确保网格的消防工作有人抓、有人管。二是明确部门消防安全职责内容。依托基层政府的综治管理机构，直接细化明确政府职能部门的各自职能分工和执法权限，将部门日常工作与消防隐患排查整改工作结合起来，各网格单位间形成联席研判、联动巡查、联勤共享、联合评议的工作机制，延伸了部门监管职能，形成县区、镇街、村居的网格排查先行，职能部门整治跟进，“条”“块”结合的网格化消防工作机制，统筹推动网格内火灾隐患整改。三是规范网格化消防工作的任务内容、管理方式和信息采集模式。通过制定消防工作台账收集、请示报告、检查督促、总结考评、会议奖惩、一票否决等制度，规范网格员日常消防工作内容、业务流程、工作目标和量化任务，结合综治管理系统的运用，可以实现消防工作任务生成、流转、处置全记载，为网格员办理消防事项时，提供合理的分类流转和联动处置办法，形成上传、流转、办理、回告、反馈的工作闭环，确保消防变成网格员日常工作，自觉纳入本级社会综合治理范畴。

2.3 政府购买服务为消防纳入综治整合提供保障

借助“平安建设”契机，积极向党委政府汇报，通过政府购买服务的方式投入资金。一是系统保障。通过广泛借助中央综治办的“综合治理信息系统”，深化本地系统中关于消防工作的软件开发、硬件部署和系统对接等工作，免费为县区、乡镇街道和社区网格员配备应用终端，今后每年运行维护费用纳入市、区两级政府财政同步保障，有效解决消防工作纳入综治管理的平台维护问题。二是人员保障。在各级党委和政府的共同支持下，可以吸纳消防、公安、综治、安监等基层派驻人员，同时整合流动人口、社保、司法等部门协管员，组成多职能的网格管理员队伍，由政府综治部门统一负责管理，建立招募、培训、考核、晋级、淘汰机制，定期由消防部门给网格员开展培训指导，配发消防工作指导手册，不定时对网格管理员开展培训和考核，帮助解决各种难题，配合采取法律强制性措施，提升基层网格消防工作的整体素质和能力。三是经费保障。市、区两级政府应该将消防安全网格化建设和保障经费纳入两级财政分级同步承担，确定网格管理员工作薪酬和“五险一金”标准，提高消防工作专项补贴，使消防工作有稳定的网格员队伍作为保障。

2.4 技防人防融合为区域联防提供科技支撑

技防的优势是全面、实时、动态，自动化程度高，占有数据量大；人防的优势是面对面盯防，监管力度大，落实效果好。发挥两者优势，通过制度建设、培训养成，设立隐患查处专项补贴等措施，就能为区域联防提供有效帮助。一是通过数据分析研判，加强针对性防控。以网格员的手机采集终端和综治视频点采集的海量信息为基础，由系统进行大数据分析，分别生成日报、周报和月报以及定制的专项报告，理清特定时期内的火灾隐患“重灾区”，从而确定监管重点，为领导决策和专项整治提供依据。二是通过隐患信息推送，加强自发性防控。利用远程监控，对单位消防设备运行状态实时监控，及时将火警信息和报警故障、水系统欠压、消控室人员脱岗等隐患情况，通过网格员提醒单位消防安全责任人、管理人，有行业主管部门的单位，网格管理单位可定期生成汇总情况抄送主管部门，有效提升单位主体责任和部门监管责任意识。三是通过隐患核查处理，加强强制性防控。对社区农村的居民区和单位场所，依托综治平台，对能当场改正的火灾隐患，由网格员立即责令整改，并录入系统；对不能当场改正的火灾隐患，通过网格员的现场记录、信息上传到综治网格化系统，然后由网格管理站录入、分派，再由相关部门依法处理或联合查处，提高火灾隐患整治的效率。

2.5 以消防联防响应圈为平台强化应急处置能力

综治网格化管理建设可以借助手机、计算机等多终端报警监控平台，在乡镇（农村）、街道（社区）、公安派出所、行业主管部门和市、县消防指挥中心设立分级消防监控中心，实现联防防控统筹管理。一是可以建立以重点区域监控为重点的联网型独立式火灾探测报警器系统。主要针对“城中村”“三合一”建筑等重点区域场所“小火亡人”多发问题，通过研发应用基于移动通信网络的联网型独立式火灾探测报警器系统，有效解决无火灾报警系统的居民区、隐患集中区等重点区域无法实现消防监控的问题。二是建立以灭火救援为重点的指挥辅助系统。通过将公共消防设施、重大危险源、消防车辆装备、无人机和战勤保障等信息管理接入综治系统，定期模拟开展实兵、实装、实地、实战综合演练，不断优化装备调集、战勤保障和水源供给等方案，同时整合建立市级或县区级微型消防站调度管理平台，实现灭火救援的统一建设、统一管理、统一调度。三是建立微型消防站、专职消防队、志愿消防队等灭火力量，通过辖区消防中队指导，强化老旧居民区、城中村训练，改进“小单元、多组合”战斗模式，建立手抬机动消防水泵、小型消防车等基本作战设备的初级扑救，建立“1，3，5，10 应急响应圈”，即在发生火灾后，起火场所周边的基层组织值班员、志愿消防员在 1 min 内先行处置；社区、村组的志愿消防队、保消联防队等在 3 min 内到场处置；乡镇街道专（兼）职消防队、微型消防站和公安派出所干警在 5 min 内到场处置；公安消防部队在 10 min 内到场处置，从而实现“圈内响应、圈内控火”的目标，实现快速出动、区域联防、高效处置的快速响应目标。

2.6 以群众需要为抓手开展针对性消防宣传教育

消防工作消防先行。通过综治管理的优势，可以发动基层网格员和消防楼长的作用，将消防宣传结合文化、普法教育等活动，广泛开展消防法律、法规和消防安全知识宣传，制定居民防火公约，将消防安全意识内化为居民、村民的公序良德。同时，基层网格员可以在火灾高发、易发时段，走街入户开展提示性、警示性、常识性宣传，面对面向广大村、居民宣传消防安全知识，教育传播火灾自防自救意识。在重大节日、居民庆典聚会期间，网格工作人员还可以采取贴近生活、群众喜闻乐见的宣传形式，普及日常消防安全常识，例如加强厨房、神龛等部位的火种管理，张贴消防安全警示性提示，提醒村居民用火、用电、用油、用气安全。借助手机短信、微信等载体，把消防知识传递到各家各户。有条件的地方，要建立社区消防培训室和消防体验中心，免费向社区农村民众开放。

利用综治网格开展消防工作，可以说任重而道远，需要我们更大地借助数据化时代契机，整合相关部门职能，完善网格工作任务，发展微型消防站力量，增强综治力量调度，不断在实践中探索，创造更有效的消防联防工作模式。

探讨“终身负责制”监管的利弊与对策

王　磊

（乐山市消防支队大佛景区大队，四川　乐山　614000）

【摘　要】本文作者对当前防火监督执法职能进行了深入的调查研究，剖析了制约当前建设工程行业“终身负责制”的利与弊，并对推动当前建设工程终身负责制工作的深入开展提出了建设性的意见和建议。

【关键词】“终身负责制”监管；利弊；对策

建设工程消防设计、施工质量和消防审核验收终身负责制的实施，是加快推进消防工作社会化进程，促进建设工程相关行业不断完善行业自律，引导其正常有序发展的重要举措。“终身负责制”遵循“谁经手，谁负责；谁签字，谁负责”的原则，明确责任主体，签字责任人对签字所生成的法律效用负责。违反国家有关建设工程质量管理规定，造成工程质量事故的，无论其在何职何岗，身居何处，都要依法追究相应责任。终身负责制的实施将进一步明确质量终身责任，明确信息保存责任，强化事后追究和处罚，不仅能为工程投入使用期间的责任追究提供制度保障，而且能够强化建设期质量终身责任意识，消除各相关单位短期效益的观念，具有“警示当前，有利长远”的作用。

通过对建设主管部门、消防监督部门及相关建设、设计、施工、工程监理等相关单位建设工程管理工作的调研，结合当前建设工程监督管理的实际情况，探讨建设工程消防设计、施工质量和消防审核验收终身负责制的利弊与对策。

1　实行终身负责制有利的方面

（1）提高了建设单位、设计单位、施工单位、工程监理单位等相关责任单位的风险意识，能够全面提升相关人员的质量意识和工作技能。

建筑产品与工业产品有所不同，无法拥有固定的生产线进行流水生产，虽然也有规范化的生产工艺和相关的检测技术，但其详细程度无法与工业产品相提并论，这主要是由于建筑工程施工中无法拥有工业产品生产的那种成套的生产设备与稳定的生产环境，这也导致了房建施工质量的偶然性因素比较多。通过实行终身负责制，可以提高每个专业技术从业人员自身的职业素养及操作水平，建立完善的监督管理制度，充分发挥监督管理人员的作用，在第一时间处理好工程出现的质量问题，及时有效地解决好工程质量隐患，杜绝相关人员的敷衍行事和弄虚作假。

（2）通过“终身负责制”，可以规范建筑市场行为，形成一个平等竞争、公平交易和严格管理的良性循环的市场环境。

（3）实行工程质量责任终身制，能够切实保证工程质量，能有效避免在建设过程中出现为追求快工期、低造价而忽视质量的事件，消除各相关单位短期效益的观念，有利于杜绝豆腐渣工程的出现。

2 实行终身负责制存在的问题

（1）我国《建设工程质量管理条例》第四十条第一款规定工程建设人的责任年限为："基础设施工程、房屋建筑的地基基础工程和主体结构工程，为设计文件规定的该工程的合理使用年限"，一般民用建筑结构设计使用年限为 50 年，"终身负责制"未考虑到业主及其他相关人的责任。一般商品的保质责任期都是有限的，建筑物虽然不是一般商品，但是后继业主在使用房屋的过程中，对房屋质量也是负有责任的。"终身负责制"规定的企业及相关人员的责任是无限的，而多数企业和个人的责任是有限的。

（2）《建筑工程质量管理条例》第三条规定，建设单位、勘察单位、设计单位、施工单位、工程监理单位依法对建设工程质量负责。第四条规定，县级以上人民政府建设行政主管部门和其他有关部门应当加强对建设工程质量的监督管理。对于建设工程，工程质量的好坏直接与建设单位、设计单位、施工单位、工程监理单位息息相关，监督部门不可能步步为营的跟踪监管，工程质量的好坏直接取决于以上几个主体单位对工程质量的管理，整体工程中涵盖消防安全的工程虽是建筑工程的一部分，但涉及建筑物的方方面面，如建筑、结构、水电、暖通等，完全靠消防部门的监管，是不足以保证整个建筑消防安全性的，况且消防部队从事审验工作的人员数量少，任务重，相对不稳定，对于每个工程现场监管到位有一定难度，尤其是基层大队人员流动相当频繁，对相关业务的掌握、深化程度是不能够与专业的设计、施工、监理人员相对比的，所以一旦出现问题，易使相关监管部门陷于投诉和赔偿的纠缠中。

3 探讨如何进一步推进"终身负责制"，提高建设工程质量

（1）国际通行建设工程管理模式采用责任保险的方法来解决工程质量问题，将工程质量风险分散到保险公司，这是今后建筑管理的一个普遍趋势。

一般建设工程的某些质量问题在验收的时候是看不到的，例如基础和结构的质量问题，内在质量缺陷问题一般在竣工后十年内基本上已暴露，十年以后出现的问题主要是由于其他原因引起的，所以国际通行建设工程管理模式实行的是"十年责任制"，如法国、加拿大、比利时等国家，这类质量问题在国外被称为内在缺陷，相应的保险称为"十年内在缺陷保险"，由建设方或开发商购买十年内在缺陷保险。这样质量问题通过"十年内在缺陷保险"的方式从开发商转移到保险公司后，风险便由保险公司来承担。而保险公司有相应的风险经营理论和承担风险的组织结构，可以将大的风险转化为小的风险，可以通过再保险公司分散风险。目前我国在深圳、北京、上海、青岛、大连等地已试点实施建设工程设计责任保险、建筑工程质量保险（又称工程质量内在缺陷保险）、建筑施工企业雇主责任险、建筑工程勘察责任险、住宅质量保证保险等建筑行业责任保险，建筑工程质量险也有望随着建筑法的修改被定为强制险。

（2）控制监管风险，促进行政管理风险更多地向智力型和集约型转变。

当前中国经济与社会正经历着转型，风险与机遇从未同时如此深刻地影响着中国，政府行政监管部门面临着极为严峻的竞争和挑战。而现在开发商都实行项目责任制，工程结束了，项目组就散了，有了质量问题根本找不着人。另外由于受大业主的委托，监理机构也无法真正代表小业主的利益，按现有模式，很容易将矛盾主体引向政府监管部门，通过第三方保险的这种介入方式可以解决潜在的巨大行政风险，同时确保工程质量，引导建立良好的建筑市场环境。

（3）“终身负责制”应出台可操作的实施细则。

要尽快制定建设工程消防质量终身负责制的考核内容、责任追究、罚则以及可操作的实施细则，使有关质量问题的问责处罚，都能做到有法可依、有章可循，确保“终身责任制”落到实处。

（4）建立健全工程档案管理制度。

消防工程的质量与工程建设的设计、施工和监理息息相关。开工前，应由建设单位提交其和勘察、设计、监理等部门认定的，并由法定代表人、项目负责人签字的工程质量承诺书，建立永久性档案。当工程竣工时，必须在建筑物上设置工程质量永久性标牌，向社会和公众公示档案内相关人员的详细信息。一旦出了问题，实行责任倒逼机制，施工单位及个人需赔偿损失。如果出现重大安全事故，还要追究主要责任人的刑事责任。工程的设计、施工、维修、养护资料都作为档案保存，工程建设完成后，监理单位进行随机取样，取样也将保存几十年，以便日后发生事故时可以及时调出，以查明问题予以问责。这样既可以随时接受社会监督，又可以增强相关责任单位和责任人的责任心和荣誉感，有效确保了工程质量。

（5）完善立法，有序发展消防中介组织。

在我国加入世界贸易组织后，公安消防机构对社会的消防监督管理也必将由计划经济时期形成的包办式监督模式向监督、指导、服务型转变，通过监督实现对全社会消防安全的宏观控制。建立符合我国国情的具有科学性、可行性、可比性的消防安全等级评价体系和消防安全评价制度，并由相应的消防安全中介组织来实施。大力发展职业消防中介组织，实行执业资格制度，让其承担起消防安全评价、审图、检测、验收、消防安全培训、消防安全咨询，实行消防机构具体管理慢慢过渡到宏观管理、中介机构参与并慢慢过渡到管理的形式，从而在根本上保障工程质量，降低行政监管风险，促进建设工程消防监管体系良性循环。

参考文献

[1] 杨俊涛. 房建工程施工质量控制措施探讨[J]. 科技与企业，2012（14）：68-68.

[2] 罗吉·弗兰根，乔治·诺曼. 工程建设风险管理[M]. 北京：中国建筑工业出版社，2000.

[3] 黄敏. 强化建设工程的保险制度势在必行[J]. 建筑市场与招标投标，2000（6）：25-27.

[4] 王文涛. 消防中介组织发展前景初探[J]. 经营管理者，2010（22）：256-256.

作者简介：王磊，男，四川省公安消防总队乐山市消防支队大佛景区大队副大队长，主要从事消防监督工作；

通信地址：四川乐山市中区翡翠国际社区三期17栋1-902，邮编：614000；

联系电话：13419400351。

刍议建筑设计消防审核关键技术

张菲菲
（南京消防支队建邺大队，江苏 南京 210000）

【摘 要】 建筑设计消防审核工作是一项非常重要的内容，是保证建筑工程完整性、稳定性的基础与载体，同时也是保障人们生命财产安全的重要依据。因此，积极探析建筑设计消防审核中常见的技术问题具有十分重要的现实意义。鉴于此，文章对当前建筑设计消防审核现状及主要研究内容进行探讨，并结合相关规范和规定，对其中一些比较关键的消防审核技术进行研究。

【关键词】 建筑设计；消防审核；关键技术

消防设计作为建筑设计的重点，始终贯穿于建筑设计的全过程。它直接关系着建筑是否合格、按时验收以及建筑物遇突发情况能否安全地保障人们生命财产安全。但在现今建筑设计中，受到各类因素的影响与制约，如何做好建筑设计消防工作，使其能达到规范标准，通过消防审核验收成为当下需要研究的问题。

1 建筑设计消防审核现状及其主要内容

1.1 建筑设计消防审核现状

建筑设计在不断发展，设计理念在不断更新，各类新颖、新奇的建筑屡见不鲜，在我国土地资源日渐贫乏的情况下，一、二线城市的高层建筑数量逐年递增。伴随着建筑设计理念的更新，消防系统理念却相对落后，而作为对建筑物质量影响的第一要素的消防问题，从建筑设计之初就需考虑，完善建筑物的消防系统，显得尤为重要。建筑设计的消防审核，关系到人们生命财产安全，因而有着非常重要的作用。但是在日常的建筑设计中，常常会由于设计人员消防意识不足、消防产品质量低劣、设计人员盲目迎合业主不符合规范的要求等因素，给建筑的日常使用带来巨大隐患，极易造成人们的生命财产的损失与建筑物的损坏。这就需要设计者、相关审核部门等各方共同提高对建筑设计消防审核的重视程度与专业素质，做好建筑设计的消防工作。

1.2 建筑设计消防审核的主要内容

建筑设计包含的内容复杂，除了新建以及改建的工程项目外，扩建以及室内装修等都属于建筑设计的内容。这就要求审核人员熟练掌握消防设计审核的主要内容，这对于消防审核工作的顺利进行非常重要。笔者结合自身实践，认为当前建筑设计消防审核主要有下面几个问题需要注意：必须完全清楚建筑物火灾危险级别以及建筑耐火等级；建筑在布置时所留的防火间距是否符合要求；安全疏散通道的设置以及疏散标识标志的安装是否满足标准；设计消防自动报警系统和灭火系统时，是否合理以及符合相关规定；防排烟和通风系统设计。然后按照国家消防设计的相关规定，对规定中包含的内容都进行相应的消防审核。

2 建筑设计消防审核工作中常见的技术问题

由于目前建筑市场发展快速、竞争激烈，导致各建筑设计企业在抢占市场份额的同时，过于追求利益，缺乏对现场实际情况的调查研究，对相关设计人员的教育培训力度不够，使得设计人员缺乏责任心且对现行消防问题不够重视，所造成的隐患大致如下：

2.1 建筑设计平面布置中存在的消防问题

建筑设计平面布置指的是建筑工程在设计工作中的整体布置情况，其存在的消防技术问题主要表现在以下两个方面：

第一，消防车道的设置。

消防车道是当建筑物发生火灾时，为消防车实施紧急救援提供畅通、安全的道路而设置的，在降低火灾对建筑物造成的损失方面有着十分重要的作用。

根据消防部门的规定：如果建筑物沿街部分的长度大于 150 m 或者建筑物的总长度大于 220 m，我们就必须要在建筑物中间设置穿过建筑物的消防通道；而对于楼层较高的建筑物而言，我们还应在建筑物周围设置环形的消防通道。

第二，人行道的设置。

人行道是建筑物发生火灾时，群众疏散的主要通道，人行道设置合理，火灾给群众造成的生命和财产损失就较小；反之，则会在火灾发生之后，造成一定量的人员滞留，从而危及民众的生命和财产安全。

2.2 自动喷水灭火系统中存在的技术问题

自动喷水灭火系统主要用于规模较大的公共建筑物中,在火灾预警和控制火势等 方面有着十分重要的作用。我们在对自动喷水灭火系统进行审核时，应从以下两个方面考虑该系统的技术问题：

首先，集热板的应用。集热板使用不合理存在于很多建筑物中，主要表现为集热板面积过大。例如，只要集热板面积在 $0.12\ m^2$ 以上就能有效地控制自动喷水系统，但是很多建筑企业常常忽略这一因素，不断地增大集热板的面积，在一定程度上造成了资源的浪费。

其次，喷头的选用。自动喷水灭火系统中喷头的反应速度直接决定着火势是否能够得到及时有效的控制。我们应根据公共建筑物的不同，选择与之相适应的喷头。例如，对于公共娱乐场所、医院、疗养院等人员密集的场所，我们必须使用反应速度和灵敏度高的喷头。

2.3 室内消火栓中存在的技术问题

室内消火栓的设置中，最关键的技术在于阀门的设置。根据相关部门的规定，室内消火栓停止使用必须满足以下要求：第一，在对消防栓进行检修时，最多只能关闭一根竖管，如果竖管设置的数量达四根以上，则可以选择性地关闭两个竖管；第二，必须建立完善的室内消防栓检查制度，每天至少需要对消防栓的运行情况进行两次以上的巡检，对其中存在的消防栓零件脱落、管道堵塞等问题进行及时处理。

3　建筑设计消防审核关键技术研究

下文将对建筑设计消防审核关键技术进行详细研究，限于篇幅，着重列出了建筑平面布置、自动喷水灭火系统、室内消火栓系统阀门的设置和住宅建筑灭火器的配置等几个常见方面的关键消防审核技术，希望可以为实践提供借鉴。

3.1　建筑平面布置

在考虑建筑平面布置方面，要着重考虑街道消防车的通行和建筑中人行通道的设置，这在现行的《建筑设计防火规范》中有着明确规定："当建筑物总长度大于 220 m 或者沿街部分的长度大于 150 m 时，在穿过建筑物的地方应设置消防车道。如果确实不适合设置消防车道，则应设置环形消防车道。""当沿街的建筑物有封闭内院或天井时，应利用楼梯间设置连通街道和内院的人行通道，其间距不宜大于 80 m"。

因此，在进行消防审核时，如果设置了环形消防车道，可以不考虑街区的沿街建筑长度或者总长度对消防车道通行的影响，当然，也要根据实际情况进行。所谓封闭内院或天井的建筑物，是有专门明确规定的，并不是指是否围合的建筑物，而是要考虑其建筑物的内院或者天井是否设置了顶盖。对于具有"敞开式"内院或者天井的建筑物进行考虑时，可以认定其内院或者天井便是安全区域，不一定非要在街道与内院之间设置人行通道。由于现在许多住宅小区底部往往设有沿街店面，上部为住宅区，沿街店面连为一体，并未构成封闭内院，而且长度一般大于 80 m，所以在实际的消防审核中，并无必要设置人行通道。这是由于当火灾发生时，没必要把人员疏散到街道上，而是直接疏散到住宅区即可保证安全。

3.2　自动喷水灭火系统

自动喷水灭火系统设置应恰当，由于其具有安全性强、高效灭火以及经济实惠、实用性强、适用范围比较广、适用寿命较长等优势，一直以来都是高层建筑必备的消防设备。而且在很多高层建筑的各项消防安全审核内容中，自动喷水系统的设计必须要依照当前的环境以及区域可能发生的火险情况，进行设备型号选取，并且要依据可能发生的火险等级进行喷淋泵的流量预定设计。

在相关规定中，要求自动喷水灭火系统中在每个报警阀组控制的最不利点喷头处，应设便于操作的末端试水装置。其他地方均应设直径为 25 mm 的、方便操作的试水阀；且末端试水装置和试水阀应有足够的排水能力。因此，在审核时，不应该将末端试水装置和试水阀画上等号，错误认为每楼层都应该设置末端试水装置。还应该要注意，对每个报警阀组设置的末端试水装置的位置不可以随意，还要根据实际，在一些不能进行排水试验的地区，设置便于操作的末端试水装置和试水阀，且其应该具有足够的排水能力。另外，在一些特殊场所，还要选用可以快速响应的喷头。在消防审核中，要特别留意《自动喷水灭火系统设计规范》中宜选用快速响应喷头的场所，它们主要为公共娱乐场所、超出水泵接合器供水高度的楼层等地方。快速响应的喷头具有一系列明显的优势。和普通标准响应喷头相比，它的热敏性能明显较高，而且在火灾现场，可以快速灭火，不需要太多的用水量，以最大限度降低由于火灾带来的人员伤亡和经济损失。因此，在消防审核时，要重点注意相关场所快速响应喷头的设置是否合乎规范，且在一些适宜使用快速响应喷头的地方要进行推广。

3.3 室内消火栓系统阀门的设置

在《建筑设计防火规范》中，对室内消火栓系统阀门的设置有着明确的规定：在单层厂房以及公共建筑等处，在检修时，停止使用的消火栓阀门不能超过 5 个；其他的多层民用建筑和厂房，在检修管道时，消防给水管道的阀门关闭的竖管不能超过 1 根，但是如果设置的竖管超过 3 根时，可先关闭 2 根。在对室内消火栓系统阀门设置进行审核时，相关人员往往忽略了系统图的问题，使得阀门的设置出现数量不足或者其他问题等。因此，在重视系统图的基础上，对阀门数量的确定要坚持 N-1 的原则，其中 N 为 1 个管道交点的分支数，称为 N 通。对于由若干个单元或塔连接建造起来的单元式或塔式住宅，室内消火栓系统阀门的设置应以 1 个单元或塔为 1 个设计单元考虑，而不是以整幢建筑考虑。

3.4 住宅建筑灭火器的配置

在《建筑设计防火规范》中，规定了住宅中灭火器的配制：住宅宜设置灭火器或轻便消防水龙头，除住宅外，民用建筑、厂房、储罐、堆场均应设置灭火器。而在《建筑灭火器配置设计规范》中规定：在住宅楼中的公共部位，当建筑面积大于 100 m^2 时，应配置 1 具 1A 的手提式灭火器；以后每增加 100 m^2 就增配 1 具。所以可以看出，在公共部分设置灭火器，是有区分的。要求所有住宅的公共部位设置灭火器，是不符合相关规定的。因此，消防技术审核人员应熟练掌握并理解规范要求，根据住宅规模的不同，确定是否需要配置灭火器以及灭火器的配置数量。

上文列出的几点审核内容，还有很多方面的规范和规定要求的内容需要审核人员进行审核。因此，消防审核的面较广，内容较多，相关部门要按照相关的规定进行详细、认真的审核，结合实际中的消防问题进行工作。上文也仅仅是列举了一些审核中要注意的关键部分，其他方面仍然需要相关人员在审核中进行总结和摸索。

4 结 语

综上所述，通过加强建筑设计消防审核，能够有效降低火灾发生的几率，提高建筑工程消防质量。在实际审核过程中，应该加强现场实地勘察，合理审核疏散道，严格审核消防设备的实际应用情况，包括对防火门设置、配电室灭火系统以及消防电梯设置情况的检查，同时，还应该建立健全的消防审核复核制度，这样才能够不断提高建筑设计消防审核工作水平，切实消除建筑工程安全隐患，保障人民财产及生命安全。

参考文献

[1] 李卫龙. 建筑设计消防审核常见技术问题分析[J]. 科技与生活，2011（18）：163.

[2] 王亮. 建筑设计消防审核常见技术问题的研究[J]. 城市建设理论研究：电子版，2014（02）.
[3] 阳杨. 建筑设计消防审核常见技术问题的探讨[J]. 低碳世界，2016（11）.
[4] 李晓东. 关于现行建设工程消防审核验收制度的几点思考[J]. 中国新技术新产品，2012（5）.
[5] 沈锦城. 建筑设计消防审核常见技术问题的探讨[J]. 科技风，2013，9：158

作者简介：张菲菲，1981年06月，女，汉族，法学硕士；现任南京公安消防支队建邺大队防火参谋，正营职、技术十级；研究方向：消防安全。
联系电话：18705176228；
电子信箱：377719669@qq.com。